U0139649

彩色悦读馆

动物百科

彩色图鉴

李　昕　编著

北京联合出版公司
Beijing United Publishing Co.,Ltd.

图书在版编目（CIP）数据

动物百科彩色图鉴 / 李昕编著 . -- 北京 : 北京联合出版公司 , 2014.10
（2020.12 重印）
ISBN 978-7-5502-3675-2

Ⅰ . ①动… Ⅱ . ①李… Ⅲ . ①动物－图集 Ⅳ . ① Q95-64

中国版本图书馆 CIP 数据核字（2014）第 227207 号

动物百科彩色图鉴

编　　著：李　昕
责任编辑：徐秀琴
封面设计：彼　岸
责任校对：黄海娜
美术编辑：陈媛媛

出　　版：北京联合出版公司
地　　址：北京市西城区德外大街 83 号楼 9 层　100088
经　　销：新华书店
印　　刷：三河市兴博印务有限公司
开　　本：720mm × 1020mm　1/16　印张：27.5　字数：796 千字
版　　次：2014 年 10 月第 1 版　2020 年 12 月第 10 次印刷
书　　号：ISBN 978-7-5502-3675-2
定　　价：75.00 元

本书若有质量问题，请与本公司图书销售中心联系调换。
电话：（010）88893001　82062656

前 言

PREFACE

地球富有各种动植物的栖息地，从海洋里的珊瑚礁一直到陆地上最高的山峰，组成了神秘多样的自然界。而在自然界中，形形色色的迷人的生物与我们人类一起共享着家园。它们分布广泛，甚至可以说无处不在。它们有的庞大，有的弱小；有的凶猛，有的友善；有的奔跑如飞，有的缓慢蠕动；有的能展翅翱翔，有的会自由游弋……它们同样面对着弱肉强食的残酷，也同样享受着生活的美好，并都在以自己独特的方式演绎着生命的传奇。正是因为有了这些多姿多彩的生命，我们的星球才显得如此富有生机。

相较于人类，动物的世界是最真实的，它们只会遵循自然的安排去走完自己的生命历程，力争在各自所处的生物圈中占据有利地位，使自己的基因更好地传承下去，免于被自然淘汰。在这一目标的推动下，动物们充分利用了自己的“天赋异禀”，并逐步进化出了异彩纷呈的生命特质，将造化的神奇与伟大体现得淋漓尽致。

本书带你走进奇妙的动物世界，去系统了解关于动物的知识和科学，认识那些最常见、最具代表性，或与我们关系最密切的形形色色的动物，深度了解其生活的方方面面，探索动物王国的生存法则和无穷奥秘，从中获得知识和乐趣，得到感悟和启迪。

本书分为“你所不知道的动物常识”、“妙趣横生的昆虫王国”、“自在畅游的水生动物”、“纵横水陆的两栖动物”、“稀奇古怪的爬行动物”、“古灵精怪的鸟王国”、“洋洋大观的哺乳家族”七大部分，先从宏观上讲述动物的分类法、一般特征和基本习性等，然后分门别类，深入各纲目下典型动物的生活，绘声绘色地讲述其体型与官能、分布、食性、社会行为等，是一本兼具知识性与趣味性，极具科学探索精神的百科全书。全书图文并茂，1000余幅珍贵插图既有生动的野外抓拍照片，也有大量描摹细腻传神的手绘组图，生动再现了动物的生存百态和精彩瞬间，对特定情境、代表种类特征、身体局部细节等的刻画惟妙惟肖，具有较高的科学和美学价值。书中特辟有“知识档案”栏目，以图表的形式集中介绍各代表物种的基本情况，简明扼要，一目了然，极具专业性和资料性。另辟有针对部分动物的精彩的“照片故事”，是对主体内容的生动补充和深化。

在这本妙趣横生的动物百科宝典里，你可以从容走进以“百兽之王”狮子和老虎领衔的各种食肉和食草类哺乳动物的世界，零距离观察从鸵鸟、企鹅到鹰、鹤、雉、燕、鹦鹉、山雀的形形色色的鸟类，纷繁奇异的龟、蛇、蜥蜴、鳄鱼和各种鱼，以及从蜻蜓、蟋蟀、甲虫到蝴蝶、蚊蝇的种类繁多的昆虫。你会惊异于动物们那令人叹为观止的各种“武器”、本领、习性、模样、繁殖策略等，例如：有些刚刚成为群体首领的雄性狮子、猕猴，为了尽快拥有自己的后代，会杀死前任首领的幼崽，以促使群体中的雌性重新发情交配；秋季，啄木鸟会在树缝中或者树洞里贮藏大量的坚果和球果，以备越冬之用；为了保住性命，很多种蜥蜴不惜“丢车保帅”，进化出了断尾逃生的绝技……

人类对其他生命形式的亲近感是一种与生俱来的天性，从动物身上甚至能寻求到心灵的慰藉乃至生命的意义。如狗的忠诚、猫的温顺会令人快乐并身心放松，而野生动物身上所散发出的野性光辉及不可思议的本能，则令人着迷甚至肃然起敬。衷心希望本书的出版能让越来越多的人更了解动物，然后去充分体味人与自然和谐相处的奇妙感受，并唤起读者保护动物的意识，积极地与危害野生动物的行为做斗争，保护人类和野生动物赖以生存的地球，为野生动物保留一个自由自在的家园。

目 录

CONTENTS

第一章

你所不知道的动物常识

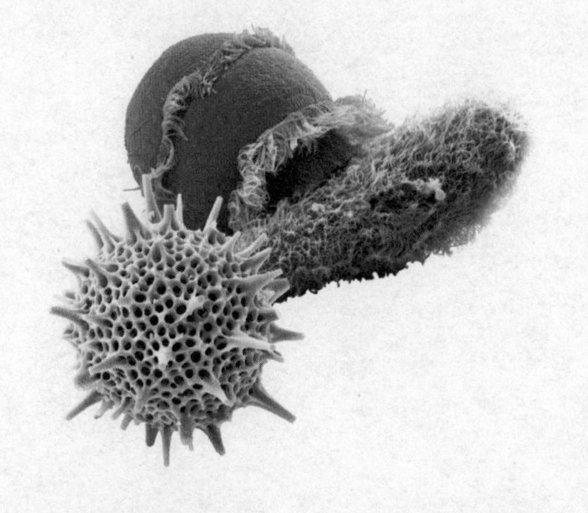

第二章

妙趣横生的昆虫王国

第 三 章

自在畅游的水生动物

第 四 章

纵横水陆的两栖动物

第 五 章

稀奇古怪的爬行动物

第 六 章

古灵精怪的鸟王国

第七章

洋洋大观的哺乳家族

生物是如何分类的

科学家把生物——即有机体——分类，首先分成五大“界”的群体组。分别为原核生物、原生生物、真菌、动物、植物五大生物界，以及属于每一界的主要几种有机体。在“界”内，有机体又分成“门”。科学家把“门”又划分成“亚门”，再进一步细分作“纲”。“纲”下分“目”，“目”下又分“亚目”。“目”和“亚目”之下分“科”，“科”下分“属”，最后细分到“种”。例如人属于动物界哺乳纲的灵长目。

界

门

纲

亚纲

目

动物界

动物界包括所有能够移动并以其他动物或植物为食的有机体。动物界的物种可能多达1000万种以上。

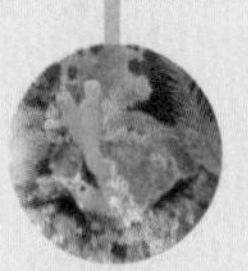

海绵动物门

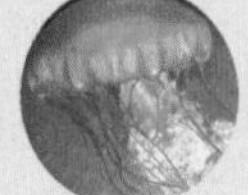

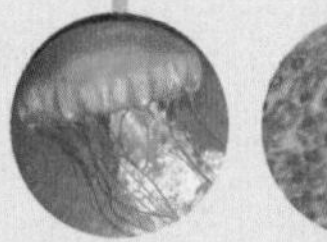

腔肠动物门

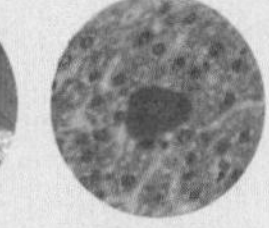

苔藓动物门

其他

扁形动物门

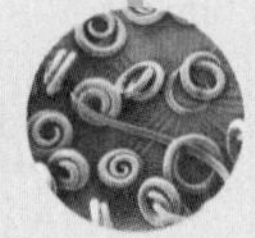

线形动物门

环节动物门

节肢动物门

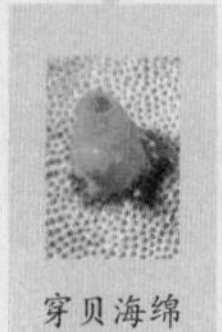

穿贝海绵

栉板动物
软蠕虫
纽形动物

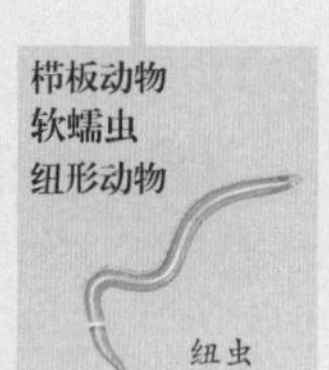

纽虫

吸虫
非寄生扁虫
绦虫

绦虫

蚯蚓和红虫
饵蚕和其他海生蠕虫
水蛭

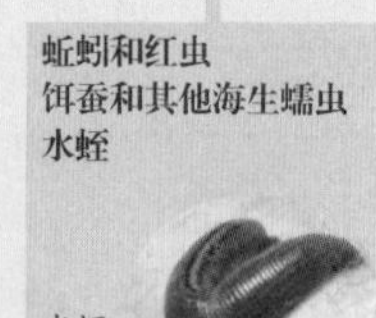

水蛭

倍足纲节肢动物

唇足纲节肢动物

昆虫

甲壳纲动物

蜘蛛纲动物

全世界已发现的昆虫有100余万种，栖息在各种环境里，从冰天雪地到热带雨林，包括沼泽、沙漠、湖泊、高山、海岸，都有其踪影。昆虫的分类，昆虫纲分为两个亚纲：无翅亚纲和有翅亚纲。下面是现生昆虫的成员。蟑螂、白蚁、象鼻虫、甲虫、苍蝇、蚊子、石蝼、蚤、蜜蜂、黄蜂、蝎蛉、线蚜虫、网翅蜻、竹节、叶子虫、蚱蜢、蟋蟀等。

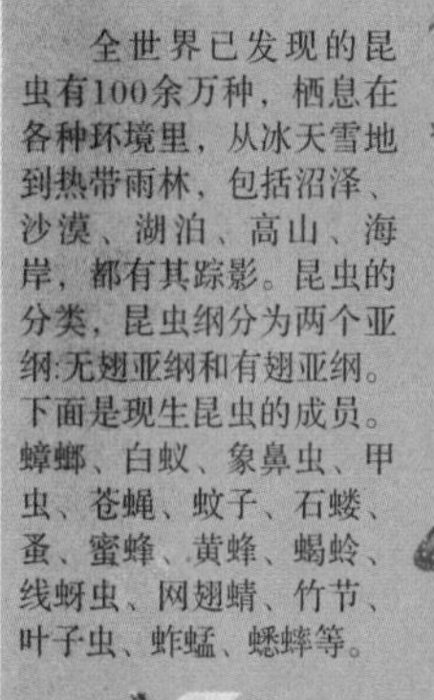

藤壶
蟹和虾
鱼虱
沙蚤
水蚤
潮虫

蜘蛛
蝎子
盲蛛
螨和蜱
鲎

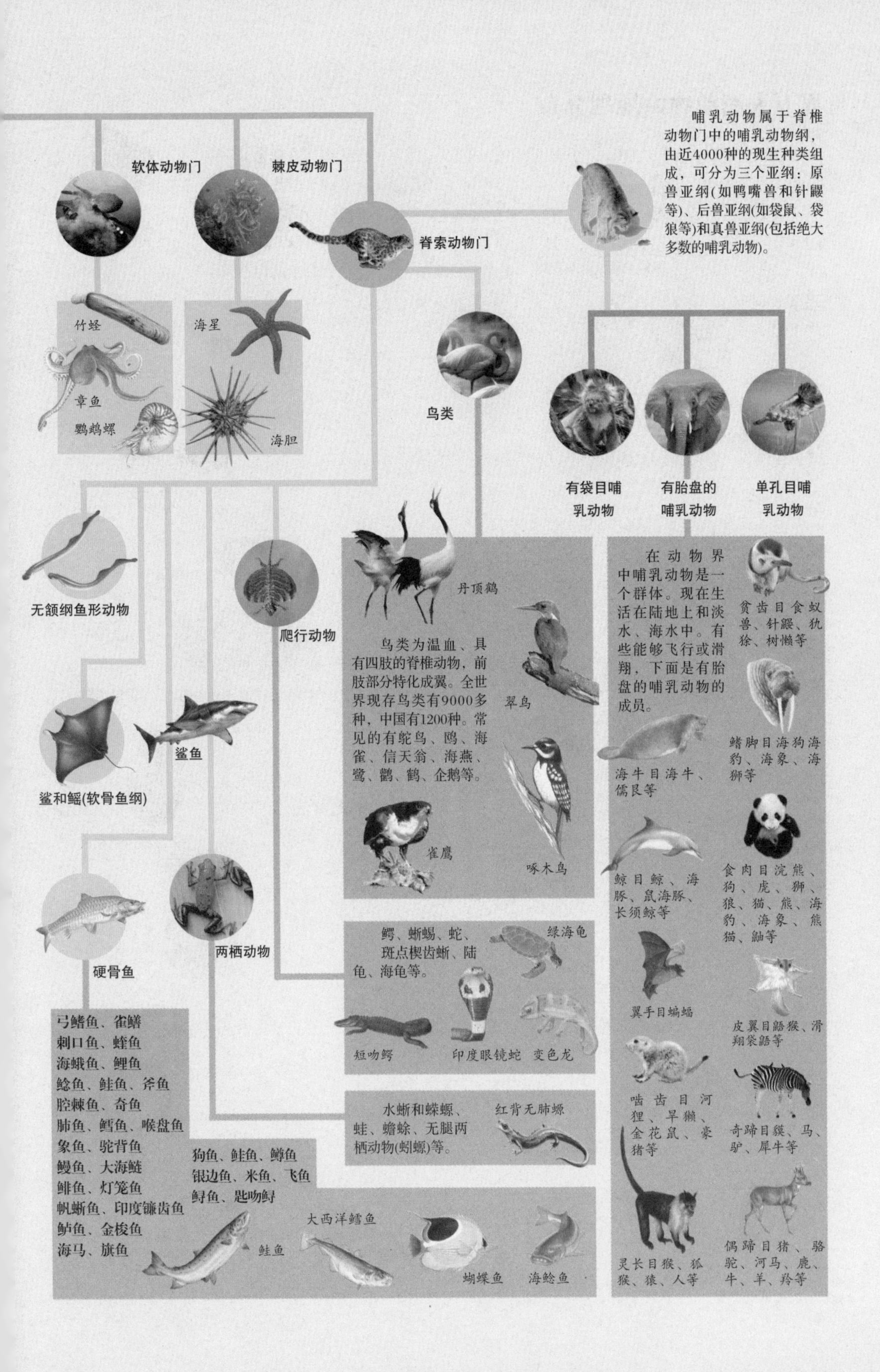

软体动物门
棘皮动物门
脊索动物门
哺乳动物属于脊椎动物门中的哺乳动物纲，由近4000种的现生种类组成，可分为三个亚纲：原兽亚纲(如鸭嘴兽和针鼹等)、后兽亚纲(如袋鼠、袋狼等)和真兽亚纲(包括绝大多数的哺乳动物)。
竹蛏
章鱼
鹦鹉螺
海星
海胆
鸟类
有袋目哺乳动物
有胎盘的哺乳动物
单孔目哺乳动物
无颌纲鱼形动物
爬行动物
丹顶鹤
鸟类为温血、具有四肢的脊椎动物，前肢部分特化成翼。全世界现存鸟类有9000多种，中国有1200种。常见的有鸵鸟、鸥、海雀、信天翁、海燕、鹭、鹳、鹤、企鹅等。
翠鸟
雀鹰
啄木鸟
在动物界中哺乳动物是一个群体。现在生活在陆地上和淡水、海水中。有些能够飞行或滑翔，下面是有胎盘的哺乳动物的成员。
贫齿目食蚁兽、针鼹、犰狳、树懒等
鳍脚目海狗海豹、海象、海狮等
海牛目海牛、儒艮等
鲸目鲸、海豚、鼠海豚、长须鲸等
食肉目浣熊、狗、虎、狮、狼、猫、熊、海豹、海象、熊猫、鼬等
翼手目蝙蝠
皮翼目鼯猴、滑翔袋鼯等
啮齿目河狸、旱獭、金花鼠、豪猪等
奇蹄目貘、马、驴、犀牛等
灵长目猴、狐猴、猿、人等
偶蹄目猪、骆驼、河马、鹿、牛、羊、羚等
鲨鱼
鲨和鳐(软骨鱼纲)
硬骨鱼
两栖动物
鳄、蜥蜴、蛇、斑点楔齿蜥、陆龟、海龟等。
绿海龟
短吻鳄
印度眼镜蛇
变色龙
水蜥和蝾螈、蛙、蟾蜍、无腿两栖动物(蚓螈)等。
红背无肺螈
弓鳍鱼、雀鳝
刺口鱼、蝰鱼
海蛾鱼、鲤鱼
鲶鱼、鲑鱼、斧鱼
腔棘鱼、奇鱼
肺鱼、鳕鱼、喉盘鱼
象鱼、驼背鱼
鳗鱼、大海鲢
鲱鱼、灯笼鱼
帆蜥鱼、印度镰齿鱼
鲈鱼、金梭鱼
海马、旗鱼
狗鱼、鲑鱼、鳟鱼
银边鱼、米鱼、飞鱼
魣鱼、匙吻魣
大西洋鳕鱼
鲑鱼
蝴蝶鱼
海鲶鱼

世界五大洲动物的地理分布

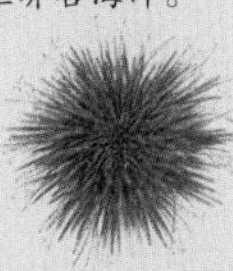

海胆／分布在世界各海洋。

猞猁／分布在欧亚北部地区。

印度眼镜蛇／分布于印度、东南亚地区。

苍鹭／栖息于除北半球的寒冷地带和澳大利亚以外的世界各地。

猕猴／分布在蒙古、中国大陆、印度、马来西亚、斯里兰卡。

北冰洋

日本冰鱼／栖息于太平洋西北部。

蝮蛇／分布在印度、东南亚地区。

欧洲

亚洲

大熊猫／分布在中国中西部地区。

海豚／生活于大西洋、印度洋、太平洋的温带和热带水域。

大马哈鱼／分布在北太平洋。

鳐鱼／分布在太平洋、大西洋东部。

大独角犀／分布在喜玛拉雅山脉、南面印度、尼泊尔地区。

太平洋

太平洋

角马／分布在肯尼亚及坦桑尼亚以南地区。

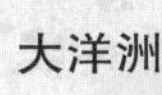

大洋洲

阿吉尔袋鼠／分布于澳大利亚地区。

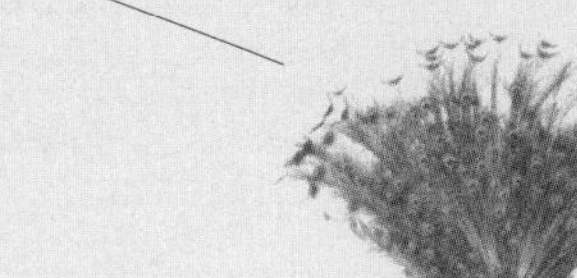

孔雀／栖息于印度和斯里兰卡地区。

鬣狗／分布在印度横跨亚洲南部至非洲坦桑尼亚北部地区。

树袋熊／分布于澳大利亚东部地区。

南极洲

企鹅／栖息在南半球沿岸的寒洋流区，是南极洲不会飞的海鸟。

大翅鲸／生活于极地至热带海域。

海豹／生活在全世界温带及寒带海域。

长角羚／分布在非洲阿曼中部的哈拉西斯平原地区。

海葵／分布在大西洋、印度洋、太平洋的温带和热带水域。

第一章

你所不知道的动物常识

动物的种类与分类法

动物是自然界的重要组成部分之一。据统计，现在全世界约有150万种动物。人们在谈到动物的时候，通常想到的仅仅是哺乳动物，其实，动物还应包括鸟类、爬行动物、两栖动物、鱼类以及种类繁多、数量庞大的无脊椎动物。事实上，无脊椎动物占了动物总数的90%以上。有些科学家认为，自然界中可能还存在着大约1500万种未被发现的无脊椎动物。

面对庞大的动物家族，人们有必要按照一定的尺度将它们分门别类。科学家按照动物的形态结构，先把动物分成两大类：脊椎动物和无脊椎动物。然后将具有最基本、最显著的共同特征的生物分成若干群，每一群叫一门。目前动物界一共有20余门，主要包括原生动物门、海绵动物门、腔肠动物门、扇形动物门、线形动物门、环节动物门、脊椎动物门等。门以下为纲，它是把同一门的生物按照彼此相似的特性和亲缘关系所分成的群体。比如脊椎动物亚门中又分为鱼、鸟、哺乳等纲。同一纲的生物按照彼此相似的特征分为几个群，叫作目，如鸟纲中有雁形目、鸡形目、鹤形目等。目以下为科，是同一目的生物按照彼此相似的特性所形成的群体，如鸡形目有雉科、松鸡科等。再往下分便是属，是同一科的生物按照彼此相似的程度结合形成的群体，如猫科有猫属、虎属等。属下面是种，又叫物种，是最小的类群，也是动物分类最基本的单元，如猫是猫属中的一种。此外，随着科学技术的发展，人们还运用胚胎学、生物化学、数学等方法对动物进行分类，以便更好地研究自然界。

动物是按照从低等到高等的顺序逐步进化的。相对于高等的脊椎动物而言，无脊椎动物是低等的，但却形成了一个令人难以置信的多样化的物种体系。它们没有什么共同特征，仅仅靠一点血缘关系互相结合。有些无脊椎动物是为人们所熟知的，如昆虫、蜗牛等；有些则是难以觉察的，生物学家甚至无法给它们命名。理论上讲，世界上的任何地方都生活着无脊椎动物，但是无脊椎动物通常集中在海洋里。它们有的十分微小，随洋流漂泊；有些则具有庞大的躯体，如巨型枪乌贼有18米长。除海绵外，几乎所有的无脊椎动物的躯体都具有对称性，有的呈辐射对称，有的呈双边对称。另外，许多无脊椎动物的躯体是由一些分离的环节构成的，这就使得它们能改变自己的形状，并以复杂的方式运动。如蚯蚓在每一环节里都有分离的肌肉，它可以通过协调肌肉的收缩使自己在土壤里自由蠕动。

⊙ 世界上至少有2万种蟋蟀和蚱蜢，甚至还可能更多。图中展示的只是生活在中美洲雨林中的一小部分蟋蟀和蚱蜢标本。

⊙ 地球上的动物是形形色色的，不同环境中生活的动物具有不同的生活习性、繁殖特性和适应性。

节肢动物是动物界中最大的群系，主要包括昆虫、千足虫、蜘蛛、螨、甲壳类以及造型古怪的鲎和海蜘蛛。所有的节肢动物的躯干都是由一排节环构成，外面由一层外生骨骼或角质层覆盖着，并长有带关节的腿。

脊索动物中的海鞘、柱头虫、文昌鱼等，兼有无脊椎动物和脊椎动物的特点，属于中间类型。

尽管脊椎动物只占动物界的一小部分，但却是最高等的一个类群，主要包括圆口类、鱼类、两栖类、爬行类和哺乳类。最初的脊椎动物是从5亿年前生活在海底泥层中的一种像虫一样的小型动物进化而来的。典型的脊椎动物都是由脊柱、四肢、感觉器官和大脑组成的。脊椎从颈部延伸至尾部，由许多相互连接的块状椎骨组成，可以保护从脑至全身的神经组织。感觉器官集中在头部，其作用是帮助动物察觉危险，寻找食物和配偶。多数脊椎动物有四肢，有的四肢演化成鳍，有的则演化成腿、上肢或翅膀。包括蛇类在内的许多脊椎动物已经没有了外肢的痕迹。脊椎动物的大脑一般都比较发达，尤其是哺乳类动物，如大象的脑高度发达，具有类似于人类大脑的思考和记忆能力。

脊椎动物按照不同的标准，可以分成不同的类别。如以变温和恒温来区分，鸟类和哺乳类等恒温动物属于高等动物，爬行类以下的变温动物属于低等动物；如果以在胚胎发育中有无羊膜来看，则圆口类、鱼类和两栖类为低等动物，其他的为高等动物。在大多数情况下，高等动物专指哺乳动物，鸟类以下的为低等动物。

将动物按照一定的特性划分为不同的门类，反映了动物发展演化的漫长历史。一般而言，同一类群的动物具有比较近的血缘关系；而不同类群之间的动物，有的亲缘关系比较近，有的则比较远。例如海绵这种最简单的有机生物，它们的躯体是由两层细胞构成的，变形细胞很多，体壁细胞具有多种功能。虽然它属于多细胞生物，却有着与单细胞生物相似的行为特征，因此可以说它们具有较近的亲缘关系。而那些形态差异比较大的生物，其亲缘关系就比较远。动物的亲缘关系，实际上就是动物的演化关系。有人曾根据亲缘关系的远近，将各门动物的关系排列成“系统树”，树的上方是高级的哺乳类动物，下方则是原生的单细胞生物，从这棵“树”上人们可以清楚地看到物种进化的历史步伐，有助于我们了解自然界的奥秘。

生态学

生物就像是一个不断变化的拼图玩具中的小板块。生态学家们就这些板块是怎样适应彼此和整个周边世界的问题进行研究。

自然界到处都存在着联系，比如，猫头鹰吃老鼠，大黄蜂使用旧的老鼠洞，因此，如果猫头鹰数量少，老鼠数量就多，大黄蜂找一个旧鼠洞安家的机会也就多了。斑马吃草，但是因为它们也啃其他植物，所以同时也帮助了草种子的传播。像上述的这些联系使得整个自然界得以运作起来。

什么是生态学

当科学家最早开始研究自然的时候，他们的注意力都放在各个生物种类上。他们遍访世界各地，把标本带回博物馆，这样各个物种就可以被分类并确定下来。今天，这项工作还在继续。但是，科学家同时也在研究生物之间的相互作用关系，这项研究是非常重要的，因为可以帮助我们理解人类带来的变化——污染和森林采伐等——是怎样影响整个生物世界的。

生态学即是对这种联系的研究，它涉及到生物本身，以及它们使用的原材料和营养物质。能量也是生态环境学中一个重要的研究方面，因为它是生物生命存活的动力所在。

聚集在一起

调查野生动物的研究人员通常对野生动物了解得非常透彻。有经验的研究人员可以根据黑猩猩的脸以及驼背鲸的尾部造型而直接将它们辨认出来。研究生物种类是很有意思的，但是生态环境学家对于从更大范围内研究生命的运作情况更感兴趣。

从个体引申出去，首先最重要的级别是“种群”，这是在同一时间生活在同一地方的同一种生物的集合。有些种群的成员很少，而有些却达到上千之多。不同的种群有着不同的变化方式。一个大象种群或者橡树种群的数量变化很慢，因为它们的繁殖速度很慢，而且寿命很长。而蚱蜢的种群数量变化就快了，因为它们繁殖很快、寿命很短。

在有些种群中，生物个体是随意分布的，不过更常见的情况是，它们以分散的群的方式

⊙ 草地是地球上十几个生态系统之一。大部分生态系统之间没有严格的界限，通常是彼此交融在一起的。所有的生态系统组成了生物圈，是地球上所有生物的家。

⊙ 非洲草原和其上的野生动物形成了地球上最具特色的生态系统之一。这个生态系统因其具有丰富的食草哺乳动物群而出名。

⊙ 斑马与各种植物和动物一起形成了一个群落——一个生活在同一个栖息地上的多种生物的混合群落，彼此利用对方来生存。斑马需要食草，也在啃掉其他种类植物的同时帮助了草种子的传播。

⊙ 生活在同一个地方的所有斑马形成一个种群。它们混合生活在一起，因此也会进行异种交配繁殖。在一个斑马种群中，一种斑马与另一种斑马之间存在着细微的差别，但是这需要专家才能辨别出来。

生活。这对于试图监控野生动物的科学家来说是个麻烦，因为这使得种群的数量很难数清。而且，有些动物比如老虎和鲸之类一直处于迁移当中，就使得这项工作更难了。

群落生活

在种群之上的便是“群落”，其中包括了几个不同生物的种群，就像是小镇上生活在一起的几户邻居。在自然界中，群落生活总是很繁忙的，并不像其看上去那么平静，那是因为各个种群的生活方式大不相同——有些可以与邻居和睦相处，有些则是将邻居作为自己的囊中猎物。

不同地区的生物群落各不相同，在热带，群落中常常包含了数千种关系复杂的生物。在世界上生活环境最恶劣的栖息地中，生物种类甚至还列不满一页。比如，深海底的火山口布满了细菌，但是没有任何一种植物生活在那里，因为没有阳光。在这样的艰苦条件下，基本没有生物愿意将海底火山口作为自己的长久生活之地。

⊙ 石灰岩悬崖十分适合植物和鸟类安家，因为那里有大量岩脊。图中的悬崖位于葡萄牙南部的阿尔加维。

栖息地和生态系统

一个群落是多种生物的集合，不再包含别的东西。但是下一步要提到的生态系统，则还要包括这些生物的家，也即栖息地。生态系统包括生物和其所处的栖息地，从针叶林和冻原到珊瑚礁和洞穴。

生态系统需要能量才能运作，而这种能量通常来自于太阳。植物在陆地上收集阳光，而藻类从海洋表面获取阳光。一旦它们收集起这种最为重要的能量后，就将之用于自身的生长，这也就为其他生物提供了食物。一种生物被吃后，它所含有的能量就被传给了食用者。深海火山口是生物以不同于上述方式获取能量的极少数地方之一——在这里，细菌通过溶解在水中的矿物质获取能量，而这些细菌则为动物提供了食物。

世界上所有的生态系统构成了生物圈，也是生态学分级中的最高级别。这个变化多样的舞台，承载了丰富多样的定居者，涵盖了有生物居住的所有地方。

家和栖息地

得益于现代科技，人类可以生活在地球上几乎任何地方。与我们相比，地球上的野生动植物对于自己的生活环境比较挑剔。

在自然界中，每一个物种都有自己的栖息地或者家，一个栖息地可以为动植物提供生活的处所，以及其所需的所有东西。大部分物种都只喜好一类栖息地，但是有些可以在其生命的不同时期使用两类或者三类不同的栖息地。物种能够习惯于它们的栖息地是因为几千年甚至几百万年来的适应过程，如果它们的栖息地发生变化或者消失，它们的生存就会变得困难了。

⊙ 在非洲和南亚的很多地区都生活着豹。由于其分布广泛，在如今瞬息万变的世界中生存的机会就相对较高。

⊙ 豹可以在多种不同的栖息地中生存，通常在树上进食和睡觉。

生活的空间

栖息地就像是地址，因为它们会告诉你哪些物种生活在哪些地方。比如，大熊猫生活在中国中部地区的大山里，它们几乎完全是以竹子为食的。在地球上的其他地方，这些大熊猫都不可能长久地生存下去，因为熊猫以竹子为生，没有了竹子，它们别无所食。

与大熊猫相比，豹对于生活的环境和所吃的食物不是那么挑剔。它们可以生活在空旷的草原上和热带丛林中，甚至可以生活在靠近村镇的田地里。世界上一些分布很广的动物甚至还生活在根本不为人类所知的环境里。一种被称为“水熊”的微生物生活在池塘、水坑、水沟甚至两层泥土之间薄薄的含水层中，这种栖息地在世界上到处都是，所以水熊可以在世界范围内分布。

⊙ 鸸鹋徜徉在澳大利亚的灌木丛中。它们既可以像鸵鸟一样快速奔跑，同时也是游泳高手。这对于生活在草原上和沙漠中的鸟类而言是一项非同寻常的天赋。

⊙ 在美国东北地区的针叶林中，花旗松树上生活着很多不同种类的鸟。通过居住在树的不同高度以及食用不同的食物，这些鸟类可以生活在同一个栖息地上而不发生任何直接冲突。

食物链和食物网

在自然界中，食物总是一直处于流动当中。当一只蝴蝶食用一朵花时或者当一条蛇吞下一只青蛙时，食物就在食物链中又向前推进了一步，同时，食物中含有的能量也向前传递了一步。

食物链不是你看得见摸得着的，但是它是生物世界中的重要组成部分。当一种生物食用了另一种生物时，食物就被传递了一步，而食用者最终也总是成为另一种生物的口中美食，这样一来，食物就又被传递了一步。如此往下便形成了食物链。大部分生物是多种食物链中的组成部分。把所有的食物链加起来，便形成了食物网，其中可能涉及到几百种甚至几千种不同的物种。

⊙ 几乎所有的动物都有自己专门的食物对象，每种动物都只不过是另一种的食物罢了。这张图中，一只蜘蛛已经捕获了另一只蜘蛛，后者成了它的口中美食。

食物链是怎样运作的

现在，你将可以看到一条热带生物的食物链。像所有的陆上食物链一样，它从植物开始。植物直接从阳光中获取能量，因此它们不需要食用其他生物，但是它们却为别的生物制造食物，当它们被草食动物吃掉后，这种食物便开始被传递了。

很多草食动物都以植物的根、叶或者种子为食。但是在本条食物链中，草食动物是一只停在花上吸食花蜜的蝴蝶。花蜜富含能量，因此是很好的营养物质。不幸的是，这只蝴蝶被一只绿色猫蛛捕食了。绿色猫蛛也就是本条食物链中涉及到的第3个物种。像所有其他蜘蛛一样，这种蜘蛛是绝对的食肉生物，非常善于捕捉昆虫。但是为了抓住蝴蝶，这只蜘蛛需要冒险在白天行动，这会吸引草蛙的注意。草蛙吞食蜘蛛，成为该食物链的第4个物种。草蛙有很多天敌，其中之一是睫毛蝰蛇——一种体型小但有剧毒的蛇类，通常隐藏在花丛中。当它将草蛙吞下时，它便成为了本条食物链中涉及到的第5个物种。但是蛇也很容易受到攻击，如果被一只目光锐利的角雕看到，它的生命也就结束了。角雕正是本条食物链中涉及的第6个物种，它没有天敌，因此食物链便到此结束了。

⊙ 在以植物残渣为食物的生物中，可以长到28厘米的千足虫无疑是其中的庞然大物了。它们爬行缓慢，而且是冷血动物，这两个特点使得千足虫对于能量的需求非常有限。

食物链和能量

6个物种，听起来可能并不算多，尤其是在一个满是生物的栖息地中。但是这事实上已经超过食物链的平均长度了。一般的食物链中都只有三四个环节。那么，为什么食物链那么快就结束了呢？这个问题与能量有关。

当动物进食后，它们把获得的能量用在两个方面。一方面用于身体的生长，另一方面用于机体的运作。被固定在身体中的能量可以通过食物链传递，但是用于机体运作的能量在每次使用中就被消耗掉了。一些活跃的动物，比如鸟类和哺乳动物，被消耗掉的能量约占所有能量的90%，因此只有大约10%左右的能量被留下来成为潜在食物。当食物链走到第4或者第5种生物时，所含的能量便因为逐级减少而所剩不多了。当走到第6个环节时，能量几乎已经消耗殆尽。

金字塔

这种能量的递减显示了食物链的另一个特征——越是接近食物链开端的物种数量越丰富。如果按照层叠的方式把食物链表示出来，结果便形成金字塔形状。

比如淡水环境中一条食物链可以形成一个典型的金字塔——从下而上，数量较大的生物是蝌蚪和水甲虫；再往上，食肉鱼类数量相对减少，而食鱼鸟类的数量则是最少。在所有的生物栖息地包括草地到极地冻原，都适用上述这种金字塔结构。这就解释了为什么像苍鹭、狮子和角雕那样位于金字塔顶端的肉食动物需要如此之大的生活空间了。

世界范围的食物网

食物网比食物链要复杂得多，因为它涉及到大量不同种类的生物。除了捕食者和被捕食者，其中还包括那些通过分解尸体残骸生存的生物。

食物网越精细越能证明该栖息地拥有健康的环境，因为这显示了有很多生物融洽地生活在一起。如果一个栖息地被污染或者因森林采伐而被破坏了，食物网就会断开甚至瓦解，因为其中的一些物种消失了。

⊙ 当阳光穿过森林，树叶就采集了光能。树木枝干向上生长就是为了获得更多的光照。

海洋动物

所谓海洋动物是指生活在海洋中的各种动物的总称。据统计，海洋中大约有16万～20万种动物，其中最小的是单细胞原生动物，最大的是长达30米、重约190吨的蓝鲸。海洋动物的活动范围也很广，从海面到海底，从海岸或潮间带到最深的海沟底部，都能发现它们的身影。

过去人们认为，海洋深处是一个高压、无光、缺氧少食的险恶世界，不可能有生命存在。后来，随着科学技术的发展，人们可以进入深海探险考察后，才惊奇地发现，在大洋深处生活着多种鱼类、甲壳类和软体动物。在这“暗无天日”的深海世界中，这些动物依靠什么生活呢?唯一的可能是：各种硫杆菌利用极高的地温使硫氢化合物、二氧化碳和氧气产生代谢变化，形成了能够维持这些动物生存的低级食物链。

海洋动物通常以海洋植物、微生物、动物碎屑为生。由于海水深度、温度等条件的不同，海洋中浮游生物和底栖生物在分布上存在着很大的差异和变化。这种差异和变化又直接影响了以浮游生物为食的其他海洋动物的活动与分布。

为了便于研究，科学家将种类繁多的海洋动物划分为三大类：海洋无脊椎动物、海洋原索动物和海洋脊椎动物。它们在结构形态和生理特点上具有很大的不同。

海洋无脊椎动物是海洋世界中的“名门望族”，在种类和数量上都占据统治地位。主要包括原生动物、海绵动物、腔肠动物、扁形动物、纽形动物、线形动物、环节动物、软体动物、节肢动物、腕足动物、毛颚动物、须腕动物、棘皮动物及半索动物等。

海星和海胆大概是人类最熟悉的海生无脊椎动物了。它们属于棘皮动物，外表呈刺状，由一层白垩板保护着。它们的躯体由5个对称的部分组成，从中间向周围辐射开来，就像装了车辐的车轮一样。它们没有头，也没有脑，更没有“前”“后”之分，可以自由地向任何一个方向运动。它们的嘴长在下边，叫作口面；肛门长在上边，叫作反口面。海星和海胆的体内是一个充满了水的管道水压系统，它们就是靠这个系统运动、吃食和呼吸的。

珊瑚是另一种常见的海生无脊椎动物，属

⊙ 珊瑚礁是由无数珊瑚构成的。珊瑚礁为鱼和其他海洋生物提供住处。

于腔肠动物类。自古以来，很多人都把珊瑚看做植物，其实它是一种低等的海生动物。珊瑚的身体由内外两个胚层组成，就像一个双层口袋，只有很少的明晰的器官。它有一个口，没有肛门。食物从口里进去，不消化的残渣也从口里排出。口的四周是许多像花一样的触手，用来捕捉食物或振动引起水流将食物吸进口和腔肠中，帮助消化水中的小生物。珊瑚有许多种，但它们都喜欢生活在水流快、温度高、干净、温暖的浅海地区。大多数珊瑚都是靠出芽繁殖的，每一个单体叫“珊瑚虫”。“珊瑚虫”成熟后并不离开母体，于是便成为一个相互联结、共生共息的群体，这就是珊瑚呈树枝状的主要原因。在清澈的热带浅海里，珊瑚繁殖得非常迅速，往往会形成巨大的珊瑚礁，成为海洋动物的栖息地。

海洋原索动物是介于脊椎动物与无脊椎动物之间的过渡类型，包括尾索动物和头索动物等。

海洋动物中另一重要的门类是海洋脊椎动物，主要包括依靠海洋而生存的鱼类、爬行类、鸟类和哺乳类动物。

鱼是最重要的海洋动物之一，最早的鱼出现在5亿多年前，那时的鱼既没有颚，也没有鳍。现在世界上大约有2.5万多种鱼，是脊椎动物中种类最多的动物。绝大部分的鱼类，体表覆盖着一层具有保护作用的鳞片，内部器官与其他脊椎动物相似。它们的身体一般呈流线型，用鳃呼吸，用鳍游动。鱼鳍包括尾鳍、背鳍、臀鳍等，其中胸鳍和腹鳍与脊椎动物的四肢相对应。

科学家们根据鱼的个性特征，将它们分为三大类。第一类叫作无腭鱼，如七鳃鳗、八目鳗等，它们没有鳃，身体就像一节烟囱。第二类叫作硬骨鱼，如鳟鱼、鳕鱼等。它们的脊椎、头骨、肋骨、下腭等都是由硬骨组成的。鳞片叫做骨鳞，一部分重叠，呈覆瓦状排列在表皮下面。多数的硬骨鱼都有一个可以控制沉浮的气囊，叫作鳔。鳔如同一个可变的气泡，当它变大时，浮力增加，鱼就能够浮起来；当它变小时，浮力减小，鱼就会沉下去。95%的鱼类属于硬骨鱼。最后一类叫软骨鱼，其特点为骨骼柔软；鳞片呈盾状，嵌在皮肤里，形成砂纸一样的表面；无鳔。鲨鱼就属于这一类。为了适应水中生活，鲨鱼长有上边大、下边小的尾鳍，可以帮助它快速游动，并在慢游时形成浮力。目前，世界上共有3000多种鲨鱼，其中生活在热带温暖海域的鲨鱼，如大青鲨、双髻鲨、大白鲨等，是具有攻击性的食肉鱼类，人称“海洋猎手”。

鱼类也需要氧气来维持生存。通常，鱼用嘴吸进含氧的水，然后由鳃抽吸水中的氧气，氧便经过鳃膜进到鱼的血液里。氧气通过血管被输送至身体各部分，二氧化碳等废物则被排出体外。鱼的游动姿势和游动速度与鱼的体形有关。一般而言，鱼体修长，呈流线型，长有半月形尾鳍的鱼，游动速度都很快。如世界上游动速度最快的鱼——箭鱼就具有这些特征。

鱼的视觉都不太发达，它们主要依靠听觉和嗅觉来寻找食物、配偶，躲避捕食者。除此之外，鱼还有一种特殊的感觉器官——侧线感受器，分布在鱼体两侧。水的流动能够引起侧线管内黏液的变化，鱼就是依靠这些变化来预测水流、捕获猎物的。

生命起源于海洋。从原生动物到哺乳动物的海洋动物系统，不仅展现了生命发展的历史，而且为人类提供了丰富的食物和资源，海洋是我们赖以生存的家园。

⊙ 海洋动物的体形和个体大小差别都很大。

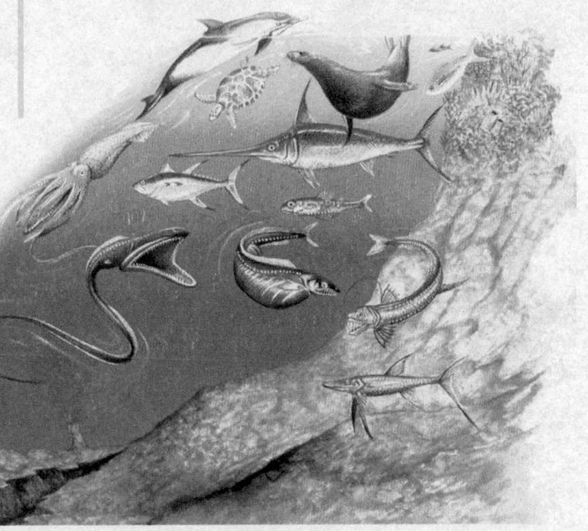

白章鱼像降落伞一样张开自己的触手，游在夏威夷海的海床底上。它以虾和蟹为食，窝的周围常常满是它丢弃的残骸。白章鱼可以长到1米长，但是世界上最大的章鱼——太平洋大章鱼的触手完全张开后的长度可达8米，重量可达250千克。

陆地动物

所谓陆地动物，就是指那些主要在陆地上生活、繁殖的动物。陆地上最兴旺的动物应该是属于节肢动物门下的昆虫、蜘蛛、多足纲和脊椎动物中的爬行类、鸟类和哺乳类中的大多数动物。

昆虫几乎遍布于除大海以外的任何地方。地表是它们最普遍的栖息地，但还有许多昆虫生活在植物中或泥土的下面，甚至是动物的体表或体内。比如寄生在人或动物身上的臭虫就是一种半翅目的昆虫。它白天藏在人的衣服里或动物的皮毛里，晚上出来用嘴部的吸管吸人或动物身上的血。

蝎子是大型蛛形纲动物，是首批出现在地球上的节肢动物，迄今已有4.25亿年左右的历史了。蝎子的祖先是巨水蝎，出现于古生代，身长从10厘米到2米不等，已具备了螯肢和口钳。那时的蝎子是海生动物，到了大约3.5亿年前，蝎子开始向陆生转变，直到3500万年前，才完全变为陆生动物。蝎子的进化与地球的发展息息相关，它们随地表的变化而不断进化，很能适应环境的变迁。

蜈蚣是蠕虫形的陆生节肢动物，属节肢动物门多足纲。蜈蚣的身体是由许多体节组成的，每一节上有一对足，所以叫多足动物。白天它们隐藏在暗处，晚上出去活动，以蚯蚓、昆虫等动物为食。蜈蚣与蛇、蝎、壁虎、蟾蜍并称“五毒”，并位居五毒首位。

两栖类动物是最早开始陆地生活的脊椎动物，早期的两栖动物是从能呼吸空气的总鳍鱼或肺鱼进化而来的。它们离开水可能是因为陆地上没有什么敌害并有充足的食物来源。早期的水陆两栖动物为了更适应陆地生活而长出强有力的四肢。但是，由于两栖动物没有皮毛、羽毛或鳞片的保护，它们的体表极易失去水分，因而它们不能在过于干燥的地区生活，而且大多数种类要回到水中去交配和产卵，只有一小部分能够完全脱离水而生存下来。

蟾蜍和蛙是同类，它们同属于两栖动物，既能在陆地上生活，又能在水中生活。与蛙类相比，蟾蜍的后肢较短小，不会跳跃，只会爬行；皮肤比较干燥，长了许多疣状的东西；趾间没有或几乎没有蹼；更喜欢在陆地上生活，平时在草丛、山地或平地上活动，只有到了产卵期才会爬到水塘边产卵。冬天，蟾蜍就在干燥的山坡或草丛中，挖掘洞穴进行冬眠，直到春暖花开时再出来活动。

爬行类动物的体表都有保护性的鳞片或坚硬的外壳，这可使它们不会因过快失去水分而死去，因而能更加适应陆地生活。当然它们当中还是有一部分更喜欢水里的生活。

蛇是一种比较特殊的爬行动物，是由蜥蜴进化而来的，遍布于除南极洲以外的所有大陆。

蛇的全身布满鳞片，没有皮腺，不具有呼吸功能。蛇的骨骼是由脑骨和背骨组成的，背骨的每一节脊柱都连着一对肋骨。蛇没有脚，它依靠脊柱上的肌肉向前运动。当它移动时，腹鳞稍稍翘起，翘起的鳞片尖端像脚一样踩住地面或其他物体，推动身体前进。不同种类的蛇，其前进时的样子也不尽相同。有的是靠身体扭动呈“S”形前进；有的则是一拱一伏地前行。身体较重的蛇是直线前进，身体的前半部分先向前拱，然后后半部分的身体再跟上来，移动十分缓慢。

蛇的大小差别很大，最小的蛇长不到15厘米，最大的蛇——水蟒则有10多米长。尽管有长有短，但它们的外形都差不多，都是又长又细。但是由于生活环境不一样，蛇的形体也会有一些差异，以便它们能更好地适应环境。生活在树上的蛇有长长的尾巴，这可以使它们牢牢地缠住树，如树王蛇；穴居在地下的蛇都有圆滑的身体，这可以使它们更好地在地下前进，如缅甸大蟒蛇；生活在陆地上的蛇，腹部都有大的鳞片，这可以使它们更好地附着在土壤和岩石上，如草原响尾蛇等。

鸟都是生活在陆地上的，但有些鸟却离不开海或江河，如海鸟、水禽等，它们也可以在陆地上生活，因而我们也把它们归为陆地动物。

哺乳动物是陆地动物中最庞大、最高等的一类动物。哺乳动物与其他动物的不同之处就在于幼体是由母体乳房分泌的乳汁喂养的。哺乳动物广泛地分布于陆地、空中和水中，这里我们只讨论生活在陆地和空中的陆生哺乳动物。

豹是一种中型食肉哺乳动物，属猫科。豹

⊙ 一群角马正徜徉在坦桑尼亚和肯尼亚之间的平原上。雨季刚刚过去，草原还是一片葱绿。

⊙ 果蝠用膜翼包裹着身体倒挂在树上睡觉。

给人的第一印象就是优雅：匀称的身躯、带花斑的皮毛和纤细的腰身。它头部浑圆、布满黑色斑纹；背毛有玫瑰状的环纹，根据生存环境的不同而多有变化；爪子洁净；尾巴在走动时高高竖起，俨然一位贵族。豹主要分布在亚、非、欧三大洲。它们对环境并不挑剔，只要有足够的水与猎物，它们就能生活得很好。同时它们的游泳技术绝佳，所以热带森林与河流旁的灌木丛是它们最喜欢的地方。

刺猬属于哺乳纲食虫目猬科。它是世界上最原始的哺乳动物之一，早在1500万年前就已经是现在这副模样了。刺猬身长22～32厘米，体重450～700克。它的四肢相当长，颈部却非常短小，这样易于将身体蜷成球形。它行走时四肢弯曲，看上去就像贴地滑动或滚动，样子非常可爱。

树袋熊又叫“考拉”，属哺乳纲有袋目，仅分布于澳大利亚的新南威尔士、维多利亚和昆士兰等地。它是一种栖居于树上的动物，常年以桉树为家，以桉树叶为食。它的鼻子扁平，耳朵很大，四肢粗壮，爪子尖利，没有尾巴。它的身长约80厘米，重约15千克，毛呈灰褐色，胸部、腹部、四肢内侧和内耳处均长有灰白色短毛。它们憨态可掬、性情温顺，样子酷似小熊，所以又叫“树熊”“保姆熊”“玩具熊”等。

蝙蝠是仅有的一种会飞的哺乳动物，大约有925种，都属于翼手目动物。翼手目又分成两个亚目：大翼手亚目，包括飞狐类和旧大陆果蝙；小翼手亚目，在世界各地都有分布。蝙蝠的翼是在进化过程中由前肢演化而来的。第一个指头（拇指）短，末端有爪，其余各指极度伸长，有一片飞膜从前臂、上臂向下与体侧相连，直达下肢的踝部。多数蝙蝠的两腿之前还有一片两层的膜，由裸露的深色皮肤构成。蝙蝠的颈部非常短，胸部和肩部则很宽大，胸肌发达，髋和腿部细长。除翼膜外，蝙蝠全身都长着毛，背部呈浓淡不同的灰色、棕黄色、褐色或黑色，而腹侧颜色较浅。栖息于空旷地带的蝙蝠，皮毛上常有斑点或杂色斑块，颜色也有差别。

⊙ 对于草原土拨鼠而言，“接吻”是关系亲近的标志。

⊙ 黑猩猩

猴是除树鼩、狐猴、类人猿和人以外的所有灵长目动物的统称。猴类多生活在热带森林中，除体型庞大的种类外，绝大多数栖息于树枝上，行动时凭借四肢在树枝间跳跃，在地面上则采用跖行（整个足底接触地面）的方式前进。猴子行动灵活敏捷，长有长长的手臂，身体很强壮，大多数猴子都长有一条长尾巴，可以帮助它们在攀援树枝时保持平衡。猴子的鼻子较小，脸部没有毛发，眼部朝前突出。它们能腰背挺直地坐着，有时也会直体而立，可以腾出双手完成许多其他的动作，如寻找、采摘食物、捕获飞来的小昆虫、清洁毛发等。猴子的大脑发达，目光敏锐，其行为常常与人类相似，是一种非常可爱的动物。

类人猿是灵长目中除了人以外最为高等的动物。包括猩猩科和长臂猿科的无尾、类人灵长类动物，栖息于非洲和东南亚热带森林中。类人猿是非常聪明的动物，过着群居的生活。非洲黑猩猩也是类人猿，是人类最近的“亲戚”。

黑猩猩主要分布于非洲中部和西部，栖息于高大茂密的落叶林中。黑猩猩有1.2～1.5米高，重45～75千克。除脸部外，浑身长满了黑色的毛。它的脑袋比较圆，耳朵很大，并向两边直立起来。它的眉骨比较高，眼睛深深地凹陷下去，鼻子很小，嘴唇又薄又长，没有颊囊。手脚比较粗大，腿比臂短，站着的时候，臂可以垂到膝盖以下。黑猩猩有很高的智商，并且常受好奇心的驱使制作和使用工具。如为捕食白蚁，黑猩猩会将树枝上的叶子清除，小心地将细枝插入蚁巢，然后将爬满白蚁的细枝取出，用舌头舔食。此外，它们还会用嚼树叶的方法吸水，用石头敲碎硬的果实等。

无论是陆地动物，还是海洋动物，都是地球上不可缺少的一部分，它们共同构成了我们这个美丽的世界。

⊙ 熊是陆地上最大的肉食动物，它们不仅吃鱼、昆虫等肉类食物，也吃水果、坚果、树叶等素性食物。经过长期的进化，它们臼齿的边缘变得越来越圆滑，有利于咀嚼植物。

⊙ 非洲象是如今生存在陆地上体型最大的动物。对于体重如此大的动物来说，躺下去要花费很长时间。浸在泥沼里或者洗澡是它们日常生活中较为常见的行为。

恒温动物与冷血动物

体温即机体的温度，通常指身体内部的温度。一般来说，过高或过低的体温都会致动物于死命，为了生存，动物必须具有保持体温相对恒定的能力。这也是动物在长期进化过程中获得的一种较高级的调节功能。

进化至较高等的脊椎动物，如鸟类和哺乳类动物，具有比较完善的体温调节机制，能够在不同的温度环境下保持相对稳定的体温，这些动物叫恒温动物或温血动物。

恒温动物的体温是恒定的。一般来说，鸟类的体温大约在37℃～44.6℃之间，哺乳类动物的体温则介于25℃～37℃之间。恒定的体温使这些动物大大减少了对环境的依赖程度。恒温动物具有比较完善的体温调节机制，如厚厚的皮毛，发达的汗腺和呼吸循环系统等。恒温动物对自身体温的调节通常都是自主性的，即通过调节其产热和散热的生理活动，如出汗、打冷战、血管收缩与扩张等，来保持相对恒定的体温。

每种动物都有自己独特的保持体温恒定的“绝招”。这些“绝招”因动物的身体结构、生活习性和生存环境的不同而显得丰富多彩。

比如素有“南极居民”美称的企鹅，它们的全身覆盖着又密又厚的羽毛，皮下又有一层厚厚的脂肪层，所以企鹅不怕严寒与冰冻，即使在极端寒冷的环境中，它们也能保持正常体温。这就是它们能够在南极冰原上生活的原因。又如水生哺乳动物海豹也靠皮下那层厚厚的脂肪保暖，因此能在寒冷的南北两极活动自如。

⊙响尾蛇(下)、蟒蛇和巨蚺的眼睛周围都长有热感应器。这使得蛇类在黑暗中能够找到热血的猎物。

生活在热带的大象却是通过皮肤辐射来散热的，有时也通过皮肤渗透水分或通过4只面积巨大的脚掌与温度较低的地面相接触的办法来散发热量，以保持体温恒定。在炎炎夏日，大象喜欢在清晨和日落的时候出来活动，中午则躲在阴凉的地方避暑。同时大象还非常爱洗澡，一有机会便跑到河边，用鼻子往身上喷水来巧妙降温，就像人类洗澡一样。但生活在热带的猴子，则是利用长长的尾巴来调节体温。当温度比较高的时候，猴子会通过尾巴增大与空气接触的面积来散热；当温度降低时，它又会用尾巴来减少体内热量的散失。

大多数哺乳动物都是通过身体表面的汗腺来散发热量、降低体温的。

较低等的脊椎动物如爬行类、两栖类和鱼类以及所有的无脊椎动物，其体温随环境温度的改变而变化，不能保持相对恒定，因而叫变温动物或冷血动物。冷血动物对环境温度变化的适应能力较差，到了寒冷的冬季，其体温非常低，各种生理活动也都降至最低的水平，进入冬眠状态。虽然冷血动物体内没有完善的体温调节机制，但它们还是有办法来对付过低或过高的气温，即通过改变自己的行为来适应环境温度的变化。这种调节体温的方式叫行为性体温调节。

蛇是一种典型的冷血动物，因此它们不得不想办法依靠外部环境将自己的体温维持在一个可以正常发挥机体功能的温度。在寒冷的天气里，它们通常是白天出来活动，暴露在阳光下，尽可能多地吸收太阳的热量，并贮存在体内。夏天，

⊙ 南极冰原上的企鹅用厚密的羽毛来保温以及保护小企鹅免受南极冰寒的侵袭。

蛇的体温在清晨是25℃，可到了中午就会骤然升至40℃。在这种情况下，它们就躲在石头底下或钻进阴暗潮湿的洞里，直到晚上才溜出来透透气。在长期严寒的气候条件下，例如北方地区的冬季，它们会冬眠一段时间，等到气温回升、春暖花开的时候再出来。与蛇相近的蜥蜴，全身覆盖着一层坚硬的鳞片状皮肤，其主要功能就是防水和保持身体的温度。

鱼类、两栖类动物通常是以冬眠的方式来摆脱寒冷环境的影响。有些动物则是通过夏眠来躲避高温环境的影响。如生活在热带河流和沼泽中的蟾蜍、陆生龟等动物，当夏季来临时，它们就钻进阴凉的淤泥下或石洞中，“睡”上两三个月。这是因为当夏季来临时，这些地区的温度可高达40℃以上，使得沼泽干涸，植被减少，这些冷血动物只有依靠夏眠才能度过夏季。蜗牛也是一种冷血动物，为了适应环境温度的变化，它不仅要冬眠，而且要夏眠。冬天，蜗牛会把自己封闭在壳里，一直睡到春天大地复苏时再出来。夏天，它会用夏眠来抵抗干旱和酷热。特别是生活在非洲热带草原地区的蜗牛，每当干旱到来的时候，植物全因缺水而变得枯萎，蜗牛只好用夏眠的方法来减少对食物的需求，以度过食物匮乏的夏季。蜗牛的耐饥能力十分惊人，在热带沙漠地区，蜗牛能在壳里睡上3～4年。

还有一小部分动物介于恒温动物与冷血动物之间。在暖和的时候，它们的体温能保持相对恒定；到了寒冷的季节，其体温会随着气温的下降而下降，蛰伏而进入冬眠。刺猬便是这类动物的典型代表。刺猬的活跃期是4～10月。进入11月，它就开始冬眠了。冬眠时，它的新陈代谢极为缓慢，体温从36℃降至10℃，有时甚至会下降到1℃，但绝对不会降到0℃以下，因为如果这样它就会冻僵。此时，它的心跳从每分钟190次降至20次，每隔两三分钟才呼吸一次。在这段时间里，它一直靠消耗体内储存的脂肪来维持生命。大约到了4月份，冬眠的刺猬才会苏醒过来。这时它们都非常瘦弱，体重不会超过350克。

⊙ 蜗牛通过一组微型牙齿咀嚼树叶。它们通常食用薄而软的嫩叶。

肉食动物

当一只肉食动物向其猎物靠近时，不由得会让人产生一种紧张感。但是肉食动物是自然界的重要组成部分，连人类有时也是肉食动物。

与草食动物相比，肉食动物总有失算的时候，因为猎物可能会逃跑。作为补偿，自然界使得肉具有很高的营养价值。为了成功捕获猎物，肉食动物通常都有敏锐的感官和快速的反应能力。它们通过特殊的武器——比如有毒刺、有力的爪子或者锋利的牙齿——来制伏猎物。

慢动作的捕猎者

当人类提到肉食动物时总会最先想到像猎豹那样的运动速度很快的动物。但是很多肉食动物并非如此，比如海星，它的运动速度比蜗牛还慢，但是它们专门捕食那些不会逃跑的猎物——一般是把猎物的外壳撬开，然后享用里面的美餐。

在水中和陆上，很多肉食动物根本不追捕任何东西，相反，这些猎手只是埋伏着，等待猎物进入自己的抓捕范围。它们常常伪装得很好，有些甚至通过设置陷阱或者诱饵来增加捕获猎物的几率。“埋伏”的猎手有琵琶鱼、螳螂、蜘蛛和很多蛇类等。很多“埋伏”型猎手都是冷血动物，即使几天甚至几个星期不进食，它们也可以存活下来。

狩猎的哺乳动物

鸟类和哺乳动物都是热血动物，因此它们需要很多能量来保持身体正常运作。对于一头棕熊而言，能量来自于各种各样的食物，包括昆虫、鱼，有时也包括其他的熊。棕熊的体重可以达到1000千克，它是陆地上最大的肉食动物。一般情况下，它对人类很谨慎，但是如果真正开始攻击，结果将是致命的。

哺乳动物中的肉食者有着特殊的牙齿来处理它们的食物。靠近它们嘴的前方位置有两颗突出的犬齿，这可以帮助它们把猎物紧紧咬住。一旦将猎物杀死后，它们的食肉齿就开始发挥功用了——这些牙齿长在颚的靠后位置，有着长长的、锋利的边缘，可以像剪刀一样将猎物剪碎。有些食肉哺乳动物，比如狼，还常用食肉齿来将猎物的骨头咬碎，从而吃到里面的骨髓。

空袭

鸟类没有牙齿，它们用爪子捕猎。一旦它们将猎物杀死后，就会将其带到栖枝上或者自己的巢中。有些大型鸟类可以抓起很大重量的猎物——1932年，一只白尾海雕抓走了一个4岁的小女孩。神奇的是，这个小女孩存活了下来。

⊙ 一只非洲鱼鹰在水面上捕获了猎物。在其回到栖枝上后，便会将鱼整条吞下。

⊙ 在阿拉斯加，棕熊涉到河流中捕食洄游的大马哈鱼。它们的这场高蛋白盛宴可以一直持续几个星期。

爪子很适合用来抓住猎物，但是鸟类通常使用其弯曲的喙部来将猎物撕碎。捕食小型动物的鸟类有一套特殊的技术，它们可以将猎物的头先塞进自己喉咙，然后将其整个吞下去。

大规模杀戮者

世界上最高效的捕猎者通常食用比其自身小很多的猎物。在南部海域，鲸通过过滤海水来食用一种被称为磷虾的甲壳动物。它们的这种捕食方式是所有肉食动物中杀戮量最大的，每次都可以超过1吨以上。灰鲸在海床上挖食贝类，而驼背鲸则通过张起“泡沫网”等待鱼群的到来——这种网可以将鱼群逼入较小的空间，使其更容易捕捉。但是最厉害的捕鱼高手应该是人类，我们每年都要捕得几百万吨的鱼。

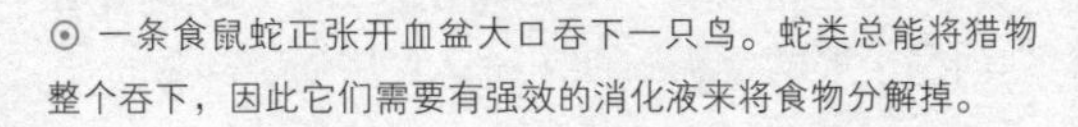

⊙ 一条食鼠蛇正张开血盆大口吞下一只鸟。蛇类总能将猎物整个吞下，因此它们需要有强效的消化液来将食物分解掉。

草食动物

草食动物与肉食动物的数量比至少是10：1。从最大的陆生哺乳动物到可以舒服地生活在一片叶子上的小昆虫，草食动物多种多样。

植物性食物有两大优势，一方面它们很容易被找到，另一方面它们不会逃跑。对于小型动物来说，还有另一个好处——植物是很好的藏身之所。但是食用植物也有其弊端，因为这种食物吃起来比较慢，而且不容易被消化。

秘密部队

一只大象每天可以吃掉1/3吨的食物，它们常常将树推倒来食用树枝上的叶子。野猪则采用不同的方法——从泥土中挖掘出美味多汁的树根来食用。虽然这些动物的体型都比较大，但是它们并不是世界上最为主要的草食动物。相反，昆虫和其他无脊椎动物的食用量要远远超过它们。

⊙ 在中美洲的雨林里，凤尾绿咬鹃以种子大或者果核大的果实为食。这种鸟类可以消化掉果实的大部分，但是将果核丢弃在雨林的土地里。

⊙ 和红狐狸等食肉动物相比，草食动物花很少时间寻找食物，而把更多时间放在进食上。比如，狍每天要进食超过12小时。

在热带草原上，蚂蚁和白蚁的数量常常超过其他所有草食动物的总数。它们收集种子和叶子，把它们搬到地下。在树林和森林中，很多昆虫以活的树木为食，而毛虫则直接躺在叶子中啃食。毛虫的胃口很大，如果进入到公园或者植物园的话，可以造成非常严重的虫灾。

哺乳动物、鼻涕虫和蜗牛食用的植物种类范围很广。但是，小型草食动物通常对它们的食物比较挑剔。比如，榛子象鼻虫只是以榛子为食，而赤蛱蝶毛虫只食用荨麻叶。如果这些毛虫遇到的是其他植物，它们宁可饿死也不会吃。对食物如此挑剔看似奇怪，但对于草食动物而言，有时候这是值得的，因为这样在处理它们的专门食物时效率会额外高。

种子和存储

爬行动物中的植食者比较少，鸟类中则比较多。其中，只有很少一部分鸟以树叶为食，更多的是食用花、果实或种子。

蜂鸟在花朵中穿梭采集花蜜，有些鹦鹉则用它们刷子般的舌头舔食花粉。食用果实和种子的鸟类更为常见。不像蜂鸟和鹦鹉，它们在全世界都有分布。

种子是十分理想的食物，它们富含各种营养性的油类和淀粉，这也是为什么这么多鸟类和啮齿类动物将种子作为食物的原因。在一些干燥的地方，寻找食物比较困难，食用种子的啮齿类动物就格外多。

啮齿类动物和鸟类不同，它们在困难时期可以通过收集食物并在地下存储食物而幸存下去。在中亚，有的沙鼠可以储存60千克种子和根，这些存粮足够它们生活几个月。

⊙ 就食物和身体重量比而言，毛虫的食量比大象要大得多。这些热带毛虫带有长刺，可以保护它们免受鸟类进攻。

食草

种子消化很方便，所以它们也是人类食物的一部分。不过草和其他植物对于动物而言就不是那么容易被分解了。因为它们含有纤维素这种坚硬的物质，人类是消化不了的。不单单是人类，食草的哺乳动物也不能消化，尽管这些是它们食物的主要组成部分。

那么，这些动物如何解决这个问题呢？答案是：它们利用微生物帮助它们完成这项消化工作。这些微生物包括细菌和原生动物，它们拥有特殊的酶，可以将纤维素分解。

微生物在哺乳动物的消化系统中安营扎寨，那里温暖湿润的环境为它们提供了一个理想的工作场所。许多草食动物将微生物安排在称为“瘤胃”的特殊地带，瘤胃工作起来就像一个发酵罐。这些草食动物被称为反刍动物，包括羚羊、牛和鹿。它们都会将经过第一轮消化的食物再次咀嚼，进而吞咽后再消化。这一过程使得微生物更容易分解食物。

⊙ 和许多其他啮齿类动物一样，袋鼠鼠利用它们的颊袋将种子运回洞穴。

全职进食者

反刍对于消化而言十分有效，但是会占用很长时间。进食草木也很费时间，因为每一口都要咬下来，彻底咀嚼。因此，草食动物没有太多的休息时间，它们总是忙于采集食物和消化食物。

对于植食昆虫而言，情况也大同小异，尽管变为成虫后它们的食性通常会发生变化。毛虫是繁忙的进食者，不过成虫的蝴蝶或者蛾的大多数时间都用于寻找配偶和产卵，它们会在花丛中穿梭，很多根本不食用任何东西。飞蝼蛄做得更绝，它们的成虫压根就没有活动的嘴。

⊙ 裸鼹鼠生活在地下，它们以植物的茎和根为食。这些非洲啮齿类动物几乎是瞎子，而且基本不会到地表活动。

家禽与家畜

家禽和家畜是与人类生活最为密切的动物群体。家禽就是指那些经过人类长期的驯化培育而生存繁衍，并具有一定经济价值或赏玩价值的鸟类，如鸡、鸭、鹅、火鸡、鸽子、鹌鹑等。

人类最早驯养的鸟类是鸡。殷商时期的甲骨文中已有“鸡”这个字；在距今4000多年前的龙山文化遗址上，就有家鸡的骨骼出土，这些都说明中国人在很早以前就将鸡纳入到自己的生活中了。

家鸡的祖先叫原鸡，也叫红色野鸡，现在多分布在南亚地区的丛林中。原鸡主要栖息于海拔约1000米以下的森林中，也喜欢到稀疏的树林或灌木丛中活动。雄原鸡的啼声很洪亮，但与家鸡的啼声有很大的不同。

人们根据自身的需要，已培育出多种家鸡，现在世界上公认的鸡种有70多种，且各具特点。肉用鸡常常被喂得又肥又胖，体重都在4.5千克以上，它们的肉质肥嫩，鲜美可口。专门用来下蛋的鸡，一年最多可以产下300多个蛋，平均一天一个，为人类提供了充足的鸡蛋。乌骨鸡的骨头是黑色的，而体表的羽毛却是雪白雪白的，它具有很大的药用价值。斗鸡骨骼结实，行动灵活，是专门供人进行游戏的。还有重达十几千克的火鸡，肉质鲜美，非常有韧性。在日本有一种全身素白的长尾鸡，尾羽长达7米，就像姑娘的长头发，十分美丽。缅甸人饲养的一种矮腿鸡，它的腿短得几乎看不到，身体似乎已经贴到了地面上，走起路来一跳一跳的，所以又叫“跳鸡”或“爬鸡”。

家鸽是由原鸽驯化而成的，几千年前，原鸽就被用来为人类服务。经过人工选择，现在的鸽子主要分为信鸽、肉鸽和观赏鸽三种。信鸽的飞翔能力很强，能进行长途飞行，而且有强烈的归巢感，可以从几千米外迅速返回自己的“家”。自古以来，人们就利用它的这一特性，让它担负起通信工作，尤其是在通信手段不发达的古代，信鸽在人们的生活中占有极为重要的地位。即使在通信技术高度发达的今天，利用信鸽传递军事情报仍是非常普遍的事。肉鸽生长迅速，一个月就可以长到500克重，肉味鲜美，具有很高的营养价值。观赏鸽的羽毛千姿百态，是人工选择学的主要佐证。

鸭子也是人们经常饲养的一种家禽。家鸭是由野鸭（绿头鸭）驯化而来的。绿头鸭肉质好，卵期长。人类将它们驯养后，为了获得更多的鸭蛋，便不让它们自己孵蛋，同时又给以充足的光照和食物，让它们产更多的蛋。另一方面，人类还将产蛋量最多的鸭选为种鸭。这样，经过人工选择和培育的卵用鸭，一年能产二三百个鸭蛋，比它的祖先——绿头鸭要多得多。然而，由于人类长期不让它们自己孵蛋，它们便逐渐丧失了这种本能。

可见，家禽能够提供营养丰富的禽蛋、禽肉，其中富含易被人体吸收的蛋白质、氨基酸、

⊙ 在北非、中东和中亚地区，骆驼被用来提供奶、肉和肉粉的历史已经至少有4000年了。

家鸡

维生素和矿物质，以及一定的微量元素等。家禽的羽、绒具有很强的保暖性，轻便耐用，可以用来制作羽绒服等。家禽粪便中含有丰富的氮、磷、钾等，是优质肥料。同时，家禽的生长期短，繁殖能力强，饲料转化率高，因而是很好的经济动物。

家畜就是那些经过人类长期的驯化培育，可提供肉、蛋、乳、毛、皮等畜产品或供役用的各种动物，主要包括马、牛、驴、骡、骆驼、猪、羊、狗、猫、家兔等兽类。家畜都来源于野生动物，然后经过长期的驯化，它们在外貌、体形、生理机能等各方面都与野生动物有了很大的不同，而且性情比较温顺，生产能力也大大提高。

马是一种善于奔跑的家畜，最早是被用做交通工具的。马跑的时候，我们经常可以听到“哒哒……”的声音，那是因为人类给它穿上了铁鞋——马掌的缘故。现代的马，四肢的趾端只有一个趾，其他的趾则在长期的岁月中退化掉了。在这个趾上，有一层像趾甲似的蹄保护着。蹄实际上是一种角质化的坚硬皮肤，又是身体重量的支点。由于经常在坚硬的地面上摩擦，时间长了，马蹄就容易被磨损，影响了马的奔跑速度和负重能力。为了防止马蹄被过分磨损，人类就想出了一个好办法——给它穿上“铁鞋”，使它能跑得更快。

马是人类的亲密伙伴，它不仅可以将人们带到很远的地方去，而且可以帮助人们耕地运货。马肉可以食用，骨可以制胶，皮可以制革，马鬃可以做小提琴的琴弦，马粪可以培养蘑菇，马的血清还可以制破伤风抗毒素。因此可以说马的浑身都是宝，为人类立下了汗“马”功劳。

家猪是由野猪驯化而来的。早在8000～10000年前，人类就开始驯化并饲养野猪了。野猪浑身长着硬毛，性情凶悍强暴。它跑得很快，发起怒来连被称为“兽中之王”的老虎都要让它三分。然而经过几千年来的驯养，家猪不仅性情温和，而且逐渐形成了发育快、繁殖能力强的特点。因此不仅能够供人们食肉，而且猪皮还是制革的原料，就连猪粪也是上等的肥料。然而，我们还是能在家猪的身上看到野猪的生活习性，其中最具代表性的便是猪喜欢拱泥土和墙壁的习惯。猪在野生时代是没人去喂它们的，它们只有依靠自己去寻找食物，尤其是要吃生长在地里的植物块根和块茎，它们必须依靠突出的鼻、嘴和强硬的鼻骨将土拱开，将土里的食物挖出来，连食物带泥土一块吃到肚子里。另一方面，野猪在泥土中可以获取自己所需要的磷、钙、铁、铜等矿物质，以保持身体营养的均衡。

一提到猪，人们便会认为猪很馋，总是在不停地吃东西。其实，猪吃食有很强的选择性，凡是不爱吃的东西，一口也不吃。它吃食是少吃多餐、细嚼慢咽的，非常有利于消化和吸收，也许这正是它长得胖的原因。

家畜既是进行畜牧业生产的生产资料，也是人类的生活资料，与人们的生活密切相关。中国是最早开始畜养家畜的国家之一，现在人们仍然在利用各种科学方法加速驯养各种野生动物，使之变为家畜，为人类服务。

马的嗅觉和听觉都很灵敏。

鸟 类

鸟是由爬行动物进化而来的，能够在空中飞行的高等脊椎动物。鸟的祖先是始祖鸟。始祖鸟既具有鸟类的特征，又与爬行类动物有许多相似之处，所以它作为爬行类向鸟类进化的一个强有力的证据而备受科学家们的重视。

由于鸟类能飞，所以在世界各地都可以看见它们的身影。从冰天雪地的两极到世界屋脊，从波涛汹涌的大海到茂密的丛林，从寸草不生的沙漠到人烟稠密的城市，都有鸟的踪迹。现在世界上大约有9000多种鸟。

鸟之所以能飞，主要是由于它的骨骼轻盈、羽毛有力的缘故。鸟的骨骼很坚实，里边没有骨髓，只有蜂窝一样的空隙，空隙里面充满了空气。这种骨骼可以增加鸟的浮力。鸟的颈部、腹部和胸部各有一个气囊，气囊里可以储存大量的新鲜空气，以适应高空新陈代谢的需要，并且与肺脏组成了一个相互关联的扩张系统。同时，气囊还可以帮助鸟儿在激烈运动后迅速地恢复平静。鸟儿的翅膀和腿骨尤为有力，胸骨上的龙骨脊和大而长的翅骨上附着了强有力的飞行肌肉。这种骨与既轻巧又完美的骨架结构，是鸟类飞行的基础。

鸟是世界上唯一长有羽毛的动物，羽毛不仅能够帮助鸟飞翔，同时也可起保暖作用。大小和种类不同的鸟，身上披覆的羽毛的多少也不同。据统计，少的大概有1300根，多的可超过1万根。通常鸟的翅膀上的羽毛较少。从功能上说，鸟的羽毛可以分为3类：尾巴和翅膀上的羽毛较粗较长，是用于飞翔的；覆盖全身的呈流线型的羽毛，是用来防止水渗入的；体表绒毛状的短羽毛，则是用来保暖的。鸟的羽毛还有不同的颜色，它既有伪装保护的作用，也有吸引异性的功能。鸟类中最漂亮的羽毛莫过于孔雀的羽毛了。孔雀的羽毛有亮绿、翠绿、青蓝、紫褐等颜色。雄孔雀的头上长着6～7厘米长的冠羽，面部呈天蓝或金黄色，其头、颈、胸部的绿色羽毛上，镶嵌着黄褐色的斑纹。尾羽更加华丽，多而长，依次向后延伸。覆羽的末端有一个十分美丽的蛋形彩图。每当交配的季节，雄孔雀便会张开它那美丽的尾羽以吸引雌孔雀。每一根有飞行功能的羽毛都有一根羽毛管，上面有成百的倒刺，它们连接在一起便组成了光滑的表面。飞行羽毛的末端可以为鸟提供飞行时所需要的浮力，并能改变飞行方向。

鸟的飞行方式一般可分为3类：滑翔、鼓翼和翱翔。滑翔是一种最简单、最原始的飞行方式。滑翔时，翅膀不动，靠

⊙ 在非洲草原上，这头畜体被一群冲撞抢夺的秃鹫包围着。虽然它们的爪子很弱，但是它们强劲的喙可以帮助它们在畜体腐烂的外皮上撕出口子。

⊙ 一对苍鹭在树梢上的巢中互相问候。

已有的飞行速度和翅膀受到的浮力向前飞行。鼓翼则是一种最普通的飞行方式。方法是翅膀上下运动，以最小的能量获得最大的速度。一般小型鸟类都采用鼓翼方式。大型鸟类则善于翱翔，此时翅膀伸展开并保持不动，能在空中长时间飞行。

鸟类的前肢已演变成用于飞翔的翅膀，而后肢则形成了支持体重的双脚。不同类型的鸟的脚差异很大。生活在浅水中的鸟一般是腿细长，脚上有蹼，便于在水上游行；飞得较高的鸟的脚却很小，以减轻体重，更适合飞行；鸭子、海鸥的脚上也长有蹼，以利于划水；而一些猛禽却有尖利的爪子，为的是更好地抓捕猎物。

鸟嘴的学名叫喙。与其他动物一样，为了方便捕食，鸟喙有多种形状。例如啄木鸟的喙像一个长镊子，便于捉到树缝里的虫子；食虫鸟的喙一般像钢针一样又细又尖，适合吃幼小的虫子。鸟类都没有牙齿，吃进的食物直接进入砂囊，被磨碎后再进行消化。

鸟的目光锐利，视野广阔，一般鸟的眼睛长在头的两侧，后视的双目扩大了它们的视力范围，帮助它们更好地捕食、飞翔和发现敌情。如丘鹬的双眼在头的两侧分得很开，极宽的视野使其很容易极早发现敌情。

鸟类的听觉十分灵敏，尤其对低频和中频的声音更敏感，这有利于它们发现食物和躲避敌情。有些鸟类动物还有高度发达的回声定位系统，如雨燕能检测并避开直径小于6毫米的圆导线；猫头鹰能靠声音定位和捕食猎物。许多鸟还会发出声音信号来传递信息。如群体迁徙的候鸟利用声音信号在夜晚的天空中通报各自的位置，使群体中的每个个体修正其航行偏差，或者在穿越森林时，靠声音信号来保持群体的密切关系。鸟类的发声既是一种重要的行为，也是鸟类进化的明证。

鸟是恒温动物，体温一般在42℃左右。所有的鸟都是通过产卵的方式进行繁殖的。鸟产下蛋后一般用体温进行孵化。在恒定的温度下，受精卵发育成胚胎，后逐渐发育成鸟，最后破壳而出。

鸟的种类非常多，在脊椎动物中仅次于鱼类。这些鸟在体积、形状、颜色、生活习性等方面，都存在着很大的差异。为了便于介绍，这里暂且把它们分成七大类。

第一类——鸣禽

世界上大约有4000多种鸣禽，大部分栖木鸟都属于这一类。它们有非常发达的鸣管，能发出很美妙的声音。但有一些鸣禽的叫声则非常难听。一般而言，主要的鸣叫者是雄鸟，它们的鸣叫一方面是为了吸引雌鸟的注意，另一方面是警告入侵者赶快离开它们的领地。

第二类——猎鸟

大部分猎鸟生活在陆地上，它们不太会飞，但多为奔跑健将。猎鸟的双腿强壮有力，支撑着丰满的身体；爪子坚硬锋利，一般都是3趾，可以抓取地面上的食物。它们的喙呈钩状，可以挖出树根和地下昆虫。虽然猎鸟不会飞，但它们发达的胸肌和巨大的胸骨可以帮助它们在遇到危险时，迅速飞离地面，但只是很短的一段时间而已。大部分雉目鸟都属于这一类。

第三类——猛禽

猛禽是世界上最凶猛的肉食动物之一，主要包括鹰、隼、秃鹫、秃鹰等。大多数猛禽都长有巨大的翅膀、强壮的腿、尖利的爪子以及一只钩状的喙，这些都是它们捕食猎物的有力工具。

第四类——涉水禽鸟

涉水禽鸟是指那些生活在河湖、河岸、沼泽地或湿地等地区的鸟，如鹬类、鹳类等。涉水禽鸟大多长着细长的腿和脖颈，不论是亭亭玉立之时，还是徐徐踱步之际，总是给人以文静高贵的感觉。它们还长着长长的喙，用来捕食水中的猎物。由于喙的形状不完全相同，捕食的方法也各不相同。如苍鹭的喙像刺刀一样，可以很容易地“刺”死水中的鱼；火烈鸟喙部有独特的过滤器，可以滤出水中的海藻和小动物；蛎鹬的喙像刀片，能够割开牡蛎的硬壳，吃里面的嫩肉。

第五类——水生鸟类

包括鸭、鹅和天鹅等。它们都是游泳高手，身体像船一样，腹部平坦可以增加浮力；皮肤上的厚厚的绒毛，可以帮助它们保持体温；强壮的腿和生有蹼的脚则是优良的划水工具。

第六类——海鸟

顾名思义，海鸟大部分的时间都待在海里，只在繁殖和哺育后代的时候才到岸上来。在所有的海鸟中，企鹅是最适合于水上生活的。它的双翅经过长期演化变成了鳍脚，短小扁平，像船桨一样，因而早已丧失了飞翔的能力，更适应水中的生活。平时企鹅只能跳跃着行走，或是借用嘴巴和鳍脚爬行。如果遇到危险，它也只能连滚带爬的，显得十分笨拙。然而一旦到了水里，它却能游得比普通的水艇还快。

第七类——不会飞的鸟

鸟由于骨骼轻盈，才拥有了飞翔的能力。然而一些鸟在进化过程中逐渐失去了飞行的能力，只会走或游泳。除刚才所说的企鹅外，还有鸸鹋、鹬鸵、食火鸡和鸵鸟等40多种。由于不需要飞行，这些鸟的一部分肌肉和骨骼逐渐变小，翅骨和胸骨不再那么发达，而胸骨上的龙骨脊则更是小得多。但它们的腿则强劲有力，大多数都能跑得飞快。鸵鸟是世界上跑得最快的鸟，时速最高可达72千米／小时，甚至比狮子跑得还快。

⊙ 火烈鸟有着优雅的外形和粉色的羽毛，是世界上最美丽的湿地鸟类之一。它们的高度可达1.5米，虽然体型高大，但仍然只是以水中的微生动植物为食。火烈鸟用造型奇特的喙作为筛子来滤取食物。火烈鸟生活在地球上环境最为恶劣的湿地中，通常集体进食。在东非和南美洲地区，火烈鸟在贫瘠、结盐的湖中觅食，那里白天的温度可以达到40℃以上。

留鸟与候鸟

有些鸟类人们可以常年见到，而有些鸟类则像客人一样，每年在一定的季节来“串门”，住上一段日子便又飞走了。一年之中，全世界任何一个地区的鸟的种类都会随季节而发生变化。每到换季的时候，有些鸟就会回来，有些鸟却要飞走。鸟类所具有的这种随季节的变化而变更生活地区的习性，是一种迁徙现象，是鸟类为适应自然环境而产生的行为。但并不是所有的鸟类都具有迁徙的习性，于是人们便根据鸟类有无迁徙习性将鸟类分为候鸟和留鸟两大类。

所谓留鸟，就是指那些终年生活在其出生、繁殖区内，不依季节的不同而迁徙的鸟类。世界各地的留鸟很多，而且南方的要比北方的多。北方的留鸟一般都能抵御寒冷的冬天。常见的喜鹊、画眉、麻雀、乌鸦等，都是留鸟。

喜鹊是一种惹人爱怜的鸟，民间常常把它看做是吉祥的象征。其实，喜鹊是雀形目鸦科中多种长尾鸟类的总称，与乌鸦是近亲。

喜鹊一身漂亮的羽毛，不光好看，而且实用。它可以帮助喜鹊抵御寒冷的冬天。喜鹊之所以不必每年辛苦地飞来飞去，正是凭借这身厚厚的羽毛度过寒冬，等待春天的到来。

喜鹊的家是用树枝在高大的树梢附近筑成的足球般大小的圆球状的巢。喜鹊作为留鸟，每年都会筑巢过冬。它们有的是在旧巢址上逐年整修加高来营建新巢；有的则另选新址建巢。喜鹊还喜欢闪闪发光的东西，例如玻璃、镜子、剪刀之类的东西，只要搬得动，它都会搬回家去，用来装饰它的家。

喜鹊的分布很广泛，除南极洲外，其他地区都可以看见它那美丽的身影。它与人的关系很融洽，可以帮助人类消灭蝗虫、蝼蛄、象岬、夜蛾幼虫等危害农作物的害虫，因而很受人们的喜爱。

有一些种类的留鸟，因为具有追寻食饵、进行较短距离漂泊的习性，所以被称为“漂鸟”，如“森林医生”啄木鸟、山斑鸠等。

啄木鸟属于䴕形目啄木鸟科，共有180多种，分布于除澳大利亚和新几内亚之外的世界各地，以南美洲和东南亚数量最多。由于它们常常在树皮中寻找食物，在枯木中凿洞做巢，因而人们便叫它们“啄木鸟”。大多数啄木鸟终生都在树林中度过，在树干上活动觅食，但有个别种类的啄木鸟能像雀形目鸟类一样栖息在树枝上，在地上寻找食物。它们通常在春夏季节生活在山林里，而到了秋冬时节，便迁徙到平原、旷野中寻觅食物了。

有些鸟类每年随着季节的不同而定时变更栖息地，它们常常是在一个地区产卵、育雏，到另一个地区过冬，这类鸟叫候鸟。根据候鸟迁徙时间的不同，又可将它们分成夏候鸟和冬候鸟两大类。有些候鸟总是在秋天的时候，从北方高纬度地区飞到某些低纬度地区过冬，对这一地区来说，它们便是“冬候鸟”。如在中国境内过冬的多种雁鸭类。冬候鸟通常在第二年的春天，飞回北方的繁殖区进行繁殖，抚育后代。而有的候鸟则喜欢在春夏时节飞到北方筑巢、孵卵、哺育雏鸟，到了秋冬时节再飞到

⊙ 翠鸟是一种留鸟。

⊙ 燕子喜欢在人群聚居的地方筑巢。

温暖的南方地区过冬，就这一地区来说，它们便是“夏候鸟”。

在我国最常见的夏候鸟主要是家燕、杜鹃、黄鹂、白鹭等。还有一些种类的鸟，在某一地区的北方繁殖，而在南方过冬，在南迁北徙的途中经过这一地区，对这一地区来说，它们便是“旅鸟”。

候鸟的迁徙是极其有规律的，通常是一年2次，一次在春天，另一次在秋天。雨燕是最著名的候鸟，它在迁徙的时候，可以在空中连续飞行好几个星期而不落地。丹顶鹤也是候鸟，它们通常在每年3月的时候，成群结队地飞到北方的沼泽地带，在那里筑巢产卵，繁殖后代。到了10月份，大丹顶鹤便带着刚刚学会飞行的小丹顶鹤向南方迁徙。

大雁是最常见的冬候鸟。古人曾云：“塞下秋来风景异，衡阳雁去无留意”，“雁阵惊寒，声断衡阳之浦”等，可见古人对于大雁迁徙的这一习性早已有所关注了。

事实上，由于雁的种类和繁殖地点的不同，生活习性的差异，它们的迁徙路线也有所不同。老家在西伯利亚一带的雁，每年秋冬时节，它们便会成群结队地向南迁徙，飞行的路线主要有两条：一条是由我国东北地区，经过黄河、长江流域，到达福建、广东沿海，甚至可以飞到南海群岛。另一条路线是由我国内蒙古、青海，到达四川、云南省，最远到达缅甸、印度。第二年春天，它们又会长途跋涉地飞回西伯利亚。虽然雁的飞行速度很快，但是这漫漫几千里的长路，它们也要飞上一两个月。

雁群在飞行时，常常会排成“一”字或“人”字的队形，每只雁都伸直头颈，足部紧紧贴在腹部，扇动双翅，缓缓前进。据说这种队形在飞行时最为省力。在前面领队的大雁，拍动翅膀时会使气流上升，紧随其后的小雁就可以凭借这股气流滑翔，从而跟上大部队。雁群边飞行边鸣叫，数里之外都可以听见它们的鸣叫声，声势异常壮观。

燕子是雀形目燕科鸟类的俗称，是最常见的鸟类之一。燕子有很多种，在我国最常见的是家燕。家燕姿态轻盈优美，有黑色的翅膀、白色的肚皮，红色的咽喉下有一条明显的黑线，它身后还拖着一条剪刀般的长黑叉尾。家燕是典型的夏候鸟。每年春天，家燕要从印度半岛、南洋群岛和澳大利亚等越冬地飞回来。大约在2月份的时候开始北迁；3月份前后到达福建、浙江和长江三角洲一带；4月份到达山海关一带；最后到达我国东北、内蒙古等地。燕子每年总是能够准确地找到原先的栖居地。它们回来后的第一个任务，就是筑造新巢或者修补旧窝，然后开始产卵、孵卵，繁殖后代。几个月后，幼燕长到能够飞翔的时候（在八九月间），成年燕子便带领成群的雏鸟飞到南方过冬去了。

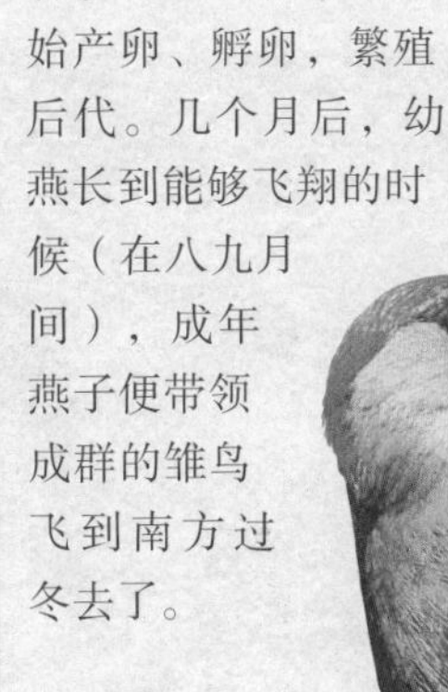

⊙ 啄木鸟是一种留鸟。与其他丛林鸟类不同，啄木鸟通常是直着身体进食的。它们用爪子抓住树干，而尾巴上的羽毛则像是支架一样，帮助它们在啄木时保持平稳。

卵生动物与卵胎生动物

众所周知，受精卵在母体子宫内安居下来，依靠母体提供的营养完成胚胎的发育过程，最终形成一个新的生命个体的生殖方式，叫胎生。人和绝大多数哺乳动物都是胎生动物。如果动物是由脱离母体的卵孵化而来的，则叫卵生动物。

所有的鸟都是通过产蛋的方式繁殖后代的。有的鸟一年只产一窝，有的鸟一年能产好几窝。鸟通常把蛋直接生在地上或鸟巢里。鸟蛋蛋壳比较坚硬，既能保护正在发育的小鸟，又为小鸟的发育提供了丰富的营养品。这是因为，在小小的蛋壳里，集中了蛋白质、脂肪、维生素、无机盐、糖、酶等所有生命发育所必需的营养物质。小鸟正是靠这些营养品慢慢长大，最终破壳而出的。同时，鸟蛋被生下之前，蛋壳上附着一层保护色。蛋壳的结构也很特殊，它不是密闭封死的，而是上面有许多细小的、肉眼难以发现的小孔。小鸟正是透过这些小孔得到氧气，才不至于被闷死。鸡是最常见的卵生动物，一只受过精的鸡蛋，在适当的孵化条件下，可以变成一只小鸡。

鸵鸟是世界上现存鸟类中最大的一种。有趣的是，雄性鸵鸟担负着孵蛋的任务。在繁殖季节，雄鸵鸟先在地上挖个坑，再铺上草，当做孵蛋用的鸟巢。一般情况下，一只雄鸵鸟配3～5只雌鸵鸟，雌鸵鸟把蛋产在同一个巢内，每只雌鸵鸟能产蛋6～8枚，一个巢可放15～20枚，多的可达50枚。蛋生下来后，雄鸵鸟便会趴在窝里一心一意地孵蛋，同时还承担着保护蛋的任务。此时若有动物或人来侵犯，它便会无所畏惧地挺身而出，猛扑上去，直到把侵犯者赶走为止。小鸵鸟在六七个星期之后破壳而出。在破壳之前，它们会在壳内鸣叫，大鸟则在外应答。刚出壳的幼雏就已具备了觅食的能力，1个月后，小鸵鸟的奔跑时速可达35千米。

除了鸟类外，还有一些爬行类动物也是靠卵生来繁殖后代的。它们通常在沙滩或软土上挖洞作为产蛋的小窝。有的爬行动物会一直守护着这些蛋，直到它们的孩子孵化出来。大多数爬行类动物的蛋都是由软壳包着的，蛋内的动物胚胎被一种叫羊膜的液囊很好地保护起来。

在长达几十亿年的生命长河中，有些动物为了保护自己的幼崽，维护种族的繁衍，会演化出一些巧妙的生殖方式。虽然这些动物不具备胎生的条件，可它们却能够把本该排出体外的受精卵留在体内，最后像哺乳动物那样把“小宝宝”生出来。但这种生育方式与哺乳动物的胎生方式又有很大不同，最突出的特点是：受精卵在母体内并不能得到母亲供给

⊙ 图中这头母角马正在产崽。与很多幼年哺乳动物相比，小角马在初生阶段发育非常良好。

的营养，胚胎发育同样受制于蛋壳内的营养物质。这种表面上看起来是胎生，实质上却是卵生的生殖方式叫卵胎生。

卵胎生最突出的好处就是：母体为受精卵的发育提供了一个安全的场所，母亲不必再为受精卵将会受到其他动物的攻击而发愁，有利于后代的存活。

一些爬行动物采用卵胎生的方式生育后代，特别是生活在较寒冷地区的爬行动物更乐于使用这种生育方式，因为蛋在母体内会比埋在土壤中更加温暖。生活在水中的爬行动物也是通过卵胎生的方式直接生育下一代的，因为太多的水会对蛋产生破坏作用。

鲨鱼有3种繁殖方式：卵生、卵胎生和胎生。卵生鲨鱼将卵直接产在水中，经过一段时间的孵育，一头幼鲨便会破壳而出。采用卵胎生的鲨鱼将卵保留在母体内，幼鲨在母体内发育完全后，由母鲨生下。卵生和卵胎生的鲨鱼一般都生活在大海深处，而在大海中上层生活的鲨鱼则通常采用胎生的方式繁殖后代。因种类不同，胎生鲨鱼的产崽数也不相等，一般为2～10条，妊娠期都在1年以上。胎生鲨鱼的胚胎在母体的子宫里发育，营养由卵黄囊胎盘供给，直到幼鲨完全成形时才产出。

蛇是一种典型的既是卵生又是卵胎生的爬行动物。大部分种类的蛇采用卵生。蛇蛋被放在湿度、温度相对理想的场所，然后自行孵化。有些蛇则采用卵胎生的方式繁殖后代。母蛇将蛇蛋保留在体内，直到幼蛇完全成形了，母蛇才将蛇蛋生出来，而且这些蛇蛋是没有壳的。水生蛇和树生蛇因为很少到地面上来，因而大部分都趋向于卵胎生。

⊙ 雌蝎把自己的后代背在身上养育它们，直至它们能够独立生长。照料整个家庭会使生活变得很辛苦，但是这样可以提高后代的存活率。

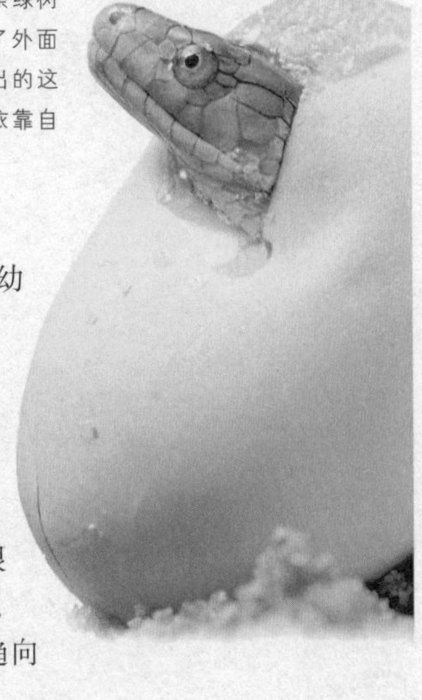

⊙ 捅破蛋壳后，一条绿树眼镜蛇第一次看到了外面的世界。从破壳而出的这一刻起，它将完全依靠自己独立生活。

鸭嘴兽也是一种典型的既是卵生又是卵胎生的爬行动物。1843年，恩格斯在英国看到一只鸭嘴兽的蛋。人们告诉他，这是生活在澳大利亚的一种哺乳动物。恩格斯听后哈哈大笑：“哺乳动物都是胎生的，而鸭嘴兽是卵生的，怎么能是哺乳动物呢？”后来，恩格斯认识到自己的错误时，“不得不请求鸭嘴兽原谅自己的傲慢与无知”。

鸭嘴兽是现存最原始的哺乳动物。鸭嘴兽的大小和家兔差不多，身体肥胖，长着像鸭嘴似的角质喙，是一种很独特的动物。它生殖、繁衍后代的方式非常有趣。它既下蛋，又哺乳。鸭嘴兽被称为“单孔类”动物，卵、尿、粪都由肛门排出体外，雌兽受精后发育成卵。卵排出后，由母兽孵化，10天后，小兽就会破壳而出。母兽没有乳房和乳头，只在腹部有一片乳区，可以分泌乳汁，就像出汗一样，小兽就爬到母亲的腹部舔食乳汁。两个月后，幼兽才睁开眼睛，但活动能力还很弱，四个月后，小兽才能独立游泳、觅食。

一般而言，采用卵生方式的动物，每次产卵的数量都很大，因而即便有所损失，总还会有一部分卵保存下来，对种族的繁衍影响并不太大。而采用卵胎生的动物，产卵数量相对要少得多，因为母体内没有那么大的地方来孵育幼崽，但是它们不易被敌人攻击，存活的可能性也相对大得多。不管是卵生，还是卵胎生，都是动物在长期的发展中，为适应环境而形成的适于自身的生育方式。

两栖动物

顾名思义，两栖动物就是指那些既可以在水中生活，又可以在陆地上生活的动物。两栖动物属于脊椎动物亚门的一纲，通常没有鳞或甲，皮肤裸露而湿润，透气性强，在湿润的情况下可以帮助肺呼吸。两栖动物的四肢没有爪，只有趾，体温随着外界温度的变化而变化，是典型的冷血动物。两栖动物既有从鱼类继承下来的适合于水生的特性，如卵的形态和产卵方式、幼体用鳃呼吸等；又具有新发展而来的适应于陆地生活的特性，如感觉器官、运动装置和呼吸循环系统等。

科学家认为两栖动物可能是从会呼吸空气的总鳍鱼或肺鱼进化而来的，它们离开水是因为陆地上没有什么敌人，并且食物来源比较充足。早期的两栖动物在长期的进化中为了更好地适应陆地生活，发育出了强壮的四肢。

两栖动物通常属卵生。成体一次会产下数量繁多的小卵。这些卵生活在水里，除卵胶膜外，没有别的护卵装置。幼体发育为成体要经历一系列的变态。一般来说，成体与幼体在形态上差别越显著，变态也就越剧烈，也更有利于后代的繁衍。这种变态既是一种对环境的适应，同时也生动地再现了由水生到陆生动物主要器官系统变化的过程。

现在世界上大约有5000多种两栖动物，除南极洲、海洋和大沙漠以外，其他地区都会看到它们的身影，其中以热带、亚热带的湿热地区最为常见，种类也最多。我国共有270多种两栖动物，主要分布于秦岭以南、华南和西南山区一带。

两栖动物又可分为3个亚纲：第一类是迷齿亚纲。这是古代两栖动物中最主要的一类，包括鱼石螈目、离片椎目和石炭螈目。第二类是壳椎亚纲。这是一个古老而又奇特的类群，包括游螈目、缺肢目、小鲵目。第三类是滑体两栖亚纲。包括现在所有的两栖动物，又可细分为无尾目、有尾目和无足目。可见，两栖动物的家族也是非常兴旺的。

娃娃鱼是一种著名的低等两栖动物。它的学名叫“大鲵”，因叫声像婴儿的啼哭声，人们便亲切地叫它“娃娃鱼”。

娃娃鱼是鱼类向爬行动物过渡的中间类型，它们的祖先生活在大约3亿年前，因而被称为“活化石”，在生物进化史上具有重要的价值。娃娃鱼是世界上最大的两栖动物，身长一般在60～100厘米之间，头大、嘴大、眼睛却很小，没有眼皮，因而也不会眨眼，身后还拖着一条扁扁的大尾巴。它的身体呈棕褐色，皮肤湿滑无鳞，长着4只又短又胖的脚，前肢很像婴儿的手臂，真是名副其实的“娃娃鱼”。

娃娃鱼喜欢在清澈湍急的溪流中生活。白天，它会在岩洞、石穴中睡大觉，晚上才出来活动，喜欢吃蛙、鱼、蟹、螺等水栖生物。它的捕食方

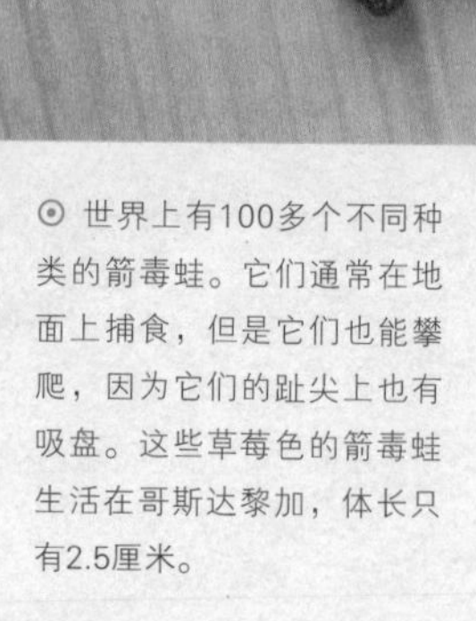

⊙ 世界上有100多个不同种类的箭毒蛙。它们通常在地面上捕食，但是它们也能攀爬，因为它们的趾尖上也有吸盘。这些草莓色的箭毒蛙生活在哥斯达黎加，体长只有2.5厘米。

⊙ 对于火蝾螈而言，一条蚯蚓就足够美餐一顿了。这种欧洲品种的火蝾螈有着明亮的颜色，以向敌人警示自己是有剧毒的。

法十分奇特。它不像别的动物那样为食物去奔波，而是坐在洞口，等着食物自己送上门来。捕到食物后，它通常是将食物整个吞下，然后在胃里慢慢消化。娃娃鱼还像骆驼一样可以几个月不吃东西。

娃娃鱼在古代是很兴旺的，但是由于长期大量的捕杀，娃娃鱼的数量显著减少，加之它的生长期很长，因此它现在已成为濒危动物中的极危动物了。

蚓螈是一种像虫子一样的两栖类动物。它没有腿，身上长有细小的、环状的鳞片。它们多数生活在热带地区，以蠕虫、白蚁、蜥蜴为食。它们有尖利的牙齿，但视觉很不发达，几乎可以算得上是瞎子。有些蚓螈以卵生方式繁殖后代，有的则直接生下活的幼崽。

蝾螈是一种极小的两栖动物。有些蝾螈长期居住在水中，称为水栖蝾螈；而完全居住在陆地上的蝾螈，则叫陆栖蝾螈。大多数蝾螈是靠肺和皮肤呼吸的，但也有少数蝾螈根本没有肺，只能通过皮肤和口腔呼吸。

青蛙是最常见的两栖类动物。夏日的雨后，在池塘边、草丛中，处处可以听到群蛙齐鸣的声音。“黄梅时节家家雨，青草池塘处处蛙”便是这一景象的生动写照。青蛙的长相相当特别。首先，它有一张宽大的嘴巴，雄蛙的口角两旁还长有一对气囊，其作用就像音箱一样，有增大声音的功能，因而雄蛙的叫声十分响亮。有的青蛙喉部长有气囊，叫起来的时候，喉部就会显得很肿胀。青蛙的嘴里有一个能活动的舌头，舌头尖端分叉，能够分泌黏液。当捕捉昆虫时，青蛙会张开大嘴，舌头迅速翻射出口外，粘住小虫，然后用舌尖将猎物送入口中。

青蛙还长有一双“美丽”的大眼睛。青蛙的眼眶底部没有骨头，眼球近似于圆球，向外凸出。这双眼睛是由极其复杂的视网膜构成的，可帮助青蛙获取外部世界的信息。然而青蛙的眼睛具有很大的局限性，它只对运动的物体敏感，能迅速发现飞动的虫子，对静止不动的物体则“视而不见”。

此外，青蛙还有一双造型优美的后腿，帮助它在水里游，地上跳。青蛙的后腿平时是折叠起来的，当它在水中游泳时，双腿有力地蹬夹水而产生推力，使身体向前运动。在地上跳跃时，双腿又像弹簧一样产生反弹力，所以青蛙跳得又高又远。

青蛙的种类很多，大多数生活在水里，因而水对它们是至关重要的。淡水既可以让青蛙的皮肤保持湿润，同时又是青蛙繁殖的媒介。而生活在沙漠地区的蛙，则通过穴居地下来防止水分散失。澳洲贮水蛙则褪下外皮，形成茧状，裹住身体，大大减少了水分流失。

青蛙主要捕食稻苞虫、蝼蛄、蚜虫、金龟子、螟蛾等农业害虫，因而有“庄稼的保护者”“绿色卫士”等荣誉称号。

两栖动物一般都是皮肤裸露，体内的体液和血液里的盐分比海水的含盐度要低得多，如果它们进入海水里，就会因体内大量失水而死亡，所以在广阔的海洋中很难见到两栖动物的身影。然而在蛙科动物的大家族里，有一种海蛙，却生活在沿海咸水或半咸水地带。它之所以能生活在海中，是因为它有与众不同的生理功能。海蛙的肾脏对代谢产物——尿素的过滤效率很低，因而血液中含有大量的尿素，使海蛙体内能维持比周围环境高的渗透压，从而使它能在海水里活动自如。海蛙也是目前所知的唯一能在海水中生活的两栖类动物。然而，海蛙却不在海里产卵，而是产在涨潮时倒灌入陆地的临时性水洼内。水洼中孵化的蝌蚪，能够耐盐、耐高温。

两栖类动物作为最早离开水，跑到陆地上来生活的脊椎动物群，兼具了水生动物与陆生动物的一些特性，因而在生命进化史上具有重要的研究价值。

爬行动物

爬行动物是脊椎动物演化进程中极其关键的一环。大约在上石炭纪，即2.8亿年前，地球上开始出现爬行动物。中生代是爬行动物的全盛时代，它们一度控制了海陆空各个领域。到了白垩纪后期，即8000万年前，爬行动物开始衰落，有许多分支灭绝，体型和重量也大大减小，如现在最大的蟒蛇长约12.3米，最大的棱皮龟重约865千克，而古代的恐龙有的长达50米。现在的爬行动物主要分成龟鳖类、鳄形类、蜥蜴类、蛇类和喙头类五大门类，常见的有蛇、龟、鳄鱼、壁虎等。

爬行动物的体表一般都有保护性的鳞片或坚硬的外壳。皮肤没有呼吸功能，也很少有皮肤腺，这可以使它们的身体不会因过快地失去水分而死亡。头颅上除鼻软骨囊外，全部骨化，外面更有膜成骨覆盖着。头部能灵活转动，胸椎和胸肋与胸骨围成胸廓以保护内脏，这是动物界首次出现的胸廓。除蛇类外，其他的爬行动物都有四肢，水生种类长有桨形的掌，指、趾间有蹼相连，便于游泳。爬行时腹部贴着地面，慢慢爬行前进，只有少数体形轻捷的能疾速前进。

爬行动物是用肺呼吸的，有一个心室，心室内有不完全膈膜，从而增强了供氧能力，但体温仍不恒定，属于冷血动物。它们还第一次形成骨化的口盖，使口、鼻分腔，内鼻孔移到口腔后端，咽与喉分别进入食道和气管，从而使呼吸和饮食可以同时进行。爬行动物是在两栖动物的基础上发展起来的，进一步完善了对陆地环境的适应能力，彻底摆脱了对水生环境的依赖，活动范围更加广泛，但它们仍喜欢生活在比较温暖的地方，因为它们必须借此来保持身体的温度。

爬行动物是由最初从水里爬到陆地上来的初级爬行动物演化而来的。2.5亿～6500万年前，是爬行动物的时代，从天上到地下，都有它们的身影，如陆上行走的是恐龙，空中飞行的是翼龙，水中游泳的则是鱼龙，形态多样，各成系统，当然称王称霸的还是恐龙。

恐龙种类繁多，体型和习性也相差很大。有的恐龙只有小鸡那么大，有的却长达数十米，重达百余吨。它们大多是长着长长的脖子，小小的脑袋，还有一条又粗又长的大尾巴。就食性而言，分为肉食、草食和杂食。肉食性恐龙又叫“食肉龙”或“食肉蜥蜴”，主要以其他恐龙为食，有时也吃动物的尸体；食草性恐龙多生活在沼泽地区，以多汁的水生植物为食，在多泥沙的岸边休息和产卵。

恐龙曾经在地球上生活了1.3亿多年，并一直是地球上的霸主，但在中生代末期却突然全部灭绝，其灭绝的原因到现在也无法解释清楚。

蜥蜴是爬行动物中的一个庞大家族。它们大部分居住在热带或亚热带地区，从北极地区到非洲南部、南美洲以及澳大利亚都有它们的身影。有些种类的蜥蜴生活在树上，有些生活在洞穴里或地底下。

蜥蜴和蛇的外表特征很相似，都有角质鳞，雄性具有一对交接器（半阴茎），方骨可以活动。蜥蜴在成长过程中，大约1个月蜕一次皮。典型的蜥蜴身体略呈圆柱形，四肢发达，尾部稍长，略等于头部和身体的总和，下眼睑可以活动。蜥蜴体长3～300厘米不等，一般在30厘米左

⊙ 大鳄鱼是一种来自亚洲的大型鳄鱼，它们有着超长超细的鼻部。在20世纪70年代中期，大鳄鱼几乎灭绝，幸好现在有一项动物保护计划正在帮助这个物种的繁衍。

⊙ 加利福尼亚王蛇并不带毒，它靠速度和力量战胜剧毒的响尾蛇。

右。它们的头、背和尾巴上都有棱脊，喉部皮肤有皱褶，颜色十分鲜艳，喉部特别下垂。

蜥蜴是一种行动特别敏捷的动物，它们的脚和脚趾的构造很特别。爬行类的蜥蜴一般都长有尖利的爪子，能够牢牢地抓住攀附物。比如小型爬行动物不仅长有尖爪，更有爪垫。爪垫由无数极细的毛构成，不但能增加指、趾与光滑平面之间的摩擦力，同时还有黏附的功能，能够吸附住身体。所以，壁虎不仅可以在墙上直上直下，甚至可以倒挂在屋顶上。此外，壁虎还像许多其他蜥蜴一样，有自动切断尾巴的本领，当它们遇到危险时，会让尾巴断掉，以迷惑敌人，自己趁机逃之夭夭。过不多久，就会长出一条新尾巴来。

一些蜥蜴在逃避危险时还能够飞起来。如飞行壁虎身体两侧的皮肤可以向外伸展，能像降落伞一样帮助它降低下落的速度。"飞龙"的"翅膀"则是由它的肋骨演化而来的。平时，它的"翅膀"会收在身体的两侧，看不出来，滑翔时却能在体侧张开。

蜥蜴一般以蠕虫、昆虫、蜘蛛和软体动物为食，比如变色龙就是捕虫高手。还有极少数蜥蜴喜欢吃植物。蜥蜴大多为卵生。它们通常会把卵产在地面上，然后盖上一层厚厚的土。小蜥蜴孵化出来后，自己会推开泥土爬出来。

斑点楔齿蜥是恐龙时代唯一幸存下来的爬行类动物。现在它们主要分布在新西兰一些岛屿的海岸边，喜欢在阴冷的地方生活，其生长、移动都极其缓慢。它们在移动时，大约每7秒钟才呼吸一次，而在休息时呼吸之间的间隔长达1个小时。

龟科爬行动物包括250多种动物，主要有乌龟、海龟和鳖。龟科动物出现得很早，几乎与恐龙的历史差不多长。但几亿年来，它们的外形没有多大变化，与古代的化石没有什么不同。

龟科动物的体外长有坚硬的角质壳，用以严密地保护自身的各种重要器官。这个龟壳由两部分组成：一个是高耸的、用以保护背部的背甲；另一个则是平坦的、用以保护肚腹部的腹甲。龟壳的成分主要是角质层，由一种叫盾板的小块状的鳞甲覆盖着。盾板是由一种叫角朊的角质物质组成的，人们可以从龟壳上的年轮来判断龟的年龄。并不是所有的龟都有坚硬的龟壳。一些软壳乌龟，由于其龟壳是由皮质组织构成的，没有角质层，所以它们的壳是软软的。龟壳的骨质层中有大量的空气，其作用是减轻海龟在水中的重量，以便游得更快。同时，龟壳能起到很好的保护作用。

大多数龟类动物都长着粗壮的四肢，行动极其缓慢，因此不容易捕取食物。于是它们只好以植物或小昆虫为食。大多数乌龟连牙齿都已退化掉了，只能靠长着尖角的上下颚来撕开食物。

像绿甲海龟、皮背海龟这样的海龟还有迁徙的特性。如绿甲海龟每年要从巴西海岸的觅食地迁徙到2250千米之外的南大西洋的复活岛上去居住。对于它们来说，这段旅程是漫长而艰辛的，因为它们游泳的速度极其缓慢，时速仅为3千米。

龟经常被人看作是长寿的动物。龟的平均寿命是100年左右。然而能活到三四百岁的龟也屡见不鲜。一般而言，那些吃植物而且个头大的龟能活得更久一些；而肉食或杂食的小个头的龟寿命就比较短。

总之，爬行动物的家族还是比较兴盛的。许多爬行动物还具有很高的实用价值。如龟的卵和肉都可以食用，而且具有很高的营养价值。龟甲又是名贵的中药材。蟒蛇、鳄、大型蜥蜴等动物的皮可做成乐器，玳瑁则可制成工艺品。壁虎、变色龙会捕吃蚊虫，一些蛇类还能捕鼠，为人类除害。

昆虫

在所有的动物中，昆虫的种类最多，分布也最广。除了海洋的水域外，昆虫几乎群集于每一个你能想象到的栖息地：陆地、水中、空中、土壤里，甚至是动植物的体表或体内。科学家们已经为上百万种的昆虫取了名字，但可能尚有1000多万种昆虫至今仍然默默"无名"，有待于人类去发现、鉴别。

昆虫之所以能如此广泛地分布于地球上，主要是靠其飞行能力和高度的适应性。昆虫一般个头都很小，可以被气流或水流传播到遥远的地方。昆虫的繁殖能力也很强，虫卵在精心的保护下能抵抗恶劣的环境，并能在鸟类和其他动物的远距离活动中，被带到很远的地区生活。许多昆虫具有极为复杂的生命循环过程，需要经过几个界限鲜明的生长阶段才能变为成虫。

昆虫家族如此兴旺，那么什么样子的动物才算是昆虫呢?昆虫隶属于被称为节肢动物的群系，它们的外形十分独特，即身体外面通常包着一层很硬的外骨骼，躯干明显地被分为3个部分：头、胸、腹。头部长有一双一对一的触角（触须）和一张适用于特殊食物的嘴巴；胸部长有腿和翅膀；腹部里面有肠和生殖器官；腿部带有6条关节。

昆虫构造的变化主要体现在翅、足、触角、口器和消化道上。这种广泛的形态差异使得这个旺盛的家族能够通过一切可能的方法生存下来。

⊙ 雄性大闪蝶可以像人类手掌那么大，有着带有金属光泽的蓝色翅膀。这种蝴蝶通常喜欢在丛林的近地面"滑翔"，寻找它们最喜欢的食物——腐烂的果实。

所有昆虫的成虫都有6只脚，绝大多数有2对翅膀，长在胸部。它的翅是由中、后胸体壁延伸而成的。少数昆虫只有1对翅，后翅变成1对细小的平衡器，在飞行时起平衡作用。还有一些昆虫的翅膀已完全退化，但若用放大镜仔细观察的话，还是可以找到翅膀的痕迹的。昆虫的骨骼长在身体的外边，叫做外骨骼。防水的外骨骼可以防止水分的蒸发，保护并支持躯干，使其适合于陆地生活。同时，昆虫还要通过外骨骼上的气孔进行呼吸，与外界进行能量交换。

昆虫还有极其发达的肌肉组织。它的肌肉不仅结构特殊，而且数量很多。一只鳞翅目昆虫竟有2000多块肌肉，而人类也不过有600多块而已。发达的肌肉不仅可以使昆虫跳得高、跳得远，还可以帮助它们进行远距离飞行，甚至举起比自身重得多的物体。如小小的跳蚤，身体扁得不能再扁，体长仅为1～5毫米，但它却能跳到22厘米高、33厘米远的地方，是昆虫世界的跳跃冠军。跳蚤之所以有如此惊人的跳跃能力，完全是依靠它的后足及肌肉。跳蚤的后足很发达，足的长度比身子还长，又粗又壮。跳跃前，肌肉发达的胫节紧贴着腿节，用力将强大的胫节提肌收缩得紧紧的，然后再伸展开来，利用强大的反弹力跳起来。同时，跳蚤的中足和前足也可后蹲，协调整个身体的跳跃动作，这就更增强了它的跳跃力量。此外，蝗虫和蟋蟀的跳跃能力也十分出色。蚂蚁可以举起相当于自身体重52倍的物体。蜻蜓、蝴蝶、蜜蜂等昆虫依靠胸背之间连接翅膀的那部分肌肉，能够飞到很远很远的地方。

昆虫的视觉器官极为发达。它们的飞翔、觅食、避敌都离不开敏锐的视力。大多数昆虫都有

⊙ 蚂蚁和蚜虫

大大的复眼，位于头部的前上方，呈圆形或卵圆形。复眼又是由许多六角形的小眼组成的，每只复眼至少有5～6只小眼，最多的可以达到几万只。蜻蜓、螳螂的复眼就很具有代表性。

蜻蜓成虫的个头一般在20～150毫米之间，头大而灵活，一对复眼占头部体积的一半左右，复眼是由1.2万个小眼组成的，视觉非常敏锐，可以帮助它们迅速地捕捉到食物。螳螂也有2个很大的复眼，其作用除了能够辨别物体外，还可以用来测定速度。

单眼结构的昆虫，只能辨别外界光线的强弱，因而它们更多依靠触觉、嗅觉和听觉来感觉外部世界。昆虫的头部有一对能灵活转动的触角，有的细长，有的短小，但都是出色的感觉器官，就像给它们装了一副多功能的天线似的。在昆虫的嘴巴下，还有两对短小的口须，其作用就像鼻子一样，可以辨别气味。在昆虫的躯干上还有一些知觉鬃毛，其作用是分辨声音。昆虫的种类不同，这些知觉鬃毛长的地方也不同。蝗虫是在腹部第一节的左右两边各长有一些知觉鬃毛，外表就像半月形的裂口，清晰可见；蚊子的知觉鬃毛则长在头部的两根触角上；蟋蟀的知觉鬃毛则长在前肢的第二节上。

昆虫的嘴巴学名叫口器。昆虫令人难以置信地进化了多种多样的口器构造，以适应它们特定的需要。昆虫口器的形式虽然很多，但人们通常将其分为咀嚼式、舐吸式、刺吸式、虹吸式、吸嚼式等几大类。

昆虫中有一些是寄生，有一些则是自己捕猎食物。其中有的是吸取植物的汁液，有的是咀嚼植物的叶片，还有一些以动物的血液为生。因而有的昆虫对人类有益，如蜜蜂、蝴蝶、螳螂、蜻蜓等。它们有的可以帮助果树传播花粉，有的能消灭害虫。而有些昆虫对农作物则十分有害，如蝗虫、棉铃虫等。我们应该根据其生长特点，对其进行有效的防治。

⊙ 瓢虫常常聚集在一起冬眠。它们鲜艳的颜色可以警告来犯者，自己并不好吃。而当聚集在一起时，这种信息就会被传递得更为清晰。

动物如何运动

对于大多数动物而言，运动对于生存是至关重要的。有些运动速度极慢，它们需要1个小时才能穿过十几厘米的长度，而最快的速度可以超过一辆加速行驶的汽车。

并非只有动物才会运动，但是在耐力和速度方面，他们绝对是无可匹敌的。有些鸟在一天内可以飞行超过1000千米的距离，灰鲸在其一生中游过的距离是地球和月球之间距离的2倍。动物通过肌肉运动，大脑和神经则控制肌肉。

游泳

地球上3/4的地方都覆盖着水，所以游泳是一种很重要的运动方式。最小的游泳者是浮游动物，它们生活在海洋的表面，有些只是简单地随水漂流，不过多数都是通过羽毛状的腿或者细小的毛像桨一样滑行。浮游动物在逆水的情况下很难前进，许多浮游动物每天会下潜到海洋深处，从而避开掠食的鱼类。

快行者

在水中，大部分“游泳者”都利用鳍来游。游得最快的是旗鱼，它的速度可以达到每小时100千米。它充满肌肉的身体是流线型的，它的动力来源是刚劲的刀形尾鳍，通过这个尾鳍在大海中遨游。与旗鱼相比，鲸的速度要慢得多——灰鲸一年的旅程超过12000千米，但是它的平均速度却比一个步行的人快不了多少。海豚和鼠海豚也游得很快，它们的速度可以达到每小时55千米。

⊙ 雪豹长有非常漂亮的皮毛。这种优雅的肉食动物由于遭到大量捕杀而正面临着灭绝的危机。

利用鳍和鳍状肢并不是快速游泳的唯一方式。章鱼通过吸水，再利用墨斗向后喷出脱离险境——相反方向的逃逸动力就来自于这种水下喷流推进力。

陆上运动

水中的一些运动方式在陆地上也是同样有效的，比如陆地蜗牛的运动方式就和它们水中的亲戚相同，都是通过单个吸盘状的足爬行的。

为了保证它的足能够吸住，蜗牛在行进过程中会分泌出许多黏液，这样它就可以在各种物体表面爬行，也可以倒着爬行。不过这种方式的速度并不是很快，蜗牛的最快速度大约为每小时8米。

腿

腿是原先生活在水中的动物为适应陆地上的生活逐渐进化而形成的。现在，陆地上有两种大相径庭的有腿动物：第一种是脊椎动物，这种动物有脊椎骨，就如同我们人类一般；第二种就是节肢动物，包括昆虫、蜘蛛和它们的亲戚。

脊椎动物的腿从来没有超过4条，节肢动物有6~8条腿，有些则更多。腿的数量最多的是千足虫，它们有750条腿。另一种极端情况就是有些脊椎动物正在逐步失去它们的腿，而由身体的其他部分代替。有一种稀有的爬行动物只有两条腿，而世界上所有的蛇都根本没有腿。

迅速移动者

节肢动物体型较小，所以它们的运动速度并不会非常快，其中运动速度最快的是蟑螂，每小时可达5千米。而且因为它们都很轻，所以可以展示一些非同寻常的绝技——它们几乎都可以倒着跑，而且可以跳到它们体长数倍的高度。它们还有立刻启动或者停止的本领，这就是为什么人们觉得这些虫子都很警觉的原因。

比较起来，脊椎动物的启动速度较慢，不过它们的运动速度则快得多，比如红袋鼠的奔跑速度可达每小时50千米。世界上最快的陆地动物猎豹的速度可达每小时100千米，不过这个速度每次持续的时间不超过30秒。

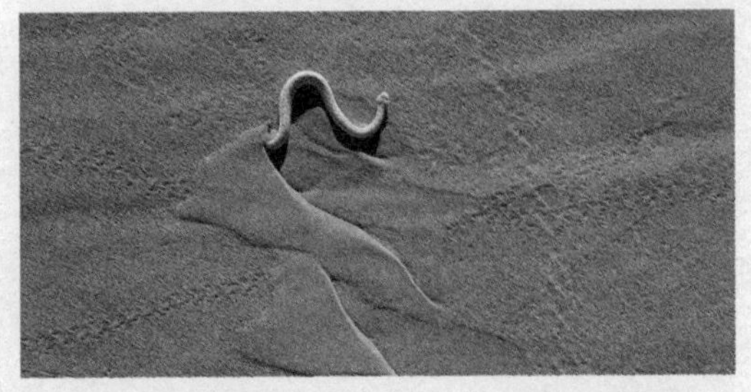

⊙ 一些沙漠蛇，包括图中非洲的蝰蛇都是侧向运动的。这些蛇并不滑行，而是在沙子上移动身体，侧向前行。

滑翔和飞行

动物开始飞行始于3.5亿年前。今天，空中充满了各种滑翔和飞行的动物。有些体型大且强壮，还有一些则几乎用肉眼看不见。

许多动物都会滑翔，只有昆虫、鸟类和蝙蝠才能真正飞行，它们用肌肉张开翅膀、起飞和降落。昆虫的数量比其他飞行者多几百万倍，它们的小体型使得其在空中可以自如飞行。蝙蝠可以飞得很快而且很远，不过鸟类才是动物世界中最好的飞行员，有些鸟类飞行的里程从数字上说都可以环绕地球了。

大型滑翔者

滑翔动物包括一系列特别的种类，有啮齿动物、有袋动物甚至是蛇、蛙和鱼类。有些只能滑翔几米就着陆，也有一些专家型“滑手”，比如飞鱼，可以在空中滑行300米以上。它们许多都利用滑翔作为紧急状况下的逃生方式。而对于某些动物，比如鼯猴，滑翔是它们的运动方式，即使是怀孕的母猴也是如此。

滑翔动物并没有真正的翅膀，它们的身体上有扁平部分，可以使它们在空中滑翔。飞鱼有1～2对特别大的鳍;飞蛙则用它们拉长的如降落伞般运作的腿滑翔；滑翔哺乳动物使用的是它们腿之间伸展的弹力性皮肤和尾巴——在平时，这些皮肤是折叠起来的。

空中的昆虫

和滑翔动物不同，飞行昆虫将大量的肌肉力量用于如何在空中支撑自己。蜻蜓一秒钟内拍打翅膀30下，家蝇则达200多下。苍蝇只有一对翅膀，而大多数昆虫都有两对。蝴蝶和蛾的前后翅膀是同方向拍打的。蜻蜓则是以相反方向拍打

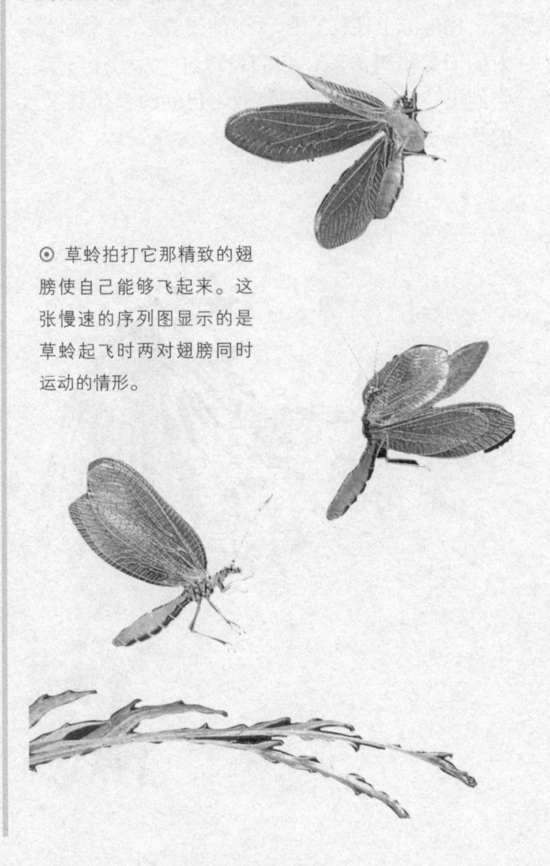

⊙ 草蛉拍打它那精致的翅膀使自己能够飞起来。这张慢速的序列图显示的是草蛉起飞时两对翅膀同时运动的情形。

的，这就是蜻蜓可以盘旋在空中，甚至是反向飞行的原因。

大多数昆虫并不能飞很远，许多体型很小的昆虫十分容易被风吹走。不过，在昆虫世界中确实有一些长途“飞行者”。在北美洲，帝王蝴蝶通常要飞行3000千米到目的地繁殖。在欧洲，有一种“灰斑黄蝴蝶”，通常在夏季穿越北极圈，以寻找一个能够产卵的地点。

带羽飞行者

蝙蝠的飞行速度可达每小时40千米，不过与某些鸟类相比，这种速度还是比较慢的：大雁在水平飞行时，时速可超过90千米；游隼在飞速下降捕猎时的速度可以达到每小时200千米。从飞机上可以看到，在超过11000米的高空还可以发现秃鹫，而且它们还可能飞得更高。鸟类能创造这些纪录是因为它们的骨骼是中空的，而且肺的工作效率极高。然而它们的羽毛是更重要的因素：鸟类的羽毛给予了它们流线型的身体，使它们能在空中高速穿行。

北极燕鸥每年的飞行里程数可达50000千米，比地球上任何一种动物都要长。乌领燕鸥给人的印象更为深刻，它们可以在空中飞行5年，它们史诗般的飞行历程的最终目的地是供其繁殖的某一个热带岛屿。

⊙ 草鸮以小型啮齿类动物为食。它们是慢速飞行专家。在捕食时，它们的飞行速度每小时约为10千米，跟人类慢跑速度差不多。这张图中，草鸮正张开它的利爪，准备对猎物进行突然袭击。

筑巢与做窝

大部分动物总是处于迁移和运动中，今天住这儿，明天住那儿，根本没有什么固定的、真正的“家”。但有些动物，像鸟类、昆虫为了繁殖后代，常常会搭窝或筑巢——这就是它们的“家”。这些“家”不但结实耐用，而且还各具特色，令人叹为观止。

⊙ 一只雌蜂鸟用蜘蛛丝将鸟巢固定在了树杈上。像很多雌鸟一样，它负责建造鸟巢，雄鸟不给予任何帮助。

蜜蜂的建筑才华在动物王国里可以说是首屈一指的。它们以自己独特的方式，搭建了一个个整齐的六角形房间，堪称是巧夺天工的杰作。

组成蜂巢的一个个小房间基本呈水平方向，它们大小一致，紧密排列在竖直墙架的两侧。房间的门也呈正六边形。三个菱形的蜡片对接形成房间的底部，并略微向外突起，这可以起到防止蜂蜜外流的作用。这种结构就使得两侧的房间底部恰巧能交错排列，而且与蛹尾部细尖的形状非常适应。

令人惊讶的是，每个房间的菱形都非常标准，锐角一律是70° 32′，钝角一律为109° 28′。从建筑学来讲，选择这个角度是最省材料的。

小小的蜜蜂又不是建筑师，它们在没有任何工具帮助的情况下，是怎样完成如此精细的任务的呢?

让我们来看看蜜蜂是怎样一步步地搭建房子的。建筑工作从“天花板”开始。所谓“天花板”，其实是指蜂箱活动框架的顶部，也就是日后巢室的最上部。蜜蜂同时在几个地方修建巢室，每个巢室无一例外地都从底部的菱形开始搭建。

在工地旁，有一个临时的由蜜蜂聚在一起形成的“建材加工厂”。在这里，众多蜜蜂挤在一起，使得中心温度保持在35℃，这样才能保证工蜂能顺利分泌蜂蜡。工蜂从腹部挤出一点蜂蜡，然后用后足接住，传递到嘴里嚼匀，嚼匀的蜂蜡可依据建筑需要加工成形。

修建完几个起点处的菱形后，蜜蜂便以此为依托继续筑墙。之后，蜜蜂返回底部进行下一个菱形的修建，再以其为底修造两堵墙。当第三个菱形和最后两面墙修成，一个巢室就完工了。蜜蜂能迅速地把前后相邻的蜂巢接起来，连接成一片整齐的正六角形。

造一个这样的蜂巢并不是件容易的事，小小的蜜蜂精湛的建筑技艺令人叹为观止，它们真不愧是昆虫界中杰出的“建筑师”。

蚂蚁的“家”都建在地下，是一个如同地下大迷宫似的四面延伸扩展的巢。从石缝或草丛间的洞口进入弯弯曲曲的门廊，就逐渐进入漆黑的地下，到达这座令人惊叹的地下“迷宫”了。这里一条条回廊交叉迂回又互相交通。通过这些忽宽忽窄、忽弯忽直的回廊可以直达上下左右所有的房间。这些房间各有各的用途：有的是储藏粮食的“仓库”；有的是工蚁休息的“宿舍”；有的是哺育幼虫的“幼儿园”；有的则是专门用以孵化卵的“育婴房”……

随着蚁群的发展壮大，蚁巢也会不断地延伸扩张。几年后，有的蚁巢占地可达几十平方米，甚至达几百平方米，有上下十余层，延伸到地下好几米处。虽然这些通道和房间的设置没什么规律可言，但是蚂蚁靠着熟悉的气味的引导而自由活动，丝毫不会迷路，而且越杂乱的格局越能迷惑敌手，越能保证自己的安全。

同样是生活在地下的昆虫，蝼蛄也是个筑巢的“好手”。蝼蛄的名字很多，有天蝼、土狗、拉蛄等，它和蟋蟀一样，也会靠摩擦翅膀来“鸣叫”，以此来追求异性。

蝼蛄的一生大多是在地下度过的。春天，蝼蛄会钻到潮湿的地表下开始建筑“家园”。它会顺着地表一直斜着往下挖，挖到30～40厘米处就会停下来，然后再返回到地表，挖许多条可以通到老巢的隧道，以备逃生之用。在挖掘的过程中，它会边挖边吃地里的种子、幼苗或植物的根茎，如果遇到马铃薯，它就会在马铃薯的中间打个洞穿过去。夏天，蝼蛄会将这个老巢扩建、装修一番。它先是开凿出一个酒瓶般的巢穴，然后将接近地表的“瓶口”用烂草堵住，还在里面铺些杂草，作为雌蝼蛄的“产房”。雌蝼蛄在此产完卵后，用泥土把所有的通路都堵好了才离开。大约十天之后，这些卵就会依靠土地的温度孵化为幼虫，小蝼蛄便这样诞生了。它们以父母留下的杂草为食。等草都被吃光的时候，小蝼蛄也差不多长大了，便从洞中出去，开始新的生活。

鸟儿一般都是天生的“建筑师”，它们用树枝、草和泥土建造自己的“家”（但杜鹃却不会建巢，只好将蛋产在其他鸟儿的窝里，让别的鸟替它孵化自己的“宝宝”）。鸟儿的巢有的简单，有的复杂，制作材料不一样，样子也是多种多样的。有浅巢、泥巢、树洞巢、洞穴巢、枝架巢、纺织巢、缝叶巢等。

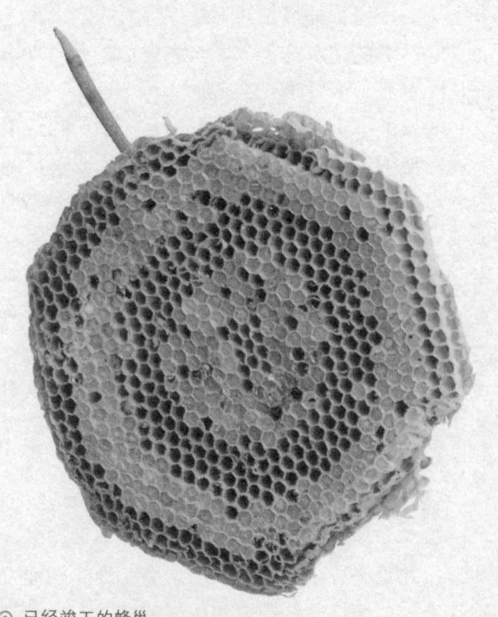

⊙ 已经竣工的蜂巢

⊙ 金莺织的巢

鸟类是最爱营造“家”的动物，但是它们只有在繁殖的时候才需要“家”。它们将蛋产在巢里，然后在巢中孵化。新孵出的小鸟，一般都不会飞，它们就待在巢中等待父母喂食，直到长大会飞后才离开。有时，鸟也会用“家”来贮存食物，以备不时之需。

大火烈鸟每年建一次巢，但新巢多是建在旧巢之上。大火烈鸟大多选择在三面环水的半岛形土墩或泥滩上筑巢，有时也会在水中用杂草筑成一个“小岛”。它筑巢时用喙把潮湿的泥巴滚成小球，再混入一些草茎等纤维性物质，然后用脚一层层地砌成上小下大、顶部为凹槽的“碉堡”式的巢，这样的巢坚固耐用，即使是狂风，也不能给它造成丝毫损伤。大火烈鸟群体的巢常常会整整齐齐地排列着，构成一个错落有致的“小村落”。筑巢期间，性格温顺的大火烈鸟有时会变得凶狠好斗，不时为争夺“地盘”或抢夺筑巢材料而发生冲突。

金雕一旦成双成对之后，便会建造起一个或多个巢，巢与巢之间相距数米或数千米不等。年复一年，一对金雕可能会专门栖息在某一个巢，或是交替栖息于两个备受青睐的巢中。如果雌金雕对这些巢不满意，它们便会再建几个巢。雌金雕是筑巢和修巢工作的主要“负责人”。它们的巢是由树叶和树枝筑成的，直径约1米，厚可达40厘米。金雕一般晚上栖息于某个没有用于育雏的巢中，其余的会作为存放剩余食物的储藏室。每年筑巢时，金雕会给常住的巢补充一些树枝、树叶，因此它们的巢往往非常大，有的直径甚至可达数米。

大多数蜂鸟用柔软的植物纤维、苔藓、蛛网、地衣、虫茧等东西，在树枝、灌木末端，叶片或岩石的突出部位筑巢。巢呈长布袋形，像半个鸡蛋壳或一只美丽的小酒杯，十分精巧细致。有的蜂鸟用平滑的蛛网将巢缠绕在树枝或竹子上，避免巢因风吹而摇晃。巢筑好后，许多蜂鸟还会仔细地在巢内铺上柔软的纤维物，使巢更舒适。

燕子的巢多筑在屋檐下或横梁上。它们筑巢的材料很简单：泥土、稻草、根须、残羽而已。筑巢的时候，它们会飞到河边、水潭边，啄取湿泥，弄成丸状，然后衔回来，再混以稻草、残羽等，在屋檐或房梁上筑巢。筑的时候，它们会站在巢内垒泥，由里向外挤压泥球，所以尽管巢的外部凹凸不平，但里面却很平整。最后，它们还会在里面铺上轻羽、软毛，以及细柔的杂屑等，这样便建造出一个很舒适的“产房”了。

而另外一种生活在亚洲热带海岛上的燕子——金丝燕的窝做得可不那么平整了。金丝燕属雨燕目雨燕科，与家燕的关系很远。它体长约18厘米，羽毛是暗褐色的，夹杂着少许金色的羽毛，因头部、尾部像燕子，故得名“金丝燕”。

金丝燕的唾液腺非常发达，能分泌出许多有黏性的唾液——这便是做窝的主要原料。筑巢开始时，它会将唾液从嘴里一口一口地吐出来，遇到空气很快就变成丝状。经过无数次的涂抹，岩壁上就会出现一个半圆形的轮廓，它们会继续往上边添加凸边，一层层地形成了一个巢，具有很高的强度和黏着力，洁白晶莹，直径6～7厘米，深3～4厘米，外观犹如一只白色的半透明的杯子。这种用纯唾液筑成的巢就是“燕窝”。它的营养价值很高，含有多种氨基酸、糖、无机盐等，是一种名贵的中药材。

哺乳动物的“妈妈”与子女之间的关系，要比鸟类和幼雏间的关系亲密得多，因此筑巢、做窝活动对哺乳动物来说也就不太重要，但是在小型的哺乳动物中，做窝筑巢的行为也很普遍。

⊙ 利用锋利的门牙，河狸可以咬穿30厘米厚的树木。像所有其他的动物建筑师一样，它们本能地知道应该使用什么样的建筑材料，以及应当如何将材料固定在一起。

动物的御敌与自我保护

觅食和防御是所有动物一生中最重要的两件事。在不同环境中生活的各种动物，在漫长的生存竞争中，逐渐形成了各具特色的防御手段来保护自己。其中，躲避敌手被认为是最好的自我保护方式。

有些动物用一种特殊的方式来伪装自己，称为保护色。它能够使动物具有与周围环境相一致的体色，从而避免受到敌手的攻击。蜗牛的变色本领也很强，当它从一种树爬到另一种树上的时候，外壳的颜色会发生变化，有时像颗晶莹的绿翡翠，有时却像瑰丽的红宝石，十分漂亮。斑马身上的条纹其实也是一种保护色。当阳光或月光照射在斑马身上的时候，由于反射的光线各异，那些黑白相间的条纹会使斑马的轮廓显得模糊，这样，其他的动物就很难将它从周围的环境中分辨出来。所以斑马的条斑非常有利于它们的安全，这是自然选择，也是它们长久以来适应环境的结果。

⊙ 啮齿动物常常通过隐入茂密的植物丛中来躲开敌人的视线。这只老鼠在空旷的地方被美洲野猫捕获，它的生存机会很小了。

还有一些动物会采用相反的策略——它们的身体呈现出一种明亮的色彩，与周围的环境相比格外触目惊心，给敌手以“警戒”，被称为“警戒色”。大部分具有警戒色的动物都具有一套贮藏或从有毒植物中分离毒素的本领。但有的动物根本就没有毒，却伪装成有毒的动物，从而让敌手真假难辨，不敢下手。使用警戒色最多的要属蝴蝶了。君主斑蝶的幼虫身上有橙红、乳白和鹅黄色的条纹，前胸还有一对触角，非常引人注目。但是它们根本不怕暴露自己，而是用这美丽的色彩来警告敌手：“别碰我，我有毒!”非洲的桦斑蝶体内贮存着一种心脏病毒素，这种毒素能引起鸟类呕吐，甚至是死亡，从而使鸟儿望而生畏，不管多饿，也不敢食用它们。那些无毒的蝴蝶见到这种情况，便争先恐后地将自己的体色甚至是外形变得和有毒的蝴蝶一模一样，希望借助它们的“声望”逃避厄运。

⊙ 遍布尖刺，这条胀圆的刺鲀是没有多少动物愿意食用的。一旦其胀圆后，这种鱼基本不能游动了。

产于美洲的鼬科哺乳动物臭鼬也是靠“警戒色”来保护自己的。臭鼬的体色以黑色为主，颈背部有一块明显的白色毛带，呈“人”字形。尾巴粗大而且很长。它常用高耸的尾巴和背部的白斑来警告其他动物。而它的“独门绝技”便是利用发达的肛门腺“制造”化学武器。当臭鼬遇到危险时，它的肛门会喷射出一种臭液，不仅奇臭难闻，而且还具有一定的毒性，能使敌手暂时麻痹。由于有了这门本领，臭鼬便横行于森林中，其他动物轻易不敢再惹它了。

还有一种自我保护方式叫拟态，即某些动物在进化过程中所形成的具有保护作用的，与其他生物或非生物相近的形态。木叶蝶、竹节虫、桑尺蠖等昆虫就是通过拟态来保护自己的。它们在形态、色泽上模仿周围的植物枝叶，可以说达到了惟妙惟肖的地步。

弱小的动物往往采用躲避敌手的方法进行自我保护，然而当这种保护被敌手识破的时候，它们也不是束手待毙，而是会做最后一搏，争取一线生机。

属软体动物的章鱼虽然游泳速度很快，很难被敌手追上，但它还是常常受到敌手的攻击。当遇到危险时，章鱼会将液囊中的墨汁通过肛门喷出来，形成烟幕，迷惑进攻的敌手。有时墨汁具有轻度的麻醉作用，能够麻痹进攻者的感觉器官，使章鱼趁机逃之夭夭。

鸵鸟主要分布在非洲的沙漠平原地带，与鬣狗、狼、豹等众多肉食动物朝夕相处。但是鸵鸟

⊙ 当昆虫采用了伪装术后，很少有动物能够赢过它们。这张照片显示的是在秘鲁热带丛林树皮上伪装得很好的2只树螽。

⊙ 这条草蛇张着大嘴，耷拉着舌头，看起来像是已经死去了。草蛇并不带毒，当它们不能逃脱时，通常就采用这种装死的方法。

凭借快速的奔跑而让食肉猛兽望尘莫及，不能轻易吃掉它。鸵鸟奔跑起来轻快稳健，两翼如帆一样张开，并不断地扇动，以此保持身体平衡。它的步子极大，每步跨度近4米。鸵鸟还有一个十分强健的心脏，可以长时间地快速奔跑。它的奔跑速度非常快，有时连快马也追不上。

当鸵鸟被敌手追得走投无路时，会把自己的头平贴在地上，然后钻进沙子里，以为敌手和自己一样什么都看不见。这个看似“愚蠢”的行为实际上是鸵鸟保护自己的一个小“伎俩”。在非洲热带沙漠草原地区，气候炎热，而光照强烈。鸵鸟发现敌手后，虽可以拔腿快跑，可是，在干燥的环境下长时间的奔跑对它也是很不利的。因此，鸵鸟便将长脖子平贴在地面上，身体蜷曲成一团，凭借自己暗褐色的羽毛伪装成岩石或灌木丛，加上雾气的掩护，就不易被敌手发现了。未成年的鸵鸟尤其喜欢这种逃生方式。如果此举难以奏效，它们便会在敌手出现时一跃而起，或迅速逃离，或用自己强壮有力的大腿自卫。鸵鸟的长腿很有威力，一旦被它踢中，轻则受伤，重则丧命。

总之，动物们特别是弱小的动物们在自然长期演化的过程中形成了一套适合于自己的避敌和自我保护方式，才使它们能够在这个弱肉强食的世界中生生不息地繁衍下去。

动物的寄生与共存

自然界的各种生物无时无刻不面临着生存竞争，一些动物为了获得更多的生存机会，就和其他生物结成特殊的伙伴关系。

两种生物或两种中的一种，由于不能独立生存而共同生活在一起，或者一种生物生活于另一种生物体内，互相依赖，双方都能从中获益，这种现象叫做“共生”。白蚁和超鞭毛虫就是一种典型的“共生”关系。

白蚁的主要食物是充满纤维素的各种木材，但它们并不能直接消化这些木材纤维。它们的肠道内生活着一种原生动物——白蚁共生原虫或叫超鞭毛虫，它们分泌的酶可以将木材分解成各种糖，为白蚁的生存活动提供能量。如果白蚁的肠道内没有这种超鞭毛虫，它就会因消化不良而饿死。对于超鞭毛虫来说，躲在白蚁的体内，也是一种最安全的措施。因为在这里它没有什么天敌，白蚁又为它们源源不断地提供了丰富的纤维素。所以白蚁和超鞭毛虫谁也离不开谁。但是这种超鞭毛虫只寄生在工蚁和兵蚁的肠道内，而蚁王、蚁后和幼蚁并不能直接以木材为食物，而是依靠工蚁将自己肠内一部分半消化的食物吐出来喂养它们。

而且，新孵出的白蚁会本能地舔吮成年白蚁的肛门。这是因为白蚁蜕换肠内上皮时，超鞭毛虫就形成囊孢，新孵出的白蚁可通过舔其他成年白蚁的肛门，把囊孢吃到肚中，从而得到超鞭毛虫。因此可以说，特殊的生理现象要求白蚁过群体性生活，否则将会因得不到超鞭毛虫而死亡。白蚁和超鞭毛虫相依为命的关系，叫互利共生。

豆蟹和扇贝配合得也很默契。豆蟹是世界上最小的蟹。它的甲壳只有几毫米长，形状像大豆，因此常成为别人口中的食物。为了生存下去，豆蟹必须寻找“保护伞”。它常和水母、海葵、贝类、棘皮动物等共生。但因为它会损害这些动物的鳃、外套膜、卵巢和消化腺等部位，因而这些动物并不太欢迎它。只有扇贝和它关系最好。

扇贝的外形像一把打开的折扇。当扇贝张开

⊙ 扇贝

扇贝科扇贝属软体动物。

⊙ 豆蟹

豆蟹以扇贝为“保护伞”，也能给扇贝提供保护，它们是共生共存的关系。

壳时，豆蟹便钻进去，以微小生物和有机碎屑为食；当扇贝闭合时，豆蟹便以扇贝的粪便为食。那豆蟹又能为扇贝提供什么帮助呢？原来，扇贝的天敌是红螺。红螺能分泌一种毒液使扇贝的闭壳肌麻痹，闭不上壳，这时红螺便可慢慢吃它的肉。每逢这时，豆蟹就会扬起双螯将红螺赶跑，解救扇贝。有时，机警的豆蟹还会在强敌进攻前搅动扇贝的软体，促使扇贝将壳闭上，躲避敌害。

两种动物都能独立生存，但却以一定的依赖关系生活在一起的现象，叫“共栖”。

犀牛是唯一可以穿越大片荆棘植物丛而不会

有任何明显不适的动物。它有一层粗厚的表皮，可以抵挡十分尖锐的刺。然而它的皮肤褶皱之间的部位，却非常嫩薄，颇得吸血昆虫和寄生虫的青睐。犀牛除了往身上涂泥巴外，幸好还有一位“好朋友”来帮它清除这些讨厌的寄生虫。犀牛鸟停栖在犀牛的背上，以犀牛身上的寄生虫为主要食物，有时它们还毫不客气地爬到犀牛的嘴巴或鼻子上去。生性暴躁的犀牛不仅不生气，而且还非常欢迎这些“小朋友”帮它清除身上的寄生虫。

⊙ 犀牛鸟在犀牛身上怡然自得，引吭高歌，它和犀牛互惠互助。

除此之外，犀牛鸟对犀牛还有另外一种用途，即能够及时为犀牛“报警”。犀牛虽然很凶猛，但它的视力却非常不好，若有敌手对它进行偷袭，它是难以觉察的。幸亏有了犀牛鸟这位机灵的警卫员，一有危险便马上又飞又叫，以引起“朋友”的注意。

鳄鱼和千鸟的互利互惠也是一种极有趣的现象。千鸟不但在凶猛的鳄鱼身上寻找小虫吃，而且会进入鳄鱼的嘴里啄食鱼、蚌、蛙等动物的肉屑和寄生在鳄鱼口腔内的水蛭。有时，鳄鱼睡着了，千鸟就用翅膀“敲门”，鳄鱼便自动张开大嘴，让千鸟进去吃些“残羹冷炙”。鳄鱼能与千鸟友好相处，从不伤害它，是因为鳄鱼需要千鸟帮它清除口腔内的残留食物。小小的千鸟具备了“牙签”的作用，因而又被称为“牙签鸟”；又因为它是鳄鱼唯一的“朋友”，也被叫作“鳄鸟”。

寄居蟹和海葵也是一对互利合作的好伙伴。寄居蟹寄居在海螺的壳内，海葵则充当它的“门卫”。海葵用有毒的触手去蜇那些敢靠近它们的动物，保护寄居蟹。而寄居蟹则背着行动困难的海葵四处觅食。海葵因此获得更多的捕食机会，并能更快地更新“肚子”里的海水。海葵和寄居蟹就这样有福同享，有难同当，直至死去。

寄生是指一种生物（称为寄生物）生活于另一种生物（称为宿主或寄主）的体内或体表，并从后者身上摄取营养以维持生活的现象。寄生分“体内寄生”和“体外寄生”。

“体内寄生”就是寄生物寄生在寄主体内，从寄主身上得到食物和住所，不受外界环境的影响。寄生物的感觉器官差不多已完全退化。如孢子虫寄生在蚯蚓的生殖器里，线虫寄生在鱼的消化道里，蛔虫多寄生在5～10岁儿童的消化道里等。

“体外寄生”是寄生虫寄生在寄主体外，可以分为永久寄生和暂时寄生两种。如扁虱长期寄生在蜥蜴身上，就是永久寄生。水蛭寄生在另一种水蛭身上，一旦吸饱了血，便会离开寄主，就是暂时寄生。绿头大苍蝇、蜣螂和蚂蚁身上都寄生着壁虱，壁虱以这些动物嘴边的食物残渣为食。寄生物为寄主带来了许多不便，常使寄主又痛又痒，甚至引发疾病，导致死亡。

海参的泄殖腔内常常寄生着一种头大体长的鱼——隐鱼。隐鱼的身体透明，皮肤上有许多色素小点。当它钻进海参体内时，先用头探索海参的肛门，然后把尾巴蜷曲，插入肛门，再将身体伸直，向后移动，直至完全进入海参的体内。隐鱼为什么要钻到海参的肚子里去呢?这是因为海参很少有天敌，隐鱼躲到它的肚子里是非常安全的。然而海参却不能从隐鱼那里得到一点儿好处，相反还有被隐鱼捣烂内脏器官的危险。

动物与动物之间这种互相帮助或“损人利己”的关系是长期历史演变的结果，这构成了一种复杂的生命之网，促进了动物的发展与进化。

动物的求偶

动物为了延续自己的种族，不断繁殖后代，必须与异性进行交配，而它们“求爱”的方式也是多种多样的。

鸵鸟的“求婚舞”

在繁殖的季节，雄鸵鸟们在选择配偶时，彼此间免不了要进行一番激烈的较量。这时雌鸵鸟会在一旁观战，只有获胜者才能赢得雌鸵鸟的青睐。胜出的雄鸵鸟的身旁经常聚集着3~4只雌鸵鸟，它就从中选择中意的做自己的“新娘”。

婚戏时刻来临了。雄鸵鸟便扑打着翅膀，诱使或者说是驱赶自己选中的雌鸟离群，这一对便开始配合、协调动作。雄鸵鸟装出啄食的样子，实际上是观察对方的反应。如果对方没有和它一样也低头啄食，它们便友好地“分手”，雄鸵鸟返回鸟群重新选择。如果对方也低头啄食，雄鸵鸟就跳起优美的“求婚舞”：雄鸵鸟在雌鸵鸟面前蹲下，展开双翅并发出奇特的叫声，头部伸直并向后仰，双脚来回跳动，双翅不停地摆动，舞姿非常迷人。而雌鸵鸟则翅膀拖地，围着雄鸵鸟转圈儿。当雄鸵鸟突然跳起时，雌鸵鸟便立即伏在地上，雄鸵鸟便扑着翅膀与之进行交配。

⊙ 鸵鸟的“求婚舞”

毒蝎之“舞”

有些生活在沙漠中的蝎子终年繁殖，但大多数蝎子的繁殖都有一定的季节性。在求偶的季节里，雄蝎子在晚上爬出自己的洞穴或栖息地，开始寻找配偶。它们可以在一个晚上跑出100米之外，同时身上散发出一种叫“信息素”的化学物质来吸引雌蝎子约会。

雄雌蝎子相遇后，开始复杂的交配过程。交配方式因蝎子种类的不同而略有差异。交配过程主要是进行身体接触，然后则是一连串由雄蝎引发的密集行动，通常会使感到威胁的雌蝎转变为攻击状态。所以，有时会出现两只蝎同时退却而使交配过程流产的情况。一般而言，雄蝎会再度出击，试图重新接近雌蝎。这对爱侣终于面对面后，继而靠近，再分开。此时的雌蝎变得比较合作了。它们的尾巴以各种方式缠在一起，摆动、水平交错或垂直交错，身体的各部分平贴在地面上。雄蝎常会在雌蝎的关节上注入毒液，以使之变得温驯。雄蝎会突然压低身子，在数秒钟内从生殖孔内排出一小根内含精子的条状精荚。接着，它一边后退一边迅速地将雌蝎拉到精荚上，使精荚从雌蝎的生殖孔进入体内。最后两只蝎子会突然分开。令人不可思议的是，有一些雌蝎会在交配后，吞食其雄性伴侣。

⊙ 交配舞蹈

雄蝎用足或钳攻击雌蝎，并使自己向它靠拢，再用双钳夹住雌蝎的双钳。

夏日流萤

萤火虫流动的萤光常在夏夜给人们带来无限的诗意。它们发出的光五颜六色，淡绿、淡黄、橘红、淡蓝等，非常漂亮。这些光是由萤火虫腹部后端的发光器产生的，其作用并不是用来照亮，而是萤火虫情意绵绵的求爱信号。雌、雄萤火虫都能发光。夏天的傍晚，它们的萤光明明灭灭，形成有节奏的“灯光”信号，以此相吸引、联络。不同种类的萤火虫有不同的信号传递方式，彼此不混淆。雌性萤火虫的翅膀很短，甚至会退化，因而不会飞，在“谈恋爱”时总是按兵不动。它们通常在看到雄虫的信号后才给以回复。雄虫得到答复，便一面继续发出信号保持联系，一面按回复信号的指引飞过去，找到雌虫。雄萤火虫四处寻找配偶往往要花上一个星期的时间才有结果。

萤火虫有时也很狡猾。有的雄虫为了达到自己的目的，不惜模仿雌性同类的发光信号来干扰其他萤火虫的正常寻偶过程。当一只雄虫苦苦寻觅很久以后，终于发现雌虫的踪迹，却被竞争者捷足先登，它便会不惜一切代价为自己争取机会。比如它会以突然的闪光干扰那对情侣的对话，打乱信号的规律，或者正大光明地去吸引雌虫，甚至模仿雌虫信号，诱骗竞争者转移目标。

孔雀开屏——独特的“求婚”方式

每年四五月春暖花开，便是雄孔雀争艳比美、寻找伴侣的时候。此时，它们羽毛焕然一新，在山脚下开阔的草丛、溪流两边以及田野附近活动。它们抬高胸脯，眼睛深情地凝望着远处，展开的尾屏就像一把色彩绚丽的碧纱宫扇，出现在雌孔雀面前。雄孔雀踏着细碎的舞步，不时摇晃着身体，它们的羽屏随之微微抖动，上面金灿灿的眼状斑和宝蓝色的羽毛，在阳光照射下反射出瑰丽的金属般的光泽，显得富贵优雅。它们紧随雌孔雀的身后，得意扬扬地踱着步，偶而还翩翩起舞，以博得雌孔雀的青睐。常有数只雄孔雀追随在一只雌孔雀的周围，展开绚丽夺目的尾上覆羽，并不断抖动，发出“沙沙”的响声。雄孔雀还常为此而发生格斗。在繁殖的季节，雄孔雀每天要开屏好几次，每次长达十分钟之久。

以“聘礼”定婚的企鹅

企鹅实行“一夫一妻”制，不过它们只在繁殖期成对地待在一起。一般说来，雌企鹅只愿意与“原配丈夫”进行交配，并通过叫声和动作辨认对方。

企鹅在繁殖期常常是以歌求偶，并伴以滑稽可笑的动作。一会儿互相扇动着翅膀，一会儿将扁平的长嘴一齐指向天空。有时，雄企鹅在求爱前需要准备一些卵石作为“聘礼”，虔诚地奉献给雌企鹅，然后退几步站在一旁观望。一旦双方结为“夫妇”，它们便会用这些卵石在雪地的背风处筑起“洞房”，形影不离地生活在一起，开始产卵育儿。

⊙ 雄孔雀以美丽多姿的尾羽吸引雌孔雀。

⊙ 相亲相爱的企鹅夫妇

动物的繁殖行为和哺育行为

繁衍后代是动物生活中的一件大事，它们的求偶就是为繁殖服务的。每种动物的繁殖方式都不相同，但它们对于幼崽都是一样的爱护。

狐的家庭生活

狐是实行“一夫一妻”制的动物。当雄、雌狐结为“夫妇”之后，它们会认真地选择洞穴生育后代。雌狐的孕期不到两个月，幼狐就出生了。雌狐每胎可产五六只幼狐。幼狐出生后1个月里，雌狐寸步不离，雄狐负责给全家提供食物。有时幼狐的“哥哥姐姐”，即这对狐头一年生的儿女，也会帮着照顾幼狐，一方面学习怎样抚育后代，一方面还可获得双亲的部分领地。两个月后，幼狐就可以跟着双亲出外觅食了。它们跟着父母学习捕食和御敌的本领。回“家”后，它们还会练习在外面学到的本领，捕捉昆虫和老鼠，厉害一点的还去抓兔子。

如果幼狐的数量比较多，4个星期后，它们就会发生冲突。食物不足的时候，彼此间的斗争相当残酷。强壮的幼狐从弱小者那里掠夺食物，日益健壮，而弱小者因缺少吃喝，长得更加弱小，甚至死亡。幼狐的双亲面对这种争斗从不加以干涉，因为大自然的严酷选择是容不得弱者的，只有强者才能生存下去并传宗接代。

幼狐长到半岁的时候就要开始独立闯荡世界了。在出门前，它的父母会给它带上一些食物，仿佛人远行时携带干粮一样。这样，幼狐便带着父母的“殷殷祝福”上路了。

成熟早、断奶晚的小斑鬣狗

斑鬣狗的妊娠期为110天，平均每胎生两只，通常在洞穴内生产。刚出生的小斑鬣狗体重约为1.5千克。刚出生时，它们的毛色呈单一的褐色，已经睁开眼睛了。小斑鬣狗只有在自己母亲叫唤时才会离开洞穴，它们对母亲的声音非常敏感。大约一个半月以后，小斑鬣狗的鬃毛上开始渐渐浮现斑点。4个月后，它们就有和成年斑鬣狗一样的斑点了。但它们足底深色的部分还要很久以后才能出现这样的斑点。

斑鬣狗的哺乳期相当长，大概要持续12～16个月。每只母斑鬣狗有四个乳房，专门用来哺育子女们。小斑鬣狗唯一的食物就是母乳，慢慢地它们再吃一些成年斑鬣狗为它们衔回来并放在洞穴四周的肉块。当小斑鬣狗的身体逐渐发育成熟后，它们才断奶，但距性成熟还有好几个月。

海象的浓浓母子情

海象在每年的1～2月份交配，此时正值北极最寒冷的时节。海象的繁殖率很低，雌兽每三年才产一胎，孕期一年多，于转年的四五月份在海滩上产下一头身长约1.2米、体重约50千克的小海象。母海象对幼崽的眷恋性很强，若幼崽遇到危险，母海象会不顾一切地前去营救，甚至与凶猛的北极熊搏斗。母海象经常在冰上用前肢抱着自己的孩子，如果幼崽躺着，它的眼睛便久久地停留在孩子身上，一刻也不肯离开。在水里游动的

⊙ 这只雌鹅不管走到哪里都被一群小鹅跟着。小鹅是通过一种被称为“铭记”的教育而记住和认出自己的妈妈的。

时候，小海象会骑在妈妈的背上，或紧紧地搂住妈妈的脖子。

母海象非常疼爱幼崽。即使幼崽被猎人打死了，它也不会轻易地离开幼崽。据说当母海象意识到自己的孩子已经死了的时候，它们会像人那样哭叫，然后将幼崽推入水中，自己也跟着跳入水中，用一只前肢抱着幼崽潜入海中。如果母海象被捕，幼海象也会一直呼唤着寻找妈妈，有的竟跟踪捕运母海象的船只，怎么也不肯离开；一旦母海象被杀害，幼崽也会伤心地哭叫一场。

高达两米的“新生儿”

雌长颈鹿五岁时开始生育第一胎幼鹿。它的怀孕期长达14～15个月，通常每次只产一只幼崽，偶尔产两只。如果条件许可，它们每18个月会产一崽，直到20岁时为止。

母鹿生产的时间一般集中在清晨，这样当夜晚来临时，幼鹿就已经能够走动，从而可以避免敌手的猎杀。生产过程要持续一两个小时。刚出生的小鹿神态很安详，半小时后就能颤动着四肢站立起来，围着妈妈走来走去。幼鹿一出生就有2米高，重50多千克，是最高的“新生儿”。它们的体形和成年长颈鹿一样，只是在比例上，脖子较短、较细。幼鹿的蹄在刚出生时很柔软，不过用不了多长时间就会变硬。它们和其他有蹄类新生儿一样，感官功能发育得很齐全。母长颈鹿舔舐新生的小鹿，仔细地嗅闻它并引导它吸吮母乳。10个小时后，幼鹿已经能四处跑动了，到了第三天它就活蹦乱跳了。幼鹿在第一年的死亡率较高，通常半数的幼鹿在出生一个月内夭折，尤其成为猎豹、狮子和豹的猎物。不过，母长颈鹿很疼爱自己的孩子，有时它们为了保护幼崽的生命，会不顾自己的安危，用颈、腿与凶猛的肉食动物展开激烈的搏斗。

上“托儿所”的狒狒

狒狒的发情期不固定，每年繁殖一次。母狒狒的孕期大约为6个月，每胎仅产一崽。在狒狒群中，最大的喜事莫过于添了新生的小狒狒了。小狒狒刚一出世，众狒狒便欣喜若狂，围在母子四周表示祝贺。但是对小狒狒只准看、不准摸，只有妈妈可以抚摸它，而其他的狒狒只能抚摸母狒狒以示安慰和尊敬。刚出生的幼崽体毛为黑色，只有脸部、耳朵和臀部是红色的。母狒狒整天把孩子抱在怀里，而小狒狒则牢牢地含住母亲的奶头。一个月后，小狒狒就能爬到妈妈的脊背上玩耍了。狒狒的母性意识很强，如果幼崽死了，母狒狒仍会痴痴地搂抱着，不肯扔掉。小狒狒自己能走路了，但还是舍不得离开妈妈，总是抓住母狒狒的尾巴跟在后面。七八个月以后，母狒狒会用手臂阻止小狒狒接近奶头，开始给它断奶，无论小狒狒怎样哀求，也不给它奶吃。

狒狒族群中有“托儿所”。小狒狒断奶后，如果母狒狒需要外出觅食，它便会将孩子交给一个年长的狒狒照管，不让它们乱跑乱撞，教它们爬树、抛石头。如果它们吵闹打架，“阿姨”还要负责管教。

依恋幼崽的树袋熊

树袋熊的繁殖期一般在每年的11月至次年的2月。雌性树袋熊怀孕一个月后就可以分娩了，通常只生一胎。刚产下的幼崽体重约5.5克，体长仅2厘米左右，就像一条小爬虫，但它却能依靠嗅觉爬进母亲的育儿袋中，吮吸乳汁，生长发育。

幼崽在母亲的育儿袋中需要生活六七个月，才能发育完全。2个月后，它就可以爬出育儿袋由妈妈带着玩耍。4岁左右，它才恋恋不舍地离开母亲开始独立生活。母树袋熊对幼崽的眷恋之情很深，只有在幼崽离开它以后，它才开始下一次繁殖活动。

⊙ 树袋熊正在吃桉树叶。

动物的迁徙

迁徙是多数鸟类随季节的变化而改变栖居区域的习性。在鸟类中，可以根据有无这一习性将其划分为候鸟和留鸟两大类。哺乳类中的蝙蝠、驯鹿以及昆虫中的蝗虫、某些蝶类也有迁徙的习性。鱼类、鲸、海豚、鳍足类以及甲壳类动物的洄游也是一种迁徙。

春去秋来，夏至冬尽，许多鸟儿会随着季节的更替而有规律地往返旅行。鹤类都是候鸟，每年春天都会飞到北方地区繁殖，秋天再返回南方地区越冬。如黑颈鹤主要分布在我国青藏高原的青海湖、扎陵湖等地区，秋天一到，耐不住青藏高原严寒的黑颈鹤便会结伴迁往云贵高原。它们排列的队伍整齐而有序，在空中发出嘹亮的“咯、咯、咯”的鸣叫声，就像行军时喊出的口号，在几千米外都能听到。

由于自然环境的变化，一些哺乳类动物秋季也要进行长途迁徙，如非洲的角马、羚羊和斑马，欧洲的旅鼠等，其中最典型的要算是驯鹿了。

驯鹿肩高0.7～1.4米，重达300千克。它身体粗壮，侧蹄较大，毛色灰白且接近白色，多为浅灰，腹部颜色较浅。与其他鹿类相比，驯鹿最明显的特征就是：不管是雄鹿还是雌鹿，都长着一对美丽多姿的角。

野生驯鹿过着群居的生活，有迁徙的习性。如果一个地方的牧草吃得差不多了，它们就会更换地方。到了冬天，成千上万头驯鹿汇集成巨大的鹿群，由北向南迁徙。在迁徙的途中，驯鹿还要在10～11月进行交配。雄鹿经过激烈的竞争与雌鹿交配，然后雄鹿汇合成几股继续南迁。而怀孕的雌鹿和幼鹿便会留在南迁的途中。第二年春天，驯鹿往北方回迁。雌鹿们在一只经验丰富的母鹿的带领下，在它们熟悉的地方生儿育女，抚养幼鹿。

冠海豹的繁殖期在每年3月底～4月初。雌性冠海豹栖息于大块的浮冰中央，准备生产。幼冠海豹在出生时已经发育得较为成熟，因而其哺乳期很短，只有4天。哺乳期一结束，母冠海豹又会很快发情，与雄冠海豹交配。雌雄冠海豹便远离幼冠海豹开始长距离的迁徙活动。它们先漂移到浩瀚的大海中猎食，以重新贮存脂肪，而后聚集在一块浮冰上，开始一年一次的季节性脱毛。

⊙ 通过排成“V”字形飞行，大雁可以将迁徙过程中耗费的能量降到最低。每只鸟都利用前一只鸟产生的滑流来减少消耗，并且它们轮流充当领头鸟。

⊙ 对于洄游的大马哈鱼而言，瀑布是它们前行道路上的一道障碍。这些肉质结实的鱼类可以一下垂直向上跳起3米多高。

地球上共有1.4万多种的蝴蝶，其中约有200多种能像候鸟那样随季节的变化而长距离地迁徙，而且常常是跨海越洲地迁飞。其中最著名的要算彩蝶王、斑蝶、粉蝶、蛱蝶了。

彩蝶王产于美洲，体形美丽，仪态万千，号称百蝶之首。每年春天，彩蝶王便成群结队地从墨西哥飞往加拿大；秋天的时候，它们又从加拿大飞回墨西哥马德雷山脉的陡峭山谷中繁殖后代。在几千千米的长途迁飞中，彩蝶王是很守纪律的。途中雄蝶总是以护卫和导游者的身份在雌蝶周围组成一道屏障，保护雌蝶的安全。成千上万只彩蝶王在空中飞舞，极为美丽壮观。

非洲的粉蝶也能进行远距离迁徙。每年春天，它们成群结队地飞向北方。在4月的时候，它们能飞到地中海和阿尔卑斯山一带；到了五六月份的时候，它们已经出现在西欧上空了。有的粉蝶甚至能飞到遥远的冰岛，或者更远的寒冷的北极圈。它们的飞行速度，逆风时是每秒2～4米，顺风时可达每秒10米，速度已经算是很快的了。

洄游是鱼类按季节形成的每年都进行的定期、定向的集体迁移现象。鱼类不辞千辛万苦地进行洄游是有原因的，人们就根据洄游的不同原因将其分成三大类：生殖洄游、越冬洄游和索饵洄游。

生殖洄游是鱼类出于生殖的需要而进行的洄游。每年一到繁殖期，它们就必须回到特定的环境里去产卵繁殖。盛产于太平洋、大西洋沿海的大马哈鱼便是为了繁殖而进行一年一度的洄游。

大马哈鱼学名叫鲑鱼，我国的黑龙江、乌苏里江和松花江盛产大马哈鱼，其中黑龙江有“大马哈鱼之乡”的美称。大马哈鱼长得很美丽，身体长而侧扁，形似纺锤，大眼睛，大嘴巴，吻端突出，形似鸟喙，蓝灰色的外衣上点缀着许多紫红色的斑点。它出生于河里，在海里长大，最后回到江河里产卵。每年的八九月间，在海里生活了四年的大马哈鱼成群结队地从外海游向近海，进入江河，历经几千里溯流而上，回到自己的故乡——黑龙江产卵。

大马哈鱼“记忆力”很强，善于逆水游泳，在路途上如果碰上急流或瀑布，能够奋力一跃，最高能跳过4米，越过障碍，继续前行。进入江水后，大马哈鱼就不吃不喝了。它们会游入乌苏里江、呼玛尔河和松花江等黑龙江的清冷支流，寻找最理想的产卵场所。产卵前，雌、雄大马哈鱼会在河底有细沙或砾石的地方，快活地游来游去，用腹部和尾鳍清除河底的淤泥和杂草，建筑一个卵圆形的产卵床。鱼“妈妈”就伏在里面产卵。它一生只产一次卵，一次能产下几千颗到1万多颗的红色透明的、黄豆大的鱼卵。雌鱼产完卵后，雄鱼就过来射出水状的精液。最后雌鱼会将细沙或砾石盖在鱼卵上，让它们自行孵化。此时，经过长途跋涉的“双亲”仍然不吃不喝地守护着鱼卵，直至死亡。

3个多月后，小鱼儿孵化出来了，稍稍长大后，小鱼便于转年春天顺流而下，又游向大海。但是它们不会忘记故乡，4年之后便会历经千难万险，和它们的父母一样，回故乡繁殖后代。

越冬洄游主要是鱼类受季节的影响而进行的洄游。当寒冷的冬季到来时，一些对水温变化比较敏感的鱼，因受不了水温变冷，便从浅海游向深海，到较为温暖的水域中生活。第二年开春转暖的时候，它们再返回浅海。

还有一种是为了食物而进行的洄游，叫作索饵洄游。其中最常见的便是带鱼的洄游。带鱼的体形扁平，尾巴细长，像鞭子一样，体表呈银白色，头窄嘴大，上下颌长有尖锐的钩状的牙齿，样子很凶猛。每年立冬前后，生活于黄海、南海的带鱼群会一起向近海游来，最后在舟山附近胜利“会师”，这样就形成了一年一度的东海冬季大渔汛。它们为了索饵，时游时停，迂回曲折地前进，一批又一批地接踵而来，时间可以持续近3个月。

带鱼的肉质细嫩爽口，营养价值极高。其银粉状的细鳞还可以作为药品、塑料、胶卷等的原料，内脏可制鱼粉，经济价值很高。

⊙ 在南半球的春季到来时，鲸便开始向南极洲方向迁徙，那时候，缩小的冰面能让它们更容易找到食物。这些驼背鲸摄于澳大利亚海岸附近，每天可以游行200千米。

第二章

妙趣横生的昆虫王国

昆虫概述

如果说要问哪个动物大类是这个地球上最辉煌的类群，那么这个称号应该属于昆虫。到目前为止，已发现的昆虫种类数目已超过100万，可能还有几百万种在等着被人类发现——每年新发现的品种在7000个左右。然而，在我们不断地发现新品种的同时，昆虫的种类也在不断减少，每年消失的数量超过我们发现的数量——这是它们的栖息地，尤其是热带森林日渐遭到破坏的结果。

昆虫分为小而无翅的无翅亚纲（石蛃和衣鱼）和有翅亚纲。有翅亚纲囊括了已知昆虫种类的99.9%，它们的翅膀都长在胸部的第二和第三节上，这两个体节通常融合，像个坚硬的小盒子，以承受飞行时产生的机械力。

对于昆虫的起源，有好几种不同的理论，但看起来它们似乎是从多足动物演化而来的，其直系祖先与综合虫类相似。除了外表皮，早期昆虫的主要特征包括体腔之外的口器（外口式）、下口式的头部（口器面朝下）、1对触角、基部才有的肌肉、6条附肢、至少5节体节——胸部至少有3节，腹部至少有11节腹板（有些长在一起了），雌性第8节腹板处、雄性第9节腹板处长有一个开放的生殖器（生殖孔）。以上这些特征把昆虫和其他属于六足总纲的动物区分开了。

自由呼吸

呼吸系统

像其他节肢动物一样，昆虫通过气门呼吸，气门与体内纵横交错的气管相通。昆虫大都有10对气门，沿体侧分布。每个气门都由一个小阀控制。主管道（气管）外延伸，成为更小的、一端封闭的微气管，直径不超过0.1毫米。微气管的终端会有一种液体，是从周围的组织中通过毛细作用吸进来的；当渗透压或酸碱值发生变化使得组织变活跃时，液体就会被吸到微气管的顶端。

气管系统既能应对飞行时大量氧气的需要，

⊙ 这只红色的豆娘又大又圆的眼睛占据了脑袋的大部分。它的眼睛能够看到非常真实的立体影像，并能准确判断距离，使它可以在飞翔状态中捕食其他昆虫。

⊙ 在所有全变态的昆虫中，脉翅目昆虫的幼虫和成虫在外形上差别很大。比如图中这只蚁蛉幼虫的身体非常扁平，没有翅膀，颚部巨大如镰刀状，但成虫的身体则很苗条，颚部很小，还长有翅膀。

也能在静止状态时将水分的流失降低到最低值。飞行时，有些昆虫每克体重每小时会消耗超过0.1升氧气，这个新陈代谢率高于其他任何一种多细胞生物。昆虫胸部的气管和气囊非常丰富，翅膀运动的时候能自动进行气体交换，以蚱蜢为例，它每拍打一下翅膀就会引起约20毫升的气体交换。有些体型巨大的甲虫，其胸腔内还附生有两对巨大的气管以便飞行时输送空气——除了供氧之外还起降温的作用，就像冷气机一样。

水栖昆虫的气管系统也具有优良的性能，既能像鳃一样吸收溶于水的氧气，也可以在水面外呼吸。改良的气管还起到如眼后的反光毯、声音共鸣器、隔热体，甚至类似某些淡水生物的浮力器的作用。

交配和变态

繁殖和发育

变态，包括完全变态和不完全变态，是绝大多数昆虫的特征。变态期间，成体主要担当分散和繁殖的角色，幼虫则处于发育和进食状态，这也意味着它们要在不同的环境中去找寻更丰富的食物来源。

尽管有少数昆虫是孤雌生殖（无性生殖），但大多数还是两性生殖（有性生殖）。早期的陆生节肢动物都是由雄性把精囊产在体外，然后由雌性拣走。部分原始的六足纲动物如弹尾虫或双尾虫仍然在使用这种方法。现代的昆虫也有精囊，但雄性直接把精囊注入雌性体内，雌性要么一次性大量产卵，要么产数窝卵。有些雌性蟑螂卵被保留在体内，直到孵出一龄幼虫；雌性蛇蝇一次在体内孵化1只幼虫，直到这只幼虫完全成形并立刻化蛹。雌性蚕豆蚜产卵后，卵立即在体内开始发育，这种孤雌生殖和“套叠式”的生殖方式结合在一起，大大提高了繁殖率。

有些种类的昆虫在进食和产卵的地方交尾，比如粪蝇在粪便上、蛇蝇在哺乳动物体内、蜻蜓在水边。有些则在标志性地界与异性约会，比如

昆虫纲

已发现近100万种，分为2个亚纲，28目

无翅亚纲

石蛃（石蛃目）

衣鱼（缨尾目）

有翅亚纲（有翅的成虫，包括某些后来翅膀消失的种类）

古翼类（翅膀与身体成直角）

蜉蝣（蜉蝣目）

蜻蜓和螅（蜻蜓目）

新翅类（翅膀交叠在背上）

翅膀长在外部（外翅类）；变形不完全（半变态）：

蟑螂（蜚蠊目）

白蚁（等翅目）

螳螂（螳螂目）

蠼螋（革翅目）

石蝇（襀翅目）

蟋蟀和蚱蜢（直翅目）

竹节虫和叶虫（竹节虫目）

书虱（啮虫目）

足丝蚁（纺足目）

缺翅虫（缺翅目）

蓟马（缨翅目）

寄生虱（虱目）

臭虫（半翅目）

翅膀长在内部（内翅类）；变形完全（全变态）：

蛇蛉（蛇蛉目）

泥蛉（广翅目）

草蜻蛉（脉翅目）

甲虫（鞘翅目）

捻翅虫（捻翅目）

蝎蛉（长翅目）

跳蚤（蚤目）

蝇（双翅目）

石蚕蛾（毛翅目）

蝴蝶和蛾（鳞翅目）

黄蜂、蚂蚁和蜜蜂（膜翅目）

⊙ 这些蛾类毛虫聚集在马达加斯加的一棵树上，它们属于比较高级的鳞翅目，为全变态发育。许多蛾类幼虫都在丝质的茧内化蛹。蝴蝶的蛹通常都被固定在某种坚固物质的基部，比如树干。右图中是一个燕尾蝶的蛹，头朝上地被几束丝固定住了。

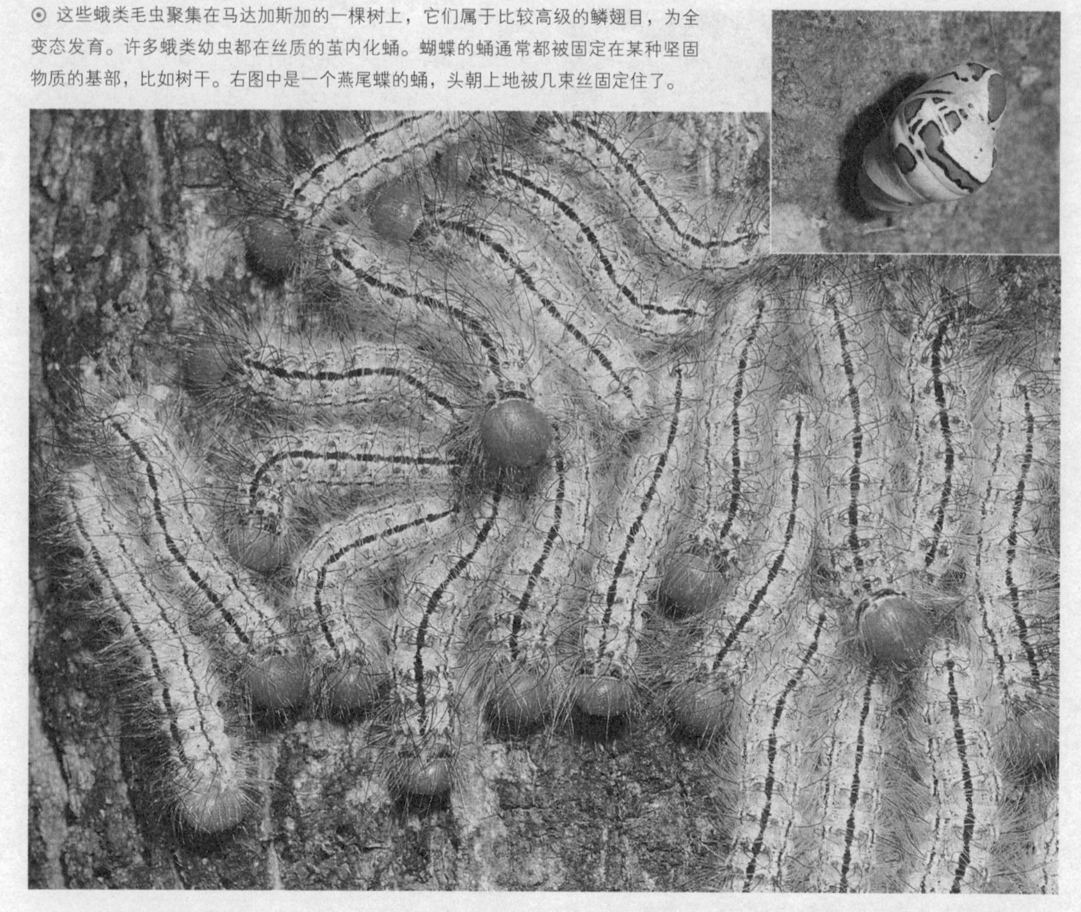

山顶、矮树丛或树上。曾经有一次因为大批蚊群如浓烟般聚集在教堂塔顶上，结果引来了消防队员。东非的部分地区，上千万的湖蝇聚在一起，集合成一块块点心状，结果是被当地居民吃掉了。有许多种类，异性之间会彼此“召唤”着交尾。萤火虫会闪来闪去做灯火表演，蝉、蟋蟀和蚱蜢发出尖而高的声音，红毛窃蠹喜欢敲出它们独有的莫尔斯电码，许多蛾类则释放出信息素。

求爱行为在昆虫中很普遍，有着长期而复杂的一套程序。这套程序对于雄性确认雌性的“匹配度”来说，比确认种类和分辨性别更加重要。求爱的雄性也许展示它翅膀上或其他器官上夺目的色彩，或者它们会唱歌，或翩翩起舞，或者释放化学信息素。雄性之间有时会为了争夺雌性而大打出手，比如有些长有角的雄性甲虫，为了击败竞争对手，会将对手置于死地。在某些昆虫种类中，这种争端演变成了一种仪式，竞争者通过展示自己的体型和力量获胜，不需要动武。

有时候一只雄性昆虫会在交尾前看住某一只雌性昆虫作为交尾的对象，一直等到它准备好。交尾时雄性会把精子注入雌性体内，然后它仍会一直看守下去直到雌性产卵，以确认它的父权。这之后，雄性要么在雌性体内塞入一个塞子，要么注射一种化学物质，使雌性不会再对其他雄性构成吸引力。

数据处理器

神经系统

昆虫的头部包括脑和咽下神经节，二者均由3个或更多的原始神经节相互愈合而成。昆虫的胸腔和腹腔内也都有这种愈合的神经节。愈合的神经节使进入的信息更快地集中起来，减少了对神经元（神经细胞）数量的需求。

某些种类昆虫的脑部包含了不下百万个神经元，大多数（某些蝇类是97%左右）被用来分析来自眼睛和触角的信息。脑的前部（前脑）有一

⊙ 半变态发育的昆虫，幼虫通常看起来像成体的缩小版，但没有翅膀。图中这只来自澳大利亚的蝉正在从一个很大的、裂开的若虫外壳中挣脱出来。

对蘑菇状的部分包含了丰富的微小神经元，这个区域并非仅仅集成感官输入的信息，还负责发动某些行为模式。在蜜蜂和其他某些社会性昆虫体内，这对“蘑菇”还负责存储记忆，形态也远比那些独来独往的种类要大。

昆虫的神经系统最令人惊讶之处在于能通过较少数量的神经元控制非常复杂的习性。神经元具有高度的专化性、特异性，结构复杂，上百个神经元与遍布半个神经节的树突一起形成了交感。

大多数感觉神经元与微小的表皮结构形成紧密的联系，即机械性刺激受器，靠此实现身体各项功能。这些受器包括纤毛、刚毛、可变形的冠状物（或钟形感觉器）和对声波敏感的鼓膜状物质。有些机械性刺激受器能对外表皮内的应力，或昆虫运动时抬起关节的拉伸力作出回应。

广阔的生活空间

栖息地和环境

成年昆虫的体长范围介于不到0.2毫米长的寄生蜂（比某些原生动物还要小）到某些超过30厘米长的竹节虫之间，最大型的昆虫体重可能达到70克。问题是，为什么现代的昆虫再没有超过这个尺寸的呢？倒是3000多万年前出现过体型更大的种类。答案也许在于大型昆虫的生存空间都被兴旺的脊椎动物（比如鸟类）占据了。但其实正因为昆虫的体型受到限制，它们的栖息地就不会太单一，生活方式也同样不会太单一。

外表皮上完美的防水层和气门阀使昆虫能在干燥的陆地上生活，包括极热和极冷的地区。比如蟋蟀能在降雪期也过得很活跃，而各种各样的甲虫和蟑螂占据了热带沙漠地区。很多昆虫通过冬眠和夏眠度过对它们不利的季节——有时以卵的状态或蛹期，有时以静止的幼虫或成虫状态。昆虫体内甘油的存在也能帮助它们抵御霜冻，当干燥的季节来临时，它们会躲到洞穴中去保持静止状态。非洲摇蚊的幼虫甚至可以让身体组织完全脱水而不会死亡，几年后再把这种处于隐生状态的幼虫重新放进水中，它又能很快地活过来。

蝇类，包括蚊子，还有其他一些目的昆虫的幼虫期，甚至某些种类的成年期，会变为次水生——栖息在各种各样的淡水环境中。此外，因为得益于快速的分布和短暂的生命周期，许多种类的昆虫非常善于开拓新出现的栖息地，比如日渐缩小的冰川地带、火山爆发地区、地震区或者火灾后的地区。

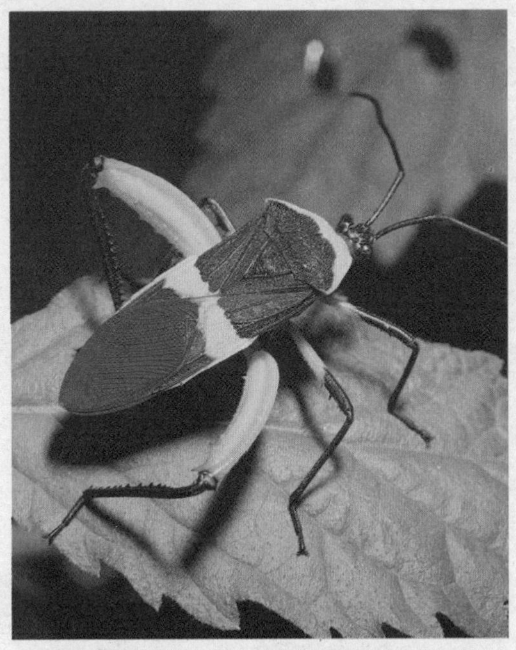

⊙ 跟所有的昆虫一样，来自阿根廷的这只生有警示性颜色的缘蝽有6条附肢，每条至少有5节，外形与大多数昆虫类似，但与多数陆生节肢动物不同的是，它长有翅膀。

照片故事
PHOTO STORY

拟态——用伪装进行防御

① 就像有毒的昆虫用毒素进行自卫一样，无毒的昆虫则演化出模仿的本领来保护自己，且模仿的行为在昆虫界普遍存在。典型的例子是，来自南美的一种螽斯，会惟妙惟肖地模仿正在觅食的大型黄蜂的外形和动作，包括黄蜂摇颤、腹部弧线向下和翅膀部分抬起的姿态。

② 来自欧洲的黄蜂甲虫是一种令人心悦诚服的伪装者，它能模仿一种毛茸茸的熊蜂类大黄蜂。飞行的时候还会发出响亮的很像蜜蜂的嗡嗡声，并公然地在花朵上进食。

③ 在透翅蛾的家族中，那些有着透明翅膀的蛾模仿黄蜂（不管是群居型还是寄生型的）的行为可谓多种多样。图中这只来自南非的蛾正在伪装成一种黄蜂。这种蛾在白天很活跃，行动时会断断续续地摇颤身体。

⑤ 各种不同的热带直翅类昆虫，如螳螂、纺织娘、蟋蟀，它们的一龄幼虫都是模仿蚂蚁的高手。图中是非洲螳螂蚂蚁般的幼虫，出生后聚集在卵囊周围。它们如蚂蚁般的伪装通常会持续到二龄，在三龄时消失，因为此时身体在不断长大，形态也变了。

④ 来自新热带区的一种角蝉，其前胸背板向后延伸出一块精致的角状物，使得这种虫身体前后颠倒着伪装成一只张嘴坐着发呆的蚂蚁。这种蚂蚁在它们的敌人看来不仅非常难吃，而且自卫时又咬又刺，还会喷出蚁酸。

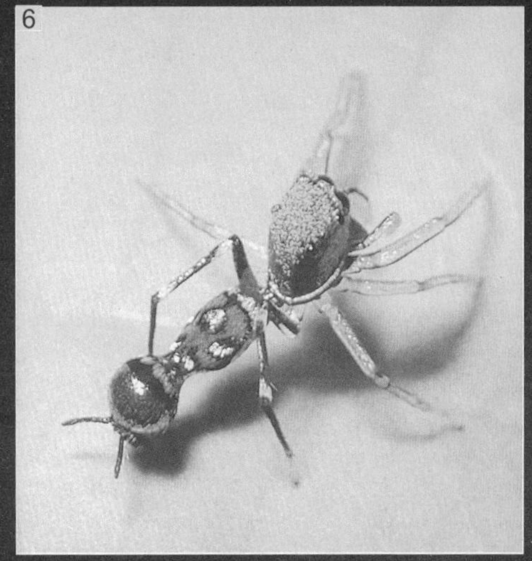

⑥ 蜘蛛也经常玩伪装的把戏，它们甚至也会把身体前后颠倒着装成蚂蚁。图中是一只东南亚的跳蛛，与伪装时静止不动的角蝉不同，这种蜘蛛会不停动来动去，肚子上下甩动，一对吐丝器活像触角，这使它看起来很像在觅食时探路的蚂蚁。

蜉蝣

与蜻蜓一样，蜉蝣是现存最古老的飞行昆虫之一。由于二者都缺乏翅膀伸缩机制，蜻蜓目和蜉蝣目一起被列为古翼类下仅有的代表，而其他有翼昆虫都被归入新翅类。

古翼类昆虫最早出现在距今3.54亿～2.95亿年前的石炭纪，当时存在的物种可能比现今的更为丰富。而与现代属类相似的形态出现在距今2.48亿年前的二叠纪，那时原本陆生的幼虫可能已经变为水生。与蜻蜓一样，蜉蝣的成虫生活大部分都在飞行中度过。

朝生暮死的昆虫

形态和功能

蜉蝣目成虫的身体小巧而柔软，静止时翅膀在背后垂直竖立。它们典型的大前翅上有丰富的翅脉，包括许多三分岔的细脉路，且布满了交替的凸起和凹下如凹槽状的纹路。后翅已经极大地萎缩，有的种类则根本没有后翅。翅膀的表面没有鳞片或刚毛（纤毛），发育成熟的蜉蝣会停止进食，存活不会超过数天，有的甚至少于1小时，它们几乎把毕生的精力都用于在空中交配。这一物种的特点就是其成虫期非常短暂，其德文俗名“Eintagsfliegen”的意思就是“只活一天的虫”。蜉蝣幼虫在末龄阶段生殖腺通常已经发育成熟。

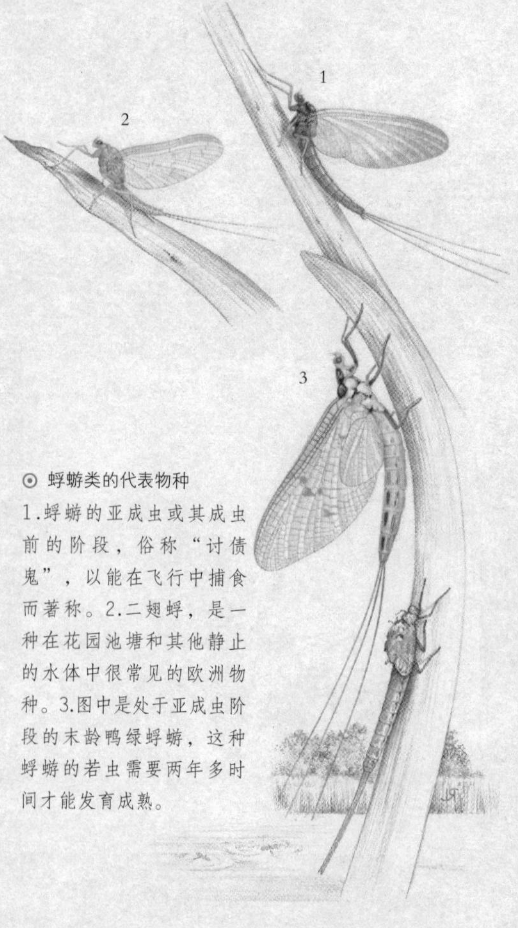

1　2　3

⊙ 蜉蝣类的代表物种

1.蜉蝣的亚成虫或其成虫前的阶段，俗称“讨债鬼”，以能在飞行中捕食而著称。2.二翅蜉，是一种在花园池塘和其他静止的水体中很常见的欧洲物种。3.图中是处于亚成虫阶段的末龄鸭绿蜉蝣，这种蜉蝣的若虫需要两年多时间才能发育成熟。

连续地蜕皮

发育阶段

蜉蝣幼虫生活在各种各样的淡水栖息地，大部分存在于温度适中、不断流动的活水中。少数可在咸水中生存，有一种甚至在陆地上也能活。水生的幼虫要在几个星期到1年，或更长的时间内经历10～50次（一般是15～25次）蜕皮，此后才能进入蜉蝣特有的陆生、有翼、成虫前的亚成虫阶段。大多数种类的亚成虫期从寥寥几分钟到一两天不等，随后它们经过蜕皮，变成性成熟的成虫。除了鲎蜉科，网脉蜉科、褶缘蜉科和短足蜉科成员的亚成虫阶段后都不再蜕皮。

亚成虫阶段的生物作用还未被人们所知，不过对此大致有两种猜测：其一，额外的蜕皮使尾（保证飞行的稳定性）和雄性长长的前腿（交配时会用到）能达到仅通过一次蜕皮所不能达到的长度；其二，通过有翼阶段的蜕皮，蜉蝣保留了翅膀表面防水的短毛（刚毛），能避免在危急时刻被困在水中。但这两种猜测都没有获得广泛的认可，仍有待研究。

从外表上看来，蜉蝣幼虫有些类似于缨尾目的衣鱼。幼虫的腹部末端有2～3条长“尾巴”（尾须），比成虫的尾须要稍短一些。它们的呼吸系统是封闭的，通过扁平状的鳃呼吸；鳃位

⊙ 蜉蝣在湖面羽化后进入短暂的成年时期——它们生命周期的顶点。此时它们紧张而又繁忙，通常只有1天或更短的时间去找一个伴侣繁衍后代。

于腹部的两侧，布满许多微气管。蜉蝣幼虫有最多可达9对的鳃，有的暴露在鳃室中，或被隐藏在鳃室的鳃盖下，通过鳃的运动，水在鳃室中穿流。短丝蜉科幼虫的鳃被用做辅助移动的“桨”——这有可能是鳃最初的功能。而另一些种类如扁蜉科成员的鳃扩张为有黏性的圆盘，可同时用于换气，使高于呼吸面的水流速度加快。鳃不能活动的蜉蝣只能局限在有高速水流的环境中生活，在那里，它们的氧气消耗与水的流速相关。对于那些通过过滤水来收集食物的蜉蝣来说，鳃的运动所产生的水流对它们很有帮助。除了腹部以外，呼吸从脉也可在身体其他部位发育出来，例如附肢基部。蜉蝣幼虫通常需要1～3年来发育，但有些气候温暖地区的小型种类一年就能繁衍三代。在温带地区，一代的生息则需要1年时间。

在温带地区，不同种类的蜉蝣均在夏季羽化。热带地区的蜉蝣，羽化则是季节性的，或参照一年中的月相羽化。为完成其倒数第二次蜕皮（羽化），末龄幼虫有的离开水体，有些小型种类则直接在水面羽化。它们首先蜕皮成为有薄薄翅膀的亚成虫。大多数亚成虫在短距离飞行后再次蜕皮，成为翅膀透明、性发育成熟、常被钓鱼者们用做“旋式诱饵”的成虫。有的种类这两次蜕皮的间隔是几分钟，有的则长达数小时。

知识档案

蜉蝣

纲：昆虫纲

亚纲：有翅亚纲

目：蜉蝣目

19个科，约2000种，有蜉蝣科、四节蜉科、细蜉科、短丝蜉科、扁蜉科（包括池塘蜉蝣、四节蜉蝣、湖泊蜉蝣）、扁蜉蝣科、细裳蜉科等。

分布：除南极洲，北极高纬度地区和部分海洋岛屿外，全世界均有分布。

体型：中等；翼展从不到1厘米到5厘米不等。

特征：可咬合口器，同一目的总体结构相似；成虫口器退化，不能进食；触角形同刚毛（被刚毛覆盖的）；静止时2对有丰富翅脉的翅膀（后翅较小，可能没有翅脉）保持垂直；成虫和幼虫腹部末端有3根丝状“尾巴”（尾须）；成虫的尾须与身体其余部分的长度相等或稍长；翅膀长在体外（外翅类）。

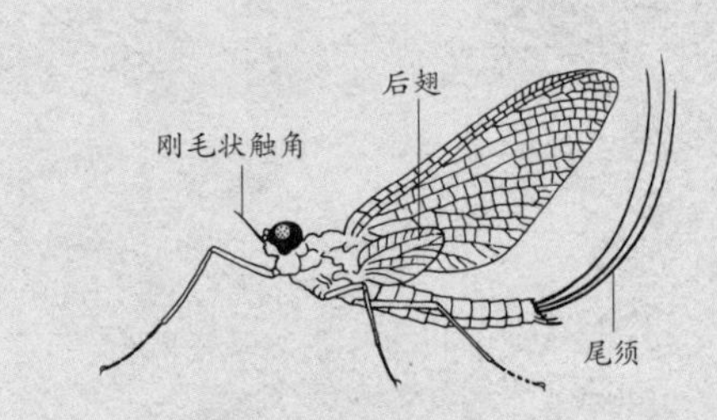

生命周期：幼虫（有时也称若虫）水生；有独一无二的有翼预成虫时期（亚成虫或幼虫）；不完全变形（半变态）。

蜻蜓和蟌

几个世纪以来，尤其在东方，蜻蜓因其美丽的外表得到了世人普遍的赞誉。中世纪开始，这种美丽的昆虫就出现在人们的书稿中和佛兰德人的花卉画中。荷兰人把蜻蜓画在瓦片上作为装饰。日本人则用蜻蜓作为邮票的图案。它们还成为许多歌曲和诗篇的主题。然而西方的民间传说则倾向于认为蜻蜓是不祥的象征。

蜻蜓的英文名“dragonfly”的意思实际上就是“空中的龙”。它们拥有极高超的飞行技艺、超强的视力和色彩斑斓的翅膀。石炭纪时代的某些蜻蜓，翅展足有75厘米，当今最大的蜻蜓目品种，大小也只及这种巨型蜻蜓的1/4。

蜻蜓和蟌
形态和功能

在蜻蜓目中，纤巧、飞行能力较弱、前后翅形态相似的属于均翅亚目；体型更大更有活力、前后翅形态不同的蜻蜓属于差翅亚目。另外，有发现于日本和尼泊尔的一种低等蜻蜓种类的孑遗种。与前两个亚目的成虫相比，这种新种类的成虫具有不同的特征，因此被单独列为“间翅亚目”，是来自中生代时期的古老品种，但不包括相当畸变的蜓科成员，最终还是被归入了差翅亚目。

蜻蜓和蟌的幼虫或若虫均为水生，栖息地很广。幼虫从8龄至18龄不等，体长不超过6.6厘米。低等的古蜓科蜻蜓的幼虫期可持续五六年之久，但有些住在临时水洼里的蜻蜓或蟌，幼虫期只有

⊙ 蜻蜓头顶部紧挨着的一对眼睛特别大，正如图中这只金环蜻蜓的一对眼睛一般。

30～40多天。温带的某些蜻蜓和蟌，幼虫期普遍会持续一两年。而热带的某些种类，生命期不过30天。

食物供给和温度是影响它们生长速度的最主要因素。生活在温带北部的种类，花上2年时间才能发育成熟，而生活在温带南部的种类，一年就够它们繁殖3代了。有些在春天出生的蜻蜓，会在冬天度过最后一个幼虫期，在随之而来的春天里从蛹中孵化出来。而夏天出生的蜻蜓，则要过了冬天之后才进入最后一个幼虫期，有时更长，因此孵化得也晚。

蜻蜓的幼虫栖息地多样，包括湖、池塘、沼泽、湿地、树洞、凤梨科植物的叶基部，以及河流、盐碱湿地和潮湿的土壤洞穴，甚至是瀑布。

蟌的幼虫在腹部前端3个叶形的附器的协助下，游泳时身体两侧左右摇摆，这些附器也起到气管鳃的作用。蜻蜓的幼虫，在最开始的几个龄期，游泳时只有一个姿势，但往后则发展到可以使用喷气推进力，这为它们提供了非常有用的高速逃生机制。蜻蜓幼虫的直肠腔内也有气管鳃，可以通过肛门吸水和排水来换气。有些幼虫腹部末一节特化成供呼吸用的体管，长度占到整个体长的30%或更长，它们能用这个体管在积水里吸入清水供呼吸。

幼虫蜕皮的次数和间隔的时间因种类不同而不等，短的在3个月内会经历10～20次蜕皮，时间长的，大约6～10年才会经历这么多次蜕皮。

接近最后一次蜕皮（羽化）时，幼虫的体内器官已经发生改变（变形），这些变化中，有些是外表可见的，包括复眼会变得更大、翅鞘膨胀和下唇肌肉组织回缩。羽化前的短暂时刻，幼虫会停止进食，去找个方便羽化的合适地点，如水草、岩石、漂浮的树叶等，或者就在岸上。热

⊙ 蜻蜓是最凶猛的食肉昆虫之一。

带种类，尤其是大型的蜻蜓，会在日落前离开水体，悄悄地在夜晚变形，并在日出来临前开始它们的第一次飞翔。体型稍小的热带品种，以及生活在温带的大多数种类，会在温度合适的第一时间羽化，然后立刻开始它们的首次飞行。

新孵化的成虫会飞离水体，然后花上几天到几个星期的时间进食和发育，但这个时间不能确定，从一天到两个月不等，如果遇到干旱季节或中间还经过了一个冬天，那么这个时间可能长达9个多月。成虫的这种预繁殖期，即成熟期，都会在远离水体、食物丰富且较安全的地方度过。这种新孵化的成虫可以通过有玻璃光泽的翅膀来辨认，而且通常在这个时期，大多数种类的体色开始变化，逐渐展现出成虫的体色。

为了交配而战斗
社会习性

性成熟的蜻蜓目雄性昆虫会返回水体，部分种类的雄性会为了捍卫岸边的领土而与竞争者战斗。当异性到来时，雄性们会为了争夺对她的所有权而开始激烈的竞争。交尾后，雌性把卵产在雄性的领土上，而雄性为了防止别的竞争者靠近它，会一直在旁看守。不同的种类这种现象会有所变化，比如有的会在交尾前展示一套精心准备的求爱仪式，这种仪式与其他种类雄性直截了当的方式非常不同。

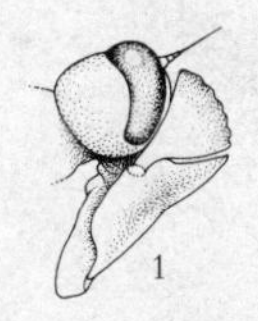

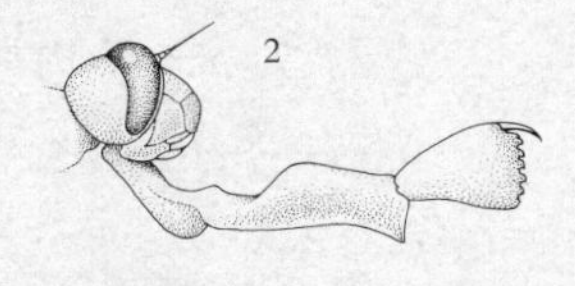

⊙ 蜻蜓幼虫休息时会把“面罩”折叠起来遮住口器（图1）。它们的面罩能迅速伸开（图2）捕捉猎物并送进咀嚼有力的嘴里。

一只成熟的雌性一生中会产好多次卵，每次都是交尾之后立刻进行的。和驯鹰蜓的雌性长有数个能刺穿植物组织的产卵管（产卵器），可以把卵产在里面—— 一种为了防止卵变干燥而相对较慢的方法。有些则会在水里徐徐前进，同时把卵产在水下；有些为了产卵还会潜水1小时以上。此外，有许多种蜻蜓没有产卵器，只能四散地把卵撒落在水面或附近。它们反复地用腹部点水或直接把卵撒在水面或漂浮的水草上。

知识档案

蜻蜓和蟌

纲：昆虫纲

亚纲：有翅亚纲

目：蜻蜓目

分为2个亚目：差翅亚目（蜻蜓）和均翅亚目（蟌），共27个科，约6000种。差翅亚目包括蜓科、箭蜓科、伪蜻科等。均翅亚目包括色蟌科、丝蟌科、蟌科、古蜓科、东方蟌蜓科等。

分布：除南极洲和北极圈高纬度地区之外，其他地区均有分布，远东地区种群丰富。

体型：总的来说体型较大、强壮。体长不超过15厘米；翅展最长19厘米。

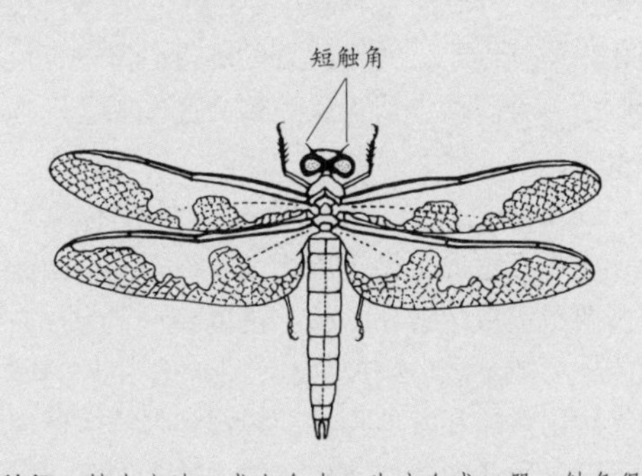

特征：精力充沛、成虫食肉，为咬合式口器；触角很短、复眼很大；两对翅膀翅脉丰富，多数色彩鲜艳；蟌的前后翅形态相似，基部窄，休息时翅膀直立；蜻蜓的前后翅形态不同，基部宽，休息时翅膀平伸；附肢笔直前伸；腹部长而纤细，雄性第二、三节上腹面有发达的次生交配器；翅膀为外翅。

繁殖：不完全变态；幼虫（有时称为若虫）水生，食肉，捕食时会突然伸出下唇特化的面罩。

蟑螂

就像这世界上什么地方都少不了蟑螂一样，蟑螂也什么都吃。这种生物适应性很强，因此到处都能发现它们，从海平面到海拔近2000米，从沙漠到苔原、草原、沼泽和森林、树木的里外上下、土壤里和洞穴中。有些东南亚的品种还是半水栖的。

蟑螂有很多种，同时也是昆虫家族中最古老的生物之一。化石研究显示，它们的历史最早可追溯到3.54亿～2.95亿年前的石炭纪时代。不同的蟑螂为了要适应各自的栖息地，体型也各自不同：爱挖洞的蟑螂会变得矮壮结实，翅膀消失，并长出强壮有力的铲状附肢；住在树上的蟑螂则比较苗条，翅膀发达，细长的附肢令它们跑得飞快；住在树皮里的蟑螂，身体是扁扁的。

吃住在任何地方
饮食和消化

很多蟑螂都是真正的杂食动物，用它们那并不十分特殊的咀嚼式口器吃任何活的或死的植物和动物。比较专业的食客包括来自中国和北美吃木头的隐尾蜚蠊。尽管很多种昆虫都吃木头，但多数吃下去以后不能消化木头里的纤维素。隐尾蜚蠊通过在肠道液囊内保留一定数量的原生动物解决了这个问题。这种极微小的生物体帮助蟑螂消化木质纤维素，并在蟑螂的肠道内留下可供其吸收的养分。作为回报，蟑螂为这些原生动物提供食物和安全的生存环境。

隐尾蜚蠊的若虫时期肠道内并没有原生动物，而是靠吃成虫的排泄物来获得它们，因此幼虫需要跟成虫生活在一起。这也暗示了为什么类似的需要能导致白蚁成为社会性的昆虫。当然，尽管隐尾蜚蠊和其他种类的蟑螂都是群居性的，但没有一种能像白蚁那样把照顾幼虫发展成群体性行为，也不能像白蚁那样在群体内划分不同种类的劳动力。

非同一般的照顾
双亲的照顾

关于蟑螂父母对其后代的照料，有一些很有趣的例子：南美匍蜚蠊科的一种蟑螂，雌性有一个凹陷的腹部和一对凸起的翅膀，形成了一个可供若虫躲藏的天然庇护所；马来西亚匍蜚蠊科的一种，全身泛着金属绿的光泽，雌性成虫看起来很像球潮虫，受到威胁时也能把身体卷成一个球。更让人惊讶的是它们的母性：它们的身体下面有一些小凹点，一龄若虫的口器正好能伸进去。甚至在它把身体卷成球时，若虫也能以这种方式得到母亲的保护。人们猜测是不是母亲能通过那些小凹点喂养若虫，如果是真的，这会是昆虫世界中第一个有记录的“哺乳”实例。

⊙ 蟑螂家族的典型代表

1.美国蟑螂；2.德国蟑螂；3.东方蟑螂。以上三种均为家居害虫。4.马达加斯加发声大蠊与众不同，正如其名字所示，这种有坚硬外壳的蟑螂不仅彼此间用声音联系，也把声音作为性兴奋剂使用：雄性不叫就不交尾。

老练的生存者
抗敌防御行为

⊙ 墨西哥沙漠中，一只蟑螂正在吃浆果。大多数蟑螂都是杂食性食腐动物，以活的或死的动植物为食，较少吃水果，不过南非有些种类的蟑螂的确吃这个。

很多其他种类的昆虫会寄生在蟑螂的卵中，最常见的是黄蜂（如瘦蜂科的某些种类）。只要蟑螂的卵鞘暴露在外就会有这种风险。此外，蟑螂还是螨虫、蠕虫，甚至阿米巴虫的寄主。而不论是蟑螂幼虫还是成虫，都是很多其他昆虫和节肢动物，还有青蛙、蟾蜍、蜥蜴、蛇、鸟类和食虫哺乳动物眼中的美食。许多蟑螂都身怀数种不同的抗敌绝技，例如，地鳖科的一些蟑螂，成虫和幼虫遇袭时都会一动不动地装死。成虫的这种伪装更先进一点，一旦感觉到危险，腹部侧边外翻的小液囊会释放一种有腐臭味的化学物。黑色的欧蠊亚科蟑螂遇袭时则会发出吱吱或嘶嘶般的叫声。

许多种类的蟑螂都会使用生化武器进行防御，如澳大利亚布蠊属蟑螂会向敌人展示其鲜艳的警戒色。蟑螂们使用的化学武器都是脂类的化合物，例如某种见于佛罗里达和热带美洲的树林蟑螂，会释放一种酸性乳状液体，有时候这种化学物是慢慢地流出来的，有时候则是被猛地向后喷射出的，最远达20厘米。

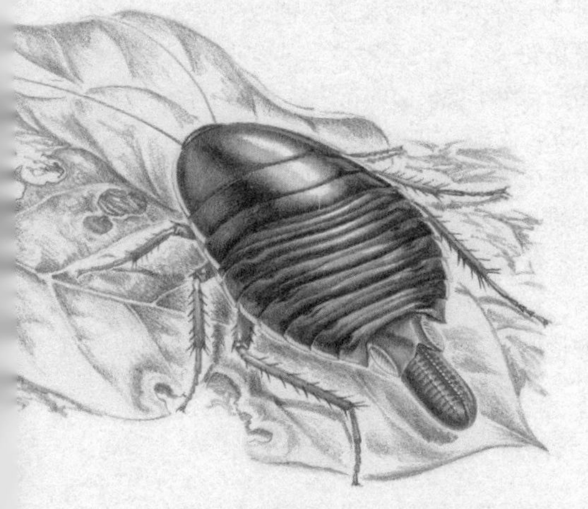

⊙ 在澳大利亚，一只姬蜚蠊科的雌性白边蟑螂的腹部后伸出一个装满卵的卵鞘，它们总是随身带着这个育卵室，而不是把它扔在某处。

非同凡响的是，菲律宾姬蜚蠊科一种体被亮丽的色彩的蟑螂，会伪装成瓢虫以骗过那些认为瓢虫很难吃的敌人。还有一些其他的颜色鲜艳的蟑螂，也同时具有能散发难闻的化学物质的御敌本领。

知识档案

蟑螂

纲：昆虫纲

目：蜚蠊目

6科，3500多种

分布：除两极地区外，全世界均有分布。

体型：体长为3～80毫米。

特征：背部扁平；身体长而多节，有丝状触角；下口式口器，有颚；前胸背板大、如盾状；有皮革质前翅（复翅）；后翅膜质，静止时呈扇状折叠；翅膀有的长、有的短、有的则完全无翅；尾须多节；雄性蟑螂腹部末节长有节芒（有的种类节芒退化或没有）。

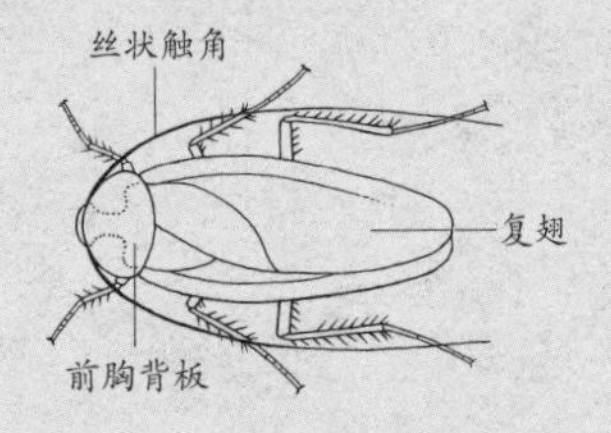

生命周期：多数为卵生，少数为伪胎盘胎生，至少有1种蟑螂是胎生。若虫形态与成虫相似，但体型略小、无生殖器官和翅膀；幼虫没有蛹期，会经过数次蜕皮，因种类不同分为5到13龄不等。

螳螂

螳螂是惯于静静地埋伏着对猎物进行突然袭击的食肉昆虫，它的身体构造干这个正合适：大大的复眼、咀嚼式口器、三角形的头部在狭长的前胸（胸部第一节）顶部能自由旋转；前胸的附肢像钩子一样，被一排刺武装起来，具有抓取的功能，好似齿夹式捕捉器，猎物一旦被捉住，逃生的机会就很渺茫了。

所有的螳螂都是肉食性动物，主要捕食其他昆虫，包括自己的同类。年轻的螳螂自相残杀的情况很常见。但它们都是独行侠，有可能那些被观察到的它们同类相残的现象只有部分可靠性。对于会守护卵鞘的种类来说，雌性螳螂在自己的后代们从卵中孵化的时候不会去攻击它们。人们还不清楚是不是在这个时期螳螂母亲的食肉本能完全被“切断”了，还是它能够把自己的后代和其他潜在的猎物区别开来。

⊙这只在非洲很常见的雌性螳螂有这类昆虫典型的三角形脑袋。其头部突出的大复眼对运动的物体非常敏感。

“伪装大师”
伪装和拟态

除了有敏锐的视觉和强大的进攻性武器之外，大多数螳螂都有与植物颜色相似的隐匿性保护色。利用这种保护色，它们能暗中守候猎物。在非洲的干旱季节，许多绿色的螳螂体色会根据所处的环境变为棕色。非洲和澳大利亚的有些螳螂种类，这种顺应环境的变色有时非常突然，比如经常发生的林区大火把地面变得一片焦黑之后，当地的螳螂会让自己的体色变得与周围的环境非常匹配（像得了黑变病一样），并且保持多日。

⊙ 雄性枯叶螳螂拥有完整的翅膀，正如它的名字那样，它看起来好似枯树叶。雌性则没有翅膀，于是它们就伪装成一片起皱的叶子。

有些种类的螳螂更胜一筹，不仅仅只是保护色的变化，它们能把自己变成环境的一部分，而且是活动的。有些螳螂能把自己变成草尖或绿油油的树叶，有些甚至能够惟妙惟肖地模仿一片死树叶，令人叹为观止。非洲和马达加斯加的鬼螳螂在进行这种伪装的时候，你简直就无法把它和一片破破烂烂的枯树叶子区分开，这其实是它把身体倒转过来守候猎物的姿势。许多枝形螳螂，会把前肢向前伸长，头向下低，摆在两前肢之间，保持一个树枝的造型；非洲的有些螳螂，前基节上甚至长有一个V形凹口，正好可以把脑袋放进去。许多热带的螳螂还能以相当高的逼真度模仿花朵，非洲巨眼螳螂的若虫最擅长这个，它们选定了要模仿的花朵后，能一连好多天随花朵变化体色，如粉红色、黄色或白色。如果把它们放在植物的茎上，看起来就好像这棵植物长出来的花，要是某只前来采蜜的昆虫上了当，通常就是有去无回。

在非洲和亚洲北部沙漠地区栖息的方额螳螂科成员，是无翅的伏兵，能惟妙惟肖地模仿石头，除非它们在动，否则很难发觉。

出乎意料的袭击者
捕食和防御

螳螂在埋伏的时候会保持一动不动的姿势，或轻轻地摇摆身体，好像什么东西在随风

⊙ 刚从卵鞘中孵化出来时，幼年的螳螂聚在一起。此后它们开始第一次蜕皮，然后开始分散开来。图中是特立尼达岛雨林树叶上的一种螳螂。

摆动似的，前肢举在胸前，模样看上去像是在做祷告，因此有人称它们是“祈祷的螳螂”。如果此时有猎物经过，它的脑袋和前胸会跟随目标缓慢移动（螳螂对静止的昆虫通常不予理睬，即使经过它们面前，螳螂也会自顾自地走过去）。一旦目标进入捕捉范围，螳螂生满刺的前肢会猛地伸出去抓住猎物。有些螳螂对移动的物体非常敏感，能在空中抓住飞行中的苍蝇或其他昆虫。被螳螂钳子般的前肢攫住的猎物，会立即被送进口中。猎物被螳螂的前肢抓得如此之牢，根本没有逃生的机会。于是螳螂开始一点一点地随意啃吃还活着的猎物那肥嫩的身体，直到最后把它消灭。

得益于保护色和高明的伪装手段，螳螂不仅是厉害的捕猎者，还能与敌人（如鸟类、蜥蜴和食虫的哺乳动物等）对抗。一旦发觉敌情，螳螂会使用多种防御策略，比如飞快地逃走，或者飞走；有的会把身体直立起来，把前肢向后方举高，展示前肢内侧的鲜艳色彩；有的则会猛地展开后翅，露出翅膀上或腹部顶端鲜艳的色彩和眼状斑纹。如果与敌人的距离太近，它们会突然发动攻击，长满刺的前肢会给敌人带来痛苦的伤痕。如果是对付体型巨大的敌人，比如人类，它们不会使用色彩防御策略。这种策略只适合对付比较小和较容易应付的敌人，比如鸟类、猴子或蜥蜴。

一旦遭擒，螳螂会把前肢向后弯曲覆在前胸，利用前肢上的刺来使敌人放开自己，但这也会导致敌人以一种更小心翼翼的方式抓牢它。为了逃生，螳螂也会采用丢弃后肢的策略。这种自割行为是通过附肢基部的肌肉收缩实现的。但行抓取功能的前肢不会出现这种情况。对螳螂来说，失去了前肢意味着很快会被饿死。如果自割时螳螂尚幼，失去的附肢会很快再长出来。

知识档案

螳螂

纲：昆虫纲

目：螳螂目

含8科，1800～2000种。螳螂科是其中最大的科，包括欧洲祈祷螳螂和所有常见的北美螳螂。

分布：气候温暖的地区均有分布；热带最多。

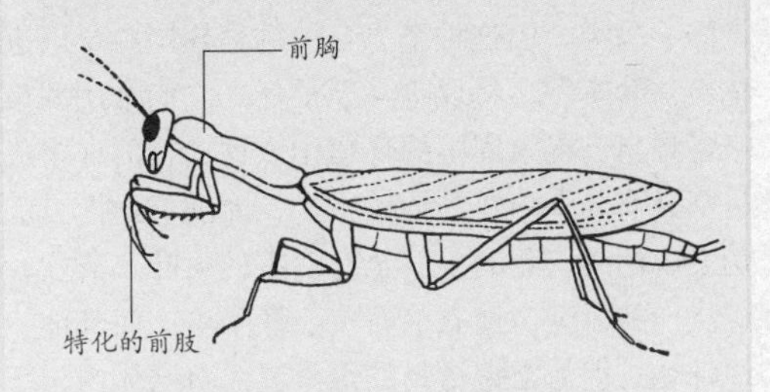

体型：成虫的体型为中等到大型，体长1～15厘米。

特征：头部三角形，向下，活动自如；复眼大；胸部第一体节（前胸）很长；具有大型的抓握式前肢；体型和体色多能模仿植物。为日行性食肉昆虫，多见于灌木丛、树干、深草丛；以昆虫为食；其他陆生种类能捕食蜘蛛和其他陆生节肢动物。澳大利亚最多见的螳螂与其他螳螂科成员不同的是背部有一个短的甲片（前胸背板）护住前胸，且前肢的钩状部分没有刺。

生命周期：卵产于卵鞘内，不同种类的螳螂的卵鞘形状均不同。

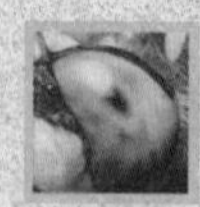

蟋蟀和蚱蜢

直翅目这个大型目中的蟋蟀和蚱蜢因跳跃（逃跑）和吟唱（求偶）而闻名。强有力的后肢、特殊的发声才能和能接收声音的耳朵都是这个大型昆虫目特有的特征。

直翅昆虫的生活方式非常多样——从无拘无束地展示自己的伪装本领或警戒色（大多数二者兼有），到近乎没有视觉，却能用铲状附肢掘洞而居（如蝼蛄）。即使是同一种类，也有部分群居，部分独居的现象。

直翅膀的跳跃者

形态和功能

宽泛一点讲，直翅目包含两种生态类型：一种是适应露天活动的；另一种是住在隐蔽处，且常常栖息在地下的。露天栖息的昆虫通常有被其他动物吃掉的危险，它们的敌人既包括无脊椎动物如蜘蛛或其他昆虫，也有脊椎动物如蜥蜴、青蛙、鸟类。但这种来去自由的直翅昆虫早已进化出一套本领，将风险降至最低。它们常用的策略是将自己混入周围的环境中。这一目的许多成员都具有令人瞠目的伪装本领，能随意地把自己伪装成活的、死的，甚至有病害的树叶、树皮，或烧伤的树干、地衣、石头、沙子等。而其他一些种类，因为常把植物的毒素混入自己体内，于是在敌人看来，它们都是些味道极差的虫子。这样的昆虫通常体色鲜艳，它们的敌人会把这种醒目的警示性色彩（警戒色）与味道难吃联系在一起。此外，有些直翅目昆虫还有伪装的本领——通过伪装成其他不好吃的昆虫或危险的昆虫来降低被捕食的危险。某些有长角的蚱蜢或灌木蟋蟀在幼虫（若虫）期就会模仿其他昆虫，甚至是蜘蛛，此后就成长为具有暗淡保护色的成虫。

住在地面上的蟋蟀和蚱蜢中，多数都有敏锐的视觉和听觉，非常机警。一旦受惊，会运用它们发达的后肢飞快地蹦跳着逃走。许多种类的成虫还会飞。逃跑的时候，它们把平时隐藏起来的鲜艳体色显露出来，闪现的颜色会让敌人受惊，或受到误导。

如果敌人千方百计要抓住它，直翅昆虫会

⊙ 有些直翅类昆虫采用的伪装术是一种有效的防御方法，剑角蝗科的蚱蜢颜色就和它们栖息地环境的颜色非常相似。图中该科的一只蚱蜢站在叶子上，使它看起来比较显眼。

用自己发达且多刺的后肢向敌人猛踢，同时把前肠中的东西反刍回来吐向敌人。很多味道难吃的种类，在体表长有开口的腺体会释放出防御性的分泌物。锥头蝗科中的许多种，如澳大利亚的一种，其血淋巴中含有从植物身上得来的毒素，它们会用这些毒素来对付昼行性的脊椎动物。有这些毒素的蝗虫，通常体被鲜艳的警戒色。如果被敌人抓住了后肢，蝗虫会通过收缩基部特殊的肌肉把这截肢体断掉——立刻，一片小横膈膜会护住伤口，以防伤口感染或大出血。

直翅目昆虫一生的大部分时间都会以下面三种中的某一种方式隐居起来：第一种是掘土而居，或住在腐木和树皮里，以及石头下面。营这种生活的蟋蟀和蚱蜢偶尔会在夜晚出来活动。它们之中有些有发达的开掘肢，这样的附肢通常很短，第一对跗节为铲形；翅膀常常退化，身体如圆柱形，且体表光滑。

住在洞穴中的通常体色暗淡，身体纤巧。它们的视力很差，但长长的附肢和触角使它们具有非常灵敏的触觉、嗅觉和热感应系统。驼螽科中的大部分昆虫都是穴居者，有些的眼睛已经完全退化，一生都生活在黑暗之中。有些则仅用两年时间就走完生命的全过程。北美的一种穴居蟋蟀以单性生殖而闻名，雄性成了多余的。就像某些从人类的穴居时代起就与人类共享居处的蟑螂一样，某些穴居蟋蟀也跟随我们进到家庭中来。

少数直翅目昆虫一生都生活在地下，从来不出来。这里面包括酷劳伦怪螽（丑螽科）和数沙螽科的耶路撒冷蟋蟀。住在地下的昆虫中，有些身体柔软，没有视觉，体色暗淡，有发达的开掘肢。在巴布亚新几内亚到澳大利亚这一地区发现过这种古怪的沙蝗（短足蝼总科），还包括南美巴塔哥尼亚的1种。这些无翅家族的成员看起来更像是甲虫的幼虫而不是直翅目昆虫。像这样的昆虫已知有18种，都习惯在沙质土壤中掘洞而居。

大多数的直翅目昆虫不与其他动物共生，但有一种奇异的喜蚁蟋蟀（乙蟋科）是个例外，这种小型的无翅昆虫身体扁平，住在蚂蚁的巢穴中，以巢穴主人的分泌物为食，其习性与蚂蚁很相似。而印度的一种蟋蟀则喜欢住在白蚁的蚁山中。

丑螽科的成员中，包括新西兰沙螽、澳大利亚和南非的国王蟋蟀，是直翅目中的大家伙。长牙沙螽的长牙，都从上颚基部向前伸得长长的，

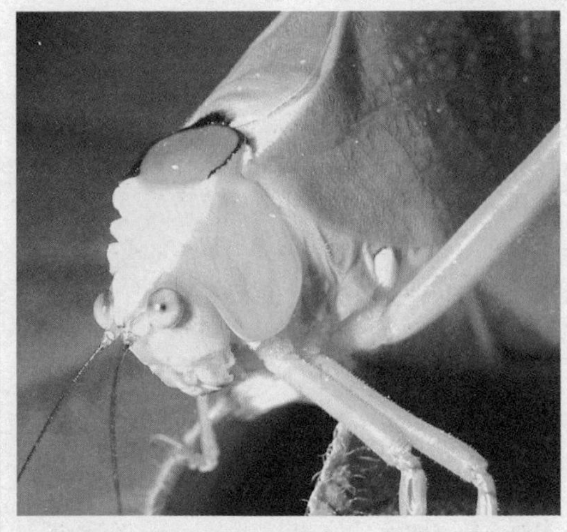

⊙ 螽斯科的树螽，比如这只秘鲁树螽，“耳朵”由一个前胫节基部的斜长形沟槽组成，这个沟槽上覆盖着能够与声波产生共振的薄膜。

只是长短不太一样。这其中有的长牙上还长有能发声的小突起，当它们进行钳形运动的时候就能发出声音。但新西兰有近16种沙螽因为受到老鼠等天敌的捕食，数量已越来越少。目前，关于对它们进行保护的研究中，包含了养殖计划和种群迁移研究，这一切都是为了使它们免遭灭绝的厄运。

⊙ 1.一种新热带区的树螽。2.巴西的螽斯科纺织娘树螽长得就像片枯树叶。3.来自斯里兰卡的树螽和来自新几内亚的树螽。4.螽斯科树螽的树叶拟态给人深刻的印象。5.黑蟋蟀。6.家蟋蟀。7.欧洲蝼蛄。8a.欧洲蚱蜢静止时像一块颜色斑驳的石头，一旦受到惊扰，它们会展开有色的翅膀（图8b）赶紧逃走，并以此恐吓攻击者。

咀嚼式口器
食性

大多数的蚱蜢都以植物的叶子为食，有些还只吃某几种植物，当然多数都没有这么挑剔。蟋蟀和树螽一般为杂食性，既吃植物（不管是活的还是死的），也吃动物的残余物。土居的种类吃植物的根，或吃藻类和其他微生物。有的种类吃的时候总是把食物和泥土一起咽下去。有的种类则是肉食昆虫，会像螳螂一样用抓取前肢捕食其他昆虫。

所有的直翅目昆虫都有咀嚼式口器，根据食性的不同有所变化。例如，不同的短角蚱蜢，因为所吃的食物硬度不一样，所以上颚的结构也不一样。澳大利亚地区性的螽斯亚科的一些螽斯非常与众不同——它们只以花朵为食。有的无翅的螽斯，外形很像竹节虫，吃的花有很多种，常给这些植物带来严重的破坏。有的螽斯则只吃花蜜和花粉。

⊙ 所有的直翅类昆虫都有咬合式和咀嚼式的口器。图中螽斯科的树螽末龄若虫正在一株木槿花上进食。

用声音求偶
唧唧的叫声

能发出声音（“唧唧”声）是直翅目昆虫的显著特征。它们可能在保卫地盘和对付敌人的时候会用到声音，但对人类的耳朵来说，最常听到的是它们交配时发出的声音。鸣叫声通常来自雄性，是求偶的重要手段，而且不同种类的直翅目昆虫有自己专用的叫声，以确保只有同种类的雌性才听得懂。此外，鸣叫也是使雄性彼此之间保持距离的重要信号。另外，很多直翅目昆虫在求偶的时候还会来一段舞蹈——附肢和身体以一种复杂的方式运动。

用来唱响求爱颂歌的基本机制有两种，一种是摩擦前翅基部专门的翅脉，这种错齿发声技术主要见于长角亚目（蟋蟀、树螽、长角蚱蜢）的昆虫中。另一种主要见于短角亚目（短角蚱蜢和蝗虫），称为“洗衣板”的技术，其声音来自前翅的一个或多个发声翅脉与后翅内侧的脊部或一排突起之间的摩擦。除了这两种以外，也有很多其他的发声机制，但前面两种是这一目的昆虫用得最多的。有些种类，雄性和雌性都会唱求爱颂歌，有些则只有雄性会唱。

橡树丛蟋蟀发声的方式很独特，它会抬起一只后腿，跗节像敲鼓一样敲打物体，发出咕噜咕噜的声音。还有很多种类则上下吧嗒它们的颚骨，发出像磨牙一样的声音——受到惊扰的蚱蜢常这么做。

⊙ 在求偶的时候，来自苏门答腊的一种雄性蟋蟀（右）会喳喳叫着为雌蟋蟀唱起“小夜曲”。这种蟋蟀的整个求偶过程冗长而细腻，甚至包括少见的腿部舞动。

直翅目昆虫的耳朵长在腹部或前肢上，包括一层薄膜和与之在内部连接的专门的接收器。声音会引起薄膜振动，随之刺激接收器的神经细胞。有些种类雌雄两性的耳朵外形不同。许多灌木蟋蟀利用听觉来躲避蝙蝠等天敌，比如薄翅树螽能够探测到近30米外的蝙蝠，在蝙蝠们确定这些昆虫的方位前，它们早已经逃走了。

直翅目昆虫的发声机制常常会受到环境温度的影响。有些种类的雄性会等到温度最佳的时候才唱歌，只要达到这个温度，它们就唱，非常精确。

⊙ 图中，这只雌性树螽尾部有一个交配时雄性给它的巨大的精囊。这个精囊最后会被它吃掉。

把卵藏起来
繁殖和生命周期

大部分的直翅目昆虫都会把卵产在土壤里或植物组织中；有些掘洞而居的品种，会把卵产在挖好的育卵室中。长角亚目的雌性成员有发达的剑形或圆柱形产卵器。产卵器有的短而宽，像半月形刀；有的则瘦瘦长长，常常比整个躯干部分还长。产卵的时候，它们的产卵器能插进植物组织或树皮裂缝里面——不同的种类选择的产卵地点不同。而它们选择的地点通常都很适合产卵器的形状。有瘦长产卵器的雌性，卵会被产在土壤里；而产卵器很短，像半月形刀的，则会把卵产在植物组织或缝隙中——母亲先咬出一个洞，然后锯齿状的产卵器顶部会帮助将其“锯”进植物组织中。大多数长角亚目的雌性在产卵的时候会唱歌，通常，那些合适的缝隙和洞穴会被它们产的卵塞得满满的。

然而，短角亚目的雌性产卵是分批次的，一次产10～200粒，被保护性的泡沫包裹着，像个“豆荚”。雌性用尖端分叉的短产卵器向下挖洞，体节间特殊的肌肉能使它的身体延长到产卵前正常体长的2倍多。它们的卵荚通常被产在土壤中。在温带地区，有些种类会把卵产在草丛里，而热带地区的某些种类，则有可能把卵产在腐木中。欧洲剑角蝗科的成员住在潮湿的草地中，雌性把卵产在植物的茎部或死木头中，但从来不把卵产在地表——为了避免卵在冬季被洪水淹死。但与此同时，还有无数的昆虫会把卵荚当做食物。在非洲，芫菁科的油芫菁、蜂虻科的蜂虻和缘腹细蜂科的寄生蜂都把腺蝗类蝗虫的卵荚当做食物。正是它们抑制了害虫蚱蜢的数量。

直翅目的幼虫（若虫）孵化后，其外形和习性与成虫很相似，少数种类在体色或图案上与成虫不太一样。经过3～5次蜕皮后，它们就发育为成虫。

总的来说，直翅目昆虫并非很明显的群居性昆虫，其危害作用也同样不十分明显。但剑角蝗科的某些种类具有2种不同的属性，它们有时独来独往，有时又大量聚集在一起。出现后一种情况时，云集的数量能达到数百万只，会毁掉大片大片的农作物。人们也把这种害虫称为蝗虫。

知识档案

蟋蟀和蚱蜢

纲：昆虫纲

亚纲：有翅亚纲

目：直翅目

分为长角亚目和短角亚目，共39科2.2万余种

分布：除南北极地外，全球均有分布。

体型：中型到大型，体长10～150毫米。

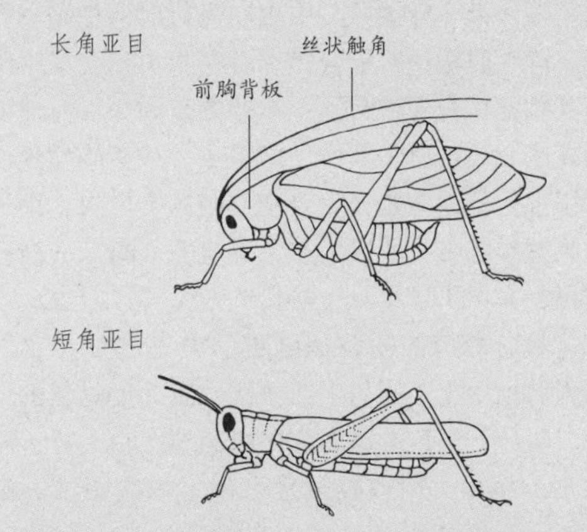

特征：粗壮或细长的昆虫；有颚口器；触须丝状，有短有长；背板盾状或鞍状；前翅（如有）坚硬，以保护扇状折叠的后翅（如有）；后腿通常特化，善于跳跃；跗节有3～4节；尾须短小无分节；通常有听觉器官及发声器官（一般限于雄性）。

生命周期：不完全变态发育；大型若虫大致类似无翅成虫。

甲虫

甲虫是地球上发展最鼎盛的物种，其种类之繁多，占了地球上所有已知物种种类的1/3，大概是所有昆虫种类的2/5。它们可以在极端的环境下生存，其外形和颜色变化多样，体型小的不足0.25毫米长，大的却有约20厘米长。

甲虫的栖息地多种多样，从湖泊到河流再到干旱的沙漠，它们既能在温和的环境中繁衍，也能在严酷的条件下生存。正因为这一种群如此之丰富，以至于有人询问著名的生物学家霍尔丹先生通过对生物的研究，对造物者创造的这个大自然有何感受的时候，他回答说："对甲虫过度宠爱！"

千姿百态
形态和功能

甲虫的身体构造多种多样。体长0.25毫米～20厘米；有的多毛，有的光滑；有的体型小巧而灵活，有的则是长角的披甲巨人。所有的甲虫都有一对坚韧、僵直的角质化前翅，即鞘翅。鞘翅在体背中央相遇成一直线，包裹着膜质的后翅。正是这一特征将甲虫与臭虫区分开来，后者的鞘翅像纸一样柔软。甲虫在飞行时会把鞘翅展开，静止时则优美地合拢。有些甲虫不会飞，因为其鞘翅愈合在一起了；有些则是因为没有成熟的翅膀和飞行肌。其他，像瓢虫，或更确切地说瓢甲虫，正因为是完完全全的鞘翅类昆虫，而不是半翅类昆虫，所以是非常专业的飞行家，能迁徙很远去寻找越冬的地点。

具有分节的附肢是昆虫的典型特征，不同的附肢衍生出不同的生活方式：以速度见长的甲虫，附肢是细长的（如虎甲虫和地甲虫）；善于挖洞的甲虫，附肢较宽且有齿（如粪甲虫、金龟子）；善于游泳的，附肢弯曲如浆（如水甲虫）；善跳跃的，如跳甲，发达的后腿节里有大块的肌肉。

甲虫的口器由5个部分组成：上颚、下颚片、触须和上下唇瓣。上颚是用来切割、刺、碾磨的器官，其他几部分主要用来品尝并把食物准备好推挤进嘴里。虎甲虫又大又尖的颚骨是其高度肉食性的一种进化表现；象鼻虫（象鼻甲虫）在其长的口鼻部或喙部尖端有小而坚硬的上颚，用来咬碎植物组织。有些专吃花粉的种类，其下颚片部分向前延伸，形成管状的口器。

甲虫的感官系统集中在头部，但微小的振动感应纤毛遍布全身。有些种类能通过腿上的感应结构感知特殊频率的声音。大多数种类的甲虫（除了少数穴居甲虫和大多数的幼虫）都有能分辨色彩的复眼。那些靠视觉捕食（比如地甲虫）或交尾（比如萤火虫）的甲虫都生有大而发达的眼睛。有些地甲虫能看到15厘米开外的猎物。在池塘的水面上游泳的陀螺甲虫，眼睛是分开的，一半用来观察水下情况，一半用来观察空中情况。

甲虫们多种多样的触角上长有能感知湿度、振动和空气中的味道的感受器。有的种类幼虫时的触角结构较简单，成年后，触角会突然变得弯折起来（比如象鼻虫科的象鼻虫）；有的触角如丝状（如天牛科的长角天牛）；有的触角为齿状（如赤翅虫科的赤翅虫）；有的是圆盘状或薄片形（如金龟子科的金龟子）。甲虫用触角寻找食物和交尾对象，雄性的触角通常比雌性的要复杂，因为它们肩负着寻找异性的任务，这种寻觅还常常是远距离的。

有些甲虫（通常是雄性）头上还长有突出的如鹿角般的角，是从上颚延伸出来的一块。长角天牛则有能发出声音的特殊结构，它们腹部下面有一排坚硬的脊突，用硬棱状或拨子状的东西去摩擦这排脊突，就能发出"嚓嚓"的声音。

甲虫有令人印象深刻的保护性"武装"，以应对各种捕食者。坚硬闪亮的鞘翅成为抗敌的第一道防线——当受到惊扰时，许多如穹顶形的叶甲虫和瓢虫会把附肢和触角收进盾甲般的鞘翅下面，同时紧紧扣住地面，一直到它认为安全的时候才会重新把附肢和触角放出来。因此，即使是肉食性的虎甲虫，其锋利的上下颚也很难紧紧地

知识档案

甲虫

纲：昆虫纲

亚纲：有翅亚纲

目：鞘翅目

已知的种类约30万种，166科，4亚目

分布：世界各地，除了海洋。

体型：体长0.25毫米～20厘米。

特征：一对前翅特化为保护后翅的硬壳（鞘翅）；口器前伸，为咬合式。

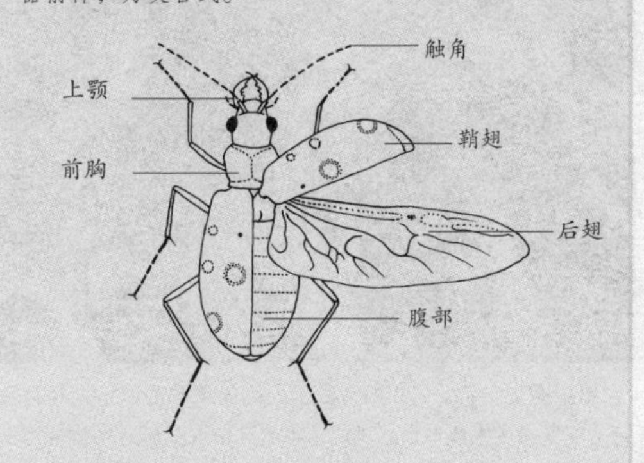

生命周期：发育包括幼虫期和蛹期，属于完全变形（全变态发育）。

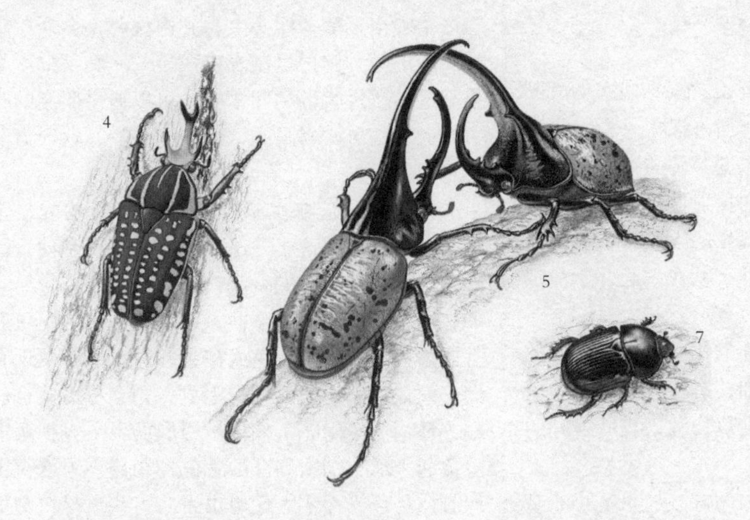

⊙ 甲虫的代表种类：1.两只雄性锹甲在争夺雌性的打斗中绞住了自己的角（实际上是变大的上颚）。2.歌利亚甲虫是体型最大的甲虫种类。3.一只雄性斑花甲虫正用它特殊的前肢守护一只正在产卵的雌性。4.一只角花金龟正用自己的角从树干上取树液。5.这种雄性巨大犀金龟或独角仙足有16厘米长，是另一种世界上最大的昆虫种类。图中这两只正试图用头部和胸部延伸出来的多刺又多毛的角柄抓住它的对手并将其摔倒。6.飞行中的七星瓢虫是人们熟悉的瓢虫。7.蜣螂和地下巢穴中的幼虫。8.雄性绿色斑蝥和它洞穴中的肉食性幼虫（8a），一只无翅的寄生蜂将卵寄生在这只幼虫身上。

⊙ 甲虫有别于其他昆虫的特征是一对闪亮的前翅，或称为鞘翅，在背部的中线汇合。正如图中这只来自乌干达的雄性海王星甲虫，其武装的前翅用来保护膜质的后翅。

抓牢甲虫光滑的表面。许多甲虫，尤其是幼虫，体表生有很多刺和毛，使它们不易受到攻击。皮金龟幼虫的纤毛能刺透敌人的表皮，引起刺激性的疼痛。

有些瓢虫的幼虫，身上长的刺是中空的，断裂后会流出黏性的黄色血（血淋巴），里面含有味道极不好的化学物。成虫的“膝关节”处也能产生这种物质。这种现象叫反射性出血。比如，当一只蚂蚁用它的颚咬住瓢虫的附肢时，瓢虫的血淋巴会把它的触角和口器都粘在一起，于是遇到麻烦的蚂蚁会迅速跑开。

在甲虫中，这种排斥性的化学物得到广泛的使用，而且非常有效。例如，有些不会飞的地甲虫会喷出甲酸，这种物质会烧伤敌人皮肤，并引起严重的眼部损伤。

受到压挤的隐翅虫喷出的毒液如果不小心被人抹到眼角膜上，会导致疼痛难忍的“内罗毕眼病”。叶甲虫属的一些幼虫，其毒性非常强，喀拉哈里沙漠的土著人就利用它们的毒液涂抹捕猎用的箭头。

叶甲虫的幼虫有叉状的尾部，使其能把蜕掉的表皮和粪便挂在上面，作为防御伞。当蚂蚁袭击它的时候，它会不停地摇晃自己的尾部，把粪便什么的抹得蚂蚁一身。这样一来蚂蚁只好赶紧撤退，并把自己彻底清洗一遍。同样地，榛树罐甲虫为了保卫自己的子女，会用自己的粪便做一个“罐”，然后把卵产在里面。当卵孵化后，幼虫会继续留在罐里，用自己的粪便再加做一层。活动的时候，幼虫的头和附肢从同一端伸出，把罐拖在身后。幼虫身体和周围的环境融为一体，看起来像一小堆兔子粪。

味道不好的甲虫，通常体色鲜艳，如红黑色、黄色或白色。肉食性的脊椎动物会从自己不愉快的进食经历中逐渐领悟这一点。缺乏经验的食虫动物会尝试任何一种看起来可以吃的东西，但它们也能很快认识到这种联系。而有限的几种颜色也意味着敌人能很快弄清颜色和味道之间的联系——如果大家的颜色都不一样的话，敌人会逐个去尝试，个体被捕食的风险就大大增加了。

声音也同样被用于自身的防御。如果捕食者抓到这样一只以前没见到过的甲虫，突如其来的尖叫声会使不加防备的敌人吓得立刻丢掉猎物。如果这只甲虫本身的味道也不好，效果会进一步强化。许多地甲虫一旦被捕，会发出抗议的声音，同时还会从腹部末端邻近肛门（臀板）处的腺体中喷出丁酸。叩头虫受到惊扰时，会通过胸腹之间的某种弹射机制发出声音——胸部的一个小突起被压进腹部的凹槽中，可以通过肌肉的张力释放，随着听得见的“滴答”一响，这股力能把它弹很远。

把自己藏起来大概是对付脊椎动物的最常用的方法，采用这个方法很重要的一点是使自己静止不动。因为它们一动，就有可能暴露自己。那些住在石头或树皮下面，以及土壤里的甲虫通常体表为不显眼的黑色或棕色，敌人很难发现它们。而栖息得比较暴露的甲虫，则会尽力使自己融进环境中（隐态）。拟步甲属的甲虫，把头部隐藏起来后，加上展开的胸部和鞘翅，就变得很像有翅种子，而不太像甲虫了。有些象鼻虫则更进一步，为了使自己更加隐蔽，会在鞘翅上培养真菌和藻类。

拟态——把自己伪装成有毒的或看起来比较恶心的动物——也是一种保护自己的方法。很多住在蚁冢里的甲虫，会把自己打扮得非常像蚁巢的主人，那些不想自己被蚂蚁痛咬一口的捕食者就被它们给蒙混过去了。一种热带的天牛，腹部末端长有两个逼真的眼点，当它首尾颠倒的时候，乍一看很像一种有毒的青蛙。

贪婪的食客
食性

甲虫的食性多样，有的食肉，有的食粪便，或营寄生，但还没有发现在人体寄生的甲虫。大部分甲虫以植物为食，有的为单食性，一生只吃某一种食物，但多数为多食性，对食物不是很挑剔。

事实上，如果想在某处找出一棵从没有受到过至少一种甲虫侵袭的植物是不太可能的，但基本上很少有植物会因为甲虫的啃吃而致死。相当数量的幼虫（如叩甲科和象甲科的幼虫）以植物的地下根为食。线虫，即叩头虫的幼虫吃草根，会抑制草的数量，但被大天蚕的巨型幼虫啃吃的棕榈树则有可能一命呜呼。

那些吃植物茎秆的甲虫会给植物带去比较严重的危害，它们会一直吃到植物传送食物和水分的脉管中去。由于花卉含有丰富的营养成分，很多甲虫也就不客气地以之为食。许多种类的成虫，比如天牛，专吃花粉和花蜜，而它们的幼虫却吃那些更粗糙的部分。玫瑰金龟子则直接吃玫瑰花的花瓣。

有些甲虫专门吃真菌，比如已死的或快要死的树木，在其生有檐状菌的部位，通常就能找到圆蕈甲。有的真正的美食家，几乎只吃那些广受欢迎的黑块菌。

⊙ 家族庞大的象甲科象鼻虫吃活的植物的所有部位。图中这只黄带象鼻虫正在吃哥斯达黎加雨林中的一棵蝎尾蕉的花。

大部分肉食性的甲虫会攻击其他昆虫，它们行动敏捷，具有敏锐的视觉。成年的虎甲虫（虎甲科）奔跑的速度能达到60厘米/秒。它们的幼虫则会把头楔入隧道在地面的开口处，静静地埋伏着守候猎物。尽管它只有单眼，但它很清楚什么时候有合适的猎物进入它的捕猎范围。一旦这种情况发生，它会冲出去抓住虫子，把猎物拖进洞中吞吃掉。大型的水生甲虫由于需要更充足的食物，甚至会捕食小型的鱼类和蝌蚪。

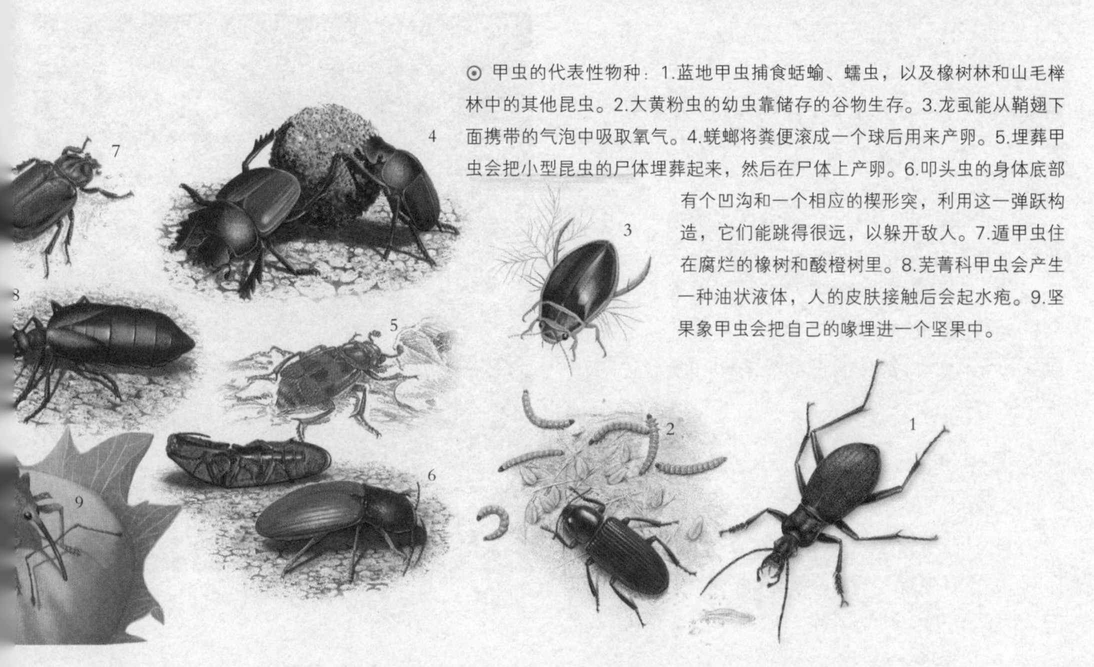

⊙ 甲虫的代表性物种：1.蓝地甲虫捕食蛞蝓、蠕虫，以及橡树林和山毛榉林中的其他昆虫。2.大黄粉虫的幼虫靠储存的谷物生存。3.龙虱能从鞘翅下面携带的气泡中吸取氧气。4.蜣螂将粪便滚成一个球后用来产卵。5.埋葬甲虫会把小型昆虫的尸体埋葬起来，然后在尸体上产卵。6.叩头虫的身体底部有个凹沟和一个相应的楔形突，利用这一弹跃构造，它们能跳得很远，以躲开敌人。7.遁甲虫住在腐烂的橡树和酸橙树里。8.芫菁科甲虫会产生一种油状液体，人的皮肤接触后会起水疱。9.坚果象甲虫会把自己的喙埋进一个坚果中。

⊙ 非洲的纳米布沙漠里有无数拟步甲（拟步甲科）以各种腐物为食。图中，数只拟步甲正在撕咬一只蚱蜢的尸体。

许多步甲科的地甲虫吃蛞蝓或蜗牛，它们有狭长的头部，即便蜗牛缩进壳里，也不妨碍这种甲虫把头伸进去。为了预先分解蜗牛的身体组织，它会把酶分泌物涂抹在蜗牛的身体上，然后蜗牛就变成了液体被它吸食掉。

死去的动植物具有丰富多样的营养成分，极少有死去的动植物组织会不对甲虫构成吸引力的。死去的树木会吸引很多种蛀木虫和小蠹。新鲜的尸体则会吸引各种的甲虫，每一种都有它们最中意的饮食部位：埋葬甲专吃肌肉组织，而皮甲虫则吃羽毛那样的干燥部分，于是到最后，除了几根骨头，别的都被吃得一干二净了。甚至昆虫的残渣也很受欢迎。有些甲虫喜欢对蜘蛛网来个突然袭击，把网上的残羹冷炙一扫而光；有的甲虫，如丝菌甲，则专吃毛虫蜕掉的那层皮。

自相残杀也是甲虫们的生存策略之一，一母同胞的兄弟姐妹也会把彼此当做食物来源。这种行为减少了同类间的竞争对手，使得幸存者的生存机会增多。在瓢虫中这种情况很普遍，不管是成虫还是幼虫，都可能把同类的卵和新孵化的幼虫当做食物。

求偶的信号

社会习性

像其他动物一样，甲虫们为了成功地繁衍后代，必须确保交尾的对象与自己属于同一种类，因此它们会在交尾或求偶前发出确保接收得到的特殊信号。这种信号可能包括视觉影像、声音、气味，或三者相结合。有的甲虫无法去找寻异性，只能通过气味把雄性吸引过来——雌性爬到矮小的植物上，然后释放出恶臭味。尖叫甲虫通过用鞘翅的底面摩擦腹部的尖端，能发出音调极高的吱吱声，据说也是一种求偶方式。报死窃蠹也是通过声音传递信号，幼虫会在老木头的深处度过多年的发育期，成虫在春季发出求偶的声音：它用两前肢撑在木头隧道的两边，然后用头顶快速地敲击隧道底部。这种甲虫的雌雄两性都通过敲打的方式来达到求偶和交配的目的。在寂静的夜晚，这种敲打的声音会很清晰，有些病床上的病人听到这种声音，会将其当成死神来临的警示。

萤火虫则用它们的大眼睛捕捉视觉信号。它们的腹部末端含有发光化学物，发出的光在夜晚清晰可见。而且这种光能像灯一样开和关，制造出有规律的同步闪光，而且不同的种类有不同的闪光模式。当雄性萤火虫发出光信号时，模样像幼虫的无翅雌性萤火虫如果看见了同类的闪光模式（闪光的时间长度和亮度非常重要），就会发出回应的信号，然后雄性会以惊人的准确度降落到雌性身边。肉食性的一些萤火虫会模拟另一种雌性的信号，属于后者的雄性萤火虫如果受到引诱的话，会给自己带来致命的后果。

⊙ 芜菁科斑蝥正在进行一场求偶的仪式。雄性（左）用自己的前肢轻拍雌性。

⊙ 两只龟甲虫正在试图交尾。它们的名字很称它们的外形——受到惊扰的时候，会把头和附肢缩进去，并把前胸背板和鞘翅放低。

的雄性甲虫会制造某种能吸引雌性前来品尝的化学物。相似地，有些雄性甲虫会通过轻咬雌性鞘翅的方式去“品味”它。

双方确认身份后，而雌性也接受的话，二者就会交尾。雄性甲虫（体型通常比对方小）会爬到雌性背上，用自己的脚抓住它的鞘翅和胸部——大概是因为这个原因，雄性的脚比较长。有些雄性还会用上自己特化的触角。然后它把交尾的器官（阴茎）插入对方的阴道中，注入精囊或精液，如果是精液，则会被储存在一个专门的囊中（受精囊），直到雌性准备好产卵才发挥作用。这以后，雌性会暂时或永久性地变得不再具有性吸引力。有些种类的雌性会多次交尾，大概是因为具有某些控制精液对卵受精的方法。

很多金龟子和黑蜣科的种类具有单配的习性，即一夫一妻制地繁衍下一代。这些种类的后代，两性的外形很相似。但更多的甲虫则是实行一夫多妻制，父亲根本不会去照顾自己的后代。具有这种习性的甲虫，其后代很大比例上呈现性别二态性，两性的体型、形态、颜色都不一样。

从卵到成虫，甲虫会经历完全变形，中间会有一个休眠的蛹期，换句话说，它们都属于全变态发育。翅膀在体内发育，直到成年的时候才会出现在体外。因为食性的改变，幼虫和成虫的口器差别很大。幼虫发育为成虫所需要的时间，取决于它最终的体型大小、环境温度和食物的营养价值。大型蛀木虫由于其赖以为生的食物缺少蛋白质，发育的时间相当长，某些种类居然需要花上45年的时间。

甲虫通常都把卵产在土壤里（隐翅虫科的隐翅虫），有的则产在植物组织内（象甲科的象鼻虫）。总之，它们会尽量把卵产在潮湿且不易被敌人发现的地方。有些甲虫比如金龟子产单粒的卵；有些比如芫菁科甲虫则会成批地产下数千粒卵。许多甲虫都会对自己的卵多加保护。大银龙

雌性双星瓢虫能百般变换自己的体色，似乎是用色彩寻找交尾的对象。在一大片红色的双星瓢虫群中，黑色的雌性显然能吸引更多的注意力；相反，在黑色的群体中，当然是稀有的红色雌性受益。推测起来，这种行为大概是为了在群体中提高遗传的可变性。

很多甲虫会制造独有的化学信号或信息素。雌性金龟子和叩头虫释放出来的信息素能吸引极大面积内的异性。这些雄性的触角很宽，有的像梳子或叶子，较大的表面积更适于接收雌性的信号。皮蠹和树皮甲虫释放聚合的信息素，能吸引雌雄同类的两性去合适的地点挖洞和产卵，这种行为会增加成功交尾的概率。一旦雌性树皮甲虫交尾后并开始挖洞，它们会释放出一种威慑的信号来阻止后到的异性。而与之交尾的雄性通常也会留下来帮助配偶挖洞和守护卵。

许多种类的雄性甲虫为了能占有一名异性，彼此之间会竞争。这常常包括力量的角逐，结果是只有最健康的雄性甲虫才能传宗接代。雄性锹甲会把对手夹在两角之间，然后把它摔到地上。雄性角甲为了取代别的同性的位置，会或推或挤地、或将自己的角插到对手的身体下把对方弄走。

一旦两性间建立了联系，在雄性被接受前，通常会有一场求爱的仪式，比如雄性用附肢或触角轻轻拍打雌性。为使雌性接受自己，拟花萤科

⊙ 大部分甲虫，如这种来自欧洲的橘子瓢虫，两性的外形很相似。雄性瓢虫有时会将其他种类甚至其他科的雌性认为是同种的，还试图和它们交尾。

虱会把卵产在丝茧内，并把茧结在水面漂浮的树叶上。有的水甲虫会用腹部下面的几束丝把卵缚住随身携带。

卷叶山毛榉甲虫会用一种很复杂的方法切割叶片边缘，然后把叶片卷成内外两层“漏斗”固定在某处，卵就产在内层漏斗里面，外层漏斗则起保护作用。因此幼虫可以在叶子里面藏着进食。象鼻虫和种子象（豆象科）常常会用植物的软组织制作育卵室（虫瘿），幼虫就在育卵室里面发育。有的在花的种荚上做育卵室，而有的则在菟丝子的茎秆上做育卵室。

母亲们并不总是在后面保护它们的卵，而是通常会把它们和食物放在一起。榛子象鼻虫会用它长长的象鼻状喙在生长中的果实上钻一个眼，然后把卵小心翼翼地产在这个小眼中。大型的蜣螂则是在作为食物的粪便上打一个垂直的轴形眼，然后在眼的顶端放一粒卵。

大部分种类的甲虫，父亲都不会协助母亲抚育后代，只有少数例外，有的金龟子，母亲会用自己强有力的多刺附肢挖一个育卵室，而父亲则忙活着做一个粪球，让母亲把卵产在粪球上。而粪便就是发育中的幼虫唯一的食物来源。父亲通过自己的协助确保了后代的生存。

孵化中的幼虫用自己的上颚和身体上的刺，或“破卵器”刺破卵壳出来。它们边进食边成长，经过数次以蜕皮或换皮为结果的龄期。幼虫的外形与成虫不同，但雌性萤火虫是例外，它们即使在成虫期也保留了幼虫的外形。而其他种类的甲虫，幼虫既有可能像无附肢的成虫（如家具甲虫），也有可能像锯蜂的幼虫（叶甲和跳甲），还有可能有长长的身体和附肢（隐翅虫），或者像金龟子那样，身体居然是“C”形的。大部分水栖甲虫的幼虫依靠空气生存，会时不时地露出水面通过气门补充氧气。但尖叫甲虫利用鳃直接在水中呼吸。有些种类的幼虫，尤其是粪金龟类，利用发声结构发出温和的唧唧声来互相交流。

有少数种类的甲虫，父母双方会一起照顾幼虫直到它们部分或完全发育成熟。如有的埋葬甲，交尾后双方一开始会相互合作照顾后代，但后续的哺育任务则由母亲单独完成。首先，它们会寻找某只小型哺乳动物的尸体，比如老鼠；其次，约定交尾的双方一起不停地挖尸体下面的土，使之自然下沉，最后被埋进地下；在尸体向下沉的过程中，两只埋葬甲会剥去它的皮。交尾后，父亲会离去，母亲则把卵分别产在尸体旁的一个个小洞中。孵化后，幼虫会自己设法来到尸体旁边，母亲会等在那里，把已经预先消化过的食物反刍出来喂给子女。这样的情形会一直持续到儿女们能独立进食为止，然后母亲就会离去。

许多甲虫都有常常显得很古怪而又非常独特的生命历程，尤其是那些营寄生生活的甲虫。例如，火腿皮蠹一般寄生在死尸上，却偶尔会跑到新孵化的小鸡身上，钻进小家伙的肉里面。

⊙ 有少数甲虫属于胎生，直接产下活体幼虫。这只来自巴西的叶甲虫产下了一批小幼虫，而不是产下卵。

人们发现，有8科的甲虫中，有部分寄生虫很专一（专性的），而有部分却很随意（兼性的），后一种主要攻击其他昆虫的卵或蛹。如有些芫菁科甲虫的幼虫会钻进土里吃蚱蜢的卵；而有些隐翅虫的一龄幼虫则会非常积极地四处寻找蝇类的蛹——它们会被这种蛹所散发出来的化学气味所吸引。一旦被它们找到这种蛹，它们会钻进蝇的身体中，度过没有眼睛和附肢的第二龄期，这期间，它们靠吃宿主的身体组织过活。到了第三龄期，这种隐翅虫会长出发育完全的附肢和眼睛，然后钻进土里化蛹。

大花蚤科所有成员的幼虫均营寄生生活，而成虫却以花朵为食。该科有些成员的幼虫曾被发现于某种比较常见的黄蜂的巢穴内。这种甲虫的雌性把卵产在花朵上，然后会孵化出体型微小、有刚毛的闯蚴，这种幼虫的外表皮上长有很粗的刺和吸管，但它们不进食，专等着找机会被成年的宿主运到其巢穴中去。当有黄蜂到来时，幼虫会钩住它，随之返回其巢穴。因为这种方法的成功率极低，所以父母们会产下大量的卵以增加成功的机会。有幸被带到黄蜂巢穴中的幼虫，会经过数次变形（复变态期）。首先，幼虫会刺入黄蜂幼虫的身体内，成为其体内寄生虫后，在里面进食。其次，它会蜕皮，成为无附肢的幼虫，用自己的身体缠绕在黄蜂幼虫的体外继续进食，成为体外寄生虫。经过蛹期后，幼虫就成长为翅膀发育完全的成虫。

有些种类的粪金龟是哺育型的寄生虫，它们并不自己收集食物（粪便），而是把卵产在大型粪金龟的巢穴中。一种小型树皮甲虫属的成员无法自己去刺穿树皮，只能钻进那些已经存在的小眼中，在其他树皮甲虫已挖好的隧道中开凿自己的窝。

有些种类的成年金龟子过着一种半寄生的生活，即把自己粘在哺乳动物肛门附近的毛皮上，这也是雌性为使自己的后代有现成的食物可吃的一种策略。有一种甲虫住在袋鼠的肠道内，靠吃袋鼠的粪便生活。还有的住在蜗牛的壳中，也是靠粪便为生。

此外，有1000多种甲虫喜欢与蚂蚁比邻而居，这其中有的吃蚂蚁，有的寄生在蚂蚁身上，有的则采取与蚂蚁共生的生活方式——这种甲虫

⊙ 全世界有超过3000种龟甲虫，只有4种具有母性的特征。图中这种龟甲虫是中南美洲的常见甲虫，正趴在它的这批深色幼虫上面。

从蚂蚁巢穴中获得食物，对蚂蚁没什么坏处，却也没什么益处。有些很受蚂蚁欢迎，有些却不得不模拟主人的化学气味和习性以免受到攻击。有大量的隐翅虫，其幼虫和成虫都会与蚂蚁共享其巢穴，这里面，有很多都会分泌一种对蚂蚁很具吸引力的分泌物，能吸引蚂蚁过来舔它们的分泌腺体。

有一种隐翅虫的幼虫非常受一种蚂蚁的欢迎，它们会被蚂蚁收养，安置在蚁巢的育卵室中。这大概是因为这种隐翅虫的幼虫能释放一种信息素，这种信息素会激活蚂蚁的哺育习性。此外，这种幼虫还会模拟年幼蚂蚁的乞食行为，即跳动着轻拍蚂蚁“护士”的口器，作为回应，“护士”会反刍一滴已消化过的食物流质喂给幼虫。而这种幼虫也可能被周围的其他蚂蚁或其他甲虫幼虫吃掉。在秋天，还没有性成熟的成年隐翅虫，最后一次向它的宿主要求食物后，就会跑去另一种属于不同属（赤蚁属）的蚂蚁的巢穴中，这种蚂蚁能在冬天为它们哺育后代。为了预防任何可能的攻击行为，隐翅虫会把腹部末端的分泌物提供给这种蚂蚁，这种由它们鞘翅后面含有化学物的腺体分泌的物质会使蚂蚁自动把幼虫带进育卵室喂养，这些幼虫们就可以在育卵室中完成发育过程。在春天，长大的成虫又会在这种蚂蚁巢穴的附近交尾并产卵。

蝇

真正的蝇并不受大众欢迎，它们缺少蝴蝶那般美丽的外表，也不像社会性的蚂蚁和蜜蜂那样能组成错综复杂的团体。但双翅目昆虫是所有昆虫目中最让人着迷的群体之一。有许多种蝇其实是益虫，它们造访花朵，并为花儿们授粉，能除去害虫、控制野草的蔓延，或使有机营养成分能够被循环利用。那些会叮咬我们、污染我们的食物或啃吃庄稼的蝇是少数。

在地球的温暖区域，蝇类可说是真正的苦难根源，会携带一些对人和牲畜来说极危险的疾病，并将病原体传播到卫生条件落后的地区。在这样的情况中，对蝇类的生物学研究揭示了许多关于不同类的动物之间的共同进化，以及昆虫作为一个整体存在的生态学意义。

多种多样，从不离得太远

形态和功能

就全世界范围来说，蝇类是屈居甲虫（集中在热带）之后的第二大昆虫群体，在温带的许多国家，蝇类会占到所有昆虫的1/4。这个群体中12万个已知的种类几乎能以各种你想象不到的方式生存，并出现在各种气候带，直到两极的边缘。它们的栖息地甚至还包括海洋。成年蝇的食性多样，有的吃花，有的捕食其他动物，有的吃死亡的动物组织，有的吸血。而幼虫的食性又与成虫不同，有很多吃腐烂的动植物组织，有些则在水中滤水觅食植物，或者营寄生生活，或者食肉。

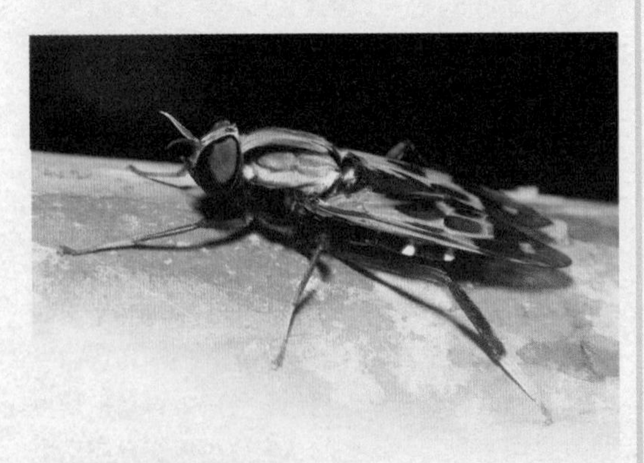

⊙ 蝇的外形和体型非常多样。图中这只哥斯达黎加的大虻科成员是世界上最大的蝇之一，体长达到4.75厘米。它巨大的幼虫以被砍伐的雨林树木为生。

⊙ 大部分蝇的眼睛都很大，增强了飞行的机动性。像图中这只雌性凹角马蝇一样，它们的眼睛通常都分得很开。相反，许多雄性都是接眼式的，即眼睛在头顶部相连。

蝇类的多样化很大程度上是基于三个主要特征：口器、飞行机制和幼虫的形态。成虫的口器主要适合于进食流质，但经过高度进化后，变得适合刺、吸和舔。大而可活动的头部里面长着1个（有时2个）发达的肌肉泵，能协助它们从任何活的或腐烂的物质中榨取流质。除了有些寄生在哺乳动物身上的（狂蝇科）和成虫期非常短暂的小型摇蚊之外，几乎所有的蝇在成虫期都会觅食。

蝇的飞行工具只有两只短小却强壮的翅膀，第二对翅膀退化为小平衡棒，如果蝇属有一个突变异种的平衡棒又还原为翅状结构，证实了这一现象。这种适应性将蝇（双翅目）与许多其他的名称中有“fly”这个词的目的成员如蜻蜓、石蛾等区别开来。蝇胸部的结构因仅有的一对翅膀而变得简单：胸部的前、后节实际上已经消失，中间的那一节变大，且整个被翅肌肉包裹起来。这种结构使其身体具有高度的机动性，可以实现极高的速度和振翅的频率（小型摇蚊能达到每秒1000次）。而对方向和

⊙ 1.盗虻抓住了一只飞行中的草蜻蛉。2.粪蝇。3.青蝇。4.处于领土争夺战中的两只雄性突眼蝇正用它们的眼柄作为标尺比较它们的体型大小。

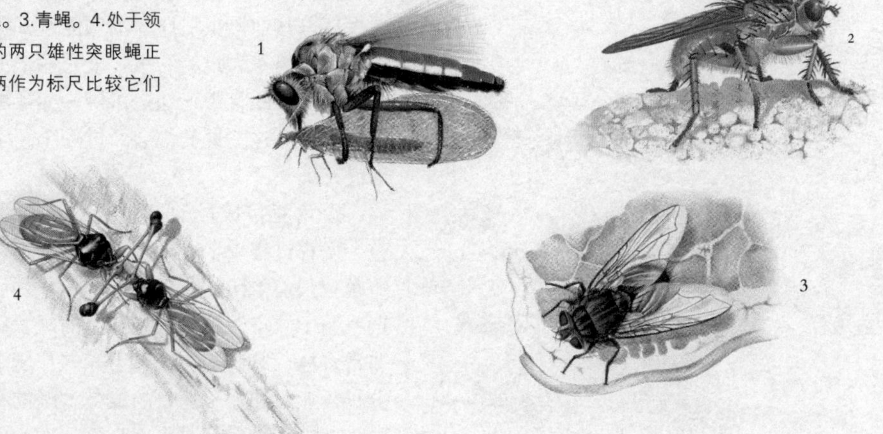

身体姿势的控制能使身体降落在任何可能的地点，甚至可以头朝下地停留在天花板上。

许多蝇都有盘旋飞行的本事，能绕着它们自身的体轴旋转，或者飞过那些比它们的翅展宽不了多少的地方，甚至倒退着飞。所有这些本领都是在平衡棒提供的感觉信息的协助下实现的。平衡棒就像一个微小的陀螺仪，在每一个平衡棒的基部，感觉器官彼此间呈直角地形成三组，这样的排列使蝇能够感觉到自己飞行和转弯的速度，以及它是否被吹离飞行的轨道。与机动性相联系的是蝇的大眼睛，隔得很开的眼睛能提供敏锐的视觉，神经内的视杆感觉元素通向小眼面（蝇类独有的特征）。此外，蝇能通过附肢上灵巧的爪和肉垫抓牢任何表面。

在所有主要的蝇类别中，让人吃惊的是，许多种类的翅膀已经间接消失，有的平衡棒也一样。对于部分寄生蝇（虱蝇科）来说，这大概是对生活在宿主身上的方式的适应。有些蚤蝇科成员，雄性有完整的翅膀，而雌性却没有，人们曾观察到交尾中的双方飞来飞去，有可能是雄蝇带着雌性从一处飞向另一处。有些这种蝇住在白蚁的巢穴中，本来长有翅膀的雌性会在进入巢穴的时候断掉翅膀。两性中翅膀消失或退化的情况在那些栖息在经常刮风的海洋岛屿上的种群中尤其普遍，因为翅膀的存在会增加它们被风刮走的危险。而对那些住在洞穴深处，或掘洞而居的其他种类来说，翅膀在狭小的空间中无用武之地。许多翅膀退化或消失的高级蝇类，由于翅肌肉的消失，胸也相对较小。此外，由于它们的触觉比视觉更加重要，所以眼睛退化，而触角增大。

蛆和其他生长阶段

翅膀内生或完全变形，是蝇的典型生长模式。幼虫在形态和习性上都与成虫很不一样。蝇幼虫的胸部附肢还没长出来，取而代之的是很多司移动的次生假肢。前面已经描述过，那些已发现的蝇幼虫种类具有各种生存的本领。它们能

知识档案

蝇

纲：昆虫纲

亚纲：有翅亚纲

目：双翅目

已知约12万种，155科，2亚目

分布：全世界各种栖息地。

体型：成虫体长0.5毫米～5厘米，翅展最大可达8厘米。

特征：1对膜质翅；后翅特化为棒状平衡器；第二胸

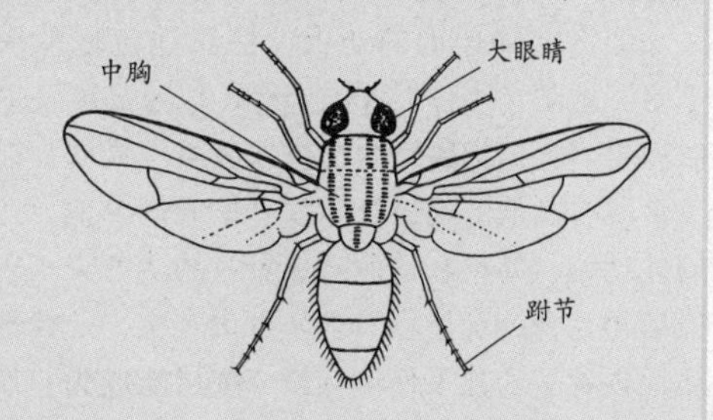

节明显变大，第一和第三胸节退化；口器适合进食流质，但也能刺、吸、舔。

生命周期：属于全变态发育；幼虫和成虫期之间有蛹期。幼虫无附肢。

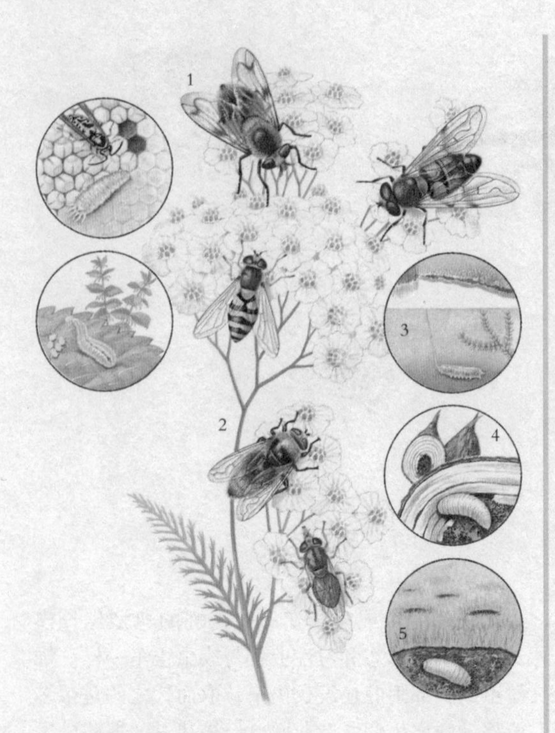

⊙ 大多数成年的食蚜蝇以花粉为食，幼虫的栖息地多种多样：1.有些种类住在蜜蜂和黄蜂的巢穴中充当清道夫。2.有的是肉食动物，比如吃蚜虫。3.有一种食蚜蝇的幼虫甚至水栖，通过一根15厘米长的管呼吸。4.鳞茎蝇幼虫会侵袭花卉的鳞茎，而另一个种类（图5）在牛粪堆上度过幼虫时期。

在多种小环境中存活，而且具有极端多样的外形——远远超过任何其他的目。它们出现在池塘、湖泊、盐水、高温矿泉、油床、植物叶基部积聚的水里，以及死木头烂出的洞中，此外还有活水中（包括流动缓慢或快速的河流）中，甚至在湍急的瀑布中，它们也能牢固地附着在岩石和植物上。

生活在陆地上的幼虫，栖息地包括沙漠、土壤、堆肥、水体泥泞的边缘，以及高度污染的矿泥中。它们把腐烂的植被，菌类、粪便，以及几乎所有其他动物的尸体都开拓成栖息地，还是哺乳动物、鸟类和其他昆虫巢穴的清道夫。它们以植物为食的种类习性进化过很多次，一株植物从根到种子的几乎任何一部分都可能成为它们的食物。有些肉食性的会寄生于蠕虫、蜗牛、多数大型的昆虫、其他节肢动物、两栖动物和它们的卵、爬行动物、鸟类和哺乳动物身上，或者吃它们的肉。有些幼虫会把它们自己的父母吃掉，当然，也有些幼虫由雌蝇一直照顾到发育成熟。

在长角亚目中，幼虫长有完整的头壳，而且像大部分其他昆虫那样，上颚能水平移动，花园长足虻的蛆（大蚊的幼虫）就是一个例子。在许多长角亚目的科中，幼虫水栖，如黑蝇、蚊子和许多摇蚊。这些蝇类都会经过一个“空”蛹期，即没有蛹壳。

短角亚目成员的口器能垂直运动，而且在整个发育过程中，头壳会呈现逐渐退化的趋势。短角亚目有4个次亚目，幼虫的头壳不完整，蛹期也属于“空”蛹。这些种类的蝇，幼虫的形态非常多样，有些能在极端干燥的环境中存活。部分长角亚目和短角亚目的成员，蛹的特征与众不同，即它们在蛹期时也能自由活动，而几乎所有内翅类昆虫在蛹期时都是不能活动的。蚊子的蛹能活跃地游泳——这也是它们不得不做的事情，因为它们经常住在缺乏氧气的死水中，必须到水面上来呼吸，然后下潜至安全的地方。蜂虻和盗蝇在地下数厘米深处度过蛹期，但羽化前它们会利用身体上一排可怕的刺和突起爬到接近地面的地方。

高级蝇类的幼虫就是我们常见的蛆，其外观平常，没什么特色，但实际上这里面包括很多生理适应性。与长角亚目和短角亚目成员相反，高级蝇类的蛹包在末龄幼虫的皮内，这层皮起与“蛹壳”相同的作用，具有优良的安全性和防水性能，能适应变幻莫测的气候条件。要刺激蛹继续发育并促使其羽化成虫可能需要精确的提示，如准确的温度、白天的时长或空气湿度。但坚硬、具有保护性的蛹壳也有其本身的缺点，为了能从蛹壳中出来，成虫不得不在头部用血液充起一个特殊的囊，这个囊与汽车的安全气囊很相

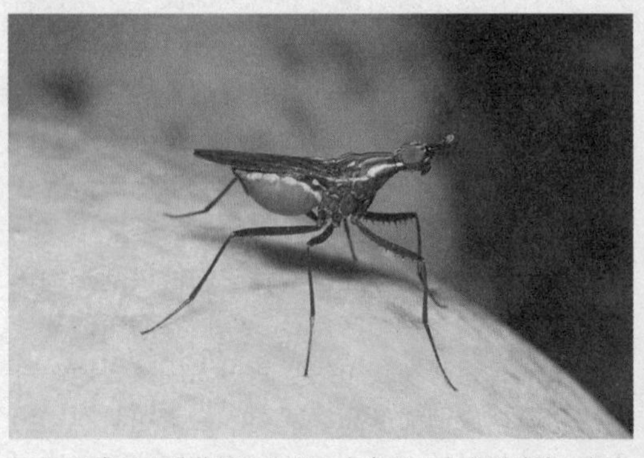

⊙ 这只成年的香蕉蝇正在舔一个腐烂的木瓜的汁液。指角蝇科的幼虫通常以分解中的植物为食，尤其是树木的腐洞。

⊙ 欧洲的黑翅蜂虻的喙长如细短剑，适于伸进花的长管（如图中的夏枯草的长管）中。

似，以把蛹壳顶部挤开，方便成虫羽化而出。随后，囊就瘪掉了，会在成虫的触角上面留下一个凹槽。

我们前面提到过，蝇会经过一个多样化的生命历程，所以双翅目昆虫的卵呈现多样性也就不奇怪了。大部分雌蝇都有一个结构简单的管形产卵器，而那些在植物上产卵，或营寄生生活的雌蝇，多数长有更加坚硬的产卵器，有的为了把卵产在深处，产卵器则相对更长一些。有的卵是普普通通的椭圆形，有的则结构复杂。在潮湿的小环境中产卵的种类，卵的表面呈脊状或网状，功能类似腹甲，能使卵在靠近其表面的空气薄膜中吸氧。处于液体环境中的卵，表面会有供呼吸用的能穿透液体表面的角状突出。有些蚊子如库蚊的卵，生有精致的漂浮装置，能使卵粘在这种“小筏子”上。

蜂虻的幼虫住在群居蜜蜂的巢穴中，具有一些很古怪的适应：有些种类的雌蝇会把腹部的育儿袋里装满沙，用来给卵裹上一层“外套”。然后母亲把裹着沙的卵给弹出去，有的弹到环境适宜的地面上，有的则直接弹进蜜蜂的巢中。胃蝇的雌性把卵产在蚊子身下，当蚊子叮咬哺乳动物时，哺乳动物的体温会促使卵孵化，幼虫就趁便钻进宿主的皮肤里。

真蝇的幼虫在结构上的多样性虽然不如成虫，但其外形的变化多样，是任何其他昆虫目都望尘莫及的。它们的栖息地也很多样，成年的雌性在产卵的时候，会设法找出任何所能想象到的小生境，这个小生境有充足的食物，潮湿，还具有隐蔽性。它们通常会把可活动及可伸缩的导卵

⊙ 这只常见的橙色大蚊的平衡棒看上去像一对微型的鼓槌，在一对翅膀的后部清晰可见。许多科的蝇的这种平衡棒都被翅膀盖住了。

⊙ 许多蝇幼虫都是活跃的捕食者。图中这种蝇幼虫正在吃一种螨的幼虫（下部）。这种蝇幼虫已被投入商业用途，即在暖房中作为生物控制媒介去控制害虫红叶螨——这种害虫会吃掉生长中的植物。

器（产卵器）深深地插进选好的某个部位，以确保卵在孵化和生长的时候能在不会脱水和不会饥饿的情况下安全地避过捕食者或寄生虫。

高级蝇类的幼虫基本为“陆生”，但总是会出现在液体环境中，以及土壤、植物体内（以虫瘿的形式，或在叶子上开道），或其他动物身上。在这个群体中，不仅有寄生虫，还包括那些住在粪便中的、为鸟类和蜜蜂的巢穴充当清道夫的，末一种还会出现在人类的栖息地。基本上所有这些蝇类在幼虫期都以蛆的形式出现，没有附肢，大部分感觉器官还没长出来。它们像蠕虫那样扭来扭去地活动，住在母亲为它们挑选的半液体环境中，通过强有力的吸吮动作贪得无厌地大吃特吃，直到大得足可以化蛹。只有少数几种，如食蚜蝇幼虫，是真正的在陆地上自由生活的种类。

某些长角亚目的蝇幼虫营真正的水栖生活。产卵中的雌性会栖息在水膜上，把产卵器伸进水下并将卵粘在水下的石头或水草上，或直接把卵产在水面上，弄得像只卵做的小筏子。这种卵孵化出的幼虫，多为淡水生物，偏爱池塘、水坑、湖泊等死水；蚊和摇蚊会在夏季的时候迅速占领这些死水区域。

许多种类的蝇都能忍受低含氧量的水环境，或者进化出一些获取氧气的本领。有些摇蚊的幼虫，因为体内含有血红蛋白相似体，因此体色也呈红色。它们用这种相似体在水层面上收集氧气并储存起来，然后沉到深水处进食。食蚜蝇科成员的鼠尾蛆则采取一种更简单的适应方法：它们在泥浆中进食的时候，长长的尾巴能伸到水面上去呼吸。更让人惊奇的是，有些食蚜蝇和水蝇的幼虫，身体上的末一对气门（呼吸管）独立地长在尖尖的、能插进水生植物茎杆的螯针上，这样它们就能从植物中获得氧气。有少数种类的幼虫，特别是黑蝇或水牛蚊，生活在湍急的溪水和河流中，能利用吸管状的软垫把自己吊在石头上，然后用专门的口刷过滤水流，获取其中的小颗粒食物。一种水蝇，其“水栖”幼虫居然生活在汽油池中，虽然会把汽油咽下去，但不会受其害，平时以落入油中的其他无脊椎动物为食。

从水栖幼虫和蛹期到陆生的飞行成虫，这样的转变并不容易，这一转变中，蝇类又完成了一些奇怪的适应。黑蝇的蛹会因充满空气而膨胀，当蛹壳裂开的时候，初长成的成虫会在一个气泡内升到水面上来，避免了被水打湿的情况。还有一些，羽化中的蝇则会因蛹壳的突然裂开而弹出水面。这样，一只新鲜、干燥和原生态的蝇就离开了它那安全的幼虫环境，开始了它短暂而冒险的、以求偶为目的的飞行生活。

猎手和吸血者

捕食

虽然大部分蝇的幼虫都是肉食性的，但成年的蝇中，食肉的和吸血为生的不像以花为食的那么普遍，包括了短角亚目中某些科的成员，如著名的舞虻、长足虻和盗虻，有些与粪蝇和家蝇是

⊙ 一只长头蝇正在吃一只水栖蠕虫——相当罕见的情景。很少有人能观察到成年蝇进食的情景。

⊙ 图中是斑翅粪蝇集结成的谜一般的群体。尽管人们有过许多推测，但仍然还没有结论性的观点来解释这些活跃的蝇组成这样大型的集群是出于何种目的。

亲戚的高级蝇类也是肉食动物。盗虻已被证实属于高度的机会主义者，会捕食任何合适的小型生物——对方常常也属于蝇类。

人们已发现了很多捕食方面的专家。有些蝇捕食那些困在池塘水膜上的昆虫，一旦发现目标，会猛扑下去用身后的附足“网”住牺牲者；有些则专门偷窃落入蜘蛛网中的猎物。有些蠓科的小型摇蚊依靠大型昆虫为生，包括蜻蜓和甲虫——这种摇蚊把口器插入昆虫的坚硬部位之间或翅脉中吸血。更稀奇的是，芋蚊属成员的成虫和蚂蚁一起住在树干里，它们会中途落在蚂蚁前面，把蚂蚁从蚜虫那里得来的蜜露从其口中抢走。

蝇的捕食活动与吸血习性紧密相关，并要求它们都具有相似的口器和行为。吸血的蝇通常把体型较大的动物作为食物来源，尤其是脊椎动物，每次取食一点汁液。很多科的蝇都具有这种习性，其中以摇蚊、蚊、蚋、黑蝇、马蝇、鹿虻和螯蝇等最为著名，而且其中的多数只有雌性具有叮咬的习性。摇蚊和蚊都有长长的针状口器，而马蝇和大型家蝇中，如具叮咬习性的螯蝇和采采蝇，口器较短，似刀片。这些蝇中的大部分都会把疾病带给动物甚至是人类。

蝇幼虫的捕食活动具有非常重要的意义，许多种类的幼虫在控制庄稼害虫方面非常有用。有些蝇幼虫以甲虫幼虫为食。更重要的是，它们会攻击同翅类昆虫、跳虫、蚜虫等给农民和园艺劳动者带来困扰的害虫。扮演这种角色的是许多食蚜蝇幼虫和瘿蚊幼虫。在商品菜园中，定期出现的食蚜蝇幼虫可说是蚜虫的灾难。这些灵活、身体扁平、体色暗淡的生物在蚜虫群里穿行时，每小时能消灭掉80只蚜虫。有些食蚜蝇专门吃根蚜或针叶树上的羊毛蚜。部分蝇类的大家族中，如舞虻科和长足虻科，其数量在温带地区非常丰富，幼虫基本上全是肉食性的，据说它们能极有效地控制害虫的数量，但人们还没有证实这种说法，因为这些幼虫几乎都住在土壤或垃圾中，很难发现它们并进行研究。

少数蝇幼虫具有很奇怪的捕食习性，沼蝇科的成员专门吃蛞蝓和蜗牛，某些住在海边的长足虻，幼虫期竟然吃藤壶。

依靠其他动物生活
寄生

除了膜翅类昆虫之外，蝇是所有寄生性昆虫中数量最多、最有影响力的一群，它们把卵产在各种动物，尤其是其他昆虫和脊椎动物体内或体外。寄蝇科是体内寄生群体中最重要的一科，它们与肉蝇一起组成了一个很大的成年蝇的群体，当它们还是幼虫的时候，专门以甲虫、臭虫、黄蜂、毛虫和蚱蜢为食。雌性在宿主身上的寄生方式多种多样：有的用非常坚硬的刺形产卵器把卵

⊙ 彩色电子显微照片显示了马蝇放大了90倍的头部。马蝇是全球性的主要害虫。雌性马蝇通过刺吸式口器（红色部分）吸血，被它们叮过的伤口很疼，而且它们会引起数种经血液传播的疾病。

注入成年的臭虫体内；有的把卵产在宿主寄居的植物上，让自己的后代以宿主的幼虫为食；有的直接把卵产在宿主的皮肤上或宿主周围，因此孵化的幼虫得自己找个合适的宿主（如捻翅目的幼虫三爪蚴）并钻进它体内。在双翅目的所有主要分支中，真正的寄生态已经经历了多次进化。

其他多种蝇类群体专选脊椎动物作为宿主。有些蛹蝇家族，如虱蝇和吸血蝇（虱蝇科），以及夜蝠蝇（蛛蝇科），都是绝对的鸟类和哺乳动物的体外寄生虫，具有显著的结构适应性。虱蝇寄生在鸟类和某些大型哺乳动物身上，以宿主的血液为食，它们的翅膀通常极小，却有非常大的爪，而且习惯于用类似螃蟹那样的方式爬行。蛛蝇更奇特，这种体型微小、无翅的昆虫只寄生在蝙蝠身上，退化的头部能挤进胸部的凹槽中，这种蝇也生有很大的附肢。

在体外寄生虫和体内寄生虫之间，皮瘤蝇和马蝇比较中庸，卵（有时为活体幼虫）产在大型哺乳动物宿主的体外，然后幼虫会钻进肉里去，或从鼻孔等通往宿主体内的开口处进入宿主体内。它们会在宿主皮肤里住上一段时间，通过一根管呼吸，或者待在其鼻腔或嘴部区域。一旦准备好化蛹或处于将死之际，它们会离开宿主（或随着喷嚏被打出去）。这种寄生蝇具有过敏物质，常常成为二级传染源，但除非具有极重的传染性，它们很少直接危害人类（除了腐蚀羊毛和牲畜的皮）。

食腐者

废物利用

蝇类都是杰出的食腐者。由于它们主要通过适合舔吸的口器以液体为食，那么将各种腐烂物质作为它们最重要的食品就不足为奇了。于是，在分解物质和生态系统的养分循环方面，它们就扮演了非常重要的角色。它们的习性可能不招人喜欢，但缺少了蝇蛆的话，世界将变得肮脏而令人生厌！

蝇和各种腐烂物质之间有很复杂的联系。有些与林地真菌过往密切，有一个种群靠新鲜的真菌（这种物质加速绿色植物的分解）为生，而另一个种群侵袭那些已结果并开始腐烂的菌类。蕈蚊幼虫取食多种真菌，一旦受到惊扰，会一群群像云一样从烂木头上飞起来。其他有大量蝇类以自然腐烂的、开始液化的植物为食，果蝇就是最有代表性的例子——它们能感觉到腐烂的绿色植物产生的醋状物，这种像酵母那样产生发酵物质的东西很适合给幼虫吃。

许多来自节肢动物群体的，比如栖息在混合肥料或类似环境中的幼虫，会组成庞大的、种类多样的一个个同盟。像蚜虫，有些已经掌握了提高繁殖速度的方法。有些瘿蚊在幼虫期就能产卵——雌虫产下几个大型卵，卵中孵出大型幼虫，这些幼虫体内又有其他的幼虫在生长，这些幼虫体内的幼虫会吃掉自己的父母，羽化后又轮到它们来繁殖出更多的后代，这些后代中会出现雌雄两性的成虫。在所有的蝇里面，大概是那些靠动物的排泄物（如粪蝇和其他的）和靠动物的死尸生活的种类最引人注目。对这些蝇来说，二者都是营养丰富的理想液态食物，并且在这种地方产卵的话，还能确保为后代的成长提供既潮湿且相对安全的小生境。

以那些死亡或腐烂的有机物为食，并使这些物质进入自然界生态循环过程的蝇类中，相互关联的种类之间存在着一种特别的顺序。以它们对待脊椎动物尸体的方式为例，通常首先到达暴露（未埋葬）的尸体旁的是丽蝇，尤其是人们熟悉的“叉叶绿蝇”——这种蝇能在离尸体35米高的上空发现目标；尸体开始腐烂的时候，赶来的是某些家蝇属的成员。如果腐烂继续发展，死亡的组织开始液化，就会出现更多的蝇类包括果蝇来舔食那些液体；当尸体化为氨性物质并变得干燥后，蚤蝇科成员成为此时的特别来宾；最后，干燥的皮肤和含骨髓的骨头对酪蝇科成员和某些蝇类来说也是很有用的。这些蝇类是根据尸体温度的变化来安排造访尸体的顺序的，人们可以据此判断动物死亡到发现尸体的时间间隔，以及死亡后尸体是在建筑物内部还是外部。

当尸体被掩埋后，出现的动物群又不一样了。棺材蝇能钻进人类的墓穴中去，在尸体上繁殖好几代，最后成功地从坟墓中羽化而出。

在粪便上出现的昆虫也有类似的顺序：在粪蝇、甲虫和其他在粪块还是热乎乎软绵绵的时候来产卵（很快变硬的粪便会对成长中的幼虫提供保护）的昆虫之间也可能会发生激烈的争夺战。那些既吃腐肉又吃粪便的种类，其种种适应性使它们对食物来源会迅速加以利用。虽然从人类的角度来看，动物的死尸和粪便都是让人厌恶的东西，但它们富含自然界中缺乏的丰富营养，因此昆虫为争夺它们的激烈战斗不时发生。有些蝇类会产下很快能孵化的大型卵，以便及早开始它们较缓慢的生长过程。大型雌性肉蝇（麻蝇科）是尸体的早期访客，产卵后会一直待到孵化出钻进肉中的活蛆出现。然后这些麻蝇幼虫会释放出一种使尸体液化的物质，并且在尸体“汤”中继续发育。

绿蝇属的蛆虫具有天然抗生素的效用，已被用来清理人类被感染的伤口。其他有的绿蝇属种类则会造成“羊皮肤感染”——这种蝇的雌性如果在羊身上找到伤口，就会在伤口中产卵，孵出的幼虫可能会使羊丧命。其实这种蝇也吃腐烂的尸体，但其中只有两种（一种见于新大陆，一种见于旧大陆）专门以之为食。它们的幼虫能远远地就发现某只动物（包括人）身上的小伤口，然后在伤口旁边产一窝卵，孵化后的幼虫会使伤口扩大至拳头大小，这只动物有可能因此丧命。蝇在寻找宿主方面是如此的有效率，以至于它们能以每平方千米数只的水平维持一个可繁殖的种群。

除了专业的食粪者和食腐者外，其他蝇的幼虫都是普遍的清洁工。花园里的一个粪堆就可能成为许多种蝇的家，但最近的研究显示，蝇的进食习性和方式远比我们看到的要专业得多。死亡植物的物质是由一些微生物逐渐分解掉的，蝇幼虫通常会专注于吃这其中特别的成分，比如细菌和真菌。这样的例子还包括哺乳动物、鸟类或蜜蜂巢穴中的清洁工，末一类动物的巢穴中经常包括那些伪装成蜜蜂的蝇。海藻蝇（扁蝇科）经常造访海岸线上的渣滓；许多蝇幼虫住在池塘边、水坑和潮湿的车辙周围的泥浆中，以藻类和腐质为食；有些种类的外表皮在需要的时候能抵御干燥，一直等到泥土再度变湿润；有些则会在干燥的季节里向下钻进泥窝的深处；有些，尤其是长角亚目丝角蝇的幼虫，是真正的水栖昆虫，也普遍是机会主义捕食者，它们捕食小型昆虫，从水中过滤微生物，或者以腐质为食。

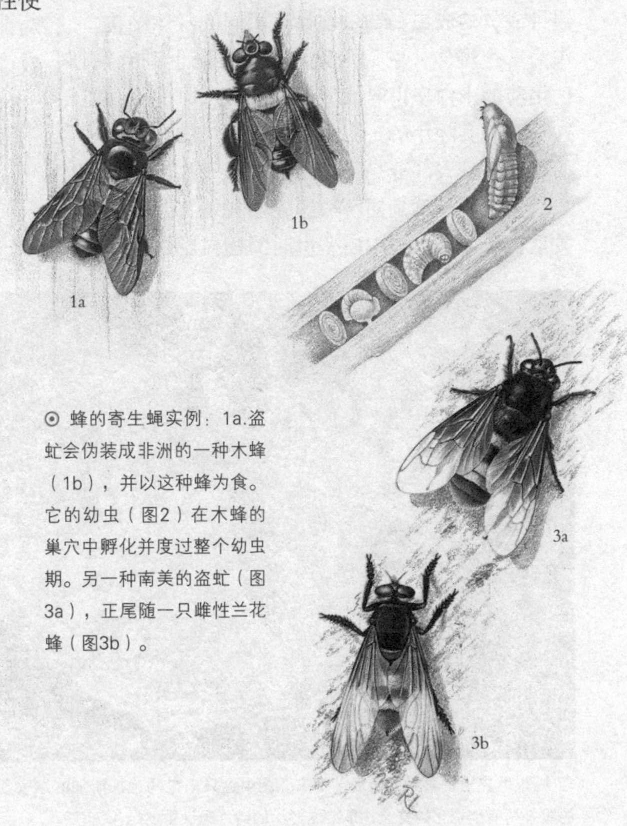

⊙ 蜂的寄生蝇实例：1a.盗虻会伪装成非洲的一种木蜂（1b），并以这种蜂为食。它的幼虫（图2）在木蜂的巢穴中孵化并度过整个幼虫期。另一种南美的盗虻（图3a），正尾随一只雌性兰花蜂（图3b）。

蝴蝶和蛾

全世界不管哪里的人，总是能即刻认出蝴蝶和蛾这些既迷人又无害的昆虫。它们出现在从高山顶到最黑暗的丛林，再到沙漠，甚至在我们的家里，是真正的四海为家的群体。其中有些属于最华美的昆虫，很多还都与难以置信的传说联系在一起。当有人收藏那些令人恐惧的爬虫的时候，全世界的人们都在愉快地观赏着这些既不叮人又不咬人的蝴蝶和蛾的成虫。

蝴蝶和蛾属于鳞翅目，翅膀和身体上层叠的鳞片将鳞翅目与其他昆虫目区别开来。与鳞翅类昆虫关系最亲近的是毛翅目的石蚕蛾，其翅膀上覆盖有鳞状的茸毛。鳞翅目昆虫也是变形概念的例证：从毛虫变成蛹再变为翅膀大大的、常常体被鲜艳色彩的蝴蝶或蛾，这一系列转变如此戏剧性、突然且令人震惊。

蛾和蝴蝶所属目是昆虫界中最大的目之一（最大的是甲虫家族），包含约20万个种类，其体型多种多样，令人目不暇接。从翅展仅有3毫米的最小的蛾，到翅展达32厘米的南美夜蛾，鳞翅目成员的成虫和幼虫均具有相同的身体结构。作为一个群体，它们的化石记录可以上溯到约1亿年前的中白垩世时代。但这个推测可能低估了这一目的实际年龄，因为鳞翅目昆虫的化石非常稀有，而且大部分是以昆虫的琥珀残片出现，已知最早的琥珀就是翅鳞片。蝴蝶和蛾与开花植物关系密切，有推测中白垩世时鳞翅目昆虫多样性和种类的增多也反映出开花植物的进化及此后的数量激增。

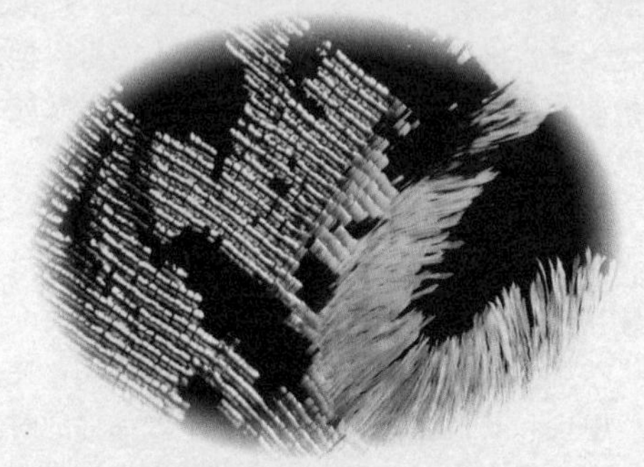

⊙ 图中是热带蛾翅膀上独特的交叠鳞片。翅鳞片是特化的纤毛，也是蛾和蝴蝶翅膀上彩色花纹的成因。

翅膀上的鳞片

形态和功能

翅膀上覆盖有鳞片是鳞翅目昆虫最显著的特征，当你抓着一只蝴蝶或蛾的时候，你会很容易看出这点。沾到手上的细细的粉末就是由极微小的鳞片组成。不光是翅膀上，鳞翅目昆虫身体其他部位也覆盖有这种物质，其头部的鳞常状如茸毛，且笔直地竖着形成一簇簇的，或者就如鳞状或片状那样平平地覆盖在头壳上。附肢也常多毛，但这些“毛”实际上也是特化的鳞。大部分鳞翅目昆虫，其翅鳞片的上下表面之间有一个空洞（内腔），但大部分低等蛾的鳞是实心的。

⊙ 蝴蝶是昆虫世界里的表现艺术家。图中这只来自马达加斯加的皇家蓝彩蝶身上那豪华的服装具有结构化的特点，是特殊形状的鳞片光反射的结果。

覆盖在鳞片下的翅膀

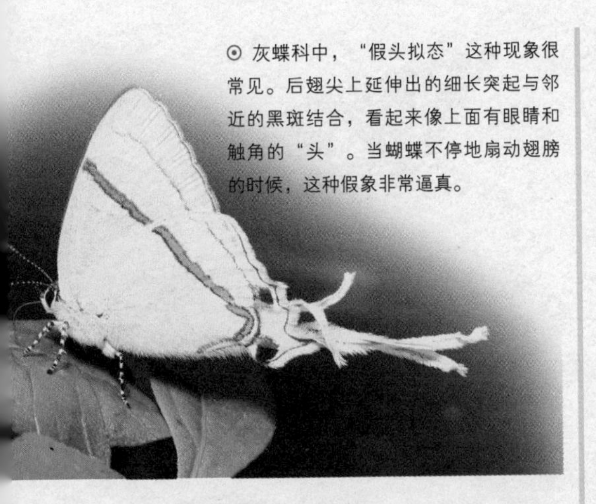

⊙ 灰蝶科中，“假头拟态”这种现象很常见。后翅尖上延伸出的细长突起与邻近的黑斑结合，看起来像上面有眼睛和触角的“头”。当蝴蝶不停地扇动翅膀的时候，这种假象非常逼真。

为玻璃般的透明结构，就像其他昆虫那样，鳞翅目昆虫有发达的网状翅脉，刚从蛹中羽化的成虫的翅脉像水泵一样充满了空气和液体。一旦翅膀硬化，翅脉就起着支撑的作用，使翅膀在扑扇的时候仍可保持其形态和硬度。慢镜头显示，当鳞翅目昆虫在飞行的时候，翅膀有很大的弹性，而管状的翅脉在其中起着重大的作用。它们飞行的时候，两对翅膀会在同一时间、同一方向（与蜻蜓不同）上相击，表现得像一只翅膀一样。前翅与后翅连接的方式成为一种分类的标准，将鳞翅目分为两类。那些最低等的种类，前翅的背面有一个简单的膜质瓣连着后翅的前缘。但鳞翅目的大部分成员长有一个特殊的结构，由后翅前缘上的一组粗短的刚毛形成的刺或翅缰构成，这个特殊的部位被前翅后缘下一个专门的抓扣结构把控着。大多数蝴蝶没有翅缰。

有一种叫“香鳞”的特殊鳞片可在大多数雄性鳞翅目昆虫身上发现。这种特化的鳞片能贮存化学气味或信息素，帮助翅膀上的腺体散发气味，并在求偶时散播给雌性。许多种类中，起同样作用的特化鳞片聚成一束束的，像刷子或“铅笔”。这些刷子通常装在腹部一侧的小袋中，在求偶的时候会伸出来把气味散布出去。许多雌蛾都会利用气味来吸引异性交尾，这种气味要么通过身体末端的一簇鳞片散发开来，要么通过挤压一个专门的气味腺达到目的。这种行为称为“召唤”或“召集”，一只雌性个体利用这种途径，能引来一大批的雄性。

成年鳞翅目昆虫的头部形状大致相同。3个最显眼的特征包括触角、齿舌或喙，以及大大的复眼。鳞翅目昆虫的触角比较有特点，起鼻子和味蕾的功能。成虫的触角在结构和长度上各不一样。那些低等的种类，触角由短而简单的几节组成，但在较高级的群体中，触角上通常生有细密的茸毛，或者触角的分节延伸为长长的细丝，形成“梳子”（栉齿状的），因此触角外观很像羽毛。栉齿状的触角出现在很多毒蛾和皇蛾中，这些群体有很精密的嗅觉协助交尾定位系统，雄性有大型栉齿状触角，而雌性的触角结构很简单，这种性别二态性反映出雄性需要能从下风处远距离侦查到未交尾过的雌性发出的极小量信息素。对欧洲皇蛾进行的试验显示，雄性能从1.6千米或更远到距离之外探测到雌性的存在。人们已经制造出某些蛾害虫的雌性气味，并在果园中使用这种气味引诱、消灭雄蛾。

知识档案

蝴蝶和蛾

纲：昆虫纲

亚纲：有翅亚纲

目：鳞翅目

18万～20万种，分属127科和46总科。

分布：世界上有植被的地方均有分布，一直到雪线。

体型：成虫的翅展为0.3～32厘米。

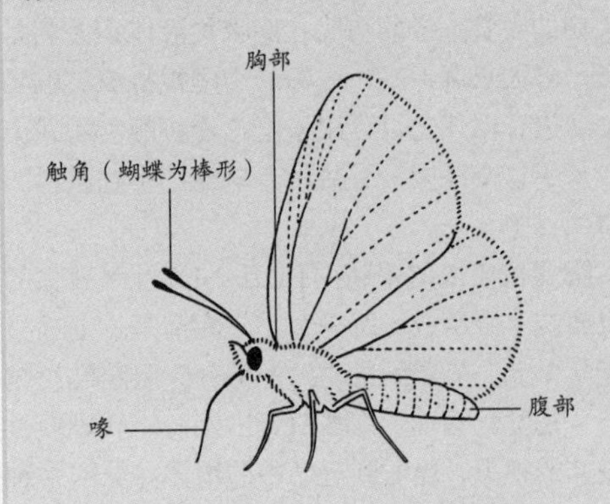

特征：成虫的翅膀上通常覆盖有层层叠叠的鳞片；特化的鳞片（常如纤毛状）包裹着身体的其余部分和附肢；大部分种类有长长的、司吸吮花蜜功能的口器，或称为“齿舌”；通常的防御手段包括鲜艳的警戒色或伪装花纹、刺或刺激性的纤毛、有毒物质或讨厌的味道，以及伪装成其他有毒种类。

生命周期：属于完全变形，一生经过卵、幼虫、蛹和成虫4个阶段；无翅的幼虫（毛虫）通常有适合以植物为食的咀嚼式口器。

⊙ 1.白眉天蛾。2.马达加斯加天蛾。3.冬青大蚕蛾。4.维纳斯转蛾。5.东非的蛾。6.海湾豹纹蝶。7.黑脉金斑蝶。8.雄性大闪蝶。

除了鳞片之外，鳞翅目成虫的最显著特征之一就是司吸吮功能的喙，或称为“齿舌”。不用的时候，喙通常卷起来位于头部下面，取食的时候会伸出来。喙有纵贯的通道，使得这一器官具有柔韧的吸管一样的功能，能吸食液体，尤其是花蜜。喙的长度不一，低等的小翅蛾科成员的喙完全缺失，而代之以可用来吃花粉粒的咀嚼式上颚。基于这个原因，有些学者拒绝把小翅蛾科归入鳞翅目中。

鳞翅目成虫的眼睛由1.2万～1.7万个独立的小眼面或小眼组成。每一个小眼面都是一个独立的光学单元，能看到景物的一部分，眼睛结构越复杂，视觉越敏锐。许多白天出没的蛾和蝴蝶具有极佳的视力，能看到运动中的物体并分辨多种颜色，其视觉范围延伸至光谱的紫外线区，但对于光谱红色端不敏感，因此有些收集蛾的人会在夜晚利用红色光观察进食中的蛾却又不会惊扰它们。鳞翅目成虫依靠其视力，能辨认图案、形状和颜色以达到进食、求偶和躲避天敌的目的。除了明显的复眼，成虫还有数个单眼朝向头部后方，这些单眼常常隐藏在鳞片中，其功能尚不太清楚，但应该与评估光线强度有关。

鳞翅目成虫的胸部有3对附肢和两对翅膀。附肢并非只是简单地用来行走，还扮演着味觉和声音探测器的角色。每条附肢的末节都生有一个感觉凹点，专门用来探测湿度和宿主植物中某些化学物的含糖量。因此，让一只蝴蝶伸出喙来进食的最佳途径就是用一个被糖溶液醮湿的薄片去碰触它的“脚”。你能观察到一只将要产卵的雌性蝴蝶会用它的附肢检查叶片，以便确认它是否能为毛虫提供食物及适合幼虫生长的环境。大部分鳞翅目昆虫取食的植物品种很有限，每一种都因不同的化学成分而有所区别。

容纳于胸腔中的发达的飞行肌肉起着伸缩胸部弹性外骨骼和上下拍打翅膀的作用。在寒冷的天气里，许多种类通过晒太阳或颤动的方式规律地调节自身的体温，以便使飞行肌肉维持较高的温度。成虫身体的其他部分与典型的昆虫结构没什么两样，具有分节的腹部和管状的肠道，以及神经系统和气管。

毛虫和蝶蛹

发育阶段

鳞翅目昆虫在幼年阶段会经历一系列身体结构和习性的变化，以适应它们在形态和功能上的转变。幼虫，或称为毛虫，均具咀嚼式口器（只有极少数例外），这是唯一适合它们的口器，因为它们大部分的时间都在进食。此时是生命周期中的成长阶段，幼虫表现得像进食机器。进食不仅仅和幼虫的生长有关，还与有翅成虫的需要有关——由于很多成虫完全不进食，食物的储存必须在毛虫阶段完成。

大部分毛虫有真附肢和伪附肢两种附肢，有些种类其附肢部分或全部缺失。真附肢有3对，生在头部后面的3个体节上——毛虫的胸部。此外，通常还有5对肉质伪附肢，或称为腹足。腹部第3～6节上各有1对，最末1对（肛门附近）长在第10节上。锯蜂（膜翅目）的幼虫与鳞翅目的幼虫非常相像，但前者的第2腹节上总有1对附肢，而且伪附肢的数量也通常多于5对。利用基部的一圈钩状物，即“趾钩”，鳞翅目幼虫每只伪附肢都能抓住植物的茎或叶片的表面。蛞蝓毛虫没有腹足，而代之以黏糊糊的足底和吸盘。尺蠖蛾幼虫中间的2或3对腹足缺失，仅留下了后一对腹足，因此它们是用“翻筋斗”的方式前进。

大多数毛虫能用口器附近一对特殊的腺体吐丝。丝的用途各种类不一，有的用丝将进食管连在一起，制作蛹茧。仔细地看一下毛虫的头部，会发现一对极小的短棒状触角，且两侧各有一组单眼，或眼点。对于幼虫，它们并不需要有像成虫那么好的视力，仅用这些单眼去感觉光线的强度和颜色就足够了。

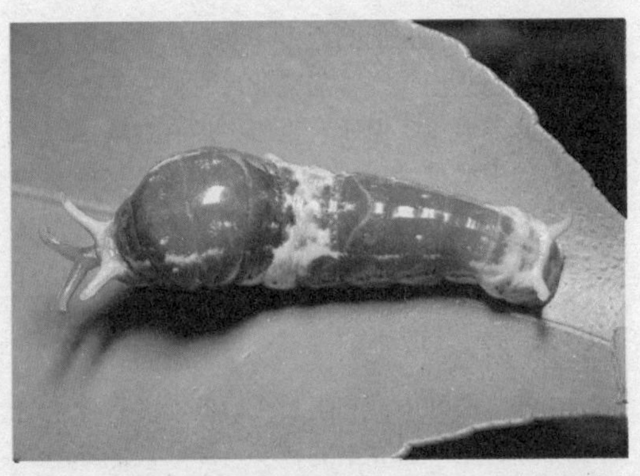

⊙ 许多燕尾蝶毛虫很像鸟粪。这只亚洲的半大的大燕尾蝶毛虫伸出了它的臭腺——叉状的防御器官，能释放出有毒气体。

⊙ 这种阿根廷的蛾毛虫的3对附肢不起眼地集中在头部附近（顶部），粗短的伪足则在身体中部和后部清晰可见。

脆弱的毛虫极易被捕食，但大部分毛虫都会利用一系列策略中的任一种来保护自己，要么使自己融进周围的环境中去，要么钻进植物组织里去躲起来，或者像蓑蛾虫那样用丝或植物材料给自己做个壳。它们也会利用颜色或外形，或二者结合起来的方式把自己藏起来。最普遍的做法是简单地利用绿色植物的阴影把自己的身体轮廓隐蔽起来，因此毛虫的腹部是浅绿色，比背部的颜色浅。当它们趴在叶片上时，鸟类等捕食者难以将它们与植物区别开来。表皮外层下源自于植物的色素构成了幼虫的体色，并随着幼虫蜕掉旧的表皮进入下一龄后随之改变。有些种类，其体色的变化令人吃惊，比如燕尾蝶毛虫的体色好似鸟粪，但随着它们成长并蜕变为大型的毛虫后，身体就呈现出黑色和黄色的带状花纹。这些变化表明，随着毛虫体型的增大，单一的防御策略会隐含风险。假扮成鸟粪只对小毛虫有用，但体型大得多的毛虫需要更安全的防御办法，比如差劲极了的味道。

将外形与颜色相结合是一种极佳的隐蔽方法。尺蠖蛾的幼虫很像小树枝，为了尽量接近实物，它们的身体上甚至还有污迹和瘤突。这种幼虫夜间出来进食，白天的大部分时间都伪装成小树枝。

毛虫们普遍的防御手段是身体上满布的尖毛

或尖刺，对捕食它们的很多鸟类和蜥蜴来说，这些玩意会把它们弄得很痛，此后它们一般就会避免捕食此类毛虫。但所有策略中最有效的一个是利用食物中的植物毒素作为防御手段。这种办法也伴有风险：在每只鸟或蜥蜴学会将某种行为或鲜艳的色彩花纹与危险警告联系起来之前，总有一两只毛虫会成为牺牲品，然后捕食者才会明白是怎么一回事。

在蛹或蝶蛹中，有咀嚼式口器、没有翅膀的幼虫会经历向有翅成虫的转变。那些最低等的蛹有功能性上颚，能在羽化前弄破茧。毛顶蛾科成员的这种上颚非常大。大部分群体的蛹是简单而坚硬的纺锤形，褐色，活动仅限于腹节的偶然扭动。某些种类的蛹期会持续一年或多年。蛾的蛹常被一个丝质的壳保护着，有的被埋在地下，有的则在植物的组织中。

蝴蝶的蛹通常暴露在外，仅靠外形和颜色来防御敌人。大部分蝴蝶的蛹，在蛹壳末一节的一个小丝垫上有一串钩形物，蛹就被这串钩子给吊起来。当毛虫最后一次蜕皮的时候，依靠某种特技般的轻拂动作，这些钩子就被附着在蛹上，并露出蛹壳的底部。为了伪装，许多蝶蛹上都装饰有亮金属光泽的花纹、刺、角和其他结构。羽化中的蛾或蝴蝶首先弄破坚硬的壳，把空气吸入消化道；从蛹中出来后，有时会经过一段漫长的爬出地面或爬到矮树丛上的旅程，成虫利用空气使翅膀膨胀后再把它们“晾干”。在从毛虫到成虫的转变过程中，它们的体内堆积了大量的废弃物，在羽化的时候，这些废弃物，或称为蛹便，会以液体的形式流出来。

潜叶虫和拟态
小型蛾

鳞翅类昆虫学者常常分为几大阵营，如研究小型蛾类的（微鳞翅目昆虫）和研究大型种类的（大型鳞翅目昆虫）。这种划分只是称呼不同，并没有切实地反映出它们之间的进化关系。不过，相对来说低等的蛾通常体型较小，较高等的种类体型较大。而且，体型反映了它们的生活方式：小型蛾类，毋庸置疑地，是从小型幼虫发育而来的，而小型幼虫能占据的栖息地与那些大家伙们所占据的多有不同。小型幼虫倾向于像潜叶虫那样在种子、虫瘿、果实、茎、花或叶子的里面进食，而大型幼虫则通常是暴露在外的进食者，即我们所知道的典型的毛虫，并且把它们生命周期的这一阶段都花在啃吃叶子上。这种生态学上的分化不仅仅表现在幼虫（通常还包括成虫）的体型上，在身体结构和习性上也有反映——在食物内部进食的那些种类，腿一般都退

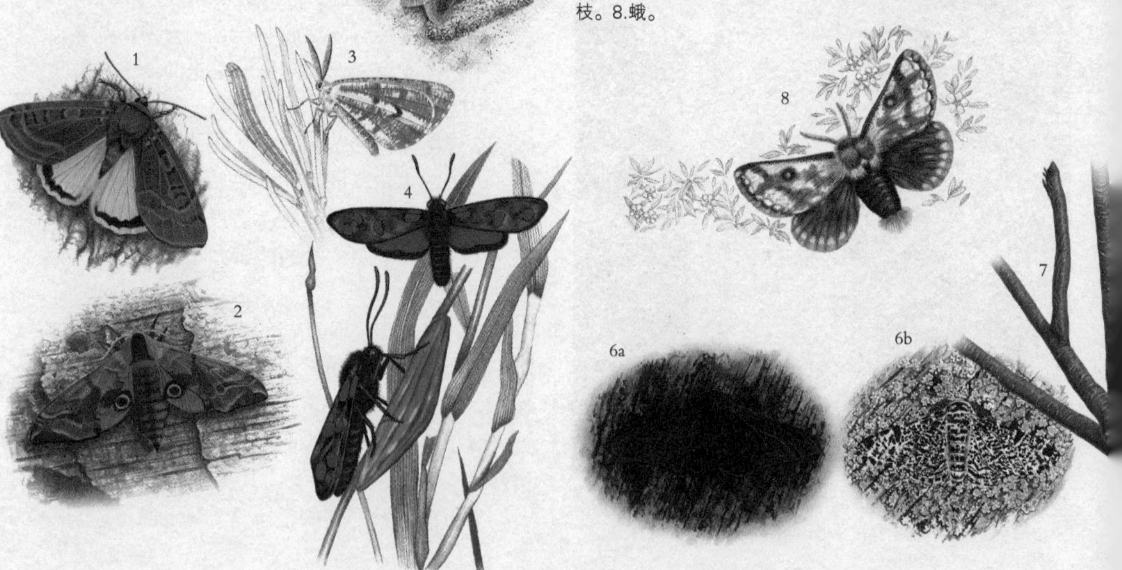

⊙ 1.黄后翅蛾。2.眼斑天蛾。3.白边蛾（尺蛾科成员）和幼虫。4.地榆蛾（斑蛾科）。5.衣壳蛾幼虫。6a.黑色桦尺蛾，杂色蛾（图6b）。7.桦尺蛾的幼虫，即尺蠖，长得像小树枝。8.蛾。

⊙ 图中这只正在花朵上进食的蛱蝶是南美的种类。其所属的珍蝶亚科是泛热带的一个亚科，以体被鲜艳的警戒色而著称。

化了。

在这个广泛分布的家族中，成虫长有显著的咀嚼式口器，而不是典型的鳞翅目昆虫那样的吸吮式口器。这种蛾会到花头那儿去找花粉粒吃，吃的时候用颚部研磨花粉。在鳞翅目的高级成员中，进化为喙的口器各部分在微鳞翅目昆虫那里变为一个微小的退化器官的遗迹。微鳞翅目昆虫的幼虫能在落叶堆中发现，在那它们大概以腐屑残渣或真菌菌丝为生。

潜叶现象在较低级鳞翅目昆虫中广泛存在。由于潜叶虫住在叶片的外表层（表皮）之间，它们的附器大多退化或消失。潜叶现象是侏儒蛾的特征。尽管不常见，这一科的昆虫实际上在全世界都有分布。

鳞翅目昆虫的潜叶习性也许已经进化了不止一代。在鞘蛾科成员中，幼虫首先表现出潜叶习性，但在此后的数龄中，它们会自己织茧保护自己，进食也是在茧壳里进行。日蛾科成员的幼虫在它们营潜叶生活的末期，会从叶子上割下椭圆形的一片片，然后做成一个化蛹的壳。

飞舞的巨人
大型蛾

大型蛾中最低等的一科是木匠一样的蠹蛾科。幼虫通常会往树里钻，它们的俗称由此而来。芳香木蠹蛾，也叫山羊蛾，据说是因为这种蛾闻起来有山羊的味道。这个品种分布很广，在欧洲、北非、亚洲的中部和西部都能见到。它们通常得花上3～4年的时间才能发育成熟。

更大一些的皇蛾（大蚕蛾科）属于最引人注目的一类，所有的皇蛾在翅膀上都有明显的眼状斑纹。巨大的乌桕大蚕蛾属于最大型的鳞翅目昆虫之一，翅展达到30厘米。皇蛾没有喙，每只触角都像把梳子（双栉形的），幼虫身上有肉质的、名为头节的突起。在南非，可乐豆木蛾的幼虫是人们的一种主食，这种迷人的毛虫，其白色的底色上有艳丽的红、黄和黑色花纹，以可乐豆树的叶子为食，当地常有晒干的、具有浓郁坚果味的“可乐豆虫”作为食品出售。与皇蛾关系亲密的是蚕蛾科，后者包括著名的家蚕蛾，这种蛾的幼虫织茧时吐出的丰富的蚕丝作为商业用已经有2000年的历史了。

有些大型种类看起来不太像蛾，却比较像蝴蝶。比如分布于热带和亚热带（不包括非洲）的蝶蛾科，这一科的成员很少，部分种类的后翅上有亮闪闪的色彩，而前翅的色彩则属于保护色；其他有些据说会伪装成味道难吃的蝴蝶种类。像蝴蝶那样，蝶蛾科的成员也有棒状的触角，也许这两个群体有很近的亲缘关系。白天出没的燕尾蛾（燕蛾科）与燕尾蝶惊人地相似：除了亮丽的色彩，燕尾蛾的后翅上也有燕尾蝶那样典型的“尾巴”。

几乎所有的蛾幼虫都是草食动物，但偶尔地也有真正以食肉为生的生活方式。有些种类吃介壳虫或其他同翅类臭虫。唯一已知会埋伏捕食的是一种巴狗蛾的幼虫，巴狗蛾属于庞大的尺蛾科下的一个属，与燕蛾科关系较近。许多尺蛾幼虫都具有保护色，且像小树枝。

一般来说，这是它们躲避天敌的办法，但有些种类会利用它们的保护色去积极地捕捉猎物，比如有一种的毛虫用腹部末端的抱握器抓牢物体，身体的其余部分保持笔直静止，当有合适的猎物进入捕猎范围时，它就会迅速出击。尽管这一属的昆虫分布很广，却只有夏威夷岛上的种类具有这种捕猎的习性。

最美丽的昆虫
蝴蝶

我们一般认为蝴蝶是白天活动的昆虫，有棒状的触角和色彩艳丽的翅膀，而蛾类是褐色的，触角的形状多变，而且是夜行性的。上述差异成

⊙ 这只褐色翅尖的弄蝶是弄蝶科分布在非洲的一员，当它们的翅膀展开的时候，看起来像鸟粪。

为把鳞翅目分为异角亚目（蛾）和锤角亚目（蝴蝶）的根据，但这并非客观的分类。首先，有些蛾，如地榆蛾和林蛾（斑蛾科）以及南美的蝶蛾科，都是白天活动的，而且体被鲜艳的色彩，触角也是棒状的。其次，一项关于它们结构方面的详细研究表明，许多"蛾"（即使没有那些特征）相比其他蛾类，与蝴蝶的亲缘关系实际上更近一些。因此这种区分一般视为鳞翅目的一种自然原始的分类。

在所有昆虫中，多彩而常见的蝴蝶总是能吸引博物学者和普通人。维多利亚时代，那些热衷于对自然界编目录的狂热者总是热情地把注意力贯注在蝴蝶上，于是迄今为止，已有超过1.77万个种类（包括弄蝶科蝴蝶）被记录在案，每年还有更多的种类被补进去。尽管知道很多蝴蝶种类，对蝴蝶本身和它们的幼年生活，人们依然所知有限。

凤蝶科包含一些最令人难忘的昆虫，如燕尾蝶、鸟翼蝶和阿波罗绢蝶，全都因它们的美丽和体态著称。这一科中体型最小的成员，翅展就达到50毫米左右，而亚历山大女皇鸟翼蝶，雌性的翅展足有280毫米，是已知最大的蝴蝶。所有的种类都具有亮丽的色彩，且体内常常含有从食物中获得的毒素，因此它们的味道不佳，或者具有毒性。后翅上长有典型的长"尾巴"的燕尾蝶在全世界都有分布，尾巴是它们精心设下的骗局的一部分，许多栖息中的成年蝴蝶用尾巴假扮触角。许多种类"尾巴"根部有眼睛般的斑纹，增强了与某些昆虫头部的相似度。任何袭击猎物的鸟类或蜥蜴首先会攻击猎物的头部，因此常常可以看到野外出现尾部受伤的燕尾蝶，这表示它们的伪装已经让某个敌人上当。其他有些种类则依靠黑色、黄色、红色和白色的花纹去标明它们的毒性。并不是所有具有显眼花纹的蝴蝶都有毒，有些是专门假扮那些真正有毒的种类。

粉蝶科中包括一些世界上数量最丰富且最常见的蝴蝶，如白粉蝶、粉蝶、硫磺蝶等，均是人们很熟悉的蝴蝶。从这些蝴蝶的名字就可看出来，白色和黄色是它们翅膀图案的主要色调。十字花科和豆科植物是它们的主要食物。粉蝶科的幼虫大部分没有绒毛，主要依靠保护色保卫

⊙ 这只巴西雨林里的一种蛱蝶正在潮湿地面上进食。这种蝶俗称"80"，因为它们翅膀上有醒目的数字般的花纹。像所有刷足蝶（蛱蝶科）一样，它们用两对附肢爬行。

⊙ 庞大的粉蝶科家族成员常常是局部地区数量最丰富的蝴蝶。这一科中的某些常见蝴蝶常常大批聚在一起，在河边的沙地上饮水，如图中这些阿根廷的粉蝶科成员。

自身安全。大多数种类的雄性和雌性在翅膀的花纹上有性别二态性，但最有趣的差别是我们眼睛看不见的。蝴蝶能看见光谱中的紫外线端，如某些粉蝶和硫磺蝶，它们看上去一致的黄色中隐藏了一种花纹，利用紫外反射色素，使两性能彼此区别。粉蝶科中还包括一些世界上最伟大的旅行者，大白粉蝶就是欧洲著名的迁徙动物，成虫每年都会远远地迁徙到北部地区。有些种类见于整个热带地区，包括数种常见的移居者，迁徙时总是数千只云集成群。

体型较小、色彩鲜艳的蓝蝶，或灰蝶科成员是一个见于世界各地的大家族，被粗略地分为3个主要群体：蓝蝶、细纹灰蝶和铜色灰蝶。这些全都是小型昆虫，通常体被金属光泽或鲜艳的颜色。细纹灰蝶采用与燕尾蝶相同的抗敌计策：后翅上长有1～2对精巧的尾巴和眼状斑。在野外采集到的这种蝴蝶的标本，鲜有尾巴是完整的，证实了它们迷惑敌人的效果。湿地吸水现象出现在成年的蓝蝶和细纹灰蝶中，它们常常云集成群，在泥泞的小水坑边吸取盐分。

蛱蝶科大概是最庞大的蝴蝶家族，俗称刷足蝶，其得名于成虫缩小的前肢——它们并不起附肢的作用，且常常覆盖着厚厚的一层层鳞片，很像刷子。这一科中包括许多很容易通过它们的俗称辨认的种类，如眼蝶、豹纹蝶、皇蝶等。这一科中最典型的代表来自蛱蝶亚科，其中包含了一些在所有蝴蝶中色彩最艳丽、翅膀的形状和大小最多样的品种。其中最著名的是南美的三色紫玫瑰蛱蝶，其发亮的、色彩斑驳的胸部与腹部旋涡般的黑色、黄色和白色的环状图案形成强烈的对比。在热带的蛱蝶中，有金属光泽的体色很普遍，但都比不上雄性闪蝶，当它们沿着南美丛林中的道路和河岸缓缓巡行的时候，其电流般的闪亮蓝色好似闪光灯一样。与它们同处热带和新热带丛林的是巨型的枭蝶（猫头鹰蝶），这种蝴蝶后翅的底面有又大又逼真的“眼睛”图案。这些最大型的南美蝴蝶一旦受到惊扰，它们会用身体上的眼睛图案去吓唬敌人，以强化它们拍打翅膀时发出的沙沙声的效果。

黄蜂、蚂蚁和蜜蜂

高度特化的膜翅目昆虫在全世界随处可见，其种类之繁多，仅次于鞘翅目的甲虫，且估计仍有数千种还未被发现，尤其是寄生蜂。它们惊人的多样性反映了这一目昆虫在生态学上的重要性。在北美的温带森林中，蚂蚁对土壤营养成分的生态循环所作出的贡献堪比蚯蚓。在热带南美，单位体积内的蚂蚁和白蚁的数量，超过了所有其他动物的总和，这其中包括水豚、貘和人类！由于寄生蜂对它们的昆虫宿主种群施加了极大的压力，因此被人类当做生物控制媒介去对抗害虫。作为授粉员，膜翅目昆虫尤其是蜜蜂对地球上的植被起着至关重要的支撑作用，在经济学上也具有重要意义。

膜翅目分为两个亚目：一个是广腰亚目，由锯蜂和木胡蜂组成，有时候这两种均指树蜂；另一个是细腰亚目，也分为两部分，一是寄生部，主要由寄生蜂组成；另一个是针尾部，包括那些“真正的”黄蜂、蚂蚁和蜜蜂，它们的产卵器特化为一根刺，已经不具有产卵的功能了。

为卵钻洞
锯蜂和树蜂

锯蜂（广腰亚目）的名字源于它们的产卵管（产卵器）的形状——像有锯齿的刀片，雌性锯蜂用它切开植物组织在其中产卵。树蜂的幼虫在死木头或将死的木头中进食，它们腹部末端突出的产卵器是钻孔的工具，因此树蜂科的昆虫也常被称为“角尾虫”（这个产卵器常被误认为是刺）。

大部分的成年锯蜂生命短暂，它们在春季和初夏的时候很活跃。有些种类在这一阶段不吃东西，但大部分会去采花蜜，有些会捕食小型昆虫。雌性在树叶、茎或木头上产卵。扁蜂科的部分成员把卵粘在叶片表面，然后幼虫把叶片卷起来住在里面。

⊙ 巴西三节叶蜂科成员在锯蜂中很独特，它们会留下来照顾卵。这些卵异常地大，一堆一堆地产在树叶的上面而不是内部。

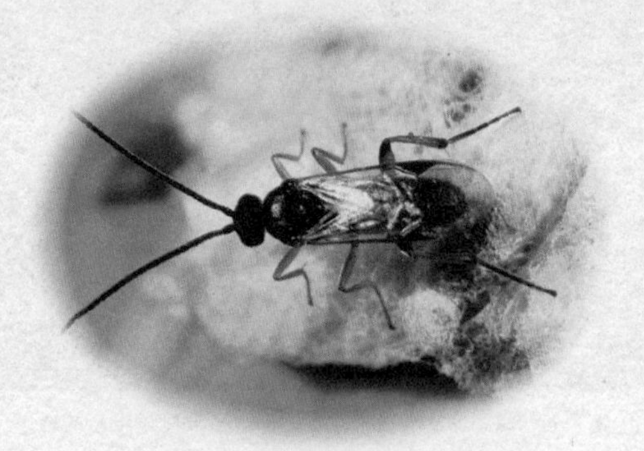

⊙ 茧蜂科某些寄生蜂是具有破坏性的大菜粉蝶的天敌。图中，一只新羽化的成年蜂正立在茧上——在宿主毛虫的身上。

大部分锯蜂的幼虫与蛾和蝴蝶的毛虫很相似。不同的是它们只有1对单眼和多于5对的腹足。那些在植物内部的进食者，如木胡蜂的幼虫，只有胸足退化后的痕迹，这一点倒是像其他膜翅目昆虫的幼虫。食木为生的幼虫要完成整个发育过程得花上好几年时间，但在露天以树叶为食的种类则只需要2个星期。有些种类的卵会在寄居的叶片上形成虫瘿，幼虫就在里面进食。

尾蜂科锯蜂放弃了以植物为食的习性，幼虫成为钻木甲虫幼虫的体内寄生虫。有人也猜测，部分种类大概是以这种幼虫被真菌感染的粪便为食。

幼虫杀手
寄生蜂

大部分寄生蜂既不是寄生性，也不是肉食性，不像真正的寄生虫——它们在幼虫阶段总是

⊙ 至少有50只寄生蜂幼虫（茧蜂科）在这只蛾毛虫的身上取食，它们已开始织白色的茧，并在宿主的皮肤上化蛹。当幼虫转变为成虫时，它们就完成了这样的最后一次变形。在成年的蜂从茧中羽化而出之前，那只毛虫通常已经死掉了。

把宿主杀掉并以之为食。而仅需要一个单一的宿主（猎物）来完成它们全部的发育过程这一点也不像肉食动物。因此，寄生部的成员被更确切地称为“拟寄生蜂”。

雌性成虫在宿主身上取食。产卵的时候会利用产卵器把卵产在宿主体内、体外或附近。此后它就表现得跟自己的后代或宿主没什么关系一样。孵化后，幼虫就开始进食，但此时带来的危害很有限。然而到了发育的末期，它们开始大量食用宿主的身体组织，并导致宿主死亡。最后，幼虫在宿主遗体的内部或外部化蛹。

体内寄生虫在宿主体内生长；体外寄生虫在宿主体外生长，通过对宿主表皮造成的伤口进食。体外寄生虫特别喜欢和住在隐蔽环境中的宿主如潜叶虫或虫瘿共同生活。差异也存在于那些独居和群居的拟寄生蜂之间。

有些体内寄生虫在宿主受到攻击的初始阶段完成其生长过程，即它们利用一个非生长状态的宿主，比如卵或蛹，而其他的（卵—幼虫、卵—蛹、幼虫—蛹、幼虫—成年拟寄生蜂）则利用一个处于生长状态的宿主来完成它们此后的发育过程。相反，大部分体外寄生虫会在宿主受到攻击的初始阶段完成其生长过程，雌性拟寄生蜂在产卵的时候会麻痹宿主，也是因为幼虫的生长速度非常快。

知识档案

黄蜂、蚂蚁和蜜蜂

纲：昆虫纲

亚纲：有翅亚纲

目：膜翅目

至少有28万个种类左右，已发现了12万种。106科，2个亚目：广腰亚目和细腰亚目。

分布：除南极洲以外其余各洲均有分布。

体型：体长0.17～50毫米。

特征：高度特化的昆虫，有咀嚼式口器和2对膜质的翅膀，翅膀之间通过一排翅钩相连；前翅比后翅大。

生命周期：雄性为单倍体（从未受精的卵发育而来）。翅膀在体内发育（内翅类），变形完全。广腰亚目的幼虫为毛虫状，在外部进食。细腰亚目的幼虫是无附肢的蛆。

锯蜂和树蜂

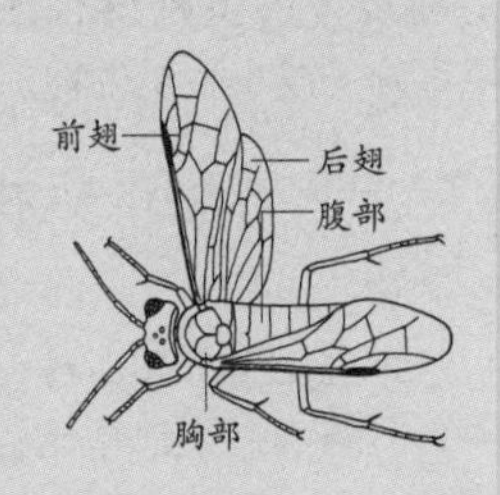

广腰亚目下近1万种的昆虫分属14科。除南极洲以外，全世界均有分布。大部分属于低等膜翅类昆虫；翅脉复杂，无显著特点；腹部与胸部的连接处宽（无“蜂腰”）；产卵器通常为锯状，用于切开植物组织在其中产卵。幼虫（除了钻柱虫）的胸部和腹部长有分节的附肢，唇瓣分节，下颚有触须。

寄生蜂、黄蜂、蚂蚁、蜜蜂

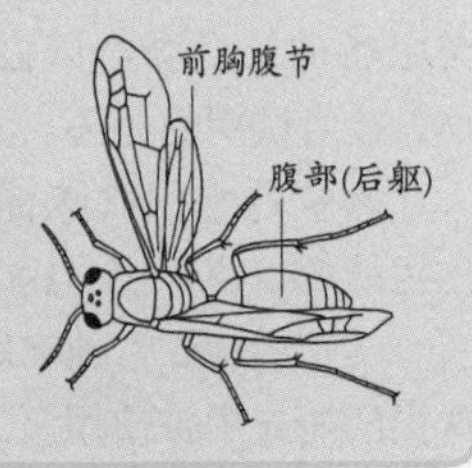

属于细腰亚目，已发现近11万种，分属92科。第一腹节与胸部后部衔接为并胸腹节；标志性的“蜂腰”缩进并胸腹节和腹部其余部分之间，形成后躯。幼虫无附肢。

⊙ 有些黄蜂的行为具有“寄巢”特征。图中这只极小的钝腹广肩小蜂的幼虫正在橡树上的一颗豌豆瘿上产卵，它的主要食物就是其中的营养组织，而且同样也会把虫瘿的占有者，即瘿蜂科成员的幼虫吃掉。

拟寄生蜂一般具有宿主专一性。比如，在攻击古北区西部蚜虫的姬蜂中，大约半数的拟寄生种类都只认一种蚜虫，而另一半中的大部分会侵袭同一个属或同一个亚科中的近亲种类。相反，其他许多的姬蜂和一些小蜂，会攻击某个小环境中的多种没有任何关系的宿主——小环境生物（或小生境生物）。

昆虫世界中的极权主义者

蚂蚁

针尾昆虫有40多科，蚁科的蚂蚁只是其中之一。所有的蚂蚁都是社会性的，并形成永久的社区，这一点与蜜蜂很相似，但蚁群中的工蚁是没有翅膀的。

在一次交尾飞行后，蚁后就会蜕去翅膀。雄蚁也能飞，交尾发生在飞行过程中，或某个特殊的表面，如聚集了大量同类的裸露的小块土地。交尾后的蚁后会尝试去培养工蚁以建立一个新巢，或尝试别的办法。

蚂蚁通常用气味标明食物的位置——找到食物的蚂蚁留下记号后，利用视觉定位法返回巢穴。气味标记经常地在欧亚大陆温带区的大黑蚁这样的蚂蚁中被使用。但有的其他种类的蚂蚁则

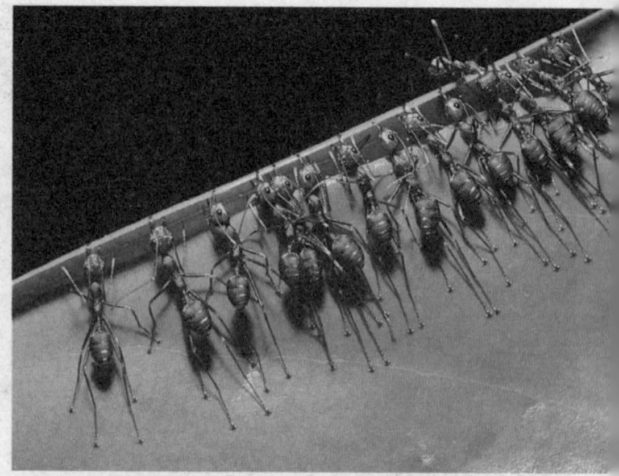

⊙ 在泰国，属于编织蚁的黄猄蚁用它们的颚作为临时的夹子将两片树叶的边缘固定在一起，以便做一个袋状的巢。

会避免吸引太多的蚂蚁聚集过来，因此不会留下气味。一只返回到大块食物跟前的蚂蚁身后通常紧跟着同一巢穴中的同伴。很快地，一对一对的蚂蚁尾随过来。

吃下去的食物被反刍出来，然后传递给其他的蚂蚁，或喂给巢中的幼虫。两只成年蚁在传递食物（交哺现象）前，会互相轻拍触角。在林蚁和其他种类的蚂蚁中，乞求食物的那一只会敲打供应食物的蚂蚁的脸颊。如果触角的拍打相当猛烈的话，通常是在警告其他同类有潜在的危险。但大部分种类，如旧大陆的热带编织蚁，发出的警告信号是一种化学分泌物，这种分泌物中包括数种挥发性成分，以便在通向骚乱地点的路径上提供更强的刺激。喷射大量的化学物也是一种对付敌人的防御手段。人类很容易看见并闻到，或通过眼部的疼痛感觉到林蚁产生的蚁酸。

不同种类发出的化学信号（信息素）一般都不一样，但在近亲种类中，这种差别只是所含成分的比例不同，因此蚂蚁一般都是通过这种方式辨认不同种类的成员的。此外，同种类不同巢穴的蚂蚁相遇后，通常会因不认识对方而厮打起来。有些蚂蚁群中会有其他种类的“奴隶”，例如，欧洲的红林一般会把黑蚁的工蚁当作奴蚁。孵化出奴蚁的卵是从它们父母的巢中抢来的，在收养它们的蚂蚁巢中，它们的行为和受到的待遇与别的蚂蚁没什么两样。

蚂蚁群一直被视为“超个体”。其中，各组成部分（意指个体，并不是指个体的头或肢体部分）也许会缺失，但不会影响到这个有机的整

体。蚂蚁和其他膜翅目“工人”这种明显的利他主义特点让人叹为观止。在社区中，很多行为会同时发生，而普通的个体通常无法同时做两件事，或至少在进行精细的工作时无法做到。有些种类的蚂蚁群中具有一个或多个特殊的分工，比如有些种类的蚂蚁中，有巨大头部的工蚁专门负责碾压种子，而有些种类的蚂蚁中，有司军人之职或巢穴看门员的兵蚁。

大部分种类的蚂蚁会维持一个更灵活的社区系统，如果有需要，负责某项任务的工蚁也会转到另一项任务中去。特殊的编织蚁，它们中那些成熟到可以吐丝的幼虫会被工蚁拿来当“梭子”用——把叶子都编在一起，在树上作巢穴。

蚂蚁的社区组织非常成功——如果成功是用生态优势来衡量的话。热带的行军蚁在传奇小说中非常有名，如南美的游蚁属或非洲的驱逐蚁，都是非常引人注目的例子。行军蚁的每一个社区中都有数百万只个体，一旦它们在几天里消耗完某地所有的猎物后，就得搬迁到一个新的地方去。而位于它们迁徙路线上的大多数动物（尤其是其他的蚂蚁）必须搬家，否则就是被吃掉。

如果蚂蚁要在静态的巢穴中使种群达到极高的数量，就必须采取更先进的生态学策略。对蚂蚁来说，源源不断的食物供应量包括吸吮树液的蚜虫的蜜露并不是那么容易就能获得的。热带美洲的阳伞蚁或切叶蚁，以及它们的亲属种类，会把一片片的树叶搬进巢穴中，然后在上面培养真菌（不同种类的蚂蚁培养的真菌种类也不同）——蚂蚁的主食，这种情形仅在美切叶蚁属中有发现。某些处于半荒漠地区严酷环境下的收获蚁以种子为

⊙ 1.火蚁是严重的农作物害虫，由于它们有毒，人被咬过后，伤口有烧灼感，故得名。2.美国蜜蚁的工蚁从不离开巢穴，以花粉和蜜露为食，是干旱时节集体的“活储存罐”。3.澳大利亚公牛蚁地下的巢室、幼虫和卵。3a.一只有翅的雄性。3b.蚁后。3c.两只工蚁在照顾蛹茧。4.黑花园蚁工蚁在看管蚜虫。为了回报蚂蚁将敌人赶走以保护它们，蚜虫会向蚂蚁提供甜蜜露。

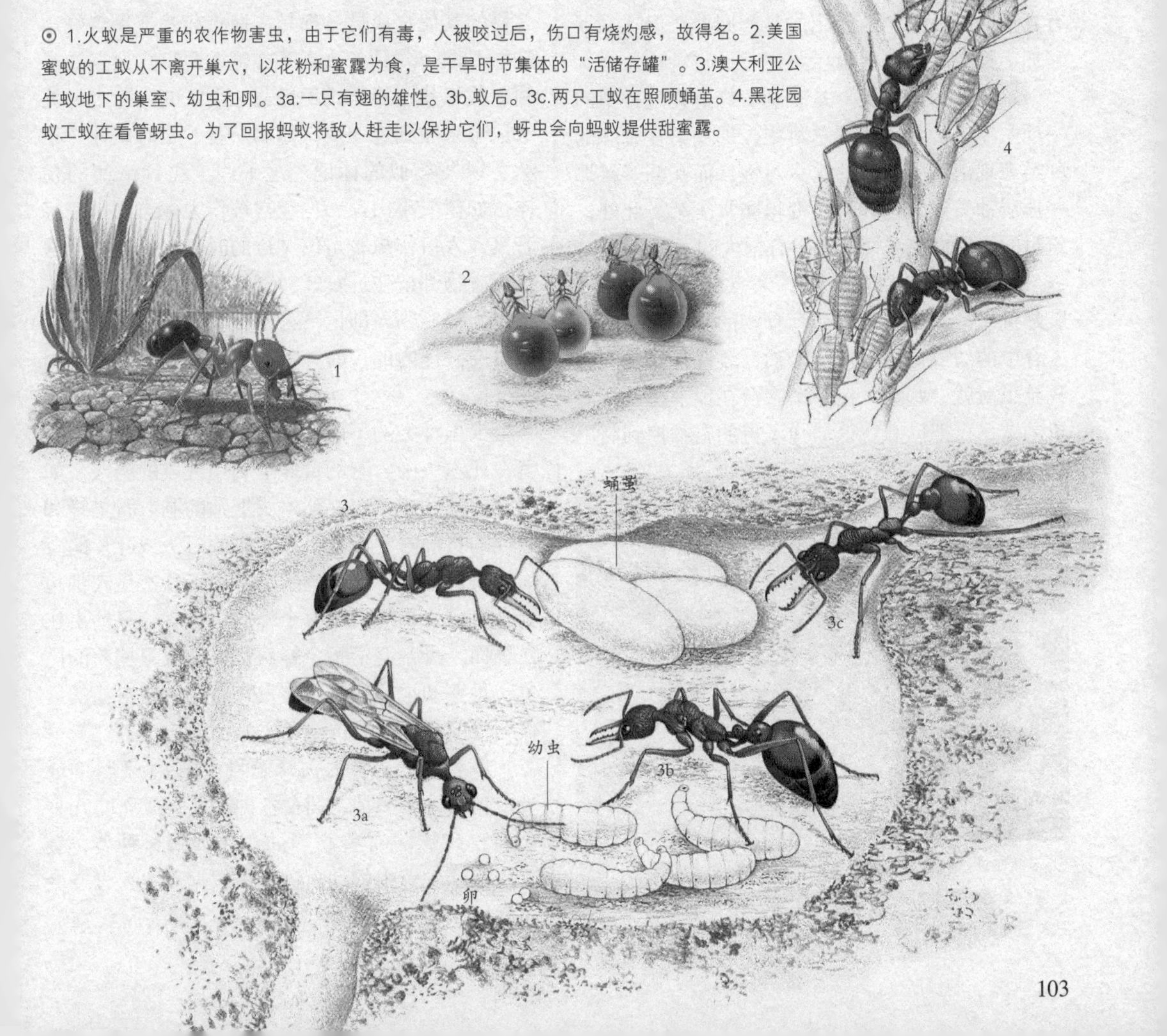

食，它们在巢穴中储存休眠状态的种子，以便在长期干旱的条件下继续生存。储蜜蚁则利用那些不动的工蚁的肚子作为储存液体蜜露或花蜜的容器。

⊙ 我们用肉眼无法分辨出马蜂群体的成员，但总有一只会占据主导地位。图中的3只正在分享其中一个同伴带回来的食物，它们会用反刍食物去喂幼虫。

尾巴上的刺

真正的黄蜂

大部分“真正的”或有刺的黄蜂都是独来独往的猎人，但有些是群居，而蜜蜂是植食性的。那些有刺的拟寄生虫，其生活方式与寄生部的那些同胞具有相似性。

没有一只有刺的拟寄生黄蜂会自己筑巢。雌蜂往往会在其宿主身上产下一粒或多粒卵。尽管从生物学角度来讲它们是拟寄生蜂，但它们都没有真正的刺，起刺的作用的是产卵器，但这一器官却不具有产卵的功能。

筑巢行为的发展，是有刺黄蜂进化过程中的一项主要进步。在胡蜂总科中，那些猎食蜘蛛的种类表现出不同程度的筑巢习性，而在胡蜂科那些群居种类中，这种习性变得非常复杂。此外，筑巢的习性也在泥蜂总科中有很大的发展。

从最简单的形式来说，巢穴是雌性黄蜂或蜜蜂预先准备的为后代储存食物的空间，同时为发育中的幼虫提供保护。最初，雌性黄蜂找到一只昆虫后就会刺它，接下来它会在地上挖一个简单的窝，再把已麻痹得动弹不得的猎物拽到窝里去，最后把卵产在猎物上面。很多猎蛛蜂，以及泥蜂总科中一些低等的种类就是这么做的。

⊙ 虽然蜘蛛是高效率的捕食者，通常武装着可怕的毒牙，但它们很少能逃过蛛蜂科的雌性猎蛛蜂的捕食。正如图中这只蜘蛛被黄蜂的刺弄瘫后，被当作黄蜂幼虫的食物拖向蜂巢。

那些较高级的猎蛛蜂、独居性的胡蜂和泥蜂总科的其他科成员，都是在捕猎前就把巢筑好。这种习性需要具备重复并准确返回巢穴地点的本领。黄蜂和蜜蜂通过记忆通往巢穴的路途中可见的记号来做到这一点，如鹅卵石的相对位置、草丛，以及类似的标记。地平线上更远一些的物体，如树或小山顶，也经常被作为标志物。在绕着巢穴入口作短暂定位飞行的时候，它们会把这些标志物都记住。黄蜂和蜜蜂还会利用太阳的方位作为参照物，即记下太阳和向外飞行路线之间的角度。体内的“时钟”能帮助它们调节与太阳的方位。

根据种类的不同，巢穴可能被挖在地下，或者在死木头中，有的黄蜂会利用现成的洞穴，如中空的茎秆或甲虫在死木头上钻的洞。石巢蜂和其他的黄蜂收集泥巴，在裸露的石头或叶片的背面筑巢。撇开建筑上的细节不谈，这些巢穴都包括一个或多个蜂房，每个蜂房中都有一只幼虫住在里面。母亲会给每个蜂房都提供数只捕获的昆虫，足够幼虫完成其身体发育所需。在自己的后代羽化前，母亲通常已经死去。

最著名的猎蜂是泥蜂总科中的9个亚科的成员，包括7600多种，捕食各种昆虫，孤立的几种会捕食蜘蛛。有些高等的角胸泥蜂科种类，会逐步训练发育中的幼虫进食，根据需要，母亲会向其提供能飞的猎物，而不是批量供应食物。

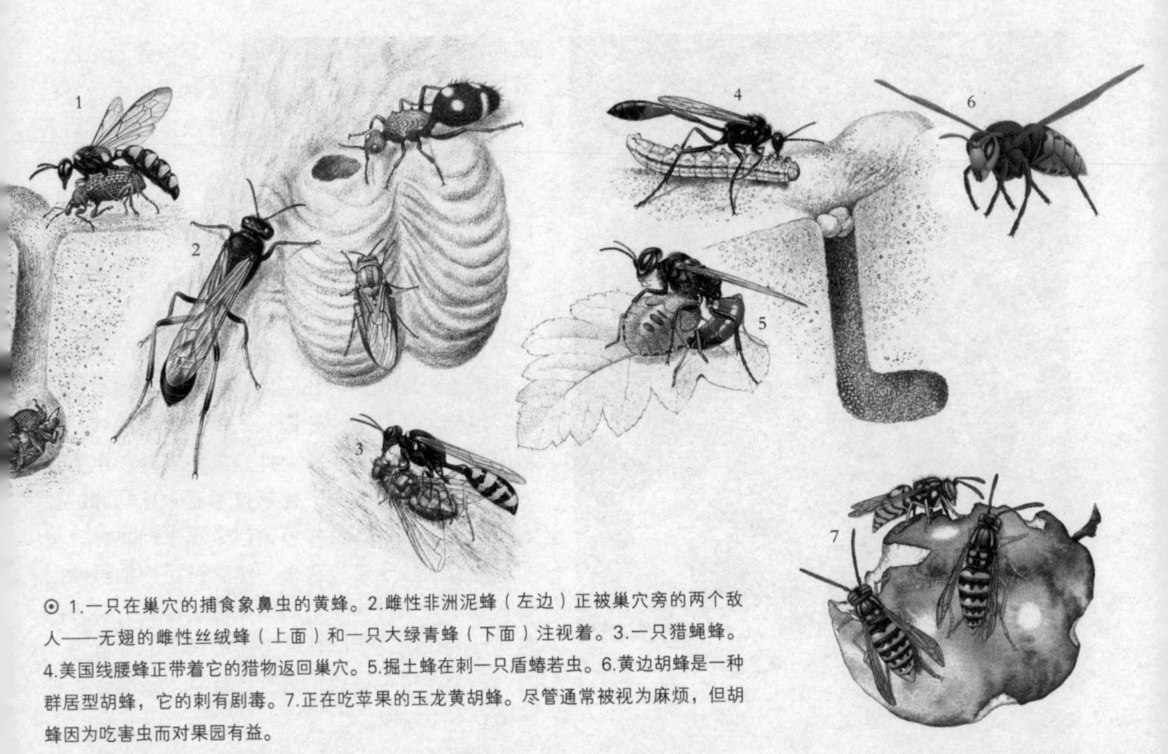

⊙ 1.一只在巢穴的捕食象鼻虫的黄蜂。2.雌性非洲泥蜂（左边）正被巢穴旁的两个敌人——无翅的雌性丝绒蜂（上面）和一只大绿青蜂（下面）注视着。3.一只猎蝇蜂。4.美国线腰蜂正带着它的猎物返回巢穴。5.掘土蜂在刺一只盾蝽若虫。6.黄边胡蜂是一种群居型胡蜂，它的刺有剧毒。7.正在吃苹果的玉龙黄胡蜂。尽管通常被视为麻烦，但胡蜂因为吃害虫而对果园有益。

美国猎毛虫蜂，雌性不仅要训练幼虫进食，还要同时照顾好几个巢穴，而且每一个巢穴中的幼虫都是不同龄的。

泥蜂家族大约是白垩纪早期（1.44亿年前）出现的，其他种类的昆虫在这一时期也趋于多样化，为泥蜂提供了新的食物来源。现代泥蜂捕猎的对象反映了这段历史，低等的黄蜂倾向于捕食低等生物，而较高等的猎蜂会捕食那些高度进化的昆虫。

群居型黄蜂社区的复杂性不同，从松散型合作——产卵的雌性仅在筑巢的时候合作，到具有高度社会性的纸巢蜂或大黄蜂——精确划分出来的工蜂阶层都是不育的雌蜂。大部分群居的黄蜂都属于胡蜂科，但泥蜂总科（包括蜜蜂）中也包括社会组织很简单的猎蜂。中美洲的一种泥蜂，每次都是4个雌性合作用泥筑巢，但每个雌性只给自己的蜂房里提供抓来的蟑螂——在社会组织类型中，达到维持公社的水平。在筑巢的同伴中，互相攻击的行为很少见，也罕有偷盗猎物的情况发生。这样的公社集体两个明显的优点是，大家分担筑巢的工作，同时对巢穴的防御也加强了，因为巢穴从不会出现没人照看的情况。

在另一种中美洲的泥蜂中，出现了一个更加复杂的社会化行为模式：短柄泥蜂科的一种，通常是11只雌蜂共同享用一个套筒状的巢穴。它们一起合作筑巢，然后给各个蜂房提供跳虫作为食物，并且一次只给1个蜂房批量供应1次。虽然雌蜂在形态上没什么差别，但是在繁殖后代这个任务上仍然有不同分工，因为只有一只雌蜂长有卵巢，能够产卵，其他的都属于工蜂阶层。此外，人们相信在巢穴中的蜂不止一代。这种蜂

⊙ 就像切叶蜂科的所有切叶蜂一样，这只雌性切叶蜂切下叶片的半圆部分，以便将叶片折起来，并在身体下面调整至更加舒适的位置。

⊙ 蜜蜂把群居习性发挥到了极致。这个露天的蜂巢属于东南亚的东方小蜜蜂，由一个垂着的蜂房组成，这种蜂巢通常建于树上。

的社区中，虽然成员的数量很少，却是完全社会性的一个范例。膜翅目昆虫社会性的最发达的状态，典型表现于蚂蚁、纸巢蜂和蜜蜂等动物中。

许多黄蜂（包括蜜蜂），其社会性发展程度处于中等水平。胡蜂科中6个目前公认的亚科中的3个，包括马蜂亚科和胡蜂亚科囊括了所有群居的种类。而且所有这些种类提供给巢穴的食物都是咀嚼过的昆虫猎物，而不是一整只昆虫。此外，所有的胡蜂都是先把卵产在蜂房中，再供应食物。马蜂亚科和胡蜂亚科昆虫的巢穴都由坚韧的纸做成，即把木质纤维和唾液混合在一起。

马蜂亚科的群体中，有时候只有一只雌蜂（单雌建群），有时候有数只（多雌建群）。尽管雌蜂之间没有什么形态上的差异，但总会有一只处于优势层级的顶点——它是唯一或主要的产卵者，可称为蜂后，极少离开巢穴。那些下层雌蜂的卵巢则出现程度不同的萎缩，只起“工人”作用，负责觅食、哺育蜂后和幼虫。非洲部分种类的雌蜂都会设法把其他筑巢同伴所产的大部分卵吃掉，以便确保自己产下的后代的优势地位。而有些种类的雌蜂，则是通过明显的攻击行为树立威信。

成虫和幼虫间的食物交换是胡蜂的特征。幼虫向工蜂乞食的时候，会反刍一滴液体到口器，液体中含有碳水化合物，可能还有成虫无法自己合成的酶。工蜂和蜂后会把这种液体吃掉，后者似乎需要这种物质来继续产卵。

南美马蜂亚科的一些种类，巢穴中不同阶层的群体具有不同的形态。社区中可能有一只或数只蜂后，工蜂的数量可能达到1万只。蜂后除了长有卵巢，体型一般也比工蜂要大，但这些差异并不总是很明显。在如此大型的社区中，蜂后显然不可能用武力或吃卵的办法来确保自己的优势地位。实际上，它们和胡蜂会分泌一种“蜂后信息素”，这是一种会抑制其他工蜂长出卵巢的气味。这种蜂的巢穴建筑技术通常比马蜂的要先进。一个成熟的巢穴包括数个水平蜂巢，蜂巢间被垂直的柱子连接起来，然后被耐用的纸质封套封起来。这种蜂巢中的群体长期存在，持续的时间可能长达25年。社区是通过云集的蜂群形成的，一个或多个蜂后，以及数百只工蜂离开老巢后建立一个新巢。

胡蜂亚科中，体型较大的蜂后和较小的工蜂在外形上有明显差异。社区总是由一名蜂后建立起来，这只独来独往的蜂后会变成一只不完全群居的个体，直到第一代工蜂孵化出来。巢穴有的悬在树枝下，有的只是地上的一个洞。虽然胡蜂令人讨厌，而且常常侵袭蜜蜂的蜂巢，但它们仍然属于益虫，因为它们会杀死多种害虫作为幼虫的食物。

“素食的猎人”

蜜蜂

蜜蜂是泥蜂科的猎蜂，但已经变成植食性的了——它们从花朵上采集花粉和花蜜。这种食性的变化大概发生在白垩纪（1.44亿至6500万年前）的中期，即在显花植物出现不久后。已发现的最早的蜜蜂化石形成于始新世（5500万～3400万年前）晚期，已包括具有植物专食性、长舌头的家族，如蜜蜂和无刺蜜蜂。如今，许多蜜蜂都专注某一种植物，或其亲缘品种作为花粉的来源。比如宽痣蜂蜜蜂只对珍珠菜属植物感兴趣，而具有重要经济意义的蜜蜂，只对各种瓜类的花授粉。这样的蜜蜂属于寡性传粉生物，在干燥温暖的地区数量非常丰富，占到所有蜜蜂种类的60%以上。在这样的地区，气候因素会促使很多显花植物同时开花，寡性传粉减少了蜜蜂之间的竞争并增加了授粉的成功率。

蜜蜂中的大多数过着独居的生活。在北美西南部的沙漠地带和地中海盆地地区，这类蜜蜂数量非常多，并且种类多样。蜜蜂从泥蜂祖先那里继承了巢居习性，其中包括寻找返巢路径的本领。附加在这项遗传特征上的是身体结构方面的，如有长长的舌头、枝枝杈杈的纤毛，以及花粉刷（“刷子”），这些都是为了适应采集、运输花粉和花蜜的。有些专家型种类还能采集植物油。

蜜蜂的筑巢习性包括两种主要的类型。第一种类型是，短舌头的雌性地花蜂用它们腹部的杜氏腺的分泌物给地下哺育蜂房做一层内衬，这层内衬既防水又抗菌，对维持蜂房内部所需的湿度非常重要，而且即使土壤遭遇水涝，蜂房和蜂房里面的东西也不会被水淹。这一种类中，只有少数的幼虫在化蛹之前会给自己织一个茧。

第二种类型主要出现在切叶蜂科中。这类蜂使用四处收集来的材料，而不是腹部腺体的分泌物筑巢。而且大部分种类都会利用现成的洞穴——昆虫在死木头上钻的老洞、空心树枝、蜗牛的壳，有时候还常利用老墙的灰泥碎屑，这样就省得自己在土里挖洞了。有的种类也会在石头上或灌木上建筑暴露的巢穴。不同种类使用的建筑材料包括泥土、树脂、咀嚼后粘在一起的树叶、花瓣、树叶和植物的碎片、动物的毛发，或者以上这些的混合物。那些会使用柔软且有延展性材料的蜜蜂常被称为石巢蜂。切叶蜂的幼虫也会织坚韧的丝茧。

像大胡蜂一样，蜜蜂群中也会分各种阶层。其中隧蜂科尤其让人感兴趣，因为这一科下只有一个属，即隧蜂属，却包含了群居的、不完全群居的、低等完全群居的，以及完全群居等各种不同习性的成员，此外还有很多是独居型的。

在温带地区，熊蜂是最常见的群居型昆虫。这类蜂共有超过200种，仅有少数出现在热带。

⊙ 许多熊蜂（蜜蜂科）的巢穴都建在地下，但欧洲小花园熊蜂把巢穴建在密集的草丛表面。注意那些有特色的、随意收集来的哺育蜂房（被幼虫或蛹占据的）和装有花蜜的储存蜂房。

在冬天的时候，蜂后完成交尾并进入冬眠，然后在接下来的春天里建立起蜂群。在组织结构上，熊蜂属于低等完全群居型，在蜂后和工蜂之间没有明显的形态上的差异。实际上，某些种类的熊蜂在体型上差别很小，或没有差异，因此蜂后显然是要靠武力来确保自己的优势地位。

蜜蜂科的高等完全群居型蜂中包括泛热带的无刺蜂以及8种蜜蜂属蜜蜂。与熊蜂不同的是，它们的大型社区是永久性的，而且不同阶层的成员在形态上有明显的不同，工蜂间能就食物和其他资源的方向，以及从蜂房中补充新成员来扩充蜂群等事宜进行沟通。

蜜蜂属的蜜蜂中，注定要成为皇后的幼虫吃的全是蜂王浆（也叫“蜂乳”），是一种含有糖、蛋白质、维生素、RNA和DNA，以及脂肪酸的混合物，是由年轻工蜂的颚部和咽下的腺体分泌的。而那些将成为工蜂的幼虫只能享用大约3天的蜂王浆，此后吃的就是花粉和蜂蜜。

蜜蜂工蜂用分泌的蜂蜡建造双侧面的垂直蜂巢，其中每一个蜂房都呈六角形。储存花粉和蜂蜜的蜂房与哺育工蜂幼虫的蜂房大小相同。雄性都住在较大的蜂房中，蜂后所住的大蜂房悬挂在蜂巢上。蜜蜂也会利用树脂，但它们不会像无刺蜂那样将树脂与蜂蜡混合，而是单纯用树脂塞住裂缝，或用来改小巢穴或蜂巢入口的尺寸。但是跟无刺蜂相同的是，蜜蜂也是从植物那里采集树脂后用后肢胫节上的花粉筐将其运到巢穴中去。

蜜蜂工蜂的行为与年龄有关联。它们头3天的职位是清洁员；第3～10天则是护士，此时它的颚腺和咽下腺体变得活跃并负责给幼虫喂食；在第10天左右，这两个腺体萎缩，腹部的蜡腺活跃起来，于是它又变成了一个建筑工人；大概从第16～20天，它学会从返回的觅食者那里接过花粉和花蜜并放到蜂巢中去；大约在第20天的时候，它开始担负起守卫巢穴入口的职责。而在此后一生中余下的6周左右的时间里，它会一直负责出去觅食。

但职责的分工并不是这样刻板的，如果蜂群的年龄结构被破坏了，不管是人为的还是来了个大个子的敌人，各种工作职责都会在幸存者中重新分配。

完全群居型蜂群的特点之一是集体防御，在蜜蜂属中，这种防御行为是通过刺里的腺体所分泌的报警信息素激活的。这种信息素会使其他的工蜂面临危险。当它们展开肉搏的时候，倒钩状的刺和毒液腺会留在最后使用。这种明显的“利他主义”的自我牺牲使蜜蜂很快丧命，但毒液囊会继续搏动并发射毒液。

当一个蜜蜂（或蚂蚁、黄蜂）社区中有宝贵的资源需要保护的时候，群体就会采用协同防御策略。对蜜蜂来说，大量的幼虫、储存的花粉和花蜜都会引来敌人。就是蜂蜜这种蜜蜂制成的营养丰富的植物糖分（花蜜）混合物，也对人类构成吸引力。蜜蜂，尤其是西洋蜜蜂，人类用蜂箱饲养它们的历史至少有3000年了。

⊙ 在英国，驯养蜜蜂的蜂箱很常见。出于需要，通常让蜜蜂住在活动蜂房中，如若不然，那就意味着会破坏蜂箱收获蜂蜜。

第三章

自在畅游的水生动物

水生无脊椎动物

螃蟹、海胆、蚯蚓、疟疾寄生虫和珊瑚之间有何共同之处？直到最近，人们仍然认为这个包括各式各样不同物种的类群除了都没有脊椎外，鲜有共性。在已知的约130万个动物物种中，约有128.855万个物种（超过98%）是没有脊椎的。因此，不论是从已确认的物种数量还是从其中个体的数目而言，无脊椎动物都是动物中庞大的一类。部分无脊椎动物随处可见，为人们所熟知，如花园蜗牛和蚯蚓；而另一些，尽管数量庞大，却不为大多数人所知晓。

遗传方面的最新研究显示，包括果蝇在内的无脊椎动物与诸如人类这样的高等脊椎动物拥有许多相同的遗传物质。因此，从基因角度着眼，而忽略其明显的身体结构差异，就会发现动物界的成员其实拥有很多相似性。

无脊椎动物的体型各异，小至直径仅为1微米的低等微型变形虫，大到长达18米的巨型乌贼，两者的比例竟达1∶1800万。无脊椎动物包括的物种多种多样，既包括沙漠蝗，也包括海葵。从海洋深处到天空，它们遍布全球的各个角落。生命几乎都起源于海洋，事实上，所列出的所有主要无脊椎动物或无脊椎动物门都有典型的海洋动物为其代表；其中，少数无脊椎动物门的物种（约14个）能在淡水中生活，还有极少数（约5个）无脊椎动物门的物种栖息在陆地上，它们之中只有肢体呈节状的物种（节肢动物）能在空中和干燥的地方生存，而节肢动物中的大多数均为单肢动物（如昆虫、倍足纲节动物、蜈蚣）和螯肢动物（如蝎子、蜘蛛、虱类和螨类）。

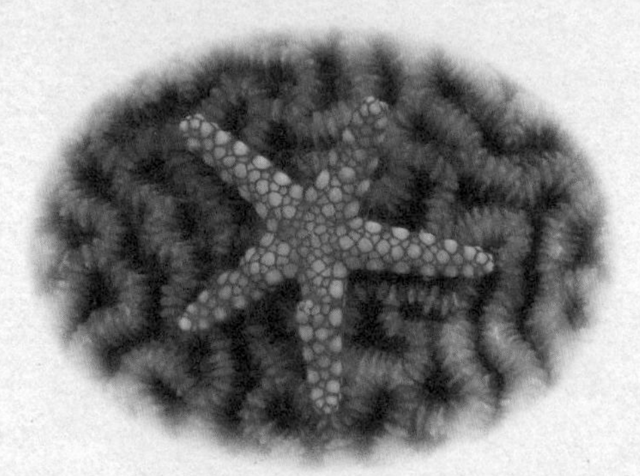

⊙ 链珠海星物种，这种以口部为轴呈五点的对称被称为五辐对称。

许多无脊椎动物都能自由生活，如蛞蝓（不论是花园蛞蝓或海洋蛞蝓）；其他无脊椎动物，如藤壶，其成体一生都必须附着在基质上；还有一些无脊椎动物则像寄生体那样在植物或其他动物的身体上或身体内生存。有些无脊椎动物极具经济价值，可作为人类的直接食物（如对虾和牡蛎），或作为某些人类可利用资源的食物（如浮游桡足动物就是鲱鱼的食物来源）。其他无脊椎动物（如蚯蚓）能松土从而有利于农业，因此也很受欢迎。还有许多无脊椎动物像寄生体那样，在人体内或在家庭中的动植物身体中生存。由于寄生无脊椎动物能引起极

⊙ 美丽的圣诞树虫是环节动物——节状蠕虫中的一员，这个古老的类群至少从5亿年前的寒武纪就存在于世了。

大的危害，因此它们在医学研究上有十分重要的意义。

动物形态和生活方式上的极大差异促使动物学家以类型和进化关系为依据，为其分类。为确保他们所讨论的动物确为同一物种，动物学家给予每个物种独一无二的科学命名。这种由两部分组成的名称就是林奈双名，它是由18世纪瑞典植物学家卡鲁斯·林奈所提出的分类体系。按照这种方式，我们熟知的蚯蚓的学名就是Lumbricus terrestris。每个物种都被划入一个主要的类群或门中，门内的所有动物都具有共同的进化起源，那些仅由无脊椎动物所组成的物种门例外。脊索动物门包括所有带有中空的背神经索的动物，几乎所有的脊索动物——包括鱼、两栖动物、爬行动物和鸟——都有脊椎，而其中一些却是无脊椎动物，如海鞘。在分子研究新技术的支持下，新发现不断涌现，分类方法也被重新评定，门的确切数目因而保持着平稳波动。

动物学家通常使用的专业分类法从最原始简单的动物类型至最复杂成熟的动物类型不等。

水生无脊椎动物分类

界　原生生物界——单细胞动物

亚界　原生动物亚界

鞭毛虫（眼虫门）
1000个物种

锥体虫及其同类（动基体门）
600个物种

纤毛虫（纤毛门）
8000个物种

疟疾寄生虫（顶复门）
5000个物种

腰鞭毛虫（腰鞭门）
4000个物种

硅藻、黏网菌及其同类（茸鞭生物门）
9000个物种

变形虫及其同类（根足门）
200个物种

放射虫及其同类（辐足虫门）
4240个物种

有孔虫（粒网虫门）
40000个物种

双滴虫（双滴虫门）
100个物种

毛滴虫（毛滴虫门）
300个物种

隐滴虫（隐滴虫门）
200个物种

微孢子虫（微孢子虫门）
200个物种

囊孢子虫（囊孢子虫门）
约30个物种

领鞭虫（领鞭门）
约400个物种

绿藻（绿藻门）
7000～9000个物种

蛙片虫（蛙片门）
约400个物种

界　动物界

亚界　侧生动物亚界

海绵（海绵动物门）
5000个物种共8科

海葵和水母（腔肠动物门）
约9900个物种共3纲

栉水母（栉水母门）
100个物种共7目

颚胃动物（颚胃动物门）
80个物种共2目25属

无体腔动物（无体腔动物门）
约280个物种共2目

腹毛虫（腹毛动物门）
约450个物种

箭虫（毛颚动物门）
约100个物种共7属

水熊虫（缓步动物门）
超过800个物种共2纲15科

天鹅绒虫（有爪动物门）
约110个物种共2科

甲壳类动物（甲壳动物亚门）
约39000个物种共6纲

马蹄蟹（螯肢动物亚门）
4个物种共3属

海蜘蛛（坚角蛛亚门）
约1000个物种共70属8科

鳃曳动物（鳃曳动物门）
16个物种共6属3科

动吻动物（动吻动物门）
约150个物种共1纲

铠甲动物（铠甲动物门）
10个物种共1目2科

马尾虫（线形动物门）
约320个物种

蛔虫（线虫动物门）
约25000个物种共2纲

扁虫（扁形动物门）
约18500个物种共3纲

纽虫（纽形动物门）
约900个物种2纲

软体动物（软体动物门）
约100000个物种7纲

星虫动物（星虫动物门）
约250个物种17属

螠虫动物（螠虫动物门）
约140个物种共34属

节状蠕虫（环节动物门）
约16500个物种共3纲

轮虫（轮虫动物门）
约1800个物种共100属3纲

棘头虫（棘头动物门）
约1100个物种共3纲

内肛动物（内肛动物门）
约150个物种共3科

马蹄虫（帚虫动物门）
11个物种共2属

苔藓动物（苔藓动物门）
4000个物种共1200属3纲

腕足动物（腕足动物门）
约335个物种共69属2纲

棘皮动物（棘皮动物门）
约6000个物种共5纲

柱头虫及其同类（半索动物门）
约90个物种共3纲

海鞘及文昌鱼（脊索动物门）
约3020个物种

海绵动物

早在古代，特别是在地中海地区，低等的浴海绵就为人类所采集使用。人们对有些物种与其他生物体的关系还存有较多争论，浴海绵就是其中最为人熟知的一个。

直到19世纪早期，海绵还被视为植物，现在则普遍认为它们是侧生动物亚界下的一个动物类群（海绵动物门），可能起源自鞭毛类原生动物或原始后生动物。

简单的结构
形态、功能及食物

海绵动物的体型从极其微小至2米长，常在其附着的基质上形成薄薄的覆盖层，其他海绵动物则形态各异，呈块状、管状、分叉状、伞状、杯状、扇状或不定形。它们或色泽单一或十分绚丽，这颜色源自类胡萝卜素，主要为黄色到红色。

所有海绵动物的结构都十分相似，它们简单的体壁包括表皮（上皮）、连接组织和多种类型的细胞，其中包括能通过原生质的流动来移动（变形运动）的细胞（变形细胞）。这些变形细胞在其内部组织中游移，拉伸骨针并产生海绵硬蛋白丝。海绵动物并非完全不能移动，它们身体的主体能通过肌细胞的移动进行有限的活动，但在通常情况下，它们往往固定在同一地点纹丝不动。

海绵动物的身体柔软，但许多触摸起来却很

⊙ 一种外射海绵（寻常海绵纲）在扇形珊瑚的主干上生长。该属的较大代表是被人们俗称为“象耳海绵”的海绵动物。

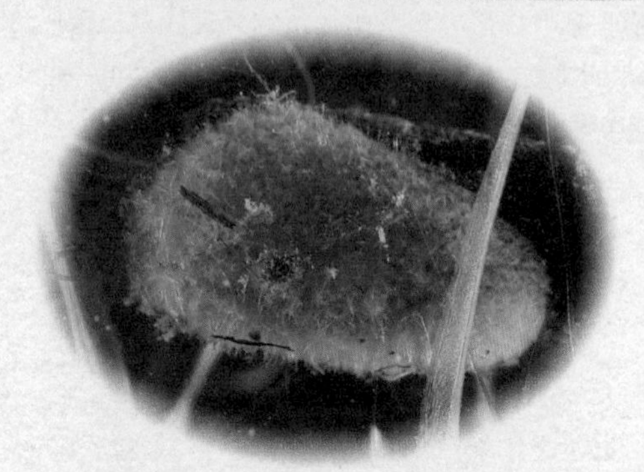

⊙ 一种淡水海绵动物（单骨海绵），它身体的绿色源自一种微型藻类小球藻。

结实，这是因为它们的内骨骼是由坚硬的含钙或硅的杆状或星状的骨针和（或）网状蛋白质纤维即海绵硬蛋白所组成的，譬如浴海绵就是如此。有些物种的骨针可能穿透其海绵表面，一旦人们触摸它们就会引起皮肤感染。

海绵动物是滤食动物，它们滤取水中细小的碎石和细菌为食，分解其中的氧气和有机物并将废弃物排走。水通过海绵动物体表的细孔进入水沟系，并移动到顺着环细胞或襟细胞这类有鞭毛的细胞排列的小室中。环细胞吸收在变形细胞间传递的食物颗粒，最后常通过其体表上火山状的排水孔将水排出体外。水主要在环细胞鞭毛的作用下，穿过海绵动物的全身。

不同的机制
有性繁殖

海绵动物通过芽殖进行无性繁殖，产生新的个体，即它们身体的一部分分裂并生长为新的海绵动物；某些淡水海绵动物则长出特殊的芽球来繁殖，这些芽球在被释放并脱落前，一直位于海绵动物体内。淡水海绵动物在高纬度地区的冬天会死亡，但它们的芽球却能抵御十分严峻的环境，如极度寒冷的季候。而且，除非经历高寒气候，否则它们的芽球是不会萌发出来的。

⊙ 黄色管指海绵的发散口或排水孔清晰可见。

在有性繁殖中，同一个体在不同时间能由变形细胞产生卵，由变形细胞或变形的环细胞产生精子。这些精子流入水中，而卵则保留在母体内，并在此受精。生成的幼体可为实心的（实胚）或中空的（两极囊胚），许多幼体在水中游动多达7天后，固着并变形为能摄食或生长的个体或群体，其他个体在变形前则匍匐在基质上。有些成熟的南极海绵动物可在近10年的时间内都不生长。

盛产于大陆架

环境及保护

在全球所有的海洋中，海绵动物的数量都十分巨大，在坚硬的基质上，它们更是多得惊人。相对而言，极少数海绵动物能适应不稳定的沙地或泥沼的生存环境。它们的垂直生活领域从潮汐效应时水岸的最低处，向下延伸至8600米深的海底深处。硅质海绵中的淡水海绵科甚至能在全球的淡水湖泊和河流中生存。

栖息于水涨落线之间的海绵动物通常只局限于海岸的一部分区域，即在空气中暴露时间较短的那部分海岸。有些海绵也在高于海岸一点的地方出现，但仅限于栖息在被遮蔽的地方或背向太阳的岩石上。

有些海绵动物一旦暴露在空气中的时间略长就会死去，因此在大陆架的浅水域中，海绵的物种和个体数量都达到最大。

巨穴海绵常是更小动物的栖息处，这些小动物中的一部分对海绵动物无害，而另一部分则是寄生动物。许多海绵动物含有能进行光合作用的单细胞藻类（虫绿藻）、蓝绿藻和可为海绵动物提供营养的共生细菌。海蛞蝓（海兔）、石鳖、海星（尤其是南极洲的）、海龟和部分热带鱼都以海绵动物为食。

知识档案

海绵动物

亚界：侧生动物亚界

门：海绵动物门

约有5000个物种，分为790属80科。

分布：呈世界性分布，从淡水到海水，从潮间带到深海。

化石记录：起源于迄今5.7亿～5亿年前的寒武纪；其中390属已被确认源自白垩纪（1.35亿～0.65亿年前）。

体型：从微小至2米长；其中最大的物种分布于南极洲和加勒比海。

特性：形态各异；单生或群生；这种多孔滤食性生物体大多“无柄”地直接附着在基质上；它们没有器官，也没有明晰的组织，但其细胞种类却非常复杂；它们的骨骼要么没有含钙或含硅的骨针，要么没有有机的海绵硬蛋白纤维；通常为雌雄同体，能进行有性繁殖和无性繁殖。

玻璃海绵或硅质海绵（六射海绵纲）

约有600个物种。海生，一般栖息于潮位线之下，但在深海中更常见。其骨骼为复杂的硅质骨针，基本形态呈六放形。属和种包括：泡沫海绵、维纳斯花篮、围线海绵。

钙质海绵（钙质海绵纲）

约有400个物种。海生。钙质骨针的骨架如针形或三至四放形。

属包括：白枝海绵、樽海绵。

寻常海绵（寻常海绵纲）

约有4000个物种。海生和淡水生。其骨架或没有硅质的骨针，或没有有机的海绵硬蛋白纤维，或二者均无。当骨针存在时，则不为六放形。属和种包括：真海绵、穿贝海绵、加勒比海绵、刻盘海绵、橘海绵、浴海绵、加勒比火海绵、管指海绵、沐浴角骨海绵、针海绵。

珊瑚海绵（硬质海绵纲）

约有15个物种。海生，在热带的浅穴或深穴或海底珊瑚上。骨架以钙质为基础，含有硅质骨针和有机纤维，形成覆盖在钙质基座上的薄薄一层海绵。

海葵和水母

海葵、珊瑚和水母也许是腔肠动物门中最为人熟知的物种。腔肠动物包括大量的物种，这一名称起源于希腊克尼多斯学派，意思是“刺人的荨麻”，因为腔肠动物门中的许多物种都以具有带刺细胞（刺细胞）为特点。腔肠动物主要为海生，仅有少数淡水物种，其中最著名的便是水螅。

腔肠动物为具有两层细胞（双胚层）结构的多细胞动物，这种结构也限制了细胞发育和器官发育之间的差异，群生腔肠动物中特化的个体（多态性）则部分弥补了这种局限性。

腔肠动物
形态和功能

腔肠动物分为2个生活史型：水螅体和水母体。水螅体为固着型，由3部分组成：使之固定的基盘或足盘，中间部分或柱状体内的管状消化腔（消化循环体腔），被触须所包围的口部。群生腔肠动物中还有将相邻水螅体连接起来的生殖根。水母体为移动型，事实上它们就是倒转的水螅体。它们的消化腔含有液体（水），其对氧气的摄取和排出十分重要。这些液体也可充当生物体的流体静压力骨骼，能使体壁肌肉间的压力彼此互相抵消。

⊙ 图为精巧的鸵鸟毛状带刺水螅群落，该属下的所有物种都有发育出的侧分支（笼套），这是它们的繁殖结构。

⊙ 类珊瑚（珊形海葵物种）正在攻击一个海星。

由于水母体是有性型，故被认做是原始的生命形态，而主要底栖的（深海底）水螅体则是过渡的倍增无性型。然而，水螅纲中的水母体正急剧减少甚至消失，珊瑚纲中的水母体则完全灭绝。与此相反，钵水母纲中的水母体却在进化发展中日渐向高度移动性发展，这一点可在优雅的水母身上得以体现；而水母中的水螅体则是其生命周期中相对不重要的一环。

它们身体的外部（外胚层）和内部（内胚层）细胞层被果冻状的中胶层黏接起来，这种中胶层在水母体内占大部分。中胶层由弹性的胶原质纤维网络组成，有助于改变和维持动物身体的形状。这一点在水母特有的律动游泳中得到明显的体现，即垂直移动的弹性纤维能抵消由辐形肌肉和圆环肌肉所引起的气胞囊收缩。肌肉收缩会引起气胞囊深度的增加，从而使纤维收紧，而纤维的缩短又使气胞囊回复到原来的大小；水螅纲中的水母体将由此产生的水集中在架状膜中，并从有触须的气胞囊边缘向口部喷射。有牵拉肌的隔片（隔膜）也能为相对较大的珊瑚纲水螅体提供相应的结构支持。活动水螅体的运动经由如下几种方式实现：在基盘上匍匐前进、环形运动和极少被采用的游泳方式（如海葵、膨大海葵、马氏漂浮海葵）。

水螅及其同类
水螅纲

水螅及其同类（水螅纲）被认为是集合多种最原始特性于一身的类群。该纲下水母体和水螅体的类型数不胜数，其中大部分体型都相当小。早期水螅类动物的生命周期与硬水母目水螅动物的生命周期相类似：它们的水母体形态相对简单，典型的腔肠动物类幼虫浮浪幼体依次进入水螅体阶段，并出芽长出下一代水母体。值得注意的是，这一阶段的生物体主要是自由游动（浮游）的，而在其他水螅类动物目下，生成的水螅体则加入了底栖的水螅体群落。在分布本不稀少的特定生活环境中，生物体的进一步发育随后会引起水母体的再次减少。事实上大多数或几乎所有水螅都没有水母体。

早期水螅体可能以单生形式存在于软质基质之上，在随后的进化中，逐渐产生了栖息于沙地（辐螅目）和淡水（水螅科水螅）的物种。而大多数群生水螅物种则依靠其根形结构固着于坚硬的表面上。相连的茎（生殖根）被几丁质的外壳（围鞘）所保护和支撑，外壳可能包围住水螅体的头部，也可能不包围。这些群落成员的功能互连，使在水螅体和其他由不同形态物种组成的群落实现劳动分工的划分（多态性）：有的形态（营养体）既有触须也有消化腔，而负责保护

知识档案

海葵和水母

门：腔肠动物门

纲：水螅纲、钵水母纲、珊瑚纲

约有9900个物种，分为3纲。

分布：呈世界性分布，主要为海生物种，营自由游动生活或底栖生活。

化石记录：从前寒武纪（约6亿年前）至今。

体型：从微小至数米。

特性：身体呈放射性对称，细胞依组织分布排列（组织级别）；有触须和带刺细胞（刺细胞）；双胚层的体壁（外胚层在外，内胚层在内）被原始的果冻状非细胞的中胶层所黏接，体壁围成消化（消化循环）腔，无肛门；具有2个不同的生活史型：自由游动的水母体和固着的水螅体。

水螅及其同类（水螅纲）

约有3200个物种，分为约6目。**化石记录**：部分水螅有许多水螅珊瑚化石。**特性**：呈四部分（四辐）或多部分（多辐）对称；单生或群生；生命周期包括水螅体和水母体或仅有其中之一，中胶层中无细胞；消化（消化循环）系统没有口凹（胞咽）；无带刺细胞（刺细胞）和内隔膜；雌雄异体或单一个体具有两性；配子成熟于外胚层中，外胚层能频繁地分泌出几丁质或钙质的外骨骼；水母体的边缘（膜）呈格状或钟状；触须常为实心的。目包括：辐螅目、水螅目（水螅）、多孔螅目、管水母目、柱星螅目、硬水母目。

水母（钵水母纲）

约有200个物种，分为5目（若立方水母目升为纲，则只有4目）。**化石记录**：很少。**特性**：占多数的水母体呈四部分（四辐）对称；水螅体通过横向裂开形成水母体；单生（或游动或通过茎附着于基质上）；部分中胶层由细胞组成；消化（消化循环）系统有胃触须（无口凹），被分隔物（膜）所细分；通常为雌雄异体；生殖腺位于内皮层；有复杂的边缘感觉器官；无骨骼；触须常为实心的；完全海生。目包括：冠水母目、立方水母目、根口水母目、旗口水母目、十字水母目。

海葵、珊瑚（珊瑚纲）

约有6500个物种，可能分为2~3个亚纲和14目。**化石记录**：已有数千个物种。**特性**：只有水螅体；主要呈六部分（六辐）或八部分（八辐）对称；呈明显的向两侧对称发展的趋势；单生或群生；有扁平的口（头）盘，口凹向内；中胶层由细胞组成；雌雄异体或雌雄同体；生殖腺位于内皮层；消化（消化循环）系统有胃触须（无口凹），被分隔物（膜）所细分；骨骼（如果有）为钙质外骨骼或钙质（角质）结构中胶层内骨骼；部分形态特别适应于在咸水中生活；触须常为中空。

八射珊瑚亚纲（或八射亚纲）

目包括：软珊瑚（珊瑚目）、蓝珊瑚（共壳目）、角珊瑚（红珊瑚目）、海鳃（海鳃目）、笙珊瑚目、长轴珊瑚目。一个物种被列为易危，即白海扇珊瑚（红珊瑚目）。

多射珊瑚亚纲（或六放珊瑚亚纲）

目包括：海葵（海葵目）、刺珊瑚（角珊瑚目）、黑角海葵目、海葵目、硬珊瑚或石珊瑚（石珊瑚目）、群体海葵目。星海葵（海葵目）被国际自然保护联盟红皮书列为易危物种。

⊙ 海葵和水母的代表物种

1.蓝水母，位于北大西洋（直径20厘米）；2.海月水母，一种普通水母，分布于地中海和北大西洋（直径25厘米）；3.草莓海葵，一种珍珠海葵，位于地中海、北大西洋的潮间带（高7厘米）；4.绣球海葵，带羽毛的海葵（高8厘米）；5.曲膝薮枝螅，位于欧洲西北部浅岩石栖息地（群落高4厘米）；6.桧叶螅，一种水螅群落（高45厘米）；7.白海扇珊瑚，分布于地中海和北大西洋（高30厘米）；8.桃色海葵，一种"坐等"穴居海葵，分布于地中海和北大西洋（高10厘米）；9.珠宝海葵，一种海葵状动物，分布于北大西洋（直径5厘米）；10.水手珊瑚或"死人手指"，一种水螅群落，分布于地中海和北大西洋（高20厘米）。

群落的形态（指状体）则不具备消化腔；另一形态——有性生殖个体——则只专注于进行水母体的芽殖，对不存在水母体的物种而言，这些有性生殖个体则专注于生成用于繁殖的配子。水螅群落的分支精巧且多样，但它们的作用无一例外都是将其中的水螅体隔开，并使之在基质上更好地生长，从而降低其被泥沙和沉积物堵塞闭合的几率。

水螅纲中各种物种的形态进化，在复杂的浮游管水母目群落（大洋水螅类）中达到了顶点，每个群落都由各式各样的水母体和水螅体所组成。事实上，群落中的每个个体都通过中心生殖根彼此相连。除了所知的水螅类中的3个水螅体形态以外，它们还包括多达4种形态的水母体：1.推动整个群落的有力泳钟（如五角水母/纹水母）；2.充气的漂浮钟（如葡萄牙战士——僧帽水母）；3.能提供支撑或保护或两者兼有的苞；4.水母体芽体。当这些群落离开基质时，它们的体型能变大，譬如葡萄牙战士就会伸展其群落的分支，通常在漂浮的气囊下扩展至数米长。这些群落能麻痹并吞食相对较大的猎物，如鱼类。它们的扎刺甚至能使人中毒。近期研究表明，有些物种（如胞泳属下的物种）可通过移动其触须状结构来吸引大型猎物，这些触须状结构布满带刺细胞（刺细胞），与小型浮游动物（桡足动物）非常相似。

人们一度认为该进化线的顶点是以水手水母为例的动物，它有一个盘状、带硬"帆"的气囊，能借助风力漂流。而现在人们则认为，这些生物体只是简单由一个大的上下倒转的漂流水螅体所组成，因此与庞大的底栖水螅有关。这些底栖巨人的庞大体型（伞形螅大至10厘米，有的种类甚至大至3米）具有沉积摄食的生命形态，常在静水的深处生活。

最后，有2个水螅类群能产生类似于珊瑚的钙质外骨骼，即热带多孔珊瑚和柱星珊瑚水螅。

水母
钵水母纲

水母是腔肠动物中能最大限度地利用其自由游泳生活方式的一个物种，只有钵水母纲下的一个目（十字水母目）是个例外，它们附有水螅状底盘，为底栖动物。水母的水母体结构与水螅的水母体相类似但更为复杂，它们口部周围的盘延伸为4个臂，其消化系统通过复杂的放射形水沟系将中间部位（胃）和周边环形物质相连，它们中胶层的体积也相对更大。有些属（如多管水母）的中胶层能通过选择性地排出重的

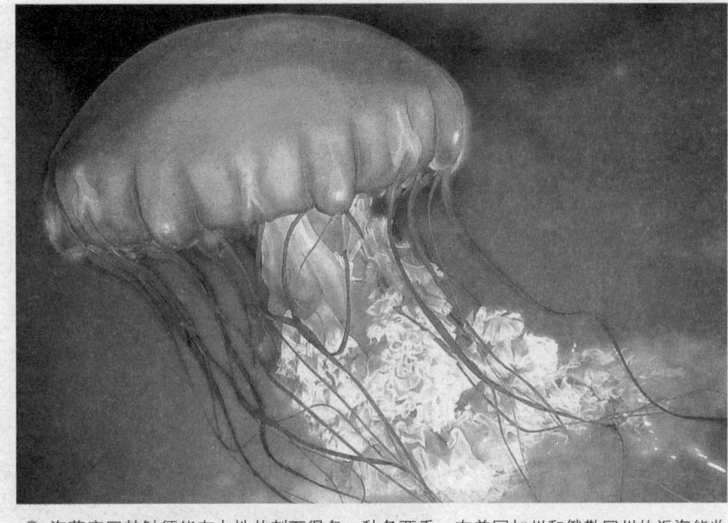
⊙ 海荨麻因其触须能有力地扎刺而得名。秋冬两季，在美国加州和俄勒冈州的近海能收集到大量该物种群。

化学颗粒（阴离子，如硫酸盐离子）并以较轻的化学颗粒（如氯化物离子）取而代之，来维持生物体的浮力。它们能捕猎的猎物体型范围很广泛，但许多物种（如海月水母属中的常见大西洋海葵）却集中以小体型的浮游生物为食。海月水母的臂周期性地在其泳钟边缘扫过，将表面沉积聚集的颗粒收集起来。与之不同的是，根口水母目物种口部周围的臂发育出分支，并具有无数个吮吸口，其中每个吮吸口都能吸食诸如桡足类动物这类的小浮游生物体。倒立水母属是水母中主要底栖的悬食生物形态，它们倒立于沙地底部，其有褶边的臂如同滤网一般。这两目中生物体泳钟的形状也截然不同：有冠水母的泳钟有一道深深的沟槽，而立方水母的泳钟则呈立方体状。

水母消化腔底部的腺体能产生配子，配子被释放入消化腔内，释放后即发生受精。而许多物种的体下有一个孵化囊，用以放置其幼体。幼体脱离母体后，即行固着并发育为水螅体，并通过芽殖产生其他水螅体。这些水螅体也能通过横向分裂（裂殖）生成水母体，从而形成大量蝶状幼体（节裂）。蝶状幼体脱离母体后，主要以原生动物为食，生长并变为典型的水母。

⊙ 大西洋中的僧帽水母——葡萄牙战士，气囊直径可达30厘米。

腔肠动物常通过其带刺细胞（刺细胞）来捕食，现在人们认为这些细胞是在神经的控制下作用的。刺细胞扎刺时，快速射出胶质线，将其打开并彻底翻转，有时还会露出细胞旁的侧钩。中空的刺细胞常含有毒素，能将毒素注入猎物体内。这种毒素的效力很强，有些海生方形水母群（如立方水母属）的毒素尤其可怕，已经使数人致死，特别是在澳大利亚近海处。被刺者常因呼吸麻痹而迅速被擒。海蛞蝓也通过相似的刺细胞来保护自己。部分权威人士将这些具有箱形水母体和有力刺细胞的水母分为单独的一纲，即立方水母纲。

珊瑚和海葵
珊瑚纲

珊瑚和海葵（珊瑚纲）只以水螅体存在。海葵（海葵目）的触须常多于8条，其触须和内部结构（内膜）也常呈六射排列。

许多海葵物种，尤其是最原始的物种，穴居于泥沼和沙地上，而大多数物种则通过其形状各异的盘所产生的分泌物附着（永久或临时）于坚硬的基质上。嘴部周围的盘（口盘）有两道密布纤毛的沟（口道沟），维持相对宽大的消化腔内水的流动。口盘向内形成胞咽或口凹，它们如同阀一样，若内部压力升高就会相应闭合起来。与水母相似，有些海葵依靠其叶状触须、产生的大量胶质和顺纤毛排列的丰富食物管，以悬浮在海水中的颗粒为食，其中细指海葵属的普通羽毛状海葵就是一个最好的范例。它们通过芽殖或裂殖进行无性繁殖，其有性繁殖则可包括内部配子受精或外部配子受精。有些物种能在其躯干的基础上，在内部或外部产生其幼体。

⊙ 水母的水螅体附着在为内陆包围的海洋湖泊底部，这是位于婆罗洲附近的海洋湖泊，素以富含4种无刺水母物种而闻名。

另两目的生物也都是海葵形的。角海葵有长长的身体，适应于在沙地上穴居，但只有一个口沟（口道沟）。群体海葵没有足盘，常群生并附着在其他生物体之上（体外寄生）。

群体海葵亚纲还包括硬（石）珊瑚（石珊瑚目），其水螅体被坚硬的碳酸钙骨骼所包围。硬珊瑚的绝大部分都群生于由大量小水螅体（约5毫米）所组成的群落中，其少数单生形态的体型则比较大（石芝珊瑚的横向长度达50厘米），它们多数分布于热带或亚热带地区。群生形态中的水螅体彼此侧向相连，它们形成了覆盖于骨骼之上的薄薄的一层，骨骼是由它们的外层分泌而来的。

⊙ 海鳃（海鳃目）位于柔软的海底。大型的茎状主水螅体包括一个骨架杆，该骨架杆以波形收缩渐渐嵌入基质中，次层水螅体则排列在骨架杆两侧。

珊瑚的生长形态多种多样，包括有精细分支的物种和能以其大块的骨骼沉积物形成建筑物般大小的珊瑚礁的物种。脑珊瑚及其近族正体现了这种有趣的生长形态多样性，它们是由水螅体连续排列成行而成，从而形成骨骼上具有纵向裂口的物种。

与硬珊瑚紧密相关的是无骨骼的类珊瑚目物种，该目包括珠宝珊瑚（红宝石珊瑚属），它们因其栩栩如生和变化万千的色彩而得名。珠宝珊瑚行无性繁殖，故而岩石的表面可由多彩的海葵被状物所覆盖。黑珊瑚或刺珊瑚（角珊瑚目）能形成薄薄的浮游状群落，其中的水螅体围绕角状骨骼而列，带有无数根刺。

八射珊瑚包括各种形态的物种，它们都具有8个羽毛状（翼状）触须。其水螅体向上突出并由名为共骨的大块骨骼组织连接在一起，共骨由消化管渗透出的中胶层所组成。八射珊瑚有内骨骼，这与硬珊瑚形成了鲜明对比。八射珊瑚包括熟知的柳珊瑚（角状）、海鞭和海扇，以及珍贵的红珊瑚属红珊瑚。它们中的大多数都有由有机物质（珊瑚硬蛋白）组成的中央杆，中央杆的周围围绕着共骨和水螅体，共骨常包括骨针，因此带有栩栩如生的色彩。红珊瑚就是如此，其中央轴由大量深红的钙质骨针融合而成，常被用做珠宝。笙珊瑚属（笙珊瑚目）的热带管珊瑚的骨针会形成管或微管，它们通过一系列规则的横向棒交叉相连。与此不同的是，软海绵（海鸡冠目）的共骨内只包含离散的骨针（如海鸡冠属的死人手指）。蓝珊瑚属的印度洋—太平洋蓝珊瑚是共鞘目仅有的代表物种，它们有一个由水晶霰石纤维融合而成的薄板（薄层）组成的大块骨骼，其因含胆汁盐而呈蓝色。这些类群中的许多物种都有数种形态（特别是营养体、指状体和生殖个体）。许多水螅体（管状体）如泵一般，能推动群落消化系统中水的循环。海肾（海肾属）和海鳃（海鳃属）是我们所熟知的物种，它们在被惊扰时都会发出磷光，这种发光机制被神经系统所控制，并会受到光线的抑制。这一作用的目的尚不为人所掌握，但很有可能是对潜在捕食者闯入的一个反应。

腔肠动物的神经系统具有一定规模的结构和专门性。海葵的神经管能控制其牵拉肌，实现保护性收缩，这就是一个证明。钵水母的边缘神经节和水螅水母的环绕管包括起搏细胞，负责发起和维持游泳节奏。发水母被巨大神经所控制的运动通过电彼此相连，确保它们像一个巨大环形神经纤维一样一同作用，能在泳钟的所有部位产生同步肌肉收缩。

与之相似的是，水螅和珊瑚群落中的个体水螅体也被群落神经网的活动整合在一起，整合控制所需的额外力来自电耦合层（上皮细胞）的传导径。例如，美丽海葵属中海葵的壳攀援行为就是依赖神经网和两上皮系统间的交互作用，其一在外（外胚层），另一在内（内胚层），但能证明这些额外系统中细胞的准确位置的确切证据还很难获得。

⊙ 升高的海水温度和较低的盐分可能导致珊瑚变白或死亡，这一问题日趋严重。图为鹿角珊瑚的一个物种。

 蟹、螯虾、虾及其同类

甲壳类动物坚硬的外骨骼富含几丁质，因此在其生长过程中需蜕皮，还有顺身体的节排列的成对节状附肢或肢体，因此显然属于节肢动物。它们主要为水生物种，其中大部分为海生，也有一部分为淡水物种。

本章节介绍最为人熟知，也是拥有最多物种的甲壳类动物目，包括蟹、螯虾、虾。在多数情况下，在全球范围内能被捕获并作为食物的甲壳类动物中，它们属于体型较大的一部分。另外，本章节也涉及磷虾（磷虾目）——一种极小的生物体，它们数量庞大，是地球上最大的哺乳动物须鲸的食物来源。

分节披甲的身体

结构和生理

甲壳类动物的无数个体节常被分为3组功能单元（体段）：头部、胸部和腹部。其中头部由5个体节组成，而胸部和腹部（其末端常是不分节的尾节）体节的个数则各不相同。部分小型甲壳类动物的体节数多达40个，而甲壳类动物中最大的十足类动物（虾、蟹、螯虾）则有19个体节——头部5个，胸部8个，腹部6个。一些物种的胸部肢体与其头部的背面结合在一起，形成头胸部，一层盾牌形的甲壳覆盖于它们的头部和部分或全部胸部之上。甲壳类动物的进化就是一个不断减少其体节数量，将之组成体段，从而使肢体特化出来负责特定功能的过程。尽管它们的化石记录能追溯到5亿年前，但对人类了解甲壳类动物的起源却帮助不大。

⊙ 幽灵蟹栖息于美国东海岸沙滩上的有沙洞穴中。它们的大眼对光线强度的变化十分敏感，因此它们主要活跃于夜间。

甲壳类动物的表皮是一层坚硬的保护层，也是它们的外部骨骼（外骨骼）。其表皮由下面的单层活细胞即上表皮分泌而成，富含几丁质——一种结构上与植物中纤维素类似的多聚糖。十足类动物的内表皮由外部色素层、内部钙质和非钙质层组成，它们薄薄的最外层上表皮由外皮腺分泌而成。

它们的表皮起初柔软易弯曲，随着钙盐的沉积和骨化（鞣化）逐渐自上表皮向内变硬，再加上表皮蛋白质之间的交叉化学作用，就形成了不可渗透的网状结构。

它们坚硬的外骨骼阻碍了其身体的逐渐增长，因此甲壳类动物的生长是逐步进行一系列蜕皮的过程，包括由上皮分泌出新表皮，并脱落旧表皮。在蜕皮前，它们需进行食物的存储，将钙从旧表皮中移走并吸收其中的大部分有机物质。随着甲壳类动物的膨胀（通常通过吸收水而产生），旧表皮在其薄弱处裂成几段，随后硬化成新的表皮。为减少能耗，旧表皮的剩余部分通常会被它们自己吃掉。

在蜕皮过程中和紧接其后，暂时毫无抵抗力的甲壳类动物将自己藏起来以躲避捕食者。有的成体蟹能停止蜕皮，但大多成体甲壳类动物终其一生都需要蜕皮。

甲壳类动物的身体器官位于被血液充满的腔内——血管体腔，其血液常包含一种含铜的、与呼吸有关的色素，即血蓝蛋白。血蓝蛋白能携带氧气，等同于脊椎动物体内的血色素。甲壳类动物的茎节腺是其成对的排泄和渗透调节器官，其中每个都包括一个端囊和开口在第二触角基部（触角腺）或第二小颚（上颌腺）的导管，许多动物的主要体内腔——体腔就局限于该茎节腺的

⊙ 十足类动物（长臂虾属中自由游动的对虾）的身体平面图

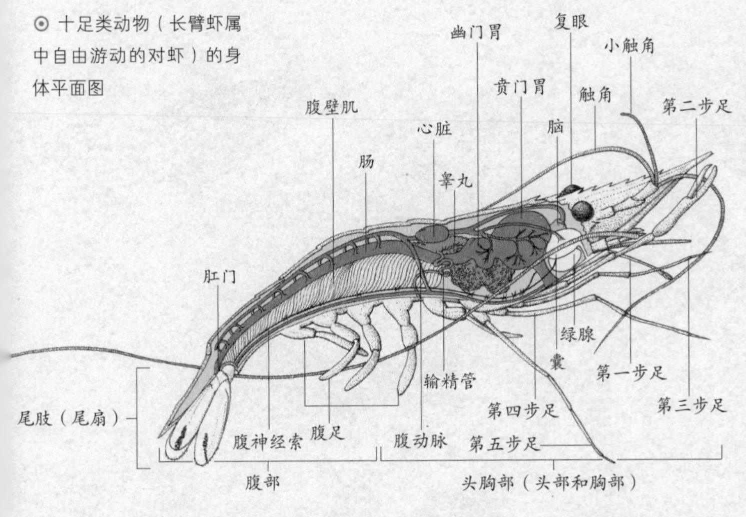

附肢都可用于运动、取食和呼吸。早期甲壳类动物的肢体有2个分叉（二叉型附肢），即从基部（原肢）分支出的1个内足（内部肢体）和1个外足（外部肢体）。与鳃足目中几个现存的甲壳类物种（如神仙虾和盐水丰年虫）相似，甲壳类动物的原始肢有2个扁平叶状片。这类肢体能有节奏地运动，以游泳产生取食水流，食物便沿着它们的身体下方传递到嘴中——因此也推动了从颚基到颚的进化。颚基外部的突起通常充当其呼吸表面。

内体腔。

“典型的”甲壳类动物头部有5对附肢，它们前2个体节上都各有1对触角——第1触角（小触角）和第2触角（触角）。所有甲壳类动物均有2对触角。在进化的过程中，触角的位置可能有所改变：如今甲壳类动物的触角位于其口部之前，而前甲壳类动物先祖的触角则在其身体后端。触角是典型的感受器，而有的甲壳类动物却将其应用于运动，有些物种的雄性甚至将其用于在交配中抓住雌性。

它们的第3体节位于嘴部后面，该体节附肢基部的颚状突起（颚基）发育成甲壳类动物的主要颚，而附肢的其他部分或消失，或退化为感觉触须。第4和第5个头部体节上分别有第1颚（小颚）和第2颚或真颚，这些附属颚有助于动物的咀嚼，它们的起源都十分相似，都是从肢体到颚基的部分或完全退化而产生的。

甲壳类动物的消化道包括沿表皮排列的前肠和后肠，位于中间的中肠则变成为盲囊（盲肠），它可能发育为集消化、吸收和存储功能于一身的肝胰腺。它们的神经系统包括1条双腹神经索，最初神经索在每一节都有1个索中心（神经节），但常集中为一些大的神经节。

从游泳到行走
进化和繁殖特性

甲壳类动物的先祖可能是栖息于海底能游泳的小型海洋生物，它们的身体未分为胸部和腹部，沿身体下方还有一系列相似的附肢，所有的

甲壳类动物进化的主线是生成大的行走动物。具体说来，它们的内肢从带有两分叉、能游泳和过滤的腿进化为有明显的单一分叉（单支的）的步足（行走足），而外肢在其幼体发育期或进化早期已经退化甚至消失。这种圆柱状腿的表面积变小，不再适于作为大型甲壳类动物所必要的呼吸表面，因此位于其腿根部体壁的开口或突起就承担了腮的功能。十足类动物（虾、蟹、

知识档案

蟹、螯虾、虾等

总目：真甲总目

约8600个物种，分为154科。

分布：呈世界性分布；海生，部分为淡水生物种。

化石记录：甲壳类动物出现在寒武纪晚期，约5.3亿多年以前。

体型：从极小的（0.5～5厘米）磷虾到长达60厘米的螯虾。

磷虾（磷虾目）

约90个物种，分为2科，是海洋浮游滤食动物。物种包括糠虾。

十足类动物（十足目）

约8500个物种，分为151科。物种包括车虾、清洁虾（猬虾科和藻虾科）、美洲巨螯虾、美洲小螯龙虾、加勒比螯龙虾、椰子蟹、圣诞岛蟹等。骨架以钙质为基础，含有硅质骨针和有机纤维，形成覆盖在钙质基座上的薄薄一层海绵。

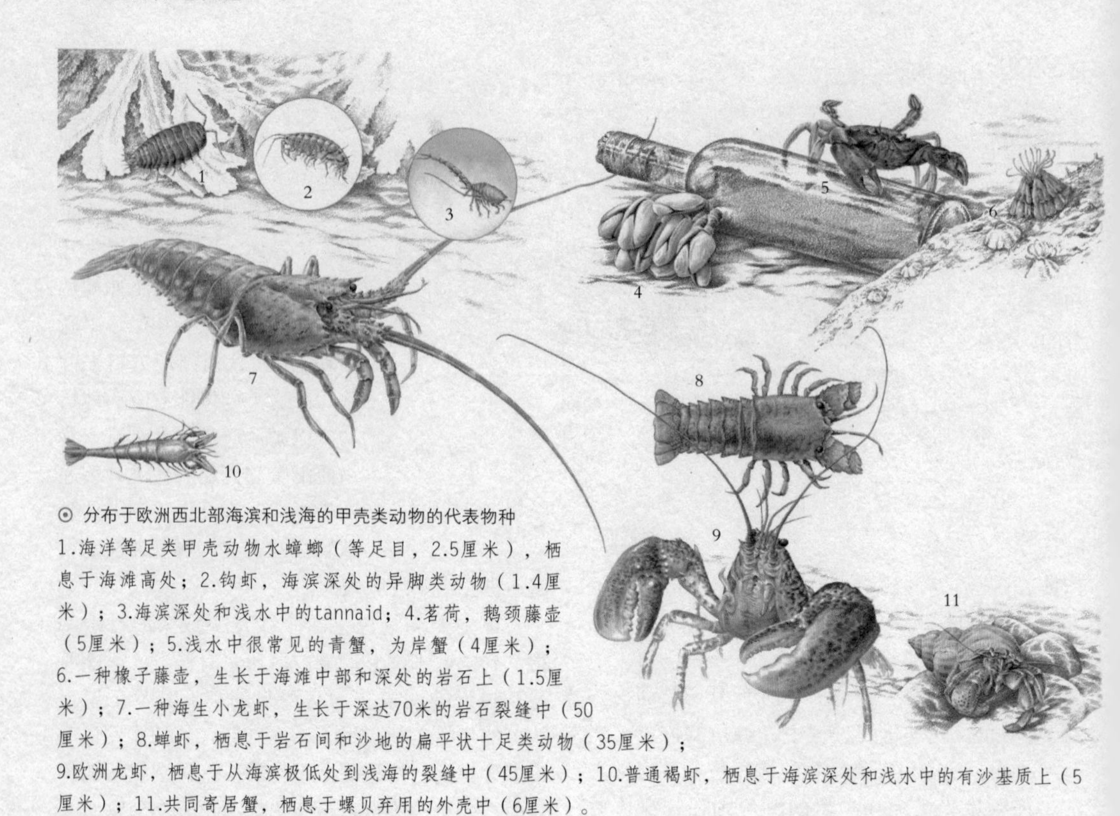

⊙ 分布于欧洲西北部海滨和浅海的甲壳类动物的代表物种
1.海洋等足类甲壳动物水蟑螂（等足目，2.5厘米），栖息于海滩高处；2.钩虾，海滨深处的异脚类动物（1.4厘米）；3.海滨深处和浅水中的tannaid；4.茗荷，鹅颈藤壶（5厘米）；5.浅水中很常见的青蟹，为岸蟹（4厘米）；6.一种橡子藤壶，生长于海滩中部和深处的岩石上（1.5厘米）；7.一种海生小龙虾，生长于深达70米的岩石裂缝中（50厘米）；8.蝉虾，栖息于岩石间和沙地的扁平状十足类动物（35厘米）；9.欧洲龙虾，栖息于从海滨极低处到浅海的裂缝中（45厘米）；10.普通褐虾，栖息于海滨深处和浅水中的有沙基质上（5厘米）；11.共同寄居蟹，栖息于螺贝弃用的外壳中（6厘米）。

螯虾）的头部也逐渐发育（头部集中化），它们前3对胸部肢体适于作为嘴部（颚足）的附属物和头胸部的保护壳。

甲壳类动物通常为雌雄异体，其受精卵呈成熟的螺旋形卵裂特性。甲壳类动物的发育常经由一系列幼虫期，体型不断变大，体节数量和相应肢体数量也不断增加。它们最简单的幼虫期是有3对附肢的无节幼体，包括第1、2对触角和1对下颚。许多现存的甲壳类动物都有这一发育期，在此阶段它们通过3对附肢游泳获取悬食，称为浮游扩散期。这些肢体在其幼虫和成体阶段所具有的功能不同，发育成熟后，在幼虫阶段原由这3对附肢实现的功能，交由其身体后部发育起来的其他附肢实现。依其种类不同，无节幼体会发育成各不相同的较大幼体。许多甲壳类动物则在卵中发育，从而跳过了无节幼体这一阶段。

磷虾和十足类动物

真甲总目

浮游磷虾和十足类动物（虾、螯虾、蟹）属真甲总目，它们有发达的壳和柄眼，其壳在背部与所有胸部体节结合为一体。它们的受精卵常在雌性腹部下方，并能被孵化为带有大壳、一对突出的眼睛和发达的胸部附肢的蟹幼体，磷虾和原始十足类动物却只能被孵化为无节幼体。

磷虾（磷虾目）具备软甲纲动物中的多个原始特性：它们都是海生的；其卵被孵化后成为无节幼体；它们的胸部附肢都不适于称为颚足，但都具有发育完全的外肢；它们的胸部附肢也有上肢，能作为不被壳所覆盖的外部腮。

大多数磷虾都有发光器官，常位于其眼睛、胸部第7体节的基部以及腹部内面，可用于结成群和繁殖时的相互沟通。当浮游植物环境适宜时，磷虾即行浮游的滤食取食生活，否则则捕食较大浮游生物为食。它们的前6对胸部附肢已适于成为过滤篮：当富含浮游植物的海水从磷虾腿尖进入并穿过时，磷虾收紧其腿部。糠虾可长达5厘米，是南极大洋中数量最多的浮游动物，也是许多须鲸的主要食物。

十足类动物的前3对胸部附肢已成为它们的辅助口器（颚足），理论上还有5对可作为其腿（步足）——它们因此得名十足（10条腿）类。

事实上，第1对步足常作为其爪。过去人们曾将十足类动物分为游泳类（游泳亚目）和爬行类（爬行亚目），即虾和对虾为一类，螯虾、小龙虾和蟹为另一类。现代分类方法更依赖于其形态特征，因此现在将十足类动物分为枝鳃亚目和腹胚亚目。

枝鳃亚目物种都呈虾状，以两侧扁平的身体和多分叉（枝鳃）的腮为其特点。它们的卵是浮游的，孵化后成为无节幼体。腹胚亚目物种的腮没有次级分支，为盘状（薄片形）或线状（细丝形）。它们的卵被雌性的腹足所携带，孵化后成为蟹幼体。

对虾和虾

十足目；真虾次亚目

虾和对虾这2个名词并没有确切的动物学定义，通常可以互换。枝鳃亚目下最重要的“虾”科是对虾和樱花虾，对虾科包括世界上最具经济价值的虾类（对虾属），其物种在热带和亚热带的海洋中数量众多。

在更大的腹胚亚目下的“虾”科中，虾科由清洁虾组成，它们能将鱼类身上的外寄生虫清除。真虾（真虾次亚目）的特点是，它们第2腹节的侧甲覆盖着第1、3腹节的侧甲。真虾是北部纬度水域中数量最多的虾，现在则遍及全球大洋，从潮间带到海洋深处。有些虾（如沼虾物种）在淡水中完成其生命周期，但更多河流中的虾会回到河口繁殖并产下其虾幼体。

除完全浮游的物种外，许多虾都主要为底栖动物，只进行间歇的游泳。成体虾的步足负责行走和（或）取食，其他5对腹足则负责游泳。它们的腹部有时弯曲，能实现快速逃跑。虾幼体的胸部附肢有2个分叉，其中外肢负责游泳；在其幼体期后和成体期，均由腹足负责游泳，而外肢则已退化；在成体期，它们“行走”的步足变为单支。

大多数浮游虾能积极捕食浮游动物中的甲壳类动物，它们的猎物包括磷虾和桡足类动物。底栖十足类物种常为食腐动物，包括从无所不食的肉食动物到专门的草食动物。

虾通常有明确的性别，而在包括北极甜虾在内的部分物种中，一些雌性在其早期表现为雄性（雄性先成熟的雌雄同体性）。为实现成功的交配，雌性需在蜕皮后立即进行交配，因为只有在此时雄性的精囊才能传入雌性体内，2～38小时后，产下经精囊受精的卵。对虾的卵直接散落在水中，而大多数其他虾类物种则将其卵附着在雌性1～4对腹足的内分支（内足）刚毛上。卵的孵化期通常持续1～4个月，在此期间雌性无法蜕皮。大多数雌性的卵孵化后成为虾幼体，经过长达数周的几次蜕皮，达到其后幼体和成体阶段。虾大多在出生后1年达到成熟，通常能存活2～3年。

大螯虾和淡水小龙虾

十足目；螯虾次亚目

螯虾和淡水小龙虾都属于历史上称为长尾类（“大尾巴”）的类群，但现在则将其分为3个次亚目——螯虾次亚目（螯虾、淡水小龙虾、挪威海螯虾），龙虾次亚目（螯龙虾和西班牙龙虾），海蛄虾次亚目（泥螯虾和泥虾）。与异尾类或短尾类相比，长尾类物种都有发达的腹部。其重要之处在于，它们是人类食物的来源之一。

螯虾和淡水小龙虾依靠其后4对单支胸足（步足）在基质上行走。它们的第1对步足是1对强有力的爪，既可用于防御又可用于进攻。它们的腹部有腹足，但却无法负担其笨重的身体，因

⊙ 龙虾科中的螯龙虾

⊙ 白螯小龙虾一度在欧洲淡水水域中十分常见，现在则受到了较大的美洲信号小龙虾的威胁——美洲信号小龙虾携带的真菌疾病能使本地白螯小龙虾物种丧命。

此在进化中逐渐适应于其他功能，包括交配和抱卵。

螯虾是海生的肉食食腐动物，常栖息于岩石底部的洞穴中。极具经济价值的美洲巨螯虾可长达60厘米，重达22千克。螯虾十分长寿，它们可存活100多年。

淡水小龙虾则是来者不拒的杂食动物。淡水小龙虾约有500余个物种，其中大部分体长约10厘米，由于它们通常需要钙，故而常局限于含钙的水域中。淡水小龙虾是由海生物种进化而来的，因此它们内部液体的渗透压力高于其外在环境的压力，这样水就会通过渗透作用穿过它们的腮和消化道膜，而覆盖其身体其余部分的表皮在鞣化和钙化的作用下变得不可渗透。它们每个触角（绿）腺的旋绕细管十分长，能从原发尿中再吸收离子（在腺体的末端囊处从血液中过滤）。尿经淡化后，其渗透压力只有水的1/10，因此能排出渗透进来的水，而所有在尿中流失的盐分都被腮主动吸收的离子所取代。

淡水小龙虾的繁殖需要进行配对，此时来自雄性的精子顺着第1腹足沟流入雌性的生殖受体，或将精囊直接传入雌性生殖受体。受精卵由雌性的腹足抱孵，在卵中跳过如同无节幼体或虾幼体的阶段，被孵化为类似于糠虾幼虫的幼体。

扁虾和寄居蟹

十足目；异尾次亚目；铠甲虾总科

就其身体结构和栖息地而言，扁虾、寄居蟹和鼹鼠蟹是介于螯虾和蟹之间的一组可能毫无关联的物种。它们的腹部呈卷曲状，结构各异，一般不对称，有的已经退化（异尾：指尾巴的形状古怪，因此这类甲壳类动物被赋予学名“异尾目”）。它们的第5对步足朝上或已变小。

人们认为寄居蟹是从栖息于裂缝中寻求保护的先祖进化而来的，最终发展为利用腹足类软体动物所弃用的螺旋状外壳寻求保护，它们的腹部适于寄居于典型的右螺旋壳中，也有极少数寄居于左螺旋壳中。在它们不对称的腹部上，较短一侧的腹足至少已经退化了，而雌性腹部较长一侧的腹足则专门负责抱卵。它们位于腹部尖端的尾足能紧紧抓住其后的壳内侧，朝前的胸足则用于支撑。它们的1只或2只螯都能撑开寄居壳的开口。这些壳为寄居其中的生物提供了绝佳的保护，也具备一定的灵活性。

并非所有的寄居蟹都以腹足类动物的壳为寄居处，有些还寄居于角贝、珊瑚或木头、石头的洞中。寄居蟹和疣海葵相互关联地生活在一起，疣海葵的角形基盘包围着寄居蟹的腹部，并充满了寄居蟹的壳。当寄居蟹从一个壳移居到另一个

⊙ 寄居蟹的近族椰子蟹是太平洋岛屿上的陆生物种，特别喜食椰子，也以许多腐肉为食。它们尤擅攀爬棕榈树，来获取其喜爱的食物。

壳时，这一保护性海葵也跟着它一起移动，这样就避免了寄居蟹被其他动物捕食的危险。蟹被海葵的带刺触须所保护，反过来，蟹在取食时散落在水中的食物颗粒又能被海葵所食。

寄居蟹是肉食食腐动物，栖息范围从深海到海滨的海底。在热带地区，陆生也是寄居蟹的一种主要形态。陆寄居蟹的分布包括从海滨的高处直至内陆地区，常居于陆生蜗牛的壳中。椰子蟹已没有典型的寄居蟹形态，而是呈腹部弯曲的蟹状。它们居于穴中或自己能攀爬上的树洞中，以腐肉或植物为食，并能饮水。陆寄居蟹腮的数量已减少，这可能是由于腮在空气中逐渐风干后，在表面压力的作用下倒塌了。它们的鳃室壁供血丰富，能像肺一样工作，有些物种的腹部甚至有附属呼吸区，该呼吸区被包围在壳所提供的潮湿微环境中。陆寄居蟹并不是完全的陆生形态，这是因为它们的幼体还是浮游的蟹幼体。因此陆寄居蟹成体在繁殖时必须返回海洋。

扁虾较大的对称性腹部弯曲在其身体下方，并因此得名，它们通常躲在裂缝中。瓷蟹是扁虾的异尾类近族，其外表与真正的蟹极其相似。在温暖多沙的海滨，当波浪退去时，异尾类鼹鼠蟹就会弯曲自己的腹部，钻入沙砾中。它们的第1对触角是能将水流导入腮内的体管，第2对多刚毛的（有刚毛的）触角就从水流中滤取浮游生物。

真正的蟹

十足目；短尾次亚目

真正的蟹有4500个物种，它们都有极度退化的对称性腹部，并永久地弯曲于结合在一起的头胸部下。它们的雄性和雌性都没有位于身体末端的尾肢：雌性保留其4对腹足用以抱卵，而雄性只保留前面的2对腹足，将其用做交配器官。蟹的大块甲壳延伸至身体两侧，其5对胸部步足中的第1对进化为大螯。典型的蟹是海底的肉食类爬行动物。

腹部的退化使蟹身体的重心直接位于其步足之上，因而它们的运动十分高效，速度也很快，蟹的侧向步态也有助于它们的运动。因此，蟹拥有最适宜甲壳类动物高效爬行的身体形状。正是由于这种形状上的优越性，自侏罗纪（2.06亿～1.44亿年前）产生蟹以来，短尾类动物就多向这种外部形状进化，各种异尾类动物（如鼹鼠蟹和瓷蟹）的形态都与蟹相近或一致。

蟹的栖息地在深海，并延伸至海滨，甚至在海岸上。海底的热泉喷口在地壳运动的作用下，能将热的含硫物质喷射到海面以下2.5千米的高度，盲蟹就以环热泉喷口独特的动物群落为食。而沙蟹科物种则栖息于热带多泥沙的海滨上，如穴居的幽灵蟹和招潮蟹，相手蟹属的分布则延伸至内陆。蟹也能栖息于河流中，如普通英国滨蟹就栖息于河口，溪蟹科和部分方蟹科的热带蟹类则是完全的淡水栖息物种。

蟹大多通过挖洞来躲避捕食者，它们常倒退着钻入沉积物中，也有几个物种能长时间保持穴居状态。其中，盔蟹的第2对长触角与刚毛相互连接，形成一段管状物，它们埋在穴中时，能将水流输入到腮室中。有的蟹擅长游泳，它们最后一对胸足已发育为桡足。而像幽灵蟹这样更倾向于陆生的蟹类，爬行十分迅速，也正是它们的速度和夜间活动的特性使其享有幽灵蟹的称号。其他蟹则将自己隐藏在小植物或静态动物（如海绵动物、海葵和藻苔虫）之下，获得相应的保护性掩饰，最典型的就是蜘蛛蟹。豌豆蟹可栖息在双壳类软体动物的外套腔内，以其宿主的腮所收集的食物为食。而随着珊瑚的生长，雌性珊瑚寄生蟹会被困在珊瑚丛中，只有一个小洞供浮游生物进入，以及让微小的雄性进入来实现其繁殖。

大多数蟹类都是肉食食腐动物，而更倾向于陆生的物种也会以植物为食。招潮蟹将沙或泥吃进嘴里，用它们特有的勺形或毛形刚毛，从泥沙中挤出有营养的微生物。

⊙ 美洲巨螯虾适于抓握的爪或螯分别负责不同的功能：较重的一个（左侧）能掰裂蜗牛和双壳类动物，另一个螯有锋利的齿，能撕碎捕获的动物或植物。

软体动物

软体动物多种多样，它们既可作为食物、染料或用于收取制作珍珠，又是病原体和寄生体的宿主，还是园艺害虫。不同物种的身体形态相去甚远，生活方式也不尽相同，都显示了这一类群的多样性。软体动物包括盔螺和石鳖，海生、陆生和淡水蜗牛，少壳海蛞蝓和陆生蛞蝓，角贝，蛤和蚌，章鱼，鱿鱼，乌贼和鹦鹉螺等。

除了9万～10万个现存物种外，还有许多已经绝种的软体动物物种，包括菊石和箭石。如今软体动物呈世界性分布，它们栖息于海洋、淡水、咸水和陆地上。其中有的物种主要靠漂浮，游泳能力极弱（如海蝴蝶），有的擅长游泳（如鱿鱼），有的则是穴居（如蛤）。除此以外，软体动物一般都附着于或匍匐前行于包括海底、陆地甚至植物在内的基质上。

带外套膜的软体动物

形态和功能

软体动物的身体极其柔软，一般分为头部（双壳类没有头部）、有力的足部和包含有身体器官的内脏隆起。它们没有成对的节状附肢或腿，这也是区别软体动物和节肢动物的重要标志。大部分软体动物的柔软身体都有一个坚固的钙质壳来保护。

由皮肤组织褶皱形成的保护性外套膜和带有牙齿的舌或齿舌，是软体动物身体的2个关键特征。

软体动物具有包括嘴和肛门的消化道、相应的取食器、血液系统（通常还有心脏）、有神经节的神经系统、生殖系统（部分物种的生殖系统相当复杂）和有肾的排泄系统。软体动物的上皮（表皮）组织一般薄而潮湿，易干。多数水生软体动物都有鳃，能在水中摄取氧气。许多双壳类和腹足类动物还能用鳃进行摄食，即通过鳃上细小纤毛的拍打，从水或淤泥中抽取有机物和碎

⊙ 软体动物的代表物种

1.角贝或象牙贝（5厘米）；2.竹蛏，一种刀蛏（12.5厘米）；3.石鳖，为扁平的固着型软体动物，有8块相互重叠的壳板；4.蚵螺，一种狗岩螺，栖息于欧洲西北部的岩石性海滩中（3厘米）；5.大型欧洲峨螺（8厘米）；6.新蝶贝的一个物种，是帽贝形软体动物的一个属（4厘米）；7.海蛞蝓或海兔的一个物种（15厘米）；8.巨砗磲，最大的活软体动物，或称巨蛤（1.35米）；9.普通章鱼（章鱼属）；10.一种尾腔虫，分布于地中海（1.5厘米）。

⊙ 石猿头蛤物种的鳃包括4层组织，分别负责呼吸、推动穿过外套腔的水、摄食和拾取食物颗粒。

屑，这些捕获的食物颗粒通过纤毛道传送到软体动物的嘴部。

陆生蜗牛和部分淡水蜗牛的外套膜能像肺一样，实现身体和外界的呼吸气体交换。许多软体动物都有自由漂浮（浮游）的幼体期，陆生及部分淡水生物种却没有这一发育阶段。

软体动物没有内骨骼，因此其体型相对较小。头足纲中的巨乌贼体型最大，其包括触须在内的身体能长达20米。存在于1.95亿~1.35亿年前的侏罗纪时期的带壳巨菊石的横向长度达2米。热带巨蛤是现存最大的双壳类动物，其壳长1.5米。也有许多物种的体长小于1厘米，其中最小的一些物种在完全长成后也不过1毫米长。

内嵌的保护
外套膜

软体动物的背后是可折叠的皮肤——外套膜，这层膜能为软体动物的鳃、嗅检器（一种化学感觉器官）、鳃下腺（分泌黏液）、肛门、排泄孔提供保护腔，有时还能容纳软体动物的生殖孔。软体动物的这种特性能适应多种生活方式，因而所有的软体动物都有这层外套膜。

软体动物外套膜中的细胞，特别是在较厚膜缘的那些细胞能分泌壳质，还可产生黏液、酸和墨汁，用于防御；鳃和鳃下腺则能分泌保护性黏液和凝聚食物颗粒的黏液。软体动物的外套膜可用于防御和躲避捕食者，譬如海兔在受到威胁时，其外套膜中的紫腺能产生紫色分泌物；海蛞

知识档案

软体动物

门：软体动物门

共约9万~10万个物种，分为7纲。

分布：呈世界性分布，主要为水生，大部分栖息于海洋中，也有部分栖息于淡水和咸水中，甚至陆地上。

化石记录：出现在约5.3亿年前的寒武纪，明晰的现代软体动物纲物种化石出现于约5亿年前。有大量已绝种的鹦鹉螺、菊石和箭石化石。

体型：通常比甲壳类动物小，从小至1毫米的腹足类动物到长达20米的巨乌贼。

特性：柔软的身体一般分为头部（双壳类没有头部）、有力的足部和包含有身体器官的内脏隆起；大部分物种有坚硬的保护性钙质壳；无成对的节状附肢；折叠的皮肤层（外套膜）能保护其身体的柔软部分；口器包括带有牙齿的舌（齿舌）；主要通过鳃呼吸，鳃也能用于滤食；一般有心脏；头足类有血管；有带成对神经节的神经系统；一般为雌雄异体（不包括陆生物种），行外部受精或交尾；发育过程中通常需经过自由漂浮的担轮幼虫和（或）面盘幼虫期（不包括陆生和淡水物种），才能固着下来，变形为底栖成虫。

单板类（单板纲）

25个深海分节帽贝。

沟腹虫、尾腔虫（无板纲）

约370个蠕虫状海生物种，分为2个亚纲。

石鳖和盔螺（多板纲）

约1000个物种。

蛞蝓和蜗牛（腹足类）（腹足纲）

约6万~7.5万个物种，分为3个亚纲。

角贝或齿贝（掘足纲）

约900个海生沙地穴居物种。

蛤和蚌［双壳纲（或斧足纲）］

约2万个物种，分为7个目；栖息于海水、咸水和淡水中。

头足类（头足纲）

约900个海生物种，大部分营浮游生活，分为3个亚纲。

⊙ 太平洋巨章鱼受到潜水员的惊吓，释放出一团墨汁。这类头足纲动物有高度发达的大脑和眼睛。

蝓或海柠檬的几个物种的外套膜腺则能分泌酸；而在陆地上，蒜味蜗牛能从其靠近呼吸孔的细胞中释放出强烈的大蒜气味。

软体动物的外套膜为可见物，部分海蛞蝓的外套膜甚至色泽鲜艳或有图案，可作为警示色或掩护色。货贝的有色外套膜表面光洁，常被外套膜中伸出的一对侧翼所掩盖。

外套膜最早的功能可能是保护软体动物精细的内部器官，当动物缩回壳内时，外套膜也能容纳动物收回的头部和足部。软体动物的鳃在套腔的保护下，既不会受到机械伤害（如岩石、珊瑚等的伤害），也不会被淤塞；同时它们又易于接触到海水，以便从中摄取氧气。有些软体动物的外套膜组织上还有一些特殊的管状小条，这些体管能将流过鳃表面的2股水流——吸入水流和呼出水流——分开来。包括淡水膀胱螺（囊螺属）在内的部分物种的外套腔上，还有肉质的突出叶，能作为软体动物附加的呼吸表面。

双壳类的卵在其外套膜内受精并孵化，如淡水类豌豆蚬物种的卵就是在外套膜内孵化出来的。

软体动物的外套膜十分实用，有些物种甚至能通过其强健的外套膜来移动。部分海蛞蝓可用其叶状的外套膜叶划水游泳，还有一些包括女王海扇蛤在内的扇贝能通过将水排出外套腔来游泳。

流动的牙齿
齿舌

所谓齿舌，就是带牙齿的舌。一般来说，除了双壳类外的几乎所有软体动物物种都有这种齿舌。它是由齿舌囊分泌而成的，由几丁质组成，这种多糖也存在于节肢动物的骨骼中。最老的一排齿最靠近齿舌的尖端，一排齿老化后，便自行脱落并随粪便排出，这时会有一排新齿取代它原来的位置。口吻部是位于软体动物嘴内的身体器官，它能操控位于其内的齿舌来摄食。齿舌通过牵引肌和软骨连接在口腔内，口吻壁上更为复杂的肌肉和软骨则能操控齿舌，如在口腔内绕圈等。

软体动物的齿舌类型依其食性而不同，因此也是确定个体物种、为其分类的重要依据。草食类的齿舌较宽，上有许多细小的齿，譬如陆生蜗牛和蛞蝓；而肉食类的齿舌较窄，其上的齿数量不多，都带有长的尖锐突起，譬如峨螺。帽贝靠搜寻岩石中的藻类为食，因此它具有特别坚硬粗糙的齿舌，其中每排齿中都有几个极有力的齿，在搜寻食物时，甚至能在岩石表面留下印痕。

肉食性芋螺的每个齿都被隔膜分开，其齿舌呈叉状，当它的齿舌接触其猎物（一般为鱼或蠕虫）时，这种叉形结构能更有效地将芋螺的神经毒素渗透进猎物体内。微小的囊舌类海蛞蝓以丝形藻类为食，因此它们齿舌上的齿也能刺穿单个的藻类细胞。

草食、肉食和寄生
摄食

原始的软体动物以小颗粒为食，后期则发展出食大粒的习性（摄取大的食物颗粒）。除双壳类外的大部分软体动物都用齿舌摄食，双壳类和部分腹足类（如美国的履螺、新西兰的鸵足螺、欧洲的田螺）都依靠纤毛从海水中滤取食物（滤食）或吸取底部的软泥（泥食）。

软体动物的另一个典型特征是，部分前鳃类和双壳类的胃壁由向外突起伸展的几丁质板所保护，这些几丁质胃板环绕着将食物流从食道带入胃中。这种几丁质胃板也能分泌消化酶。

腹足类有的是草食性物种，有的靠纤毛摄食，有的以碎屑为食，还有的是肉食性或寄生体。为适应不同的摄食方式，它们有力的口器（口吻部）和消化道也不尽相同。譬如，帽贝、钟螺和滨螺以搜寻藻类和其他岩石上的壳质为食，短滨螺取褐色海藻为食，蓝线帽贝则刮擦昆布（海带物种）的茎叶取食。有些腹足类只取食腐肉，有些则喜欢攻击活的生物。峨螺、骨螺、涡螺、榧螺、芋螺、笋螺和卷管螺（新腹足类）为肉食性物种，它们外壳内的体管道中有一条体管，能将水顺着食道中的味觉细胞（外套腔内的化学感受器）导入体内，这样就便于它们探测出水中的食物。包括狗岩螺和项链螺在内的部分肉食腹足类能在其他软体动物的外壳上钻洞，并从这个洞吸食该软体动物：骨螺通过机械力在其他软体动物外壳上钻孔，而项链螺则用酸软化猎物的外壳，再用其齿舌凿开一个洞。

海蛞蝓和泡螺中既有草食、悬食物种，也有肉食、寄生物种，但还是以有壳海生动物为食的肉食物种居多。栖息于美国西岸的海蛞蝓没有齿舌，游泳积极，善于用其大头钩捕捉甲壳类动物为食。包括舟螺物种、叶螺、筒柱螺在内的有壳的后鳃类，以沙中的动物为食，如沙中的软体动物。它们的消化胃依特殊的板排列，这些板可用于碾碎捕捉到的猎物。奇特的塔螺有盘旋向上的小壳，寄生于多种海生动物之上。

有肺软体动物主要为草食性，它们多以死植物而不是活植物为食，譬如塘螺一般以底部的碎屑和泥浆为食。这些动物的齿舌宽阔，上有大量小齿。泡螺既没有尾片，也没有几丁质的消化胃板。较小的陆生蜗牛仍保留着取食小块食物的习惯，其中只有不同科的少数几个物种是肉食性的，包括以蚯蚓为食的有壳蛞蝓和以其他蜗牛为食的许多热带陆生蜗牛，如扭蜗牛科物种。部分玻璃蜗牛（带螺科）有肉食倾向，东欧的大型玻璃蜗牛甚至能捕食陆生蜗牛。

原始的双壳类用唇触须将碎屑送入嘴内进行摄食，现代双壳类则用纤毛捕食浮游植物，或用体管吸取基质表面的碎屑为食。更为高等的双壳类用鳃滤取食物，并将食物包在黏液中顺食物沟传送到嘴内。双壳类的晶状尾片和胃板十分发达。会钻木的蛀船虫甚至能用纤维素酶来腐蚀木片。

奇特的隔鳃双壳类类群——杓螂科中的蛤——没有鳃，其唇触须和尾片也已退化。它们为食腐动物，吮吸动物死尸内的汁液为食。内寄蛤属

⊙ 更多软体动物代表物种

1.紫螺，北大西洋（1.5厘米）；2.珍珠鹦鹉螺（20厘米）；3.笠螺，一种帽贝，北大西洋（7厘米）；4，玉黍螺，一种短滨螺，欧洲西北部（1厘米）；5.钻木的蛀船蛤，一种普通蛀船虫；6.贻贝，一种可食用蚌，它附着于海滨浅处的岩石上（10厘米）；7.蛤或长蛤（15厘米）。

中的双壳物种寄生于海参中，而部分淡水蚌在其生命周期的早期则寄生于鱼类。

肉食性头足类主要捕食鱼类，行动缓慢的章鱼则捕食甲壳类动物为食。它们的齿舌较小，一般依靠带有坚硬喙的颚部来抓住猎物。头足类的腺细胞将酶分泌至自己的消化腺管内，并在该管中进行食物的细胞外消化，这与其他软体动物用消化腺细胞进行食物颗粒的消化（细胞内消化）截然不同。能进行细胞外消化标志着头足类动物的身体结构比其他软体动物更为高级，甚至与脊椎动物的地位相当。

产卵

繁殖

软体动物的卵彼此之间差异极大。包括双壳类在内的部分物种的卵在受精前就被排入水中。许多软体动物卵都很小，但头足类的卵相对较大，形如蛋黄。当软体动物行内部受精时，同时会分泌出精细的卵鞘。腹足类产下的受精卵数量一般十分惊人。部分滨螺和水蜗牛的受精卵形成果冻状板，黏着在植物上。项链螺会生成比动物体型还要大的卵鞘硬环，而蛾螺和骨螺则将包裹在坚韧包囊中的受精卵附着于岩石和杂草之上。陆生蜗牛倾向于将其卵埋在土壤下：有些卵有一层透明外壳，有的则有一层石灰似的卵壳。一种大型美洲陆生蜗牛的卵，其体型和外表都类似小鸟的蛋。岩石池中海蛞蝓卵块的数量往往十分惊人。

水生软体动物常有持续较短时间的营浮游生活的原始担轮幼虫期，以及（或）从担轮幼虫发育而来的、带有壳和纤毛叶的标志性面盘幼虫期（一般在卵囊内）。部分物种将卵保留在雌性体内或卵囊内，新的小成体就从这里被孵化出来。面盘幼虫以藻类为食，营浮游生活，1天至数月后即能固着下来变形。大量软体动物的幼虫在海洋中营浮游生活，它们中的许多都被其他浮游动物或滤食动物所食，还有一些因无法找到合适的固着地进行变形而死。

陆生和淡水生前鳃类动物没有面盘幼虫期，如蜗牛就是直接从卵中孵化出来的。有肺类也没有面盘幼虫期，只有部分淡水生双壳类有浮游幼虫期，譬如19世纪上半叶首次引入英国的斑马贝，其浮游幼虫期对其发育过程至关重要。淡水蚌或河蚌的卵保存在其鳃内，随后变为瓣钩幼虫被排出体外并寄生在鱼类上。

海蜗牛和帽贝（前鳃类）以及海蛞蝓和泡螺（后鳃类）的面盘幼虫各不相同。多板类和更原始的前鳃类的担轮幼虫有一条由带纤毛细胞组成的水平带，这一幼体期只能持续寥寥数天，譬如翁戎螺和鲍。软体动物若有营数周浮游生活的面盘幼虫，则其扩散机会更大。在变形期内，面盘幼体吞食掉本用来游泳和摄食的纤毛叶（膜），从而结束浮游生活沉入水体底部。双壳类面盘幼体也营浮游生活，但部分物种能直接孵化出新个体，这些新个体能在母体群落附近直接发育，栖息于中部海滨的小型红拉沙蛤就是一个例子。双壳类的面盘幼虫期后是过渡的叶状幼体期，这是幼体寻找合适的固着地点的时期。假如它们的寻找一无所获，其膜会再度膨胀，并带着幼体到新的地方继续寻找。

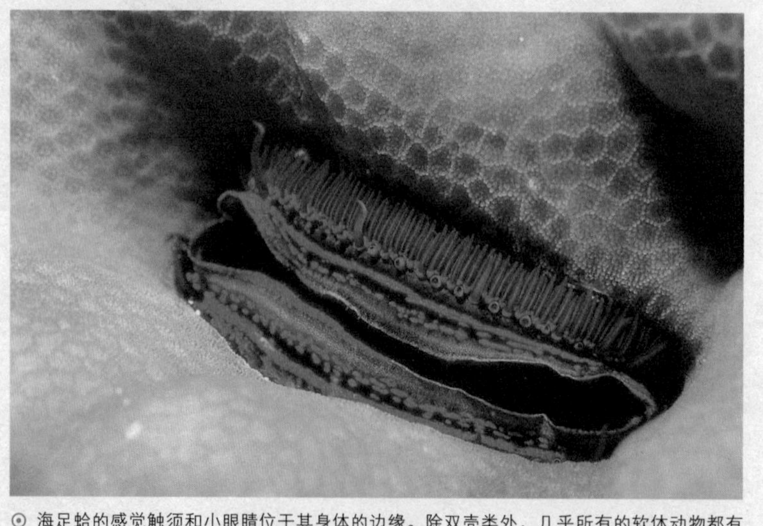

⊙ 海足蛤的感觉触须和小眼睛位于其身体的边缘。除双壳类外，几乎所有的软体动物都有发达的头部，并能实现许多功能。双壳类不具备这类头部，因此这些功能便由其外套膜缘来实现。

⊙ 图为西班牙舞娘的卵带，这种海蛞蝓物种的卵块可能包含上千个卵，十分引人注目，它们一般被产于暗礁之上。

⊙ 正在被孵化的小澳洲章鱼

雌性将卵附着在触须顶端，通过体管为这些卵注入缓慢的水流。

发达和敏感
神经系统和感觉器官

头足类的大脑和眼睛是所有无脊椎动物中最为发达的。软体动物的神经系统主要包括成对的神经节（神经组织块），其中每个神经节都由神经纤维相连接。原始软体动物物种的各神经节彼此分开，而高级软体动物既有将神经节连接得更紧密的短连接纤维，又将大部分神经节都集中于动物的头部，譬如陆生蜗牛和蛾螺。与环节动物和节肢动物不同的是，软体动物的神经节围绕在其消化道的前段（食道）。软体动物的主要神经节包括脑、胸膜、足、体腔、内脏、口吻（能接受来自头、外套膜、足、体壁和内部器官的刺激），单板类、多板类和包括翁戎螺在内的原始前鳃类还有足“梯”神经节。前鳃腹足类的扭曲神经节更是复杂。

软体动物大多对光线敏感，它们探测光线的机制各不相同。多板类靠壳板的感觉器官，多数腹足类靠其黑色眼点和触须，头足类则靠其非常灵活的眼。软体动物体内特殊的液囊中包含有矿物颗粒，能用于保持动物的平衡，这种液囊被称为平衡囊。前鳃类还具有特殊的化学感受器官嗅检器，其他软体动物则很少有这类特殊的化学感受细胞。此外，陆生蛞蝓还具有嗅觉，可用于寻找并定位食物。

软体动物对触觉也很敏感。章鱼的吸管能分辨不同的质地和图案，有肺软体动物较低的触须对也有部分触觉，能用于摸索其前行的道路。

随处可见的软体动物
生态

软体动物群生于海洋、淡水和陆地上。热带地区的动物物种一般比中温带的更加纷繁，但气候温和的新西兰却是世界上陆生软体动物最丰富的地区之一。

它们的海洋栖息地包括岩石、珊瑚、沙地、泥沼、巨砾、鹅卵石滩，以及含盐沼泽、咸水环礁湖、红树湿地和河口中的河流、海洋及陆地的过渡带。除海滨软体动物群落外，大洋软体动物群落集中于低潮线以下的较浅大陆架水域。海底的软体动物群落包含各式各样的物种，这些物种类型多与不同的海底物质有关。有些软体动物能在开放的水域形成自由游动的动物群落（自游生物），如乌贼；而大多数海生软体动物的面盘幼体却只能被动地在海洋上层水域中漂浮，成为浮游生物的一部分。少数前鳃类（紫色海蜗牛和异足类）和后鳃类（翼足类或海蝴蝶）的整个成体时期都在海面或稍低于海面处栖息，是浮游生物的组成部分。人们一度认为海底深处的深水域中没有生命，但研究表明那里确实存在有限的特有物种。深水中的软体动物一般体型较小，也有少数例外（如鱿鱼）。

软体动物的淡水栖息地包括小溪和河流中的活水，湖泊、池塘、沟渠中的静水，以及湿地的临时积水，每类栖息地中都有特定范围的物种。双壳类和腹足类都能栖息于淡水中，其中腹足类包括前鳃类和水生有肺类。外来物种可在这类栖息地大肆繁殖，如从亚洲引进到美国的淡水指甲蛤如今已经开始堵塞当地的沟渠、管道和泵。软体动物中只有腹足类能成功实现陆上群生，包括

⊙ 腹足类靠足部的波浪形收缩向前移动，如罗马蜗牛。该物种全长7厘米，其海生物种爬行速度通常更快。

前鳃类和有肺类，其中有肺类在温和气候带最为常见，如蛞蝓和蜗牛。

在海洋食物链中，软体动物可被其他软体动物、海星和包括鳐在内的底栖鱼类所食。部分海星因喜食极富经济价值的软体动物如牡蛎和蚌等而声名狼藉，有些鲸能捕食大量的鱿鱼，海鸟有时也将在海滩的泥沼中搜寻到的软体动物作为自己重要的食物来源。动物的这种捕食关系是自然生态系统中的正常部分，软体动物具有极强的繁殖能力，一般能抵消这类消耗。

少数软体动物物种也营寄生生活，这些寄生性物种几乎都是腹足类，也有少数双壳类。前鳃类能寄生于宿主的外部（体外寄生），譬如貌似普通腹足类的针螺（瓷螺），就寄生于棘皮动物。营内部寄生（体内寄生）的软体动物不活跃，它们体内的器官已退化，外壳也较少，譬如

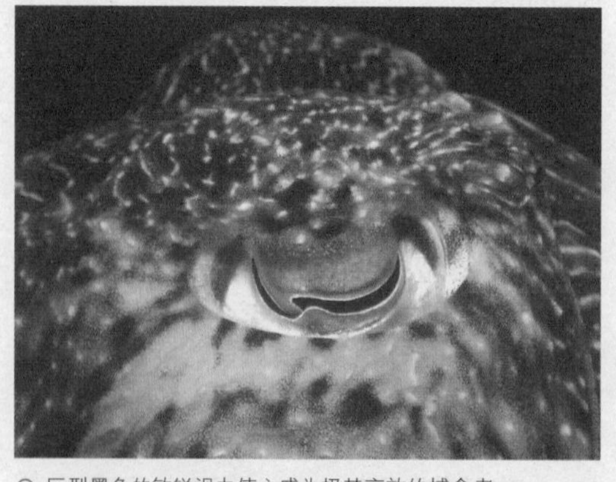

⊙ 巨型墨鱼的敏锐视力使之成为极其高效的捕食者。

帽形纵沟贝就能附着在海星触手背面的放射性步带沟上，而圆柱螺能刺穿棘皮动物的皮肤，其壳被位于宿主皮肤外表面上的肉翼（伪外套膜）所包裹。总而言之，寄生在宿主体内越深入，其软体动物的典型结构就退化得越彻底。

腹足类的空壳常为寄居蟹所用。在共栖关系中，一方以另一方遗漏的食物碎屑为食，寄生于心形海胆的孟达格蛤物种就是这种共栖关系的代表。栖息于包括海天牛和砗磲物种在内的海蛞蝓组织上的藻类（虫黄藻），以及栖息于巨蛤外套膜缘的藻类（虫黄藻），则都与其宿主形成共生关系。

软体动物也是其自身寄生体的宿主，这种寄生多由共栖关系发展而来。软体动物的寄生体多为具有双吸盘的吸虫幼虫，寄生于牛羊肝脏的吸虫（肝片吸虫）和人类血吸虫或裂体血吸虫是其中最具经济和医学研究意义的2种寄生体。节肢动物也能寄生在软体动物上：蛞蝓和蜗牛体表的白色小螨，以及可食用蚌外套腔上的小豌豆蟹，都是人们熟知的软体动物寄生虫。

长期以来，软体动物一直被人类用作食物、垂钓诱饵或制作成货币、染料、珍珠、石灰、珠宝和装饰物，人们还曾经用淡水蚌的壳制作珠母贝纽扣，这在河流中盛产蚌类的美国尤其流行。珍珠大多产自海生珍珠牡蛎，而威尔士、苏格兰和爱尔兰的高地河流中的淡水珍珠蚌也曾一度产出优质珍珠。如今，人们通过往牡蛎的外套膜缘塞入“珍珠种”来进行珍珠的商业养殖。

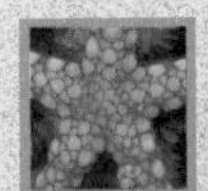

棘皮无脊椎动物

棘皮无脊椎动物又被称为棘皮动物，与所有其他动物截然不同，十分容易辨认。该类群的大部分物种体外都有防御性棘刺，因此它们名字的意思是“有棘刺的皮肤”。

棘皮动物只栖息于海洋中，这是因为它们在淡水中会面临盐平衡问题，而在海洋中却没有这些后顾之忧。棘皮动物的成体一般都栖息于海底，或像海百合一样附着在海底，或像海星、海蛇尾、海胆和海参一样在海底缓慢匍匐前进。这5个类群或纲代表了如今海洋中现存的棘皮动物种类。

晶体骨骼

形态和功能

作为进化等级中相对高级的动物，棘皮动物的头部却完全没有发育起来，这实在很特殊。它们的身体呈奇特的五辐性，即以口为轴，身体呈放射性对称——海星就是一个典型例子。因此棘皮动物的身体一般以口为轴，按5个对称点排列，这5个点大多附有移动器官或管足。

尽管现今的大多数成体棘皮动物都呈五点对称性或五辐性，但它们的幼虫却是呈两侧对称的（沿动物身体长度方向，两侧彼此对称），而且它们出现在前寒武纪海洋的原始先祖也是呈两侧对称的。棘皮动物变为五辐性的原因尚不得而知，但部分权威人士认为这是因为五辐性能获得更坚固的骨骼结构。

⊙ 图中的海羽星或海百合物种，能用其黏黏的齿形易碎腕捕食。海百合是现存唯一的固着型棘皮动物类群。

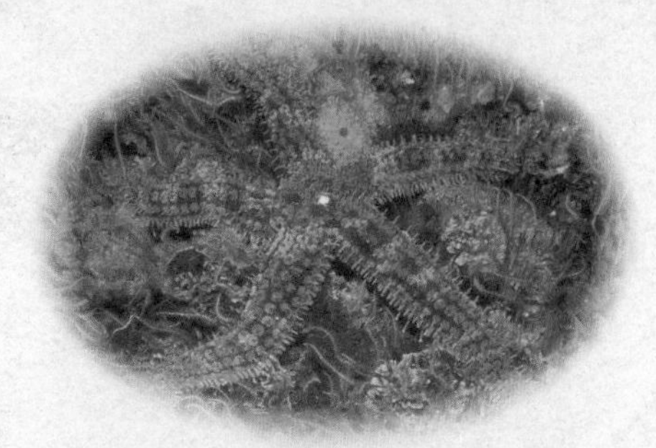

⊙ 西部棘皮海蛇尾是北美及南美太平洋沿岸的大型类群。它们用1～2只腕固定身体，并伸展另外的腕滤食。

棘皮动物的身体结构呈现后口动物体腔级别结构，这意味着它们是具有三胚层的相对高级的无脊椎动物。

棘皮动物的骨骼由许多钙晶体（碳酸钙）组成，这些晶体上有许多小孔（网状），形成晶体的组织就侵入到这些小孔中。这种不同寻常的网状分布能减轻晶体结构的重量，并在不降低任何强度的前提下减轻体重。当动物死后，矿物质也十分容易侵入它们的骨骼，从而形成十分美丽的化石，这是晶体结构骨骼另一个意想不到的作用。

骨骼能为它们的体壁及壳质提供支撑，这种加固的结构有的十分柔软（如海参），有的却比较坚硬（如海胆）。这种骨骼结构被活的组织所覆盖，因此与外壳截然不同。

各棘皮动物纲的外表各不相同，因此其骨骼的排列构成也不尽相同。海参的体壁中嵌有碳酸钙方解石晶体，它们还通过柔软灵活的连接组织彼此相连，这种连接方式为海参类动物所独有。海星有时也具有灵活的体壁，但更多海星物种则是通过连接组织的纤维穿过晶体孔，将晶体紧紧“缝合”在一起而形成骨骼，其中每个晶体个体

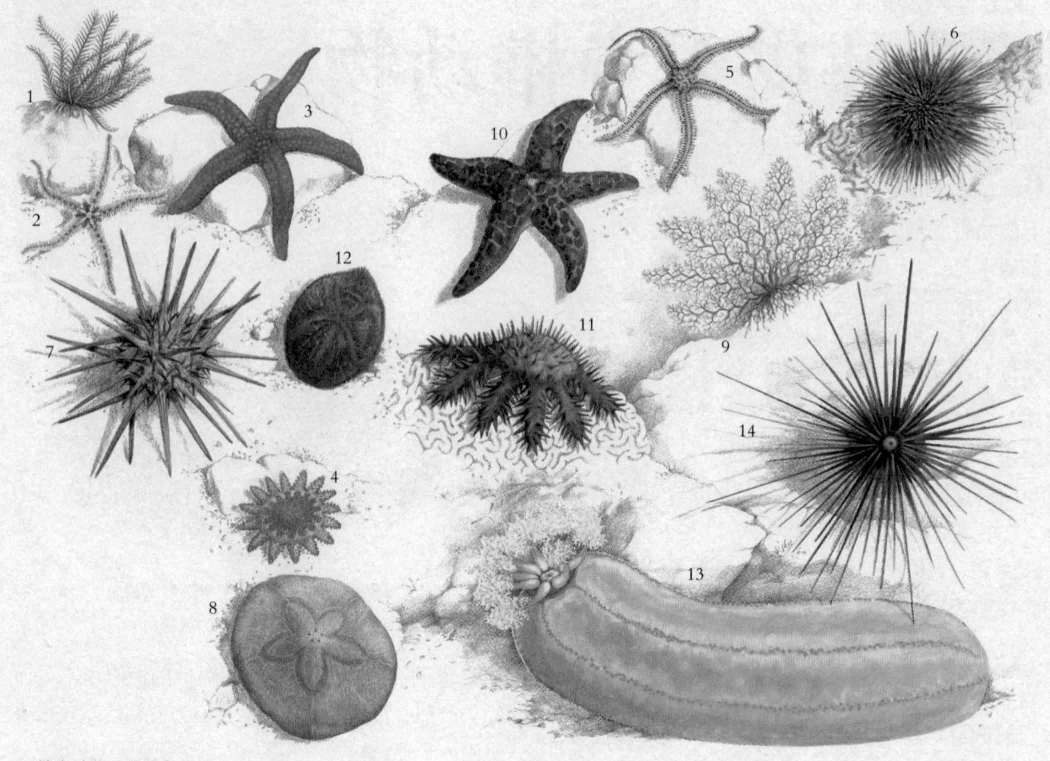

⊙ 棘皮动物的代表物种

1.海羊齿，一种海百合，欧洲西北部（约15厘米）；2.脆蛇尾，一种海蛇尾，欧洲西北部（直径18厘米）；3.蓝指海星，一种海星，澳大利亚大堡礁（直径25厘米）；4.太阳海星的一种，北大西洋、北太平洋、北冰洋（直径30厘米）；5.绿蛛蛇尾，一种大堡礁的海蛇尾（直径21厘米）；6.红绿海胆，新西兰石质水域（10厘米）；7.头帕海胆，一种深水海胆，地中海及北大西洋（7厘米）；8.盾海胆，一种澳大利亚热带水域的大型沙钱（20厘米）；9.筐蛇尾，一种海蛇尾，红海（1米）；10.紫海星，一种冷水物种，太平洋东北部（35厘米）；11.长棘海星，一种棘冠海星，印度洋—太平洋（50厘米）；12.紫色心形海胆，一种心形海胆，北大西洋及地中海（12厘米）；13.大堡礁的海苹果（20厘米）；14.冠海胆，大西洋及加勒比海的热带水域（10厘米）。

都十分发达，能形成棘刺或边缘板。海胆的骨骼结构最为高等，其骨骼由许多互锁晶体组成，因此大多都十分刚硬，同时其体壁的软组织也有所退化。海胆是棘皮动物门中肌肉和骨骼排列最复杂的物种之一，譬如它们具有被亚里士多德称为“提灯”的咀嚼齿和叉棘。

海百合、海羽星及海蛇尾的骨骼较大，由少量软组织排列为一系列板、小骨和棘刺。这2纲物种的主要内部器官或内脏都分别局限在海百合的杯形身体（囊）和海蛇尾呈盘形的身体中间。它们的骨骼能加固体壁并保持其柔软灵活性；腕上的小骨相对较大，能在肌肉和连接组织的控制下移动，如同人类脊椎中的椎骨一般；这些物种的腕几乎都不包含软组织。海百合的腕在其基部又分为2个或更多小支，每个小支还具有被称为羽枝的侧向分支，而海蛇尾纲中只有蓝海星的腕有分支。

漂浮的棘皮动物幼体也有骨骼，在其灵敏精确的游泳过程中可提供相应的支撑力。

成熟的水管系

水管系和管足

水管系是棘皮动物另一个独一无二的特性。原始棘皮动物的水管系为其呼吸系统，它们远离基质，可在需要时被收缩回有棘皮保护的壳质内。随着棘皮动物的进化，水管系也转变为环绕动物的口部，但仍距离基质较远。它们腕的分支上有许多触手，使水管系在负责呼吸的同时还能取食悬浮的食物颗粒。如今的海百合和海羽星的水管系就属此类，它们的有分支的触手也称管足

（海百合纲物种的管足不负责运动），在每个腕的上方呈双排排列，在腕的中央形成步带沟。在腕的分支（羽枝）上也分布了这种双排管足。管足能在动物体内的水压下向外伸展，但大部分水管系都位于动物体内。水管系中的辐管位于腕中央，恰好低于步带沟，在各羽枝上还有辐管分支，各腕上的辐管则通过环绕食道的环管彼此相连，水管系的水流就是从棘皮动物的身体沿着这些辐管发散出去的。部分管足的收缩能在水管系中产生压力，辐管自身特殊肌肉的收缩也能使辐管内的水压增大，从而使邻近管足扩张。海百合纲的水管系与其他几个管形网络相互关联，包括血系统和围血系统（其具体职责尚难界定）。它们的辐管与控制管足的放射形神经索也十分靠近。

管足的运动与气体交换（呼吸）和食物获取有关。海百合纲物种的管足还具有黏液腺，当这些管足触碰到漂浮的食物颗粒时，就将该颗粒粘至管足并用黏液将其包裹起来弹入步带沟，最后被送入位于身体中间的口中。它们的管足排成两排，与无法张开的小垂片相互交错排列，这种分布方式能使其进行有效的摄食。

海百合纲物种能充分利用海洋中的水流摄食，它们一般不通过抽吸水流取食，而是被动等待食物。它们能像“钓鱼”一样，用管足获取食物颗粒，主要选择大小介于0.3～0.5毫米之间的食物颗粒。

棘皮动物中的其他物种身体的倾向则与基质相反。它们的管足能与动物移动的表面实际接触，因此还承担了移动的功能。包括海星、海胆和海参在内的物种都是如此，但蓝海星和海蛇尾的运动则依靠弯曲自己的腕实现，其管足仅负责呼吸和摄食。有趣的是，蓝海星取食的机制类似于海百合，都善于获取悬浮的食物颗粒。它们也能充分利用海洋中的水流摄食，把自己复杂的带管足分支腕像撒网一般展开，在水流中滤取大小在10～30微米之间的食物颗粒。因此在同一栖息地，蓝海星不会与海百合形成食物上的竞争。此外，蓝海星比海百合更能承受较强的水流冲击。蛇尾纲其他物种的取食习性也各不相同：有的为悬食动物，栖息于宽广的海底，如脆蛇尾；有的则以碎屑或腐肉为食。许多物种的无吸盘管足上面覆盖着一层黏液，其重要功能就是将食物颗粒包裹在黏液中传送到口部。这些物种通过与各管足相连的头部突起及其他管足的收缩，来提升水管系的水压，从而使自己的管足伸展开来。

海星、海胆和海参的各管足都与其液囊或壶腹囊相连。壶腹囊具有自身的肌肉系统，与管足相连，能为管足注入体腔液，并通过阀来控制体腔液的流量。显然，保持水管系中一定的液压至关重要。因此管足道的肌肉有助于管足的收缩和逐步移动。

知识档案

棘皮无脊椎动物

门：棘皮动物门

约6000个物种，分为3个亚门和5个纲（总纲数至少为17个，其中有12个已灭绝的物种纲）。它们还有第4个亚门——海扁果亚门，但已经灭绝了。

分布：呈世界性分布，仅为海生。

化石记录：约有13000个已知物种化石，广泛分布在自前寒武纪至近期的各个时期。

体型：5毫米～1米。

特性：成体有体腔（身体由3层细胞组成），身体大多有五边，呈放射性对称；无头部，身体呈星形，或者接近球形，或者呈黄瓜形；钙质外骨骼通常延伸至外脊骨，能为动物提供柔性或刚性的支撑；管足带腕，拥有棘皮动物门独一无二的水管系统，能用于呼吸、取食，一般也用于动物的移动（不包括海百合或海蛇尾）；无复杂的感觉器官；神经组织遍布全身；无肾管；几乎所有的物种都为很少移动的底栖动物；一般雌雄异体，行外部受精；受精卵和幼虫一般营浮游生活；幼虫期呈两侧对称。

海百合和海羽星（海百合亚门）

约650个物种；在6个纲中只有1个现存物种纲，许多物种都仅有化石。固着型动物，大多有肉茎，幼体营自由生活，有时其成体也营自由生活；主神经系统有分支；肛门与口在同一表面开口。

海星、海蛇尾和蓝海星（海星亚门）

约4000个物种（包括海雏菊）；分为2纲。无茎，能移动，营自由生活；口朝下，神经系统位于口面；通常有腕。

海胆和海参（海胆亚门）

约1250个物种，分为2个现存物种纲（还有6个化石物种纲）。无茎，能移动，营自由生活；口朝下或朝前；主神经系统位于口面；无腕或足，外部筛板远离下表面。

所有海胆和许多海参的管足都具有吸盘。有些海星的管足无吸盘，因此大多在沙地上穴居，如砂海星和栉羽星海星。其他海星则栖息在坚硬的基质上，用有吸盘的管足运动和捕食。部分穴居海胆物种的管足十分适于在沙地中掘穴和保持洞穴中的通风，如心形海胆物种。海参步带沟附近的管足可用于运动和呼吸，而环绕口部的管足则形成其特有的口触手，用于取食悬浮或沉积的食物。许多关系密切的海参物种的取食方式都略有不同，它们各自拥有略有不同的口触手，因此能取食不同大小的碎屑颗粒为食。

棘皮动物水管系中的液体主要为海水，还有一些附加的细胞和有机物质。体腔液除能注入管足内外，还有其他功能：它能传送食物和废气物质，还能在身体的组织间来回传输氧气和二氧化碳。体腔液中有许多细胞，其中主要为变形体腔细胞，能用于排泄、愈合伤口、修复和再生。棘皮动物体内没有明确的排泄器官。

高效的捕食者
摄食和其他行为

现存棘皮动物的各类群都具有其特有的行为模式。所有的棘皮动物都对触觉十分敏感，同时它们对水中的化学物质也很敏感，这些化学物质标志着当地水域中可能存在其适宜的猎物或必须回避的潜在敌人。海星物种大多擅长捕获猎物，以其他无脊椎动物为食，包括蠕虫、软体动物及其他棘皮动物。近期的研究结果显示，海星和海胆不光能“嗅”出水中合适的食物并迅速将之

⊙ 一只海星正在移动，准备捕获女土海扇蛤。海星能用管足掰开双壳类的外壳。

捕获，还能分辨出同类物种中未受伤及受伤的个体，并能躲避追捕那些受伤个体的敌人的攻击。

普通的欧洲海星主要以蚌和牡蛎为食。紫色太阳海星和轮海星也捕食双壳类，有时还攻击海盘车。热带水域中的海星能捕食各式各样的猎物，其中棘冠海星素以捕食某些造礁珊瑚物种著称。这些棘皮动物在捕食时，都能顺着水中的化学气味迅速移动过去，一旦到达目的地就会立即攻击猎物。20世纪80年代早期，一个新棘皮动物类群的发现引起了专家们的兴趣，这种深海海雏菊最初被单独归为一纲，现在则被界定为有棘目中的异常海星。

部分穴居海星（如栉羽星海星物种）能整个吞食腹足虫为食。轮海星物种能悬挂在一条腕上，用口攻击海盘车，它们被海盘车拖着四处移动，但最终还是将其吞入腹中。长棘海星的猎物一般体型较大，无法整个吞下，因此长棘海星用口将自己的胃膜外翻过来使猎物窒息，并在体外将食物消化。当消化完毕后，胃膜又能被收回体内。

与能捕食双壳类的海星一样，海盘车属物种能用带吸盘的管足撬开蚌或牡蛎的外壳。

在捕食时，海盘车爬上双壳类的身体，将部分管足附着于猎物的两瓣外壳，将其拉开，并保持这一动作。双壳类的肌肉最终无法抵御长时间的外力作用，因此会略有松弛。只要能将猎物的外壳拉开1～2

⊙ 饼干海星恰如其名，其颜色十分多样，从橙色、紫色到鲜明的黄色，图案也变化多端。

毫米，就足以使海盘车将从其口中伸出的部分胃层塞入壳内并消化猎物，最后双壳类动物就只剩下一对空壳而已。

有意思的是，在热带海星（如长棘海星物种）和温带海星（如海盘车）中，单个物种的取食方式与群体取食的方式大相径庭。海星通常在夜间以单一个体的方式取食，各个体之间相隔的距离较远。有些海星个体则会周期性大量聚集在食物源十分丰富的地点，日以继夜地摄食，这种群体的摄食方式能使其中个体的增长速度显著增加。究竟这些棘皮动物类群是如何形成这样截然不同的摄食方式的，目前尚不得而知。

海胆的取食行为也很多样。许多圆的（或规则的）棘皮动物（如球海胆属、于海胆属、刺海胆属）都为杂食动物，它们用亚里士多德提灯齿搜刮藻类和诸如水螅及藤壶之类的壳质动物。在许多地方海胆都是限制海洋植物生长的重要因素，在以藻类为食方面，包括腹足类软体动物和鱼类在内的其他物种都不是海胆的对手，近期在加勒比海的相关研究结果就证实了这一点。

不规则的海胆包括沙钱和心形海胆，它们所食用的食物相对比较特殊。沙钱的身体部分掩盖在沙中，它们用其发达的棘刺和管足在沙中搜寻碎屑颗粒，并顺着纤毛道将食物送入口中。心形海胆栖息在沙地和沙砾层深处，它们能完全消化基质。由于没有亚里士多德提灯齿，当基质颗粒穿过其消化道时，它们能将有机物吸收，并将有机物被吸收一空的基质从肛门排出。

海参形态繁多，能捕食许多食物，每个物种都能依靠其口部触须，即围绕口部的特殊管足，来取食食物。

有些类群为沉积摄食物种，它们搜寻沙地或泥沼的表面，获取碎屑颗粒为食；还有一些类群为悬食物种，能在水流中用口部触须获取悬浮的食物颗粒。不论采用哪种方式，棘皮动物所能获取的食物大小其实是由其触须的大小及触须之间的距离决定的。

同步产卵
繁殖

棘皮动物大多雌雄异体——两性分开；少数物种为雌雄同体，它们在成为完全的雌性前需经历一段雄性时期。太平洋西部的飞白枫海星属能进行拟交配，即交配的一方爬至另一方的顶上，但它们却将精子和卵通过短小的生殖道排入海水中，行外部受精。许多其他物种的交配双方却很少彼此靠近，只是偶尔进行这种拟交配。棘皮动物大多能在水温和交配双方的化学刺激的控制下，进行同步产卵。

南极棘皮动物和深海棘皮动物通常需孵化其受精卵，并能从育囊或棘刺间直接生成新的成体。其他棘皮动物物种（绝大多数物种）的受精卵则漂浮在海洋浮游层中，需经过特定的幼体时期，此时它们一般以小型的浮游生物为食，包括硅藻和腰鞭毛虫。不同物种的幼体期长短不尽相同，有的只有几天，有的则需要数周。它们在幼体期结束后经过变形，成为新生的棘皮动物成体，固着于海底。

⊙ 南方筐海星

与诸如肉食性海蛇尾等蛇尾纲的其他相近物种不同，筐海星是十分适于取食浮游生物的悬食性物种。

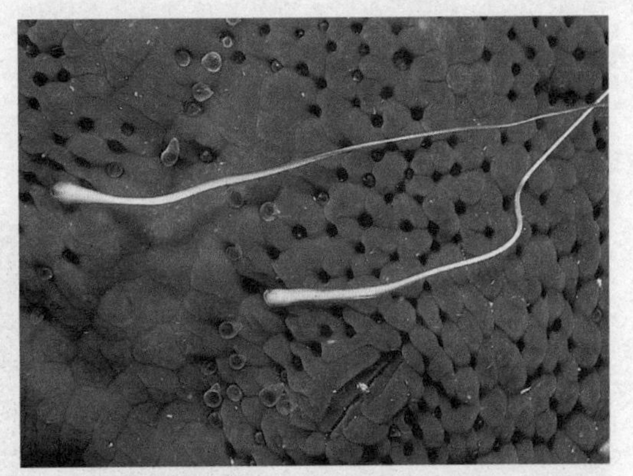

⊙ 雄性丝绒海星正将精子排出

海星能行无性（通过再生）或有性繁殖，雌性每年能产卵1000万～2500万个。

鱼类概述

早在30亿年前，地球的水域中就可能出现了生命，但在非常漫长的一段时间中，都没有生命留下的痕迹。已知最早的多细胞无脊椎动物出现在约6亿年前。在一段约1.2亿年的间隔后（从地质学角度而言），地球上就出现了最早的水生脊椎动物——鱼类。如今许多我们十分熟悉的动物就是从这些早期鱼类中进化出来的，如鸟类、爬行动物、哺乳动物。

如今现存的脊椎动物中，鱼类所占的比例超过一半。鱼类能像其他脊椎动物一样生活，同时具有许多自己的独有特性，例如，只有鱼类能自行发光（生物发光），能产生电，有完整的寄生状态，而某些鱼类从孵化至成体产生的体积变化之大也是其他动物难以企及的。

不同的人对鱼类的印象也截然不同。在有些人看来，绝佳的鱼类形象就是牙齿锋利、能在海洋中优雅轻松地捕获猎物的鲨鱼；而另一些人则把鱼类视做是自家鱼缸内迷人的小动物；钓鱼者认为，鱼类是需要绞尽脑汁以智取之的狡猾猎物；渔夫却将鱼看成是被拖至渔船甲板上的一大堆挣扎着的动物；而在生物学家眼中，鱼类则集合了一系列极富挑战性的问题，这些关于其进化、行为和形态的研究带给人们的疑问，远比研究本身能获得的答案要多得多。

鱼类形态多样，不仅物种数量众多，部分物种的个体数量也十分惊人。它们不仅十分有趣，对人类的部分研究还具有启发作用，因此非常有益。显然，许多物种的大片鱼群（倘若能对其保持有序的管理）能成为人类及其他动物极具价值的食物来源。但许多人还未意识到的是，对鱼类的有关研究也能有助于人们解决许多复杂的外科及内科医学问题。例如，在进行人类心脏及肺移植时，会产生组织排斥现象，如果能像雄性琵琶鱼融合在雌性琵琶鱼身上而并不起任何排异反应那样，该有多好。对少数几个关系紧密的有眼和有色表皮的物种及身体粉红的无眼穴居物种的研究，还能有助于我们了解基因代码与环境之间的关系。像这样的例子不胜枚举。

⊙ 图为印度尼西亚哇卡多比岛的一对斑尾狗母鱼，它们通常为底栖的肉食物种，除了逃跑时，它们几乎从不离开栖息的基质。它们以尾柄上的大块黑斑点为显著特征。

鱼类对人类的意义重大。千百年来，它们给人类带来了许多意想不到的惊奇，这绝不仅仅只因为它们的栖息地与人类的截然不同而已。

⊙ 鱼类身体形态及体型相差迥异，图为可怕的肉食性大白鲨。

无颌总纲及有颌总纲

无颌总纲
2科，12属，约90个物种

头甲鱼纲
七鳃鳗（七鳃鳗目）
约40个物种，分为6属1科

盲鳗纲
盲鳗（盲鳗目）
43～50个物种，分为6属1科

有颌总纲（有颌鱼）
约467科，约4180属，约24510个物种

软骨鱼纲（软骨质的鱼）
34科，138属，约915个物种，14目

皱鳃鲨（皱鳃鲨目）
1个物种皱鳃鲨

六鳃鲨和七鳃鲨（六鳃鲨目）
5个物种，分为3属1科

猫鲨（猫鲨目）
87个物种，分为约15属3科

平滑狗鲨（平滑鲨目）
30个物种，分为9属1科

角鲨或杰克逊港鲨（虎鲨目）
8个物种，分为1属1科

须鲨（须鲨目）
31个物种，分为13属7科

白眼鲨（真鲨目）
约100个物种，分为10属1科

剑吻鲨及其同类（砂锥齿鲨目）
7个物种，分为4属3科

长尾鲨及其同类（鲭鲨目）
10个物种，分为6属3科

白斑角鲨及其同类（角鲨目）
约70个物种，分为约12属1科

扁鲨（扁鲨目）
10个物种，分为1属1科

锯鲨（锯鲨目）
5个物种，分为2属1科

鳐、魟及锯鳐（鳐目）
约465个物种，分为约62属12科

银鲛（银鲛目）
31个物种，分为6属3科

肉鳍鱼纲
5科，5属，8个物种，3目

腔棘鱼（腔棘鱼目）
2个物种，分为1属1科

澳洲肺鱼（澳洲肺鱼目）
1个物种澳洲肺鱼

南美肺鱼及非洲肺鱼（美洲肺鱼目）
5个物种，分为3属3科

辐鳍鱼纲（鳍呈辐射状的鱼）
约428科，约4037属，约23600个物种，分为39目

鲟鱼及匙吻鲟（鲟形目）
27个物种，分为6属2科

弓鳍鱼（弓鳍鱼目）
1个物种弓鳍鱼

雀鳝（半椎鱼目）
7个物种，分为2属1科

大海鲢及其同类（海鲢目）
8个物种，分为2属2科

北梭鱼、棘鳗及其同类（北梭鱼目）
29个物种，分为8属3科

鳗鱼（鳗鲡目）
738个物种，分为141属15科

吞噬鳗及其同类（囊鳃鳗目）
约26个物种，分为5属4科

鲱及凤尾鱼（鲱形目）
约357个物种，分为83属4科

龙鱼及其同类（骨舌鱼目）
约217个物种，分为29属6科

狗鱼及小泥鱼（狗鱼目）
10个物种，分为4属2科

胡瓜鱼及其同类（胡瓜鱼目）
约241个物种，分为74属13科

鲑、鳟及其同类（鲑形目）
66个物种，分为11属1科

圆罩鱼及其同类（巨口鱼目）
约320个物种，分为50属4科

狗母鱼（仙女鱼目）
约225个物种，分为约40属15科

灯笼鱼（灯笼鱼目）
约250个物种，分为约35属2科

脂鲤及其同类（脂鲤目）
约1340个物种，分为约250属约15科

鲶鱼（鲶形目）
约2400个物种，分为约410属34科

鲤鱼及其同类（鲤形目）
约2660个物种，分为约279属5科

新世界刀鱼（裸背电鳗目）
约62个物种，分为23属6科

牛奶鱼及其同类（鼠鱚目）
约35个物种，分为7属4科

鲑鲈鱼及其同类（鲑鲈目）
9个物种，分为6属3科

新鼬鱼及其同类（鼬鳚目）
约355个物种，分为92属5科

鳕鱼及其同类（鳕鱼目）
约482个物种，分为85属12科

蟾鱼（蟾鱼目）
69个物种，分为19属1科

琵琶鱼（鮟鱇目）
约310个物种，分为65属18科

银汉鱼（银汉鱼目）
290个物种，分为49属6科

鳉鱼（齿鲤目）
800个物种，分为84属9科

青鳉及其同类（颌针鱼目）
200个物种，分为37属5科

鲈鱼（鲈形目）
约9300个物种，分为约1500属约150科

比目鱼（鲽形目）
约570个物种，分为约123属11科

扳机鱼及其同类（鲀形目）
约340个物种，分为约100属9科

海马及其同类（海龙鱼目）
约241个物种，分为60属6科

棘鳞鱼及其同类（金眼鲷目）
约130个物种，分为18属5科

海鲂及其同类（海鲂目）
约39个物种，分为约20属6科

刺鱼及其同类（奇金眼鲷目）
约86个物种，分为28属9科

黄鳝及其同类（合鳃目）
约87个物种，分为12属3科

棘鱼（刺鱼目）
约216个物种，分为11属5科

甲颊鱼（鲉形目）
约1300个物种，分为约266属25科

桨鱼及其同类（月鱼目）
约19个物种，分为12属7科

鱼类身体平面图

鱼类是地球上最古老的脊椎动物，为了适应水中的生活，鱼类显示出许多有趣的身体适应性。它们在游动中，依靠鳍控制向前行进的方向，并产生向上的提升力。鳔还能为它们提供浮力。它们复杂的呼吸系统——鳃及弓鳃——能使鱼类吸收并聚集水中稀少的氧气，而极其敏感的侧线则能使它们探测出周围潜在的猎物或敌人。

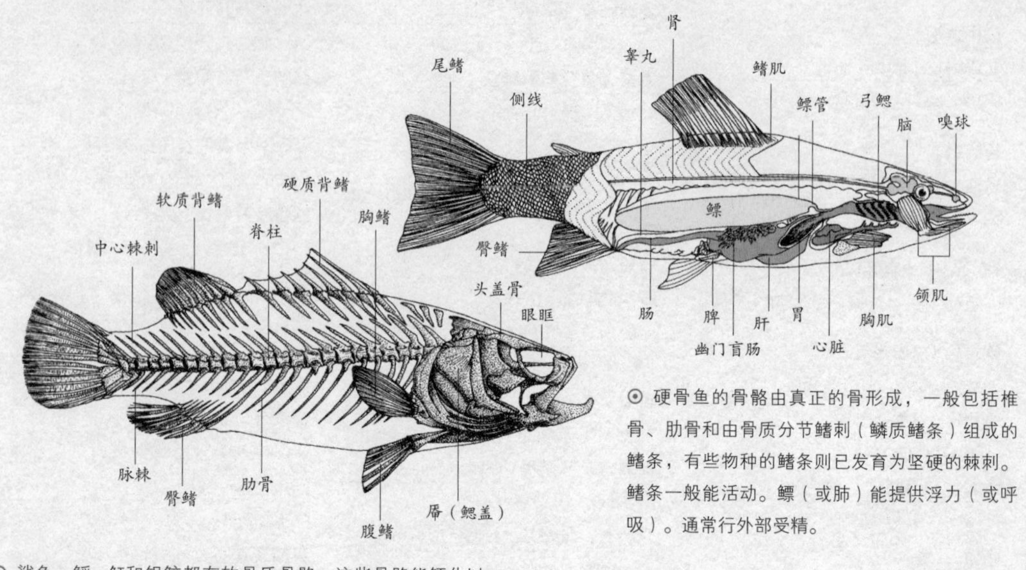

⊙ 硬骨鱼的骨骼由真正的骨形成，一般包括椎骨、肋骨和由骨质分节鳍刺（鳞质鳍条）组成的鳍条，有些物种的鳍条则已发育为坚硬的棘刺。鳍条一般能活动。鳔（或肺）能提供浮力（或呼吸）。通常行外部受精。

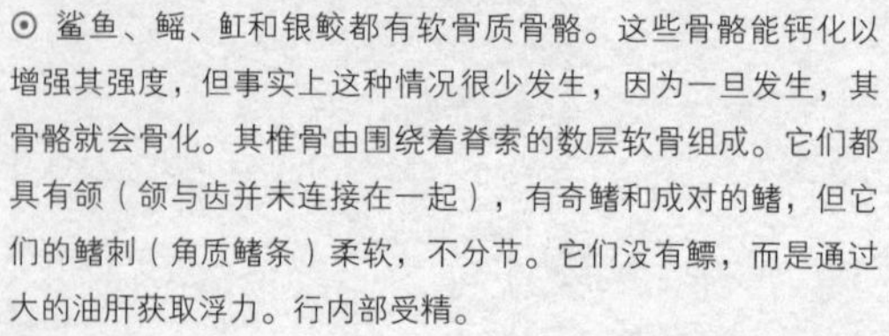

⊙ 鲨鱼、鳐、魟和银鲛都有软骨质骨骼。这些骨骼能钙化以增强其强度，但事实上这种情况很少发生，因为一旦发生，其骨骼就会骨化。其椎骨由围绕着脊索的数层软骨组成。它们都具有颌（颌与齿并未连接在一起），有奇鳍和成对的鳍，但它们的鳍刺（角质鳍条）柔软，不分节。它们没有鳔，而是通过大的油肝获取浮力。行内部受精。

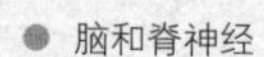

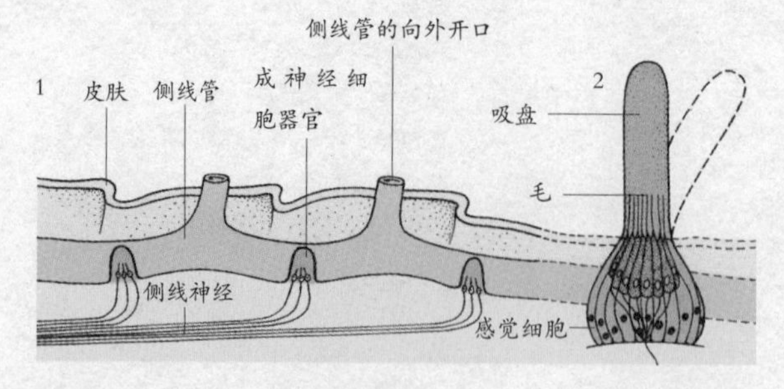

⊙ 鱼类的侧线器官由鱼鳞下的一系列液体管组成，它们的感受器极其敏感，能探测轻微的波动。1.侧线的纵向截面，显示了液体管与外界的连接及感受器的位置；2.单一压力感受器的细节图。

⊙ 鱼（图中是马西尔鱼，鲤科鱼）的主要外部特征。鱼类通常有2套成对的鳍——胸鳍和腹鳍，及2个单独的鳍——背鳍和臀鳍（也称为奇鳍），还有一个复杂的尾鳍。

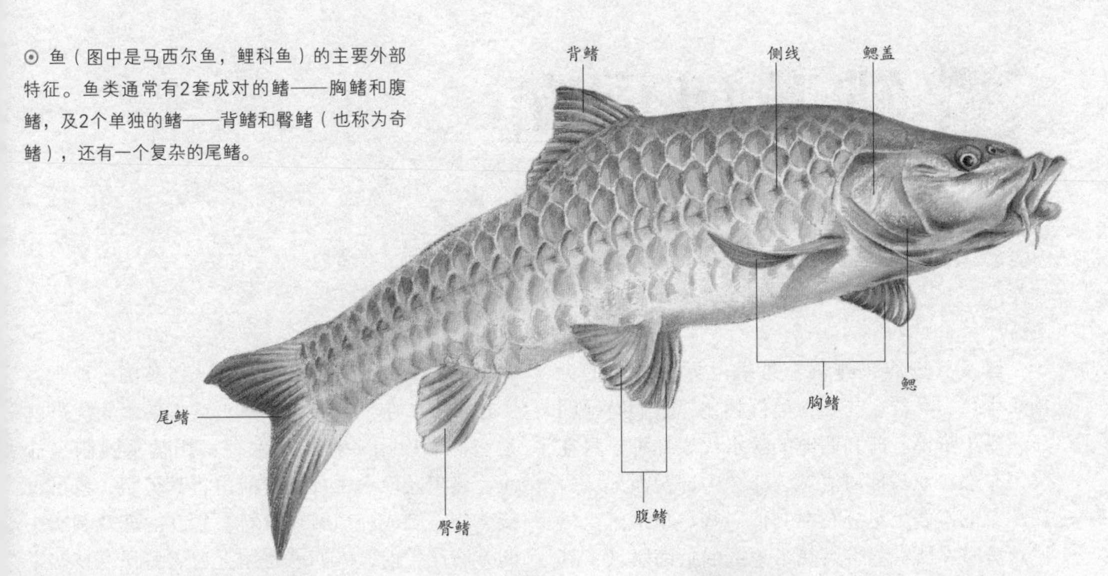

鱼类之最

* **最小**：侏儒虾虎鱼，体长（发育成熟的雄性）仅9毫米。
* **最大**：鲸鲨，一种软骨鱼，体长达12.5米。
* **最快**：佛罗里达海岸附近的旗鱼速度能达110千米/小时。
* **最快反应**：蟾鱼吞食周围游过的鱼只要区区6毫秒，速度快到同一鱼群的其他鱼类毫无察觉。
* **最常见**：深海圆罩鱼（圆罩鱼物种），它们在世界各大洋中的个体数量都十分丰富，一般栖息在海面下超过300米处的深度。
* **产卵最多**：海洋太阳鱼一次排卵就能产下约2.5亿个卵。
* **最低产卵率**：砂锥齿鲨每2年才能产下1～2头幼鲨。
* **寿命最短**：非洲齿鲤，它们生活在雨季的水塘里，只有12周的寿命，是所有脊椎动物中最短的。
* **寿命最长**：湖鲟的寿命能达80年。
* **最毒**：毒鲉的毒能使人类致死。

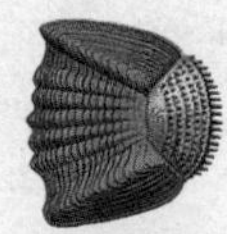

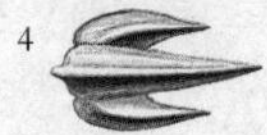

⊙ 鱼鳞的4种基本样式：1.栉齿鳞，为大多数现代硬骨鱼所具有，各鳞片彼此重叠，像瓦片一样排列，后缘呈齿状；2.圆形鳞（如鲑的鳞）外表呈圆形，有光滑的后缘；3.菱形硬鳞，为某些“原始的”现代鱼类所有，如多鳍鱼、雀鳝和弓鳍鱼；4.盾形鳞，或称“皮齿”，为鲨鱼、鳐及其他软骨鱼所有。

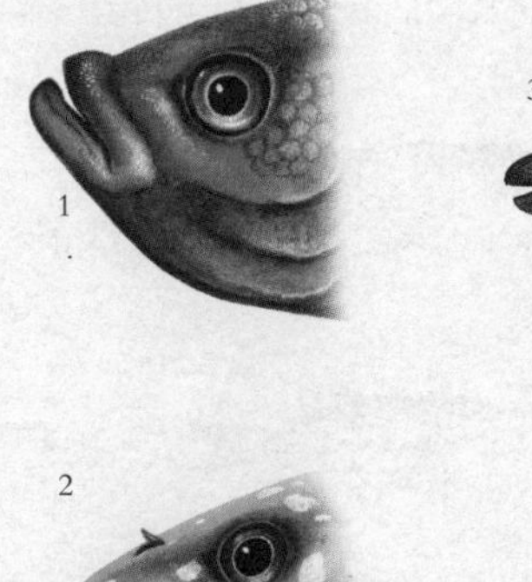

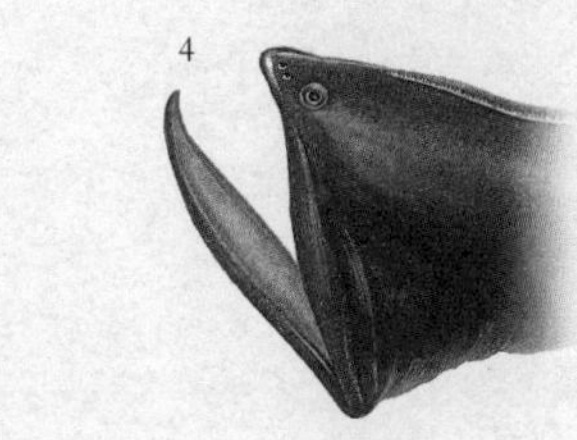

⊙ 为适应不同的生态环境及不同物种的摄食方式，鱼类嘴的形状差别极大：1.呼吸空气的暹罗斗鱼的嘴朝上，适于捕食蚊子的幼虫及其他昆虫；2.金点满天星，一种鲶鱼，嘴上长着特有的长触须，这些肉质凸起有助于这些有吸附器官的底栖动物寻找并定位食物；3.镰鱼的嘴小巧并向外突起，还有许多长长的刚毛状齿，它们能用这些齿刮蹭岩石上的薄壳状动物；4.吞噬鳗以甲壳类动物为食，因此它们的颌向后大幅度延伸。

鲱及凤尾鱼

世界上最为人类所熟知的鱼类物种当属仅包含4个现存物种科的目：鲱和凤尾鱼，以及齿头鲱和宝刀鱼。它们的影响巨大而深远。极具经济价值的北大西洋鲱鱼曾引发战争，它们的迁徙曾导致政府的垮台，并引起州的瓦解。

鲱及其近族（鲱科）是呈世界性分布的大型海生鱼类类群，与其他类群相比，它们特征明显、易于辨识。鲱和西鲱的淡水代表物种栖息在美国东部、亚马孙河流域、非洲中部及西部、大洋洲东部，偶尔也分布在其他一些零星地区。凤尾鱼分布在所有温带及热带地区的近海区域，其淡水物种则分布于亚马孙河及东南亚。宝刀鱼均为海生物种，齿头鲱科中的唯一物种则栖息于西非的少数淡水河流中。

鲱和西鲱

鲱科

在本类群中，鲱和西鲱所在的物种科所包含的物种数量最多（约214个），它们都极具经济价值。由于它们从前数量庞大，肉质富含营养，又素喜大片群生，因此成为渔船追逐的主要目标。1936～1937年间，在世界上所有捕捞的鱼类中，该科物种所占的重量比例竟达37.3%，其中约一半都出自同一物种，即太平洋沙丁鱼。

在北大西洋进行的鲱鱼捕捞由来已久。公元709年，盐渍鲱鱼就从英国的东英吉利出口至弗里斯兰岛，此渔业甚至被载入《英国土地志》（1086年）中。鲱鱼（及其近族）的最大优点就是它们可以用多种方式保存：用盐水腌制、盐渍、热熏及冷熏（可先盐渍再将其劈裂，也可直接熏制，制成腌熏鲱或红鲱）。在冷冻及制罐头的方法产生前，人们就是用上述这些保存技法来保存可食用鲱鱼的。

成群的鲱鱼在温暖的季节产卵，在海底排出一团团有黏性的卵，孵化出来的幼鱼营浮游生活（在水域的上、中层自由游动）。鲱鱼在其整个生命史中都以浮游动物为食，特别是小型甲壳类动物和大型甲壳类动物的幼虫。它们的最大游速可达5.8千米/小时。

小鲱是鲱鱼的小型近族，它们常作为另一种鲱鱼物种沙丁鱼的幼鱼在市场上销售。银鱼则是北大西洋鲱鱼和小鲱的幼鱼。

西鲱（西鲱物种）是鲱鱼中较大的物种。大西洋的美洲西鲱体长接近80厘米。1871年，它们通过河流被引入太平洋，如今已经遍布美国的太平洋沿岸，体长已达90厘米。欧洲的北大西洋水域里有两个十分稀少的鲱鱼物种：拟西鲱和河鲱。其中河鲱有一些非迁徙性小型个体分布在基

⊙ 鲱鱼和凤尾鱼的代表物种
1.小鲱，以浮游甲壳类动物为食；2.北大西洋鲱鱼；3.沙丁鱼，它能在开放的海洋或靠近海岸处产卵，能产下5万～6万枚卵；4.在产卵时，部分地区的凤尾鱼会涉险游至湖泊、河口和环礁湖中；5.一对宝刀鱼。

拉尼湖（爱尔兰）和部分意大利湖泊中。美洲拟西鲱也具有淡水物种。

鲱科物种的外表十分相似，大部分都为银色（背部颜色较深），头部无鳞。它们的鳍上无棘刺，鳞片十分容易脱落（暂时性鳞片）。

凤尾鱼
鳀科

凤尾鱼科中的物种比许多鲱科物种更长更薄，它们有大大的嘴、伸出在外的垂悬吻部和圆圆的腹部，其腹部上没有鲱科所具有的由鳞甲覆盖的脊骨。

太平洋东部的一种凤尾鱼能长至约18厘米，人们对其需求量极大，主要用来制油或做食物，而非上等佳肴，只将捕获的一小部分制成罐头或鱼酱。过去它们的数量比现在多出许多，例如，1933年11月的一次围网中就有超过200吨的捕获量记录。

更南部的秘鲁鳀广泛分布于食物丰富的洪堡洋流中，它们也是太平洋沿岸南美国家的主要鱼类资源。在厄瓜多尔、智利，尤其是秘鲁，都能捕获到大批的秘鲁鳀鱼群，但自厄尔尼诺的南方振荡发生以来，其数量已经急剧下降。凤尾鱼栖息于北大西洋和地中海的温暖水域中。在凤尾鱼通过各种形式出售前，都要将它们用盐封装在桶中，在30℃的温度下保存3个月，直至其肉变为红色。凤尾鱼很少长至20厘米长，它们可存活7年左右，一般在第1或第2年年底就会达到性成熟。它们用长而薄的鳃耙过滤海水中的可食用浮游动物为食。

宝刀鱼和齿头鲱
宝刀鱼科，齿头鲱科

宝刀鱼科仅包括一个属和2个物种，即宝刀鱼。这种鲱中巨鱼体长能超过1米，栖息在印度洋—太平洋的热带区域中（西至南非和红海，从日本直至新南威尔士）。它们的身体长而扁平，还有锋利的腹脊骨。它们的颌上有大尖牙，舌和口腔顶上还有小齿。宝刀鱼是积极的捕猎者，能进行长距离的跳跃。这些物种的腹壁间有无数刺，而且一旦将之捕获，它们会猛烈挣扎并猛咬包括渔民在内的所有能触及之物，因此一般不将其用于食用。它们的肠内有螺旋瓣，能增加其吸收表面。具有螺旋瓣的硬骨鱼是十分少见的。

齿头鲱是齿头鲱科的唯一代表物种，它们长约8厘米，仅栖息在尼日利亚与贝宁边界少数流速极快的河流中。它们体呈银色，两侧有深色的条纹。它们虽貌不惊人，但其头部和身体的前端有许多醒目的锯齿凸起，并因此得名；但这些凸起的具体功能尚不明确。它们的化石与现存物种几乎并无二致，系源自坦桑尼亚从前的湖泊沉积物——约0.2亿~0.25亿年前。现存的齿头鲱被认为是鲱形目中最古老的物种。

知识档案

鲱鱼和凤尾鱼

总目：鲱形总目

目：鲱形目

约357个物种，分为83属，4个现存（活的）科。

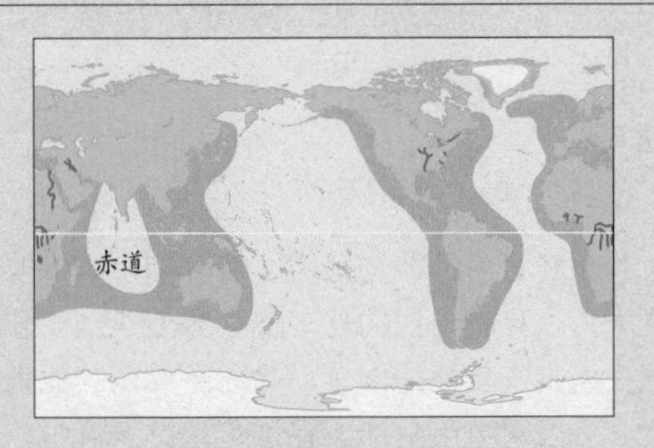

鲱（鲱科）

约214个物种，分为约56属。

分布：世界各大洋中，约50个物种分布在非洲的淡水中。**长度**：最长可达90厘米。**物种**：包括西鲱、拟西鲱、河鲱、美洲鲥、北大西洋鲱、沙丁鱼、小鲱、太平洋沙丁鱼。

凤尾鱼（鳀科）

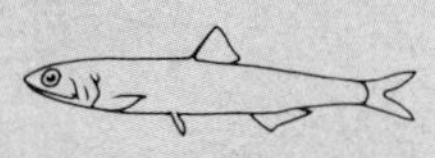

约140个物种，分为16属。

分布：世界各大洋中，约17个物种分布在淡水或咸水中。**长度**：最长可达约50厘米。**物种**：包括秘鲁鱼和秘鲁鳀。

宝刀鱼（宝刀鱼科）

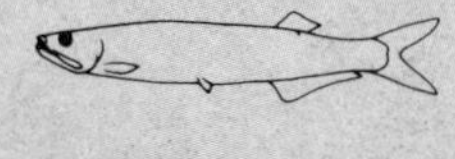

2个物种，分为1属：宝刀鱼和长颌宝刀鱼。**分布**：印度洋和太平洋西部。**长度**：最长可达约1米。

齿头鲱（齿头鲱科）

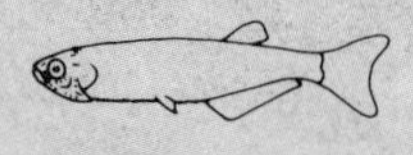

是该科下的唯一物种。**分布**：西非的河流中（靠近尼日利亚和贝宁的边界）。**长度**：最长可达约8厘米。

狗鱼、鲑、胡瓜鱼及其同类

包括狗鱼、胡瓜鱼、鲑鱼及其同类在内的物种目，引起了许多人的兴趣。它们中有珍贵的垂钓鱼类和重要的食用鱼类，而且许多鱼类都具有迁徙的习性，因此也引起了生物学家的极大兴趣。它们中的许多都能双向迁徙，即在海洋和淡水之间迁徙；那些在淡水中产卵的迁徙物种称为溯河产卵，而那些在海洋中产卵的则称为入海产卵。

原棘鳍总目最初是为了涵盖所有原始硬骨鱼类而设的，包括狗鱼、鲑、灯笼鱼和南乳鱼等。然而，研究结果表明，这种人为的分组主要是基于物种所具有的原始特性，却不能反映它们之间的真实关系。因此这一总目及其下属的目、科不断被修订，其整体结构并不稳定。目前被广泛认可的分类方法包括3个目：狗鱼目、胡瓜鱼目和鲑形目。

狗鱼

狗鱼科

狗鱼是著名的游钓鱼类，部分狗鱼的体型十分庞大，一旦被钓钩钩住，就会激烈挣扎。它们是强大而富进攻性的肉食动物，主要以其他鱼类为食，一般营单生生活。在许多鱼类类群中，狗鱼的捕食会对小型物种的数量和行为产生重大的影响。

狗鱼一般分布在极地附近。在5个狗鱼物种中，只有白斑狗鱼广泛分布于北美、欧洲和亚洲，其他物种的分布则较为集中，1个分布于西伯利亚，另3种则分布于北美。狗鱼中最大的当属北美狼鱼或北美狗鱼，它重达30千克，长达1.5米，白斑狗鱼的体重也逾20千克，长达1米。

如今大部分专家认为北美小狗鱼包括2个物种——暗色狗鱼以及含带纹狗鱼和虫纹狗鱼2个亚种的美洲狗鱼。它们都是小型鱼类，其中带纹狗鱼和虫纹狗鱼很少长至30厘米。而暗色狗鱼体型稍大，当其栖息地有其他鱼类时，它们可能会与之杂交，产下体型惊人的带纹狗鱼或暗色狗鱼。事实上，分辨这2个或3个物种绝非易事，要了解其杂交鱼类的真正特性就更加困难了。

所有狗鱼物种的外表都十分相似，它们有纤细的长身体，略呈扁平，具有类似于鳄鱼的长而扁的吻。它们的嘴也较长，内有伸出来的大齿。狗鱼最显著的特征可能是其成丛的背鳍和臀鳍，它们的鳍都集中在身体后端，能使其在游动中迅速加速，它们与其他具有相似鱼鳍排布的鱼类因此得名“潜伏鱼”或“埋伏攻击鱼”——它们会躲藏在湖泊或河流边缘的植物中，伺机冲出来捕捉经过的猎物。

⊙ 带纹狗鱼广泛分布于北美，栖息在沼泽、湖泊和死水中，它们的吻比许多其他狗鱼物种都短。

⊙ 细鳞胡瓜鱼常成群栖息在一起，春季会游至海岸产卵。在这一过程中，许多个体会被困在海滩，在加拿大纽芬兰岛的海岸就很容易见到这种景象。

狗鱼主要栖息在淡水中，但也有少数能进入到略咸的加拿大湖泊和波罗的海中。早春时节，它们会在浅水域边缘处静止或缓缓波动的植物上产卵，此时，交配的雌性和雄性用数小时的时间排出几批较大体积的卵（直径2.3～3.0毫米），并使之受精。体型较大的雌性一次能产下成千上万个卵。陆生植物所在的水位高度，以及夏末的温度都会影响狗鱼的繁殖，其中水下的陆生植物是狗鱼产卵的绝佳地点。狗鱼幼鱼也会被自己的同类甚至狗鱼成鱼攻击。它们从被孵化出来就是肉食性动物，最初捕食昆虫，很快就像成鱼一样吞食鱼类，大型狗鱼偶尔也会捕食小型哺乳动物和鸟类。

狗鱼倍受垂钓者喜爱，在欧洲尤其如此。在北美，鲑鱼物种多样、数量众多、随处可见，因此狗鱼受追捧的程度并不太高，但许多垂钓者还是十分渴望捕获到一条大北美狗鱼。

胡瓜鱼

胡瓜鱼科

欧洲胡瓜鱼和胡瓜鱼科的几个其他物种体内都能散发出强烈的黄瓜味道，它们的俗名也因此而来。这些鱼类物种大多体型较小，体呈银色。它们栖息在北半球的海岸或寒冷的咸水域中，并有溯河迁徙的习性，在河中产卵。胡瓜鱼为肉食性物种，能用锋利的圆锥齿猎捕小型无脊椎动物为食。

胡瓜鱼物种对远北地区的渔业发展至关重要，它们数量众多，脂肪含量很高。不列颠哥伦比亚海岸的居民会将吃不完的胡瓜鱼晾干保存起来，由于其体内富含脂肪，能被直接点燃当做天然蜡烛一样使用，因此太平洋细齿鲑也被称为蜡鱼。

香鱼（有时也被归属于单型物种科香鱼科之下）是该科中一个十分著名的物种，栖息在日本和亚洲的邻近地区，具有极大的经济价值。它们的身体呈橄榄棕色，侧面有灰黄的大斑，张开的背鳍和其他鳍都呈红色。在繁殖季节，它们身上的颜色会变得愈加鲜艳，特别是红色。繁殖期开

知识档案

狗鱼、胡瓜鱼、鲑等

总目：原棘鳍总目

目：狗鱼目、胡瓜鱼目、鲑形目

超过300个物种，分为89个属，16个科。

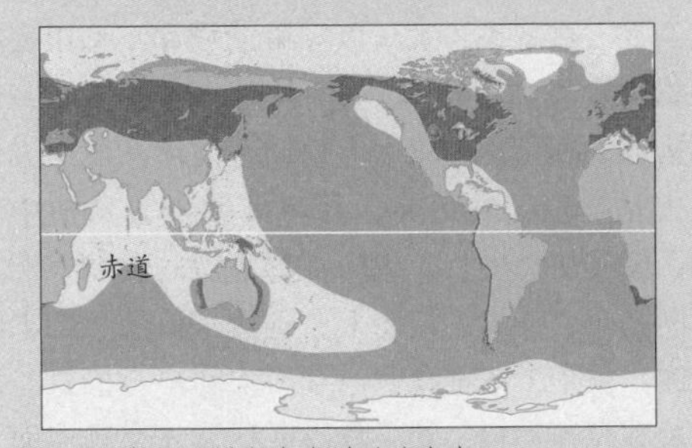

分布：分布于世界所有海洋及淡水中。

始时，雄性及雌性身上就会长出凸起的交配疣，雄性的上颌变短，而雌性的臀鳍变长。这些改变自夏季开始，到了秋季，香鱼便开始繁殖了。

香鱼在河流的上游发育成熟，并会顺流入海繁殖。它们通常先掘成一个10厘米的小坑，并在夜间产卵。每个雌性能产下约2万个黏性卵，卵的孵化时间约持续3周，具体因当地温度不同而有所不同。其幼鱼在河流中长至约2.5厘米长，便会迁徙至海洋中栖息。

香鱼幼鱼的入海迁徙是其生存策略中十分有趣的一部分。若秋季产卵发育而成的幼鱼停留在河流中，就势必要经受寒冷气候的考验，还会与那些春季产卵物种（大多数物种都在春季产卵）的较大幼鱼形成食物上的潜在竞争。而冬季海洋的温度比河流更为稳定，海洋中的食物也较为充足。此外，香鱼幼鱼还具有相应的生理（渗透）机制，使其小小的身体能适应从淡水到咸水的环境巨变。在冬季，香鱼以浮游动物和小型甲壳类动物为食。到了春季，它们已长至约8厘米，便聚集成大片鱼群逆流而上返回至河流。此时人们能大量捕获这种鱼类，并将其置于养殖池中围养，使其快速生长，成为一种易得的食物来源。漏网之鱼会继续逆流而上，到达水流湍急的上游地区，每个个体都在岩石和石块间自行栖息，以硅藻和海藻为食，到了夏季或秋季才会顺流而下产卵。香鱼是一年生鱼类，成鱼大多在产卵后死去，只有极少部分能在产卵后继续存活，并在海洋里度过整个冬季，然后继续其生命循环。

香鱼在从幼鱼到成鱼的发育过程中，从咸水迁徙至淡水，它们在2个阶段的食物也有所不同，因此牙齿也发生了显著的变化。在海洋中，香鱼幼鱼为肉食性，用其圆锥形齿捕捉小型甲壳类动物和其他无脊椎动物为食；而香鱼成鱼则以藻类为食，因此拥有一整套呈梳齿状的牙齿，更令人啧啧称奇的是，它们的牙齿居然长在嘴外。

香鱼迁徙至淡水中时，其圆锥齿脱落，并从颌下的皮肤萌发出梳状齿。每条梳状齿包括20～30个齿，其中每个都形如固定在小棒上的月牙。所占平面虽窄，但其横向面积却极宽；月牙的开口朝内，由于各齿弯曲的程度各不相同，因此整排梳状齿变得蜿蜒不齐。但当嘴闭合时，它们上下颌的梳状齿均并置于嘴外。其下颌的前端均延伸出骨质的凸起，与上颌上的凹陷正好契合在一起。其口腔底部的中线上有一圈凸起的组织，这条凸起缘前低后高，并在后端分为2个分支，每个分支自身又折返回前端，其高度逐渐降低并保持与颌的两侧平行，与香鱼鳃上的中骨通过肌肉相连。

香鱼成鱼对自己的领地戒备森严，它们以领地中的藻类为食，但人们对其摄食的方式仍不甚了解。

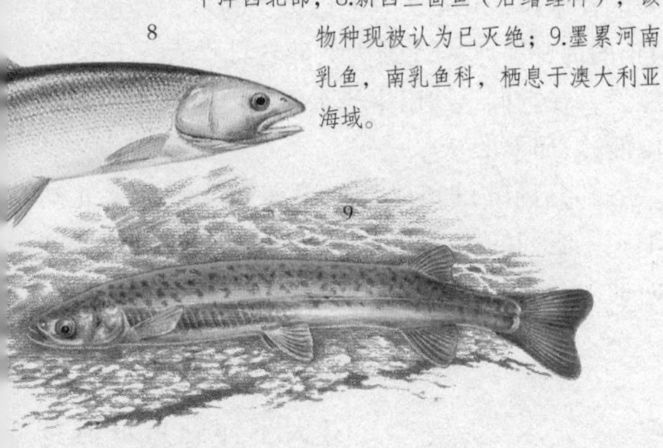

⊙ 胡瓜鱼目的代表物种

1.胡瓜鱼，胡瓜鱼科；2.奇眼珍鱼，小口兔鲑科；3.肩灯鱼属的一个物种（管肩鱼科），能将液体喷出形成有光的水雾；4.平头鱼属的一个物种，是栖息在印度洋的水珍鱼科（平头鱼）中的一种长吻个体；5.葛氏后肛鱼，后肛鱼科，请注意该科物种所特有的直指向上的管状眼；6.香鱼，胡瓜鱼科；7.日本冰鱼，巽他银鱼科，栖息于太平洋西北部；8.新西兰茴鱼（后鳍鲑科），该物种现被认为已灭绝；9.墨累河南乳鱼，南乳鱼科，栖息于澳大利亚海域。

鲑、鳟及其同类

鲑科

鲑科分为白鲑亚科、茴鱼亚科和鲑亚科3个亚科，总共包括约66个物种，分为11属。该类群包括鲑、鳟、红点鲑和白鲑，它们是北半球最著名也是最重要的鱼类之一。由于它们既可作为食物，又是重要的游钓鱼类，因此极具经济价值，理所当然地获得了科学家们的倍加关注和详细研究。

人们一般将白鲑亚科的鱼类通称为白鲑，其实白鲑可以专门指代该亚科中的至少2个物种，也能被用于指代一组毫无关联的海生鱼类物种。白鲑身体较扁平，体呈银色，主要栖息在亚洲、欧洲和北美寒冷的深湖中。白鲑亚科分为3个属，但事实上该亚科中物种的形态和遗传因素极其多样，因此就算能借助现代分子技术，长久以来专家们对它们的属分类还是纷争不断。白鲑亚科中的少数物种需溯河产卵，但大多数却只栖息于淡水中。其中许多物种既具有极高的经济价值，又是重要的休闲垂钓鱼类，如白鲑鱼和欧洲白鲑。

茴鱼亚科下仅有一个茴鱼属，它们的鱼肉散发出类似茴香的味道，因此而得名。它们栖息在水流湍急的寒冷河流中，有时也会在咸水中生存。茴鱼广泛分布于亚洲和欧洲，体色略微鲜艳的北极茴鱼还分布于北美的高纬度地区。

鲑亚科是世界上最重要的鱼类之一，其中的大西洋鲑鱼最为人们所熟知。人们乐意为一品它们的细腻鱼肉而一掷千金，甚至愿意出高价在风景优美的地方享受海钓鲑鱼的乐趣。它们也是商业捕捞者追逐的目标，但商业捕捞行为在其分布区域内已经受到了严格控制。虽然鲑鱼如今已成为一个象征奢侈的名词，但在19世纪的伦敦，情况却截然不同，曾有学徒抗议他们一周中的6天都只有鲑鱼可吃。

大西洋中唯一的鲑鱼物种在其生命史的不同阶段都有特殊的名字，这无疑更凸显了它们的重要地位。它们刚孵化出来时被称为初孵仔鱼，很快便长成仔鱼；当长至几厘米时，身体上长出深色大斑或幼鲑纹时，它们被称为幼鲑；迁徙入海后，幼鲑纹逐渐被银色所覆盖，它们就成了降海鲑；降海鲑在海洋中度过一个冬天后，便返回淡水中产卵，此时它们被称为产卵鲑或一龄降海鲑，有时降海鲑会在海洋中再多度过一个或多个冬天，然后才返回淡水中产卵，这时它们已是大型的春季洄流鱼或多龄降海鲑；产卵后它

⊙ 雌雄两条棕鳟正在悉心照料它们的巢。巢建在水流很快的清澈河底浅滩上。

们成为产后鲑鱼。鲑鱼大多在产后死去，也有部分存活下来并返回海洋，以后还会进行新一轮的产卵迁徙。

鲑鱼成鱼在其初生河流产卵，产下的卵会在沙砾中停留相当长的一段时间。当地的水温决定了鲑鱼卵的孵化时间，在北欧，鱼卵的孵化一般集中于4月和5月间。

孵化出来的幼鱼长约2厘米，在最初的6周左右时间内，它们栖息在沙砾层中，以自己的卵黄囊为食。当卵黄逐渐消耗殆尽时，仔鱼会从沙砾层中游出来捕食昆虫幼虫及其他无脊椎动物。经过不断发育，仔鱼长成幼鲑，它们的幼鲑纹能为其提供掩护，以便积极主动地捕食猎物。幼鲑在淡水中发育成降海鲑所需的时间各不相同，在北方地区需要5年左右，而在南方则只需要1年。

并不是所有一龄期降海鲑都会迁徙至海洋，还有少数雄性降海鲑会停留在淡水中直至达到性早熟，并与交配的雄性一样排出精子。迁徙的降海鲑会在河口逗留一段时间，逐渐适应咸水环境。它们在海水中发育得很快，3年左右的时间就能长至14千克重。它们以鱼类为食，经过多达4年的海洋生活，逐渐为产卵迁徙储存了足够的能量，在它们返回出生淡水河流的途程中，其速度能达115千米/天。

部分内陆鲑鱼栖息在美洲和欧洲的远北湖泊中，它们的体型不及其他鲑鱼那么大，也能溯游而上产卵。一般认为，它们通往海洋的通道在最后一个冰河时代后已被阻隔。

⊙ 鲑形目的代表物种

1.大西洋鲑鱼；2.彩虹鳟；3.茴鱼；4.红大马哈鱼；5.红点鲑；6.海鳟、溪鳟或棕鳟；7.短颌白鲑。

太平洋鲑鱼可能包括7个物种，均属于大马哈鱼属，“大马哈”即“钩形鳟”的意思。它们的生命史与大西洋鲑鱼十分相似，其中2个北美物种——红大马哈鱼和彩虹鳟，和日本琵琶湖的不确定物种还都具有栖息于内陆的物种形态。生活在大西洋中的大西洋鲑鱼能长至约32千克，而太平洋大鳞大马哈鱼的体重还曾达到过57千克。

栖息于欧亚的哲罗鲑属包括多瑙河纤细的哲罗鲑和中亚地区的其他物种。19世纪，人们曾尝试着将哲罗鲑转移至英国的泰晤士河，但尚无可靠的资料显示该转移最终获得了成功，而今那些更具有环境意识的渔业运营者甚至不敢冒险尝试这类物种的转移。

红点鲑属的红点鲑栖息于欧洲和北美寒冷的深

⊙ 一条12天大的棕鳟幼鱼正在取食。

湖和河流中，其中仅有栖息在大西洋极北部的物种才具有迁徙性。该属中的唯一欧洲物种北极红点鲑外形多样，直至最近，人们才大致按照它们栖息的各湖泊名称为不同物种命名。在繁殖季期间，其雄性的腹部会呈现醒目的深红色，红点鲑也因此得名。如果说红点鲑的肉质优于鲑鱼的话，那一定是指在月桂叶中稍稍煮沸，经过冷却而制成的红点鲑排。美洲东部的七彩鲑——俗名为河鳟，事实上也是一种红点鲑。在其原产地，迁徙性七彩鲑能长到近90厘米长，而引入到欧洲的七彩鲑却很少长至该体长的一半。在欧洲，溪鳟或棕鳟能与当地河鳟或其他棕鳟及外来彩虹鳟杂交，产生的下一代身体上有条纹，被称为老虎鳟或斑马鳟，丧失了繁殖能力。

欧洲棕鳟的命名体系有许多混乱之处，不论是物种形态还是生活习性，棕鳟都呈现出极端的多样化，因此它们的俗名也不计其数，如棕鳟、海鳟、湖鳟和鲑鳟。栖息于湖泊的棕鳟能长至十分庞大，并能猎捕同类为食，也常被称为湖鳟或猛鲑。能迁徙至海洋摄食的棕鳟体呈银色，被称为海鳟或鲑鳟（它们并不是鲑鱼和棕鳟杂交的产物，尽管这种杂交现象确有发生）。由于海洋中取食的机会相对较大，因此迁徙性棕鳟的体型几乎为非迁徙性棕鳟的2倍。

栖息于北美西岸的彩虹鳟命名体系的复杂程度也与棕鳟相似。这种养鱼场中常见的外来物种在欧洲的自然分布十分广泛，其中栖息于分布范围北部的彩虹鳟为迁徙性物种，与南方物种相比，它们体型更大，体色也更为鲜艳。加拿大人将迁徙性彩虹鳟称为钢头鳟，非迁徙性物种则被称为彩虹鳟。多年前，英国的一个养鱼场曾打算从北美购入一批彩虹鳟来提高自家的鳟鱼养殖率，不幸的是，他们购入的却是迁徙性物种，所有投资都血本无归。

鲑鱼和鳟鱼作为游钓鱼类和食用鱼类，被引入许多国家。棕鲑如今已分布于北美西部和几乎所有南半球国家，它们甚至能在部分热带国家中的高纬度清泉中茁壮成长。大英帝国时期商人们曾从殖民地大量引入鲑鱼用做游钓鱼类，如今鲑鱼亚种的分布状况大致与当时相同。

说到鲑科这一重要的物种科，还有2个少为人知的不确定分支物种不能不被提及。其一是栖息于欧洲奥赫里德湖中以及希腊水域中的钝吻鲑属物种，它们可能为南方内陆鲑鱼；其二是分布于蒙古、中国和韩国境内河流中的细鳞鲑属物种，由于该物种可供研究的标本少之又少，因此关于其分类关系，至今为止还没有获得令人满意的结论。

⊙ 图为一对产卵的红大马哈鱼，右侧为具有独特隆起的钩形颌的雄性。人们在北美太平洋沿岸广泛捕捞该物种。

脂鲤、鲶鱼、鲤鱼及其同类

鲤鱼、鲶鱼、脂鲤、鲫鱼、鳅鱼及其同类是欧亚和北美主要的淡水鱼类，在非洲和南美也同样如此（只有鲶鱼是澳大利亚的本地物种）。这其中约有6500个物种主要都是淡水鱼类，只有鲶鱼的2个科和鲤科的1个物种栖息在海中，也有少数几个属的物种会在咸水中栖息一段时间。

专家们将这些物种划分为数个主要类群（尽管人们对它们之间的关系仍然存有许多争议），而来自婆罗洲的低唇鱼的归属却仍是一个谜团，尽管有的专家确信它应属于河鳅（爬鳅科），但看来似乎找不到特别适合于它的一个类群。

种类多样，数量繁多

分类和形态

骨鳔总目分为2个系列：骨鳔系和无耳鳔系，其中前者包括的物种数量是后者的200倍。骨鳔系具有2个主要的一致特征。第1个特征是当它们受到威胁时，大多能从皮肤的腺体中分泌出“警报物质”或信息素，从而引起其他骨鳔系物种的警觉。有厚甲的鲶鱼科物种并不具有这种警报物质，这是容易理解的，但令人费解的是，某些穴居脂鲤和鲤科物种居然也没有这类物质。

骨鳔系的第2个特征是韦伯氏器，即鱼类前端少量精细的椎骨（单个脊椎骨）所形成的一系列杠杆，也称鳔骨，能将鳔收到的压缩高频声波传送至内耳。由此可见骨鳔系具有敏锐的听力。

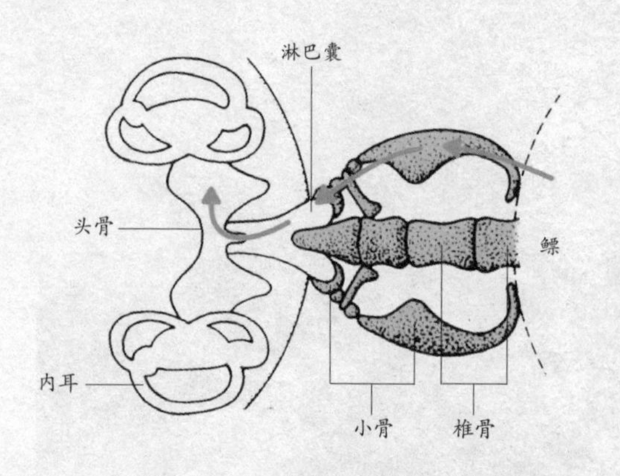

⊙ 图为从上往下看的韦伯氏器，它是骨鳔系中许多鱼类的特有器官，能将鳔中产生的波动传输至内耳，极大地提高了鱼类的听觉能力。

⊙ 剃刀鱼（图为黑耳剃刀鱼）三角形的短齿有剃刀状的边缘，能撕刮猎物的肉，擅长捕食其他鱼类或以腐肉为食。对它们的围养观察显示，只有当约20条剃刀鱼聚集在一起时它们才会互相撕咬，否则根本不会发生所谓的彼此间“疯狂吞噬”现象。

至今尚无人知晓究竟它们是如何进化出这类“助听”结构的，但无耳鳔系所具有的“头肋”可能就是这种“助听”机制的原型，可以借此对韦伯氏器的来源一探究竟吧。

无耳鳔系是一个物种各异、就某种程度而言也不尽一致的类群。牛奶鱼（虱目鱼科的唯一物种）是一种栖息在东南亚的食用鱼类，它们酷似有银色小鳞的大型鲱鱼，但却没有腹部鳞甲（“鳞板”）。许多地区都在鱼池中密集饲养牛奶鱼。它们能长至1米多长，也能适应不同盐度的水域。

鼠鱚是其所属科（鼠鱚科）中的唯一物种，它们栖息在温带及热带印度洋–太平洋的浅水域中，身体细长，有长吻，嘴位于腹部，无鳔。人们曾在加拿大的阿尔伯达发现了一个可能是鼠鱚近族的化石。

与鼠鱚不同的是，栖息在西非淡水中的铰嘴鱼或枕枝鱼的嘴位于背部，能伸展为短潜望镜。它们的鳔被分为数个小单元，能呼吸大气。当其长至15厘米长以上时，便局限在尼日尔和扎伊尔盆地的部分区域生活。

无耳鳔系还包括克奈鱼及与之密切相关的物种（克奈鱼科），它们是栖息在热带和非洲尼罗河流域淡水中的小型淡水生物种，以藻类为食。它们呈明显的两性二态性，雄性的孱或鳃盖上有一个特殊的星号，但其作用尚不为人知。克罗麦鱼属和油奈氏鱼属都是性早熟物种，即它们在保持幼态体形的时候就已经达到性成熟了。部分专家认为这两属都属于克奈鱼，其他专家则将其视为一个单独的物种科。克罗麦鱼和油奈氏鱼都是栖息在西非河流的小型透明鱼类（这与其邻近科的物种不同），无鳞，无侧线。

脂鲤、鲶鱼、鲤鱼和新世界刀鱼都是非常成熟的物种类群，它们高度融合了其旧有的特质和极度激进的进化特征，同时它们所包含的物种多种多样，适应性极强，因而导致对其物种的分类十分困难。它们虽十分常见，但也是谜一样的类群。

脂鲤及其相关物种
脂鲤目

脂鲤目中有超过1340个现存物种，其中约210个都分布在非洲，其他则分布在美洲中、南部。这种不连续的分布状况意味着约1亿年前，脂鲤目广泛分布于冈瓦纳大陆，该大陆随后分裂为非洲、南美洲、南极洲和大洋洲。

从外表上看，脂鲤目物种与鲤鱼科（鲤科）物种十分相似，但它们的尾鳍和真背鳍之间通常还有一条肉质脂（“第二”背）鳍，此外，它们的颌上还有齿，而咽或喉部却无齿。它们在正在用的一整套实用的牙齿之后还有一套备用齿。部分脂鲤物种会先脱落上下颌一侧的旧齿并换上新齿，当该侧的新齿位置稳固后再更换另一侧的齿；而肉食性脂鲤则会一口气脱落全部旧齿并换上新齿，牙齿的更换一旦完成，它们的备用齿槽上就会长出一套新的备用齿。

非洲的脂鲤目包括3个科（分为几个亚科），都是肉食性和杂食性物种，但不及新热带区的脂鲤物种那么多种多样。其中最原始的是脂

知识档案

脂鲤、鲶鱼及其同类

总目：骨鳔总目

目：脂鲤目、鲶形目、鲤目、裸背电鳗目、鼠鱚目

约6500个物种，分为至少960个属和约60个科。

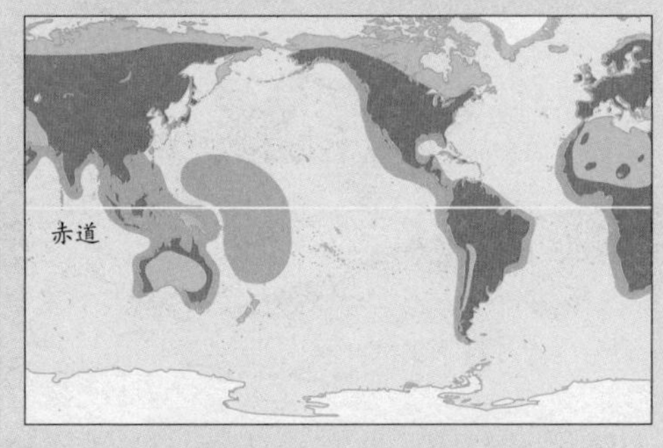

分布：呈世界性分布，主要栖息在淡水中。

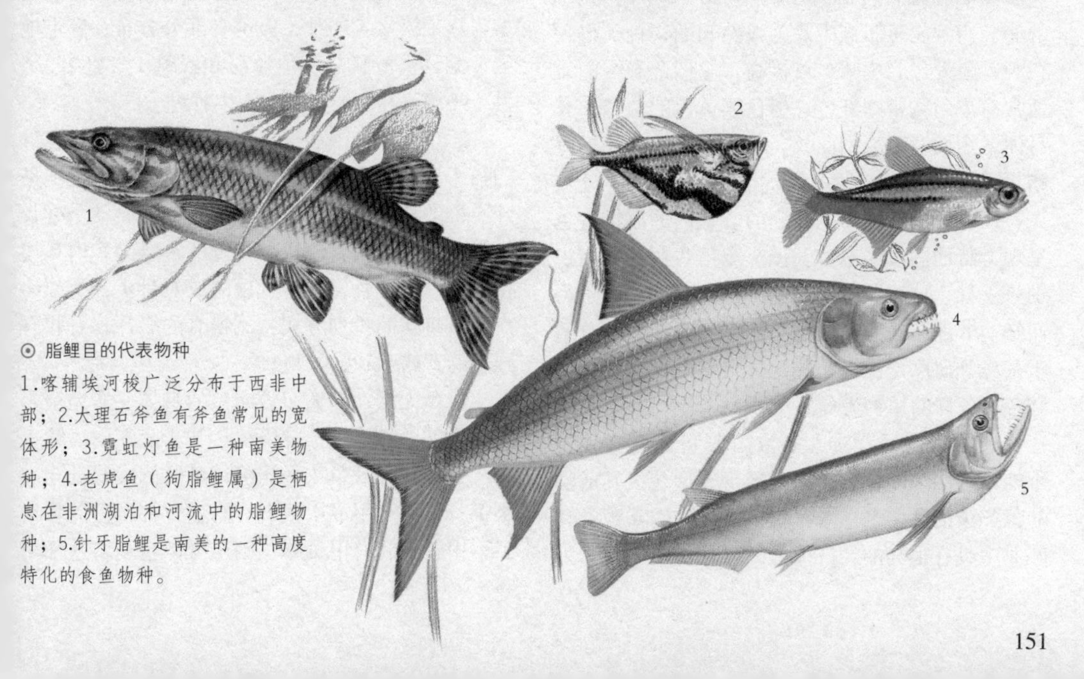

⊙ 脂鲤目的代表物种

1.喀辅埃河梭广泛分布于西非中部；2.大理石斧鱼有斧鱼常见的宽体形；3.霓虹灯鱼是一种南美物种；4.老虎鱼（狗脂鲤属）是栖息在非洲湖泊和河流中的脂鲤物种；5.针牙脂鲤是南美的一种高度特化的食鱼物种。

⊙ 鲶鱼的代表物种

1.甲鲶鱼及其独特的鳞片形状；2.海鲶鱼中的硬头鲶鱼，它们的鱼卵在雄性的嘴中孵化；3.能在两块水域之间的陆地上穿过的胡鲶；4.寄生鲶是一种寄生性物种，能在大型鱼类的鳃内吸食宿主的血液；5.渠鲶鱼是美国一种珍贵的游钓鱼类；6.蛙嘴鲶是分布于南亚的夜间活动的肉食性物种；7.巨鲶鱼是栖息于越南湄公河的一种濒危物种；8.倒游鲶能倒转着游泳，搜寻树叶背面的活性食物和藻类为食；9.欧洲六须鲶是一种大型鲶鱼，它们能长至5米，在鲶鱼中格外引人注目。

鳡科中的唯一物种喀辅埃河梭或非洲梭，它们常暗暗等在一旁伺机捕食鱼类，由于它们有一张带有强力圆锥齿的大嘴，因此能有效防止猎物逃脱。它们在漂浮的泡沫巢中产下数千个卵并在一旁护卵（其卵是烹饪的佳品），这对脂鲤目物种而言绝不寻常。孵化出来的幼鱼能用其头上的特殊黏性器官悬在水面上。

非洲脂鲤科包括约18属共100个物种，其中的非洲脂鲤属是脂鲤中最为人熟知的物种类群，在观赏鱼爱好者中知名度极高。它们色彩绚丽，通常有单条侧带和红色、橙色或黄色的鱼鳍，其身体或短而宽，或细而长（纺锤形）。它们的臀鳍形状呈两性二态性：雌性的臀鳍边缘十分整齐，而雄性的臀鳍则是凸起的。它们的尾椎骨也呈现奇特的两性二态性。但究竟这些物种如何识别该差异，这些差异又对物种有何益处，尚不得而知。非洲脂鲤有十分强力的多尖头齿，十分适于刮擦和研磨昆虫、鱼类、昆虫幼虫、浮游生物和各式各样的植物为食。

观赏鱼爱好者对大多数南美脂鲤情有独钟（如今它们大多被归于未定属）。这些极其成功的鱼类中的许多都色彩鲜艳，因此它们在观赏鱼产业中具有很高的经济价值，而且也便于在野外将同族物种聚集成群。脂鲤是食杂物种，它们甚至能吞食任何能塞入嘴中的东西，但其中大多数是肉食性物种，主要以小型昆虫和水生无脊椎动物为食，墨西哥盲穴脂鲤就是该类群中的一个。

鲶鱼

鲶形目

鲶鱼约有2400个物种，分为约34科，它们大多为热带淡水生物种，但也有部分分布在温带地区（鮰科、鲶科、复须鲶科和鮠科），还有2个科（鳗鲶科和海鲶科）为海生物种。

鲶鱼因其长须而得名，这长须使其貌似有髯的猫（尽管并非所有鲶鱼物种都有须，须也不是该类群的特质）。鲶鱼的特征有：前4～8个椎骨结合成一体，其骨骼或小骨链还常将鳔和内耳连接起来；无顶骨，即头骨顶的成对骨头；头部的血管呈特殊的排列方式；无特有的鳞片，有些有强壮的背鳍刺和胸鳍刺。

鲶鱼无鳞，但大多数鲶鱼的身体并非完全是光秃秃的。棘甲鲶（棘甲鲶科）、亚洲山溪鲶鱼（鮡科）和鳅鲶鱼（平鳍鮠科）的侧线感觉孔周围都有骨质鳞甲或甲板，有时连背部也覆盖着鳞甲，甲鲶鱼和有甲美鲶鱼则全身都包裹着这种鳞甲。有些鲶鱼有强有力的锯齿状胸鳍和背鳍刺。这些棘刺依靠锁定机制保持直立，能与骨质鳞甲一道有效抵御鲶鱼的潜在敌人。鲶鱼的鳔部分或全部包裹在骨质囊中，其鳔明显退化，因此它们有在海底栖息的习性。人们对该结构的形成原因尚不了解。例如，退化和裹于囊中的鳔常为游动迅速的下眼鲶（下眼鲶科）物种和瓶鼻鲶鱼或无须鲶鱼所有，而底栖的电鲶鱼（电鲶科）的鳔却是所有鲶鱼中最大的！

南美的鲶鱼物种数量比其他各分布地点的总和还要多，世界上最小和最大的鲶鱼都分布在那里。玻利维亚的矮甲鲶（矮甲鲶科）是一种部分有甲的小型物种，其成鱼体长短于13毫米。而栖息于亚马孙河的油鲶（鸭嘴鲶物种）则可长至3米多长，鲶科的欧洲六须鲶的体长也与之相若。分布于南美的16科鲶鱼物种大多栖息在亚马孙河流域，另有4个物种科是安第斯山脉的本地物种。

有甲吸口鲶（甲鲶科）是所有鲶鱼物种科中最大的一科，约包括600个物种。正如其名字所显示的那样，它们的嘴呈吸盘状，上有栉状的薄齿，适于刮擦藻丛。它们大多在夜间活动，白天则躲藏在岩缝和木头中。部分物种雄性的鳃盖骨（形成鳃盖的骨头）上有长刺，能在与其他雄性进行正面地盘性保护争斗时攻击对方。管吻鲶是细长的有甲鲶物种，身体长而薄，形如枯萎的细枝，因而得名。

在非洲的8个鲶鱼物种科中，只有3个是当地物种，有4个物种科也分布于亚洲，最后一个海鲶鱼（海鲶科）物种也遍及亚洲、大洋洲以及南美、北美的沿岸水域中。非洲的鲶鱼物种虽不及南美鲶鱼那样形态多样，但也有许多奇特的物种，其中几个与南美的异常物种十分相似。非洲的扎伊尔河就如同美洲的亚马孙河，那里聚集了非洲境内最丰富的鲶鱼物种。而鲶鱼物种在2块大陆分布的显著区别在于，非洲的里夫特山谷中有一系列湖泊，其中部分湖泊中有许多当地特有的鲶鱼物种。

⊙ 鲶鱼因其长须而得名，黑色牛头鲶鱼的长须尤其明显，这种北美物种喜爱在淤泥沉积的混浊水域中栖息。

鮠鱼（鮠科）是非洲分布最广泛的鲶鱼物种，包括200多个物种。其中部分尼罗河的鮠鱼物种重逾5千克。里夫特本地的小型鮠鱼栖息于急流，而大金鮠则是红腹鱼属中的“巨人”，这种鱼类栖息于坦噶尼喀湖，重达190千克。普通的鮠科物种也遍及亚洲。

在亚洲的鱼类动物群中，鲶鱼的重要性仅次于鲤鱼及其同类。与非洲鲶鱼相比，人们对亚洲鲶鱼所知不多，它们的分布极广，涵盖印度尼西亚群岛以及中国和亚洲中部各分离的河流与湖泊。在亚洲它们有12个物种科，其中7个都是地方性物种。

鮠鱼分布广泛，其中又以所含物种丰富的鳠属（包括约40个物种）最为典型。鳠属物种大多体型较小——长8～35厘米；但其中部分却能长至约60厘米，如亚洲红尾鮠。婆罗洲和苏门答腊岛的骑兵鲶（鮠科物种）名

⊙ 玻璃鲶鱼（鲶科）的身体异常透明，这是它们用于掩护自己的一种适应性表现，但其生理特性尚不为人知。

字起得恰如其分，其成鱼的背鳍刺几乎与鱼身一般长，十分奇特。

鞘鱼（鲶科）是重要的鲶鱼物种科，分布于欧亚大陆、日本及部分岛屿。该科既有体长2米的凶残肉食性叉尾鲶，也有所有鲶鱼中最大的欧洲六须鲶。叉尾鲶在逆流洄游时，常跟在鲤鱼群之后，能在捕食酣畅时漂亮地跃出水面。

本地性亚洲山溪鲶鱼（鮡科）包括100个物种，钝头鮠（钝头鮠科）则包括约10个物种，它们都是栖息于山溪中的小型物种，依靠其腹部的皱褶形成的部分真空附着在基质之上。婆罗洲的蛙嘴鲶（连尾鮡科）是身体扁平、有巨嘴和大头的鱼类，能极好地伪装自己。它们与部分琵琶鱼类似，并采用相似的摄食方式，能用诱饵将猎物诱至自己的嘴边。

海鲶鱼（海鲶科）分布在环热带，主要栖息在海洋中。雄性物种负责口孵，能将50个较大的受精卵含在嘴中达2个月之久，在此期间雄性无法摄食。

除少数几个海鲶物种分布于北美沿岸外，就只有北美淡水鲶（鮰科）一个物种科分布在北美境内，包括约45个物种，分为7个属。扁头鲶鱼（铲鮰物种）是其中最大的一种，重达40千克上下，而蓝鲶鱼和渠鲶鱼（鮰物种）则是北美大湖地区和密西西比河流域鲶鱼捕捞的主要对象。石鮰包括约25个物种。该科还包括3个穴居无眼的鮰物种，它们似乎是经由完全独立的进化线发育而来的。墨西哥盲鲶仅在墨西哥科阿韦拉州的一口井中存在，阔口盲鲶和无齿盲鲶则仅栖息在美国德州圣安尼奥喷水井的300米深处，人们猜想它们可能是在很深的含水层中存活。

⊙ 鲤鱼、刀鱼和牛奶鱼的代表物种

1.印度鲃；2.北美鲤；3.玫瑰鲃；4.普通鲤鱼；5.两条腹吸鳅属的山溪鲤鱼；6.鮈鱼；7.鲦鱼；8.吸鳅或中国食草鳅；9.飞狐；10.锐项亚口鱼；11.鬼刀鱼；12.电刀鱼；13.牛奶鱼。

鲤鱼及其同类
鲤形目

鲤鱼是主要由淡水产卵鱼类组成的重要鱼类群。它们都无颌齿，但其中大部分的咽或喉部都有一对长骨。鲤鱼另一个不起眼的共有特征是它们的小骨，该小骨能使其上颌延展伸出。大多数鲤鱼头部无鳞，为欧亚大陆、非洲和北美的本土物种。与其他主要骨鳔系物种不同的是，鲤鱼并非南美和大洋洲的当地物种。

鲤鱼的5个科包括2660多个物种，分为约280属，其中最大的当属包括2000多个物种的鲤科。鲤科（白首鲤、米诺鱼、印度鲃、鲤鱼、须鲃等）能体现鲤鱼的分布状况，是淡水垂钓者和观赏鱼爱好者十分熟悉的物种。即使是在它们自然分布未及的地方，渔民、护塘人和美食家也对许多鲤鱼物种津津乐道。

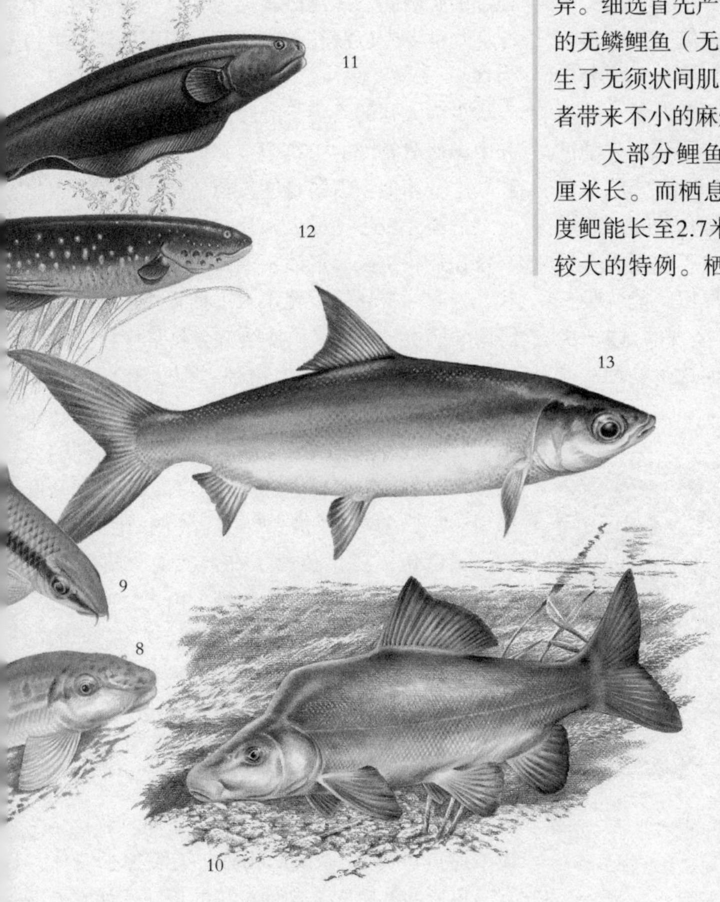

普通鲤鱼是该科的代表物种，它们可能是中欧及亚洲的本地物种，为了延续其他大洲的鱼类生命，被陆续引入到各大洲。普通鲤鱼耐受各种环境的能力十分惊人，譬如当年它们作为外来移民的食物被引入非洲中部，随后便在那里顺利扎下根来，如今已经是当地最常见的鲤鱼物种了。大约在古罗马时期，普通鲤鱼被引入英国并受到垂钓者的青睐，人们也以钓到18千克重的普通鲤鱼为其终生目标。20世纪早期，普通鲤鱼被引入南非，人们曾在那里捕捉到一条重38千克的个体。

日本饲养鲤鱼则是为了美化生活，几百年的集中饲养培育了各种颜色的鲤鱼，许多景观池和水族馆所用的“锦”鲤（被称为锦鱼）售价极高。这些多彩的鱼类十分受欢迎，因此大型养殖和出口中心也随之在日本、中国、新加坡、马来西亚、斯里兰卡、美国、以色列和几个欧洲国家应运而生。在其原生地欧亚大陆，鲤鱼主要被作为食物，即便如此它们还是发生了一些进化变异。细选首先产生了少鳞的鲤鱼（镜鲤）和随后的无鳞鲤鱼（无鳞鲤），深入的选择性培育又产生了无须状间肌骨的物种，这种间肌骨会给食用者带来不小的麻烦。

大部分鲤鱼都十分短小，其成鱼仅10～15厘米长。而栖息于喜马拉雅和印度河流的金印度鲃能长至2.7米，重达54千克，是鲤鱼中体型较大的特例。栖息于北美科罗拉多州和萨克拉曼多河流的科罗拉多叶唇鱼能长至1.8米多长，是上述地区居民重要的食物来源，该物种如今已在科罗拉多州灭绝（因筑坝之故），萨克拉曼多的叶唇鱼个体也更小更少了（因过度捕捞之故）。栖息于中国东北黑龙江的黄鳃鲶鱼与科罗拉多叶唇鱼的体长相近。上述2个物种都是特化的肉食鱼物种，在鲤鱼（没有牙齿）中显得极不寻常。其他小型的肉食鱼物种还包括栖息在东非极少数河流中的玛利亚鲇，栖息于中国南部、有不成比例的长头部的鯮，以及栖息于湄公河的大鳍鱼。其中大鳍鱼是一种两侧极其扁平的物种，有成角度的嘴，下颌上还有钩和凹槽，当它们猛冲向猎物时，会扬起头以便张开自己的大口。

包括印度鲃在内的鲤鱼大多无所不食：碎屑、藻类、软体动物、昆虫、甲壳类动物，甚至包括奶酪三明治！中国的大头鲤鱼和银鲤鱼（鲢属物种）的鳃耙变异为精细的过滤器官，专以浮游生物为食。草鲤鱼物种以植物为食，因此被引入许多国家，用以清除沟渠、河流和湖泊中的杂草。

鲤鱼咽齿或“喉”齿的形状和排布通常决定其食物的类型。以软体动物为食的鲤鱼有排列密集的能碾物臼齿；以鱼类为食的鲤鱼有带钩薄齿；以植物为食的鲤鱼有刀状薄齿，能用于撕扯；食杂鲤鱼的牙齿则介于上述各形状之间。例如，在非洲，栖息在无螺湖泊中的大眼高臀鲃物种有“中立”齿，而栖息在几千米以外的多螺湖泊中的物种则有厚而低的齿，齿形也更圆。但事实上，它们的幼鱼却具有完全一样的齿形。

鲃属（除鲃外，有些书中还以鲃指代鲫鱼、二须鲃、四须鲃）分布广泛，所含物种也十分丰富，因其（通常）嘴周围的4根须而得名。其须上有味蕾，它们能在吞食食物前，用味蕾先尝试味道。部分非洲鲤鱼物种呈现不同的嘴形及唇厚，分别与其食物相对应。阔口鲤鱼的宽下颌上有锋利的边缘，能以石面藻类为食，包括岩石层上的壳状藻类；窄口鲤鱼有弹力厚唇，能吮吸石块及其附近的动物；同一物种所呈现的这2个极端嘴形和唇厚形态正好解释了为何这一物种从前却有50多个不同的名字。

⊙ 斜齿鳊广泛分布于欧洲，是当地熟知的物种，受到休闲垂钓者的喜爱。它们适应性极强，能在较差的水质中存活。当它们被引入一个水域时，甚至能侵占该区域，是一种十分成功的物种。

鲤鱼大多不呈两性二态性，但部分小型鲃物种却是例外。在扎伊尔中部，4厘米长的小型蝴蝶鲃物种栖息在水下的树根丛中，其中便包括赫尔氏鲃和蝴蝶鲃；其雄性和雌性的色彩和图案呈现极大的差异，十分引人注目。

一般说来，鲤鱼的色彩不及脂鲤那样鲜艳，但部分东南亚波鱼也有与脂鲤相若的亮丽色泽。小型的马来西亚鲤鱼布氏波鱼和阿氏波鱼在鲤鱼目中的地位就如同极受欢迎的灯鱼和霓虹灯鱼（脂鲤目）。

地下鲤鱼的身体则完全没有任何颜色。鲃属、墨头鱼属和盲鲤属的穴居物种完全没有任何体色，眼睛也是如此，这是由于它们在地下的无光环境中生存的习性所造成的。

地表（如地面以上）的墨头鱼物种分布于非洲、印度和东南亚，这种底栖鱼类的头部背面有吮吸和感觉盘。与之相关的“鲨”属（野鲮属和角鱼属）与墨头鱼物种的分布十分相似，它们有精细的吮吸嘴，以刮擦藻类为食。野鲮属的一个非洲物种还专以浸在水中的河马周围的浮游生物为食。

少为人知的雪鳟（裂腹鱼物种）栖息在印度和中国西藏寒冷的山泉中，它们的生命形态与鳟和鲑十分相似。雪鳟身体较长，体长达30厘米，身上的鳞片极小（或无鳞片），仅在臀鳍基部有一排瓦片状鱼鳞。尼泊尔渔民用金属线绕成蠕虫状，外套一个环结，置于水下捕食雪鳟，一旦雪鳟向“蠕虫”扑来，该环结就会收紧将其捉住。

鲤鱼主要为淡水生物种，但也有部分能在盐度相当高的水域中生存：日本的红鳍（三块鱼属）物种能在海洋中游出5千米之远；欧洲的淡水拟鲤和鳊鱼也能栖息在波罗的海，那里的盐度约为50%。但这些仅是少数几个特例而已。

吸盘鱼（亚口鱼科）在北美有许多物种，在亚洲北部也有少数几个物种。由于其咽（喉）骨和齿的形状，长期以来它们都被视为最原始的鲤鱼物种。吸盘鱼的上弓鳃骨也发育为十分复杂的囊结构，加之该物种的分布状况也十分特殊，因此如今倾向于将之视为一个高度特化的鲤鱼类群。吸盘鱼通常为毫不起眼的无毒鱼类，只有2个物种属是例外：中国帆鳍吸盘鱼和科罗拉多的锐项亚口鱼。这2个属的物种都有宽厚的身体，有三角形的外轮廓，这种奇特的形状能使它们在山洪暴发时紧贴河流底部（这2个物种都栖息在易发洪水的河流中）。它们也是平行演化的绝佳例证。

“真”鳅鱼是有嵌入小鳞的（通常）呈鳗形的物种科（鳅科），嘴周围还有许多须。由于其鳔的大部分或全部都包括着骨质，因此它们的正常体积不易变化。鲤鱼物种的鳔和咽之间都有体管连通，能使它们吸入或排出空气，但由于鳅鱼的鳔有骨质的约束，因此它们使用体管的几率比其他鲤鱼物种频繁得多。

其实并非所有鳅科物种都呈鳗形，譬如鳅鱼就较短小，其身体通常扁平，还有伸出的吻。该类群仅包括3个物种属，其中最为人熟知的便是沙鳅——包括一些人们熟悉的观赏鱼物种，其中最著名的就是皇冠鳅。该物种侧躺着休息，造成已死的假相，这一生活习性极不寻常。

大多数鳅鱼都有小型的背鳍，臀鳍对称排列在身体的尾部。而长鳍鳅（爬鳅物种）的背鳍却与其身长相当，虽然人们对这一物种并不了解，但这个名字的确起得十分贴切。鳅鱼（就其最宽泛的意义而言）可划分为2个亚类群：眼睛下有直立刺的鳅鱼和没有直立刺的鳅鱼。它们多数为潜行物种，白天喜欢藏在石块之下。鳅鱼栖息在欧亚大陆，尚未分布于非洲（除那些尚存争议的外来欧洲北非物种以外）。

双孔鱼或食藻鱼（双孔鱼科）虽名为食藻，但却主要以碎屑为食。它们仅包括4个物种，都分布于东南亚。双孔鱼外伸嘴位于其腹部，如同吸尘器的管一般，能吮吸细小的基质（还能刮下结成壳的藻类）并滤出其中的可食用物质。

双孔鱼物种无咽齿，但究竟其咽齿是已经退化还是从未发育出来，人们尚不清楚。这些鱼类——常被误认为“吸盘鳅”——的鳃盖几乎全与身体连在一起，仅有顶端和末端的小开口，这种结构在鲤鱼物种中是独一无二的。其顶端鳃盖孔上覆有阀，能吸入水流以便为鳃注入氧气，这些水流又从其末端的鳃孔中排出体外。因此，它们的呼吸是经由鳃盖实现的，而非嘴，这也与其他鱼类形成了鲜明的对比。

河鳅、爬鳅或平鳍鳅（平鳍鳅科）包括2个亚类群：大多栖息在东南亚湍急河流乃至急流中的扁鳅（平鳍鳅科），以及分布主要局限于欧亚大陆的腹吸鳅（腹吸鳅科）。平鳍鳅身体极其扁平，胸鳍和腹鳍都发育为吸盘。其嘴位于腹部，当它们在食物丰富的水域中刮擦藻类为食时，一种特殊的骨结构能保护其吻，而其他鲤鱼物种的这种骨结构通常则是位于眼睛之下的。山溪鲤鱼物种的这种强化骨结构弯曲于其吻部之前，如同碰碰车的缓冲器一般。

新世界刀鱼

裸背电鳗目

新世界刀鱼包括裸背电鳗目下的6个物种科，它们都呈不同程度的鳗形，都没有腹带、腹鳍和背鳍。但臀鳍却极长，有140多条鳍刺，能前后摆动，是其游动所需推进力的主要来源。它们的尾鳍或高度退化或已完全消失。

新世界刀鱼或南美刀鱼有电器官，其中大部分物种的电器官都由特殊的变异肌肉细胞组成，而鬼刀鱼（线鳍电鳗科）的电器官则由神经细胞发育而成。在大多数情况下，它们的电场微弱，主要用于夜间导航（大部分物种在夜间活跃）、寻找食物、同类物种间的交流。而通常被称为电鳗的电刀鱼所产生的有力电脉冲据说能使马晕厥。它们能长至2.3米，其电力既能使猎物致晕，也能用于自卫，因此它们既是夺命的捕食者，又是可怕的竞争对手。

牛奶鱼及其同类

鼠鱚目

鼠鱚目中分布最广也最具经济价值的物种当属牛奶鱼。这种流线型的银色鱼类与乌鱼大小相似，喜欢在环岛礁石和大陆架上的温暖水域中聚集成群，人们对其捕捞和养殖并用做食物的历史十分悠久，在菲律宾、中国台湾和印度尼西亚尤其如此。

另一个海生物种长喙沙鱼或鼠鱚分布于南太平洋、印度洋、纳米比亚和南非的大西洋东南部的海岸线。在该分布区域中，人们对鼠鱚进行商业捕捞。

淡水铰嘴鱼能将自己的嘴伸展为小型长嘴，并因此而得名。它们的鳔能实现肺的功能，因此该物种能在缺氧水域中生存。

鲨鱼

老船员的故事和现代媒介的夸张使得大多数人认为鲨鱼是凶猛的肉食动物，但事实上仅仅只有少数鲨鱼是这样的。鲨鱼群落已经生存了大约4亿年，软骨鱼（鲨鱼、魟鱼和鳐鱼）在头部两侧都长有5个以上的腮裂和软骨骼。这些特征使它们有别于其他鱼类，后者在头部两侧各有一个鳃盖和骨架。鲨鱼长着奇异的感觉器官，而且有些鲨鱼种类可以生小鲨鱼。

由于鲨鱼的自然天敌即猎食者很少，所以许多鲨鱼生长缓慢、发育迟缓，而且幼鲨的数量很少。近年来东南亚人们生活的富足导致对鱼翅（即鲨鱼鳍）的需求量大增，市场需求日益增长。目前人们正以超过鲨鱼自身繁衍的速度对鲨鱼进行捕捉，如果这种势头得不到控制的话，一些鲨鱼种类将会遭受灭顶之灾。

“熟练的猎手”
牙齿和感觉系统

鲨鱼最明显的特征是它的牙齿。一头巨大的食肉鲨鱼长着巨大而锋利的牙齿，其可以将它们的猎物撕裂和磨碎成供食用的大小。当咬住猎物时，它们通过旋转身体或者快速转动头部来撕裂猎物。那些以鱼类为食的鲨鱼长着又长又细的牙齿，帮助它们猎取和磨碎鱼。以海洋底部生物为食的鲨鱼长着平顶的牙齿，以便压碎软体动物和甲壳类动物的外壳。大多数的鲨鱼嘴中都可能长着许多排牙齿。只有前两排牙齿用于捕食，其余的牙齿作为替代牙齿以在新牙长出前备用。当它们用于捕食的牙齿破碎或脱落的时候，备用牙齿将会通过一套传送带系统前移以替代脱落的牙齿。鲨鱼中最大的种类，即姥鲨和鲸鲨，具有在捕食中毫无作用的细小的牙齿。事实上，它们的捕食方法与须鲸类似，即通过过滤水流以获取浮游生物。姥鲨具有变异的腮栅而鲸鲨具有腮拱支撑的海绵状器官，可以吞咽下小型的鱼群。

⊙ 大白鲨所具有的锥形锯齿状牙齿使它们成为可怕的捕食者。当鲨鱼用力摆动头部的时候，锯齿状的牙齿可以从大型猎物身上撕下大块的肉。

⊙ 并非所有的鲨鱼都是体型巨大的，澳大利亚大理石猫鲨只能长到大约60厘米长。猫鲨的名字得自于它们椭圆形的类似于猫的眼睛。它们的另外一个特征是2条背鳍位于身体的后半部。

鲨鱼可以通过一系列的感觉系统发现它们的猎物。许多种类的鲨鱼具有超乎人们想象的良好视力，并且与多数硬骨鱼不同的是，它们还可以控制瞳孔的大小。在暗光或黑暗中捕食的鲨鱼具有一个反光组织，可以放射光线，因此可以二次刺激视网膜，在黑暗中，鲨鱼的眼睛闪闪发光，使它们看起来像猫的眼睛一样。许多鲨鱼具有一个眨眼隔膜，它们的作用正如保护性眼睑一样。当鲨鱼接近猎物时，它们会合上眨眼隔膜，并切换到其他的感受器上，尤其是它的洛化兹壶腹上。大白鲨没有眨眼隔膜，但当它们攻击猎物的时候可以将眼睛向后转以进行保护。

⊙ 鲨鱼通过上百万年的进化形成了完美的流线型体形和强有力的肌肉，这使它们成为高效的捕猎者。另外，鲨鱼的鱼吻上还有高度敏感的感觉探测器。图中所示的灰礁鲨正展示了鲨鱼以上的这些特征。

劳伦氏壶腹是围绕鱼吻的一系列凹点，它们对其他刺激非常敏感，但其最主要的作用是作为电感受器。通过使用这些电感受器，鲨鱼能够捕捉到百万分之一伏特电流的刺激，这些能够捕捉到的电流远远小于动物身体神经系统产生的生物电流，所以鲨鱼能够通过自然的生物电磁场来定位它们的猎物。有些种类的鲨鱼还可以根据地球的磁场来进行定位以帮助它们进行迁徙洄游。

和其他所有鱼类一样，鲨鱼具有一个侧线系统——即沿着身体两侧具有一系列的感受器，可以感觉到其他动物运动甚至是自身向一个固定物体运动时所产生的水波压力。有些种类的鲨鱼在它们的嘴巴周围具有一些感觉触须，可以触探海底以进行捕猎。鲨鱼具有极其敏锐的嗅觉，可以觉察到海水中百万分之一浓度的血液。

角鲨或杰克逊港鲨鱼

虎鲨目

角鲨生活在印度洋和太平洋中。它们是行动缓慢的底栖鱼类，体长可以达到1.65米。它们有时在白天成群躺在海藻床上或珊瑚礁上，偶尔也会躺在沙地上。当夜晚来临的时候，它们便分散去进行捕食，因为在夜晚它们的猎物更加活跃。虎鲨目（或称为异齿鲨目，希腊语的意思是“具有不同牙齿”）具有突出的前牙和臼齿状的槽牙，这种牙齿组合非常适合咬住、咬碎和磨碎带壳的软体动物和甲壳类动物。这些种类的鲨鱼体格粗壮，它们的眼睛上方具有明显的前突的眉骨，这使它们看起来仿佛长了角，它们也因而得名为角鲨。该目的鲨鱼为卵生，它们产下

知识档案

鲨鱼

纲：软骨鱼纲

目：皱鳃鲨目、六鳃鲨目、虎鲨目、须鲨目、猫鲨目、平滑鲨目、砂锥齿鲨目、鲭鲨目、真鲨目、角鲨目、扁鲨目、锯鲨目

鲨鱼包括12个目，21个科，至少74个属、370种（在其他的分类方法中例如尼尔森1994年第三版中将鲨鱼分为8个目）。

分布：鲨鱼分布在全世界范围内的热带、温带和极地海洋中的所有深度范围内。

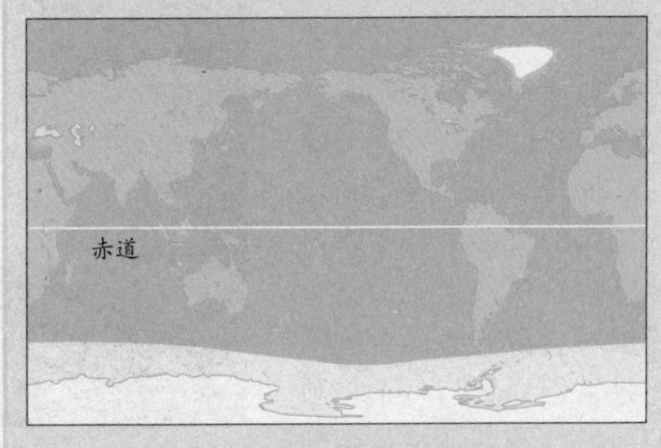

体型：体长在15厘米到12米之间，体重在1千克到12000千克之间。

⊙ 角鲨（例如杰克逊港鲨鱼）的鲜明特征包括眼睛上方角状的眉骨、前突的前牙、适合磨碎食物的后牙以及底栖的生活习性。

的卵为极其独特的螺旋状。雌性鲨鱼将卵产到岩石的裂缝或珊瑚之间，每个卵可以孵化出一条小鲨鱼。

白眼鲨
真鲨目

白眼鲨可能是目前存在的鲨鱼中种类最多的群体，它们具有10个属，大约100个种类。从身体形状和行为方面看来，它们都是人们所认为的“典型的”鲨鱼。它们生活在所有的热带和温带海洋中，体长可以达到3.5米。

牛鲨生活在全世界范围内的热带和亚热带海岸边，有时也能够长时期地进入到淡水中。有报道表明牛鲨曾经上溯到亚马孙河入海口以上3700千米之处，以及曾经从海洋沿着密西西比河向上游动到2900千米的地方，还曾经沿着赞比西河向上游动到距入海口1000千米的地方，另外在尼加拉瓜湖中也曾经发现它们的身影。最初错误地以为这些淡水中的鲨鱼绝对不会游到海洋中，因此将它们划分为一个单独的种类，并以这些鲨鱼的发现地命名，例如尼加拉瓜真鲨。

真鲨所有的种类都分布广泛，在夏天，有些种类的真鲨会长途迁徙到温带海洋中。它们的背部是金属灰色或棕色的，但有些种类的鳍缘是白色或黑色的，因此它们被称为银鳍鲨、白鳍鲨和黑鳍鲨。体型最大的真鲨是虎鲨，体长可以达到6米，虎鲨毫无疑问是所有鲨鱼中最危险的种类之一。作为凶猛的清道夫，它可以吞咽下能从喉咙咽下的任何东西——包括鞋子、罐头、鸟类以及人类的肢体。幼年虎鲨在银灰色的皮肤基色上具有黑色的条带状，这些条带状如虎纹，由此它们得名为虎鲨，但当它们成年后这些斑纹便会消失。

锤头鲨的得名是因为它们的头顶横向延伸，2只眼睛位于延伸的末端。除了它们独特的脑袋之外（正是这些独特的脑袋的形状被用来命名锤头鲨属的属名，或者可能是2个属的属名），它们是典型的真鲨。有人认为锤头形状的脑袋有助于使它们的身体呈流线型，或者使它们的视野更开阔，但是进一步的研究表明，延长的头部包含有额外的电传感器，即洛仑兹壶腹。锤头鲨通常在海底的沙滩上像使用金属探测器一样摆动脑袋，然后迅速地潜入到沙中抓住隐藏在那里的鱼类——多数情况下是线鳐；它们还可以跟随地球的磁场进行有规律的迁移。大锤头鲨是体型

⊙ 在中美洲哥斯达黎加海岸附近，一群白尾礁鲨聚集在一起进行捕食。这些体形细长、体格较小的鲨鱼在白天行动迟缓，但在夜晚却非常活跃，行动敏捷。它们通常生活在礁湖和珊瑚礁附近。

⊙ 鲨鱼的代表种：1.皱鳃鲨（皱鳃鲨目中的关键种）；2.项虎纹鲨（须鲨目）；3.鲸鲨（须鲨目）；4.古巴光唇鲨（猫鲨目）；5.豹鲨（平滑鲨目）；6.剑吻鲨（砂锥齿鲨目）；7.大白鲨（鲭鲨目）；8.细尾长尾鲨（鲭鲨目）；9.长鼻锯鲨（锯鲨目）；10.丽扁鲨（扁鲨目）。

最大的种类，体长可以超过5米，而圆齿锤头鲨是潜水者最常见的锤头鲨种类。

白斑角鲨和其同类

角鲨目

白斑角鲨是生活在冷水中的鲨鱼种类，在全世界范围内都有分布。该目的所有种类都是卵生的，每次大约产下12枚卵。白斑角鲨的大小从30厘米至6米以上。该目中的多数种类尤其是深水种类都以鱿鱼和章鱼为食。

在北大西洋常见的白斑角鲨（也被称为盐狗鲨）是一种重要的食用鱼类，每年都有数以千万计的白斑角鲨被捕捞和储存。白斑角鲨的体长很少超过1米，它们成群游动，并进行长途迁徙，每个夏天从大西洋迁徙到北冰洋中。它们的每个背鳍前面都有一根刺，刺上具有能够分泌有毒液体的器官。这些毒液能让人类感觉到剧痛，但没有致命危险。

多数深水种类，尤其是乌鲨属的身体两侧具有发光器官，可以吸引作为它们深水中猎物的鱿鱼。它们还可以通过“逆光”进行伪装。其巨大的眼睛在暗光条件下非常敏锐。

体型非常细小的雪茄鲨（尤其是达摩鲨属）下颚上有巨大的延长的牙齿，它们靠近某巨大的动物（例如一条大鱼、鱿鱼甚至是鲸），然后咬它们，通过扭动身体从这些大猎物身上撕下一块鲜肉。这种捕食技巧使它们得到了另一个俗名——“甜饼切割师鲨”。

睡鲨是白斑角鲨中体型巨大的种类，也是永久生活在北极海水中唯一的鲨鱼种类，通常生活在冰川之下。它们以海豹和鱼类为食，被认为是唯一具有对人类和狗都有毒害作用的鱼肉的鲨鱼种类。

棘鲨是具有非同寻常的巨大扁平的突出在皮肤外面的牙齿的鲨鱼种类，这使它们从外表看起来像是长满刺棘。可能包含2个种类，一种生活在大西洋，另一种生活在太平洋。尽管它们的体型巨大，体长可以超过2.7米，但它们的骨骼却没有钙化，非常软。

长尾鲨、鲭鲨和巨口鲨

鲭鲨目

长尾鲨、鲭鲨和巨口鲨是世界上较大的鲨鱼种类，它们生活在热带和温带的海洋中。

长尾鲨得名于它们在尾鳍后面长着的非常细长的上瓣叶，其尾巴的长度几乎占了整个体长的一半。当它们游入小鱼群的时候，便会摇动尾巴，如挥动鞭子一样在鱼群中抽打，将小鱼杀死或击晕，然后吃掉。它们可以长到6米左右，产下的小鲨鱼数量不多。但是鲭鲨目中最大种类的鲨鱼所产下的幼鲨体长可以达到1.5米！

⊙ 斑点须鲨头部扁平，在鼻吻末端具有一圈鲜明的珊瑚状皮翼。它们生活在澳大利亚南部海岸边的浅水中。

8个鲭鲨科中包括一些非常著名的鲨鱼种类，如鼠鲨、灰鲭鲨、姥鲨以及毫无疑问最为臭名昭著的大白鲨。这些鲨鱼体型巨大，多数生活在所有的热带和温带海洋中。姥鲨的体长可以达到10米，但它们只被发现生活在温带海洋中。该科中的所有鲨鱼都具有一个非同寻常的尾鳍，尾鳍上长有几乎等长的瓣叶，尾骨位于尾巴的两侧，它们的游泳速度相对都较快。鲭鲨中的多数种类以各种鱼类为食。有些种类还具有“跃泳”行为，即从水中极其壮观地跃向空中。产生这种行为的原因目前还不得而知，但有推测认为，这是为了驱逐皮肤上的寄生物。据说姥鲨的这种跳跃可以掀翻船只。在鲭鲨科鲨鱼中，即使不是所有的种类，那也至少有大多数种类都是恒温的，即它们保持比周围环境温度更高的体温。

灰鲭鲨的体长可以超过6米，它们是世界上游泳速度最快的鱼类之一，有记录称灰鲭鲨的游泳速度曾经超过每小时90千米。

毫无疑问，世界上最“臭名昭著”的鲨鱼是大白鲨——有时也被称为蓝鲨、食人鲨，或简称为白鲨。它们是在提到鲨鱼攻击人类时候最常被引用的鲨鱼种类，尽管其实这些对人类的攻击中有许多是虎鲨和牛鲨所为。

大白鲨主要以海洋哺乳动物为食（它们是唯一以海洋哺乳动物为食的鱼类）。它们宽大锋利的牙齿可以从鲸、海豹和海狮身上咬下大块的鲜肉。目前已知的体长最大的大白鲨可以达到6.7米，它们的平均体长为4.5米。大白鲨的繁殖方式为胎生，发育中的胚胎以吞食未受精的卵为食。和许多鲨鱼一样，大白鲨身体的颜色为逆向隐蔽色，腹部白色，背部表面为蓝灰色到灰棕色或灰铜色。

鼠鲨和鲑鲨（有时也被称为太平洋鼠鲨）的体长大约为2.7米，它们是鲭鲨科中最小的鲨鱼种类，分别生活在大西洋和太平洋中。

姥鲨是体长仅次于大白鲨的鲨鱼。它们通常可以达到10米长。姥鲨是滤食动物，它们的牙齿退化，并具有发育良好的栅格可以过滤浮游生物。它们的肝脏含有大量的脂肪和油，因此成为太平洋北部当地渔民捕捞的对象。姥鲨的名字（Basking，舒适、取暖之意）得自于它们喜欢在海面游泳和休息的习性。

⊙ 正张开大口的鲭鲨目的姥鲨

姥鲨生活在温带海洋中，以靠近海洋表面的浮游生物为食。它们具有发育良好的腮栅，牙齿则已经退化。尽管它们体型巨大，外表恐怖，但事实上却对人类没有威胁。

海豚

从古希腊神话中海豚从海盗手中将游吟诗人阿里农救出，到好莱坞电影《威鲸闯天关》中那条同样非常著名的英雄鲸，海豚类总是引起人类极大的关注。海豚类的智慧和发达的社会组织被认为和灵长类动物相似，甚至已经达到人类所具有的水平。另外，它们的温顺友好和没有攻击性也深受人类的喜爱。

近年来，以人类为中心的观点需要有所转变，举个例子，我们对海豚的学习能力、社会技能及它们在波浪之下的生活了解得越多，就越会惊叹于不同的种群或种类之间为适应当地环境条件而产生的巨大的行为和社会结构差异。

行动敏捷和聪慧

外形和功能

海豚科是在大约1000万年前的中新世晚期进化形成的一种相对现代的种类群体，它们是所有鲸类中种类最丰富和具有最大多样性的种群。

多数海豚属于小到中型动物，具有发育良好的喙和一个向后弯曲的居于身体背部正中的镰刀状背鳍。它们头顶上方有一个新月形的呼吸孔，呼吸孔前面是凹陷的，在双颌上有彼此分离

⊙ 宽吻海豚主要生活在热带和亚热带水域中。图中的宽吻海豚明显地展示了它们这个种类所独有的特征，即短喙。宽吻海豚通常在下颌的末端有一块白色的斑块。

知识档案

海豚

目：鲸目

科：海豚科

该科共有17个属，至少36个种类，包括：普通海豚或鞍背海豚（海豚属，3个种类）；刺豚、斑豚和条纹豚（原海豚属，5种）；白边豚和白喙豚（斑纹海豚属，5～6种）；南部豚或花斑豚（喙头海豚属，4种）；驼背豚（中华白海豚，3种）；宽吻海豚（瓶鼻海豚属，2种）；露脊海豚（露脊海豚属，2种）；领航鲸（领航鲸属，2种）。

分布：分布在所有的海洋中。

栖息地：通常生活在大陆架，但有些种类生活在外海中。

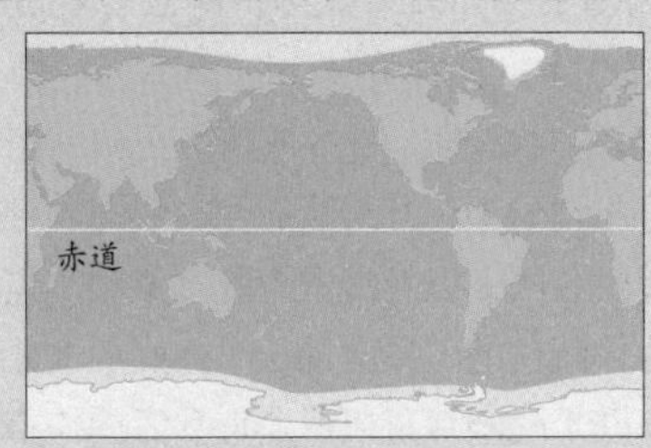

体型：头到尾的长度范围从希维斯特海豚的1.2米到虎鲸的7米，体重范围从希维斯特海豚的40千克到虎鲸的4.5吨。

外形：有喙状吻（相对于小鲸的钝形吻）以及铲形牙齿（相对于小鲸的锥形牙齿）。身体细长并呈流线型。腹鳍和背鳍为镰刀形、三角形或圆形，背鳍位于身体背部的中部附近，露脊海豚没有背鳍。

食物：主要以鱼类或鱿鱼为食，虎鲸也以其他的海洋哺乳动物和鸟类为食。

繁殖：妊娠期为10～16个月（虎鲸、伪虎鲸、领航鲸和斑纹海豚的妊娠期为13～16个月，其他的种类为10～12个月）。

寿命：50～100年（虎鲸）。

且功能不同的牙齿（牙齿的数量为10～224个不等，但多数海豚的牙齿为100～200个）。多数海豚都有一个额隆，但也有些种类如土库海豚的额隆并不明显，而在喙头海豚属中额隆完全消失。花纹海豚和2种领航鲸的额隆向前突出，形成一个明显的喙。在虎鲸和伪虎鲸中，额隆呈锥形，形成一个钝鼻吻。虎鲸还具有圆形的桨形鳍状肢，而领航鲸和伪虎鲸具有狭长的鳍状肢。

不同种类之间的身体颜色图案具有巨大的差异，这可以通过几种方法进行分类。一种分类方法可以分成3种类型：统一色彩图案型（图案色彩单一或分布均匀）、补缀色彩图案型（各种色彩图案之间界限分明）以及混乱色彩图案型（黑色和白色）。身体颜色的差异有助于个体间的彼此辨认，颜色还有助于隐蔽自身以躲避捕食者的捕杀。海豚在光线暗淡且均一的海洋深处进行捕食，而海表面的捕食者则趋向于反向隐蔽的色彩图案（上面是暗色的，而下面是亮色的），从上面看时，它们能够融入到背景中。有些种类的色彩图案可以当作反捕猎伪装。某些种类的鞍形图案可以通过色彩反向隐蔽而获得保护，斑点图案可以和阳光在水中反射出的光斑融合在一起；十字交叉型图案则具有反向隐蔽和混乱色彩的作用。

海豚和其他齿鲸一样，主要依靠声音进行交流，它们的声音频率很低，声音范围通常从0.2千赫的低语到80～220千赫的超声波，可以通过电磁回声定位来追踪猎物，也可以用来击晕猎物。尽管海豚的声音已经被辨认并划分出不同的类型，并且这些不同的声音类型都与特定的行为有关，但是目前还没有证据表明这是一种具有一定句法的语言。

海豚可以完成相当复杂的任务，并且具有很好的记住长距离路线的能力，尤其是当它们通过耳朵进行学习时。在有些测试中，它们与大象划分为同一级别。宽吻海豚可以归纳规律并发展出抽象概念，相对于体型而言，海豚具有非常巨大的大脑。体重在130～200千克之间的成年宽吻海豚的大脑约有1600克；相比之下，体重在36～90千克的人类的大脑为1100～1540克。它们同时还具有高度折叠的大脑皮层，与灵长类动物的大脑皮层相似。这些特征都被认为是高智商的标志。

大脑器官的产生需要付出高昂的代谢代价，因此除非这些器官是非常有用的，否则将不会进化。一些鲸类动物所具有的巨大大脑（并非所有的种类都具有巨大的大脑，例如须鲸的大

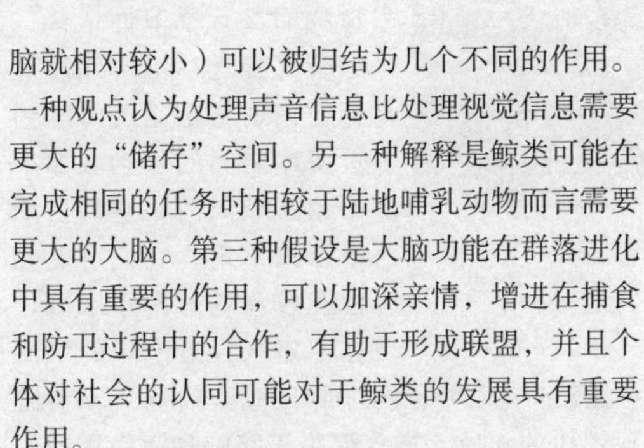

脑就相对较小）可以被归结为几个不同的作用。一种观点认为处理声音信息比处理视觉信息需要更大的“储存”空间。另一种解释是鲸类可能在完成相同的任务时相较于陆地哺乳动物而言需要更大的大脑。第三种假设是大脑功能在群落进化中具有重要的作用，可以加深亲情，增进在捕食和防卫过程中的合作，有助于形成联盟，并且个体对社会的认同可能对于鲸类的发展具有重要作用。

通常认为的海豚缺乏攻击性其实是被夸大化了。被捕捞囚禁起来的宽吻海豚（可能也包括刺豚）之间会建立起等级制度，在整个等级群落中，领头的海豚可能会通过威胁其他海豚显示出攻击性，它们会张开大嘴或者是叩击上下颌以展示自己的权威。也曾经观察到野生海豚之间会发生战争，在战争中一头海豚会用自己的牙齿刮咬另一头海豚的背；有些种类例如宽吻海豚可能会攻击其他较小种类的海豚（例如斑豚和刺豚）；人们还曾观测到宽吻海豚攻击并杀死鼠海豚。

家是组群的所在
社会行为

虽然大多数种群拥有开放式的社会组织结构，个体可以在特定的时间段内随时入群、离群，但有一些种群，诸如巨头鲸和虎鲸，它们看起来则拥有着更为稳定的组群关系。长鳍巨头鲸的遗传数据以及短鳍巨头鲸的观测数据显示：群落主要由有亲缘关系的雌性以及它们的后代组

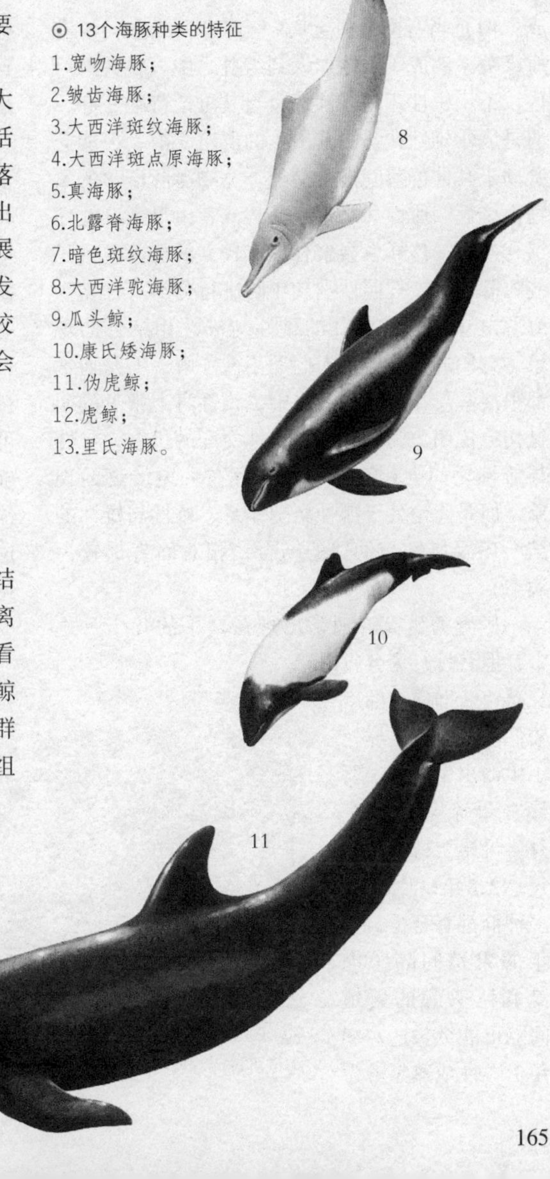

⊙ 13个海豚种类的特征
1.宽吻海豚；
2.皱齿海豚；
3.大西洋斑纹海豚；
4.大西洋斑点原海豚；
5.真海豚；
6.北露脊海豚；
7.暗色斑纹海豚；
8.大西洋驼海豚；
9.瓜头鲸；
10.康氏矮海豚；
11.伪虎鲸；
12.虎鲸；
13.里氏海豚。

⊙ 正跃出水面的宽吻海豚

海豚可能会通过这种跃出水面的行为来沐浴或展示性别魅力，但有时跃出水面仅仅是为了嬉戏玩耍。如此优美的展示使海豚给人类留下了深刻的印象。

成，但是当有交配机会时，会有1只或多只没有血缘关系的成年雄性加入到组群之中。长大的后代，不论雄性还是雌性都会与其母亲待在一起，但是成年雄性在返回其出生的群落之前，可能会游动于其他群落间进行交配。宽吻海豚群落的家庭由雄性、雌性和幼豚组成，或者由母亲–幼仔组合构成，这样就会聚合形成较大的群落，有一些海豚也许会按照性别和年龄进行分类。在宽吻海豚之中，存在强壮的雄性与雄性相结合的现象。它们的交配体系人们还不甚了解，但是通常都很混乱。在某些种群之中，雄性身上常见的明显伤痕说明，为了得到与雌性交配的机会，雄性与雄性之间会相互斗争。也存在一夫多妻的现象，但是无论处于哪种交配体系，雄性与雄性的结合以及雄性与幼仔的结合，相对而言都较为病态。

尽管繁殖高峰通常出现在夏季的几个月之中，但其性行为会贯穿整年，即使在纬度较低的地方也一样。小生命出生之后，要待在母亲身边数个月，母亲要持续喂奶长达3.5年。因此很多种群都有至少2～3年的繁殖间隔（虎鲸和巨头鲸的繁殖间隔可能会长达7～8年）。性成熟年龄为5～7岁（康氏矮海豚、飞旋海豚、真海豚），雄性虎鲸要到16岁，而绝大多数种群会在8～12岁时进行繁殖。

很多种群为了寻找食物而进行季节性迁移；尽管这种迁移沿着纬度进行，但通常都是远海岸到近海岸之间的移动。如果繁殖区域离散，它们会变得行踪不定，它们可能会留在较深的远海岸水域，在那里来自近海岸的激流会比较少。某些种群的成年海豚与幼年海豚会游到较浅的水域，捕食聚集于暗礁和海山周围的猎物。

虽然海豚是群居动物，但是由1000只或更多的海豚组成的大群一般只会出现于远程迁移的时候，或出现在主要食物源的集中地。在大多数情况下，群落成员并不固定，个体可以入群或离群超过数周甚至数月的时间，仅有少数成员会长时间留在群落之中。在这种种群之中，像典型灵长类种群那样稳定且发展完备的群落组织几乎不存在，但在个别种群中（如虎鲸），家族关系则可以维系一生。在幼崽抚育以及猎物捕食方面，确定海豚相互之间的合作范围并非易事，但我们认为一些高群居性的种群中确实存在这些合作，这种行为在灵长类、肉食动物和鸟类中也能够见到。

⊙ 伤痕累累的雄性里氏海豚

这样明显的鞭状伤痕是为争夺捕猎领域或配偶而造成的，伤口有时会长期无法愈合并恶化。

贝鲁卡鲸和独角鲸

贝鲁卡鲸和独角鲸都被称为“白鲸”，它们在所有鲸类之中最为社会化。一大群引人注目的白鲸聚集于北极湾，常给人留下深刻的印象，然而，由数百只甚至数千只独角鲸组成的队列沿着海岸行进的场面则更令人叹为观止。白鲸在史前时期一直生活在温带海域，但现在却独占冰冷的北极水域。

独角鲸的皮肤色彩本身就非常醒目：灰绿色、乳白色、黑色的小斑点，看起来像是用硬刷轻点，绘制于其身体之上似的。更令人称奇的是，当雄性破水而出时，其著名的螺旋形长牙会露出来。看起来不仅比例失调（5米的独角鲸长着3米的长牙），而且还重心偏移，其长牙从左上唇以笨拙的角度伸出，然后下弯。年老的雄性更加怪异，它们的尾部看起来如同从后向前长出的一样。

隔热脂肪
外形与官能

独角鲸与贝鲁卡鲸的体型很相似，但贝鲁卡鲸稍小一些。贝鲁卡鲸的独有特征之一就是它们的颈部与大多数的鲸类不同，它们能侧向转动头部，接近直角。贝鲁卡鲸没有背鳍，因此它的学名为Delphinapterus，即没有背鳍的海豚或者“无鳍的海豚”，尽管其身体中部沿着背部至尾部有一条背脊，但真的背鳍可能会使其身体热量流失，而且可能存在在冰面上被损伤的危险。

在这2个种群中，雄性比雌性长50厘米左右，它们鳍肢的末端会随着年龄的增长而越发向上翘。贝鲁卡鲸的鳍肢有在广阔领域移动的能力，而且对于近距离的移动也具有十分重要的作用，包括缓慢地倒游。当雄性独角鲸年老时，其

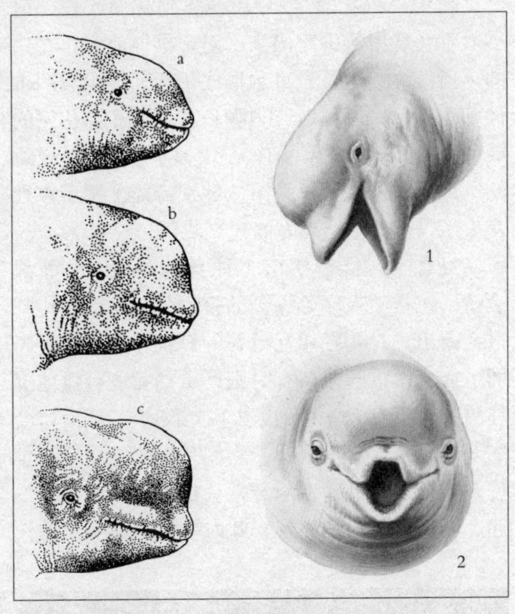

⊙ 贝鲁卡鲸面部特征及表情的演变

成年贝鲁卡鲸的前额有一个非常明显的额隆，但额隆生长缓慢。图a是新生的幼仔，几乎没有额隆；图b是1岁时，额隆已经很大了，但喙状嘴还未发育；图c是成熟期，已经5~8岁。贝鲁卡鲸的嘴部和颈部非常灵活，它们经常通过声音与面部表情彼此进行交流。贝鲁卡鲸睡觉时，看上去似乎正在微笑。1.除了能发出滴答声与清脆的音调之外，贝鲁卡鲸还能通过将上下颚拍击到一起，发出很大的敲击声。贝鲁卡鲸是全能捕食者，我们相信图2中，其围裹的嘴部可用于海底觅食。

⊙ 一只贝鲁卡鲸以及它的幼仔。哺乳大概会持续2年，这段时期，母亲与幼仔几乎时刻不分。新生的贝鲁卡鲸皮肤颜色呈棕色，之后会逐渐变浅呈灰色。

尾部的形状会发生变化，末端会前移，不论从上看还是从下看，都呈现出一个凹陷的前缘。这2个种群都有起隔热作用的、厚厚的鲸脂层，以使身体与其所生活的接近冰点的水隔开，然而贝鲁卡鲸的鲸脂太厚了，以至于其头部（至关紧要的部位，鲸脂含量很少）看起来总是太小，与其身体不成比例。

独角鲸只有2颗牙齿，而这2颗牙齿也都没有什么作用。雌性的2颗牙齿会长到20厘米长，但一般不会从齿龈中露出来；对于雄性而言，左边的牙齿会继续生长，直到形成长牙。极少数的雄性（少于1%）可以长出2颗长牙，而相同比例的雌性会长出1颗长牙。有关长牙的用途，众说纷纭，但看起来这仅仅是第二性别特征，用于在社交生活以及繁殖活动方面建立威信。

贝鲁卡鲸能够摆出多种身体姿势以及面部表情，包括使人印象深刻的打哈欠的嘴部动作，这会露出32～40颗相互毗邻的钉状牙齿。牙齿表面可能会严重磨损，有时则严重到无法有效地咬住猎物。事实上，直到第2年或第3年，牙齿才会完全长出来，这点表明，它们牙齿的主要功能也许并非捕食。贝鲁卡鲸经常会将上下颚拍击到一起，发出击鼓般的声音，此时牙齿会起一定的作用；当卖弄表演时，牙齿也有其视觉刺激效果。

与独角鲸截然不同，贝鲁卡鲸是高等有声动物，能发出哞哞声、吱喳声、哨声以及叮当声，为此，很久以前就赢得了“海洋金丝雀”的美誉。它们所发出的一些声音可以透过船体外壳轻易听到，甚至在水上就能够听到。在水下，海豚群的喧嚣很容易使人联想到牲口棚。除了发声与回声定位的技能之外，贝鲁卡鲸还可以利用视觉进行交流及掠食。表达手段的多样化显示了其精妙的社交通讯的能力。

迁移的鲸类

社交行为

贝鲁卡鲸和独角鲸在成长与繁殖方面可能非常相似，不过我们对贝鲁卡鲸的了解更多一些。雌性大约在5岁会达到性成熟，而雄性则是在8年之后，但不同的族群之间会略有差异。通过两性差异来判定，居于支配地位的雄性可能会与多只雌性进行交配。怀孕的雌性大部分是在夏季伊始、海冰开始融化之时进行分娩。许多族群会在7月占据河口处，但这并非是为了繁殖后代，因为很少有幼仔会出生在这片庇护所。其一次通常只会生产1只幼仔，双胞胎极为罕见。生产之后，母亲与幼仔会

⊙ 贝鲁卡鲸如同幽灵般浮现在哈得逊湾黑暗的水中。它们前部球状的额隆用于回声定位。贝鲁卡鲸发出有声信号，通过该声波的反射频率，判断距目标物的距离远近。回声定位对于在黑暗的水中行进以及搜寻猎物都至关重要。

⊙ 独角鲸非凡的长牙由其左边的牙齿生长而成，带有逆时针的螺旋纹。如同鹿的鹿角一样，长牙的尺寸大小可以显示出它的威力大小。长牙能被当做武器使用，因为年老的独角鲸身上会积累很多伤痕，偶尔还会发现插入头骨的长牙尖。

立即结成紧密的联合，它们挨得非常近，看起来如同幼仔附着在母亲的侧面或背部。母亲会哺育幼仔2年多，随后会再次怀孕。妊娠完整的繁殖周期要耗费3年甚至更久。

仲夏时节，独角鲸有时会从远海岸的浮冰处游向海湾，但其在浅水区所逗留的时间少于贝鲁卡鲸。这2个种群都极为社会化，有时会一同出现在同一片海湾，但是这种几率很小，而且通常不会导致任何明显的交际行为。它们很少单独出现，甚至很少以小组群的方式出现，所以在温暖的欧洲水域中，偶然出现的贝鲁卡鲸或独角鲸，无论其社会性还是地理性都是反常的。

卫星遥感侦测揭示了许多贝鲁卡鲸和独角鲸迁移的相关情况。这2个种群一年中的大部分时间都在被海冰覆盖的远海岸区域度过，但有时会在远海被称为“冰穴”的浮冰区度过。独角鲸可以整年都待在远海岸，或者在7月或8月时，到海湾处做短期逗留。大部分的贝鲁卡鲸族群通常在夏季时会到河口处，但个别成员不会与族群长时间待在一起。在加拿大的波弗特海，当贝鲁卡鲸向东迁移时，会在物产丰富的马更些三角洲逗留1周左右，之后再继续向更深的水域前行，这片水域对其而言是个高速加油站。在1个多月的时间内，捕猎者与观察者每天都可以在那里见到数百头鲸，事实上，在此之后还会继续有个体成员通过，这段时期会有好几万头贝鲁卡鲸经过这里。在某些区域，例如斯瓦尔巴特群岛，没有河口可用，贝鲁卡鲸会转而前往冰川前沿。河口与冰川的共同之处在于：它们都是淡水的源极。在一年中的这个时候，贝鲁卡鲸会经历一次蜕皮，它们旧的黄色皮肤会脱落，露出下边新的醒目的白色皮肤。流过表皮的淡水会加速蜕皮的进程，鲸类也会通过自身与海底沙砾的摩擦加以辅助，这样蜕皮自然非常迅速。

知识档案

贝鲁卡鲸和独角鲸

目：鲸目

科：独角鲸科

2属2种

分布：北部极地附近。

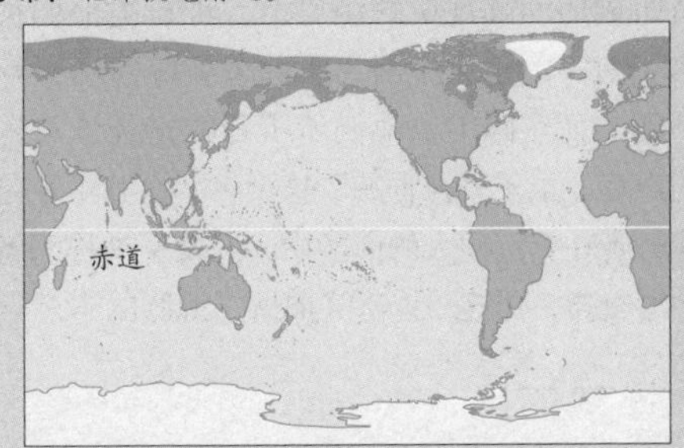

贝鲁卡鲸

分布于俄罗斯北部以及北美、格陵兰、斯瓦尔巴特群岛冰冷的水域，通常靠近结冰处，或远海岸处以及沿海地区，夏季位于河口处。体长3～5米，体重500～1500千克。成年雄性比雌性长25%左右，比雌性重1倍。**皮肤**：成年贝鲁卡鲸呈白色或淡黄色；幼年贝鲁卡鲸呈瓦灰色，2岁时变成中灰色，成熟后呈白色。**食物**：主要是深海鱼类、甲壳动物、蠕虫、软体动物。**繁殖**：妊娠期大约14～15个月。**寿命**：30～40岁。**保护状况**：易危。

独角鲸

分布于加拿大北部以及俄罗斯、格陵兰、斯瓦尔巴特群岛冰冷的水域，总是在海冰之中，或海冰附近，主要在远海岸区域，但夏季通常在海湾与近海岸处。体长4～5米，体重800～1600千克。雄性比雌性大，雄性长牙的长度为150～300厘米。**皮肤**：色彩斑驳，有灰绿色、乳白色、黑色，年龄越大，变得越白（从腹部开始）；幼年时则呈深灰色。**食物**：北极鳕、比目鱼、头足动物、小虾。**繁殖**：妊娠期14～15个月。**寿命**：30～40岁。

抹香鲸

赫尔曼·麦尔维尔不朽的小说《莫比·迪克》，将对抹香鲸的描述推向了极致。它们是最庞大的有齿鲸，长着地球上最大的脑袋，两性形态差异明显（雄性体重是雌性的3倍），也许还是动物王国所有生物之中潜水最深最远的一个种群。

⊙ 抹香鲸的3个种类
1.抹香鲸；2.小抹香鲸；
3.侏儒抹香鲸。

很久以前，水手们都认为他们透过船只外壳所听到的间隔规律的滴答声，来自被他们称为“木工鱼”的鱼类，因为听起来就好像锤子敲击的声音。而实际上，他们所听到的正是抹香鲸发出的声音。至于“抹香鲸”这个名字，其由来是因为捕鲸者在它们硕大的前额中，发现了被称为鲸脂的油滑物质，而这一说法又曲解了鲸脂的本意。

深海中的声音

外形与功能

抹香鲸科的古代家族看来是在早期的鲸类进化时（大约3000万年以前），从主要的海豚总科中分离出来的。现存的唯一抹香鲸种群——抹香鲸以及比抹香鲸小很多的侏儒抹香鲸和小抹香鲸（小抹香鲸科）——都长着桶形的头部，长长窄窄的、长有整齐牙齿的垂吊下颚，船桨形的鳍肢，以及长在左侧的呼吸孔。小抹香鲸的出现要晚很多，大约在800万年以前。

抹香鲸呈方形的大前额长在上颚的上方、头骨的前边，占有其体长的1/4 ~ 1/3。这里长着抹香鲸脑油器，一个椭圆形的结构包含在一个由结缔组织构成的外壳之中。脑油器本身与结缔组织外环绕的是稠密的鲸油——一种半流体的、光滑的油脂。气囊束缚着抹香鲸脑油器的两端。包围着抹香鲸脑油器的头骨与气道都非常不对称。两

⊙ 当抹香鲸群列队向前行进时，其力量显而易见、令人瞩目。有点类似于潜水艇的背部在这里也清晰可见，右边的个体正在展示它的斜向喷水技术。

个鼻腔无论在外形上还是功能上都差异极大，左侧的用于呼吸，右侧的用于发声。

至于抹香鲸为什么长着如此笨拙的巨大脑壳则不得而知了。原因之一可能是有助于聚焦滴答声——滴答声的作用是在漆黑一片的深海中利用回声定位判断猎物所在。抹香鲸也会通过这种滴答声来进行交流，它们是3种抹香鲸种群中利用声音最多的一支。

抹香鲸棒形的下颚包含20～26对大牙齿，而侏儒抹香鲸有8～13对，小抹香鲸有10～16对。这些牙齿似乎并非用于进食，因为据发现，进食充足的抹香鲸都少有牙齿，甚至没有下颚；而且，直到抹香鲸性成熟时，牙齿才会“迸出”（长出来）。一般来说，没有一个种群的抹香鲸上颚会长牙，即使长了，牙齿通常也不会迸出。小抹香鲸科的牙齿细小，非常尖锐、弯曲，且没有釉质。

抹香鲸的皮肤除了头部与尾鳍之外，都是起皱的，形成了不规则的波浪形表面。低低的背鳍如同覆盖着一层粗糙的白色老茧，成熟的雌性尤为明显。

抹香鲸会多次潜入深海捕食，其平均深度约为400米，持续35分钟左右，尽管它们能够潜至1000多米深，并持续1个多小时。抹香鲸在潜水间歇会浮到水面呼吸，平均呼吸时间为8分钟左右。下潜时，抹香鲸把尾鳍直直地伸在水外，身体几乎与水面垂直。

不论是雌性抹香鲸还是雄性抹香鲸，鱿鱼都为其重要食物。雌性抹香鲸会花费约75%的时间用来进食。尽管雌性的进食量要小于雄性，但是它们偶尔会捕食巨型鱿鱼，鱿鱼吸盘所造成的伤痕会留在它们的头部，作为水下战斗的见证。雄性抹香鲸喜欢捕食雌性吃剩的、更大型的猎物，另外，雄性还会吃相当多的鱼，包括鲨鱼和鳐。

小抹香鲸和侏儒抹香鲸的头部更倾向于圆锥形，就其与整个体长的比例而言，比抹香鲸要小得多。这2个小抹香鲸种群看起来很像鲨鱼——垂吊的嘴部，尖锐的牙齿，以及头部侧面类似鱼鳃裂口的弧形痕迹。因为主要捕食鱿鱼和章鱼，所以小抹香鲸种群长着扁平的吻部。由于它们还捕食深海鱼类和螃蟹，所以偶尔也会成为海底掠食者。除此之外，它们的猎食对象与抹香鲸的无异。

知识档案

抹香鲸

目：鲸目

科：抹香鲸科与小抹香鲸科

2属3种

分布：世界范围内纬度约为40°的热带水域以及温带水域，成年雄性抹香鲸分布至极地冰缘。

栖息地：主要在远离大陆架边缘的深水区（超过1000米）。其幼仔以及未成熟的小抹香鲸栖息于较浅的水域，超过大陆架外缘的近海岸水域。

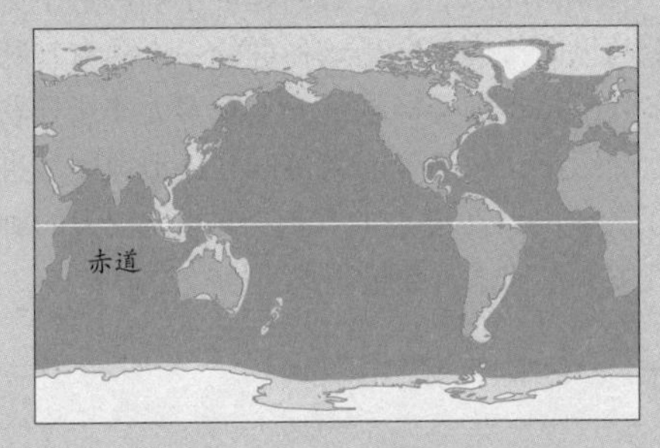

抹香鲸

雄性体长16米，最长18米；雌性体长11米，最长12.5米。雄性体重45吨，最重57吨；雌性体重15吨，最重24吨。**皮肤：**深灰色，但是通常嘴部会有条白线，腹

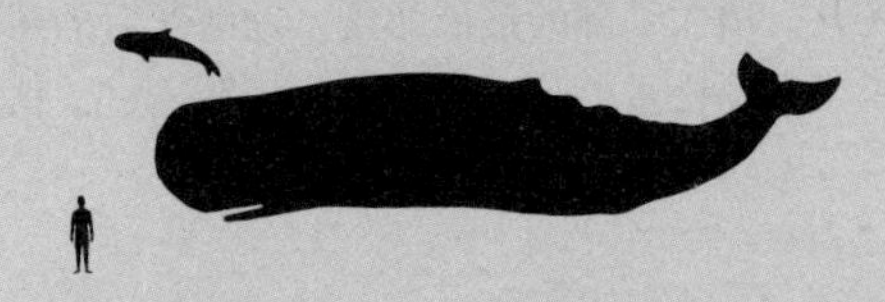

部有白色的斑纹；除头部与尾鳍之外，全身褶皱。**繁殖：**雌性的性成熟年龄为9岁左右；雄性的青春期是10～20岁，但是直到接近30岁时，它们才会活跃于后代繁殖。经历14～15个月的妊娠期之后，一只幼仔会于夏季出生；抚育幼仔时间很长，哺乳期要持续2年或更久。**寿命：**至少为60～70岁。**保护状况：**易危。

小抹香鲸

雄性体长4米，雌性最长3米。体重318～408千克。**皮肤：**背部呈蓝灰色，侧面的灰色较浅，腹部呈白色或粉色；头部侧面的浅色痕迹形似“弧线”或“假腮”。**繁殖：**夏季进行交配；妊娠期为9～11个月，春季生产。幼仔出生时约1米长，需要哺育1年左右；雌性连续2年生产。**寿命：**约为17岁或更长一些。

侏儒抹香鲸

体长2.1～2.7米。体重136～272千克。**皮肤：**背部呈蓝灰色，侧面的灰色较浅，腹部呈白色或粉色；头部侧面长着浅色的“弧线”或“假腮”。**繁殖：**其幼仔出生时小于小抹香鲸的幼仔。**寿命：**未知。

须鲸

在这个鲸目组群之中，生活着迄今为止最大的动物——庞大的蓝鲸，其体重达150吨，相当于25只6吨的雄性非洲象的重量。须鲸还包括一种鸣声优美且灵活轻快的鲸类——大翅鲸，它们不仅能够发出奇异的宽频声音，而且还能够表演不同凡响的杂技：有时头朝下从水中跃出。

“须鲸”这个名字源自挪威语，其字面意思是“有深沟的鲸”——指的是位于嘴部后下方皮肤上的纵向折痕，这是该种群的一个独有特征。很多须鲸每年都会穿越世界上众多大洋，迁移非常远的距离，从热带的繁殖区到极地地区的进食区迁进迁出。在过去的100多年中，较大的种群一直被大量捕杀，数量因此急剧减少。

深海中的庞然大物
外形与官能

须鲸外形呈流线型，除塞鲸之外，其他种群皮肤上部有一组凹槽或折痕，从下颚处向下一直延伸至腹部下边的肚脐处。进食时，这些凹槽会扩展开，增大嘴部的扩展幅度。须鲸死后的照片显示其喉部松垂，这一点有助于证明，过去认为这种动物有着奇特扭曲的形象的观点实际上是对它们在水下身体光滑这一事实的荒诞解释。

南半球的须鲸比北半球的须鲸要稍微大一些，而在其所有种群之中，雌性又要比雄性稍微大一些。头部占身体全长的1/4，大翅鲸长有明显的中央背脊，从呼吸孔向前延伸至吻部；而布氏鲸还长有副背脊，分别位于中央背脊的两侧。所有种群的下颚都呈弓形，从吻部的末端伸出。

所有须鲸的鳍肢都如同窄窄的柳叶刀一样，除大翅鲸之外，其他须鲸鳍肢的前缘上都长有圆齿，鳍肢长度接近于其体长的1/3。背鳍位于背部非常靠后的位置。尾鳍宽厚，中间有明显的缺口，大翅鲸的缺口尤为宽广。须鲸通过其头部顶端由2个呼吸孔构成的一个喷管来进行呼吸，不同种群之间，喷管的高度和形状各不相同。

⊙ 5种不同的须鲸种类，图为用相同的缩放比例展示该科鲸类巨大的尺寸差异：
1.长须鲸；2.小布氏鲸；3.蓝鲸；4.北方小须鲸；5.大翅鲸。

大迁移生活
社交行为

蓝鲸、长须鲸、塞鲸、小须鲸以及大翅鲸的生活圈与其季节性的迁移线路紧密相关。不论是在南半球还是北半球，须鲸都会于冬季时，在低纬度较为温暖的水域中进行交配，之后会向它们所钟爱的极地进食区进行迁移，在那里待3～4个月，以其食物的主要构成部分——丰富的浮游生

知识档案

须鲸

目：鲸目

科：须鲸科

2个属，8个物种：须鲸属（7个物种），包括蓝鲸以及长须鲸；大翅鲸属（1个物种），大翅鲸。

分布：所有主要的海洋。

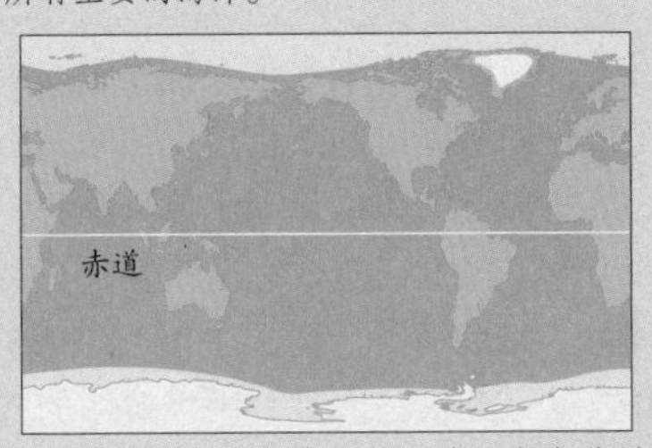

栖息地：除了小布氏鲸与布氏鲸之外，所有种群都来回迁移，夏季到极地附近的进食区，冬季到温暖水域的繁殖区。

体型：从北方小须鲸的9米长至世界上最大的鲸类——蓝鲸的27米长。在相同的2个种群之中，体重范围为9～150吨。在须鲸的所有种群之中，雌性要比雄性长得稍微大一些。

外形：外观呈流线型，上部呈黑色或灰色，通常腹部和鳍肢下表面颜色较浅。属滤食动物，从上颚两侧向下长有250～400根鲸须。进食时，折痕或凹槽从下颚后部向下扩展到腹部。尾鳍宽厚，中间缺口明显。

食物：磷虾、桡足类动物、鱼类，食用比例各不相同。布氏鲸主要以鱼类为食，而蓝鲸则专门食用磷虾。

繁殖：交配10～12个月之后产出1只幼仔。大多数须鲸种群有2年的怀孕间隔。

寿命：从小须鲸的45岁到较大种群的100岁或更高龄不等。

物为食。在这次集中进食期之后，它们会再次迁移回到较为温暖的水域，在那里，雌性在交配完成10～12个月之后，会产下一只幼仔。怀孕与生产在一年中的任何时候都有可能发生，但是相对较短的繁殖高峰期则局限在3～4个月之间。

刚出生的幼仔长度大约是其母亲体长的1/3，是其母亲体重的4%～5%。在春季迁移时，幼仔会随母亲一起向极地海域游动3200千米或更远的距离。这段时间，幼仔以其母亲营养丰富的乳汁为食，须鲸乳汁的脂肪含量高达46%，而人类与奶牛的乳汁只含有3%～5%的脂肪。当幼仔含住母亲2个乳头中的1个时，母亲会借助乳腺周围的肌肉收缩，将乳汁喷入幼仔口中。由于这种高能量的饮食，幼仔的成长速度飞快，每天能长90千克之多，因此，在6～7个月之内，蓝鲸的幼仔将会在其出生体重（2.5吨）的基础之上，再增加大约17吨的重量。幼仔在7～8个月时断奶，断奶时大约为10米长。

由于鲸类生态与人类掠夺行为的微妙交互，近几年来，须鲸的繁殖年龄已经发生了变化。出生于1930年之前的长须鲸，其性成熟年龄大约为10岁左右，但是后来其平均性成熟年龄则降至6岁左右。1935年之前的塞鲸，直到11岁左右时才会进行繁殖，而如今在某些地区，塞鲸7岁时就已经准备好要繁殖了。至于南方小须鲸，它们的成熟年龄降幅达8年之多，从14岁降至6岁。

关于这些变化，最可信的解释是：由于鲸类的总数量骤降，个体成员就能享受到更多的食物，这样就使得幸存者能够更快地成长。由于繁殖开始时间与其体型密切相关，成长加快则意味着在其年龄更小时，便能够达到繁殖后代所需的体型。

⊙ 在阿拉斯加的落日余晖中，大翅鲸潜入水中觅食。

处于危险之中的巨兽

环境与保护

目前，须鲸的未来在很大程度上取决于近年来为保护它们所施行的禁止过度捕杀措施的成功与否。某些种群的数量呈现出增长趋势，但因为它们的出生率极低，想要完全恢复，还需要数十年的时间。如果不受干扰，在10～20年中，鲸类的族群数量可翻倍。但是，南极蓝鲸的数量大概仍然只占其原始数量的5%～10%，而且其繁殖速度并不快。

由于气候变化与污染而导致的海洋环境的恶化引起了越来越多的重视。虽然水温的升高似乎不会对鲸类产生什么直接的影响，因为它们的鲸脂将其与目前所处的环境隔开，但是，它们赖以生存的食物，例如磷虾和鱼类，则会因为这些环境变更及洋流变化而转移。同样，极地区域臭氧层的破坏可能会使大量的紫外线辐射到水中，因而改变这片海域的物产量，而这片海域长期以来一直被鲸类当做进食区。有害化学污染物造成的直接污染，以及一些不可降解的物质，如塑料袋、塑料瓶，还有其他垃圾，可能会被鲸类吞食，因而堵塞鲸类的食道，这应当引起重视。还有声音污染，这会严重侵扰鲸类的感官与交流能力。另外还应该加上由捕鱼用具所造成的危险，以及在日益繁忙的海洋航路中，鲸类与船只碰撞的危险。

⊙ 这只南方小须鲸正在澳大利亚大堡礁周围的水域游动。它在这个种群中属于侏儒型，仅长7米，与巨大的蓝鲸相比简直是小巫见大巫。在20世纪早期，人们测量过一只南极水域的雌性蓝鲸，其长度为33.58米。

第四章

纵横水陆的两栖动物

概述

两栖动物是脊椎动物中一个神奇的分支，它们在这个世界上已经存在了2.3亿年。至少在二叠纪（2.95亿～2.48亿年前）的某个时期，它们的分支就已进化成独立的一支。把两栖动物视为鱼类到爬行类的过渡的观点是不正确的——即使从解剖学角度看，它们的确具有一些中间过渡的特征。有某种观点倾向于认为现存的两栖动物是进化史上的失败者，导致这种观点产生的一部分原因在于它们较小的体型与不引人注目的特性。与这种观点相反的是，我们应该把它们看做是在四足动物中极成功地开辟了广阔生存环境的一个种群的后代。现代两栖动物展现了生命史宏大的历程，它们往往在许多自然群落中占据着支配性的地位。但如果不对其设圈保护，以及采取其他一些措施来保护它们的话，两栖动物将以惊人的速度消失。

当今存活的两栖动物——青蛙、蝾螈以及蚓螈——拥有惊人的多样性。其中的一些有尾巴，而另一些没有。它们一些看起来像蛇或蜥蜴，一些靠长长的后肢跳跃前进，有的因为根本没有附肢而穴居。它们的颜色多样，从黄褐色直到亮蓝色、绿色和红色。

在4万多种已知的脊椎动物（具有脊柱的动物）中，有5000多种是两栖动物。其种类数量仅多于哺乳动物，是当今存活的脊椎动物第二小的一个种群，但它们却是曾经统治陆地的动物的后代。作为最初的陆地脊椎动物，两栖动物体型与当今中等大小的鳄鱼相当，它们在数百万年前就已经处于全盛时期。

两栖动物是一个很重要的研究种群，因为它们是征服大陆的第一批脊椎动物的后代，这个种群后来演化成爬行动物，而爬行动物则又进化成哺乳动物和鸟类。当今两栖动物分为3个目：有尾目（蝾螈，包括水螈和鳗螈，473种）；无尾目（蛙，包括蟾蜍，4750种）；蚓螈目（蛇状蚓螈，176种）。至写这本书止，共发现5399种两栖动物。实际上，近年来已经发现了许多新的种类，这是因为以下因素：对以前未开发地区的考察；应用非形态学（如分子的和行为的）性状来区分物种；由于环境变迁导致它们消失之前对其种类进行归纳描述的紧迫性。

两栖动物这个词源自希腊语“amphibios”，意为“拥有双重生活方式的物种”，特别是指这些能水陆双栖的种类。这种所谓的双重生活方式在两栖动物中非常普遍，但是也有例外：一些种类只能在水中存活，另一些则是完全的陆栖动物。它们都是冷血动物，随环境温度改变体温。

⊙ 遍及欧洲的火蝾螈是一种成功的现代两栖物种。其体形与古代四足动物化石非常接近。

两栖动物不像鸟类一样可以依靠特定的身体结构来界定，而必须结合一系列的特征来定义它们。更为复杂的是，任何的界定都必须面对这样一个事实，即当今存活的物种与远古的化石相比已有了极大的改变，在化石形式中没有任何关于界定特征的关键信息。事实上，现在所定义的两栖动物并不包括大陆上最早的脊椎动物，但是为了明确两栖动物的起源，我们必须考虑到最早期四足脊椎动物的起源。

食肉和同类相食

食物与捕食

两栖动物是肉食动物，它们不经过咀嚼就将猎物整个吞食。蝌蚪是例外，它们是蛙类在水中的幼体时期，以藻类和原生动物为食。进食时，它们把食物在水下弄碎或者在水面上过滤。一般情况下，小型两栖动物吃昆虫和其他无脊椎动物，而较大的两栖动物则偶尔以脊椎动物为食，包括自己的同类。实际上，自相残杀在两栖动物中很普遍，特别是在它们的幼体时期更是如此。在一些蝾螈和蛙类中，同类相食的现象是普遍存在的。

多数种类的两栖动物食性很广，北美洲森林中的红背蝾螈就以数百种无脊椎动物为食，只有当猎物形状比它们嘴大时，猎物才能幸免于难。但是它们更偏好软体猎物，并尽量避免味道不好的种类。相反的是，有些两栖动物只吃特定的食物，如墨西哥掘穴蟾，它们嘴巴很小，而且只以白蚁为食。

许多两栖动物已经适应了栖息地食物只能季节性供给的状况。在温带，它们可能只会在几个月里活动频繁，而在沙漠地区，甚至只有几周的活跃期。所以，它们必须快速进食，而且要储存很多食物（多数情况下变成脂肪），以便于它们在食物不足时或者孵化卵时可以活下去。两栖动物能高效率地从食物中获取营养，而且许多种类对食物需求很少，至少在寒冷的环境中如此。以无肺蝾螈为例，它们可以在没有任何食物的情况下，在严寒的环境中存活 1 年甚至更久。

水生和陆生动物进食方法有着质的不同，如鱼类、水生物种以及处于水生阶段的物种，它们进食时，会突然增大口腔空间，产生一种负压，将悬浮在水中的食物吸入口中。水生蝾螈（包括成体和幼体）、蝌蚪，甚至某些水生成年蛙也使用这种吸入食物的方法。鲵鱼以及它们的亚洲近亲——大鲵具有将食物吸入嘴中一边的特殊功能，这是因为它们下颚的两部分是独立运动的。

陆生两栖动物，包括蚓螈、一些蛙类和蝾螈，通过牙齿和一条结构简单、无伸缩能力的舌头的配合，咬住并缠住食物，然后进食。但是大多数蛙类和陆生蝾螈的舌头都有伸缩能力，它们的舌头通过软骨组织（舌腮骨）和嘴底部相关肌肉的相互配合产生伸缩性。但是蛙类与蝾螈类这方面的运动机制是完全不同的，蛙类的舌头前端是与下颚前部紧贴在一起的，于是，当舌头后端完全伸出时，舌头就会上下弹起，实际上是舌背粘住了食物。水生蟾蜍和蔗蟾用舌头粘住食物的时间仅为37毫秒，整个捕食过程仅为143毫秒。具有最高度发达舌头发射系统的蝾螈，其舌骨更长，蘑菇形的舌头在舌腮骨的前端而不是在嘴底部。当舌骨肌肉收缩时，舌腮骨被急速向前推

两栖纲

44科；434属；5399种。

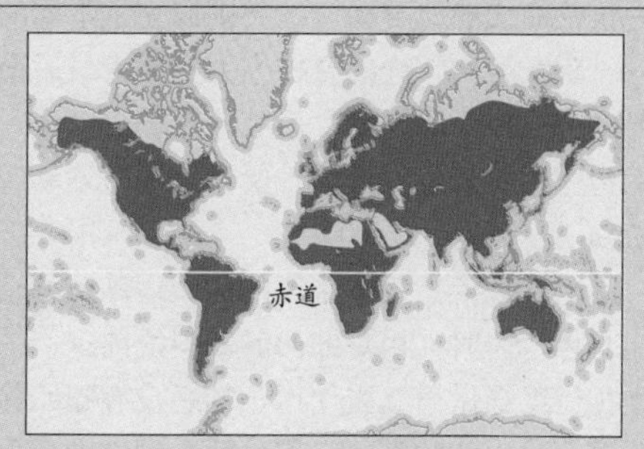

蚓螈目

蚓螈

6科，36属，176种。

科类包括：真蚓科、鱼螈科、吻蚓科、蠕蚓科、盲游蚓科、盲尾蚓科。

有尾目

蝾螈

10科，60属，473种。

科类包括：鳗螈（鳗螈科）；大鲵（隐腮鲵科）；钻地蝾螈（钝口螈科）；蝾螈和欧洲火怪（蝾螈科）；洞螈、斑泥螈（洞螈科）、湍流蝾螈（急流螈科）、两栖鲵（两栖鲵科）、无肺蝾螈（无肺螈科）。

无尾目

蛙和蟾蜍

28科，338属，4750种。

科类包括：亚洲蟾蜍（角蟾科）；有爪青蛙和负子蟾（负子蟾科）；魔蟾（沼蟾科）；澳洲地蛙；真蟾蜍、多色斑蟾及其近亲（蟾蜍科）；毒蛙（箭毒蛙科）；美澳树蛙（雨蛙科）；玻璃蛙（附蛙科）；真蟾蜍（蛙科）；苇蛙（非洲树蛙科）、狭口蟾蜍（姬蛙科）。

动，使舌头粘住食物。一些新热带区蝾螈（无趾蝾螈）的整个捕食过程只有4～6毫秒。

两栖动物觅食基本上采用两种方法，一种是坐等猎物，然后捕食，这一类两栖动物通常是白天活动，而且身上具有保护色，甚至会设下圈套诱敌上钩，例如，南美洲的角蛙会抽动它们的爪趾来吸引周围的其他蛙类。另一种是主动出击进行捕食，这一类两栖动物通常是夜间活动，如果在白天活动，他们会通过身体上的保护色和毒素来保护自己，比如毒蛙或处于水栖阶段的红斑蝾螈。

波状运动与跳跃

运动形式

就活动和繁殖来说，两栖动物适应的区域非常广阔。蝾螈和蚓螈像鱼一样通过左右摆动身体像正弦曲线般地游动。蛙类则以完全不同的方式——跳跃运动。蛙的脊柱大大变短，最后面的椎骨融合成一个尾杆骨，后肢骨变长。因此，蛙类的身体相对来说不灵活，要依靠同时划动四肢来游动。

陆生蝾螈依靠身体单侧的曲线运动来移动，每次身体弯曲时，相对的两肢就斜线前进，一些种类把尾巴当做第五肢使用。蚓螈没有腿，除了一些完全水生的种类外，都生活在洞穴中。由于洞穴极大地限制了其侧向移动，蝾螈只能靠收缩和舒展的交替来移动，在此过程中只有脊柱弯曲，产生与洞穴壁接触的暂时的触点，让身体其他部位伸展，其运动形式跟蚯蚓类似。

精子放入精囊中

繁殖

两栖动物是所有脊椎动物中拥有最多繁殖模式的种群。它们的受精方式可以是体外受精，也可以是体内受精。最原始的科的成员如巨型蝾螈和亚洲蝾螈是体外受精，精子被排到接近卵子的水中。大多数蝾螈都将精子以团状排出，称做精囊，在交配时期，精囊进入雌性的泄殖腔腺中，能马上使雌性受精。多数种类将精子储存在泄殖腔腺中的特殊腺体中（受精囊），以备下一个繁殖季节使用。北美洲的钻地蝾螈（钝口螈科），其精子只在发育期间能够存活，由于该物种是单性生殖种群，因而精子对遗传没有帮助。

蛙类基本上都是体外受精。通常情况下，随着雄蛙用前肢抱住雌蛙（抱合），当卵子排出时，精子也随之排出。一些毒蛙没有抱合形式，雄性直接为卵子授精。在一些狭口蛙种类中，两性身体会暂时紧贴在一起。另外一些种类虽然没有射精器官，但是当精子排出时，雌体和雄体的泄殖孔会接在一起，因此是体内受精。所有的蚓螈都是体内受精，雄性将其泄殖孔外翻，使其具有射精器官的功能。

⊙ 只有4种蝾螈一般会直接产下完全成型的活的幼体。图为土耳其蝾螈，新出生不久的幼体比母体大得多。

大多数两栖动物是卵生动物，它们将卵排在淡水或陆地上。有一些是胎生，卵在母体中发育，并通过吸收其卵黄中储存的营养或者直接从母体吸收营养发育成长。根据种类的不同，蛙类一次产卵的数量也有所不同，从1粒到2500粒不等。蝾螈类的产卵数量一般不会超过几十粒，而有些水螈的卵可达400粒。

受精卵可能是以1枚、1群或1串的形式排出来，但都是被胶状的外层包裹。如果受精卵被排在水

⊙ 该图是一个令人印象深刻的关于社会合作行为的例子，生活在南非干草原高树上的雄性大灰树蛙（攀蛙属）将雌蛙分泌物拍击成一个泡沫窝。泡沫窝的外部被晒干成一坚硬的壳，但里面仍保持潮湿，为卵孵化提供了适宜的场所。

中（或者非常接近水域），这样幼体就能够爬到水中或者被水冲入河流。由于幼体有腮，所以它们在水中生活，并逐渐变态成为小型成体。

两栖动物在各种不同的地方产卵，包括死水和流水、由雄性建造的泥洼地、圆木和石头下的凹处、瓦砾堆和洞穴里、漂浮着的树叶上、充满水的植物腋里。但是，每个种类都有其特定的产卵处。

将卵产在陆上的种类一般没有自由生活的幼体时期，而是直接发育为成体，许多热带地区的蛙类和所有陆生蝾螈便是如此。一些蛙类和蝾螈类父母的一方会保护它们的卵，许多蛙类的卵或者蝌蚪随时被父母带在身边。

少数蛙类是胎生的，比如波多黎各的胎生蛙，胚胎的卵黄提供了其生长发育必需的养料。胚胎的尾巴很细且供血充足，起交换气体的作用。非洲蟾蜍的许多种类也是胎生的，西非胎生蟾蜍的胎儿在卵黄营养消耗完后，从输卵管中吸收黏蛋白。

有4种欧洲和亚洲西南部的蝾螈也是胎生，土耳其蝾螈和2种阿尔卑斯高山蝾螈（真螈；意大利亚种）一次会产下 1 个或 2 个发育完全的后代。在真螈属黑真螈产下的30个受精卵中，只有1～2个可以存活，幸存者吃掉它们的兄弟姐妹，在度过2～4年的孵化期后，在出生前变态。同一属的欧洲火蝾螈，幼体以不完全变态幼体的形式被排入水中，但是在山区，幼体则以变态完全的形式出生。另外，欧洲东南部的洞螈在水温度升高时就会胎生，在这种情况下，会产下两个有腮的幼体。虽然许多蚓螈产下的卵由雌体守护，但是将近一半的这种蚓螈是胎生，吸收完它们卵黄的营养后，大的幼体靠“子宫奶”和利用特化的牙齿从输卵管壁刮取食物生存。它在大大扩展的腮和输卵管壁之间可以进行气体交换。但是腮在幼体出生前被重新吸收。目前可以确定这些都是真正的胎生两栖动物。

微妙的信号

社会行为和交流

个体间的社会行为需要一些交流方式，比如化学物质、发声形式、视觉形式或者触觉形式。两栖动物具有广泛的社会交际行为，但是有些行为十分微妙，至今也未被认识。在蚓螈间，一些种类会发出作用不明的吱吱声和咔哒声，但是绝大多数交际是依靠化学物质和触觉形式，并通过一个脊椎动物中独特的突出器官（触角）来进行的。这些成对的结构位于眼睛和鼻孔之间，并在流体静力作用下伸出来。尽管对触角的功能认识很少，但我们知道它在鼻孔闭合时，可用来寻找猎物。至于是在地下还是在水下捕食，则取决于种类的不同。

蝾螈是近视，当彼此靠近时必须用可视化暗示，比如，雄红背蝾螈通过抬起身体来发出示威信号。一些蝾螈发出爆破或咔哒声，剑螈发出呲呲声，小蝾螈发出尖锐而痛苦的叫声。在交配时期，雄性通过接触动作如摩擦、轻推、碰撞来增加雌性对它的注意。

蝾螈类主要的交际暗示是靠化学作用来完成的。大多数两栖动物在鼻子处有两个分离的化学感受区域，通过它们把信号传输到大脑嗅叶的不同部位：嗅上皮用来分辨挥发性（空中传播）气体，通常是小分子；犁鼻器用来分辨非挥发性气体，大多数为大分子。蝾螈类可以利用气体分辨种类和性别，测定其他个体的繁殖情况，刺激交配行为。

一些无肺蝾螈在嘴面上开孔成为鼻突，从而使得其他种类留下的化学信号通过毛细作用带至鼻唇沟再到犁鼻器。一些蝾螈类，如红斑蝾螈，雄性从其头部的腺体中散发出化学物质，并把这些物质擦到雌性的口鼻处。欧洲蝾螈把化学物质释放在水中，并用它们的尾巴把这些物质传给雌性，这些信号使得雌性接受雄性，从而进行交配。

蛙类最早使用声音社会信号。大多数种类会在雄性居住地发出其特有的叫声，有些种群具有一整套叫声：为吸引雌性的交配叫声、雄性为保卫领地时的叫声、当雄性偶然间被其他雄性抱合时挣脱的叫声以及被捕食者捕获时的叫声。一些声音是非常大的，就如同列车机车开过的声音一样；还有一些声音则非常微弱，只能在1米内接收到。

雌蛙可以根据各种不同的叫声参数来选择雄性。一种中美洲对泡蟾可发出两种不同的声音，包括呜呜声和咯咯声，雄性能够发出呜呜声或者呜呜声加上1～6声咯咯声，雌性偏好复杂的叫声。由于这些叫声持续时间较长，发出声音的雄性也许会暴露其处所，并成为食蛙蝙蝠的猎物。有时候，体型较小的或地位不高的青蛙根本就不叫，它们守在发出鸣叫的青蛙旁，迷惑雌蛙与之交配。

一些蛙也使用视觉结合触觉形式的信号。在巴西急流蛙中，雄蛙通过发出声音，并且同时用足部信号——伸展后肢并伸开趾来传递信息，雌蛙也以同样方式回应。当其他雄性闯入其领地时，雄性也会使用足部语言发出警告。另外一些种群则使用前肢发出信号，或者通过趾部轻微波动来传递信号。在交配季节，一些毒蛙会通过触觉信号来传递信息，此时雌蛙会用前肢撞击雄蛙，发出接受雄蛙交配请求的信号，并刺激雄蛙排出精子。

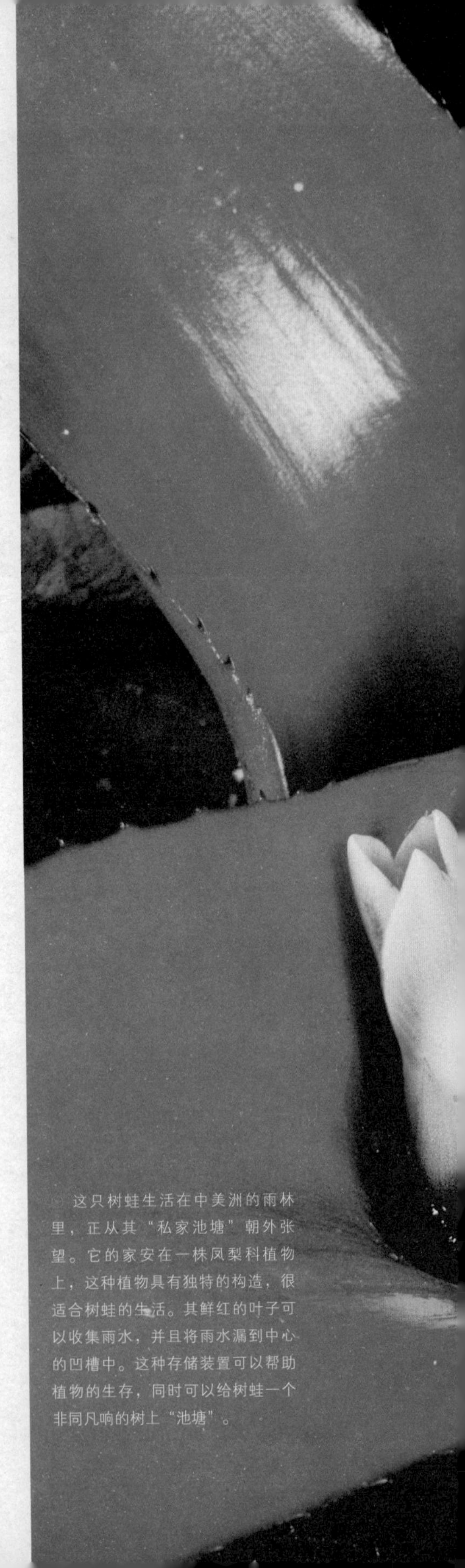

◎这只树蛙生活在中美洲的雨林里，正从其“私家池塘”朝外张望。它的家安在一株凤梨科植物上，这种植物具有独特的构造，很适合树蛙的生活。其鲜红的叶子可以收集雨水，并且将雨水漏到中心的凹槽中。这种存储装置可以帮助植物的生存，同时可以给树蛙一个非同凡响的树上“池塘”。

有尾两栖动物——蝾螈

蝾螈是有尾巴的两栖动物，它们一般在凉爽阴暗的地方过着非常隐秘的生活，并只在夜间活动。它们很少有身长超过15厘米的。与蛙和蟾蜍不同的是，它们不依靠发出响亮的叫声来显示其存在。

一些种类的蝾螈数量非常多，在北美东部的一些山区树林，据估计，林地蝾螈的全部数量比那里所有鸟类和哺乳类动物加在一起的总量还要多。每年春天，欧洲和北美洲的蝾螈都要经过一片很广阔的区域，迁移到水塘中进行繁殖，这样就会出现非常大的繁殖群体。近年来的研究已经揭示出有关它们生活习性的大量可观信息，仍然有新的种类被发现并被首次记录下来，特别是在中美洲的热带雨林里。

皮肤光滑的肉食动物

外形和功能

蝾螈和鲵组成了两栖动物中的一个目，即有尾目。它们一般有长长的身体、长尾巴和两对长度相当的腿，但是有些种类已失去后腿。比起现存的其他两栖动物种群，它们在整个体形方面跟最古老的两栖动物化石更加相像。

“蝾螈”这个词源自拉丁语中的“salamandra”，此拉丁语又源自希腊语中意为“火蜥蜴”的单词。蝾螈常常与火联系在一起，因为它们能爬出扔进火中的圆木堆，因此被认为能从火里出来；石棉绒曾经被称做“蝾螈的毛”。“蝾螈”通常指任何有尾的两栖动物，但尤其指那些具有陆地生活习性的种类。“蝾螈”这个术语源自盎格鲁－撒克逊语中的“efet”和“evete”，在中古英语中演化成“ewt”，指这些种类每年春天回到水中来度过延长的繁殖季节。这些种类包括欧洲的蹼族蝾螈、北美洲的美属螈和东美螈以及日本红腹蝾螈。“水蜥”这个词同样源自盎格鲁－撒克逊语，指陆地生活期幼年东美螈。

像其他两栖动物一样，蝾螈的皮肤光滑且富有弹性，没有鳞片，并日通常都是湿润的。皮肤充当了呼吸表面，氧气通过皮肤能够进入身体，然后，二氧化碳被释放出来。由于这个原因，蝾螈只能在沼泽地或湿地生存。它们皮肤的最外层经常脱落，一些种类的皮肤外层成为小碎片，另外一些种类的外层会整体脱落。脱落的皮肤通常会被自己吃掉，但是有时候我们会发现一只水生蝾螈的整块皮肤悬挂在水草上。通过皮肤中大量有毒腺体分泌的黏液，许多蝾螈可以免于被捕食。

所有的蝾螈都是肉食动物，它们捕食小型且活的无脊椎动物，如昆虫、蛞蝓、蜗牛以及蠕虫。它们拥有一条用于湿润食物并将食物送进嘴中的舌头，在一些种类中，它们的舌头可以向前弹出一段距离来捕捉小型猎物。

许多水栖蝾螈为了适应水中的生存环境，尾巴进化成侧向扁平，并可能有一个背鳍。它们四肢都有趾，通常前肢的趾比后肢的少。在一些种类中，比如北美洲的两栖鲵，其四肢非常小，不具备行动功能。另一些种类，如有蹼蝾螈，其后肢的趾间有蹼，这样有助于快速游泳。

有尾两栖动物的卵都没有卵壳，但是被具有保护性的胶状物质所覆盖。每一层形成一个隔开

⊙ 这些幼体蝾螈通过一组羽状鳃呼吸。当它们成熟时，这些鳃会慢慢消失，它们就转而通过肺和皮肤呼吸。

⊙ 蓝脊双线蝾螈生活在美国东南部的山区森林中，那里雨量充沛。尽管这种蝾螈并非是在水中繁育的蝾螈，它们还是很少冒险离开池塘很远。同属的其他类型的蝾螈有的一直待在水里，有的甚至住在洞穴深处、地下湖或地下溪流中。

的囊，有些蚓螈的卵被包裹在八层囊中。一般情况下，卵被孵化成完全的肉食性幼体，幼体一直成长，直到变态为成体。变态包括了许多复杂的变化，为蝾螈的成体生活作准备。在小蝾螈中，变态是与栖息地从水中到陆地的显著变化相吻合的。

在大多数种类的蝾螈中，湿润的皮肤是氧气和二氧化碳进入和排出身体的唯一途径。一般情况下，幼体具有羽状的外鳃，成体则有肺。一些种类，包括水栖和陆栖形式的种类，同样利用它们的口腔内壁，通过嘴巴和鼻孔有节奏地把水或空气吸进来和排出去。当蝾螈下颚下方的柔软皮肤快速振动时，这种“口腔抽吸”就非常明显，它不仅是作为一种呼吸机制，而且它使得这种动物能持续地通过气味来检验外部环境。对有尾的两栖动物来说，对气味的高度敏感是非常重要的，特别是在交流时更是如此。

在最大的科——无肺螈科中，蝾螈的肺在其祖先时期就完全消失了，只依靠皮肤和嘴巴内层来呼吸。一些种类生活在湍急的水流中，那里的氧气很充足；另一些种类则是完全陆栖。蝾螈生活在静止的水域里，那里的氧气含量很低，它们只能用肺呼吸，而且隔一段时间就频繁地浮出水面来吸取新鲜的空气，或者也可通过外腮呼吸，这种外腮是从幼体时期保留到成体时期的。

当水栖欧洲小蝾螈在繁殖季节呆在水里时，通过3种途径来获得氧气：皮肤、嘴巴内层以及肺。绝大多数时间里，它们通过皮肤和嘴巴在水中获取氧气，以支持其活动。然而，如果它们变得更加活跃的话，比如在交配期间，它们必须频繁地升到水面上来吸入空气。有时一只蝾螈会吸

知识档案

蝾螈

目：有尾目

10科，60属，超过470种。

分布：北美洲、中美洲、南美洲北部、欧洲、地中海、非洲、亚洲（包括日本和中国台湾）。

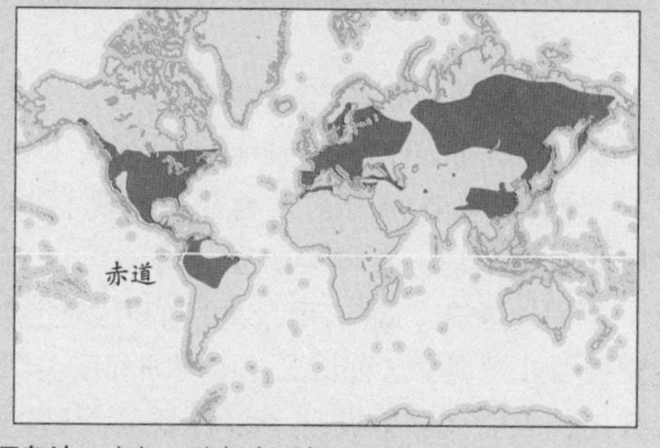

栖息地：水栖、陆栖和两栖。

大小：从头部到尾端的长度为2厘米至1.4米，大多数为5～15厘米。

颜色：繁多，包括绿色、棕色、黑色、橙色、黄色。

繁殖：大多数为体内受精；大多数产卵，但是一些种类的卵在母体体内发育。

寿命：圈养种类一般为20～25年，偶尔会超过50年；关于野生种类的寿命知之甚少，但是一些种类直到它们存活好几年后才会进行繁殖。

⊙ 斑点蝾螈具有光泽柔软的皮肤、一条长尾巴和有明显肋骨沟的管状身体，这是蝾螈最显著的特征。这个种类相对来说数量众多，虽然很少能被看见，因为它们白天都在地下度过。像其他大多数蝾螈一样，当它们受到攻击时，皮肤就会渗出毒素。

入太多空气，以至于不能沉到水底，这时它们可以通过喷出气泡，以插入姿态返回水底。上升式呼吸有潜在的危险，因为当蝾螈浮上水面时会很显眼，会引来捕食的鸟类，像苍鹭等，就可能逮住它们。在温暖的日子里，蝾螈也必须更加频繁地呼吸，因为高温使它们更活跃，而池塘底氧气含量又不足。

世界上蝾螈的准确数量还难以统计，这是因为不断会发现新的种类。最近的统计列表上包括472个种类，而在15年前人类却只发现了358种有尾的两栖动物。新种类的显著增多可以归为两个原因。首先，对未记录地区的开发使得许多新种类被发现，这种情况在中美洲和南美洲尤为突出：人们在那里发现了多种新的无肺的蝾螈，它们中大多数体型都很小。其次，由于新科技在线粒体和DNA（脱氧核糖核酸）分析上的运用，许多广泛分布的蝾螈被发现有不少在基因遗传学上不同的形式，这些种类都被明确分类。

在陆上和在水中

分布模式

大多数蝾螈只生活在北半球的温暖气候区，但是有一个种类——无肺蝾螈却生活在中美洲和南美洲的热带区域中。它们的栖息地各不相同，包括完全水栖和完全陆栖的种类，以及水陆两栖的种类。水栖种类生活在河水中、湖泊中、高山溪流中、水塘、沼泽以及地下洞穴里；陆栖种类一般生活在岩石和圆木下面，但是一些种类生活在地下洞穴和高树上。因为蝾螈的皮肤能透水，所以它们不能在高温、干旱的环境中生存。对许多种类来说，炎热的夏天是它们回到地洞避难的日子，它们只在凉爽的夜晚才钻出地面来。在寒冷的季节里，它们变得不活跃，温带地区种类则会躲到地下或者藏在大岩石和圆木底下，并开始蛰伏。

不同的生活与生命周期

繁殖和发育

由于种类多样化，蝾螈类没有“典型”的生命周期一说。但仍存在3种普遍的生活方式：完全陆栖、完全水栖以及水陆两栖。一个典型的陆栖种类是北美洲东部林区的红背蝾螈——交配活动在陆地上进行，交配后雌体会到一个部分腐烂的圆木里产卵。红背蝾螈一般会产下20～30枚较大的卵，胚胎在卵中迅速地生长发育，整个幼体的发育时期都在卵内度过。这些卵会孵化出一个

⊙ 包有正在发育中的幼体的斑点蝾螈的卵。通常，一个绿藻会长在卵囊中，含有绿藻的卵具有更大的胚胎，这个胚胎能较早地孵化出来并更好地存活。在美国东北部，许多斑点蝾螈的繁殖水塘都被酸雨污染了。

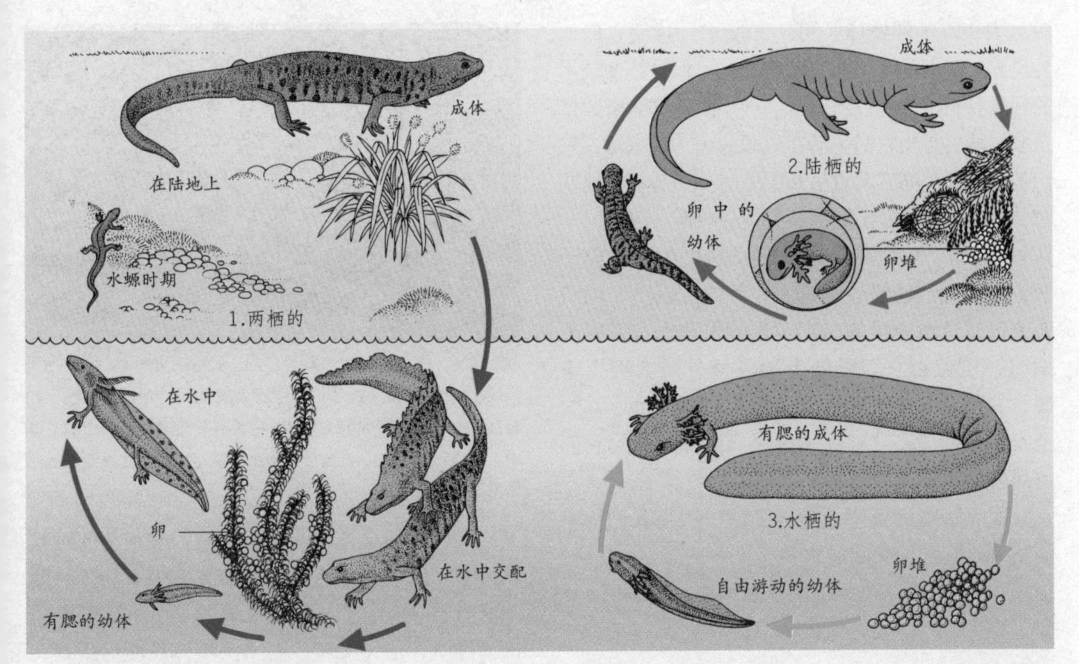

⊙ 不同蝾螈的生命周期对比。许多蝾螈是完全的陆栖动物，而有的蝾螈每年会回到水中进行繁殖。墨西哥中部的美西痣螈是蝾螈科中的一种，它们是完全水栖种类。

个微型的成体蝾螈。在一些陆栖蝾螈中，如美国黑蝾螈，亲代一方会守在卵的旁边。在一些种类中，如欧洲蝾螈科中的一些，雌体会把发育中的受精卵留在体内，一段时间后产出活的后代，这些后代可能是幼体或者是雏体蝾螈。在一个奇特的西班牙火蝾螈种群中，已经发现还在母体体内时，发育较快的幼体就会吃掉体型较小的同胞。

完全水栖种类的成体在水中进行交配，一些种类进行体外受精，产下的一窝卵最多有500个，这些卵会孵化成有外鳃的幼体。完全水栖的种类如巴尔干半岛沿岸的洞螈和北美洲东部的泥螈，它们在成体时期仍保留着一些幼体时的结构，比如外腮，这种现象被称为幼态保留。生活在污浊的、氧气匮乏的水中的种类，如鳗螈，在整个生命中都保留腮是最为普遍的现象。幼态保留可能是一个种类所有成员的持久性特征，比如鳗螈、洞螈和泥螈等，也可能只是当个体缺乏一种关键营养物质时，出现在此个体身上的暂时性状况。墨西哥美西螈则是人们最为了解的具有后一种状况的种类，如果它们缺乏被用于产生甲状腺素的碘元素，就会保留其幼体时候的腮。

在两栖蝾螈的生命周期中，成体生命中的大多数时间是在陆地上度过的，但是会因为繁殖而迁移到水中。交配可能会在紧密聚集的个体间进行，这些个体都在同一时间、同一个池塘内进行繁殖，像北美斑点蝾螈就是如此。相反，一些欧洲蝾螈（欧螈属）的繁殖时间则会持续数月，这取决于个体呆在水中的时间。雌体产下的卵会发育成水栖幼体。产下的卵数量往往很多，有100～400枚，但卵通常很小。幼体变态成雏体，有时被称为水螈，直到它们长到可以繁殖的时期离开水中到陆地上生活，这个过程会持续1～7年，蝾螈科中的蝾螈，如欧洲滑螈和北美洲红斑蝾螈就是这种生命周期的典型代表。

鳗螈
鳗螈科

世界上只有4种鳗螈，它们生活在美国南部和中部以及墨西哥东北部。它们居住在沟渠、溪流、湖泊的浅水中，是活跃的捕食者，以小龙虾、蠕虫、蜗牛等动物为食，并且大部分时间都藏在泥土里或沙子中。它们嘴巴的前部没有牙齿，取而代之的是一个角状的喙，它们通过吮吸进食，把水和食物吸入嘴中。它们鳗鲡状和长有外腮的身体使它们看起来像过度生长的幼体。它们没有后肢却有弱小的前肢，这些前肢紧贴在腮后。大一点的鳗螈体长可达90厘米，这使它们成为世界上最大的有尾两栖动物之一，但是体型较小的鳗螈身长很少超过25厘米。微小的侏儒鳗螈数量众多，特别是当它们生活在凤眼蓝（一种水藻，它们被引进北美洲后大量生长）中时。当鳗螈被捕获时，它们通常会发出短促、尖利的叫声。

夏天，许多鳗螈生活的水塘和水沟都会干涸，但是它们能够通过进入一种叫“夏眠”的状态来度过这段干旱的时期。当沙子和泥土变得干涸时，覆盖在它们皮肤上的黏液外层会变得坚硬，并形成羊皮纸样的茧，覆盖在除了嘴以外的全身。它们能在这种环境中存活数周，直到它们的居住地重新充满了水。

关于鳗螈的繁殖仍是一个谜，因为人们从未观察到过它们的交配过程。

大鲵
隐鳃鲵科

在所有体积最大的蝾螈的大部分种类中，3种大鲵生活在河流和较大的溪流中，它们一般习惯在夜间活动，白天则在岩石下度过。虽然它们体型巨大、外表丑陋，但是却对人类无害。在日本和中国，它们被人用荆条和缰绳逮住，并被看做是一种美味。它们的食物包括差不多所有生活在河流和溪流中的动物，包括鱼类、较小的蝾螈、蠕虫、昆虫、龙虾和蜗牛，猎物通常在岩石下被捕获，或者大鲵会通过嘴巴快速侧向猛咬悬浮的猎物。它们通常在夜间捕食，通过嗅觉和触觉来确定食物的位置。它们的视力很差，眼睛很小且长在头部两侧很靠后的位置，不能同时聚焦在同一物体上。

⊙ 大鲵俗称娃娃鱼，是两栖类动物中的“寿星”，有一只人工饲养的大鲵活到了52岁。

⊙ 现今存活的最大的鲵——中国大鲵是19世纪法国传教士和自然学家阿曼德·大卫命名的。它生活在清澈湍急的山间溪流中，那里氧气充足，其高度褶皱的皮肤可以帮助它在没有腮的情况下呼吸。

大鲵决不会离开水，虽然它们在很早的时候就没有了腮，但是它们并没有完全失去幼体时期的所有特征。它们一般很长寿，一个人工喂养的试验样本存活了52年。日本大鲵体长能够达到大约1.5米，北美大鲵最大长度为70厘米。它们巨大的体型和腮的缺失限制了它们只能生活在流水中，因为那里的氧气含量充足。沿着体侧生长的显眼的折叠皮肤加大了能够吸进氧气的表面积。它们可以用肺呼吸，但是效率不高，所以养在鱼缸中的大鲵会频繁地升到水面上去吸气。

在北美大鲵种群中，繁殖是在仲夏时节发生的。雄体在岩石下挖掘出一个大的空间，并阻止其他雄体进入。这个雄体也会驱赶已经产过卵的雌体，但是它会允许任何即将产卵的雌体进入。雌体在雄体的巢中产下两长串卵，这些卵通过一条黏性丝连在一起，粘在岩石上，遇到水时就迅速变硬。一只形体较大的雌体可以产下450枚卵，许多雌体会将卵产在一个雄

⊙ 鲵和蝾螈7个科的代表种类。1.无趾螈属无肺蝾螈。2.红蝾螈；蝾螈科。3.虎螈（虎纹钝口螈）；钝口螈科。4.洞螈；洞螈科。5.泥螈（斑泥螈）；洞螈科。6.山溪鲵；小鲵科。7.日本爪鲵；小鲵科。8.大凉疣螈；蝾螈科。9.东部蝾螈，红水蜥时期（绿红东美螈）；蝾螈科。10.光滑欧冠螈；蝾螈科。11.大鳗螈；鳗螈科。12.二指两栖鲵；两栖鲵科。

体的巢中。雄体对这些卵授精，给它们包裹上一层牛奶状的精液，并在这些卵的发育期（10～12周）守卫在旁边。孵化出的幼体会离开雄体的巢，开始完全独立的生活，它们主要以小型水栖动物为食。幼体和成体的皮肤上会分泌一种黏液，用来威慑潜在的捕食者。

在许多地方，由于林业发展对其栖息地造成了破坏，导致这3个种类的生存都受到威胁。在美国，美洲大鲵数目的减少引起了人们的关注，日本大鲵则被列入了易灭绝种类中。

亚洲蝾

小鲵科

人类对只生存在亚洲中部和东部的亚洲蝾还知之甚少，从它们的体形和繁殖学角度看，它们显然是一些最原始的有尾两栖动物。它们大部分时间栖息在陆地上，通常在富含氧气的山间溪流中进行繁殖，它们的肺非常小或者根本就没有肺——肺部较大会使它们的身体上浮并很容易被水流冲走。一些种类拥有锋利弯曲的爪子，其作用尚不明了。

在交配过程中，雌体排出成对的囊，每个囊里装有35～70个卵。当这些囊从雌体泄殖孔内排出时，雄体就抓住它们，并把它们塞进自己的泄殖孔中，并向这些囊排出精子。至少在一些种类中，雄体会守护着这些卵直到它们被孵化出来。有一类亚洲蝾的交配方式非常与众不同，雄体把精子储存在一个结构简单的精囊中，雌体将其卵囊放在精囊的顶端使其受精。

人们已开始关注一些亚洲蝾的保护状况。由

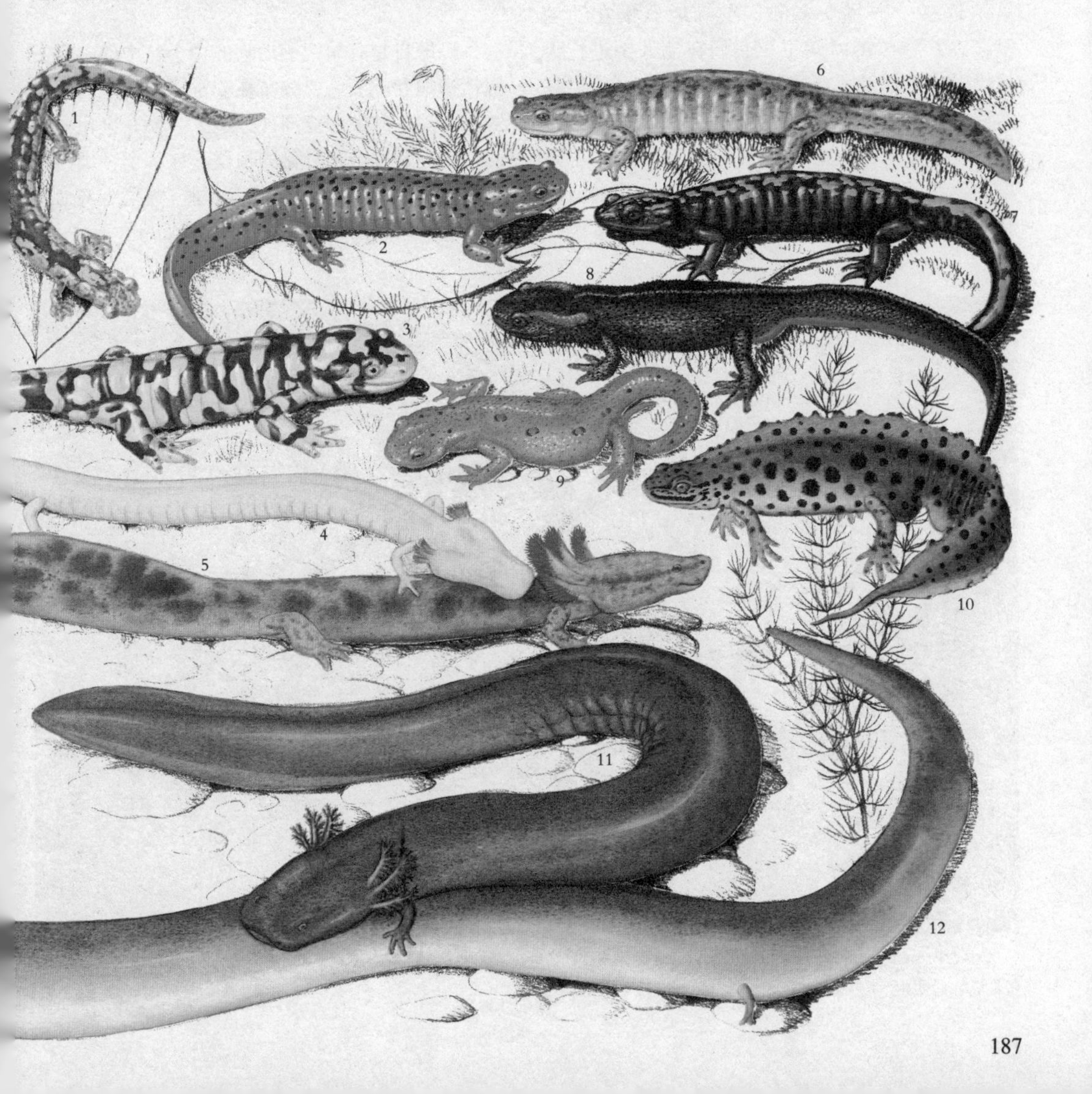

于其栖息地遭到破坏，加上环境恶化，使得许多亚洲蝾的生存受到了威胁，而且许多种类还被大肆捕捉，以满足世界宠物交易的需求。

钻地蝾螈
钝口螈科

之所以将其命名为钻地蝾螈，是因为它们一生中绝大多数时间都生活在洞穴中。除了在繁殖季节里（那时它们会迁移到水塘中进行交配和产卵），它们很少被人发现。它们发现于北美洲，而且在这30几个种类中，大多数都是陆栖，但是都有水栖的幼体。它们有强健的身体，宽阔的头部以及光滑闪亮的皮肤。它们中的许多种类都有醒目的、颜色鲜艳的斑点。

在初春时节，斑点蝾螈展示出场面壮观的繁殖迁移。数量众多的斑点蝾螈聚集在池塘里，在2～3天的时间里，它们在池塘中进行大规模的交配活动。雌体在水中产下近200枚卵，然后返回陆地继续它们的陆栖生活，留下这些卵孵化成幼体，这些幼体在孵化后的2～4个月里变态为成体，并在仲夏或初秋时离开水塘。暗斑钝口螈则在干涸的池塘底产卵，雌体用身体围着卵直到冬雨来临，那时这些卵才会孵化成幼体。

在北美洲一些地区，有许多种类的钻地蝾螈的种群，它们中的成体是幼态保留，甚至当它们达到性成熟时，仍保留幼体特征。其中最具代表性的种类是墨西哥美西螈，它们成熟后也只有幼体型式。如果它们被注射了甲状腺激素浓缩物后，会变态为陆栖形式。

在钻地蝾螈中，一些幼体会变成同类相食的动物，靠吃掉更小的同胞逐渐发育成体型很大的个体。但是它们也要为这种行为付出代价，这些同类相食者由于吃自己的同类，所以更容易感染上寄生虫病。

蝾螈和欧洲鲵
蝾螈科

蝾螈科是有尾两栖动物的10个科中的一个，包括蝾螈和欧洲鲵，分布在非常广阔的地区，覆盖了北美、欧洲、亚洲部分地区。就其进化史来说，它们是一个很分化的种群。在各个种类中，它们在水中和陆地上度过的时间占其整个寿命的比例大不相同。

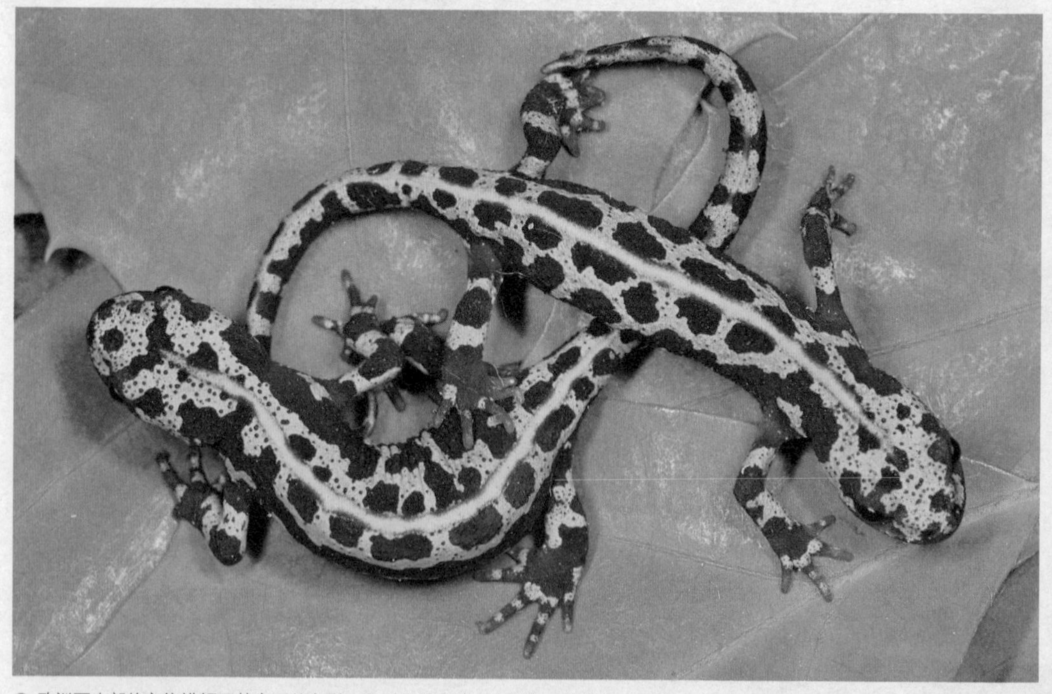

⊙ 欧洲西南部的斑纹蝾螈因其亮丽的色彩、斑驳的绿皮肤，与蝾螈科其他相对黯淡的欧洲成员明显区分开。背部一条橘红色的长带是幼年（图中所示）和雌体斑纹蝾螈的标志。

⊙ 所有的蝾螈都会在每年春天回到水中繁殖，它们表现出不寻常的定向和归巢能力。在水中繁殖的蝾螈通常都对其生长的水塘和溪流显示出强烈的归属感，连续数年，它们都会返回到那里繁殖后代，即使离繁殖场所很远也是如此。图为东方蝾螈。

⊙ 这是白天观察到的一只二趾两栖鲵，无典型特征，位于佛罗里达州的埃弗格莱兹的百合叶上。它和其他两个种类的两栖鲵绝大多数都是在夜间活动，捕捉各种各样的鱼类、淡水甲壳虫以及青蛙。当陆地在暴风雨中被水淹没时，偶尔能发现它们经过陆地从一个水域迁移到另一个水域。

它们体内受精，精子在精囊中通过雄体转移给雌体，其过程一般会在一个漫长且复杂的交配过程后进行。在绝大多数种类中，雌体将卵产在水中，卵在其中发育为幼体，但欧洲火蝾螈雌体会将受精卵留在体内，直到它们成为完全的幼体。然后雌体进到池塘中产仔，这也是成体返回水中的唯一时期。

大多数欧洲蝾螈在成为成体后，每年大约有一半的时间待在水中，它们在水中交配、产卵，并存储脂肪，以便到了冬天能在陆地上存活。在一些大冠螈种群中，成体终年都待在水中。

蝾螈在初春时节回到水塘中，并经历一些生理上的变化，这些变化使它们部分地回到了幼体时期的样子。它们的皮肤变薄、光滑，并能渗透氧气，它们的尾巴延长成扁平结构，使它们能够强有力地游动，它们眼睛的形状略微发生了改变，这样它们就可以在水下聚焦。它们的皮肤里面产生了大量侧线器官，这些侧线器官对水的振动很敏感，而且在捕食方面能发挥很重要的作用。在繁殖季节，雄性有蹼蝾螈的后肢的趾间生成蹼，这种特征能使雄体在精力充沛的求爱时期里比雌体游得更快。

蝾螈和欧洲鲵的幼体都有长在体内的羽毛状的腮，而且它们在最初时期都没有四肢。它们在生命的最初几个月里长得很快，直到秋天，它们失去了腮，发育成它们父母的微型复制品，并从水中出来，进入陆栖时期（有时被称为水螈阶段），这个时期由于种类和栖息地的不同，能持续1～7年。以光滑欧冠螈为例，它们在斯堪的纳维亚地区的水螈阶段就比在欧洲南部持续的时间长得多。

这个科的许多成员都具有鲜艳的颜色，并能从皮肤的腺体中释放毒素。美国红斑蝾螈的特殊之处在于，它们在水螈阶段的毒性特别强，而且体色呈鲜艳的红色。加利福尼亚蝾螈的皮肤分泌物是世界上已知的最毒的物质之一。

不论是生活在水中还是陆地上，蝾螈和欧洲鲵一般都是以小型无脊椎动物为生，包括蠕虫、蛞蝓、昆虫以及甲壳虫。一些种类在水栖时期会贪婪地捕食蝌蚪。它们的捕食主要依靠视觉，通常是猎物的移动引起了它们的注意。通过侧线器官它们同样能发现移动中的猎物。

视觉、嗅觉和触觉在求偶期也很重要。在蝾螈种群中，雄体有一系列行为可向雌体发出视觉、嗅觉以及触觉上的刺激。欧洲蝾螈与其他有尾两栖动物不同之处在于，在求偶期间，雄体不会抱住雌体不放。与这种求偶方式相联系的是，这些种类的雌体和雄体的外表在繁殖季节比其他有尾两栖动物更加醒目。雄体长出一个纵贯整个身体和尾巴的脊，光滑欧冠螈的身上和尾巴上则长有许多黑色的大斑点。

在一些种类中，成体表现出一种很明显的趋势，即在连续的数年间它们都会返回到同一个繁殖场所。水螈时期的蝾螈也同样显示出对它们出生地水塘的一种强烈归属感，但是有一些种类会迁移到其他的水塘，因此可能是在生命周期的这个阶段，蝾螈从一个繁殖场所分散到另外的繁殖场所。

在过去的50年间，这个科许多种类的数量都显著衰减了，造成这种情况的原因通常是农业生产导致了其繁殖水塘的破坏。它们同时受到污染与陆地栖息地丧失的威胁。

两栖鲵
两栖鲵科

由于两栖鲵长条状的身体，它们曾经被认为是“刚果鳗”。这个名称是一种双重误解：这些动物只是外表与鳗相似，而且鳗是一种鱼；它们发现于北美而不是非洲。在这个科中只有3个种类，所有的种类都是在美国东南部的沼泽中被发现的。它们有长而瘦弱、呈圆柱形的身体、光溜润滑的皮肤以及四肢，这些四肢由于太小，所以在移动过程中不能起任何作用。但是在幼体时期，四肢相对于身体则要大得多，因此可以用于行走。三趾两栖鲵的体长可以达到90厘米，体型较大的个体在被捕捉时的反击撕咬是非常猛烈的。成体有肺无腮，尽管它们具有幼体特征——长有一个开放式的腮裂。

两栖鲵完全生活在水中——尽管在暴雨过后，它们会到陆地上进行短暂的活动。在大部分时间里，它们生活在洞穴中并在夜间活动，捕食多种猎物，包括青蛙、蜗牛、鱼和龙虾。因此，它们被渔民视为有害动物，并被捕杀。

在繁殖季节中，雌体的数量有时会超过雄体的数量，几个雌体在此时会用它们的口鼻部摩擦雄体以引起雄体的注意。在交配过程中，雌体和雄体缠绕在一起，精子直接转移到雌体的泄殖孔中。雌体会产下200枚卵，并将这些卵连成一长串，同时雌体会盘绕着守护这些卵，直到大约20周后这些卵被孵化出来。产卵一般会发生在水位高涨时期，当水位下降时，雌体和卵通常处于圆木下方一个潮湿的洼地中。幼体被孵化出以后，它们必须找到返回水中的路。

无肺蝾螈
无肺螈科

在有尾两栖动物最大的几个科中，无肺蝾螈到底是不是个体最多、发展最成功的还存在争议，但在美国东北部，它们的数量确实很多。

当考虑到下面这样一个事实时，这种成功就

⊙ 无肺蝾螈的捕食技术与变色龙相似，它们在捕捉猎物时，能够闪电般地射出舌头。就绝对长度而言，或者相对身体大小而言，水巫螈属中的这种无肺蝾螈的舌头是最长的，其长度能达到5厘米，或者比一半的体长还要长（不包括尾巴）。舌头的骨骼（舌鳃骨器）是一个高度精密的器官，就像弹射装置，由灵活关节连接至少7块软骨构成。大多数无肺蝾螈是北美洲、中美洲和南美洲的土生动物，但图中这种水巫螈却栖息在意大利撒丁岛的山区。

⊙ 在庞大的无肺蝾螈科中，一个栖息地特化的例子存在于无趾螈属的某些种类中，它们居住在中南美洲热带雨林里。完全树栖的种类如墨西哥无趾螈已经进化出一条强壮的能缠绕的尾巴，这条尾巴使它们能在树冠间极其灵活地行动。

显得矛盾了，即在它们的进化历程中，它们丧失了所有脊椎动物中最基本的一个器官——肺，它们只能通过皮肤以及嘴内层来吸收氧气。这种局限性严重限制了它们的栖息地、活跃程度以及体型大小。体型较大的动物相对其本身体积来说只有较小的表面积，因此相比体型小的动物，如果它们只依靠皮肤进行呼吸的话，在给所有器官供氧这方面将更具难度。虽然如此，一些无肺蝾螈的体长仍超过20厘米。

运用皮肤呼吸最重要的一个因素是皮肤必须时刻保持湿润，以便使氧气能被皮肤下毛细血管里的血液携带。因此，生活在气候温和的栖息地中的无肺蝾螈，它们生命中的绝大多数日子都只能在潮湿隐蔽的环境中度过，并只是在有雨的天气里才出来，而且一般是在晚上，为了交配或捕食。

所以，一只无肺蝾螈的生活包括一段短暂的活跃期，以及漫长的不活跃期。它们在不活动状态下之所以能够存活，是因为它们新陈代谢的速度非常慢，对能量的需求很低。它们不必经常进食，当它们进食时，能够把所吃到的大多数食物转变成脂肪储存起来。一些种类是陆栖的在进食和交配地周围有防护设施。红背蝾螈利用一些小粪球标志其边界来保卫它们的领土。

无肺蝾螈一般具有纤细的身体、长长的尾巴以及突出的眼睛。该科一个显著的特征是有一个浅沟，即鼻唇沟，它从每个鼻孔一直延伸到上嘴唇，它的作用是把气味分子传送到鼻腔中。

无肺林地蝾螈全部都是陆栖，而且没有水栖幼体阶段。它们把卵产在沼泽或腐烂的圆木中，这些卵被直接孵化成父母的小型复制品。它们白天隐藏在洞穴或者圆木和石头的下面，在潮湿的夜晚钻出来捕食各种各样的无无脊椎动物（包括蚯蚓、蠕虫以及甲壳虫）。

就繁殖期活动而言，各种无肺蝾螈也不尽相同，北美东部的种类在夏季很活跃，一般在春季或者秋季交配，在初夏产卵；在西部，蝾螈则在炎热干燥的夏季保持不活跃状态，而在冬季和春季进行交配；在中南美洲热带地区，它们终年都很活跃，一些种类能在一年中的任何时间繁殖。

许多无肺蝾螈的许多种类的生存都受到了栖息地被破坏的威胁，特别是一些对栖息地的要求很严格，只能栖息在特定的环境，如洞穴中的种类。

⊙ 蝾螈在遭到攻击时会脱落尾巴逃生。

蛙和蟾蜍

蛙和蟾蜍是数量和种类最多的两栖动物，大约有4750个种类，分布在从沙漠和稀树草原到高山区和热带雨林等各种地带。大多数种类在其生命中至少有一部分的时间是栖息在水中和陆地上的，但是也有一些是完全的水栖，还有一些则是完全的陆栖或者树栖。

虽然最为多样的无尾类两栖动物中超过80%是在热带以及亚热带地区被发现的，但是它们中也有许多生活在温带地区。它们出现在大多数的岛屿以及除了南极洲以外的所有大陆上。欧洲普通青蛙（林蛙属）以及北美林蛙（林蛙属）分布地区延伸至北极圈以北地区。

为跳跃服务的身体构造

体型和功能

区分无尾两栖动物与其他两栖动物最明显的特征是长的后肢、短小的躯干以及尾巴的缺失。由于其具有两个“踝”（跗骨）以及拉长的骨骼，所以增加了后肢的长度。无尾两栖动物的背骨前部很短，一般只包含8个或更少的脊椎骨；组成其他两栖动物尾巴的后脊椎骨融合成一个骨质的长杆（尾杆骨），这个杆构成了无尾两栖动物的尾巴末端。所以，无尾两栖动物的背骨一般由12块或更少的骨组成。蝾螈则具有30～100块骨，而蚓螈的体中更多达250块，但它们都缺少无尾两栖动物特有的盆骨和后肢。无尾两栖动物改良了的跗骨为它们的后肢增添了一个附加的分节，而且盆骨改良成杠杆状，连接背骨的前部。从它们的蹲坐姿势来看，这种动物能够将其后肢的每个关节依次迅速有力地打开，从而提供一种推动力使身体的前部在跳跃中弹射向前。

“蛙”通常与“蟾蜍”区分开来，但事实上它们都是无尾两栖动物，由于世界各地对它们的定义不同，所以这两个种类之间的区别容易使人产生误解。比如，欧洲和北美通常认为具有光滑皮肤的有齿水蛙以及树蛙才是蛙，而皮肤粗糙的无齿铲足蟾或者欧芹蛙以及所谓的“真蟾蜍”则被认为是蟾蜍。另外，非洲将当地皮肤光滑的水栖蛙看做“有爪蟾蜍”。在无尾两栖动物多样性与进化的大框架中，对蛙和蟾蜍的区分实际上是没有意义的。

由于其生活方式不同，不同种的无尾两栖动物具有不同的身体结构，每一种都各具特色。拥有相似生活方式的无尾两栖动物具有相似的生理特征——即使它们并非近亲。比如，斑点草蛙和美洲牛蛙都时常出没于池塘和湖泊的边缘，都具有尖的头部、光滑的皮肤、流线型的身体、特别长的后肢以及长而有蹼的长趾。一般情况下，它们栖息在水域边缘，当被打扰时，它们会跳进水中并游走。它们的体型使得它们在水陆栖息地之间或之中都能轻易地迅速移动。

相反，大部分时间生活在水域外的无尾两栖动物，如欧洲普通蟾蜍、金蛙、达尔文蛙、巴西角蛙以及毒蛙，通常都有钝头、粗糙的皮肤、结实的身体以及短的后肢，趾间有小块的蹼。这些无尾动物适应了在陆地上跳跃的行进方式。为了躲避危险，它们要么坐着不动，要么依靠它们有助于隐蔽的体色和体型将自己隐藏起来，或者迅速跳开，并通过不断改变跳跃方向来迷惑捕食者。生

⊙ 蓝毒蛙具有显眼的光电蓝色，这是其剧毒性的一种提示。

⊙ 所有蛙和蟾蜍中普遍凸出的双眼在西部铲足蛙（欧洲铲足蟾科）中体现得尤为明显。竖直的瞳孔使它们在身体其余部分浸在水中时能看到水面以上的东西。

活在季节分明或者干旱环境中的不同种类的几种无尾动物是穴居动物，如穴蟾、铲足蟾、澳洲铲足蟾以及狭口蛙，典型特征是，它们的体型都不大，而且具有钝鼻部、宽而高的头部、粗壮的球状身体、短而结实的肢部以及没有蹼的趾。大多数种类用它们的后肢挖出松软的泥土，一些种类的脚上长有“铲”，可以辅助它们掘洞。

大多数无尾两栖动物适应了在各种植被上栖息，比如沼泽芦苇丛（莎草蛙和灌木蛙）、灌木丛（卵齿蟾）、树枝和树叶上（草蛙、叶蛙以及大多数树蛙），它们的身体趋向扁平，后肢比较长；它们的后趾（有时是前趾）是部分有蹼的。在许多情况下，前趾和后趾的末端是张开的，有些种类的趾末端有吸盘，这能辅助它们在植物表面上捕捉食物以及在植物上攀爬。

出乎意料的是，那些被认为是完全水栖的种类只是某种意义上大部分时间在水中度过而已，如爪蛙、苏里南蟾以及的的喀喀湖蛙。每一个种类都有其特殊的水中生活方式，它们看起来相差很大，且没有很近的亲缘关系。最适应完全水栖生活的种类是负子蟾科的爪蛙和苏里南蟾，它们都有扁平的身体和头部、小而长在背部的眼睛、侧向伸展的四肢以及完全的蹼趾。伪蛙有尖的头部、靠近背部的眼睛、流线型体形、有力的带完全蹼趾的后肢以及长的前趾和后趾。相反，的的喀喀湖蛙是一种体型最大的青蛙，它有强壮短粗的身体和有力的后肢，以及侧腹的独特的大块松弛的皮肤褶皱，这些能够帮助它在其栖息的高纬度湖泊的冰冷的水中呼吸。

无尾两栖动物的头部与躯干直接连在一起，所以头部不能左右转动。成体有肺，可以在陆地上呼吸，但是它们获取的氧气大部分是直接通过皮肤得来的。一些种类的青蛙栖息在高海拔地区的冰冷河水中，那里的水溶氧程度很低，这些蛙具有极其松垂的皮肤，或者充满毛细血管中的发状突出物，这些改进使其用以呼吸的表面积增加，可以最大限度地吸收氧气。

绝大多数无尾两栖动物的眼睛都很大，因为

知识档案

蛙

目：无尾目

约28科，338属，4750种。

分布：除南极洲之外的所有大陆。

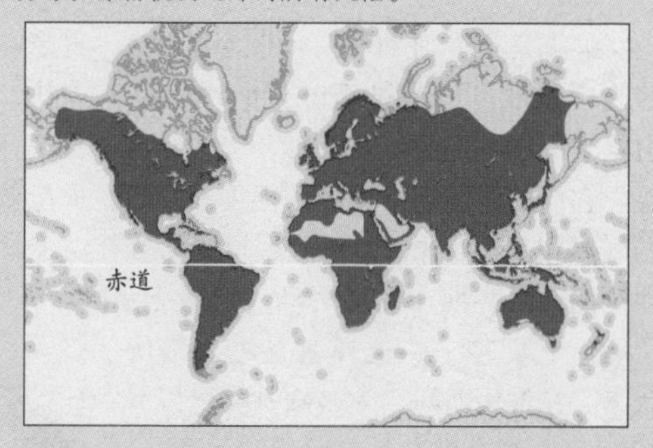

栖息地：除了两极地区以及极度干旱的沙漠中，几乎生活在所有类型的栖地中。其成体为树栖、陆栖、两栖以及水栖。

大小：从口鼻部到排泄口的长度为1～35厘米，但是大多数为2～12厘米。

颜色：包括绿色、棕色、黑色、红色、橙色、黄色，甚至蓝色和白色。

繁殖：大多数为体外受精，卵可能产在水中或者潮湿的地面上，或者在一个亲代的体内或体外发育。大多数种类的胚胎经历一个自由游动与捕食的蝌蚪时期，但是有些在卵囊内发育，并以幼蛙的形式孵化出来。

寿命：在人工饲养的种群中，成体一般生存1～10年，但是有报道称有些蛙可活35年。野生种类的寿命情况还知之甚少。

它们是依靠视觉确定食物方位的物种。除了一小部分种群，所有无尾两栖动物都有舌头。大多数种类中，舌头都像薄垫一样，且附着在嘴巴前端下颚处，这种构造使得无尾动物可以越过下颚弹出舌头，并用带有黏性的舌垫上部获取食物。

它们眼睛中有特殊的腺体用来保持眼睛的湿润，可活动的眼睑能使眼睛不沾染灰尘和泥土。绝大多数种类的眼睛后面有一个大而显眼的耳鼓（鼓膜）。蛙类是具有中耳腔的最原始的脊椎动物，这个中耳腔把声音的振动从耳鼓传到内耳中。与耳朵和跳跃运动的进化相联系的是真正的喉以及大且可以扩展的声囊的出现，这些使蛙能够产生一系列不同的声音。

对付炎热和寒冷

温度和水流调节

蛙类是“冷血动物”（变温动物），这意味着它们虽然可以通过新陈代谢产生一些内热，但是它们还是主要依靠外部环境的热源来调节体温。它们的体温通常与环境温度相接近，并且依据气候状况，在3℃～36℃之间变动。在温带地区的低温时期，无尾两栖动物不能保持活跃，它们唯一的选择就是进入蛰伏状态。在蛰伏期间，大多数种类可以在0℃～9℃的状态下存活很长一段时期，有一些种类，如欧洲普通青蛙以及北美林蛙能产生作为组织抗冻剂的甘油，所以它们可以在温度低至－6℃的环境中存活。一些青蛙在白天伸展身体和四肢来晒太阳，以此来升高其身体温度，回到水中时这种温度又会散失掉。因此晒太阳这种情况只出现于居住在固定水域附近的种类。栖息在炎热干旱气候下的青蛙在最热的季节或一天中最热的时段会钻进洞中，以此来防止水分散失，它们只在雨季来临时或晚上才会出来。

无尾两栖动物由于其皮肤的高渗水性而经常要面对脱水的情况，因此，大多数种类在夜晚和温度低、空气湿度高时才活跃起来。当浸在水中时，无尾两栖动物可以通过皮肤、口腔内表面和肺来吸收水和盐分，但是绝大多数种类没有生理上的能力来控制它们在陆地上时身体水分的散失，它们更依赖行为适应——主要根据当时的环境状况，将身体摆成某种姿势，使表面暴露得更多或更少。栖息在干燥环境中的种类最能忍耐水分流失，北美干燥的平原和沙漠中的西部铲足蟾可以忍受身体水分总量60%的散失，而水栖猪蛙只能忍耐其身体水分散失40%。适应干燥环境的种类在补给水分方面也比生活在湿润环境中的要快得多：一些蟾蜍，如真蟾蜍和铲足蟾，就只通过蹲坐在湿润的泥土上的方式来吸收水分。这些

⊙ 青蛙和蟾蜍的8个科中的代表。
1.日本树蛙；树蛙科。2.南非牛蛙；赤蛙科。3.塞舌尔蛙；塞舌蛙科。4.亚洲油彩蛙；姬蛙科。5.叶蛙；雨蛙科。6.纹饰角蟾；细趾蟾科。7.海蟾蜍；蟾蜍科。8.喀喀毒蛙；箭毒蛙科。9.普通蛙；蛙科。

用。在干旱时期，穴居青蛙可以在几个月甚至几年里保持不活跃的状态。

在一段干旱的时期后，降低的大气压预示着即将到来的暴风雨，这会引发铲足蛙钻出地面。

一些生活在干旱地区的蛙具有特殊的生理结构和奇异的行为，以避免水分的散失。盔头树蛙具有被皮肤盖住的扩张的颅骨，这个颅骨与下面的骨骼连在一起。它们会用这个奇特的头部来填洞和封住洞口（一种被称作护穴的行为），以此来防止水分从它们的栖息地散失。一些叶蛙分泌油脂并在其皮肤上涂上黏液来形成一种几乎不渗水的屏障以防止水分流失。一些青蛙排出半固体状的尿酸而不是能带来更多的水分散失的溶水尿素。

种类身体下方的皮肤非常薄，且其中富含血管，就像一个能吸收水分的“座垫”。

许多穴居无尾两栖动物在膀胱里储存水分，这使得它们能在地下生存很长一段时间也不会脱水。当它们需要水时，水分会通过膀胱壁渗进身体。澳大利亚储水蛙的皮肤下有大而呈袋状的淋巴腺，当它们完全充满水时就会膨胀，并占据身体一半的重量。这个种类和其他一些穴居种类都有黏液膜，当这个膜变硬时就能起到存水茧的作

持续与激增
繁殖与发育

蛙和蟾蜍表现出两种基本的繁殖模式。在大多数温暖地区的种类中，繁殖的时间取决于温度和降雨。在温带以及干旱的热带地区，无尾两栖动物为了繁殖而大规模地聚集在一起，雄性的齐鸣产生了一种在很远距离之外也能被听到的、令人印象深刻的嘈杂声。这种大规模的聚集繁育活动通常只持续几个晚上，所以这些种类被称为“激增”繁殖者。但是，居住在热带和亚热带潮

⊙ 不管是这个世界上最大的还是最小的生物，其度过的每一天都是一场生存的竞争。对于这些小蝌蚪而言，生命是以非常艰难的方式开场的，因为这个池塘已经开始干涸了。

湿地区的大多数种类的无尾两栖动物可以终年进行繁殖。影响其繁殖时间的最主要因素是降雨。这些热带的蛙们被称做“持续”或“随机”繁殖者。

各种类迁移到繁殖场所的时间通常具有高度同步性，并且可能会涉及到很大的数量。这种情况在干旱地区尤为突出——仅仅是因为那里适合繁殖的状况很少出现。相反，在潮湿的热带以及亚热带地区，无尾两栖动物通常待在它们的繁殖场所，如广阔的沼泽以及山间溪流附近。

一些种类在固定的水塘或湖泊中繁殖，表现出高度的忠诚性，它们会年复一年地回到同一个水塘中，即使一些个体被带到该地区另一个适宜的水塘中，它们仍会试图回到以前到过的水塘中。数个环境因素影响着它们迁移到繁殖水塘的行为，这些因素包括气味、湿度指数、陆地标志、天体位置，以及其他蛙类的叫声。在很长一段时间里，人们认为欧洲普通蛙只通过气味来寻找“归家”水塘，但这并不是唯一用到的线索，因为经常有报道称青蛙返回到已经被排干水、被注满水或者被覆盖建筑物的繁殖场所中。

无尾两栖动物有着极其繁多的繁殖模式。尽管基本上所有栖息在温带和干旱地区（包括一些热带种类）的无尾两栖动物都将它们的卵排在水塘中，并发育为自由游动的蝌蚪，但热带地区的许多种类会将它们的卵放在植物上、地上或者洞中。产在水中的卵群的体积与形状各不相同。在

⊙ 一只铲足幼蟾（铲足蟾科）从它的孵化池中钻出来寻找阴凉处，以避免脱水。在美国西南部和墨西哥干旱的环境中，它们的发育期必须很短，以便在暴雨之后寻找暂时的水塘，所以这些蟾蜍已经进化出具有非常快的孵化期和幼体时期（分别为3～4天和6～8天）的特征。

寒冷的水域中，卵堆在一起呈球状，然而在温暖一些的水域中，由于那里的氧气含量很低，卵的表面形成一层薄膜，这样每一个胚胎都能够获得充足的氧气。大多数真蟾蜍（蟾蜍科）产下成串的卵，并随交配双方在水中飘荡。

如果水位下降，产在水中的卵就面临脱水的威胁，同样，卵还会面临被鱼类和各种水栖昆虫吃掉的危险。许多种类的无尾两栖动物通过将卵产在水塘和溪流外的地方度过它们生命史中最脆弱的时段。南美细趾蟾科的许多种类把它们的卵产在漂浮在水面上的泡沫巢中，而一些澳洲地蛙（地蛙科）将它们的卵产在水中或陆地洞穴的泡沫巢中。这种泡沫是水、空气、精子和卵的混合物，是靠雌蛙不断地踢打融合在一起的。泡沫外部暴露在空气中并硬化成像蛋白糖霜的物质，但是内部仍然保持湿润并为卵的发育提供保护性的环境。

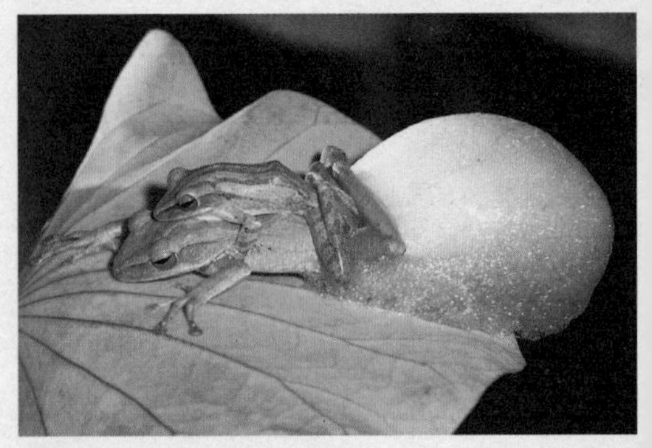

⊙ 许多亚非树蛙（树蛙科）在水面上的植物上建造泡沫巢穴。当蝌蚪孵化出来时，泡沫巢就会消融，蝌蚪就掉入巢下的水中。

⊙ 在抱合过程中，雄性普通蟾蜍趴在体型大得多的雌体身上。在对于这个种类来说相对较短的繁殖季节中（栖息在温带地区的多数无尾两栖动物的特征），雄体在雌体到达之前来到繁殖水塘，它们的数量比雌体多得多。

美澳树蛙（雨蛙科）的许多种类，一些苇蛙（非洲树蟾科）和所有的草蛙将卵产在水面上的植物中或产在水中或水上的树洞或凤梨科植物里。孵化过程中，蝌蚪要么跳入巢下的水中，要么在树洞或凤梨科植物里完成其发育的全过程。雄性角斗蛙（雨蛙科）在临近水塘或溪流的沙地或泥土中挖出一个水洼并守护在那里，蝌蚪在这些水洼中完成它们早期的发育过程。

不同科中的许多种类的蛙将它们的卵产在地上，这种情况下，大多数种类的卵都没有蝌蚪时期，胚胎会直接发育成幼蛙。与产在水中由成百上千的小型卵组成的卵团相反的是，产在植物或陆地上的卵团要小得多。产在陆地上的卵个体则较大，这是因为每一个卵都必须具有足够的卵黄来满足幼体发育的需要。多数情况下，陆地上的卵会被一个亲代——一般是雌体照顾，它坐在卵旁使卵保持湿润，并防止卵被捕食。

无尾两栖动物也进化出了多种更为精心的亲代照料特性。产婆蟾的雄体将卵缠绕在它们的后腿上；在陆地上的巢穴中孵化成功后，毒蛙和塞舌尔蛙的蝌蚪伏在亲代背上被转送到水中；在一些毒蛙中，雌蛙会在凤梨科植物上产下一些未受精的卵来喂养发育中的蝌蚪；澳洲囊蛙（囊蛙属）新孵化出的蝌蚪会蠕动进入雄体身体两侧的袋子中，在那里完成生长发育过程；当达尔文蛙的卵在陆地上孵化时，雄蛙会把卵放进它的嘴里，蝌蚪在它的声囊中发育成幼蛙；在南美袋蛙以及它们的亲缘种类比如雨蛙科种群中，卵在雌体背上的袋子中发育，它们在那里长成幼蛙，但是有时候这些卵也会孵化成蝌蚪，雌体就将这些蝌蚪放入水塘中。

在非洲西部的活育蛙以及波多黎各的活育蛙中，分别进化出了最有效的亲代养育方式——雌体在一群卵中只会孵出两只幼体。在输卵管中发育的胚胎的营养供给与胎盘哺乳动物相似。

与其他两栖动物的幼体不同的是，蝌蚪具有短小、几乎呈球形的身体。以植物为主食的习性决定了它们需要一条很长的肠，这根肠具有伸展的吸收表面，并紧紧地绕成一个球状。大多数蝌蚪是食草或者吃嫩叶的动物，它们从藻类或其他水生植物上刮取食物。一些种类，如南美牛蛙的蝌蚪是肉食动物，它们的肠比食草种类的肠短得多。

大多数蝌蚪也同样能够从水中过滤进食，它们能够只靠水中的藻类和其他小的颗粒为食存活数月：水被吸入嘴里，通过一个能够过滤浮游生物的特殊结构，最后从一个管道——鳃孔将这些水排出去。蝌蚪具有内鳃，所以能够从水中吸取氧气。

大多数蝌蚪的嘴部包括一对肉质的唇以及成

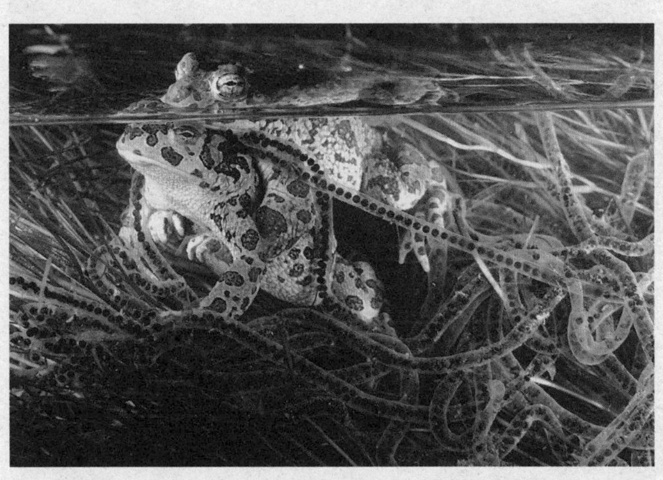

⊙ 与真蟾科其他种类相同，欧洲和亚洲绿蟾在水下产下长串的小且有色的卵。产下的卵会孵化出自由游动的蝌蚪。

照片故事 PHOTO STORY

从蝌蚪到蛙

1 欧洲普通蛙正在抱合，雄蛙在交配过程中紧紧抱住雌蛙。受精过程在体外完成：雌蛙排出数百枚卵，雄蛙将精子覆盖在卵上。这对配偶准备将卵产在另一对配偶早期产下卵的地方。当许多对配偶都这样做的时候，就会形成一个卵堆，这个卵堆的内部温度要比外面环境中水的温度高一些，能加速胚胎的生长发育。

2 新孵出来的蝌蚪成群地聚集在气泡周围。它们在这个阶段长有羽状外腮，它们通过剩余的卵黄提供的营养为生，并只是偶尔运动一下，搅动身边的水流以释放水中的氧气。由皮肤中黑色素产生的黑色保护着它们发育中的内脏不受紫外线的辐射。

3 大多数种类的蝌蚪都是食草性动物，靠食用肉眼看不到的藻类为生，但是如果有机会的话，它们偶尔也会吃动物尸体或快死的动物，比如图中的蚯蚓。在这个阶段，蛙属蛙科的蝌蚪长有圆形且发育良好的身体，这为消化植物所需的长且盘成团状的肠提供了足够的空间。此时，发育中的后肢也开始出现。

④ 蝌蚪后肢的发育比前肢要早，后肢长在一个被称做鳃盖的膜状皱褶中。后肢变得更大时，就会穿透这层保护盖，当蝌蚪拍动它那大而有力的尾巴前进时，后肢就悬在身体后部。

⑤ 当前肢也发育成熟时，蝌蚪就能从水里出来了，此时它的尾巴已经变小。在这个阶段，它们极易受到气候和捕食者的影响和伤害。当蝌蚪找寻可以避祸的潮湿安全的地方时，残留的尾巴会阻碍蝌蚪此时的行动。

5

⑥ 完成变态的幼蛙失去了它们的尾巴。尾巴完全被身体吸收，此时它们完全依靠后肢来跳跃前进。新变态的蛙是肉食性动物，它们通过大而有警惕性的眼睛捕食昆虫和其他动物。

列的角质“牙齿”，这些牙齿就像梳子上的齿一样。牙齿（跟成体的颚齿不同）的数量和外观各异，是种类鉴别的重要特征。爪蛙和苏里南蟾的蝌蚪具有肉质、管状的以及感觉丰富的皮肤或触须和触角。为了感知水压的改变和水的波动，蝌蚪具有侧线器官——一系列整齐地排列在头部和身体上的特殊感官细胞（神经丘）。在一些完全水栖的蛙如爪蛙中，成体仍然保留有侧线系统。蝌蚪阶段的持续时间各有不同，一些种类只持续数天，而有的寒冷地区的种类会持续3年。

人类的影响

保护与环境

世界上许多地区的人都食用蛙腿，但这些蛙腿通常是作为美食家的一道佳肴而不是一种主要的营养来源。在欧洲，像沼泽蛙和塘蛙这样的可食蛙类是餐桌上的主要品种。现在大多数食用蛙都是从发展中国家进口的。大多数种类的蛙实际上都可以食用，但出于经济目的，体型较大的蛙如美洲和亚洲牛蛙成为市场上的主角。不幸的是，当这些物种被引入养殖时，往往会造成本地其他蛙种群的消失。

蛙广泛地用于教学和研究，对蛙类的解剖学、生长发育以及生理学的研究极大地增加了我们对脊椎动物进化史的了解。作为实验用动物，无尾两栖动物在生物医学上很重要。对无尾两栖动物的研究阐明了器官移植的合适方法，而且它们曾被广泛运用于人类受孕测试。随着科学技术的发展，人们还可以从有毒的蛙类中提取生物碱来生产治病的药物。

尽管人类从研究蛙类中获取了很多好处，但是人类活动对这些动物的影响一般是负面的。最有害的是对栖息地的破坏，其次就是由于人类活动而导致的全球气候变暖。蛙类超过3/4的种类栖息在热带雨林中，而现在热带雨林被破坏的速度极快。人们开辟土地修建房屋、排干沼泽和湿地、截断河流来形成湖泊、产生的酸雨以及作为核电站冷却过程中被加热的水，所有上述这些人类活动和后果都给蛙种群带来了不利的影响。农作物中杀虫剂以及除草剂的使用也造成了一些蛙种群的死亡。当成体食用了被污染的节肢动物时也会受到影响。排放的某些化学物使得水塘、溪流以及湖泊不再适合蝌蚪发育。研究表明，一种名为壶菌的真菌是导致世界上许多蛙种群消失的罪魁祸首，这种真菌侵袭成蛙的皮肤和发育中的蝌蚪的嘴部，其突然出现的原因还未被人类所知。

有尾蛙

尾蟾科

两种有尾蛙栖息在北美西北部山区有鹅卵石底的冰冷的山间急流中。它们是现存最原始的无尾两栖动物之一，有9个骶骨前椎骨、1个前耻骨、未固定的肋骨以及残留的摆尾肌。有尾蛙是夜行动物，它适应了湍急溪水的生活环境。雄蛙

⊙ 当遭到蛇或其他捕食者的侵扰时，黄腹蟾（铃蟾属）就会将四肢向上举，露出腹部和足底鲜艳的颜色，它们通过这种防御性姿势来抵御捕食者。这种姿势被称为“曲体反射”。

⊙ 处于变态高级阶段的绣锦盘舌蟾蜍。在这个阶段，即孵化后的几周，它们的前后肢已经发展得比较好，眼睛也比较凸出，但尾巴还没有被再吸收。盘舌蟾蜍只在欧洲西南部和非洲北部的海岸边缘生存，该种类还能忍受咸的海水。

的泄殖孔演化形成了一个插入的器官（即所谓的“尾巴”），可以将雄蛙的精子导入雌蛙体内，这种体内受精方式保证了精子不会被水流冲走。雄蛙在繁殖季节具有变大的长的前肢，这使它们在交配期间能够抱住雌体。受精卵被成串地存放在溪水中岩石的下面。蝌蚪发育得很慢，需要1～4年的时间进行变态，幼蛙直到7～8岁后才达到性成熟。蝌蚪长有数排小齿状的牙齿和大且有吸附力的口盘，这种口盘使它们能吸附在溪水中的岩石底面并且从其表面刮取食物。

产婆蟾和油彩蛙

盘舌蟾科

产婆蟾和油彩蛙主要栖息在欧洲。油彩蛙除了具有圆的或三角形的、而不是水平状的瞳孔外，其他都与真蟾蜍很类似。它们的耳鼓不明显，舌头是盘状的。雄蛙在抱合时会紧紧抱住雌体的腰部，在繁殖季节，雄体的趾部、下颏以及腹部都长有婚垫。它们整天都很活跃，经常蹲坐在它们繁殖的水中，把头探出浅水面。对雄蛙叫声最贴切的描述就是，像一阵轻轻的笑声。

产婆蟾身体短而粗，皮肤很粗糙。普通产婆蟾一般只出现在欧洲西部的林地、花园、采石场以及海拔高达2000米的岩石地带。它们主要在夜间活动，白天就藏在用前肢挖掘出的浅坑处或圆木下的裂缝中。产婆蟾基本都生活在陆地上，甚至连交配都不在水中进行。这个科中所有种类的雄蛙在抱合过程中都会紧紧抱住雌体的腰部，除了产婆蟾以外的种类在繁殖季节中都具有大的婚垫。

雌体排出成串的大的卵，雄体用腿抓住这些卵，并把它们缠绕在后肢上。它们一直这样携带着这些卵持续数周的时间，偶尔回到水塘中使卵保持湿润。当胚胎将要孵化出来的时候，雄蛙就把这些卵放到浅水中。人们还发现，掘穴的伊比利亚产婆蟾出现在西班牙中部和葡萄牙的沙地中，马略卡岛铲足蟾只栖息在巴利阿里群岛的马略卡岛上，它们是已经濒临灭绝的物种。

亚洲蟾蜍蛙

角蟾科

亚洲蟾蜍蛙出现在亚洲东南部及那里的岛屿上。一些种类生活在溪流边上，它们的蝌蚪适应溪流中的生活，拥有能吸附的大嘴和低鳍。马来西亚角蟾和它们的亲缘种类的每一个上眼睑上以及口鼻处都长有肉质的“角”。它们的身体上有各种形状的棕色斑，皮肤上有棱纹，所以它们看起来很像枯叶。当它们蹲坐在森林地面上时，隐蔽的颜色使它们很难被发现。而下暴雨的时候，当雄蛙蹲坐在浅水中并发出非常嘈杂、机械的“叮当”声时，它们就很容易被发现了。许多角蛙的蝌蚪具有大而朝上的嘴，这可以让它们在水面上捕食。

铲足蟾

铲足蟾科

铲足蟾一般只生活在欧洲和亚洲西部的干旱沙壤地区，它可以用长在每一个后肢上的角质

⊙ 马来西亚的角蛙依靠高效的伪装，蹲坐在热带雨林地面上的落叶中等待食物到来，这些食物包括无脊椎动物和体型较小的青蛙。

⊙ 美国南部土生绿树蛙白天栖息在大树叶下或其他潮湿的地方。如图，这只绿树蛙躲在猪笼草中乘凉。

化的节（铲）来挖掘。成体只在夜间活动。白天以及长期干旱时期，它们都藏在深洞里，在那里它们不用担心水分会大量散失。在夏季温暖潮湿的晚上，它们钻出洞来捕食，几乎所有种类的陆栖节肢动物都是它们捕食的对象。在非繁殖季节，成蛙不经常活动，而是蹲坐着等待猎物送上门来。东方铲足蟾的活动范围据估计不超过9平方千米。

铲足蟾的繁殖活动发生在春天，在几个温暖的日子过后，伴随着第一场大雨的开始，偶尔会大规模地出现。在两天的时间内，雌性便完成产卵且都消失了。当许多雄性聚集在一起发出叫声时，这种大而刺耳的声音在两千米外的地方都能听得到。有时候雄性会和雌性打斗，雌性在打斗中可能会被雄性后肢上尖利的铲弄伤。卵被产于暂时形成的水塘中，孵化过程在几天内就能完成。北美铲足蟾的蝌蚪在1～3周内完成它们的生长发育过程，但是欧洲铲足蟾的蝌蚪发育则需要更多的时间，有时也许需要整个冬季。蝌蚪通常以大规模聚集的形式四处游动，并且以悬浮的有机物为食。一些居住在沙漠中的铲足蟾蝌蚪长出了和以浮游生物为食的同类蝌蚪不同的颚和牙齿，并会变成同类相食的物种。这些蝌蚪能长得更大，一般会达到10厘米。因为一个水塘中有两种不同类型的蝌蚪，所以沙漠铲足蟾要做好面对不同危险的准备。如果下了更多的雨，以浮游生物为生的蝌蚪就会茁壮成长；如果雨水不充裕，同类相食的物种就会捕食束手无策的草食动物。

细趾蛙
细趾蟾科

细趾蛙分布在美洲南部、中部以及西印度群岛，其种类众多，包括角花蟾亚科中体型较大、肉食性的蟾和阔嘴蟾，它们中的许多种类如巴西角蟾的上眼睑都长有角状突出的薄片。在这些蛙中，体型较大的蝌蚪也属肉食性动物。

细趾蟾亚科包括许多将卵产在泡沫巢中并孵化出自由生活的蝌蚪的种类。该科中波多黎各的白唇蛙以一种特殊的方式交流，除了发出唧唧声外，雄蛙在地面上鸣叫时还会通过声囊的不断振动而产生一种震波。附近的雄蛙对地面传来的振动很敏感，当它们觉察到这种振动时，会发出更快频率的叫声来呼应对方。雄蛙可能利用这种波来估算与对手之间的距离。

池蟾亚科中的许多种类是安第斯山脉中的水栖池蟾种类。其中，的的喀喀湖蛙已经适应了生活在氧气溶解度很低的冰冷湖水中。它们有极其松垂的皮肤作为呼吸器官。约有700种卵齿蟾居住在湿润的环境中，它们在陆地上产卵，这些卵直接发育成幼蛙。实际上，波多黎各胎生蛙直接产下幼蛙，为数不多且体积较大的卵是在输卵管中完成发育过程的。

该科中部分种类的蛙仅分布在巴西东南部，它们大多数栖息在溪水边，在水中产卵，卵在水中孵化成蝌蚪，其中的一部分已经适应了在急流中的生活。

真蟾蜍、多色斑蟾及其亲戚
蟾蜍科

真蟾蜍、多色斑蟾及其亲缘种类分布在除马达加斯加以外的世界上所有地区，澳洲则仅有一种引进的种类。这些蟾蜍主要是陆栖，但有些是两栖或者水栖动物。该科中最多的种类——蟾蜍，通过小跳移动；有一些种类是靠跑来移动，如黄条蟾蜍。没有哪个种类可以靠跳跃逃过捕食

⊙ 条纹叶蛙具有细长的四肢，这是树蟾类种类特有的特征。叶蛙是跳跃高手，但它们往往沿着树枝行走。

者的袭击，但是皮肤毒素弥补了这个缺陷。具有防御性的皮肤毒素集中在蟾蜍科动物头部后方突出的类似腮腺的腺体中，一些大的种类腿上也有毒素腺。

蟾蜍科的成员生活在半湿润地区，它们的繁殖季节非常短暂，换言之，它们属于“激增”繁殖者。雄蟾蜍在浅水中发出叫声，它们会在那里紧抱住任何漂浮的小物体，并为争夺雌蟾蜍进行激烈地打斗。在繁殖季节，黄条蟾蜍中，雄蟾蜍在临时形成的水塘边高声鸣叫，以吸引雌蟾蜍的注意。

通常情况下，在水中被植物围着的蟾蜍科成员念珠状卵串中存放有许多微小的卵（在海蟾蜍种群中，每串大约有1万枚卵），这些卵被孵化成自由游动的蝌蚪，它们在2～10个星期中完成变态。亚洲东南部的侏儒蟾蜍产下几个卵黄很大的卵，这些卵在森林地面满是雨水的小坑中发育成长，并孵化成不进食的蝌蚪。许多多色斑蟾都有鲜艳的体色，它们的体色和毒性可以与一些毒蛙相抗衡。

⊙ 箭毒蛙属是迄今为止发现的颜色最鲜艳的种群。即使在一个种类的蛙中，也有不同的色彩变化，如图中小丑箭毒蛙的两种颜色变体。毒蛙广泛分布于中美洲和南美洲北部的雨林中。

斑蟾的一个种类具有很长的抱合时间，创纪录的一对抱合时间达125天。栖息在中美洲和南美洲的多色斑蟾以及东南亚的细长蟾蜍将卵成串地存放在水流湍急的溪流中，它们的蝌蚪有大的吸附嘴，可以黏附在溪水中的岩石上。该科中一些种类将卵产在陆地上，这些卵直接发育成幼蟾蜍。非洲胎生蟾的发育过程是，从体外受精和在陆地上产卵，再转换到体内受精到胎生。

毒蛙

箭毒蛙科

箭毒蛙科的大部分种类都是昼行性陆栖动物，它们生活在中美洲和南美洲的热带丛林中。几乎所有无尾两栖动物的皮肤腺体中都或多或少有一些毒素，但是在一些毒蛙种群中，它们的毒素含量很高，它们的每个前趾和后趾上表面都长有一对片状的鳞甲。无毒种类如香毒蛙属、圆胸蛙属、侏毒蛙属成员具有易于伪装的体色，而有毒种类如箭毒蛙属、叶毒蛙属、地毒蛙属和怖毒蛙属成员则具有鲜艳的警告性体色，包括绿色、蓝色、红色或夹杂着深色斑点和条纹的金色。

⊙ 在沼泽地大量的凤眼蓝叶中间，一只成年大牛蛙抓住了一只西方束带蛇。这种广泛分布于北美洲的种类的猎物还包括龙虾、米诺鱼、昆虫以及小型蛙。

它们在湿润的地上产下由较大的卵组成的小卵团。圆胸蛙属中一些种类的卵被孵化成不进食的蝌蚪，这些蝌蚪在巢中完成它们的生长发育过程。箭毒蛙属中大多数种类的卵被孵化成蝌蚪，这些蝌蚪爬到照料它们的亲代背上，而亲代则带着它们到河流或溪水中，或者到凤梨科植物、果壳、圆木中的水洼中去。一些箭毒蛙的种类中，雌蛙带着蝌蚪，并产下一些未受精的卵给蝌蚪食用。许多箭毒蛙都极具挑衅性，包括发出叫声和改变体色（在雄蛙中）、摆出姿势、追击、攻击以及搏斗（两种性别中）。同种同性别的蛙之间还会出现长时间的打斗场面。

美澳树蛙

雨蛙科

美澳树蛙在美国、澳大利亚以及新几内亚的种类最为多样，大多数种类的趾端长有大而有黏着力的肉垫，这些肉垫用来攀爬和抓住植物。它们晚上在植物间很活跃。大多数澳大利亚和新几内亚澳雨蛙属亚科的种类会把卵储存在水中，但是有一些种类会将它们的卵储存在水面上的植物上。所有的种类都有自由游动的蝌蚪，这种情况对于分布广泛的美洲雨蛙亚科也是如此。

但是，有一些种类会将它们的卵存放在凤梨科植物上或树洞中，在这些种类的一些种群如中美洲的棘无囊蛙和亚马孙河流域的骨首蛙中，蝌蚪以雌蛙产下的额外的卵为食。

大多数叶泡蛙亚科成员的体型都较大，体色鲜艳，它们栖息在中美洲和南美洲的低地雨林和山区云林中。卵被产在水面之上的树叶上，新孵化的幼体会掉进水中，并以蝌蚪的形式在水中完成生长发育过程。在产卵过程中，一些叶泡蛙种类会将卵包裹在树叶中，并将充满水的囊放在上面，在卵的发育过程中，囊中的水将被传送到胚胎中。

最特别的繁殖模式发生在扩角蛙亚科中的孵卵蛙中，受精卵被置于雄蛙的背上或背上的袋子中，包在大且呈薄片状的腮里。所有这些种类的卵都被放置在亲代背上，卵直接发育成幼蛙。南美袋蛙（囊蛙属）中大多数种类的情况也是如此。但是栖息在安第斯山脉上的一些袋蛙，卵则是被孵化成蝌蚪。这些种类的雌蛙将蝌蚪带到

⊙ 澳大利亚树蛙

水中，蝌蚪在水中进食并在数月后完成生长发育过程。碟背蛙的卵会被孵化出已到发育晚期的蝌蚪，它们被放置在凤梨科植物上或树洞中，这些不进食的蝌蚪在数天中完成它们的生长发育过程。

不合理蛙
多指节蟾科

南美洲的水栖不合理蛙能很好地适应其生存环境。它们的眼睛长在头顶，后肢强健，趾细长并完全由蹼连住。多指节蟾科数量最多且最有名的种类是奇异不合理蛙（又称奇异多趾蟾），这个种类的俗称源自于它们独特的生长发育过程。不合理蛙蝌蚪的体型通常很大，有时体长会超过22厘米，但是它们变态到成体时体长只有6.5厘米。

玻璃蛙
跗蛙科

大多数玻璃蛙是体型很小、皮肤呈绿色的无尾两栖动物，其体长大约为3厘米，主要栖息在中美洲和南美洲的山区雨林中。但是，跗蛙科中有两个种类非常强壮，体长能达到7厘米。在某些种类中，其腹部的皮肤是透明的，所以它们体内的器官能看得见。这些夜行树栖青蛙的趾上拥有扩展的趾尖，它们靠悬垂在溪流中的植物为食。生活在陆地上的雄蛙会守护它们的鸣叫场所——树叶的上叶面或下叶面。卵则被放在叶面上。在一些种群中，雄蛙会伏在卵上守卫着卵，孵化出的蝌蚪会落入溪水中。

真蟾蜍
蛙科

所谓的“真蟾蜍”是蛙的所有科中分布最广泛的一种，它们生存在除了两极地区、大部分大洋洲地区以及南美洲之外的几乎所有地区。这个科的种类包括了已知的最大的青蛙——西非的巨蛙，其体长达30厘米。许多种类有长而强健的腿，而且后足通常带蹼，它们流线型的身体最适合跳跃和游水。该科两栖种类的皮肤通常光滑，呈棕色或绿色；其他一些种类则是陆栖，另一些为穴居，有一些是树栖。该科很多种类都能在含盐的水中生活，食蟹蛙栖息在含盐且长有红树林的沼泽中。

大多数种类将卵产在水中，成蛙很少会远离水域。一些种类在一年中的数月都可以繁殖，雄蛙会建立交配领地。但是，许多栖息在温带的种类只在一年中水塘上的冰融化后的初期的几天里繁殖。在繁殖季节中，许多种类的雄蛙为了抓牢雌蛙，在它们的趾上长出了粗糙胀大的肉垫。欧洲普通青蛙和它们的北美同种的林蛙，会把球状的卵团存放在一个公共的卵群中，这个卵群可包含成千上万独立的卵团。共同产卵可能是为了使卵不致在春季被冻死，它们小而黑的胚胎从阳光中吸收热量，并且浓稠的胶状体会帮助它们隔绝寒冷。卵群中的温度可能达到6℃，比周围的水温要高一些。

栖息在所罗门群岛的陆栖顾氏角蛙以及菲律宾的扁手蛙的一些种类，将卵产在陆地上，卵直接发育为幼蛙。斯里兰卡的昏蛙中的一些种类将卵产在溪流之上的树叶上。婆罗洲神山湍蛙把卵产于山间溪流中，其蝌蚪腹部上长有一个吸附器，这个吸附器能让它们粘在湍流中的岩石上。在蛙科中，提供亲代照料的种类很少，方式各异。夜蛙中的雄蛙在溪流上方的树叶上守护着它

⊙ 玻璃蛙中相对正常的一个种类是网蹼或有蹼玻璃蛙（小附蛙属）。这种蛙攀爬能力高超，栖息在巴拿马峡谷的云林中。

⊙ 一些东南亚树蛙，例如这种马来西亚和婆罗洲的瓦来士飞蛙（或者马来西亚飞蛙），将其趾间巨大的蹼当作降落伞，在树林里滑翔。

们的卵；婆罗洲脆皮蛙的雄蛙守护着它们产在陆地上的数窝卵，蝌蚪趴在雄蛙的背上被带进水中；大型非洲牛蛙的雄蛙（箱头蛙属）守护在蝌蚪生长发育的水塘边。

亚非树蛙

树蛙科

从马达加斯加的具有鲜红色、黄色以及橙色体色的曼蛙到非洲和南亚的大型树栖种类，亚非树蛙种类繁多。大多数种类会建造泡沫巢。在南非灰树蛙中，几只雄蛙会抓着一只雌蛙并且拍击泡沫巢，这显然是为了竞争对卵授精的权利。马达加斯加曼蛙是昼行陆栖种类，它们的皮肤分泌物有毒，与毒蛙相似。然而，除了拥有与毒蛙表面的相似点外，其鲜艳的体色也是趋同进化的证据，但并不表明其具有亲缘关系。曼蛙在潮湿的地方产下有大卵黄的卵，大多数蝌蚪在溪水中生长发育。马达加斯加指蛙包含多种繁殖方式的种类，如在树上产卵、在溪水或池塘中生长的蝌蚪的种类，拥有在陆地的巢中发育的蝌蚪的种类，或直接发育为幼蛙的陆栖种类。

狭口蛙

姬蛙科

狭口蛙包括陆栖和树栖两种，广泛分布于澳洲北部、南美洲。许多体型小且粗短，它们用细小的头部和短小的腿来掘洞。许多树栖的趾部上长有辅助攀爬的盘。大多数陆栖种类生活在地下，直到大雨后才到地面上繁殖。这些种类的特征是把卵产在水中，将卵孵化成缺乏角质化嘴部的蝌蚪。另外一些陆栖种类在陆地上产下一些卵黄丰富的卵，这些卵直接发育成幼蛙。非洲球状雨蛙（短头蛙种）的卵在地下洞穴中发育成为幼蛙，马达加斯加的一些树栖种类则把它们的卵置于树洞或叶腋中，这些卵在雄蛙的照看下发育成不进食的蝌蚪。

⊙ 在野外的具有鲜艳体色的安东暴蛙是一种狭口蛙，只生存在马达加斯加西北部，由于栖息地减少，它们已被列为易灭绝物种。目前，这个种类已被大规模地人工养殖。

第五章

稀奇古怪的爬行动物

概述

一些人把蛇、鳄鱼和蜥蜴看成是很恶心的动物。这些动物通常被看做是冷血、隐蔽的生物，它们是从远古一个物种中分离出来的，并被鸟类和哺乳动物取代了主导地位。尽管它们名声不好，但是它们已经灭绝的亲戚——恐龙以及其他的"史前怪兽"，却是所有远古动物中最著名的，在现代流行的科幻小说中，关于它们的内容仍是无可取代的。

在一些栖息地中，特别是在沙漠中，爬行动物是主导物种。相对于鸟类和哺乳类动物来说，它们具有一个显著的优势——不用保持恒定的体温，能够只依靠鸟类和哺乳类动物所需的庞大种类的食物中的一小部分为生。因此它们能够在食物供应极稀少或不能提供稳定食物来源的环境中生存。

爬行动物最明显的特征就是它们身上覆盖的干燥的角质鳞片，这些鳞片是两栖动物所不具有的。它们在一些方面跟原始的两栖动物和鸟类很相似，包括耳朵中只有一根小的骨头，即中耳小骨或镫骨，作用是传导声音振动，而且它们的下颚两侧还长有一些骨头。然而，哺乳动物具有3根小的听骨以及1根下颌骨——与爬行动物的齿骨相似。爬行动物与两栖动物和鸟类不同的地方还在于其有一个枕骨髁突，它们颅骨后部的表面跟脊柱相连。与鸟类和哺乳动物不同的是，爬行动物主要依靠外部热量如太阳光线来保持身体温度。

爬行动物通过在陆地上产下有壳的卵或直接胎生幼体来繁殖后代。它们不像大多数两栖动物一样会经过一个水栖幼体时期。它们的胚胎跟鸟类和哺乳动物的一样，具有一层特殊的膜（叫羊膜、绒毛膜和尿膜），这层膜对于在陆地上繁殖的物种来说特别重要。由于都拥有这种膜，当今存活的爬行动物、鸟类以及哺乳动物一起被列入了主要的四足动物中，即羊膜动物。

鳞片之下

皮肤

皮肤是具有多种功能的神奇器官。除了作为动物身体深层组织与外界之间的屏障，皮肤在防御、隐蔽、交配以及行动中都起到了一定作用。爬行动物的皮肤跟其他脊椎动物的一样，主要包括两层：外部的表皮层以及其下的真皮层。

表皮层自身可以再分为几层，由角质物组成的外层被称为角质层，爬行动物的鳞片就是加厚的角质层，这些鳞片被薄材料接点连接在一起，且向后折叠，从而使鳞片相互重叠。与鱼的鳞片不同，这些鳞片不是单独可分离的，而是连续性表皮的一部分。头部和身体上不同部位鳞片的准确数量和图案对爬行动物的分类具有重要的参考价值，特别是在区分不同种类时更是如此。

表皮中的角质层通过深层细胞活动周期性地脱落和更换。角质层可能会零碎地脱落，也可能大块地脱落。然而在蛇类中，角质层通常是以

⊙ 一只马达加斯加雨林中的豹纹变色龙。这个专门树栖的蜥蜴具有相对新近的地质史。最早期的变色龙化石可以追溯到中新世中期，距今1500万～2000万年。

⊙ 绿树眼镜蛇（绿曼巴）的头部，展示了组成蛇皮肤的鳞片的精细图案。皮肤中的色素细胞使得每一个种类都有其独特的颜色。

一整张蛇蜕的形式脱落——蛇摩擦表皮后，表皮从口鼻处开始由内向外脱落。在这些爬行动物中，体表旧的角质层会在新的皮完全形成之后再脱落。在旧皮与新皮之间会出现一个半透明的“裂”，这样两者就能轻易地分离开了。

透明膜是蛇类拥有的眼镜状的眼睛覆盖物，由改良并融合了的眼睑形成。当蛇准备蜕皮时，透明膜会变成蓝色且不透明。但是当蜕皮时，透明膜又重新变得清澈起来，而且这种清澈的出现与裂的出现是同步的。蛇蜕在一年中可能会发生好几次，年幼的蛇比年老的蜕皮更频繁。这种蜕皮过程受到甲状腺活动的影响。

真皮层主要包含了结缔组织以及许多血管和神经。真皮层不参与蜕皮过程。有些爬行动物，包括鳄鱼和许多蜥蜴，真皮中包含被称为皮骨的片状骨，皮骨存在于角质表皮鳞片下，起强化作用。在蛇蜥类蜥蜴如蛇蜥和一些石龙子如沙蜥中，这种皮骨形成了一个覆盖住身体的有弹性的骨状物。

表皮和真皮一起组成了龟壳这种独特的结构。龟壳表面的角质盾甲由角质表皮层和表皮层下面活的细胞层组成的，更深处的那一厚层是由角质的真皮板形成的。

爬行动物的真皮中也含有大量的色素细胞，多数是载黑素细胞，它们含有黑色素，但也可能有白色、黄色以及红色色素细胞。在载黑素细胞中，色素的分散和集中以及观察这些色素细胞时的光学影响，都导致了颜色的变化，而这些颜色的变化在变色龙等一些蜥蜴中更显著。爬行动物的颜色变化可能是由神经活动或者腺体，如垂体分泌的激素引起的，或者是两者的共同作用导致的。在变色龙中，神经活动大概是产生颜色变化的主要原因。

爬行纲

4种现存的目：龟鳖目，有鳞目，喙头目，鳄形目。60科，超过1012属，超过7776种。

龟鳖目（海龟属、龟鳖属）

海龟和乌龟

14科，99属，293种。

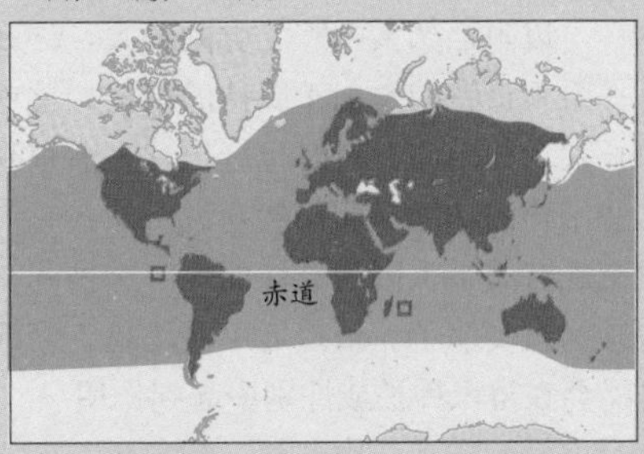

科类包括：猪鼻龟（伪鳖属猪鼻蛙）、啮龟（鳄龟科）、海龟（海龟科）、革背龟、池龟（泽龟科）、陆龟（陆龟科）、侧颈龟（蛇颈龟科、侧颈龟科、美非侧颈龟科）。

有鳞目

蜥蜴

大约20（27）科，442属，4560种。

科类包括：凿齿蜥蜴（鬣蜥科）、变色龙（变色龙科）、壁虎（睑虎科、壁虎科、澳虎科）、石龙子（石龙子科）、巨蜥（巨蜥科）、毒蜥蜴（毒蜥科）、婆罗蜥（拟毒蜥科）。

蚓蜥

4科，24属，140种。

科类包括：蚓蜥科、短头蚓蜥科、双足蚓蜥科、佛罗里达蚓蜥科。

蛇

18科，438属，2718种。

科类包括：盲蛇（盲蛇科）、巨蟒（巨蟒科）、蟒蛇（蟒蛇科）、亚洲闪鳞蛇（闪鳞蛇科）、响尾蛇（蝰蛇科）、游蛇（游蛇科）、眼镜蛇、金环蛇以及海蛇（眼镜蛇科）。

喙头目

斑点楔齿蜥

喙头蜥科

2种：斑点楔齿蜥和楔齿蜥。

鳄形目

鳄鱼

3科，8属，23种。

科类包括：美洲短吻鳄、黑凯门鳄、尼罗河鳄、食鱼鳄等。

爬行动物与大多数鱼、两栖动物和哺乳动物不同，它们的皮肤中含有相对较少的腺体。鳄鱼类动物的喉部下方长有一对腺体，这对腺体能够分泌有麝香味的黏液，这种黏液可以在交配行为中起一些作用。一些淡水龟的下颚或后肢囊中长有腺体。在麝香龟中，这些腺体能够发出浓烈的气味。一些无毒蛇中，其颈部或背部鳞片下面长有腺体，这些腺体能分泌出一种刺激物以对付捕食者，或者在交配行为中起一定作用。属于刺尾守宫属的一些壁虎，它们的尾巴鳞片下长有一系列大腺体。当蜥蜴受到威胁时，它们会喷出黏性的丝状物，可以阻挡如大蜘蛛之类的敌人。许多蜥蜴具有一系列奇特的类似于腺体的结构，这些结构一般长在后腿内侧，有时也会出现在泄殖孔前方。这些结构的功能目前仍然众说纷纭：它们看起来跟交配有关系，因为雄性丽斑麻蜥被阉割后，这些结构就萎缩了。最接近事实的是它们的分泌物可能会在辨识种类或性别中起到作用。

骨骼的历史

骨骼结构

与其他现存的爬行动物相比，楔齿蜥的骨架可能最接近早期爬行动物，但是在细节上还是有重要的区别。其他爬行动物相对于最原始的爬行动物在结构上都有不同程度的改变，而这些改变通常是为了适应特殊的生活模式。

在有鳞目动物进化过程中，一个主要的趋势是颅骨中出现了附加的关节和铰结点，这些关节和铰结点使得动物在进食时，上下颚具有更大的灵活性且效率更高。这种颅骨的变动性在蛇类身上得到了更精巧的体现，部分原因是它们的下颚两侧之间不再具有任何牢固的连接。总的说来，这是对捕猎以及吞食大型猎物的一种适应。有鳞目动物进化的第二个趋势是体型逐渐拉长且呈蛇形的方向演化，四肢也逐渐退化。

⊙ 龟的壳，如图中红腿象龟的壳，是一个复杂的结构，它由表皮演化而来的鳞片（盾甲）和骨骼构成。

据估计，这种进化过程独立发生了60多次，在蛇和蚓蜥的身体进化中达到了顶点。作为一种适应性，它获得了极大的成功，使蛇能够如英国动物学家理查德·欧文爵士用一种略夸张的手法写的一样：“比鱼能游，比猴子能爬。”海龟和乌龟明显位于肋骨中的肢带是另一个显著的特化现象，就如肋骨与龟壳中的真皮板结合在一起一样特别。

爬行动物的骨架中具有许多哺乳动物骨架中不具有的骨骼，至少它们可以作为单独的元素存在，如位于颅骨中的上颞骨。跟鸟类一样，楔齿蜥、蜥蜴和海龟的眼睛周围长有一系列小的片状骨——巩膜骨，能为眼睛提供支撑和辅助聚焦的作用。大多数爬行动物的肩带中有一根中线骨，即间锁骨——在哺乳动物中，只有卵生单孔目动物才有这个结构。在楔齿蜥、鳄鱼以及大多数已灭绝的爬行动物中，腹部壁被一系列腹肋骨所加固。许多蜥蜴长有被称做旁胸骨的软骨条，旁胸骨的位置在各种蜥蜴体内虽大致一样，但是它们具有不同的胚胎起源。

次级中心骨化的情形发生在鳞龙下纲的大多数种类中，但是海龟和鳄鱼发育中的骨骼中却不存在这种情况。在哺乳动物中，如人类，成体早期骨端软骨状物质（骺）硬化融合，从而限制了个体具备最大体型的可能。骺的缺失可能是一些爬行动物如鳄鱼和巨型海龟在一生中大部分时间内都可以不断生长的原因之一——即使速率会逐渐降低。如果个体能够幸运地在一生中未遇到任何危险事件，那么它可能会变得非常巨大，远远超出同种动物的平均水平。但是，许多爬行动物，包括体型较小的蜥蜴和海龟，当它们生长到一定大小时，一般就会停止生长。

此外，当爬行动物变老时，它们不会像哺乳动物那样掉牙齿。大多数爬行动物在整个生命过程中都不断长出新牙齿来取代旧的牙齿，不过海龟的牙齿在其早期历史中就已经退化了，但是它们逐渐进化成拥有持续生长的角质喙，因此这个种类也就可能获得最大的体型。

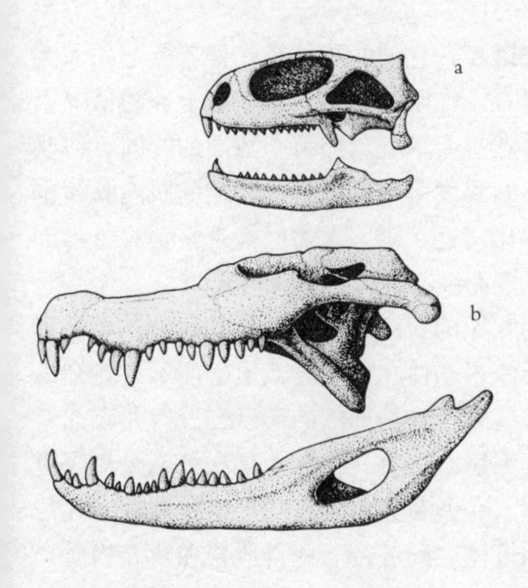

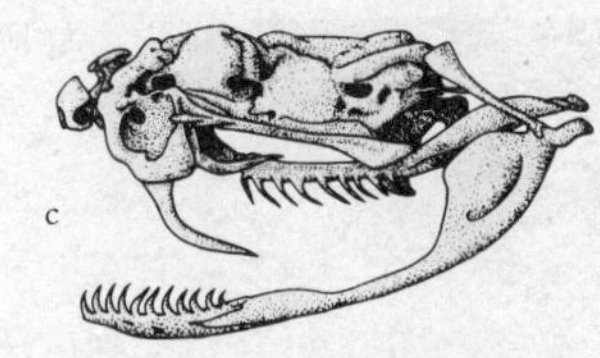

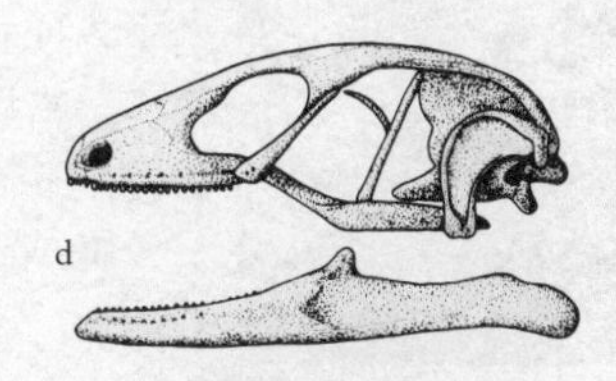

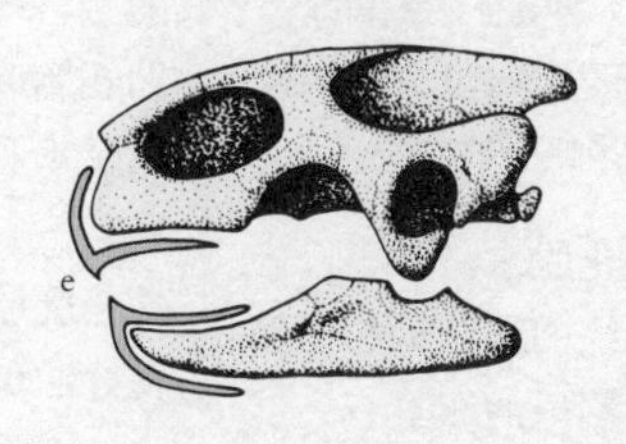

⊙ 现存爬行动物的颅骨：a.楔齿蜥，b.鳄鱼，c.蛇，d.蜥蜴，e.海龟。

道中的能力，人类已经观察到这其中的一些雌体在孤立圈养的情况下过了 1 年或几年产下受精卵的事例。

爬行动物的繁殖受环境因素影响极大，如气温和日照长的影响。一些热带种类可以全年中每隔一段时间就进行繁殖，但是大多数种类的繁殖时间为一年 1 次或 2 次。栖息在气候相对严酷地区的爬行动物，如欧洲北部的蝰蛇，一只雌性可能每两年才繁殖 1 次，或者更少。

两性繁殖是脊椎动物中普遍的繁殖方式，但是在有鳞目中，至少有8个科中具有1个或多个孤雌繁殖（单性生殖）的种类。这种情况出现在北美的鞭尾蜥中，而且人们在高加索山地区岩石蜥蜴的一些种群中也观察到了这种现象。

一个单性生殖种群中的所有成员基因都是一致的，因为它们是同一个雌性的后代。这种低基因变动性使得这些种类不仅只能生存在局限的地理区域，且限制了它们今后的进化历程，因为它们逐渐丧失了适应环境变化的能力。

现代的爬行动物大多数会产卵，并且与两栖

卵生动物和胎生动物
繁殖

在大多数爬行动物中，雌雄两性在体型大小、形状或颜色上都存在一定的区别。一些蜥蜴和乌龟的雄体和所有鳄鱼的雄体的体型都比雌体大，但是在大多数蛇和一些水栖海龟种群中，雌性的体型则更大一些。

在鬣蜥这个种群中，雌雄两性之间的差异是相当显著的，这种动物表现出的视觉效果很突出——雄性往往比雌性的颜色更鲜艳，特别是在繁殖季节，一些种类的雄性还具有竖立的冠状物以及喉扇，这些特征在交配和保护领地中起到了一定作用。

所有的爬行动物都是体内受精，精子直接进入到雌体的泄殖孔中，泄殖孔不仅输送排泄物，也输送卵子或精子。雄性海龟、乌龟和鳄鱼都长有一根阴茎，而雄性有鳞目动物则有一对被称作半阴茎的器官——一次交配过程中只用到一个半阴茎。楔齿蜥拥有未发育完全的半阴茎结构，但是只有通过泄殖孔接触才能完成受精作用。一些蛇和龟的雌体具有把精子储存在生殖

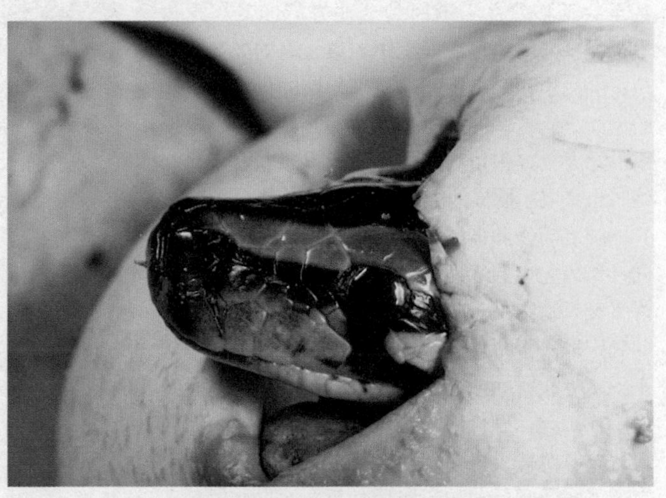

⊙ 一只孵化出的蟒蛇从卵中钻了出来，它们依靠其口鼻部尖端小颗的锋利尖牙齿刺破羊膜和卵壳。这种牙在它们孵化出后就不再使用了，并在一些日子后脱落。

⊙ 大多数爬行动物除了筑好产卵的巢，不会进行亲代照料，但鳄鱼是例外。雌鳄鱼（如图：一只尼罗河鳄鱼）会带它们新孵化的幼仔，悉心地照看它们，时刻提防捕食者的侵袭。

动物的卵不同，它们的卵可防止脱水。人类已经发现了恐龙蛋化石以及远古灭绝的爬行动物的卵的化石。一些蜥蜴、蛇以及水栖龟的卵具有一层柔韧的、像羊皮纸一样的壳，或者具有坚硬钙化了的外壳，如乌龟、鳄鱼以及许多壁虎的卵。小蜥蜴和蛇依靠一个尖利前伸的牙齿将卵壳戳破，并从卵中钻出来，这个牙齿不久就会脱落。在楔齿蜥、海龟和乌龟、鳄鱼和鸟类中，幼体具有的角质突出物也具备这种功能。

羊膜动物的卵有壳，这在成功地统治陆地中起了非常重要的作用。爬行动物的卵一般被产在腐烂的植物中、洞穴中，或埋在泥土里。海龟在海岸的沙地中掘巢并产下多达100枚或更多的卵。它们会回到经常产卵的海滩上产卵，绿海龟甚至会迁移数百千米回到老地方产卵。在鳄鱼中，尼罗河鳄鱼也在沙土中挖巢，有的如美洲鳄鱼，会用堆积的植物建造更加复杂的巢。在炽热的阳光下，这些庇护所是高效的孵卵场。已挖掘出的恐龙巢穴中植物的痕迹显示出恐龙在孵化幼体时也采取了同样的策略。

哺乳动物和鸟类因为具备的染色体组合的不同，所以它们的性别在卵受精时就被确定了。但许多爬行动物是依靠温度决定性别的，因此性别的确定取决于孵化关键期的主导温度状况。举例来说，在美洲短吻鳄孵化期第7～21天中，温度低于30℃时，孵化出的全是雌性，但是如果温度在这段时期高于34℃，孵化出的则全是雄性。

大多数爬行动物产卵后会弃卵而去，但是在一些蜥蜴中，如一些小蜥蜴，或在蛇的一些种类中，如眼镜蛇，它们的雌体会守护着产下的卵并抵御入侵者。在眼镜蛇中，雄蛇保卫卵的情况也存在。雌大蟒会盘绕着卵待上数周的时间，一些种类的卵的温度会迅速上升，母蛇的肌肉收缩也会辅助孵化。近年来，人类已经观察到鳄鱼种群中各种显著而细心的亲代养育形式。

蜥蜴和蛇的大多数种类不再是卵生，而是直接产下活体，幼体在出生时或出生后不久就钻出羊膜。这些爬行动物产下的卵已经没有卵壳或者卵壳已大大缩小。有一种胎盘是在绒毛膜和尿囊的融合体或在卵黄囊中发育的。这种发育方式帮助胚胎和母体之间进行一些排泄物和营养物质，以及水和空气的交换。大多数胎生种类是“卵胎生”——卵中仍然具有大量的卵黄，而且卵黄仍然是胚胎主要的食物来源。但是在一些胎盘发育良好的种类中，卵黄成分已经减少了。

大多数海蛇已变成了胎生种类，因此不用像海龟一样到岸上来产卵。已灭绝的海生爬行动物如鱼龙，其情况跟海蛇非常相像，因为人们已发现它们的母体中具有胚胎。如今，居住在非常恶劣的气候条件下的，如高纬度和高海拔地区的爬行动物中，这种繁殖方式仍然占主导地位——英国的爬行动物中，6种中的3种就是这种繁殖方式。在这种条件下，胎生看起来很有利，因为它使得母体像一个移动的育儿器，能够寻找到温暖、适宜胚胎发育的场所。

⊙ 彩虹飞蜥种群中的雌雄个体在颜色和体型大小上的差别是相当明显的。雄性鲜艳的体色以及雌性头部闪亮的绿色会受到光和热的刺激，在夜晚，颜色就会褪去。

处境危险的爬行动物

当人们开始与动物共享居住空间时，就把爬行动物作为食物了。爬行动物（或用它们做成的产品）同样还有其他用途：用在土著居民传统艺术品上（如用新几内亚蜥蜴皮制作的鼓皮）；用在装饰品上（使用海龟壳）；用在时装制作和其他物品上（鞋、外衣、表带、手提包）；作为宠物；作为控制啮齿动物数量的工具；用于医疗目的和医学研究。

这些用途间并不相互排斥，比如，蛇肉可以起到药疗的作用，同样它们的营养价值也很高。实际上，在亚洲，人们认为海龟和蛇类器官具有医疗和壮阳功能，在这类观念的驱使下，人们对爬行动物进行大量的商业性开发。传统因素同样也是捕捉爬行动物的一个原因，比如，在美国西南部的农村地区，围捕响尾蛇在过去的一种礼仪中一直有着重要的意义。

在数千年间，当人口数量还很少且技术水平很低的时候，局部地区的人们为了谋生会对爬行动物进行捕捉，这对种群不会造成很大的影响。但是，当人口数量增加、市场扩张的时候，这种捕捉转换成一种系统性的买卖，驱使人们大量捕捉爬行动物，甚至超出了可承受的限度。虽然可承受的限度很难评估，但原则上应该不威胁到种群的持续生存。可承受限度难以评估的另一个原因是种群数量会因其栖息地的频繁改变而受到影响。

全球和地区范围内的需要（主要由巢居雌性海龟所提供）造成了海龟数量在一段时间内大范围的衰减。由于雌龟发育成熟较晚，存活时间较长，并很少会到新的海滩上去，所以减少的巢居雌龟数量不能迅速恢复。因此，即使大多数海龟已被列到《濒危物种国际贸易公约》（CITES）（该公约从1975年起就开始生效）中，而且这些条款也的确在帮助维持一些动物的种群数量上起了作用，但在加勒比海一些地方和地中海东部地区，这些巢居海龟的数量仍没有恢复。

和海龟命运相反，CITES列举的允许采用适当方式管理的种群进行贸易的条款，很大地促进了诸如鳄鱼、凯门鳄、美洲短吻鳄产品的交易。这些种类成熟时间相对较早，并可以圈养，人类也可以监控野生种群的情况。对这些种类的管理和利用为包括巴布亚新几内亚在内的许多地方的农村发展作出了贡献。

种群数量衰减

过度开发利用

在数个世纪中，世界各地的各爬行动物种群一直遭受着人类过度利用的危害。海龟数量的下降就揭示了国际贸易所产生的负面影响。从17世纪起，人们就把活的绿海龟从加勒比海运到伦敦，它们在那里被人们做成美味的汤品。从20世纪初到20世纪中叶，世界许多地区的巢居海龟种群主要供应给欧洲各个城市，海龟产品被用于食品贸易。除了肉、软骨以及卵，海龟同样为人类提供了油和皮革，或者被当做收藏品进行买卖。

⊙ 美国佛罗里达一个农场中的美洲短吻鳄的幼鳄。在国际自然保护联盟（IUCN）的鼓励下，将鳄鱼作为一种可更新的资源适度利用有助于保护野生种群。在许多国家如美国、埃及、巴布亚新几内亚以及澳大利亚，经营鳄鱼和美洲短吻鳄农场已成为一桩大生意，每年的产值超过2亿美元。仅在佛罗里达地区，就有超过30个农场每年生产136吨鳄鱼肉和1.5万张皮革。

⊙ 图中的绿鬣蜥被捆住，人们准备在南美圭亚那的首都乔治敦的市场上销售。这些可怜的动物的命运就是被烹饪。它们的肉被认为是“竹子鸡肉”，经常被用来炖煮，或者制成咖喱粉。

对世界上许多爬行动物来说，由于成了人类的食物，使其局部种群数受到了影响，而其他一些因素如栖息地的丧失、作为宠物被收集、皮革交易，也对加剧其衰减有更重要影响。热带地区的农村人只是偶尔收集海龟或其他爬行动物，但是这种活动在发达国家，特别是在北美和欧洲一些国家中却广泛存在。由于需求量很大，这些需求能给那些拥有这些资源的较贫穷国家带来可观的经济收入，而且因为缺乏政治干预或政府手段，所以还无法将这些捕捉行为维持在目标种群可承受的限度内。比如，20世纪70年代，成千上万的海龟被从地中海地区出口到欧洲北部和中部地区，这对海龟种群的影响非常大，以至于CITES和地方法律条文很快禁止了这些贸易。

处境危险
特殊用途

专业的爬行动物收集者总是搜寻那些世界上很稀有或分布面很窄，或者是具有吸引力图案，以及有毒的种类。一些种类，包括栖息在土耳其和西南亚的蝰蛇，因具有上述的所有特征，已遭到严重的过度捕捉。

近年来，人们的主要注意力已转移到栖息在亚洲的具有多个种类的陆龟和淡水龟身上。已有证据显示，这些龟种群数量已大规模地衰减，甚至一些种类在局部已灭绝，而这是人类为了满足食用和医疗目的对它们大规模捕捉导致的。因为这种交易是不规范的，所以有关的记录也是不完善的，但是可以了解到，中国每年都要从其邻近的东南亚和南亚各国进口数千吨的活海龟。这种状况在非洲和美洲各国也同样存在，例如，美国拟鳄龟也陷入了危机之中。

同时，医学的发展是造成爬行动物被过度开发的又一新原因，它们被用于医学研究。人类已经研究了爬行动物的身体结构和生理机能，包括血液循环系统和免疫系统，毒蛇的毒液特性也被专家研究，用于人类的维生素新陈代谢、神经肌肉传导、血压调节以及治疗血栓等方面。分离出的毒液中的关键成分有时会促进重要药物和新的生物鉴定方法的发展。

⊙ 蛇与爬行动物皮作为传统药物在发展中国家的市场上出售是一个非常普通的场景。图为南非约翰内斯堡的新城镇区的一个市场上展示的待售的爬行动物皮。

背负盔甲成功进化的龟

龟可能是世界上最容易被辨识的脊椎动物，是唯一一种有一张包含肋骨和皮骨的壳，且壳中有肩胛骨的脊椎动物。这种关键的形态变革出现于2.2亿年前的三叠纪时期，早于哺乳动物、鸟类、蜥蜴、蛇和开花植物，与最早的恐龙同时出现。这种奇异的结构可能是（至少部分是）龟持续成功地进化以及超越恐龙时代的原因。

⊙ 软壳龟的胸甲和背甲上覆盖着一层革质皮肤而不是骨质的盾片。作为一种高度水栖物种，它们有长的颈部和像通气管一样的口鼻部，这使得它们不需要到水面上来就可以呼吸。图中为一只棘鳖。

龟有许多共同的特征：没有牙齿；体内受精；雌龟在修筑的巢中产下有壳的（有羊膜的）卵，并且具有许多相同的生命体征，例如晚熟、极长的寿命以及成体的低死亡率。这些特征使得它们特别容易受到人类活动的威胁，而在它们存在的2亿多年间，人类也是唯一威胁到它们生存的生物体。事实上，人类对这种动物的影响已经到了一个危急的时刻，据官方统计，大约有44%的龟种类已经被列为濒临灭绝、濒危、易危的物种。

由于龟具有非凡的多样性，所以这种局面就显得更加不幸。

有的龟能利用洋流和地球磁场迁徙到4500千米远的地方筑巢；有的龟会大规模集结，在48小时内会有多达20万只雌龟在同一个狭小的海滩上产卵；有的龟可以在单个繁殖季节中产下每窝多达100枚卵的11窝卵，有些甚至1窝可以产下258枚卵。

龟的独特之处　还表现在繁殖行为以外的方面：一些新孵化出的幼龟能够在其窝中的温度低至−12℃的冬季存活下来；有的不同龟种类可以杂交并产下可存活的后代；有的种类能在与空气隔离的水下存活或者可以潜至海平面1000米以下的地方，而另一些种类能在海拔高达3000米的地方生活；在身体尺寸上，龟壳的长度范围为8.8厘米至最长的244厘米！我们怎么能够对有如此多样性的物种的衰落置之不理呢？

腿上面的盔甲
龟壳

没有任何其他的脊椎动物进化出像龟壳一样的盔甲。龟壳通常包含50～60块骨，由两部分组成：覆盖于背部的背甲和覆盖于腹部的胸甲（由7～11块骨组成）。这两部分由胸甲两侧的延伸部分形成的骨质桥连接在一起。

背甲由源自皮肤真皮层的骨形成，这些骨相

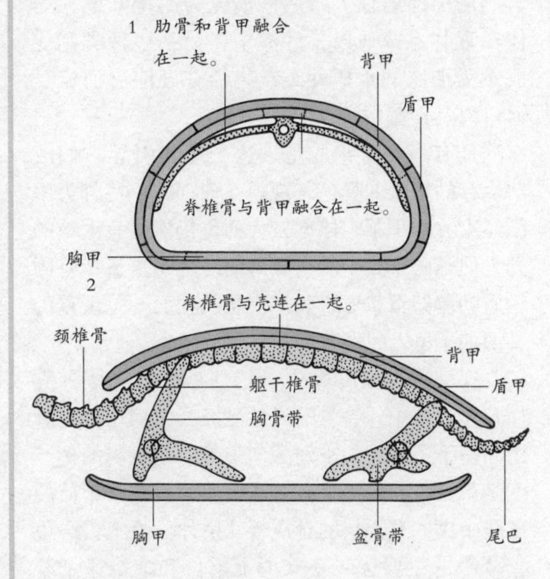

⊙ 龟壳的结构。1.横截面。2.纵截面，显示了盆骨带和胸骨带的排列。

⊙ 因其背部盾甲上的斑点图案而得名的豹斑象龟是一种产自非洲南部和东部地区的大型龟。

互融合并与肋骨和脊椎骨连在一起。源自表皮层的大块盾甲覆盖并加固了龟壳的骨架。胸甲是由肩带（锁骨和锁间骨）的某些骨骼、胸骨以及腹膜肋（腹部肋骨，跟现存的鳄鱼和楔齿蜥体内的一样）演化而成的。肩带的其余部分转到龟肋骨的内部——现存和曾经存在的其他脊椎动物都没有此特征。

如此成功的保护性盔甲已经成为龟身体结构的基础。其他适应性都围绕着这个盔甲构建，这种盔甲决定了它们的寿命，也限制了它们运动的方式。由于壳的存在，可以跑、跳、飞的龟在进化过程中都被淘汰，但是龟种群中仍出现了一定的适应性分散。一些龟开始是半水栖的沼泽居住者，后来演化为完全陆栖，居住在森林、草地以及沙漠中；另一些种类则变成更为彻底的水栖种类，生活在湖泊、河流、河口以及大海中。

具有讽刺意味的是，这个最初引导它们成功生存的笨重的壳，其规模在现存的一些种类中已经大大减小了。体型较大的龟仍保留有大块的壳，但是由于壳中的骨变薄而减轻了重量；坚固轻质的鹅卵石状盾甲和拱形状的壳而不是沉重的骨增加了龟壳的强度。

在一些龟的种类中，特别是高度水栖种类如鳖和海龟中，壳骨的尺寸已经大大缩小，在骨之间留下了较大的空间（囟门）。最极端的例子就是革背龟，成龟没有表皮盾甲，只在其革质的皮肤中镶嵌有小块的骨质板状甲片。看上去，龟壳减小的主要优势是减少了生长和维持这个笨重的壳所造成的生理机能上的损耗，并降低了陆栖种类运动的能量消耗，以及增大了水栖种类的浮力。

不同的生活方式和生态环境造成了龟壳结构的另一些改变。陆栖龟类普遍长有高耸的拱状壳，以此作为一种防御武器来抵御捕食者对其猛烈的扑咬。水栖龟具有拱度较低且更具流线型的龟壳，在游水时能减少水的阻力。有的鳖长出了特别扁平的壳，这使它们在栖息的水域中能藏到水底的沙地和泥土里。但是也有例外，陆栖的非洲东部饼干龟的壳就不是拱形而是极扁平的，这让它们能够钻进其岩石栖息地的狭缝中。凭借其四肢的力量和壳中骨骼自然的弹性，一旦这种龟楔入岩石缝隙中，就很难把它拔出来。另一方面，水栖种类如产自亚洲的潮龟、安南龟和佛罗里达锦钻纹龟，因为与庞大凶残的鳄鱼居住在一起，丧失了流线型的龟壳，进化出具有高拱形且加固的壳。幼龟的壳发育得很慢，其壳中骨骼还未完全成型。然而，骨质壳的保护功能会随着年龄的增长而加强。某些种类幼小、骨骼较软的幼龟进化出凸出的表皮层刺，大多长在壳的边缘，以抵御捕食者的袭击。这种适应性的最极端的例子是东南亚太阳龟，这种龟的外形几乎呈圆形，每处边缘盾甲都变的很薄，成为刺，这种龟的幼龟还有嵌齿轮状尖牙。枯叶龟和拟鳄龟的壳上长有肿块状物和凸脊，这些伪装物使它们看起来像是无生命的物体一样。

许多龟都已进化出灵活的壳，壳的运动是靠骨骼之间不同程度的运动产生的。一个最普通的变异是绞合胸甲的出现。不同种类的龟，包括印

⊙ 生活在澳大利亚北部的名副其实的蛇颈龟通过把头和长颈水平缩进壳的外部边缘来保护头和颈部。侧颈龟亚目中所有的种类都普遍具有这种能力，因此又有“侧颈龟”之称。

⊙ 玳瑁海龟强壮的后肢像短桨一样游动使得它能够优雅地在水中“飞行”。该种类海龟主要以海绵和软珊瑚为食。

度箱鳖、美洲和非洲泥龟、亚洲和美洲盒龟、马达加斯加和埃及陆龟，都已进化出一个或两个胸甲的绞合部。非洲褶脊龟的背甲上而不是胸甲上有绞合部。绞合部使得这些龟能够把壳闭合，从而保护脆弱的身体部位。毋庸置疑，这种结构能抵御捕食者的袭击，防止身体水分流失，这也是绞合胸甲起到的最重要的作用——很少具有绞合胸甲的种类是完全水栖的。

某些池塘和河流中的龟的骨骼间移动幅度较小，一些种类，如亚洲叶龟、东南亚六板龟、新热区林龟，其胸甲上具有部分的绞合部，胸甲和背甲主要由韧带而不是骨骼连在一起。它们的胸甲可以略微活动，但是不能接近背甲开口处。这种灵活性在龟产下大且脆壳的卵时显得非常必要，因为这些卵太大而很难从壳开口处顺利产出。在许多亚洲龟种类中，包括柯钦蔗林龟、太阳龟、三棱黑龟，只有成熟的雌龟才有可活动的胸甲。

某些头部较大、攻击性较强的种类，如拟鳄龟和新热带麝香龟，由于骨骼减少以及和背甲连接的韧带的作用，它们也具有可移动的胸甲。这些种类胸甲的灵活性使它们在张开下颚时也能把很大的头缩进壳中，这使它们的防卫固若金汤，甚至无懈可击。

很早的时候，龟为了把头缩回胸甲和背甲之间前方的开口处，就已进化出了两种独立的机制。所有的龟都有8块颈椎骨，但是一个主要的目——侧颈龟亚目的龟将头水平方向缩进身体侧部，从而使得颈部和头部一些暴露在壳的前方。这个目包括蛇颈龟，它们中的一些龟的颈比龟壳还长。另外一个目——潜颈龟亚目的龟通过将颈部向后折叠成一个紧绷的竖直S形来缩回头部。这些龟的大多数都能将头部完全缩回到壳中，甚至能够把四肢肘部全部聚拢在鼻子前，从而进一步保护头部。现存龟的3/4都属于后一种目，包括所有的北美、欧洲以及亚洲大陆上的龟。

在水中并不缓慢
运动

龟是出了名的行动缓慢的动物，当然，大部分龟是由于极大地受到了大而笨重的壳的限制，所以行动缓慢。沙漠龟移动速度为每小时0.22～0.48千米。查尔斯·达尔文测出一只加拉帕

知识档案

龟

目：龟鳖目

至少有14科，99属，293种。

分布：温带和热带地区，除了南极洲以外的所有大洲和所有大洋。

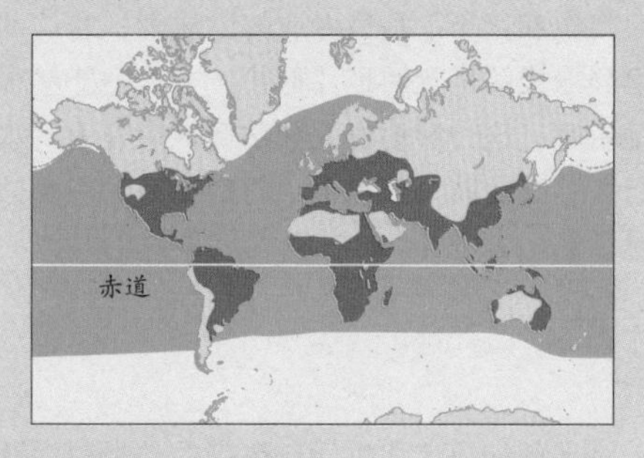

栖息地：海栖，淡水中水栖或半水栖，陆栖。

大小：体长为8.8～244厘米。

颜色：各异，从水底栖息种类的灰暗、黑色、伪装性体色到鲜艳显眼的体色。其上表面颜色多为棕

色、橄榄绿或灰色和黑色，一般夹有黄色、红色和橙色斑纹图案，下表面多为黄色，其间夹杂有棕色、黑色和白色。

繁殖：体内受精；所有的种类在陆地上产卵；一个种类有亲代照料。

寿命：饲养的种类中偶尔有存活超过150年的（有详实记载的最长寿命为200年）；美洲野生盒龟的一些种类存活期会超过120年；水栖种类一般寿命较短。

戈斯巨龟移动速度为每天6.4千米。但是海龟在水中能够快速地游动，就如同人在陆地上行跑一样，其时速超过30千米。

龟的四肢能够准确地表明其栖息地以及运动方式。最能适应陆地的陆龟长有巨大的足，脚趾很短也没有蹼。擅长掘洞的哥法地鼠龟，它们的前肢非常扁平，就像挖掘的铲子一样。

水栖龟和其他龟的不同之处在于其足上有被肉质和膜状的蹼连在一起的较长的脚趾，这使它们在水中能迅速前进。水栖龟可以在水底行走或游泳移动。水底行走的龟的移动方式与它们在陆地上的行动方式相同。枯叶龟、东南亚盒龟、鳄龟以及泥龟都把水底行走作为其行动的主要方式。游泳的种类如滑鳖、潮龟以及中美洲河龟，都可以在河底行走，但它们通常会用四肢轮流划水。大部分拍击力是靠同时收回相对的前肢和后肢来提供的，这种方式在保持移动方向的同时，也能产生推力。

海龟和猪鼻龟是最专业的游泳者，它们的前肢已经变成鳍足状的足片形状，在水中能够很优雅地游动。这种游动方式被贴切地形容为“水中飞行”，其后肢只产生很小的推动力，主要的作用是掌舵。

不慌不忙的捕食者
食物

许多龟如海龟和生活在热带的种类很活跃，因而终年都会觅食，但是生活在高纬度地区的种类则大半年的时间里都在水底或地下，并处于蛰伏状态。一些生存在极其干旱环境中的种类如一些美洲泥龟每年最多只会在3个月的时间内比较活跃，在这段时间里它们必须进食、生长、交配和产卵，所有这些活动都必须在短暂的雨季结束前完成。

⊙ 形状奇异的枯叶龟栖息在亚马孙盆地的湖中和缓流小溪中。它用“打呵欠和吸”的方法进食，即张开嘴，创造真空区域，然后把食物吸进口中。

相对来说，几乎没有哪种龟有足够的速度和敏捷性去捕捉快速移动的猎物，因此大多数龟以植物或者速度比它们更慢的动物如软体动物、蠕虫和昆虫幼虫为食。但是偶尔遇到的食物，如一具动物尸体，或者从河边树上掉下的熟透的果实，会很快被发现并通常会吸引许多龟前来进食。

杂食种类的龟所吃的食物随着年龄的变化而变化。通常情况下，幼龟多捕食昆虫，而成龟，例如池龟或者彩绘龟成龟则会更依赖植物，或倾向于专门吃一种食物如软体动物，这类龟包括巨头麝香龟或食蜗牛龟。对那些因性别差异而造成体型相差很大的种类来说，雌龟和雄龟的食物也会不同，雌蒙面地图龟主要捕食软体动物，而体型小很多的雄龟则主要食用节肢动物。

对大多数龟种类来说，捕食采用的都是简单直接的方法，但是一些种类则有其独特的技巧和策略来获取食物，如埋伏、张嘴吮吸、引诱等。靠埋伏捕食的龟会等待，而不是追捕。许多种类的龟拥有好几种策略，通常埋伏的种类具有伪装色或伪装的形状，以及一条长而强壮的脖子，能向外伸出一定的距离捕食。具有长且覆盖着小块瘤状物的脖子、泥土颜色的皮肤以及长满藻类的壳的拟鳄龟就很好地体现了这些特征。东南亚的窄头鳖是一种埋伏捕食种类，它们具有光滑、图案鲜明的壳，但是当它们躺在栖息地河床上时，身体部分被沙子或泥土覆盖，它们黑色的条纹和斑与投射在起伏不平的河床上的阴影能很好地融合在一起。

大多数水栖种类龟都会不同程度地运用张嘴吮吸猎物的捕食策略。通过迅速张开嘴，同时扩张喉咙，会产生一个低压区域，能够将小型食物和一股水流吸进肠中，但是水很快就会被排出去。最擅长这种捕食策略的种类是奇特的枯叶龟，它们的伪装技巧非常高明，它们的壳很平，上面有很多突起，通常覆盖着水藻；宽阔的头部和长且强壮的脖子上长有一列不规则的薄片和突起物；像珠子一样的小眼睛长在细弱通气管状的口鼻部的前侧部。它们的嘴巴大得反常，颚部没有其他龟所拥有的角质覆盖物。

⊙ 龟的代表种类。1.太平洋沿岸大麝香龟；动胸龟科。2.阿拉巴马红腹龟；龟科。3.猪鼻鳖；两爪鳖科。4.革背龟；棱皮龟科。它正在捕食水母。5.中美洲河龟；泥龟科。6.绿海龟，海龟科。它正在吃海草。7.黄斑亚马孙龟；美非侧颈龟科。8.哥法地鼠龟；龟鳖科。它正在交配。9.大头龟，平胸龟科。它上岸活动。10.黄泥龟；动胸龟科。

枯叶龟也是一种埋伏捕食者，它伏在水中栖息地的底部等待鱼的靠近。试验显示，一些这种龟的下颌与颈部的皮肤会鼓起，但不仅仅是为了伪装。它们具有丰富的神经末梢，能感知水中微弱的扰动，甚至在黑暗的水中也能接近猎物。它们下颏和颈部鼓起的皮肤被认为可以当做诱饵来引诱鱼的靠近。一旦鱼进入它们的范围，龟就会迅速出击，通过扩张有弹性的嘴巴和喉咙，将这些食物吸进肚中。人们也曾观察到枯叶龟把鱼赶入浅水中，在那里鱼更容易被捕食。

外观上的伪装效果仅次于枯叶龟，与枯叶龟生活在同样环境下的美国拟鳄龟使用诱饵吸引鱼。它们的舌头上长有一个蠕虫状的小凸起，当这个凸起充血时就会变成粉色，而口腔其余部分为黑色，从而更好地衬托这个诱饵。通过诱饵下方的肌肉运动，龟能摇晃诱饵。当它们捕鱼时，就张开下颚、晃动诱饵静静地守在水底。鱼游动在这些龟尖利角质的下颚间时，很难从它们的迅速猛咬中逃脱。如果猎物够小，它们就会整个吞下猎物，如果猎物太大，龟的下颚就会咬住猎物，交替使用前肢将其撕碎。这种诱饵的颜色随龟年龄的增加逐渐变深。可能对成龟来说，诱饵的作用不是那么重要。

另外一种值得一提的适应捕食的结构是某些龟上颚长有的宽阔的牙槽架（或称次生腭）。捕食蜗牛和蛤的种类例如地图龟、食蜗龟以及一些美洲麝香龟，使用这种牙槽架碾碎猎物身上钙质的壳。在一些植食性龟种类的嘴中也有类似的牙槽架，这包括美洲河龟、亚洲潮龟和棱背龟。这些龟的牙槽架上长有一到两排锯齿状的突起，下颚上也长有锯齿状的突起，共同用于切断和碾碎植物的茎干和果实。

卵的保存
交配和繁殖

龟之间进行交配通常很困难，雄龟的尾巴一般更长更粗，与雌龟相比，其排泄口的位置要长在更里面的地方。在许多水栖游泳的龟种类中，雄龟较小，但是在陆栖和半水栖的种类中，雄龟则跟雌龟一样大甚至要大一些。为了在交配过程中适应雌龟高拱状的壳，雄龟的胸甲通常是凹的。长的前爪、小的口鼻部、膝关节后块状的斑纹或者一条尖的尾巴能够作为区分某些种类的雄龟的标志。

某些种类龟的体色可以用来区分性别，但大多数种类两性体色相似。即使是在两性双色的种类中，这种颜色上的差异通常也很微小。雄东方盒龟的眼睛一般是红色，雌性的眼睛为棕色。雌斑点龟长有黄色的下颌和橙色的眼睛，雄龟长有棕褐色的下颌和棕色的眼睛。某些亚洲热带地区

⊙ 一只雌性棒头龟在澳大利亚海岸附近的一个岛屿上寻找产卵场所。

的河龟例外，雄龟在繁殖季节中会呈现出鲜艳夺目的体色，雌龟则为黯淡的土褐色。

所有种类的龟都将有壳的卵产在陆地上。大多数种类每年或每个繁殖季节都会筑巢——尽管有些雌龟个体并不是每年都会繁殖。海龟则通常为每两年或3年筑一次巢。对一些栖息在温带地区的龟来说，交配通常在秋季或春季发生，但是筑巢通常只会在春季进行。对热带地区的种类来说，求偶和筑巢在潮湿或干旱的季节都可能发生。人们发现一些热带和亚热带种类终年都在筑巢——尽管龟不大可能真的在连续不断地繁殖。许多种类的雌龟如环纹水龟和东方盒龟能够将精子储存数年的时间，因此它不需要每年都进行交配。另外，运用DNA分析技术显示，同一窝中不同的卵可能是雌龟与不同类的雄龟交配后产下的。

大多数龟在它们觅食的地方附近筑巢。但是一些海龟和河龟会长途跋涉迁徙筑巢。

栖息在南美洲巴西海岸的绿海龟会迁徙大约4500千米到阿森松岛上筑巢。某些迁徙的种类会在很短的时期内筑大量的巢，最壮观的例子就是榄龟大规模的筑巢情形。最大规模的筑巢场景发生在印度的奥里萨邦，多达20万只的榄龟在1～2天的时间内沿着5千米的海岸线筑巢。一些淡水龟如南美潮龟以及东南亚潮龟也同样会大规模地聚集筑巢。大规模聚集筑巢的一个好处就是，仅仅依靠数量就能令捕食者望而却步，在这种情况下许多产下的卵能躲避捕食者的侵袭。卵可能会被产在腐烂的植物和垃圾下面（例如盖亚那红头木纹龟）；其他动物的巢中（如佛罗里达红肚龟将卵产在短吻鳄的巢中）；特别挖掘的洞穴中（黄泥龟），或者雌龟在水中建好的巢中（澳洲北部蛇颈龟）。但是通常情况下，卵被产在开口朝向地面的巢中，那是龟依靠后肢精心建造的瓶状的巢。一些种类的龟（如大多数鳖和彩龟）在迅速掩盖住卵后就离开产卵地，但是有的则会用相当长的时间将巢隐藏起来。革背龟会在回到大海前用上1个小时或更久的时间在筑巢地从各个方向把沙踢平。河龟通常会在真巢的不远处挖出一个假巢。在某些地方，龟还会将卵放在2个或3个巢穴间的一个巢中，以混淆捕食者的视线。爬行动物很少会出现亲代照料现象，大多数龟也没有这种行为，但亚洲巨龟是个例外，它们通常会用枯叶建一个巢穴，产下卵后它们会连续数天守护着卵以防御潜在捕食者的袭击。

龟的生殖能力通常与身体大小密切相关，这种关联在同种个体和不同种类之间都存在。

⊙ 在夜色的掩盖下，一只雌绿海龟把卵产在婆罗洲北部的沙巴海岸上。这个种类的龟会迁徙大约4500千米筑巢。埋好这些卵后，雌龟回到海中，在卵的生长发育过程中，雌龟不起任何作用。这些每窝为100枚的卵，孵化时间大约为两个月。

体型较小的种类1窝产下1~4枚卵，而体型较大的海龟一般一次可产下超过100枚卵。产卵数量纪录保持者是玳瑁海龟，它1窝产的卵多达258枚。大多数种类在产卵季节中会产两次甚至更多次卵。绿海龟是至今所知的繁殖力最强的爬行动物，它们会在产卵季节中每隔10.5天就产下每窝为100枚、多达11窝的卵。在同种类和不同种类中都有一种倾向，即龟在高海拔地区会产下更多（更小）的卵。

在大多数龟中，孵化时期的温度同样也对孵化出的幼龟的性别起决定性作用。在被称为“温度依赖性别决定”（TSD）的种类中，孵化时期第3个阶段中期时的温度会引起性腺发育，最终决定胚胎的性别。龟有两种TSD类型：TSD1型（包括西半球池龟、新热带林龟、海龟、陆龟以及猪鼻龟）孵化的关键温度范围很窄，通常为27℃~32℃，高于这个范围的温度导致只能孵出雌龟，低于该范围的则只能孵化出雄龟。TSD2型（包括美洲麝香龟和泥龟、非洲侧颈龟、美洲河龟、拟鳄龟以及欧亚池龟和河龟等）具有两种孵化的关键温度范围，中间温度孵化出雄龟，而高或极低的温度则孵化出雌龟。也有些性别是靠遗传决定的，这一类包括鳖、澳美侧颈龟、林龟、两种巨麝香龟、棱背龟以及粗颈龟，但只有后4种龟才有二态的性染色体，其余种类的雄龟和雌龟的染色体都是一致的。这种令人费解的性别决定方式在进化中的优势至今仍是一个谜团。

当胚胎已完全发育成熟时，幼龟用长在喙上部的源自真皮层的小且呈角质的隆起物（肉冠）撕破或弄碎胚膜和卵壳，从卵中出来。孵化后，大多数新生幼龟从巢中钻出来并直接爬到水里或者植物上。但是，有些新孵化的幼龟会在巢中待上一段时间。孵化后，一些温带种类包括锦箱龟和黄泥龟，会立即在巢下方挖出1米深或更深的通道，这种行为可能是对即将来临的、威胁其生命的冬季的一种适应。其他一些温带地区的种类新孵化的幼龟（如锦龟）会在巢中度过冬季，它们在那里要经受－12℃或更低温度的考验。虽然它们能够在零下温度中存活下来（例如－4℃），但是它们必须过度冷却自己（身体组织不冻结）才能达到这一目的。它们完成过度冷却自身的精妙的生理机制至今仍不为人们所知。还有一些龟，特别是栖息在季节性明显的热带地区的种类，必须待在巢中直到雨水软化土壤后，才能钻出去。据一则趣闻报道，在澳大利亚一场旱灾中，宽壳蛇颈龟的幼龟被困于巢中达664天，最后竟然全部活了下来！

⊙ 加拉帕戈斯岛上孵化出的绿海龟。新出生的海龟一旦爬出巢穴，就将面临被冲进海中的危险，死亡率很高。存活下来的个体会在海里生活很多年后返回到它们的“家乡”海滩。

照片故事 PHOTO STORY

在海滩上出生的革背龟

①欧革背龟是一个古老的种类，如今已面临灭绝的危险。国际自然保护联盟（ICUN）已将其列入濒临灭绝的动物。估计在不到30年的时间内，全球的革背龟数量下降了70%，现今全世界总量为2万~3万只。成年龟生活在海中，在那里它们很多会偶尔被捕鱼船队抓获。即将产卵的雌龟会返回海滩上产卵，一般在一个繁殖季节中返回5~6次，在每次返回期间会有一个9或者10天的间隔期。如图，一只雌龟在临近法属圭亚那的一个名为亚利马波的村子的海滩上用后肢在沙滩上挖掘出一个洞穴，洞穴的深度可能会达到80厘米。

②当瓶状的洞穴完工后，雌龟会在里面产下60~120枚卵。奇怪的是，大约有1/3的卵很小且没有卵黄；不能孵化的卵可以作为间隔物或者帮助调节湿度。这些卵的颜色与台球一样白，球状；卵的形状最大限度地利用了空间且使脱水的危险降到了最低。

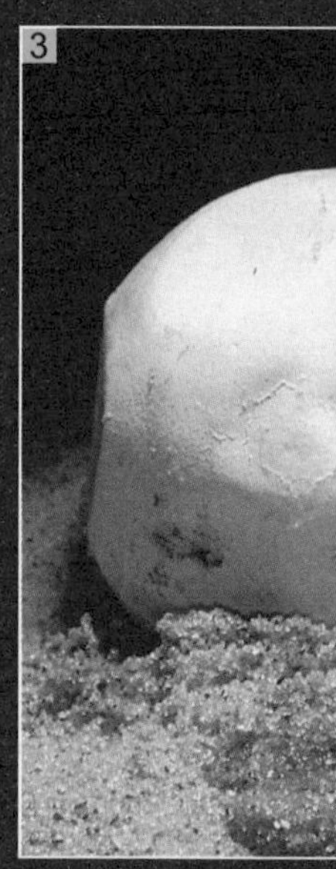

④ 本能驱使幼龟向出口处挖掘，完成这个过程需要4～5天的时间，在这段时间内新孵化的幼龟的壳变得坚硬起来。在即将爬到地面上时，幼龟会停下来，等待温度变低的夜晚来临。在这个阶段，完全暴露在太阳光下是致命的，被捕食者捕食的概率也更大。

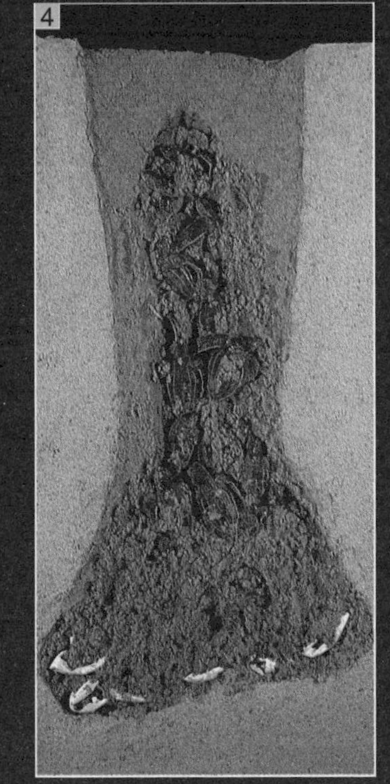

⑤ 随着黄昏来临，幼龟涌到沙滩上，并以最快的爬行速度奔向大海。此时它们暴露的程度是最高的，狗、浣熊以及各种鸟类都会对它们进行捕食。研究显示，在海滩地势较高处筑巢的龟更容易被捕食者袭击；但是临近海浪线的巢又更容易遭到海浪和潮水的破坏。

③ 产完卵后，雌龟会在返回大海前用上1个小时的时间刨沙，将这些卵隐藏起来。卵将孵化50～90天，孵化成功后，新孵化的雏龟用其口鼻部小的喙刺穿坚韧的卵壳钻出来。革背龟的性别是依靠温度决定的：在29.5℃以下，孵化出的大多数为雄龟；以上则为雌龟。孵化是同时进行的，所有孵化出的幼龟几乎会同时从卵中钻出来。

⑥ 在新孵化的雏龟到达水边之前，它们所面临的危险始终存在。它们即将面临各种新的海生捕食者如海鲶鱼的捕食，这些捕食者栖息在浅海处等待着幼龟送上门来。捕食行为对幼龟的威胁是如此之大，以至于据估计在1000只幼龟中只有1只能够安全长大，成为成龟。由于现在成龟的生存也受到深海捕鱼技术的威胁，因此这些庞大的种类的未来看上去非常黯淡。

活跃多彩的蜥蜴

在全球脊椎动物区系中，蜥蜴几乎无处不在。虽然大多数蜥蜴栖息在热带地区，但也有许多生活在温带地区。在西半球，蜥蜴的分布北至加拿大南部地区，南至南美洲南端的火地岛。在东半球，有一种山地麻蜥栖息在挪威北极圈中，其他一些种类分布在南至新西兰斯图尔特岛上。蜥蜴生活在从海平面到海拔5000米的地区。

仅以种类和数量来说，蜥蜴是脊椎动物中最为成功的种类。在生理结构、行为、多样性和地理分布广度上，蜥蜴也超过其他爬行动物。尽管龟和蛇的所有种类已经进化出高度特化的体型，但蜥蜴仍保持了四足动物的身体构造，并分化出各有一些差异的20个（另有统计为27个）不同的科。因此，虽然大多数蜥蜴是昼行动物，但还是有很多种类夜行和黄昏时出没。尽管蜥蜴通常偏爱相对较为温暖的环境，但它们还是演变出了调节体温的方式以及季节性活跃的行为模式，这使得它们几乎能在所有最恶劣的环境中生存。

大多数蜥蜴和人类一样，生活在陆地上并在

⊙ 绿鬣蜥（鬣蜥属绿鬣蜥）具有小颗粒状的鳞片，且有一条贯穿整个身体和尾部的背脊。这只年轻个体下颏下部的垂肉显示其是一只雌蜥蜴。

⊙ 蜕皮现象在爬行动物和两栖动物中很普遍。如图，一只地毯变色龙（避役属变色龙）将皮肤大块地蜕掉，这种蜕皮形式是蜥蜴所特有的（蛇类将皮肤整张蜕落）。

白天较活跃，甚至夜行的壁虎也常常是人们生活中熟悉的一部分。在热带地区，这些眼睛凸出、没有眼睑的昆虫捕食专家是非常普遍的动物，且受到普通家庭的喜爱。以西非溪水半趾壁虎为例，通过它们透明的腹部可以看到它们捕食了大量的苍蝇，所以人们允许它们在人类居所中生活，它们依靠完美的能抓牢物体的趾在墙上和窗户上爬行，甚至能倒着爬过天花板。

动作灵活、皮肤粗糙

形状和功能

蜥蜴最突出的特征之一就是它们的皮肤，这些皮肤折叠形成鳞片。皮肤的外层充满角蛋白，这种角蛋白是一种粗糙且不溶水的蛋白质，它能使蜥蜴最大限度减少水分流失，使很多蜥蜴在即使是最干旱的沙漠中也能生存。它们的鳞片形状包括从小颗粒状到大片状，差异很大。鳞片有的一片一片互相连接，有的重叠。其皮肤可能非常光滑，也可能有一些突起（脊）。蜥蜴鳞状的皮肤通常粗糙厚实，不容易破。某些鳞片已经演变成尖利的刺，可以击退袭击者。有些皮肤则被称为皮骨的内骨片强化。

⊙ 3个蜥蜴科的代表种类。1.西部有领蜥蜴。2.绿安乐蜥。3.德州角蜥。4.棘趾蜥蜴。5.阿拉伯蟾头蜥。6.刺尾蜥蜴。7.普通变色龙。

蜥蜴的一个很奇妙的特征就是脑部松果体的发育。长在松果体处一块开口的头盖骨使得其神经组织能够从脑部一直延伸至头顶上敏感性较弱但透明的吸盘处。研究表明松果体可能会在昼夜反复模式的影响下，起到调节“生物钟”的作用。

蜥蜴的颅骨是可动的。蜥蜴可以在头盖骨的牵引下移动鼻口部，从而大幅展开和收拢颚。成年蜥蜴下颚的两部分在前端是紧紧连在一起的，从而将可吞食的食物大小限制在比头部宽度略窄的范围内。所有蜥蜴的舌头都发育良好，与口腔后部连在一起。其口腔内长有固定的牙齿，有的种类的上颚上还额外地长出一些牙齿来。蜥蜴的牙齿一般是侧生齿，换句话说，它们具有延长的牙根，这些牙根与下颚内缘有着脆弱地连接，牙根的基部没有与下颚融合。一些种类具有端生齿，这些牙齿通过其底部、侧部或者底侧部与下颚紧紧地连在一起。大多数种类都会频繁更换牙齿。

蜥蜴的外耳开口一般可见。大多数种类的蜥蜴都有活动的眼睑。典型的蜥蜴具有1对发育良好的肺、1个膀胱和由动脉系统发展出来的锁骨下动脉。蜥蜴的1对肾脏一般对称地位于体腔后部。肛门开口与尿道在公共的腔——泄殖孔内连接在一起，泄殖孔以一条横向的狭长切口的形式存在。雄性蜥蜴具有成对的插入器官，单独的一个被称作“半阴茎”。

疾走和钻洞
运动

人们所熟知的蜥蜴的疾走行为对一些种类来说是不可能完成的，因为有些栖息在地面上和洞穴中的蜥蜴的四肢已经退化甚至完全消失了。雌性盲蜥、一些蛇蜥和小蜥蜴的四肢都完全消失了，只在体内还保留了一些痕迹，骨质的骨盆带

知识档案

蜥蜴

目：有鳞目

20科（或27科），442属，4560种。

分布：在西半球从加拿大南部至南美洲火地岛；在东半球从挪威北部至新西兰最南端的斯图尔特岛；还分布在大西洋、太平洋和印度洋的岛屿上。

栖息地：陆地上、岩石中、树上、洞穴中，或半水栖。

大小：体长（口鼻部至排泄口）1.5～150厘米，但是大部分为6～20厘米。

颜色：各异，包括绿色、棕色、黑色，一些种类为亮色。

繁殖：体内受精；大多数种类将卵产在陆地上，但是一些种类的卵在母体内发育到较晚阶段；一些种类具有真正的胎盘。

寿命：一些人工饲养的种类存活时间可以超过50年。

⊙ 壁虎的趾经历了非常精妙的演变，从而使它们能够攀爬和黏附在甚至是最光滑的物体表面上。图中所示的是蜥蜴中最敏捷的种类，即大壁虎。

⊙ 蛇怪蜥，比如这只双峰蛇怪蜥，当它感觉到危险时，其移动模式就不寻常了，它们能够像两足动物一样奔跑，跨过池塘和河流的表面。它们这种“水上行走”的能力使它们和耶稣蜥蜴速度一样快。

证明这些消失的四肢的曾经存在。扁足蜥蜴、雄性盲蜥以及各种各样的绳蜥和甲蜥都没有前肢，只有退化了的后肢，而一种丽纹攀蜥则只是后肢完全消失了。四肢退化对生活在只有狭窄开口的栖息地，如密林或地缝和岩石裂缝中的种类来说具有特殊的优势。对这些种类来说，移动是靠退化的四肢紧贴身体，像蛇一样侧向摆动身体来完成的。但是大多数种类都有四肢，每只足上有5个趾，这些有鳞类动物显示出蜥蜴运动的最典型模式：四肢在爬行时身体两侧以对称的步伐前进，因此身体不断摇摆。身体本身可以是圆柱形、扁平的（与地面齐平）或者纵向扁平的（与地面垂直）。四肢或短或长，或粗或细。穴居蜥蜴通常身体呈圆柱形，而裂缝栖息的种类则比较扁平，水栖和树栖种类的身体为特有的纵向扁平状。四肢粗壮较长的种类如澳洲砂巨蜥通常是疾跑的种类，它们栖息在开阔的草原和沙漠中。树栖种类如变色龙和鬣蜥蜴通常具有细长的四肢，这种四肢有助于蜥蜴在栖木间跳跃或从一个树枝爬到另一个树枝上。另外的因素如掘洞和争斗，都在四肢进化过程中可能起到了重要的作用。

一些种类的蜥蜴至少部分时间会生活在水中。大部分这种蜥蜴，如南美鳄蜥，具有强壮有力、稍稍扁平的尾巴，这能推动它们在水中前进。婆罗洲无耳蜥蜴自成一科——拟毒蜥科，它们擅长游泳，依靠其小的前肢和身体蛇形摆动，推动它们在水中游动前行。趾部长有蹼的海鬣蜥是仅有的栖息在海中的蜥蜴中的一种。蛇怪蜥沿着趾部侧面长有皱褶的皮肤，从而增大了足上的表面积，可以帮助它们跑过池塘和溪流表面。棘趾蜥和棘趾壁虎的趾部经过演化，适应了在松散的沙地上奔跑的移动方式。而蹼足壁虎具有被蹼完全覆盖的足，这种足就像沙铲一样帮助它们在沙地上行走。

树栖蜥蜴在运动适应性方面表现出一些最为显著的特点：东南亚飞蜥通过前后肢间由肋骨支撑的膜在树与树之间滑翔。另一些壁虎和蜥蜴的种类也有对滑翔或降落的一些适应性改变。

变色龙进化出适合栖息在树上的足，即一些趾朝外，一些朝内，所以它们能像鸟一样更牢固

⊙ 利用伸长的肋骨扩张的身体侧膜，东南亚普通飞蜥在其栖息的热带雨林中能滑行大约60米的距离。调整其尾巴和侧膜可以使这种蜥蜴相当准确地控制降落精度。

⊙ 蓝尾石龙子拥有一条“易断”的尾巴。

地抓住树枝；特别是前足的三个朝内的趾和两个朝外的趾是互相连在一起并内外相对的；后足则正好相反。这种形式被称为对生趾。改良的趾使许多壁虎和变色龙能够非常容易地在陡峭的表面上攀爬。

有些种类的蜥蜴有可抓握的尾巴，在行动时，尾巴可以缠绕着植物，使自己得到稳固，因此，它们相当于拥有“五肢”。变色龙是所知的种类中最典型的拥有这种适应性结构的蜥蜴，在树栖和陆栖的许多种蜥蜴中也都具有这样的适应性结构。在壁虎的一些种类中，它们可抓握的尾巴的下表面长有跟趾部鳞片相似的鳞片，因此可以紧抓在植物上。一些种类的尾尖鳞片看起来像一只爪，也可以起到类似的作用。

安全策略

防卫

蜥蜴尾巴的特征化改进，导致自断或自动脱落这种独特现象的出现，但伪装或隐匿到目前为止仍是逃生方法中最为有效的途径。许多蜥蜴的图案和体色都与周围环境融为一体。凿齿蜥蜴和变色龙可以通过释放皮肤色素，在短短几秒钟内将皮肤颜色转变成伪装色。当蜥蜴静止不动时，伪装效果更加明显。但是与捕食者（如哺乳动物、鸟类或其他爬行动物）正面相遇时，蜥蜴也会采取许多其他行动和生理上的防卫策略来逃生。

蜥蜴动作的灵活性和迅速性不容置疑。当遭到袭击时，大多数种类都会试图逃脱，除了速度缓慢、身体笨拙的澳洲石龙子——它们会张开嘴，露出强壮的下颚和闪亮的蓝色舌头，并发出嘶嘶声来恐吓捕食者。

具有毒性且速度缓慢的毒蜥，通常也通过张嘴和发出嘶嘶声来恐吓捕食者——这种行为看起来非常有效，因为这些种类的成体天敌较少。

澳洲伞蜥的脖子上有大块松弛的皮，当受到捕食者惊吓时，还会充气，使身体膨胀。巨蜥通过快速奔跑、强壮的颚和四肢，以及像鞭子一样的尾巴来威慑袭击者。蛇怪蜥凭借其长且强壮的后肢和扩张的趾在水面上奔跑，从而让只能在陆上行走的捕食者无可奈何，它们也很擅长游泳，并能在水下待上很长一段时间。改进的皮肤和骨骼使飞蜥能够从一棵树滑翔到另一棵树上，或者地面上一个很远的点，但是它们不能像鸟类、蝙蝠和昆虫一样产生动力飞行。蜥蜴中许多种类还会通过爬上树、岩石或人工建筑逃生。一些种类，包括绳蜥，会将身体楔进缝隙中，或者像胖身叩壁蜥一样使身体膨胀，使捕食者无法将它们从缝隙中拉出来。壁虎的许多种类依靠特殊的足和尾巴，都能轻易在各种表面上移动，甚至还可以颠倒身体运动。

许多蜥蜴生命中的大部分时间是在地下度过的，并以此来躲避捕食者。生存在地下的主要有石龙子、盲蜥、平足蜥以及蛇蜥等。那些活跃在

⊙ 一只澳大利亚伞蜥撑开脖子周围松弛的皮，这让它的身体看上去增大很多，从而使其对手对它更加畏惧。

⊙ 如果受到土狼的侵扰，美国西南部的角蜥（如图：独角蜥）会从眼窦中喷出味道糟糕的血液，从而使捕食者放开它。

地面的种类有时也会通过潜水、钻洞或者陷入松软的沙地中逃生。许多种类在夜间很活跃，因为那时它们潜在的捕食者很少出现。

逃生的另一种策略是“装死”，或者让身体变得很僵硬。当猎物奄奄一息或者身体僵硬，看起来像死掉时，许多捕食者就会停止攻击。捕食者依靠猎物的动作提示来展开攻击，一只“死”蜥蜴当然不会有任何的提示。

北美角蜥和澳大利亚棘蜥身体上尤为多刺，这会使捕食者难以入口。角蜥还进化出一种生理机制，即会从眼睛里向捕食者喷出血来。这种方法对付狐狸和土狼尤为有效，因为喷出的血的味道很糟糕。

普遍食肉

摄食行为

许多蜥蜴是肉食动物，它们主要捕食昆虫和其他小型陆栖脊椎动物，但是体型较大的蜥蜴通常会吃哺乳动物、鸟类和其他爬行动物。科摩多巨蜥为食腐和肉食动物，它们会捕食山羊甚至水牛这类动物。它们的牙齿侧面扁平，具有锯齿形的边缘，与食肉鲨鱼的牙齿很相似，它们会将大型猎物肉躯干上的肉逐块撕下来。它们具有的高度灵活的颅骨使其可以吞下大块的食物。秘鲁鳄鱼蜥以蜗牛为食，它们强壮的颅骨、有力的颚部肌肉以及类似臼齿的牙齿可以帮助它们弄碎蜗牛的壳。

⊙ 一只高冠变色龙伸出具有弹射性的舌头捕捉一只蟋蟀。这只倒霉的昆虫被紧紧粘在这只变色龙具有黏性的舌尖上。一只变色龙舌头伸出的长度可以达到两倍于其口鼻部到排泄口的长度。

在所知的所有蜥蜴种类中，只有2%的种类为植食性动物。鬣蜥，特别是成体，会吃各种植物。加拉帕戈斯群岛的海鬣蜥几乎全部以植物为食，它们会潜入水下15米或更深的地方，以生长在临近其栖息的岩石海岸的海藻、海草以及其他海生植物为食。吃树叶和树茎秆的蜥蜴通常有特殊的肠道结构，拥有可以帮助它们消化植物组织的细菌共生物。壁虎、石龙子、蜥蜴中的许多种类，其食物通常以昆虫为主，但也以季节性生长的果实为食，这些果实更容易被消化。许多种类的蜥蜴成年时会改变它们的食谱，而且也伴随季节性改变。

相互清洁和恐吓对手

社会性行为

许多蜥蜴在遭遇到欲侵占其领地或具有挑衅性行为的同类或他类时，会发出威胁信息。改变体色、膨胀身体、张开颚、摇动尾巴，以及某些种类特有的头部运动都是重要的恐吓信号。当雄体之间或者与别的动物发生冲突时，变色龙有色的喉扇或垂肉就会变大。占据一片领地在许多方面都是有利的，但是也会付出代价，比如由于重复出现在同一个地点，被捕食者捕获的可能性也就相应增大。相对于不显眼的雌变色龙来说，靠视觉捕食的肉食动物，比如蛇，会更多地捕食颜色鲜艳的雄变色龙。

当蜥蜴保卫领地或争夺配偶时，通常会发生争斗。雄性海鬣蜥在交配季节开始时，会争夺领地并与入侵的雄性猛烈争斗。当一只海鬣蜥严加防范自己的领地时，附近的雄体就会更少地卷入与这只海鬣蜥的领地争夺战中。体型较大的雄海鬣蜥通常会占据较大、较好的领地，它们交配的机会也更多。求偶行为是交配仪式中一个很重要的组成部分。一些种类的雌体也会占据

⊙ 两只雄砂巨蜥之间的摔跤。砂巨蜥是澳大利亚北部和东部的土生种类。争斗发生在繁殖季节，目的是为了争夺雌蜥，以通过把对手推倒在地来确立统治地位。

领地并相互争斗。

新孵化的蜥蜴以及幼体，如普通绿鬣蜥，通常会同时从巢穴中钻出来，这是对抗捕食者的一个策略，因为一大群蜥蜴的警惕程度肯定强于单个蜥蜴，且数量上的优势使个体不易被捕食。

幼鬣蜥通常群体行动，其中的一只会充当暂时的头领，它们互相用舌头舔对方，并相互摩擦身体和下颏，以及扩张垂肉。夜晚它们通常一起在树枝上休息。

蜥蜴间的社会性交流有时会运用到化学信息。虽然蜥蜴的皮肤上完全没有分泌黏液的腺体，但是在其腹部、股下方（股腺）以及泄殖腔上（泄殖腔前部腺体）却长有其他类型的腺体。在已具备繁殖能力的成熟的雄体身上，这种腺体显得更大一些。腺体分泌物用来吸引雌蜥和标记领地。一些种类的雌性身上同样也长有这些腺体。

晒太阳，或者主动将身体暴露在阳光下，对蜥蜴来说是非常普遍的行为，但是夜行或相当隐秘的种类也会直接从栖息的地面上吸收热量，这种策略被称为趋热性。

鬣蜥
美洲鬣蜥科

鬣蜥是鬣蜥蜴亚科3大主要类属之一。与同类别的锯齿型蜥蜴和变色龙一样，它们具有很发达的四肢，喜欢在白天活动。这一科有将近700个种类，形态、大小和颜色都高度多样化。虽然很多种类具有隐蔽性的外表，但有些种类却是利用它们自身复杂的身体装饰与亮丽的色彩向它们可能的配偶和竞争对手展示和炫耀自己。在整个西半球，从加拿大南部到南美洲南端的火地岛，鬣蜥都是最显赫的家族。一个称为安乐蜥的家族在西印度群岛分布尤其广泛，其余各个种类则主要分布在马达加斯加、加拉帕戈斯群岛、斐济和西太平洋沿岸热带岛屿上。

⊙ 胖身叩壁蜥广泛分布于美国西南部和墨西哥干旱的灌木丛中。因为它们栖息于岩石中，而不是开阔的沙漠，所以它们并不是明显地集结成小群体，而是相互之间稍有混杂。

⊙ 蜥蜴的进攻：一只雄性环颈蜥正在准备与它的对手进行一场搏斗。1.注视它的对手。2.不停地上下跳动，四肢离开地面。3.开始攻击。

⊙ 在加拉帕戈斯岛上，鬣蜥在投入冰凉的海水中捕食之前大规模地聚集在一起来取暖，从而升高它们的体温。

鬣蜥通常陆栖、岩栖或树栖，也有一些是穴居或者半水栖的。一些陆栖鬣蜥，如斑尾鬣蜥有长腿和长脚趾，跑得很快。相反，短肢、宽体的角蜥蜴依靠尖利的鳞片，以及能从眼后的凹穴喷血的独特能力威慑敌人。许多岩栖种类的鬣蜥都有结实的四肢和有力的爪子，用于攀爬。生活在裂隙中的鬣蜥则通常具有较扁平的体型，如胖身叩壁蜥的某些部位可以膨胀为楔形，用于防御捕食者。

栖息在树上的鬣蜥身体通常像被压缩了，它们的四肢通常很细长，一些种类具有可以卷缠的尾巴，帮助它们在相隔很远的树枝间爬行。安乐蜥是最专业的爬行者，它们的脚趾上有扩展的肉垫，并利用微小的毛发状结构，像壁虎那样抓住甚至是很光滑的表面。一些栖息在树上的鬣蜥行动相对缓慢，有时候它们可以一动不动地连续数日抓住树干，等待毛虫或其他大的昆虫猎物。

⊙ 一种最特别的鬣蜥种类是刺魔，它们栖息于澳大利亚干旱的内陆地区，它们身上覆盖着瘤状的刺。通过毛细作用，它们鳞片间的狭窄通道可以把露珠或雨点吸入嘴里。

所有的鬣蜥都是白天活动，尽管栖息于森林中的种类喜欢阴凉的地方和凉爽的气温，但大多数鬣蜥还是喜欢晒太阳的。鬣蜥的最适体温一般高达40℃甚至更高，有些鬣蜥甚至最少可以忍耐47℃的高温。在温度较低时，一些生长在沙漠中的鬣蜥为了吸收更多的太阳辐射，体色会变暗，当它们身体变暖时，体色又会逐渐变亮。许多鬣蜥的体色用于体现复杂的视觉效果。雄性个体通常比雌性大，而且长有明显的饰冠、棘刺，或喉扇（垂肉）。安乐蜥用头部上下晃动，以及其他动作，结合喉扇的色彩向它们心仪的配偶和潜在的对手显示它们的存在。其他一些鬣蜥则利用亮红色或者蓝色的喉和腹部的色彩，加上它们身体的膨胀和收缩，以达到同样的效果。

变色龙
避役科

所有的蜥蜴中，变色龙是最易被区分的，它们在灌木丛和树林中的运动和进食有很多独特之处。它们压扁状的身体、具有可抓握足的纺锤形四肢、能卷缠的尾巴，以及可独立转动的双眼都使它们与其他种类的蜥蜴区分开来。但是，它们紧连着的牙齿也显示了它们与凿齿蜥蜴的密切联系。同凿齿蜥蜴一样，变色龙也严格限于生活在旧大陆，它们主要生活在非洲撒哈拉沙漠以南地区和马达加斯加岛上，同时它们也出现在欧洲的北部和南部、印度和斯里兰卡。

大多数变色龙在树上生活，它们悠然地行走于纤细的树枝上。它们每只脚上对应地长着2～3个融合在一起的脚趾（对生趾），以确保它们抓牢窄细的栖枝。它们侧扁的身体加之长长的腿和高度灵活的肩关节有助于它们在树枝上保持平衡，可卷缠的尾巴则可在它们从一条树枝到达另一条树枝时提供附加的锚点。

缓慢的速度不仅使它们在移动时保持身体稳定，而且使猎食者和猎物不易发现它们。变色龙的体态（通常在背部有一个高高的拱起）加上它们的伪装，让它们看起来像一片树叶。马达加斯加细小的桩尾变色龙还能像树叶一样在微风中前后摆动，这也更增加了它们的隐蔽效果。然而，变色龙最出名的防御手段是可以变色。通过凝聚和扩张皮肤内含色素的细胞，大部分变色龙有时候可以显著地改变它们皮肤的颜色和图案。而除了与背景相匹配之外，变色也广泛用于社会性的行为中。

尽管变色龙行动比较缓慢，但那些体型较大的种类也能捕食不同种类的动物，包括从小的昆虫到蜘蛛、鸟以及小型哺乳动物。它们两只塔状的眼睛可以独立地运动，用来扫描树叶，寻找潜在的食物。两只眼睛的视觉信息结合起来，有助于变色龙确定事物形态和精确地判断距离。

变色龙凭借其敏锐的知觉，用它的舌头辅助

⊙ 变色龙两个最明显的特征在这种七彩变色龙身上很好地展示了出来。它们两只独立转动的眼睛提供了全方位的视野，而且它们还具有可变的色彩。图上的橙红色和红色表明它们已经作好了交配的准备。

猎取食物。它们的舌头和自己的身体一样长，甚至更长。在休息时，它们的舌头会绕着舌骨卷起来，当舌头伸出时，肌肉收缩，舌头就像一块被挤压后的湿肥皂被推向前。肉质的舌尖覆盖黏液，当舌头一接触到猎物时，舌头的肌肉有助于舌尖形成一个带有黏液的吸杯，从而确保可以牢牢地抓住猎物。变色龙舌头闪电似的伸出速度弥补了它们行动缓慢的缺陷。

许多变色龙虽已适应了陆栖的生活方式，但是仍保留有它们栖息在树上的同类的大部分特征。马达加斯加的桩尾变色龙主要是陆栖，但有一些生活在长有苔藓的树上或者灌木的低枝上。这些动物的尾短而粗，是所有蜥蜴中体型最小的种类之一，一些种类的卵只有2.5毫米×1.5毫米大小，成体也只有18毫米长。另外一种陆栖蜥蜴是南非的纳马夸蜥蜴，这些体型较大的种类用它们长着对生趾的脚缓慢地穿行于满是石头的沙漠，以昆虫、蝎子、蜘蛛甚至老鼠为食。

大多数变色龙是性别二态性的。雄性变色龙通常长有角（如杰克森变色龙），鼻子突出（如米勒变色龙），有结构精巧的颈翼，有的在头上还长有骨盔（如高冠变色龙）。这些装饰有助于其找

⊙ 两只雄性杰克森变色龙在森林里对抗。和其他有些种类的蜥蜴一样，它们依靠突出的“角”来区分雄性和雌性。

⊙ 壁虎的食物主要包括昆虫、蜘蛛和一些小型无脊椎动物。一些壁虎也食用花粉和花蜜。图中，一只新西兰杜欧高壁虎正在吃亚麻花蜜。

到雌性配偶，也常用于争夺领地的战斗中。而对于一些没有这些构造的变色龙，颜色则是一种更为重要的社交信号。非洲南部的侏儒变色龙彼此外表很相似，当雄变色龙向雌变色龙求爱或者在它们面对对手时，往往会呈现出独特的色彩图案，一般由蓝色、橙色或者粉红色组成，这与它们栖息环境的颜色形成鲜明对比。

变色龙在一般情况下是独居的，许多种类一年当中交配几次。

因为大多数变色龙以树作为活动和栖息的场所，故而森林的破坏是它们面临的一个主要威胁。在马达加斯加，森林的大规模减少已经危及到了大量变色龙的生存。欧洲的普通变色龙也已经受到了诸如栖息地丧失、被过量收集和交通事故的极大威胁。所有的变色龙现在都已在国际法的保护范围内。

壁虎
壁虎科

壁虎通常体型较小、食昆虫、夜间活跃，许多种类因其发声和攀爬能力而引人注目。它们有约930个种类，分布于从南美洲南部到西伯利亚南部的广大地区，但它们主要生活在热带。在广大的海岛上，壁虎也成功地繁衍生息。尽管许多壁虎栖息在树上，但在干旱地区也生活着大量岩栖、陆栖和穴居的壁虎。

许多壁虎最显著的特征在它们的脚上，88属中几乎每一属都有其独特的脚趾结构，这与其特殊的运动模式密不可分。一些陆栖种类的脚趾很窄而且下面没有任何的修饰；在纳米比沙漠中穴居的网足壁虎的脚趾由一些细小的骨头支撑，并由皮肤连接，形成铲形以利于挖掘；南非的鸣叫守宫是沙漠中使用脚趾缘饰协助其挖掘和行走的几种壁虎之一；攀援壁虎的脚趾扩张为肉垫，肉垫下面被分为宽大重叠的鳞片，每个鳞片上又长有十几个甚至成百上千毛发状的凸起——只有10～150微米长。而太守宫的每个凸起还可能有100多个分支，分支末段则有约0.2微米宽的平的刮勺似的尖，这些尖与动物爬行的地表相互作用，从而形成了微弱暂存的分子链。虽然其单个来看很小，但趾上这些微小力量的合成却为壁虎提供了强大的附着力，从而使得壁虎可以自由攀援，并足以让它们在玻璃上爬行。

一些壁虎的尾巴尖端长有刚毛，在爬行时可以充当它们的“第五肢”，其他壁虎的尾巴可能宽且扁平，如马达加斯加的叶尾壁虎（平尾虎属）。所有壁虎的尾巴上都有断裂面，在遭遇天敌或者对手时尾巴经常断开。

壁虎身体较扁，皮肤柔软，头很大。在它们体侧一般有松弛的皮翼，降落伞壁虎身上的这种皮翼已经变成可以使它们滑翔的“翅膀”。

壁虎的眼睛没有眼睑，被一层透明的物质覆盖。当灰尘和碎屑沾到眼睛上的时候，壁虎便用

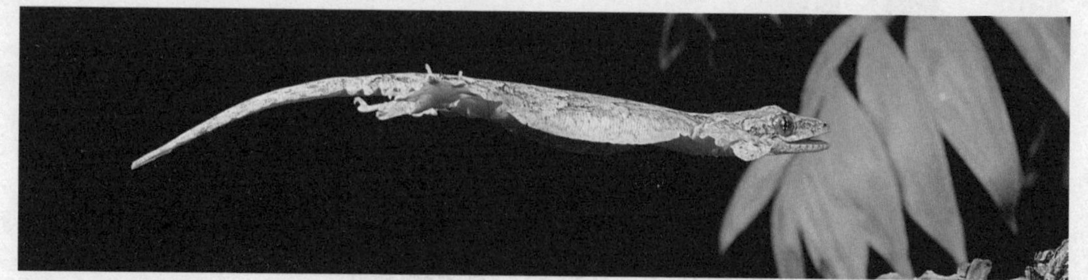

⊙ 东南亚褶虎属壁虎通常被称为“飞壁虎”，但更为恰当的别称应该是“降落伞壁虎”。它们扁平的皮翼缘饰着它们的身体，尾巴能减缓降落速度，但这些并不足以让它们飞行或者滑翔。

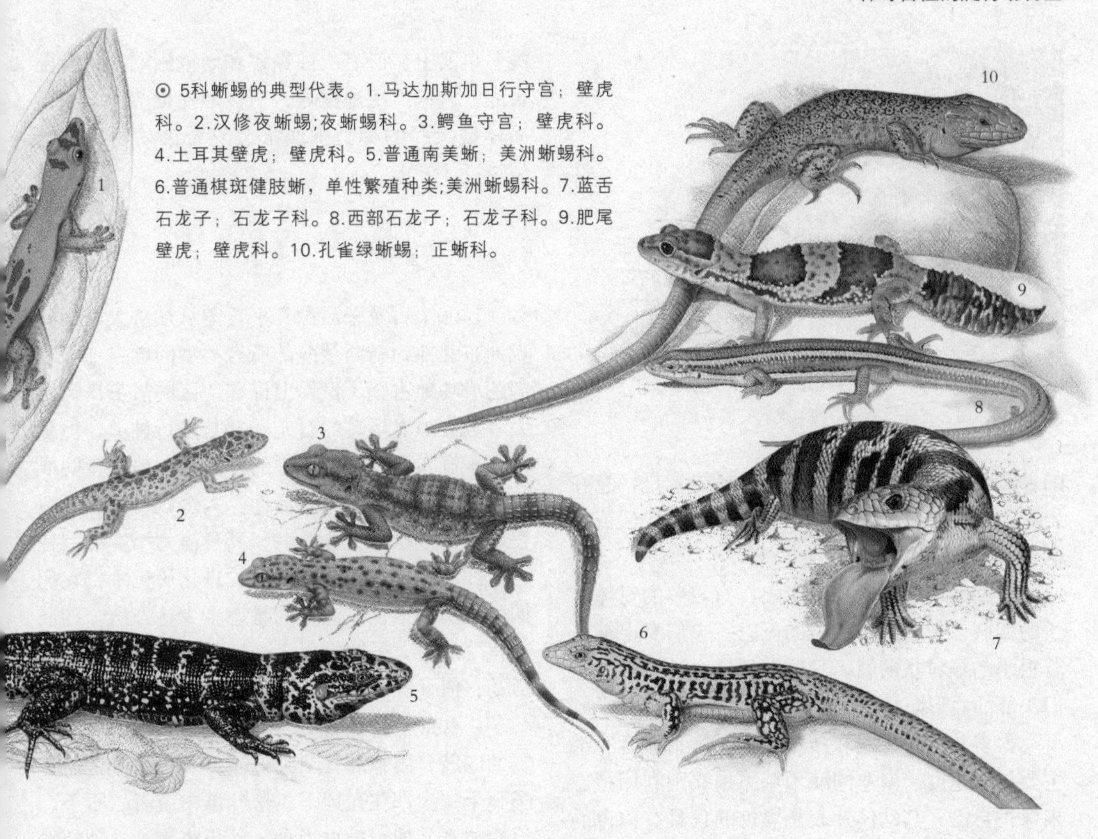

⊙ 5科蜥蜴的典型代表。1.马达加斯加日行守宫；壁虎科。2.汉修夜蜥蜴;夜蜥蜴科。3.鳄鱼守宫；壁虎科。4.土耳其壁虎；壁虎科。5.普通南美蜥；美洲蜥蜴科。6.普通棋斑健肢蜥，单性繁殖种类;美洲蜥蜴科。7.蓝舌石龙子；石龙子科。8.西部石龙子；石龙子科。9.肥尾壁虎；壁虎科。10.孔雀绿蜥蜴；正蜥科。

灵活的舌头把它们清除掉。夜行性壁虎眼睛通常很大。壁虎还可以通过改变瞳孔的形状，比如在阳光下变成小孔或狭窄竖直、在完全黑暗的地方变得很圆，来调节进入眼睛内的光线量。夜间活动的壁虎主要呈黄褐色；白天活动的壁虎，如马达加斯加的日行壁虎，通常呈现出明亮的绿色、蓝色、红色或者黄色，它们眼睛都很小，即使在光线的直射下，它们的瞳孔也是圆的。

壁虎结合视觉和化学信号来确定食物的位置。它们主要以昆虫、蜘蛛等节肢动物和其他一些无脊椎动物为食，一些大的太守宫也会以小的蜥蜴、蛇、鸟和其他一些哺乳动物为食。日行壁虎在白天也会吃一些水果、花粉、花蜜等作为补充。

许多壁虎有很发达的喉和声带，这使得它们可以发出各种各样的声音，如唧唧声、咔嗒声、咆哮声等。鸣叫守宫甚至会形成齐鸣，其中的每只雄性都在宣布自己的领地和吸引配偶。特别是对于那些在白天活动的种类，可视性的信号也用上了。化学信息交流在求偶过程中也会起一定的作用。

墙壁蜥蜴和沙蜥蜴

正蜥蜴科

墙壁蜥蜴和沙蜥蜴有时被人们称为真正的蜥蜴，其体型中等略小，昼行，在它们的栖息地是最活跃和最常见的爬行动物。在欧洲大部分地区、亚洲和非洲，从热带森林到北极圈附近都有它们的身影。但是在地中海盆地、南北非洲的干旱和半干旱地区、近东和中东地区，这类蜥蜴

⊙ 交配中的沙蜥蜴。雌蜥蜴有多个雄性配偶，但它们每季只产一窝卵，一般是4～15只。注意这种蜥蜴的性别二态性，雄蜥蜴的绿体色在繁殖季节最为鲜艳。

⊙ 澳大利亚和新几内亚的波顿蜥蜴无肢，体型如蛇，当它们长到60厘米时，就开始捕食小的壁虎、石龙子和蛇。

的种类最为多样。它们大多数陆栖或者是栖息在岩石间，然而它们中也有草上爬行的、穴居或树栖的。

典型的墙壁蜥蜴和沙蜥蜴具有较扁的身体、长的四肢、长脚趾和很长的尾巴。它们身上覆盖着很小的颗粒状的鳞，身体下部是宽的腹板。它们头部的盾形防护物大而显眼。

大多数墙壁蜥蜴和沙蜥蜴在躲避猎捕者时都主要依靠速度。南非的灌木草原蜥蜴则利用拟态来保护自己，其幼体外表是黑色的且具有白色的标记，当面临危险时，它们模仿当地的一种能喷射毒液的甲虫，把背弯成拱形，然后快步地从地面上溜走。非洲的滑翔蜥蜴则使身体变平，结合稍微扩张的尾巴像降落伞一样在栖枝间跳跃。许多居住在岩缝中的种类也能使身体变平。

沙蜥蜴在非洲和亚洲的大部分沙漠地区很常见，大多数种类的趾都长有缘饰，以利于它们在松散的沙土上奔跑，但是有几种则是真正的沙丘居住者。纳米比沙漠的铲鼻蜥蜴有长缘饰的脚趾和一个埋头孔形的下颚，它们在沙丘上搜寻，然后再扎入沙丘里以逃避猎捕者和地表44℃以上的高温。当在沙丘表面上活动时，这类蜥蜴通常抬起一只前腿和相对的一只后腿，与炙热的沙土表面减少接触，并使凉爽的微风吹过它们身体和地表之间。

东亚的草蜥蜴是这类蜥蜴中最为分化的一种，它们体型非常柔长，尾巴长度是其躯干的4倍以上。与该科大多数成员拥有红色的、棕色的肤色形成对比，草蜥蜴的身体是绿色的，与它们生活的草丛和灌木丛相匹配。滑翔蜥蜴和其他的一些热带非洲群体是该科中仅有的真正树栖的种类。事实上，所有的沙蜥蜴和墙壁蜥蜴都是食昆虫的，它们广泛地搜寻，积极地捕捉节肢动物，而体型大些的种类则经常会吃脊椎动物，也吃植物。

石龙子

石龙子科

1400个石龙子品种几乎覆盖从加拿大南部和亚洲东北部到新西兰南部所有类型的栖息地，它们还成功地占领了世界上许多地区的热带岛屿。大多数在地表活动的石龙子都是昼行种类，但是栖居于洞穴或者落叶堆中的种类则一般在夜间或者在一天中的不同时候活动。大多数石龙子都覆盖着光滑或略微重叠的鳞，其身体为结实的圆柱形，四肢较短。在这个群体的进化历史中，它们四肢经历过退化或消失的状态至少达25次。四肢退化了的石龙子通常更多在地下或者遮盖物下面活动，但是有一些主要是在地表活动。

一些最奇特的种类，如盲穴居石龙子没有外露的四肢，眼睛和耳朵都被鳞片所覆盖。这些种类整个一生都住在地下、落叶堆中或者岩石下，以白蚁和其他小昆虫为食。砂鱼蜥表现出独特的挖掘技巧，这种来自北非和阿拉伯的种类保留着四肢，依靠有缘饰的脚趾和楔形的口鼻部穿越沙地。

大多数石龙子都是积极的觅食者，它们的食物主要是节肢动物。小石龙子几乎全部食昆虫，体型稍大的石龙子偶尔会吃植物，而那些以果子为食的则可能会成为重要的播种者——在岛上这就显得尤为重要了。体型非常大的大洋洲蓝舌石

⊙ 树栖所罗门岛石龙子体型较大，它有一条可缠卷的强有力的尾巴，在它寻找果实或树叶时可用于支撑自身。

⊙ 蜥蜴7个科的代表种类。1.普通亚洲巨蜥；巨蜥科。2.中国异蜥；异蜥科。3.亚洲盲蜥蜴；双足蜥科。4.南方短吻鳄蜥；蛇蜥科。5.向阳蜥蜴；非洲蜥蜴科。6.婆罗洲无耳巨蜥；拟毒蜥科。7.希拉毒蜥蜴；毒蜥科。

龙子和它们的亲缘种类都是杂食动物，它们吃果实、花和植物的其他部位，还吃蜗牛、鸟蛋、节肢动物，偶尔也吃小的脊椎动物。而所罗门岛缠尾石龙子则几乎是完全的植食动物，这种体型较大、树栖的石龙子处理掉食物后，常常会咽下自己的排泄物，这是为了使肠道细菌共生体得到循环，从而分解植物组织的细胞壁，进一步消化食物。这种蜥蜴在其他方面也不同寻常，它在夜间活动，并且在大约39周的妊娠期后，会生出1个几乎有母体1/3大小的后代。

另一种奇特的树栖石龙子是新几内亚的绿血石龙子，它的绿血色素、胆绿素（与胆汁有关）能使鳞片、舌头、嘴内壁、肌肉、骨头甚至卵都变成绿色。这种石龙子有脚趾肉垫，跟壁虎和变色龙的相似，只是没那么复杂和有效。

石龙子主要依赖化学信息结合视觉信息交流。色泽鲜艳的种类是很罕见的，但是一些陆栖种类，比如五纹石龙子和大草原石龙子在繁殖季节，雄性的头部会出现彩色图案。大多数石龙子没有领地，但有一些会保卫它们的洞穴或者晒太阳的地方。

在繁殖季节，雄性会变得有进攻性，头上下摆动，侧身做挑逗动作。真正的争斗是很普遍的。在交配之前，雄性常常会舔雌性，并紧紧抓住雌性，在交配过程中会咬它脖子、腿或身体前部。

松果蜥或者睡蜥蜴可以活20年甚至更久，且具有复杂的社会结构。雄蜥和雌蜥组成一对结合体后可以维持至少14年，为了交配，它们在每个春天会再结合，但是冬天就会分开。更换伴侣的行为会偶尔发生，但是大多数双方都很忠贞。

巨蜥
巨蜥科

巨蜥是所有现存蜥蜴中体型最大的一种，其中印度尼西亚的科摩多巨蜥身体总长度达3.13米。一种已经灭绝的蜥蜴甚至更为庞大，即生活在更新世的澳大利亚古巨蜥，其长度达7米。巨蜥与沧龙（大型海栖古蜥蜴）和蛇有着密切的联系。无论在哪个小的岛屿上，科摩多巨蜥都是食物链的终端，它们吃鹿、猪、羊，甚至能击败一头590千克的水牛，一只重46千克的科摩多巨蜥一餐能吞下一头41千克重的猪。它们会攻击人类，并导致了一些人的死亡。虽然无毒，科摩多巨蜥的唾液却含有多种可导致脓毒症的细菌，被咬后若不加以治疗便可能导致死亡。另一些小型种类，比如澳大利亚短尾巨蜥，以食用昆虫和小蜥蜴为生，其最大体长为12厘米，体重不到20克。

巨蜥分布于非洲、亚洲西南部和东南部，以及澳大利亚。特别是在澳大利亚和印度尼西亚数量众多。由于在巨蜥生活的东部地区缺乏大型肉食动物，巨蜥在一定程度上成为当地肉食动物的霸主。大多数大型巨蜥是肉食动物，它们吃小型哺乳动物，鸟、蛋、蜥蜴、蛇、鱼和蟹。

尼罗河巨蜥是鳄鱼卵的主要食客。体型较大的会埋伏捕食。像蛇一样，巨蜥会从猎物头部开始将其整个吞下。对于一些体型较小甚至较大的巨蜥来说，昆虫是一种非常重要的食物。巨蜥会吞食各种动物的腐肉。有一些种类的牙齿已经演变成适合碾碎蜗牛壳的类型。菲律宾灰巨蜥的幼蜥主要吃蜗牛和螃蟹，但成年后却转向以果实为食。尽管成年巨蜥仍然会吃无脊椎动物，但它们的消化道更适合消化植物。

⊙ 翠绿巨蜥有许多特别的适应性，可帮助其在雨林中生存：细长的身体、带利爪的长趾、可缠卷的尾巴，以及蓝黑相间的有效伪装色。

大多数巨蜥的体型都一致，它们的身体很长，四肢发育良好，所有的趾上都有强有力的爪子，脖子很长，尾部强壮并呈略微或高度扁平状。大部分巨蜥陆栖，它们生活在沙漠里、稀树草原上或者森林中，但有些小型种类，包括新几内亚的翠绿巨蜥，却是敏捷的攀爬者，甚至科摩多巨蜥也在树上度过它们的大部分幼年时光。它们有的则是游泳健将：巨蜥利用尾巴游泳，四肢贴住体侧，因而这些种类通常有着十分扁的尾巴。

⊙ 非洲草原巨蜥通常把卵产在白蚁丘里，以避免食腐动物的猎食。图中一群新孵化的巨蜥正从肯尼亚一片草地上的白蚁巢中钻出来。

巨蜥常见的防卫措施包括剧烈摆动有力的尾巴、爪子，颈部膨胀，身体压扁至最大尺寸并发出嘶嘶声。在面临危险的情况下，砂巨蜥能依靠自己的后腿站立，这种姿势也有利于更好地观察四周的环境，并寻找配偶和潜在的猎物。

所有的巨蜥都在白天活动，大多数陆栖和栖息在树上的种类最适宜的体温都在35℃～40℃之间。它们会晒太阳以升高体温，当体温过高时则会返回洞穴或阴凉处。大多数水栖种类的体温则保持在33℃以下。生活在温带地区的种类，如白喉巨蜥和沙漠巨蜥，演化出冬眠的习性。

巨蜥有长长的舌头，用于探测空气中的化学信号。它们常用这种方法寻找猎物和配偶——在非洲的白喉巨蜥中，雄性每天穿越4千米以寻找雌性。雄性巨蜥会占领土地，并与接近其配偶的对手决斗。决斗双方后腿站立，用前腿抓住对方并试图将对手推倒在地。一些种类中，获胜的巨蜥还会咬失败者。澳大利亚的罗森伯格巨蜥，雄性和雌性会结成一对，在求爱期，雄性会舔并用鼻子摩擦雌性，在几天的时间内它们会交配多次。所有种类的巨蜥都产卵，卵通常被存储在它们的洞穴中、树洞中或白蚁丘内。一窝卵7～51枚，体型较大的种类的产卵数往往更多。

许多巨蜥被人类猎捕，是由于人们想得到它们的皮和肉。在澳大利亚中部，这种蜥蜴是当地居民传统食品中的重要组成部分。而在亚洲和非洲，巨蜥则用于食用和药用。超过100万只蜥蜴，特别是尼罗河和普通亚洲巨蜥被猎捕，它们的皮用于出口，制造成蜥蜴皮革制品，比如鞋、皮带、钱夹。

可怕而又独具魅力的蛇

到目前为止，已有3000种蛇被人类识别，而且数量一直在增加。在许多方面，所有的蛇都是相似的：有长长的大致圆柱形的身体；身体的一端是头，一端是尾巴。蛇没有四肢，也没有其他突出的身体部位；也没有外耳开口或眼睑。尽管具有这些明显的局限性，它们还是以自己的方式使它们的家族发展壮大，并且种类繁多。为了达到这种兴旺局面，它们发展出独特的移动方式和感知能力。在一些情况下，它们的感觉很独特，有的则比其他动物更敏感。

蛇与蜥蜴有诸多相似之处，因此蛇与蜥蜴被归入了有鳞目。从一般的分类学上讲，也很难把它们分开。蛇与蜥蜴最明显的区别在于蛇没有肢部。无腿的种类在蜥蜴的几科中也独立进化了出来，如玻璃蜥蜴（蛇蜥科）和石龙子（石龙子科），但这通常是为了适应其穴居或半穴居生活方式。事实上，蛇并非起源于这些科，它们应该源自某个蜥蜴家族已灭绝的分支，但它们与某些较高级的蜥蜴科关系非常密切，尤其是巨蜥。

蛇栖息在除南极以外的所有大陆，像大多数爬行动物一样，它们在温暖的地方数量众多，尤其是热带，但是在小岛上却不像蜥蜴那么强大。各科蛇的分布状况（有的广泛，有的很有限）是由蛇出现期间最初大陆漂移和重组造成的，所以一些古老的科分布广泛，特别是在南半球，而那些后来新出现的科则很少有机会越过它们所在的大陆海岸线而到达其他地方。有些种类以前广泛分布，但是由于局部灭绝以及山脉和大河的阻隔而被分割。

没有肢部的生活
形态和功能

在蛇亚目中，蛇的大小、形状、颜色、斑纹、质地，甚至生活方式都各不相同。同一科蛇特征是相似的，例如，粗壮的蝰蛇和硕长的蟒蛇尽管不同，但有时却会被混淆。

蛇的大小从细线般长的10厘米到巨蟒的10米。但非常大和非常小的蛇都不多见，绝大多数蛇体长在30厘米至2米之间。

不同蛇的体型有可能又长又细或又短又粗，这这主要取决于它们的饮食习惯：潜伏在隐蔽处等待捕食的蛇更倾向于有比较粗壮的身体，原因有二，第一，它们巨大的身体帮助它们在地面上形成一个稳定的锚点，然后抓住机会捕食猎物。第二，它们巨大的身体让它们可以不需像其他流线型体型的蛇那样追逐猎物，却可以捕食大型猎物。而且巨大的身体可以让它们捕捉其他蛇类不敢猎食的动物。

⊙ 翡翠蟒在成年时是亮绿色，但新出生的幼蛇是黄色或红色的。树栖蟒蛇都用它们长长的可以缠卷的尾巴绕着树枝，呆在树上。

另外，许多埋伏捕食蛇是有毒的，这些蛇有巨大的三角形状的头部来容纳它们含有毒液的腺体。这些腺体位于它们眼睛的后部，最好的例子

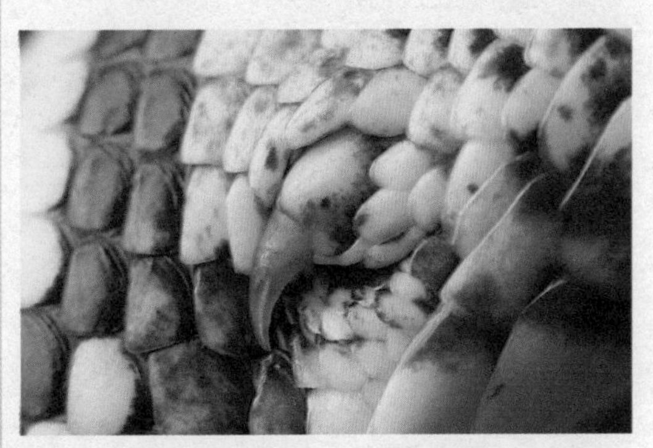

⊙ 一些原始的蛇类，比如巨蟒，在它们的后肢带上以骨刺的形式保留着退化的后肢残迹。图中是一只南美巨蟒退化的肢部。

⊙ 身体笨重的加蓬蝰蛇有着独特的铲形头，生活在热带非洲林地中。它皮肤上破碎隐蔽性的图案有助于它隐藏在落叶堆里埋伏捕食。

是加蓬蝰蛇和澳大利亚死亡蝰蛇，但它们都属于眼镜蛇科而不是蝰蛇科。无毒的埋伏捕食者有着与身体不相称的小头，这也许可以让它们出击更为迅速，如短尾蟒或血蟒、青蟒。这些蛇的眼睛都很小，因为视觉只是辅助嗅觉，嗅觉在某些时候更能探测热源和定位猎物。

那些积极的猎捕蛇类通常会将它们的头挤进缝隙或岩缝中，以及钻进密密的植物丛中惊吓猎物，然后追捕。这些蛇身体细长，头很窄，尾巴长，眼睛较大——它们靠视觉捕猎。这类蛇包括束带蛇、鞭蛇、非洲沙地蛇等。

蛇的体型也是各不相同的，挖掘类蛇的身体几乎是完美的圆柱形，或许其他各种蛇的体型都源于此。地面爬行的蛇类，例如大蝰蛇，通常身体顶部到底部是扁平的，以提供与地面足够的接触面积，宛如高性能轿车的轮胎。而攀援类蛇通常是侧扁平的，以使它们在跨越开放空间时，能使身体像横梁一样保持硬直。

不论大小和分布状况如何，所有蛇的骨架都是高度变化的，有大量的脊椎骨——有的达500块之多。这些骨疏松地连接着，彼此能转动，能使蛇在各个方向上弯曲或蜷卷。它们也会避免扭动过于频繁而给脊髓造成损伤。它们身体和颈部的每一块脊椎骨都有一对肋骨连接着，这在它们的运动中很重要。尽管它们没有可见的四肢，但有一些种类仍保留了后肢带，甚至有的还有小的残存肢部，这些就是原始种类的蛇的“刺”或爪子，例如巨蟒——在雄性中体现得更明显。绝大多数蛇的颅骨很柔韧，大多数骨在大小和数量上都呈减少的趋势，相互之间只是由关节松散地连接着，这就使蛇的嘴能张得很大，以吞下直径是其头部几倍大小的猎物。盲蛇的颅骨较硬实，它以小的身体柔软的无脊椎动物为食。

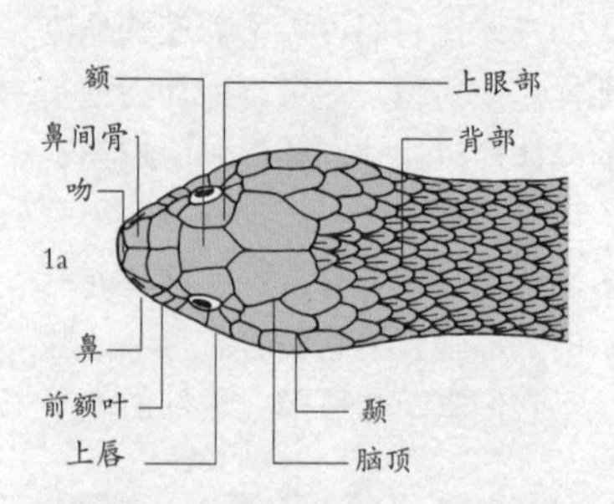

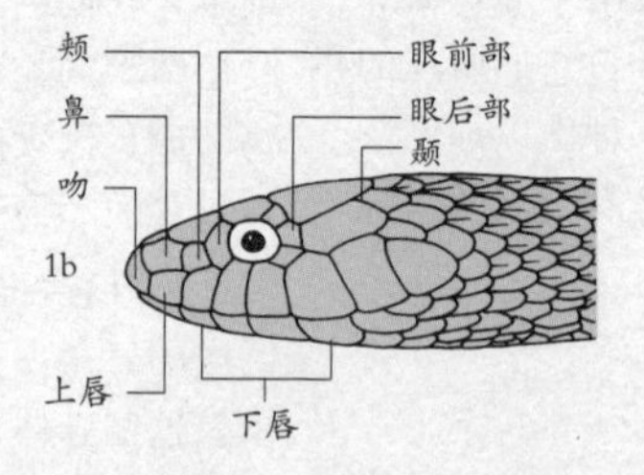

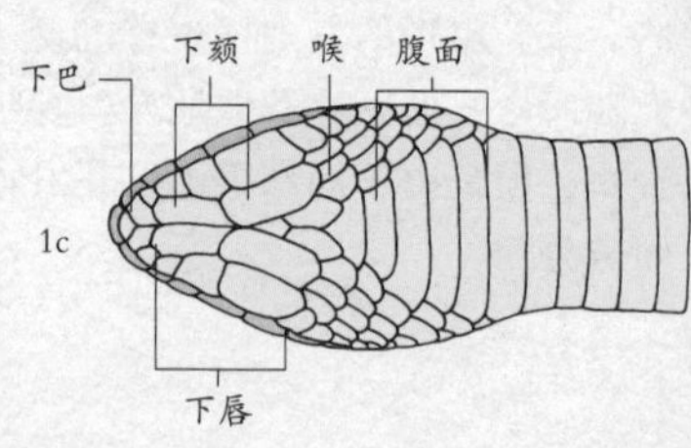

⊙ 蛇的鳞片和半阴茎。1.一条发育成熟的蛇的头部和身体上部鳞片的典型排列形式。a.从身体上方看；b.从身体侧面看；c.从身体下方看。2.一条发育成熟的蛇的肛门和尾部鳞甲（2a、2b）。3.单个半阴茎。a.具有顶端芒刺；b.有刺和杯状窝；c.只有刺；d.有褶边；e.有顶盘；f.有小凸起。

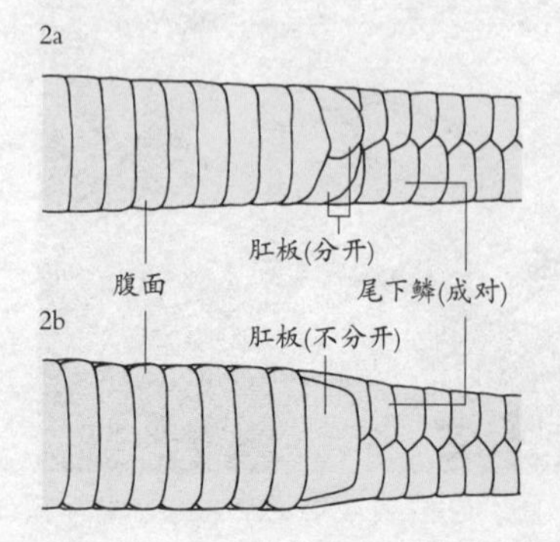

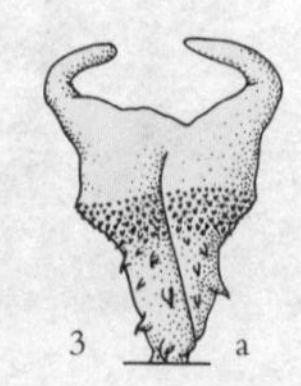

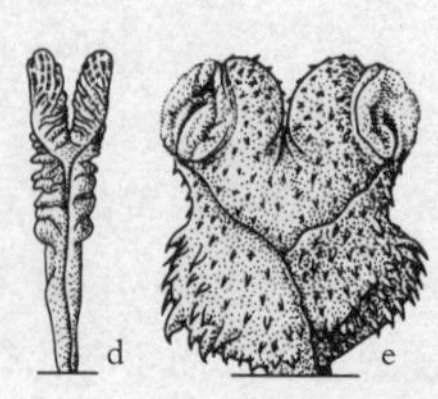

⊙ 一条东方猪鼻蛇蜕下的皮。随着蛇的生长，它们会周期性地蜕下这种角质蛋白层。覆盖在蛇眼睛上的大而透明的鳞片对没有眼睑的动物来说起到了至关重要的保护作用。

蛇的牙齿非常尖利，并向内弯曲。这些牙齿已经进化为用于抓紧和咬住猎物，而不是咀嚼。尽管一些最原始种类只有稀少的牙齿，但大多数种类的蛇都有大量的沿上下颚缘排列的牙齿，并且还有两排额外的牙齿（颚骨牙和翼状牙）长在嘴的内上壁。一些科的成员部分牙齿变为注射毒液之用，有的则变化为处理特定食物的其他形式。

蛇身体变长是由于它们的一些内部器官变长，以提供相应的空间。因此，有的器官会相应地缩小或重置。大多数蛇（不包括蟒蛇和其他一些原始蛇类）只有单个的功能肺，也就是右肺，它们的左肺已经退化或完全消失了。右肺为了弥补左肺的退化或缺失，所以明显地增大，而且进化出一个额外的结构，即气管肺，气管肺从气管演化而来，同样辅助呼吸。蛇类的胃大且强健，长且肥厚的肠较多，且蛇类的肠与其他动物体内呈盘绕状的形式完全不同。根据被测试的雄蛇来看，蛇的肾脏较长且交错生长。一些体型非常细小的种类的雌蛇，其中一个输卵管已经退化了。

鳞片外衣

皮肤

蛇的皮肤被鳞片所覆盖。每一块鳞片都是皮肤的一个粗厚的组成部分，鳞片之间的空隙有一片柔韧的皮肤将它们隔开，使蛇的身体变得非常灵活。背部鳞片是最显眼的部分，这些鳞片呈圆形或凸出的尖形，边缘相互重叠，如同屋顶的瓦片。鳞片可能很光滑，也可能呈粗糙的脊状。一些种类的鳞片呈颗粒状或水珠状，鳞片不相互重叠。背部鳞片的数量、形状、排列和颜色对辨识不同种类的蛇非常有帮助。大多数种类的蛇腹面鳞片较宽，呈单行排列。尾下部的鳞片也呈单行排列或者成对排列。

完全水栖的种类中，腹面和尾下部位所覆盖的鳞片逐步演化为狭窄形状，并最终成为一条脊状或骨棱状的鳞片带，覆盖在身体整个下方。最原始的蛇类没有区分开的腹面鳞片。

覆盖在头部的鳞片有的较小且呈颗粒状，但是大多数情况下较大且呈盘状。蟒蛇、巨蟒和

知识档案

蛇

目：有鳞目

18科，438属，2700多种。

分布：分布在除南极和北极、冰岛、爱尔兰、新西兰，以及一些小海岛以外的世界上的各个地区。在大西洋中没有海蛇，因为它们不能穿越寒冷的洋流。

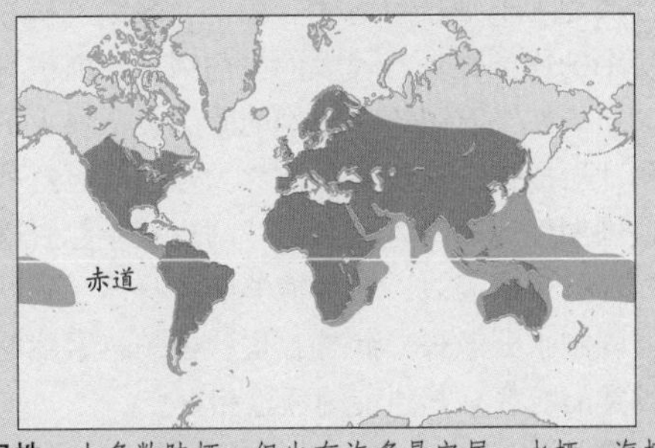

习性：大多数陆栖，但也有许多是穴居、水栖、海栖或树栖。

大小：长15厘米至11.4米（从口鼻部到尾尖），但大多数是25厘米至1.5米。

颜色：大多数是棕色、灰色或黑色，有一些是红色、黄色或者绿色且带有点状、块状、环状、条状等各种斑纹。

繁殖状况：雄性将半阴茎插入雌性体内使其受精（一次插入1个）。其大多数产卵，但也有直接生育小蛇的，有的雌蛇有真正的胎盘。一些蛇会保护卵，少数几种会对幼蛇进行亲代照料。

寿命：即使是小型蛇也可活12年，大型蛇可以活40年或许更长。

⊙ 3科高级蛇的代表种类。1.南部猪鼻蛇；游蛇科。2.普通致死蝰蛇；眼镜蛇科。3.沙蛇；游蛇科。4.印度眼镜蛇；眼镜蛇科。5.黄腹海蛇；眼镜蛇科。6.阿拉弗拉瘰鳞蛇；瘰鳞蛇科。7.黄腹屋蛇；游蛇科。8.平腹蛇；游蛇科。9.缢缩游蛇；游蛇科。

蝰蛇的头部鳞片较小——尽管也存在这些科的一些种类头部鳞片较大的情况。而其他种类的蛇的头部鳞片大小则较为适中。相反，眼镜蛇科和游蛇科中的成员则具有较大的头部鳞片，但也有例外。由于蛇没有眼睑，它们的眼睛被一块大的圆形鳞片所保护，这块鳞片被称为透明膜，这种鳞片也周期性地随身体其余部位的皮肤一起脱落。当蛇穿行于地表时，鳞片能够防止身体受到磨损并能限制水分散失。此外，皮肤中的色素细胞使各种类的蛇都有其独特的颜色和斑点。

鳞片的表面以及鳞片之间的皮肤上有一层角蛋白，这层结构为蛇提供了额外的保护，但其缺乏足够的柔韧性来生长。这层结构在蛇日常的爬行翻滚中也会被刮掉和损毁，所以，蛇必须经常蜕掉外层皮。幼蛇生长得更快，蜕皮也比成年的蛇频繁。此外，蜕皮的频率还取决于蛇的饮食和运动状况。在冬眠之后，以及产卵或生下幼蛇前，蛇都会立即蜕皮。新蜕掉的皮又湿又黏，这是由于蛇在蜕皮时，在新皮和旧皮之间有分泌的油。几个小时后，掉的皮就变得又干又脆。响尾蛇响尾环节由变大的尾端鳞片变干的表皮层组成，在身体其余部分皮肤脱落后仍保留着，并松散地连接在一起。

⊙ 多数乌梢蛇是陆栖的，但也有的栖息在淡水溪流中或河流入海口。它们定期离开水面去晒太阳或生育。图中一只双带乌梢蛇正游过墨西哥的下加利福尼亚的浅滩。

蛇的爬行机制

运动

对于那些失去四肢的动物来说，进化出一种新的移动方式是必不可少的。蛇就拥有多种移动方式，有些是大多数蛇共有的方式，而有些则是根据特殊的栖息地进化而来的特殊移动的方式。

直线运动是通过腹部鳞片的运动来实现的，每个鳞片都通过倾斜排列的肌肉和一对肋骨相连。当这些肌肉收缩和放松时，鳞片的边缘会钩住地面上细小的不平整部分，使蛇的身体得到拉伸。在任意给定的时间内，几组鳞片将被拉动，另外几组会向前移动，因此，这种运动就是波浪式的。看起来这种移动像是在地面上毫不费力地滑行。直线移动往往是相当缓慢的，采取这种方式的蛇一般体型较大，比如蟒蛇、巨蟒、蝰蛇或者那些偷偷靠近猎物的蛇。

⊙ 某些种类的幼蛇的捕食技巧包括利用本身鲜艳色彩的尾尖引诱被掠食者，例如双线纹蝮蛇这种中美洲的蝮蛇。运用这种捕食技巧的其他幼蛇类还包括蝰蛇（欧洲的小毒蛇）。

有时蜿蜒移动被称为侧面移动，大多数蛇在快速移动时都采用这种方式。蛇的身躯在它的头后部呈现一系列缓和的曲线，同时其身躯的两侧将一些或大或小的不规则物体推开，以便它能迅速地向前移动。同时，其腹部的鳞片以前面描述的直线移动的方式运动，并增加推力。相似的移动方法运用于游泳时，其身躯的两侧可将水推开。大量的半水栖蛇都有粗糙的表面突起的鳞片，可以更好地推动其前行。而那些更适应水栖的蛇，比如海蛇，它们的躯干和尾巴两侧变扁。

大多数攀爬种类采用典型的手风琴式运动，包括用身体的后部和尾巴抓住固定点，头部和身体前部向前伸。一旦蛇得到一个新的抓点，身体后部就会停住，再重新开始上述过程。有些食鼠蛇在体侧和身体下部交汇处有脊突，这使它们能抓得更紧——特别是在树皮上时。

栖息在松散的沙地上的蛇需要应付不稳定的表面，它们通过“侧向前行”来面对这种挑战。使用这种方法移动时，蛇的头部和颈部抬离地面并甩向侧面，然而身体其余部位则锚住不动。一旦头部和颈部落地，身体其余部位和尾巴则相应移动。在其尾巴接触地面的一刹那，其头部和颈部又一次地甩向侧面，从而在沙地上形成了一个连续的环环相扣的移动路线，并且移动角度与水平方向约呈45°角。所有侧行式前进的蛇都是蝰蛇，它们分布广泛，非洲、亚洲中部、北美和南美都有它们的踪迹。

掘洞蛇通过各种方式穿过地下土层。那些栖息在松散的土壤或沙地里的蛇经常像游泳一样在土壤或沙地里穿梭。在它们穿过之后，地基就会倒塌。而那些栖息在更为坚硬的土壤中的蛇则会自己挖出一系列复杂的隧道。栖居在隧道中的蛇通常都有坚固的颅骨和一个扁平的尖头，以及口鼻周围的突起。它们的颈部与躯干并没有明显的界限，它们利用肌肉收缩使其头部穿过土壤，有时也会利用左右移动来压实土壤。那些只寻找掩埋在地下的食物的蛇一般长着上翻的口鼻部，如美洲猪鼻蛇和一些非洲夜蝰蛇。

与普遍的观念相反，蛇的行动速度并不是很快。一条体型中等大小的蛇也只能以每小时4～5千米的速度行进，相当于人类一般的步行速度。而那些移动迅速的种类，如非洲树眼镜蛇，速度也只能达到大约每小时11千米。即使是在这样的速度下，蛇也会很快就耗尽了力气，因此只能快速地爬行一小段距离。

蛇的分类

分类法

蛇的分类并不固定，但是目前，大多数专家将蛇的18科分成宽泛的两组——盲蛇亚目（包含盲蛇）和真蛇亚目（包含了所有剩下的种类）。盲蛇亚目形成了相对同源的群组，只有3科。而

⊙ 产自非洲西南部的纳米比亚沙漠侧行蝰蛇是通过侧行方式移动的蝰蛇种类之一。这是穿过沙漠地区炙热沙丘的最有效方式。

⊙ 正如其名字，马达加斯加树蟒是一种栖息在树上的蛇。它较细的身体在森林树端穿梭，捕食狐猴。

真蛇亚目之间的关系就比较难确定，存在较多的争论。大多数分类学家认为，蝰蛇、游蛇、洞穴角蝰以及眼镜蛇（蝰蛇科、穴蝰科、游蛇科、眼镜蛇科）组成了一个明显的分支，并且这4科与瘰鳞蛇科之间有密切的关系，有时人们则将这5科都归入新蛇亚目或高等蛇种类。

在真蛇亚目的其他科中，蟒组成了明显的一个分支；另外 8 科则相对较小，有的只包括1～2种，有的则在分布上非常有限。至少有的蛇呈现出原始的盲蛇到更高等的蛇的中间状态，但是它们更多的进化状况却尚未被探明。还有的种类则是进化到头的结果。有些科的成员很少被收集，只是在博物馆才有少量的标本。因此，蛇的分类是试验性的，并且采取的是保守的方法。

蚺、蟒和它们的亲戚

蚺科、蟒科、林蚺科、雷蛇科

过去，蚺科、蟒科和另外两个更小的群组——林蚺和马斯卡林蟒，通常被认为是同一科的，现在它们被分为4科：蚺科、蟒科、林蚺科和雷蛇科。它们有一些共同的特征，都有骨盆带和退化的后肢；大部分有功能性左肺（较高等蛇类是没有的）；许多在颚部有感温孔。它们都是强壮的蟒，虽然有一部分是半穴居，但大部分是陆栖，还有少数几种树栖。它们包含了世界上最大的6种蛇。

前两科的蛇是至今最为人熟知的。蚺科的8属、28种生活在南美、北美洲、非洲、马达加斯加、欧洲和太平洋地区。尽管一些像森蚺这样的蚺很大，但小到中型的蚺也不少，大部分种类长度都不到2米。这科的蛇可分为差异很大的两个亚科。蚺蛇科中“真正”的蚺包括最大的种类如森蚺和普通蟒，森蚺半水栖，生活在植物茂密的沼泽地和被水淹没的森林，而普通蟒是陆栖或者树栖者。树蚺身体细长，尾部长且能缠卷。它们的身体侧面呈挤压状，像铁桥一样，这样它们就能从一个树枝跨到另一个树枝上去。它们喜欢在水平的大树枝上盘绕起来休息，捕猎时倒挂着头，颈部呈S型，以便迅速出击。它们的牙齿很长且内弯，以便咬住猎物。它们以栖息在巢中的鸟为主要食物。

其他一些蚺蛇包括普通蚺和森蚺也会爬树，但不如树蚺那样适应。有9种蚺蛇属于彩虹蚺，生活在西印度群岛上，由于栖息地遭破坏以及天敌的引入，有的种类数量已十分稀少。它们的形状和大小各有不同——从体长可达3米的古巴蚺到分布在海地的细长的藤蚺。所有“真正”的蚺都通过分娩产下幼蛇。体型较大的种类中，一些能产下超过50条幼仔。它们主要捕食哺乳动物和鸟，用收紧身体的方法让它们窒息而死。有的专门捕食栖息在洞穴中的蝙蝠，有的也吃蜥蜴。还有很多种类随着生长会从吃蛙和蜥蜴转为吃哺乳动物。绿森蚺还会吃凯门鳄和乌龟。许多蚺嘴部鳞片处有感温孔，但有许多水蚺、太平洋蚺没有这种孔。感温孔在树蚺身上很明显。

另外一个亚科——沙蚺亚科，包括北美洲的玫瑰蚺和橡皮蚺、西非的掘穴蚺以及非洲、亚洲和欧洲的沙地蚺，它们体型小、身体厚实、头短、尾钝，并都没有感温孔。

沙蚺大部分是掘穴种类，许多生活在包括沙漠在内的干旱地区，但橡皮蚺这种最小的种类却是个例外，它生活在西北太平洋沿岸凉爽的山区森林里。西非的地蚺也属于森林种类，特别的是，它能产出数量不多但体积巨大的卵。最近有研究表明，阿拉伯沙蚺也产卵，而沙蚺通过分娩产下的幼蛇通常在3～10条之间。

蟒蛇（蟒科）只被发现于旧大陆，其中非洲有3种、亚洲有5种，其余17种分布在新几内亚和澳大利亚。最大的种类非网纹蟒莫属，其长度能达到10米以上。其次是非洲和印度的紫蟒和昂佩利蟒，这些种类能长到5米——尽管这样的蟒很少。最小的种类是蚁冢蟒和侏儒蟒，一般不超过30厘米长。

绿树蟒表面上与翡翠树蚺相似，都是树栖种类，但大多数蟒栖息地更广。有的只生活在森林地带；有的在草地、树林稀少的空旷乡村和湿地里生活；有些澳大利亚种类还生活在沙漠里。正如其名字，蚁冢蟒有时在蚁穴和白蚁穴里出现，可能是为了寻找壁虎。然而，蟒主要捕食小型哺乳动物和鸟，幼蛇也吃蜥蜴。像蚺一样，蟒都是强壮有力的大蛇。大多数蟒在嘴部分布有感温孔，但盾蟒属的两种澳大利亚蟒没有这些孔。

蟒都是卵生，所有被研究过种类的雌性在整个孵化期间都会盘绕着卵。至少有一种如印度蟒，如果有必要的话，会通过一系列有节奏的抽动来提高卵的温度。每窝卵的大小大致与成年蟒体型大小成正比，网纹蟒能产多达100枚卵，而蚁冢蟒只能产2～3枚。

和蚺、蟒有很近的亲缘关系的马斯卡林蟒属于雷蛇科。该科有两种分布在毛里求斯北部的圆岛，但其中的一种——圆岛掘穴蟒，自1975年以来就一直没有出现过，可能已经灭绝；另一种——圆岛蚺也很稀少，为卵生种类。

⊙ 巴西彩虹蟒的鳞片闪耀着美丽的光芒。有这一特点的其他种类的蛇还有闪鳞蛇和环纹蟒。

⊙ 蚺和蟒通常被误认为是固定的赤道地区雨林居住者。实际上，许多蛇都生活在世界上的干燥地区。图中的布莱德地毯蚺就生活在干燥的澳大利亚内陆地区高高的峡谷之上。

林蚺科包括21个种类，分成2个亚科，这些种类之间的差异很小。虽然有个别种类的蛇能长到1米，但它们大多数是小型蛇。大多数种类都属于林蚺属，主要生活在加勒比地区，古巴尤多；有3个种类生活在南美洲。它们居住在森林地面和田地里，主要在夜间活动。其他成员包括2种睫毛蟒和2种香蕉蚺，后者之所以有这样的名字，是因为它们偶尔会出现在装满香蕉的货物箱里。其余的种类十分稀少，生活在墨西哥中部的云林里。林蚺是用强健有力的身躯将猎物挤压致死的大蟒蛇，它们捕食包括无脊椎动物在内的大部分种类的猎物。除了硬鳞蚺为卵生种类外，其他的蛇都是直接分娩很小的幼蛇。

⊙ 东南亚的网纹蟒能长到10米多长。据记载，这些巨型蛇偶尔会吃人。这种蛇上唇边缘有红外线感应孔。

⊙ 一对亚洲绿藤蛇正在交配。它们有着伪装很好的、只比铅笔粗点的身体，有着敏锐的眼睛。这些敏捷的无毒蛇正伪装成藤蔓，在树枝间静静地等着石龙子和鸟的出现。

游蛇
游蛇科

游蛇科包括1600多个种类，占所有蛇类的60%，是一个庞大而复杂的科，试图用整体性术语来描述这样一个庞大的家族是行不通的。人们也一直致力于将这一蛇科分解成更小、更明确的单元。一部分种类彼此之间有明显相似性，也有一些有明显不同的亚科被识别出来，然而其余蛇类的关系还不甚明了。现在，这一蛇科分成了许多亚科，有的（也许是全部）会最终成为一个单独而完整的科；还有些亚科甚至会变为不止一个完整的科，而要给这些亚科确定常用名则是相当困难的。

游蛇亚科中的“典型”无毒蛇包括超过650个分布在世界各地的种类，它们之中有许多成员是人们较为熟悉的产自北美、北欧的种类，如帝王蛇、牛奶蛇、锦蛇、鞭蛇以及游蛇。它们的长度从不足20厘米至3米不等，其中包括细长的“游蛇”，主要捕捉蜥蜴和其他蛇类，体型较大的会悄悄接近鸟和哺乳动物，用肌肉强健的身体将其缠绕挤压致死。有一些种类只吃固定的食物，这些蛇包括非洲食卵蛇、主食为蜘蛛的钩鼻蛇以及中美洲专吃千足虫的蚓蛇。

它们的居住地各不相同，从沙漠到湿地，几乎任何地方都能找到它们的踪影。少数种类生活在河口和红树林，但没有生活在海洋里的种类。它们可能住在洞穴里、沙地、地下或者树上。不过，它们在繁殖方面具有一致性，这一亚科大部分种类为卵生，产卵数从1到40枚不等，或者可能更多。

最近被归入游蛇科的两组蛇有时被看做是独立的两个亚科：超过50种的芦苇蛇是一种有光滑鳞片的亚洲品种，它们体型小、掘穴，主要以蚯蚓为食；沙蛇（花条蛇）产自非洲和欧洲，身体如一根细鞭，移动迅速，白天活动，有后毒牙，这组蛇包括35个种类。水游蛇分布在南亚、东南亚和大洋洲，包括35～40个种类。它们都非常适应水栖生活方式，因为它们有可以闭合的月牙形鼻孔和在头顶向上的眼睛。大多数种类属于水蛇，这是一种有发亮鳞片的小型蛇，生活在植物茂密的淡水湖、沼泽地和被淹没的田地里。触须蛇的口鼻部有一些肉质的独特“触须”，这些“触须”也许在昏暗的水中具有导航作用——其确切功能还无人知晓。它的鳞片上有明显的突起，身体上下面扁平，横截面几乎是矩形。

所有的水游蛇嘴后部都有大的毒牙，用于捕捉主要包括鱼和青蛙在内的各种猎物；大部分可能是等待猎物自己上门，而来自于澳大利亚的白腹红树蛇吃自己晚上在露天泥地里抓到的螃蟹——它将大螃蟹紧紧压住，然后扯下它们的腿。这种不将猎物囫囵吞下的进食方式在所有的蛇中可能是非常独特的。所有的水游蛇都通过分娩来生育幼蛇。

亚洲吃蜗牛和蛞蝓的蛇形成了一个较明确的群组的科，被归入钝头蛇亚科，共有19种，其中有15种是钝头蛇属成员。它们十分细长，有宽的头部和较大的眼睛；山区食蛞蝓的蛇有深红色的眼睛。有几种蛇生活在树林和灌木丛中，都是夜间活动，通过追踪黏液捕食树蜗牛。它们有变化

⊙ 游蛇曾被误认为是“无害蛇”，然而非洲树蛇是一种有剧毒的行动敏捷的树栖蛇。它的名字在非洲荷兰语中是“树蟒”的意思。

⊙ 一些蛇采用装死的方法避开天敌的注意。它们无力地躺在地上，嘴大张着，舌头伸出（如图中的草蛇）。“装死”可能会使其天敌停止攻击。

了的颅骨，下颚有锋利的长牙，能将蜗牛柔软的身体从壳里钩出。钝头树蛇也吃蜥蜴。它们均为卵生。

屋蛇亚科包括来自非洲南半部和马达加斯加岛的45个种类。其中最为人类熟悉的可能是屋蛇属成员，这个属有包括塞舌尔岛上的一种在内的13个种类。这种分布广泛的褐色屋蛇主要捕食小型啮齿类动物，其他有的种类还专吃蜥蜴。非洲水蛇细长而又光滑，主要捕食鱼类。三角形的瘰鳞蛇（不属瘰鳞蛇科）专吃其他蛇。除了一两个种类之外，屋蛇亚科成员基本上都是卵生。

游蛇是一个约有200多种的庞大科系，它们分布在北美洲、欧洲、非洲和亚洲。其属于半水栖动物，以鱼类和两栖动物为食。女王蛇捕食新鲜带壳的淡水龙虾。游蛇是一种非常活跃、行动迅速的蛇，常在白天靠视觉捕猎。这种蛇并不生活在开放的水域，比如水游蛇更喜欢潮湿的栖息地，而且它们有一些是在夜间活动的。游蛇的繁殖方式是不同的，北美洲种类全部是分娩生产小蛇，而旧大陆的种类除了很少几种外，都是卵生，这其中包括一些很有名的种类，比如束带蛇、美洲水蛇、欧洲和亚洲水蛇等。有些系统学家认为新旧大陆的种类应归到不同的亚科中。

异齿蛇亚科集合了各种生活在北美洲和南美洲的蛇类，这些蛇栖息范围很广并且捕食的猎物种类丰富多样。有些种类是捕猎专家，比如猪鼻蛇主要捕食蟾蜍，而拟蚺蛇却以其他种类蛇为食。有些蛇是伪珊瑚蛇，并且有的具有能注射毒液的后毒牙，然而这些蛇对人类都不会构成危险。它们为卵生。

许多曾被归入异齿蛇亚科的中美洲种类组成了食蜗蛇亚科，正如该科名称一样，这些蛇主要以腹足动物为食。这些蛇被分为3属，它们身体细长，栖息于树上，并且头部宽。钝头藤蛇有着相似的身体构造，但它们以蜥蜴为食——在蜥蜴睡觉时，从细枝间将其扯下。亚科中的其他种类没有前面提到过的那些蛇特别，其中包括生活在北美洲的夜蛇和枯叶蛇。就像异齿蛇科成员一样，有些蛇会模拟珊瑚蛇，而且它们可能有能输送毒液的后毒牙。它们大部分为卵生。

最后一个亚科蛇类是闪皮蛇亚科，它们只分布在亚洲东南部，且罕为人知。其共6属、15种，而且大多数都又细又小。这些蛇生活在森林中的落叶堆中或低矮的灌木丛里，均为卵生种类。

眼镜蛇和它们的亲戚

眼镜蛇科

眼镜蛇科包括许多广为人知的毒蛇，这些蛇嘴的前部都有短而固定的中空毒牙，共有62属、270多种。这些蛇遍布世界各地，还包括许多温暖的海域。珊瑚蛇是南、北美洲的代表种类，一共有约60种。这类蛇颜色鲜艳，身上环绕着红色、黑色、白色或黄色的带状条纹。尽管它们大多数生活在雨林中，但有的还会出现在墨西哥北部和美国西南部的干旱地带。它们多数以其他爬行动物为食，其中包括蛇和在地道里生活的蚓蜥。这些蛇的毒液威力很大而且会很快发作，所有种类对人类来说都是很危险的。

非洲的眼镜蛇包括树眼镜蛇——一种长而细的蛇，它们中有3种都生活在树上。而第4种——黑色树眼镜蛇主要生活在陆地上。这类蛇都是在白天捕食，行动迅速，并且有一双大眼睛和光滑的鳞片。黑色树眼镜蛇身长可以超过3米，外表恐怖。当被惊扰时，它们的脖子会微微变扁，这种特性和眼镜蛇很相似。眼镜蛇有25种，它们生活在非洲和亚洲的南部和东南部。尽管亚洲的眼镜王蛇是眼镜蛇中最大的（可以长到5米），但非洲的眼镜蛇平均来说还是最大的。非洲眼镜蛇的风帽很显眼。有几种如喷毒眼镜蛇，它们可以从毒牙上前面的小孔里喷出毒液。南非的唾蛇也

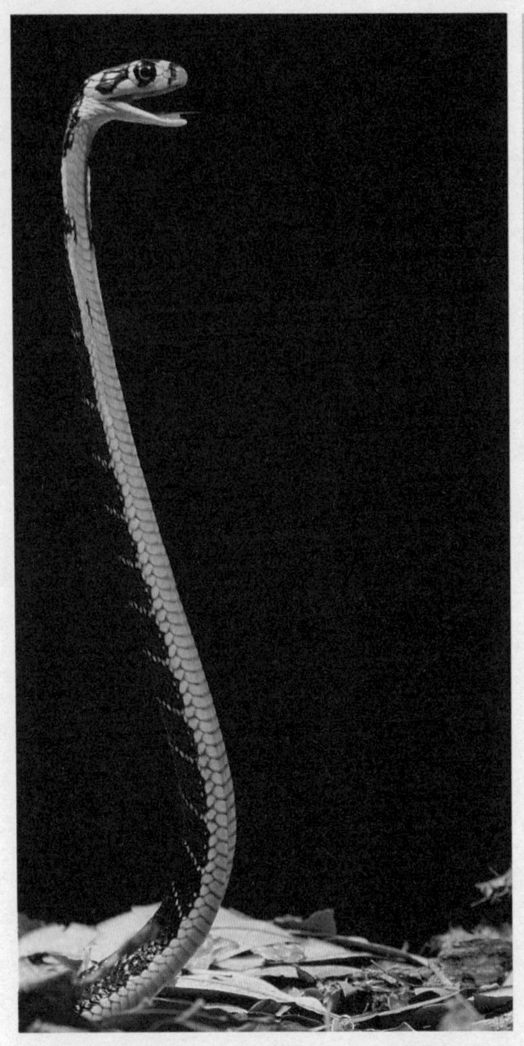

⊙ 一条未成年的眼镜蛇王抬起身子来，处于戒备状态。在受到威胁时，这种东南亚的剧毒蛇会撑起它又长又细的风帽（没有印度眼镜蛇向外展开的风帽明显），而且有时还可能发出咆哮声。

很特别，它们通常分娩生产小蛇，也喷毒，受到惊吓时，还会以假死逃生。另一些亚洲的眼镜蛇包括环蛇，这种蛇身体细长，在夜间捕食其他蛇类，许多身体呈三角形，颜色鲜艳，和一些小的眼镜蛇群组共同归入单独的长腺蛇亚科中。长腺蛇的两种颜色都很鲜艳，受到惊扰时，它们会把尾巴抬起来，露出身下醒目的鲜红色。它们的毒腺很大，占其身体长度的1/3，尽管它们不招惹人，但只要被它们咬到，其毒性足以致人于死地。珊瑚蛇一般以其他蛇为食。

除了北部少数几种无毒蛇外，澳大利亚和新几内亚的眼镜蛇是这一地区唯一的高等蛇类。它们已搬进其他一些种类占据的小生境中，因此，有些眼镜蛇的外貌和行为习惯很像鞭蛇、树眼镜蛇、珊瑚蛇，甚至有的还像蝰蛇。澳大利亚的眼镜蛇的食物很杂，从无脊椎动物到小型哺乳动物，都在其捕食范围之内。内陆太攀蛇通常被认定为是世界上最毒的蛇，是确定的哺乳动物捕食者，但大多数种类还是捕食像石龙子一类在这一地区数量丰富的小蜥蜴。澳大利亚的眼镜蛇分为卵生和胎生种类。

与澳大利亚眼镜蛇是近亲的海蛇和扁尾海蛇有时被归在一个单独的科里——因为与其进化起源有关的一些信息还未被人类所知晓。这些蛇总共有55种，习惯生活在海里，但扁尾海蛇必须得上岸产卵，当它们在陆地上时，它们还可能会晒太阳、喝淡水。海蛇一般生活在沿海的礁石附近，但其中有一种是生活在泻湖里的。这些蛇的身体都呈圆柱形，这可能有助于它们在有必要时在地上爬行。它们的身体是由鲜明的黑白两种颜色组成，其尾巴呈扁平状，这有利于它们的游动。

其他海蛇更喜欢海里的生活，它们从来不主动上岸。有些海蛇身体扁平，但所有海蛇都有像桨一样的尾巴，而且鼻孔呈瓣膜状并且能够关闭。这些蛇都是分娩生产小蛇。有些种类的蛇生活在珊瑚礁中，通过把头钻进裂缝里寻找猎物。虽然大多数这些蛇以鳗为主食，但有的也吃生活在裂缝里的鱼，尤其是虾虎鱼。白腹海蛇和龟头海蛇只吃鱼卵，并且它们的毒性没有其他种类的强。少数几种生活在河口的红树林间和泥滩上。

⊙ 棕色钝头藤蛇是中美洲和南美洲的土生种类，它身体细长，夜间捕食。捕食时，它用大眼睛和敏感的舌头来寻找安乐蜥。而反过来它自身也是贪吃的细趾蛙的猎物。

而黄腹海蛇是栖居于海洋上层的，它们经常成群地漂浮在洋流上层，以鱼为食。当黄腹海蛇像一片破船板一般漂在海面时，鱼就会被这显而易见的目标吸引过来，这种蛇颜色很艳丽，是许多鱼类的天敌。

蝰蛇和蝮蛇
蝰蛇科

蝰蛇科的成员都是毒蛇，都有相对较长的身体、中空的毒牙，当不用毒牙时，毒牙就会折起来贴住嘴的内上壁。这一科包括蝰蛇、夜蝰蛇、灌木丛蝰蛇、响尾蛇、蝮蛇，以及一些独特的，俗称百步蛇、菱斑响尾蛇、巨蝮、洞蛇等种类的蛇。作为一个群体，这一科是最成功的之一——尽管它们大多数都只能生活在陆地上和树上。蝰蛇种类比其他种类生活得更靠北部（极北蝰）和南部（巴塔哥尼亚矛头蝮），还有的生活在更高海拔的地区——喜马拉雅蝰蛇，出现在海拔4900米的高度上，还有其他几种蛇也生活在差不多这一海拔上。然而，这些蛇并没有分布在马达加斯加和大洋洲。

这一科中最特别的成员为白头蝰，这种稀有的蛇类生活在中国南部的偏远地区，也包括缅甸和越南，栖息在凉爽的云林中。这类蛇身体细长，上面有光滑的鳞片，头是黄色的，上面的鳞片很大，身体的颜色为深褐色，并有橙色夹杂其间。很少人看到过这类蛇，而且它与其他种类蝰蛇的关系也不十分明确，因此人们将其归在单独的白头蝰亚科里。

夜蝮蛇种有6种生活在非洲，它们身上同样也有光滑的鳞片，头上也有很大的鳞片。这一类蛇专吃蟾蜍，对人类不会构成威胁。

“典型”的蝰蛇，或称旧大陆蝰蛇，属于蝰蛇亚科，这类蛇又粗又短，头呈铲形或三角形。它们的鳞片上有显著的突起，很粗糙，其头部有很多小鳞片。它们生活在各种各样的地方，包括岩石山上和山坡上、草场、灌木丛中、沙漠里。

⊙ 蝮蛇和蝰蛇的种类。1.蝮蛇。2.响尾蛇。3.角响尾蛇。4.长鼻蝰蛇。

⊙ 太攀蛇是大洋洲的眼镜蛇，它主要捕食啮齿动物。由于它经常生活在农场附近和甘蔗地里，所以对人类威胁很大。在巴布亚新几内亚，80%的蛇咬事件都是由这种蛇制造的。

沙漠中的种类，如纳米比亚侧行蝰一般会侧着身子前行，与美洲的菱斑响尾蛇相似。中非的灌木丛蝰蛇是树栖的。许多蝰蛇都会伪装，单一种类身体的颜色会根据地点的变换而变化。非洲咝蝰蛇有一种特别复杂的斑点，加蓬蝰蛇通常被单独列出来作为混合色蛇类。这种蛇的近亲——鼓蝮蝰的毒牙很大，是最有威胁性和醒目的非洲蛇类之一。

很多种类都有角，或在头上不同部位有隆起，这些角或隆起有时就是单个的角状鳞片，位于眼睛上面一点（比如沙漠角蝰）；或者鼻子上的一堆鳞片（比如犀蝰和鼻角蝰）。灌木丛蝰蛇的鳞片上有明显的突起，尤其是树蝰类的灌木蝰蛇最为突出，它的鳞片成了一个锥形的点。有脊突的鳞片还成为了锯鳞蝰防御策略的中心手段之一。通过将身体相邻两段向相反方向扭动，鳞片的相互刮擦会发出刺耳的声音。这种蛇很小而且很常见，总是处于一种戒备状态，而这一特性可能就使它们成了世界上最危险的蛇。旧大陆的蝰蛇的食物范围很广，主要捕食小型哺乳动物、雏鸟、蜥蜴。少数几种草原蝰蛇以蚂蚱一类的昆虫为食，大多数这一亚科蛇类都是胎生，显然是为了适应寒冷的气候，但温暖地区的一些种类是卵生。

蝮蛇被归入蝮蛇亚科，因其面部有感温孔，所以很明显与其他蝰蛇不同。这种蛇在亚洲和南北美洲大约有110种。与旧大陆的蝰蛇一样，它们的头上也覆盖着小鳞片，但也有一些例外，如铜斑蛇。这类蛇的栖息地包括从沼泽到沙漠的许多地方，但没有水栖和穴居种类（可能在这一环境中，它们的感温孔更容易成为障碍而非帮助）。这类蛇有很多是树栖种类，如亚洲的烙铁头属和中、南美洲的具窍蝮蛇属成员。生活在中南美洲雨林和种植园里的巨蝮蛇是世界上最大的蝰蛇，它们可以长到3米多长，但是它们身体很纤细，甚至一条大的成蛇的体重也不及一条未完全发育的加蓬蝰蛇。

响尾蛇有30多种，属于最易分辨的蛇类之一，但有2～3种生活在墨西哥海岸附近小岛上的在进化过程中已失去了响尾。

响尾由脱落的末端鳞片的外层形成，响尾蛇在蜕皮时，其尾部环节的皮并不随之一起脱落，因此就形成了响尾的形状。它们迅速摆动尾巴使尾端环节碰撞，从而发出嗡嗡声或嘀嘀声。所有的响尾蛇都生活在美洲，它们要么栖息在干旱地带，要么栖息在多岩石的山坡上或是开阔的草地，包括山区的草地里。有一种生活在南美洲的种类更喜欢开阔的林间空地。尽管人们认为有些种类的蛇会偷袭栖息在灌木丛的鸟，但这些蛇却不是树栖。

蝮蛇主要捕食恒温动物，比如哺乳动物和鸟。当它们捕猎时，尤其是在夜间捕猎时，它们的感温孔将发挥极大的作用。大响尾蛇可以很容易地吃下野兔和陆地松鼠大小的动物，而小一点的蛇或体积稍大一点的小蛇一般吃蜥蜴。水栖蝮蛇的猎食对象可能是所有蛇中最广泛的，包括昆虫、鱼、蛙、龟、幼鳄鱼和鸟蛋。

⊙ 蛇毒对人类也有益处，巴西具窍蝮蛇毒液的合成化合物能治疗高血压、心脏病及糖尿病患者的肾病等。

称霸水域的鳄鱼

作为现存最大的爬行动物，鳄鱼在公众的心目中唯一的印象就是：凶残的肉食动物。然而，对这些独特的爬行动物更进一步地观察却发现，它们表现出与鸟和哺乳动物同样具备的微妙而复杂的行为。它们的声音让早期的旅行者害怕，而如今仍激发着科学家们的兴趣。鳄鱼父母们会忠实地守卫着产下的卵并看护新孵化的幼鳄。鳄鱼的这种显著的社会性使其与龟、蜥蜴、蛇明显地区分开来。而且据此我们可以大致猜测出恐龙的行为习惯。

当代的短吻鳄、凯门鳄、大鳄以及食鱼鳄统称鳄鱼，它们与远古时代的初龙颇有渊源，与恐龙和鸟类是远亲。现代的23个种类都有着相同的基本身体构造——长的口鼻部；覆盖着防护性皮肤的流线型的身体，以及肌肉结实、具有推进力的尾巴。其经过了2.4亿年的进化。鳄鱼见证了恐龙的繁盛和灭亡，其进化的惊人成功直接得益于鳄鱼长期以来所处的主要的生态地位——水域中的霸主。现存的鳄鱼都有共同的生活方式、独一无二的身体结构以及生理特征。

⊙ 侏儒鳄身长只有1.5米，有着独特的好像被截短了的口鼻部。其主要栖息于西非雨林深处的小溪里。与其他鳄鱼不同，它们专门在夜间到陆地上捕食。

水中掠食者

形态和功能

短吻鳄和凯门鳄（短吻鳄属）有明显的宽且钝的口鼻部，长在下颚中的齿位于闭合的嘴内部。所有种类的舌头上都没有盐分排泄腺。

大鳄和假食鱼鳄（鳄鱼属）的特点是有细长到宽的口鼻部。当嘴闭合时，沿着下颚生长着的牙齿暴露在外。现存的鳄的舌头上有盐分排泄腺。

食鱼鳄（有时被称为长吻鳄）是有着细长口鼻部的特殊种类。

对于所有的鳄鱼而言，在水下的藏匿能力是至关重要的，因为这些岸边的机会主义掠食者常常需要在水域边缘埋伏捕捉猎物。它们策略性地只把耳朵、口鼻尖部尽量少地暴露在外。一个骨质的次级颚使它能够闭着嘴呼吸，有一块颚翼可以避免水进入喉咙。强硬的颅骨与强健有力的颚部肌肉配合，在嘴巴咬合时，能在圆锥形的牙齿上产生9800牛顿的力，从而使鳄鱼能够把乌龟壳咬得粉碎，并能够咬穿及叼住更大的猎物。

由于鳄鱼能够沉入水下并保持数十分钟甚至几个小时，因此它们的猎物常常都是被溺死

⊙ 美洲短吻鳄在7～10岁时达到性成熟。虽然它们拥有自己的领地和成群的“妻妾”，但大部分雄性在15～20岁时才开始第1次繁殖。

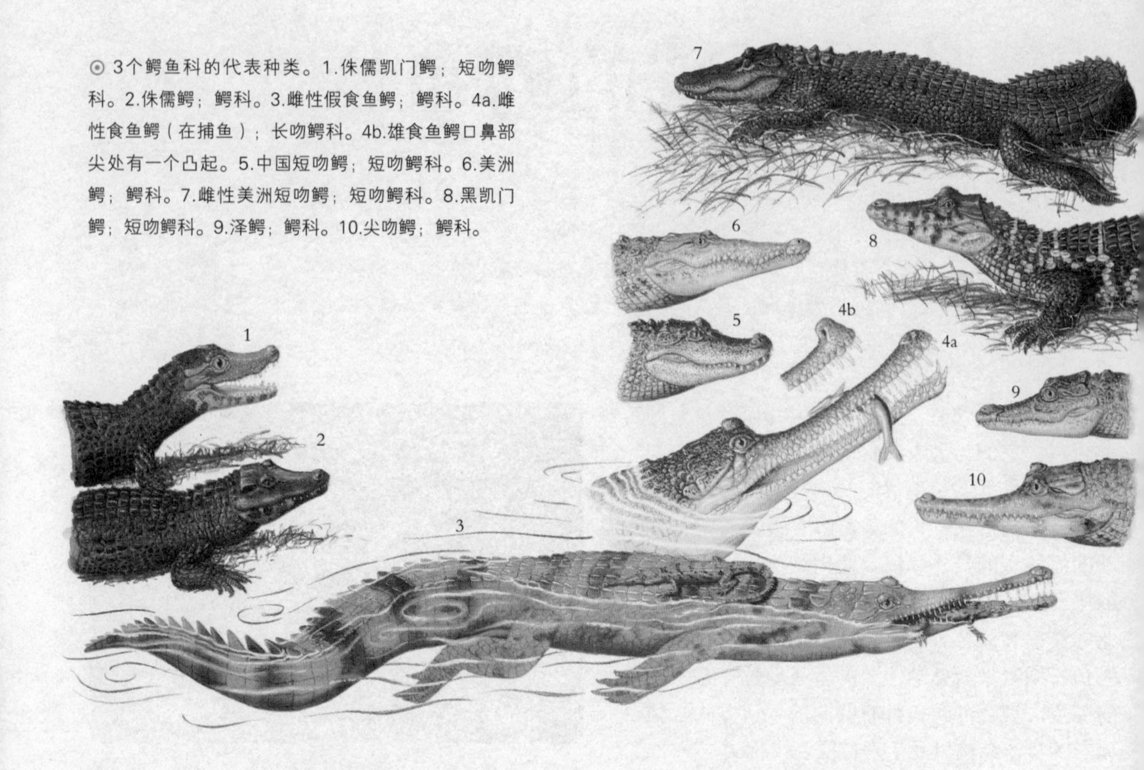

⊙ 3个鳄鱼科的代表种类。1.侏儒凯门鳄；短吻鳄科。2.侏儒鳄；鳄科。3.雌性假食鱼鳄；鳄科。4a.雌性食鱼鳄（在捕鱼）；长吻鳄科。4b.雄食鱼鳄口鼻部尖处有一个凸起。5.中国短吻鳄；短吻鳄科。6.美洲鳄；鳄科。7.雌性美洲短吻鳄；短吻鳄科。8.黑凯门鳄；短吻鳄科。9.泽鳄；鳄科。10.尖吻鳄；鳄科。

的。一只沉于水下的鳄鱼能够大大减少血液向肺部的流动，而是利用位于分隔的四个心室之间的一条旁路（潘尼兹孔）。这又是这一群组的特征之一。鳄鱼还拥有一项与其他爬行动物相同的特征，即可以依靠无氧代谢间歇性地呼吸，这使它们在进行各种活动时能改变自身的心率和血液流动状态。通过一块与肝脏和其他内脏相连的肌肉在呼气和吸气时像一个活塞一样作用，使鳄鱼的呼吸作用得以顺利进行。通过一次突然地呼气或一次尾部和后肢的有力拍击，鳄鱼就能潜入水中，向下并向后运动。

鳄鱼强有力的尾部占了身体总长的一半，在水中游动时，以身体为轴，左右波状摆动。它们的肢部在游弋或猛扑时都收紧于体侧，但在“制动”或变换方向时会伸展开。有些鳄鱼可以用“尾部行走”，几乎全身都跃出水面扑向猎物。另外一些例如澳大利亚淡水鳄，可以经常性地在起伏不平的陆地上“疾驰”。年幼的和成年的鳄鱼都可以攀越好几米高的障碍。在陆地上的行进包括一种“高足漫步”的形式，在这种情况下，它们几乎把四肢撑得与身体垂直，以一种更像是哺乳动物的步态前进。这得益于它们有一套拥有球状脊椎骨臼窝的轴向支撑系统，从而提高了其在水中和陆地上的运动能力。

行为精巧的掠食者

食物和饮食

鳄鱼并非挑剔的食客，它们吃的食物很杂，除了植物，只要有蛋白质含量的食物都行。它们的进食包含老练而精妙的行为，比如，凯门鳄是用尾部和身体把鱼群围困在浅水域，而尼罗河鳄却喜欢群体合作捕食。鳄鱼会经常出现在鸟巢、蝙蝠栖息处和有大量鱼群进出的裂缝处捕食。鳄鱼喜欢的食物比较固定，但常常又被迫改变食谱。

鳄鱼常常把整个或大块的猎物一口吞下，使其在一个像袋子一样、肌肉厚实的胃里消化。胃里有一个个纵向生长的石状隆起，专门用于消化它们吞入的坚硬、不易消化的食物。这些“胃石”在促进食物分解的同时，也有“压仓”的作用。胃酵素的作用力非常强，其pH值是所有已知的脊椎动物中最低的。食物在温暖状况下消化得相当迅速。最后排出的粪便通常为白垩质，杂有一些未消化的骨头或羽毛。

⊙ 在坦喀尼喀湖清澈的水中游弋的尼罗河鳄是所有鳄鱼中最令人闻风丧胆的水中捕手。它们有符合水的流体动力学的体型、宽大有蹼的足以及巨大有力的尾巴。

自动调温器
热量调节

同其他的爬行动物一样，鳄鱼也是依靠外部热源来调节体温的变温动物。每一次活动都来自无氧代谢所提供的动力，然后需要很长一段时间来恢复。鳄鱼的反应敏捷有力，但容易疲劳。鳄鱼的行为都倾向于是偶发性的，一次行动可能包含了几次从几分钟到几小时不等的停滞状态。鳄鱼的新陈代谢率很低，这样反过来又可以减少食物的需求量。如果体温一直保持较低的话，一个大型个体可以连续几个月不进食。

温度选择（无论是寻找热还是躲避热）对所有的鳄鱼种类来说都是非常重要的日常活动。因为不论白天还是晚上，每只鳄鱼绝大部分时间都待在水里，水温的变化和季节的变换都会很大地影响热行为和鳄鱼的体温。美洲短吻鳄和其他一些种类的鳄鱼即使在有机会使自己体温变高的情况下，也会选择较低温度。例如，佛罗里达南部的短吻鳄在夏季最炎热的几个月里会在夜晚爬上岸来，把体温调节到比水温还低。而咸水鳄、新几内亚鳄、委内瑞拉凯门鳄、食鱼鳄、泽鳄以及南印度的咸水鳄也都会在夜晚爬上陆地，在清晨之前把体温调节至水温以下。

鳄鱼的热生物学与其他爬行动物的大相径庭。由于鳄鱼比其他爬行动物的体积更大，所以其体温升高或降低的过程就不单单是几分钟的问题，而是几小时甚至几天。它们两栖生活的习性和巨大的体型使它们有效地利用水作为热源和散热源。一只浮于水面的短吻鳄就像是一个热量分流器——在吸收直射的太阳光的热量的同时，又

知识档案

鳄鱼

目：鳄目

3科，8属，23种

分布：全球热带和亚热带地区，一些种类（短吻鳄）也分布至温带地区。

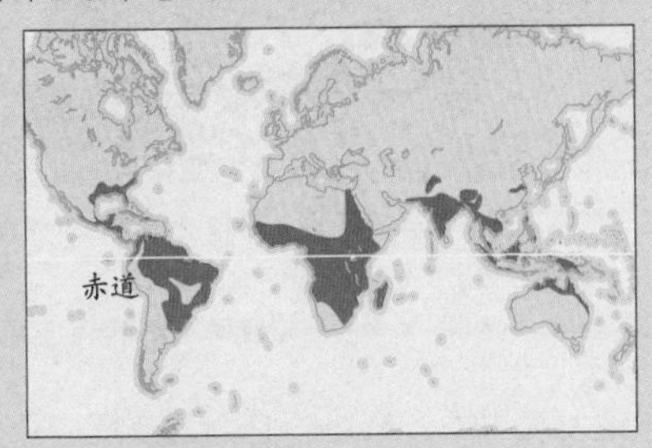

短吻鳄（短吻鳄科）

4属，8种。包括美洲短吻鳄、中国短吻鳄、普通凯门鳄、南美宽吻鳄、宽吻凯门鳄、侏儒凯门鳄、锥吻凯门鳄、黑凯门鳄。分布于美国东南部、中国东部、中美洲和南美洲。

大小：1.5～4米（口鼻部至尾尖），最长可长达5米。

体征：颚部闭合时，下颚中的第4颗牙看不见。口鼻部短而宽。

大鳄（鳄科）

3属，14种。包括美洲鳄、尖吻鳄、奥里诺科鳄、莫雷利特鳄、尼罗河鳄、新几内亚鳄、泽鳄、咸水鳄、古巴鳄、湾鳄、侏儒鳄、假食鱼鳄等。分布于非洲、马达加斯加、亚洲、澳大利亚、加勒比地区、美国佛罗里达。

大小：1.5～6.5米。

体征：当颚部闭合时，可以明显看到其下颚中的第4颗牙。口鼻部分短而宽、长而窄，各不相同。

食鱼鳄（长吻鳄科）

只有1种：恒河食鱼鳄。分布于印度、尼泊尔、巴基斯坦、孟加拉。

大小：雄性通常5米，最长可达6.5米；雌性3～4米。

体征：口鼻部很长，雄性的口鼻部顶端瓶状。

⊙ 印度北方邦，一只年轻的雄食鱼鳄与两只雌食鱼鳄在河岸上晒太阳。雄鳄最突出的特征在于其口鼻尖部有一个显著的凸起，从该处发的“嗡嗡”声既可赶走对手，又可吸引配偶。

将热量散发至水中。最终，它们的热反应会因气候、社会性相互作用、年龄、体型大小、繁殖状态、消化状况、传染病等多种因素的改变而变得复杂起来。一只饱餐一顿的鳄鱼会花更多的时间晒太阳，这样，随着体温的升高，它们的消化会更快。感染了病原体的动物会选择升高体温，以增强对疾病的抵抗力。由于体温直接控制新陈代谢率和能量的利用，因此，诸如生长、繁殖等重要过程最终也由体温调节来决定。

支配者雄性与繁殖群落

社会行为

幼鳄和成年鳄不像新孵化出的鳄鱼那样喜欢群居，但它们也会结成松散的社会群体，包括美洲短吻鳄和尼罗河鳄的几种鳄鱼常常会在一天中的某个时刻集结成群享受日光浴。而在较干燥的栖息地，个体则会集结成群或根据体型或年龄分组集结在永久性水域附近。在委内瑞拉大草原，凯门鳄集中在少数几个永久存在的池塘附近。澳大利亚淡水鳄则聚集在一些孤立的死水潭中。

在野生种群中，占统治地位的雄性会把其他成年雄性排斥在自己精心划下的领地之外。防御性措施涵盖了诸多方面甚至多种设施，且因种类的不同而各异，其常常包括接近配偶的通道、筑巢处、食物供应地、日光浴的场所、越冬栖息处等，或者兼而有之。在繁殖季节，领地保卫战会很激烈，并经常持续一整年。为了竞争统治地位，占有领地的鳄鱼会产生争斗，它们会用头相互顶撞，比如用颚部角力、头部相互撞击，或抬起膨胀的身躯摆出威胁的姿势。

在澳洲北部海潮中生活的咸水鳄有全年的孵化领地。一只雄性鳄鱼的领地常常包括有几只雌性鳄鱼的巢居地。繁殖期间的鳄鱼不会形成群落，成年鳄鱼在一年中的任何时间都很少一起出现。生长在鲁道夫湖畔的尼罗河鳄会形成季节性的大型繁殖群落（有时高达200只以上），并由差不多15只雄鳄统领。在孵化期间，雄鳄和雌鳄生活在一起，而过后它们又在沿湖区分散生活。美国路易斯安那沿岸的短吻鳄一年中的大部分时间都独自生活，但在每年春季，10只左右的鳄鱼会集结成小群落繁殖后代，之后，雌鳄会在靠近巢穴的地方和幼鳄呆在一起。

支配现象在季节性繁殖期间最为明显。当鳄鱼密度较低时，占主导地位的鳄鱼会维持面积和地点不同的分割的领地。雌性和半成年雄性可以在雄性的领地中生活，而其他成年雄性则被拒之门外。鳄鱼密度较高时，要维持领地就变得困难了。在这种状况下，鳄鱼群中特有的等级制度便形成了。

⊙ 南美宽吻鳄在巴西南部的潘塔纳尔河堤上享受日光浴。这种鳄在玻利维亚、巴拉圭和阿根廷东北部都有分布。尽管当地人大量捕杀它们以获得珍贵的鳄鱼皮，但它们在当地依然数量众多。

第六章

古灵精怪的鸟王国

鸟的概述

鸟纲在生物分类学上是脊椎动物亚门下的一个纲。鸟类溯源于中生代侏罗纪始祖鸟。历史上曾经存在过大约10万种鸟，而幸存至今的只有1/10，不及10000种，20余目。

鸟是脊椎动物的一类，温血卵生，用肺呼吸，几乎全身有羽毛，后肢能行走，前肢变为翅，大多数能飞。在动物学中，鸟的主要特征是：身体呈流线型（纺锤型），大多数飞翔生活。体表被覆羽毛，一般前肢变成翼（有的种类翼退化）；胸肌发达；直肠短，食量大消化快，即消化系统发达，有助于减轻体重，利于飞行；心脏有两心房和两心室，心搏次数快，体温恒定，呼吸器官除具肺外，还有由肺壁凸出而形成的气囊，用来帮助肺进行双重呼吸。

鸟的种类繁多，分布全球，生态多样，现在鸟类可分为三个总目：平胸总目，包括一类善走而不能飞的鸟，如鸵鸟；企鹅总目，包括一类善游泳和潜水而不能飞的鸟，如企鹅；突胸总目，包括两翼发达能飞的鸟，绝大多数鸟类属于这个总目。

为飞行而生

形态适应

除羽毛外，鸟类的骨骼和肌肉组织充分体现了它们对飞行的适应。这种适应性满足了两大要求：第一，由于飞行极为耗能，故体重需尽可能减轻；第二，飞行中的灵活机动性要求鸟类的躯体变得紧凑，重量尽可能往重心位置集中。

⊙ 雀形目鸟或“栖树鸟”以约5900种的数量占据了全球鸟类种数的半壁江山，其分布遍及除极地外的世界各大洲。图中为猩红比蓝雀，一个美洲的留鸟种类。

⊙ 展翅翱翔的白玄鸥

这种身姿优美的鸟非常善于在无边无际的大海上进行长途飞行。其巢通常筑在遥远的海岛上，它们经常飞越整个热带和亚热带海洋。

鸟类的头骨已大大变轻，其眼睛大，眼眶占据了头骨前部的很大空间，两个眼眶几乎在头骨中央汇合。比起其他脊椎动物，鸟类的一个显著特征是颌骨变轻，牙齿完全消失。鸟类的喙在形状和大小方面各不相同，从而使不同类型的鸟能够获取并“处理”各种各样的食物。

在骨骼系统的另一端，鸟类尾部的骨骼成分已大大缩减。随着尾骨的退化，所有尾羽得以集中长在同一部位。这种适应性令现代鸟类比带有“拖沓”长尾巴的始祖鸟在结构上能更方便、更有效地控制方向。尾部的大小和形状则因鸟而异，主要是为了满足各自的飞行需要。有些种类（如啄木鸟、旋木雀），它们的尾部在攀树时甚至会变得僵硬，用以作为一种支撑。

鸟类很多部位的主要骨骼都已经大大减轻，尤其是进化为中空的骨骼，其中包括重要的肢骨以及头骨和骨盆的一部分。肋骨很轻，同时长有向后生长的凸出物（钩突），压覆在相邻的肋骨上，以增强牢固性。一些潜鸟如海鸠，具有很长的两块相互压覆的肋骨，从而保证了在潜水时体腔不被压迫。另外，许多骨骼相互愈合，形成了一个坚固的骨架，因此也就无需大量的肌肉组织和韧带来将分散的骨骼结合起来。

鸟类的前肢发生了鸟类身上最重要的变化之一，后肢变化则相对不明显。前肢化为翼，同时躯体的相关部位为大量的飞行肌提供着生处。“手”上有两节指骨已消失，另有一节已大大退化。翅肌主要集中在翼的基部（靠近重心），翅膀的向下拍动来自肌肉的直接作用，向上拍动（或折翅）则要求通过肌腱围绕肩关节做“滑轮”运动。翼关节的此种构造，使其除了水平方向的展开与闭合外便极少活动，故不需要肌肉和韧带，从而杜绝了“多余的”运动。鸟的“上臂”（肱骨）基部有一块很大的地方留给胸肌着生。这些发达的胸肌的另一端则附于龙骨状的庞大胸骨。当胸肌收缩、翅膀向下拍击时，产生的力量足以将鸟胸骨和翼之间的身体部位压迫变形，幸亏胸骨和翼之间两侧各有一根强有力的支柱状骨骼喙骨支撑，并有叉骨（结合起来的锁骨）和肩胛骨相助，三者的端部相连，为翅膀提供了连接点。

⊙ 有些鸟类，特别是在地面筑巢的种类（图中为一只金斑），羽毛的色彩和图案具有保护性，能使它们把自己伪装起来，从而将被天敌发现的风险降至最低。

鸟类是动物中不同寻常的一个纲，它们有2种移动方式：飞行（使用前肢）以及步行或（和）游泳（使用后肢）。鸟在飞行中保持平衡问题不大，因为大的飞行肌集中位于翼下的身体重心附近。然而，正是由于这些肌肉的存在（部分原因），鸟的腿部便很难长在靠近重心的部位。事实上，腰部的杯形髋臼（连接股骨上端）离重心就已经有一段距离了。所以一

纲：鸟纲

含2个总目，28目，172科，2121属，9845种。

古颚总目

（平胸类和䳍形类）

鸵鸟（鸵鸟目）

1种：鸵鸟

美洲鸵（美洲鸵目）

1科2属2种

鸸鹋和鹤鸵（鹤鸵目）

2科2属4种

几维（无翼目）

1科1属3种

䳍（䳍形目）

1科9属46种

今颚总目

（所有其他现代鸟类）

企鹅（企鹅目）

1科6属17种

潜鸟（潜鸟目）

1科1属5种

䴙䴘（䴙䴘2目）

1科7属22种

信天翁、鹱和鹈燕（鹱形目）

4科27属125种

鹈鹕及其亲缘鸟（鹈形目）

6科8属65种

鹭、鹳、红鹳及其亲缘鸟（鹳形目）

6科43属117种

游禽（雁形目）

2科52属165种

鹫、鹰、隼（隼形目）

5科81属300种

猎禽（鸡形目）

6科77属285种

鹤、秧鸡及其亲缘鸟（鹤形目）

11科59属203种

鸻、鸥及其亲缘鸟（鸻形目）

18科87属342种

沙鸡（沙鸡目）

1科2属16种

鸽子（鸽形目）

1科42属309种

鹦鹉（鹦形目）

1科80属356种

杜鹃、麝雉和蕉鹃（鹃形目）

3科35属164种

鸮（鸮形目）

2科27属205种

夜鹰及其亲缘鸟（夜鹰目）

5科20属118种

雨燕和蜂鸟（雨燕目）

3科128属424种

咬鹃（咬鹃目）

1科7属37种

鼠鸟（鼠鸟目）

1科2属6种

翠鸟、佛法僧及其亲缘鸟（佛法僧目）

9科42属206种

巨嘴鸟、啄木鸟及其亲缘鸟（形目）

6科66属403种

雀形目鸟（雀形目）

82科1207属5899种

只步行中的鸟若直接由髋臼来支撑身体，会很难保持平衡。

于是，鸟类以一种独特的方式解决了这一难题。股骨仍以脊椎动物常见的方式接入髋臼，但沿着鸟的躯体向前突，且基本不运动，由肌肉缚之于身体。在某种意义上，股骨的下端（膝）成了一个新的“髋”关节，它连接着腿的下部，并且重心位置相当好。所以鸟类的腿虽然上下两部分分明，但实际上与我们人的腿并不相似。它的上半部分相当于我们的小腿，而它的下半部分或假胫骨（术语称为跗跖骨）由部分胫骨和足部骨骼组成，在人身上则没有对应的部位。这一事实解释了为何鸟类的腿弯曲的方式正好与人类的相反。我们看见的关节并不是真正意义上的膝关节，而更像是人类的踝关节。因为翅膀的存在，腿部关节变得非常固定，很少往不必要的方向活动。腿部运动由位于腿上端附近的肌肉通过肌腱来加以控制，使其向重心靠拢。

保暖、轻盈、流畅

羽毛

虽然在某些爬行类动物的化石中也能发现羽状结构，但羽毛仍是迄今为止鸟类最典型的特征，也是研究鸟类的习性、生活方式及分布的一个重要参数。羽毛的主要成分为角蛋白，是一种蛋白质物质，广泛存在于脊椎动物中，哺乳动物的头发和指甲，以及爬行动物的鳞片均由角蛋白构成。当年始祖鸟的原种为了保温，进化形成了最初的羽毛，这一目的在现代鸟类的羽毛进化过程中同样得到了很好的体现，它们的羽毛不仅轻巧、防水，而且能保存大量的空气，从而减缓了热量的散失。鸟类主要的体羽都含有羽干，羽干的两侧分布着主要的侧面凸出物羽支，羽支由羽小支勾结在一起。

然而，羽毛的进化还服务于鸟类的其他多种重要功能。沿翅膀后缘的羽毛以及尾部的羽毛已变得更大、更有力、更坚固，从而形成一个表面，为飞行和空中机动提供提升力。剩下的可见羽毛（正羽）覆于体表，使躯体呈现流线型，并提供必不可少的绝热性能，从而大大提高了飞行效率。

在雏鸟身上发现的绒羽，也会长在许多成鸟身上作为绝热内层。绒羽没有互相勾结的羽小支，因此显得杂乱无章，看上去像修面刷。而最简单的羽毛莫过于经常可以在鸟的眼部周围或喙基部发现的单羽轴须毛，一般认为这些须毛具有感觉功能。

同样，鸟类羽毛的缤纷色彩也扮演着多种角色。一方面，羽毛可以很好地将鸟伪装隐蔽起来（如夜鹰），使得天敌难以发现它。另一方面，孔雀、蜂鸟、大咬鹃等鸟类的羽毛则展现了自然

⊙ 大多数鸟类首先通过垂直向上跃入空中来实现起飞。然后它们利用强有力的翅膀和胸肌使自己向前推进，同时产生提升力。在飞行过程中，鸟的腿部缩起，形成符合空气动力学的高效体型，将阻力降低到最低限度。当飞行放缓时，鸟便通过扇动尾部和下垂腿部来增加阻力。在即将着陆的那一刻，鸟的翅膀扑动，使整个躯体几乎垂直翘起，就此“刹车”。

⊙ 鸟类的骨骼

为了高效率的飞行，鸟类需要轻盈而紧凑的骨骼。骨骼中空（见下图，注意交错的骨质梁，这是鸟类维持力量的必要成分）和重量集中于重心附近，使这一要求得到了实现。注意图中大块的胸骨，那是大量飞行肌着生的地方。

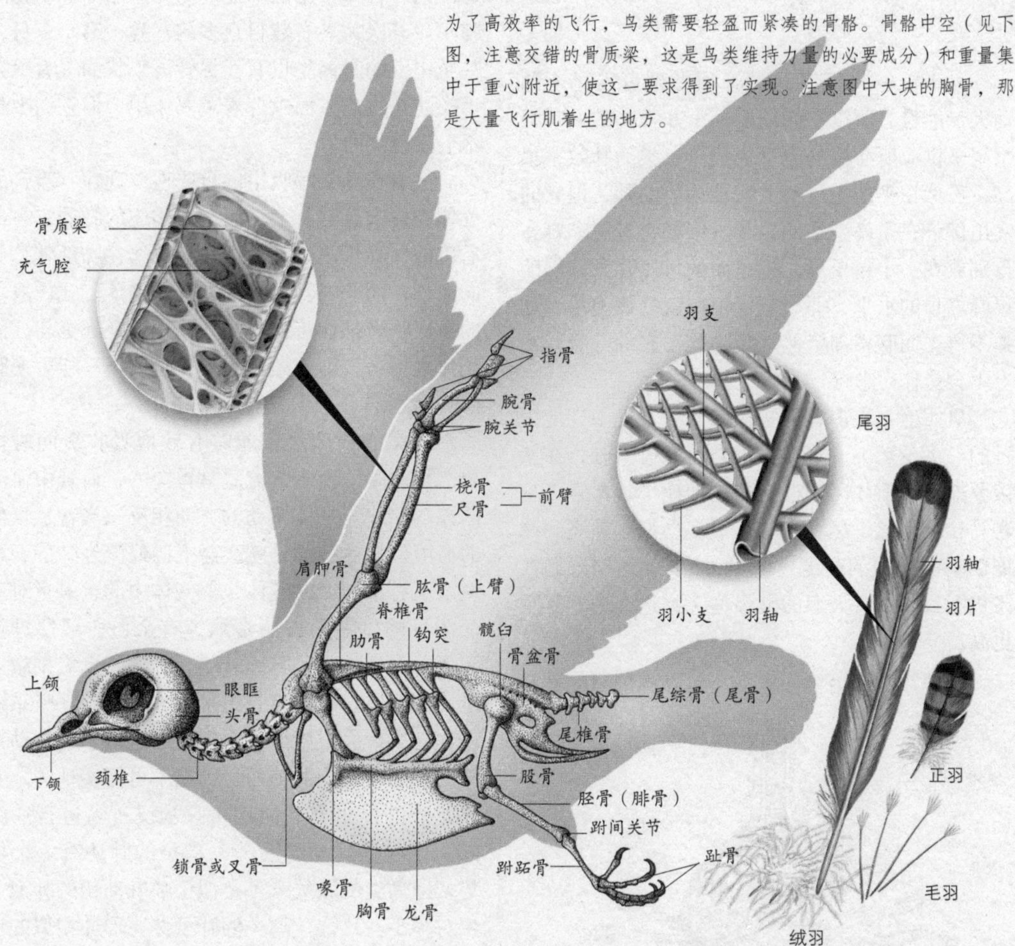

界中最炫目的色彩之一，在它们的（求偶）炫耀行为中起着举足轻重的作用。

羽色的产生有两种途径，可以通过其中一种或同时借助两种方式来生成。一种借助色素生成。羽毛中最常见的色素为黑色素，用于产生各种棕（褐）色及黑色。有些色素则非常少见，如仅能在某些蕉鹃身上发现的绿色素（turacoverdin）。另一种着色方式由羽毛的物理结构引起，即部分反射光的可见波所致。这样的羽色如星椋鸟身上那种亮丽的青绿色，以及绝大部分富有光泽的鲜艳羽色。倘若羽毛反射所有波长的光，那么看上去就为白色。

羽毛并非是随意分布的，而是划分为明确的羽迹区域。每枚羽毛都是从各个被称为羽乳头的特殊细胞环上生出的。这些细胞的繁殖，产生了一系列的细胞环，从而形成了羽管。羽管的一面较厚，为羽干，另一面则为后羽干。羽毛在生长过程中沿着后羽干突起，然后展开。单个的羽支也在后羽干处“分叉”。雷鸟的羽毛冬天白色、夏天棕色，使其与周围环境融为一体，天敌便难以发现它。许多雄性鸭类几乎全年都着亮丽的羽衣，但在夏天有大约4～6周却换成具有隐蔽性的褐色羽毛（所谓的“羽蚀”），原因是那段时间它们全面换羽，不能飞行，易受攻击。

鸟类换羽是要消耗能量的，同时在长新羽期间，鸟类的保温和飞行能力都会受到影响。并且，部分鸟种，如鸭类和大多数海雀，在换羽期会完全丧失飞行能力。然而另一方面，换羽能够使受损的飞羽得到更新，这对于蝙蝠而言，无疑是一种向往的优势，因为蝙蝠无法去修复受创的翅膀。

单向流动的好处
呼吸

为了能够飞行，鸟类必须做到可以迅速调动大量能量，所以它们需要一个非常高效的呼吸系统来供应所必需的大量氧气。鸟类的肺效率很高，虽然在平地上比不上哺乳动物的肺，但它的突出优势在于高空中的效率。假如将老鼠和麻雀分别放在一个箱子里，把里面的气压降到珠穆朗玛峰峰顶的水平，那么老鼠很快就筋疲力尽、动弹不得，而麻雀却依然蹦蹦跳跳，它的呼吸基本上不会受什么影响。

事实上，许多鸟类是在稀薄的空气中迁徙飞行的。不少鹤类、鸭类和鹅类，如斑头雁，在从俄罗斯北部前往印度过冬的迁徙途中，常常飞越喜马拉雅山脉。尽管并不是很多鸟都必须飞到珠穆朗玛峰峰顶的高度（8844.43米），但人们在飞机上目睹过有大型的食肉鸟飞到这么高，甚至更高。

鸟类的呼吸系统在很多重要方面都与哺乳动物不同。首先，鸟的肺比同等体型的哺乳动物的肺小。其次，鸟有数目众多的气囊，遍布全身，甚至中空的骨骼里也有。尽管薄膜状的气囊壁在鸟类防止过热方面发挥着重要作用，但它们本身不会渗透气体。

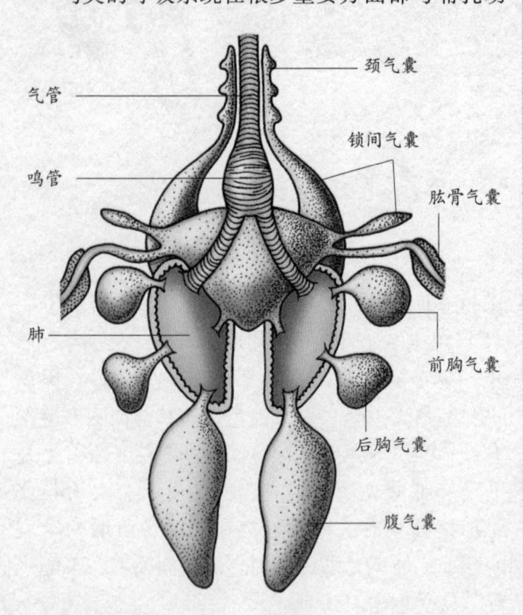

⊙ 鸟类的呼吸系统

鸟类的肺相对较小，但有多个气囊相助，可以最大限度地将氧气融入血液里。大部分鸟类拥有9个气囊，1个锁间气囊，2个颈气囊，2个前胸气囊，2个后胸气囊，2个腹气囊。这些气囊为肺的薄壁延伸物，作用是使气流单向通过肺。这种高效的呼吸形式保证鸟类可以不断地吸入含氧量高的新鲜空气。而细胞中的高含氧量使鸟类能够从食物中最大限度地获取能量，这对于飞行需要大量耗能的鸟类而言无疑至关重要。

气囊在鸟类呼吸中的重要性体现在：吸入的气体先进入后气囊，然后进入相应的肺器官，最后借前气囊排出体外。这样，气体在肺部就是单向流动，而非哺乳动物的“潮涨潮落”式。故鸟的每次呼吸都能将肺里的气体几乎全部更新，而相比之下，人即使做深呼吸，也大概只能更换肺中3/4的气体。

鸟类的肺部血管能够有效地吸收氧同时排出二氧化碳。由于气流总是单向的，血管中血液的流动始终与气体流动的方向相反。当含氧量低的血液一抵达肺部，就会碰上已经流经肺部、含氧浓度有所降低的气体，但气体中的含氧量对于低浓度的血液而言还是绰绰有余，血液便进行吸氧。当血液流经肺部外壁，会遇到含氧量越来越高的气体，也就吸收更多的氧。这种呼吸系统帮助鸟类最大限度地吸收氧，而这对于哺乳动物“潮涨潮落”式的肺而言则是不可能实现的。二氧化碳的排出亦是同理，只是反过来进行。此外，比起哺乳动物的肺，鸟类的肺还有一个优势，即鸟类的微气管（类似于哺乳动物的肺泡）相对很小。这样，鸟类的肺虽然比形体相似的哺乳动物的肺小，但重量却不相上下，原因就是其密度大，从而为鸟类提供了更大的表面积来进行气体交换。

其他适应飞行的方面
减轻体重策略

鸟类的消化系统同样适于飞行。爬行类谱系那种庞大而沉重的颌及颌上的肌肉和牙齿在鸟类身上已经找不到了（尽管某些鸟种仍具有相当强健的颌）。对于鸟类而言，研磨食物这一功能很大程度上已由胃的肌肉部分即肌胃取代。为了方便食物进入肌胃，一些鸟类会用喙将食物撕碎，然后张大嘴吞下。

食物进入肌胃后，常常在砂粒的帮助下被磨碎，所以有些种类，如食谷物的家鸡和麻雀会特意摄入砂粒。而食鱼、食肉类的鸟，如翠鸟和鹰，以及食虫类的鸟，如燕子和捕蝇鸟，则不需

⊙ 鸟类的肺拥有惊人的效率，某些鸟类能够在供氧量仅为平地1/4的高空飞行。例如，迁徙中的蓑羽鹤以超过9000米的高度飞越喜马拉雅山脉。

要砂粒，它们的食物相对比较柔软，用威力强大的消化液就足以对付了。

尽管也有不少鸟类以种子和果实为食，但至少与哺乳动物相比，像松鸡一样以树叶为食，以及像鹅和某些鸭类那样以草为食的还是寥寥无几。事实上，这些食物的分解相当困难。就许多哺乳动物而言，比如牛，对树叶的消化需要共生细菌在一个庞大且非常沉重的胃里进行。这样大型的消化器官对飞鸟而言是不堪重负的，因此那些食草类鸟必须分多次摄入食物来获得必要的营养成分。

许多鸟类尤其是食种类的鸟，在肌胃上方拥有一个伸缩性强的食管——侧薄壁嗉囊。一只鸟能在很短的时间里往嗉囊内填充大量食物，然后撤退到一个安全的地方进行消化。很多食种类鸟包括雀类和鸽类，同样以这样的方式带不少食物回巢，从而有效地缩短了夜间的断食期。还有许多鸟类利用嗉囊给它们的雏鸟带食。

鸟类会降低排泄物中水分的含量，这同样也体现了适应减轻体重的需要。有些鸟类所需的水分主要从食物中获得，水从后肠中的内容物里回收。泌尿系统的产物也是高度浓缩，主要形成尿酸，而尿酸排泄前在泄殖腔内（鸟类无膀胱）与粪便混合。一些食肉类鸟如猫头鹰，不消化的猎物的某些部分，便以颗粒状形式回吐出来。另有些鸟类必须长途携带食物给它们的雏鸟，便将食物半消化，以减轻负重。

鸟类的生殖系统同样将重量保持在最低限度。鸟类的性器官和相关管道在一年的大部分时间里都处于显著收缩状态，这在雌鸟身上尤为明显。当繁殖季节来临时，配子（生殖细胞）产生，生殖器官随即迅速发育。所有鸟类的雌鸟都产卵，但即使是那些窝卵数有数枚的鸟类（占大多数），每天也只产1枚卵，有些则隔天产卵或间隔时间更长。这样的产卵方式使大部分鸟类能够陆续地产下数枚相对较大的卵。

对于芬兰的灰山鹑来说，窝卵数平均从1枚到19枚不等，不过产卵的母鸟每次在输卵管内只携带1枚发育成熟的卵（尽管在卵巢里可能还有1枚或数枚较小、尚在发育中的卵）。倘若母鸟像哺乳动物生育幼崽一样同时产下所有发育一样的卵，那么单枚的卵势必会变得非常小，或者雏鸟的数量会大大减少。

鸟类卵的大小占成鸟体重的比例从大约1.3%（鸵鸟）至25%（几维和某些海燕）不等。如果卵相对较大，那么有一个优势便是可以缩短在巢中的喂养期，使雏鸟能够更早地学会飞行（许多小型的鸟类为12～14天）。这自然有利于缩短危险期，因为留在巢里的雏鸟在受到天敌的威胁时是没有行为能力的。绝大多数鸟类在凌晨产卵，这样就避免了在上午喂食期间还要怀着一个发育完全的卵，那时母鸟需要处于最活跃的状态中。

视觉、听觉和嗅觉

感觉

大部分动物都特别依赖于众多感觉中的仅仅一种或两种，如大部分哺乳动物尤其是夜间活动的动物（夜行性动物），更依赖于嗅觉和听觉。不过，即使是视觉起着重要作用的哺乳动物，绝

⊙ 鸟类发声有多种用途，可以是吸引异性、维护领地或者拉响天敌来袭的警报。

⊙ 多种多样的鸟喙形状

不同的鸟喙形状适应于应对各种不同的食物。1.褐几维（食蠕虫和其他无脊椎动物）；2.蛇鹈（食鱼）；3.巨嘴鸟（食果实）；4.红交嘴雀（食种子）；5.戴菊（食昆虫和毛虫）；6.笑翠鸟（食蜘蛛、小型无脊椎动物、水生虫和鱼）；7.反嘴鹬（食软体动物、甲壳类动物和小型水生无脊椎动物）；8.锡嘴雀（食硬壳种子）；9.双齿拟䴕（食果实和硬浆果）；10.大金背啄木鸟（食节肢动物）；11.双角犀鸟（食果实，尤其是无花果）；12.白尾尖弯嘴鸟（食曲冠类尤其是海里康的花蜜）；13.刀嘴蜂鸟（食长冠类的西番莲花蜜）；14.雀鹰（食小鸟）；15.翎翅夜鹰（食昆虫）；16.凤头䴙䴘（食鱼、甲壳动物和软体动物）；17.鲸头鹳（食肺鱼、蛙、龟和蛇）；18.大红鹳（食海藻、硅藻及小型水生无脊椎动物）；19.白琵鹭（食小鱼和虾）；20.剪嘴鸥（食小鱼和甲壳动物）；21.卷羽鹈鹕（食鱼、两栖类动物和小型哺乳动物）；22.黄领牡丹鹦鹉（食种子、坚果和浆果）。

大多数也都缺乏色视觉。然而，对鸟类而言，视觉，包括色视觉，几乎始终都是最重要的感觉，其次才是听觉，嗅觉则排在第3位。事实上，许多鸟类都基本不用嗅觉。在这方面，人类是哺乳动物中的一个例外。我们的感觉按重要性排序的话，结果与上述鸟类的顺序一样，并且我们也像鸟那样具有出色的色视觉。

这种相似性或许可以用来解释为何鸟类会如此受到人们的欢迎。我们基本上依赖于同样的感觉，同样习惯于昼行性的生活模式，能够欣赏和享受它们的色彩和鸣声。而相比之下，我们对于那些甚至很熟悉的哺乳动物（如家中的猫、狗）通过嗅觉所获得的信息却几乎一窍不通，故在这方面无法去分享它们的世界。当我们走进一片树林时，看到的也许是很多鸟类，而没什么哺乳动物，哪怕事实上那里的哺乳动物比鸟还多。哺乳动物不太容易为我们所感知，因为它们中的许多仅在夜间出没，或者生活在地表下面，或者两种原因都有。

鸟类的生活是一种高速运动的空中生活，所以很显然，视觉和听觉远比嗅觉有用。从眼睛的大小就可知道眼睛对于鸟的重要性。眼睛占据了鸟类头部的很大一部分。鹰本身虽然远比人小，但它的眼睛却与人眼一般大小。

鸟类的眼睛相对固定——因为眼大，在头骨里留给肌肉活动的空间就小了。不过，诸如猫头鹰等鸟类则具有异常灵活的颈，令它们能够轻松自如地转头，于是它们的实际视野范围也就变得非常开阔，有些鸟甚至可以360°全方位通视。而像丘鹬这样的鸟，眼睛长在头两侧的高位，因此不但可以看到四周，还能看到头顶上方。当然，有利就有弊，绝大多数鸟类双眼的视野很难重合，以致它们只有少量的双目视觉。然而，作为一种补偿，它们可以观察到所有视野范围内的动向，这对于探明是否有天敌存在是非常有用的。而双眼前视的鸟类，如猫头鹰，则具有出色的双目视觉。此外，鸟类在某一刻瞬间聚焦的范围也比较大，或许可达20°左右，而人的瞬间聚焦范围仅为2°～3°。

绝大多数鸟类都具有良好的色视觉，包括像猫头鹰这样的种类，它们的色视力也得到了证实，尽管它们对光谱中蓝色部分的识别稍逊于我们人类。食肉鸟和其他一些鸟类的视觉敏锐性大概是人的2～3倍，但是不会高得更多。有些鸟类，如夜间活动的猫头鹰，拥有特别出众的夜视能力，但仍需借助听觉在夜间定位和捕捉猎物。近期的一项发现表明，许多鸟类能够看清光谱中的紫外线部分，这是人类所不及的。故相对于人类的三色视觉（大多数哺乳动物为二色视觉），至少部分鸟类具有四色视觉。并且，一些鸟类（如鹦鹉）的羽毛可以反射紫外线，从而意味着它们能够比人类识别和区分范围更广的颜色。这一点对于这些鸟类的生活无疑具有重要意义，尽管实际情况还有待进一步研究。

鸟类在个体之间交流时会用到听觉，尤其在丛林地带，视觉交流相当困难，听觉更显示出其价值所在，于是众多林鸟，如歌鸲鹟和钟雀，具有动听的鸣啭或悠扬的鸣声。像视觉一样，鸟和人感知的听觉范围也大抵相同，虽然大部分鸟对低频音的听力可能略逊人类一筹。不过，鸟类的听觉似乎有一个重要的方面不同于人类，即它们能够辨别在时间上极为紧凑的一系列声音。比如，在人耳听起来是一个音符的声音，在鸟类听来或许就包含了10个独立的音符。故几句“简单”的鸟鸣并非人听上去的那么简单，对于鸟而言，可能传递着大量的信息。

许多鸟类几乎全然不知嗅觉为何物，当然，某些种类除外。如夜间出没的几维，它们在林地觅食时鼻孔近乎贴着喙尖；而新大陆的美洲鹫（而非旧大陆的兀鹫）也利用嗅觉在林地寻找腐肉。另外，有些种类如部分海燕种，脑中负责嗅觉的叶相当发达，意味着它们也有较发达的嗅觉。

对于味觉，自然界中所有的物种都不是特别发达。和人类一样，鸟类的味觉实际上也掺杂着嗅觉的成分，而我们已经知道鸟类的嗅觉实在不敢恭维。很多鸟类的舌头非常粗糙，并不适合味觉接收细胞的生长。人们发现味蕾存在于鸟口腔的后部，因此鸟很可能只在食物完全进入口腔后才去品味一下。但不管怎样，鸟还是能够辨别4种主要的味道：咸、甜、苦和酸。

很多鸟类的舌和喙尖都拥有发达的触觉，特别是鹬、塍鹬、杓鹬等种类，它们需要将喙深入泥土中捕食。还有反嘴鹬、篦鹭、鹮等鸟类，它们张开的喙像镰刀一样在水里和软泥里横扫，一旦触到猎物，马上一口咬住。

各种各样的鸟巢

1 几乎所有的鸟类都营巢。巢的类型从精心布置的复杂结构到仅为地面的一个浅坑，不一而足。不筑巢的仅为某些企鹅类（它们在足上孵卵）以及巢寄生鸟如牛鹂和某些杜鹃种类。最大的鸟巢之一便是鹳类的巢。图中为白鹳的巢，它们的巢会年积月累地不断增大。

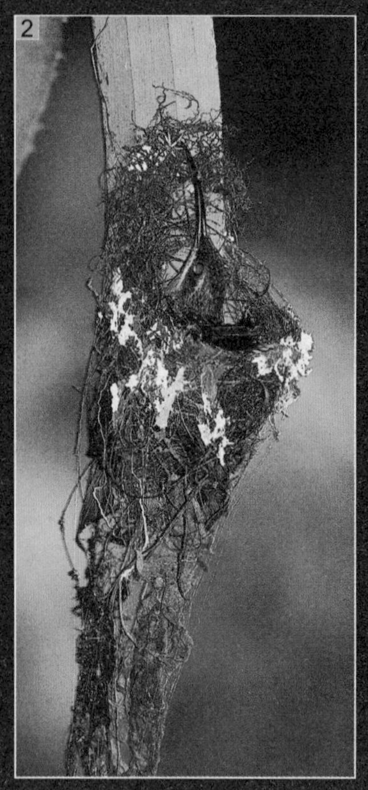

2 隐蜂鸟类（Phaethornis属）的小巢为锥形结构，由植被构筑，并缠以蜘蛛网。为了防止自己落巢时这个脆弱的巢倾覆，隐蜂鸟在锥底铺上了一些小泥块，用以平衡它的重量。

3 许多洞巢类鸟亲自掘洞，然而有些鸟却坐享其成。如在美国西南部以及墨西哥，娇鸺鹠就经常占用希拉啄木鸟和北扑翅鴷在巨人柱仙人掌上掘好的洞。因巢离地面很高，这一种鸮类不必担心会遭到食肉类哺乳动物的袭击。

④ 白腹金丝燕将巢筑于洞穴内的陡峭岩面上。这种鸟主要的筑巢材料（巢材）为苔藓和泥。而其他种类则使用唾液，筑成的巢便是“燕窝汤”的原料。

⑤ 发冠拟椋鸟的巢堪称是最壮观的鸟巢之一。雌鸟用棕榈纤维和草编织成一个长达1～2米的吊巢，高高悬挂于雨林中的树冠上。

⑥ 广泛分布于美国西部的崖燕所筑的碗状泥巢为群巢结构。以前这种鸟的巢址是天然的悬崖，如今则常常将巢筑于牲口棚或桥下。

⑦ 这只斑鹟在林场工人头盔的保护下营巢育雏，充分体现了鸟类机智灵活和适应性强的特点。

鸵鸟

与普遍流行的说法相反，鸵鸟从不会把头埋入沙中。事实上，在受到威胁时，这种体型庞大、不会飞的鸟无一例外地都是依靠恰恰相反的策略，即借助它们的长腿逃离逼近的危险。“世界上最大的鸟”这一荣誉属于鸵鸟。

鸵鸟广泛分布于非洲平坦、开阔、降雨少的地区。有4个区别显著的亚种：北非鸵鸟，粉颈，栖息于撒哈拉南部；索马里鸵鸟，青颈，居于“非洲之角”（东北非地区）；马赛鸵鸟，与前者毗邻，粉颈，生活在东非；南非鸵鸟，青颈，栖于赞比西河以南。阿拉伯鸵鸟从20世纪中叶起便已绝迹。

高大且不会飞行
形态与功能

鸵鸟的羽毛柔软，没有羽支。雄鸟一身乌黑发亮的体羽与它两侧长长的白色“飞”羽（初级“飞”羽）形成鲜明对比，这使它显得异常醒目，白天在很远的距离之外便能看到。雌鸟及幼鸟为棕色或灰棕色，这样的颜色具有很好的隐蔽性。刚孵化的雏鸟则为淡黄褐色，带有深褐色斑点，背部隐隐有一小撮刚毛，类似刺猬。鸵鸟的颈很长，且极为灵活。头小，未特化的喙能张得很开。眼睛非常大，视觉敏锐。腿赤裸，修长而强健。每只脚上仅有两趾。脚前踢有力，奔跑速度可达50千米/小时，是不知疲倦的走禽。因为步伐大、脖子长、啄食准，鸵鸟能够非常高效地觅得栖息地内分布稀疏的优质食物。它们食多种富有营养的芽、叶、花、果实和种子，这样的觅食与其说像鸟类，不如说更像食草类的有蹄动物。鸵鸟在多次进食后，食物塞满食管，于是像一个大丸子一样（即“食团”）沿着颈部缓慢下滑，由于食物团近200毫升，因此下滑过程中颈部皮肤会绷紧。鸵鸟的砂囊可以至少容下1300克食物，其中45%可能是砂粒或石子，用以帮助磨碎难消化的物质。鸵鸟通常成小群觅食，这时它们非常容易遭到攻击，所以会不时地抬起头来扫视一下有没有掠食者出现，最主要的掠食者是狮子，偶尔也有美洲豹和猎豹。

⊙ 在繁殖季节，一只雄马赛鸵鸟着一身黑白分明的亮丽羽衣，追逐2只正在炫耀的雌鸟。雌鸟低下头、垂悬双翅的姿态暗示它们接受了雄鸟的追求。

照看“别人的孩子”
繁殖生物学

鸵鸟的繁殖期因地区差异而有所不同，在东非，它们主要在干旱季节繁殖。雄鸵鸟在它的领域内挖上数个浅坑（它的领域面积从2平方千米到20平方千米不等，取决于地区的食物丰产程度），雌鸵鸟（“主”母鸟）与雄鸵鸟维持着松散的配偶关系并自己占有一片达26平方千米的家园，雌鸵鸟选择其中的一个坑，此后产下多达12个卵，隔天产1枚。会有6只甚至更多的雌鸵鸟（“次”母鸟）在同一巢中产卵，但产完卵后一走了之。这些次母鸟也可能在领域内的其他巢内产卵。接下来的日子里，主母鸟和雄鸟共同分担看巢和孵卵任务，雌鸟负责白天，雄鸟负责夜间。没有守护的巢从空中看一目了然，所以很容易遭到白兀鹫的袭击，它们会扔下石块来砸碎这些巨大的、卵壳厚达2毫米的鸵鸟蛋。而即使有守护的巢也会受到土狼和豺的威胁。因此，巢的耗损率非常高：只有不到10%的巢会在约3周的产卵期和6周的孵化期后还存在。鸵鸟的雏鸟出生时发育很好（即早成性）。雌鸟和雄鸟同时陪伴雏鸟，保护其不受多种猛禽和地面肉食动物的袭击。来自数个不同巢的雏鸟通常会组成一个大的群体，由一两只成鸟护驾。仅有约15%的雏鸟能够存活到1岁以上，即身体发育完全。雌性长到2岁时便可以进行繁殖。雄性2岁时则开始长齐羽毛，3~4岁时能够繁殖。鸵鸟可活到40岁以上。

雄鸟通过巡逻、炫耀、驱逐入侵者以及发出吼声来保卫它们的领域。它们的鸣声异常洪亮深沉，鸣叫时色彩鲜艳的脖子会鼓起，同时翅膀反复扇动，并会摆出双翼一起竖起的架势。繁殖期的雄鸟向雌鸟炫耀时会蹲伏其前，交替拍动那对展开的巨翅，这便是所谓的“凯特尔”式炫耀。雌鸟则低下头，垂下翅膀微微振颤，尽显妩媚挑逗之态。鸵鸟之间结成的群体通常只有寥寥数个成员，并且缺乏凝聚力。成鸟很多时候都是独来独往的。

⊙ 非洲南部博茨瓦纳的奥卡万戈三角洲地带，两雌一雄3只鸵鸟在看护一个巢。由于鸵鸟的卵产于易受威胁的浅坑里，为了保证卵不受侵袭，成鸟必须担负起24小时轮流值班的任务。孵化期持续40多天。

⊙ 一群鸵鸟疾速穿越纳米比亚境内几乎为一片银白色的埃托沙盐沼。对鸵鸟来说，要在这片到处都有行动敏捷的肉食动物出没的大陆上生存下来，具备快速奔跑的能力无疑至关重要。

知识档案

鸵鸟

目：鸵鸟目

科：鸵鸟科

有马赛鸵鸟、北非鸵鸟、索马里鸵鸟、南非鸵鸟4个亚种。

分布：非洲（以前还有阿拉伯半岛）。

栖息地：半沙漠地带和热带大草原。

体型：高约2.5米，重约115千克。雄鸟略大于雌鸟。

体羽：雄鸟体羽为黑色，带白色的初级飞羽和尾羽，其中有一个亚种体羽为浅黄色；雌鸟体羽灰棕色。颈和腿裸露。雄鸟皮肤依亚种不同可为青色或粉色，雌鸟皮肤为略带粉红的浅灰色。

鸣声：响亮的嘶嘶声和低沉的吼声。

巢：地面浅坑。

卵：窝卵数10~40枚；有光泽，乳白色；重1.1~ 1.9千克。孵化期42天。

食物：草、种子、果实、叶、花。

企鹅

企鹅为不会飞的海洋鸟类，生活于南半球，主要集中在南极和亚南极地区。企鹅是一个独特的群体，高度特化，适应于它们所生存的海洋环境和恶劣的极地气候。当然，它们长相可爱，充满活力，乃是一群惹人喜爱的鸟。

葡萄牙航海家瓦斯科·达·伽马和费迪南德·麦哲伦在他们的探险航行中（分别为1497～1498年和1519～1522年）最早描述了企鹅。两人分别发现了南非企鹅和南美企鹅。然而，大部分企鹅种类直到18世纪随着人类为寻找南极大陆而对南大洋进行探索时才逐渐为世人所了解。

天生游泳健将

形态与功能

企鹅的所有种类在结构和体羽方面非常相近，只是在体型和体重上差别较大。它们背部的羽毛主要为蓝灰或蓝黑色，腹部基本上为白色。用以种类区分的标志如角、冠、脸部、颈部的条纹和胸部的镶边等主要集中在头部和上胸部，当企鹅在水面游泳时这些特征很容易被看到。雄企鹅体型通常略大于雌企鹅，这在角企鹅属中相对更明显，但两性的外形极为相似。雏鸟全身为灰色或棕色，或者背部两侧及下层羽毛为白色。幼

⊙ 在一大片翻腾的气泡和同类的潜水身影中，王企鹅全力追捕猎物。这一种类以其出色的深水潜水能力而闻名。

⊙ 企鹅的代表种类

1.一只黄眼企鹅的成鸟和两只雏鸟；2.一对在育雏的凤头黄眉企鹅；3.上岸的小企鹅；4.两只孵卵的王企鹅，其中一只在将卵放到脚上；5.一对阿德利企鹅在相互问候；6.阿德利企鹅在滑行；7.阿德利企鹅跃出海面；8.阿德利企鹅在做“海豚式T泳”；9.一只站立的南非企鹅；10.准备上岸的南非企鹅。

鸟的体羽往往已接近成鸟，仅在饰羽等方面存在一些细小的差别。企鹅的形态和结构都非常适于海洋生活。它们拥有流线型的身体和强有力的鳍状肢来帮助它们游泳和潜水。它们身上密密地覆有3层短羽毛。翅膀退化为强健、硬朗、狭长的鳍状肢，使它们在水中能够快速推进。企鹅的脚和胫骨偏短；腿很靠后，潜水时和尾巴一起控制方向。在陆地上，企鹅常常倚靠踵来站立，同时用它们结实的尾羽做支撑。因为腿短，企鹅在陆上走路时显得步履蹒跚，不过一些种类能够用腹部在冰上快速滑行。并且，尽管它们的步伐看上去效率低下，但有些种类却能够在繁殖地和公海之间进行长途跋涉。企鹅的骨骼相对较重，大部分种类的骨骼仅略比水轻，由此减少了潜水时的能耗。喙短而强健，能够有力地攫取食物。皇企鹅和王企鹅的喙长而略下弯，也许是为了适应在深水中捕食快速游动的鱼和乌贼。

除了保证游泳的效率，企鹅还必须在寒冷、经常接近冰点的水中做好保温工作。为此，它们不仅穿有一件厚密且防水性能极佳的羽衣，而且在鳍状肢和腿部还有一层厚厚的脂肪，以及一套高度发达的血管“热交换”系统，确保从露在外面的四肢流回的静脉血被流出去的动脉血所温暖，从而从根本上减少热量的散失。生活在热带的企鹅则往往容易体温过高，所以它们的鳍状肢及裸露的脸部皮肤面积相对较大，以散发多余的热量。此外，它们也会穴居在地洞内，尽量避免直接暴露于太阳底下。

所有企鹅都具有出众的储存大量脂肪的能力，尤其是在换羽期来临前，因为在换羽期它们所有的时间都待在岸上，不能捕食。有些种类，包括皇企鹅、王企鹅、阿德利企鹅、纹颊企鹅以及角企鹅属，在求偶期、孵卵期和育雏期也会出现长时间的禁食。育雏的雄皇企鹅的“斋戒期”可长达115天，阿德利企鹅和角企鹅属为35天。在这段时间内，它们的体重可能会减轻一半。相比之下，在白眉企鹅、黄眼企鹅、小企鹅和南非企鹅中，雄鸟和雌鸟通常每1～2天会轮换一次孵卵或育雏任务，因此在繁殖期的大部分时间内它们都不必进行长时间的禁食。然而，一旦育雏完毕，几乎所有种类的亲鸟都会在繁殖期结束时迅速增肥，以迎接2～6周的换羽期，因为在换羽期内，它们体内脂肪的消耗速度是孵卵期的2倍。秘鲁企鹅和加岛企鹅没有特别固定的换羽期，换羽可出现在非繁殖期的任何时候。未发育成熟的鸟通常在完成繁殖行为的成鸟开始换羽之前便已完成换羽，但至少对角企鹅属来说，未成鸟的这种换羽时间会随着年龄的增长而不断推后，直到它们自己也开始繁殖。不同种类的企鹅在繁殖和换羽行为上的差异至少部分是因为栖息地之间的差别所造成的，尤其是栖息地更靠南的种类，它们的生存环境更寒冷，繁殖期相对很短。

知识档案

企鹅

目：企鹅目

科：企鹅科

6属17种。种类包括：皇企鹅、王企鹅、白颊黄眉企鹅、斯岛黄眉企鹅、翘眉企鹅、黄眉企鹅、长眉企鹅、凤头黄眉企鹅、小企鹅、黄眼企鹅、阿德利企鹅、纹颊企鹅、白眉企鹅、加岛企鹅、秘鲁企鹅、南非企鹅、南美企鹅等。

分布：南极洲、新西兰、澳大利亚南部、非洲南部和南美洲（北至秘鲁和加拉帕哥斯群岛）。

栖息地：平时仅限于海洋，繁殖时会来到陆上的栖息地，如冰川、岩石、海岛和海岸。

体型：身高从小企鹅的30厘米至皇企鹅的80～100厘米不等，体重从1～1.5千克到15～40千克不等（同样为上述种类）。

体羽：大部分种类背部为深色的蓝黑或蓝灰，腹部白色。

鸣声：似响亮而尖锐的号声或喇叭声。

巢：最大的2个种类（王企鹅和皇企鹅）不筑巢，站立孵卵；其他种类都筑有某种形式的巢，巢材为就地取材。

卵：窝卵数1～2枚，具体依种类而定；卵的颜色为白色或浅绿色。孵化期依种类33～64天不等。

食物：甲壳类、鱼、乌贼。

群居生活
繁殖生物学

绝大部分企鹅都是高度群居的，无论在陆地上还是在海里。它们通常进行大规模的群体繁殖，仅对自己巢周围的一小片区域进行领域维护。在密集群居地繁殖的阿德利企鹅、纹颊企鹅、白眉企鹅和角企鹅属中，求偶行为和配偶辨认行为异常复杂，而那些在茂密植被中繁殖的种类如黄眼企鹅则相对比较简单。南非企鹅尽管生活在洞穴内，却通常成密集的繁殖群繁殖，具有相当精彩的视觉和听觉炫耀行为。而小企鹅则因所居的洞穴更为分散，炫耀行为较为有限。这些企鹅的群居行为很大程度是围绕巢而展开的。相比之下，没有巢址的皇企鹅只对它们的伴侣和后代表现出相应的行为。企鹅号声般的鸣叫在组序和模式上各不相同，这为个体之间相互辨认提供了足够的信息，因此即使是在有成千上万只企鹅的繁殖群中，它们也能迅速辨认出对方。例如，一只返回繁殖群的王企鹅在走近巢址时会发出鸣叫，然后倾听反应。王企鹅和皇企鹅是唯一通过鸣声就能迅速辨认配偶的企鹅。

许多企鹅种类复杂的炫耀行为通常见于繁殖期开始时，即求偶期间。大部分企鹅一般都与它们以前的伴侣配对。在一个黄眼企鹅的繁殖群中，61%的配偶关系维持2～6年，12%维持7～13年，总体“离婚”率为年均14%。在小企鹅中，一对配偶关系平均维持11年，离婚率为每年18%。然而，在一项对阿德利企鹅的大型研究中，发现居然没有一对配偶关系能维持6年，年均“离婚”率超过50%。

长眉企鹅的初次繁殖至少要到5岁；在皇企鹅、王企鹅、纹颊企鹅和阿德利企鹅中，至少为雌鸟3岁、雄鸟4岁；小企鹅、黄眼企鹅、白眉企鹅和南非企鹅则至少为2岁。即使在种、属内部，首次繁殖的年龄也各不相同。例如，在阿德利企鹅属中，极少数种类在1岁时就踏上了繁殖群居地，有不少是2岁时在通常的雏鸟孵化时节过来小住数日，而大部分第一次踏上群居地是在3岁和4岁时。长到约7岁时，阿德利属的企鹅种类每个季节到达群居地的时间开始变得越来越早，来的次数越来越多，待的时间越来越长。一些雌鸟初次繁殖为3岁，雄鸟为4岁。但大多数雌鸟和雄鸟的繁殖时间是往后推一两年，有些雄鸟甚至直到8岁才繁殖。

繁殖的时期主要受环境的影响。南极大陆、大部分亚南极和寒温带的企鹅在春夏季节繁殖。繁殖行为在繁殖群内部和繁殖群之间高度同步。南非企鹅和加岛企鹅通常有2个主要的繁殖高峰期，但产卵却在一年中任何一个月都有可能发生。大多数的小企鹅群体也是如此，在南澳大利亚州有些配偶甚至一年内可以成功育雏2次。皇企鹅的繁殖周期则相当独特，它们秋季产卵，冬季（温度可降至－40℃）在漆黑的南极大陆冰上育雏。王企鹅的幼雏也在繁殖群居地过冬，但这期间成鸟几乎不给它们喂食，其生长发育主要集中在之前和之后的夏季。在绝大部分企鹅种类中，雄鸟在繁殖期来临时先上岸，建立繁殖领域，不久便会有雌鸟加入，既可能是它们原先的伴侣，也可能是刚吸引来的新配偶。仅有皇企鹅和王企鹅为一窝单卵，其他企鹅种类通常一

⊙ 企鹅的栖息地极为偏远蛮荒，这令它们中的许多种类得以避开人类的侵扰和威胁。

窝产2枚卵。在黄眼企鹅中（情况很可能更为普遍），年龄会影响生育能力。在一个被研究的群体中，2岁、6岁和14～19岁的孵卵成功率分别为32%、92%和77%。在产双卵的种类中，卵的孵化常常是不同步的，先产下的、略大的卵先孵化。这种优先顺序会引发“窝雏减少”现象（窝雏减少是一种普遍的适应现象，目的在于保证当食物匮乏时，体型小的雏鸟迅速夭折，而不致对另一只雏鸟的生存构成威胁），通常使先孵化的雏鸟受益。然而，在角企鹅属中，先孵化的卵远小于第2枚卵，但同样只能有1只雏鸟被抚养。唯独黄眉企鹅通常是2枚卵孵化后都生存下来。对于这一不同寻常的现象，尽管人们提出了数种假设来予以解释，却没有一种完全令人满意。

在绝大多数企鹅中，育雏要经历2个不同时期。第一个是“婴儿时期”，时间为2～3周（皇企鹅和王企鹅为6周），期间一只亲鸟留巢看护幼小的雏鸟，另一只亲鸟外出觅食。接下来则为“雏鸟群时期”，此时，雏鸟体型变大了，活动能力增强了，当双亲都外出觅食时便形成了雏鸟群。阿德利企鹅、白眉企鹅、皇企鹅和王企鹅的雏鸟群有可能为规模很大的群体。而纹颊企鹅、南非企鹅以及角企鹅属的雏鸟群较小，只由相邻巢的寥寥数只雏鸟组成。

在近海岸捕食的种类如白眉企鹅每天都给雏鸟喂食。而阿德利企鹅、纹颊企鹅和角企鹅类，由于一次离开海上的时间经常会超过一天，因而它们喂雏的次数相对就少。皇企鹅和王企鹅会让雏鸟享用大餐，但时间间隔很长，每三四天有一顿就不错了。小企鹅与众不同，它给雏鸟喂食是在黄昏后。作为企鹅中最小的种类，可以想象它的潜水能力也最为薄弱，因此它们更多地在傍晚时分捕食，那时候猎物大量集中在近水面处。

雏鸟生长发育很快，尤其是南极洲的那些种类。随着雏鸟年龄的增大，一餐摄入的食物量迅速增多，在体型大的种类中，大一些的雏鸟一顿可摄入1千克以上的食物。而即使是在小体型的企鹅中，幼雏的食量也十分惊人，它们能够轻松消灭500克的食物。很大程度上正是因为幼年的快速发育，使它们看上去长得像梨形的食物袋，下身大、头小。

雏鸟完成换羽后，通常开始下海。在角企鹅属中，会出现大批企鹅迅速从繁殖群居地彻底离去的现象（几乎所有的企鹅在1周内全部离开），亲鸟自然也不再去照顾雏鸟。而在白眉企鹅中，学会游泳的雏鸟会定期回到岸上，因为至少在2～3周内，它们还要从亲鸟那里获得食物。在其他种类中，也会出现类似的亲鸟照顾现象，但雏鸟由亲鸟在海里喂养则不太可能。

一旦雏鸟羽翼丰满，它们就会很快离开群居地，直至回来进行初次繁殖。企鹅的幼鸟成活率相对较低，特别是在换羽后的第一年以及繁殖期前这段时间，如仅有51%的阿德利企鹅的幼鸟能够在第一年中存活下来。不过，这种低幼鸟成活率因高成鸟成活率得到了弥补。如皇企鹅和王企鹅的成鸟成活率估计约为91%～95%，与其他大型海鸟类基本持平。小型企鹅的成鸟成活率较低一些，如阿德利企鹅为70%～80%，长眉企鹅和小企鹅为86%，黄眼企鹅为87%。

天鹅、雁和鸭

数千年来，水禽类天鹅、雁和鸭不断为人类提供着蛋、肉和羽毛。人们将它们作为捕猎、娱乐和饲养的对象。在人类文化中，它们的影响范围涉及艺术、音乐、舞蹈、歌曲、语言、诗歌、散文等多个领域。然而，它们的湿地栖息地却遭人诟病，常常被描绘成危险可怕的人类疾病（如疟疾）之源。不过近年来，保护水禽及其赖以生存的湿地的重要性已为越来越多的人所认识。

与水禽和叫鸭亲缘关系最近的当数红鹳类、猎禽类、鹳类和琵鹭，但尚无足够的化石记录来揭示它们之间的确切关系及起源。在水禽类内部，虽然可分成多个族（拥有多达400个以上的杂交种便可说明这一点），但种与种之间的关系却很密切。大多数成员为人工饲养，也有部分为野生。有不少跨族的杂交种也为世人所熟知。

15个族

形态与功能

几乎所有的水禽类都营巢于淡水域的水面或水边，只有几个种类，包括黑雁、叫鸭和海番鸭，大部分时间生活在入海口和浅海中。水禽类基本上均为水栖鸟种，身体宽、下部扁平、颈中等偏长、腿较短、具蹼足。潜水的习性经过多次进化，那些擅长潜水的种类身体极富流线型。喙通常宽而扁，喙尖长有一角质“嘴甲”，在某些种类中微具钩。颌骨两侧有栉状的“栉板”，一些种类用以从水中滤食。舌头相当短且厚，成锯齿状的喙缘用以咬住和处置食物。

多数鸭类腿长得非常靠后（有些极为靠后），因此在陆上行动时缓慢笨拙。但也有不少在水下潜水和觅食的种类如潜鸭类、秋沙鸭类和硬尾鸭类，同样能够在地面快速灵活地活动。极少数种类如红胸秋沙鸭，在水下时会使用翅膀，但总体而言，水禽类在潜水时翅膀贴紧身体。雁类和草雁类通常更倾向于陆栖，尤其是在觅食时。它们的长腿更靠近身体的中部，因而站立姿势挺拔，行走起来轻松自如。

基于各个种类的内部特征如骨骼，外部特征如成鸟和幼雏（小于3周）的体羽模式和类型、行为特征以及最近的DNA分析，本篇将水禽类分为15个族（外加神秘的麝鸭，暂时无法归入任何一族）。

⊙ 一只雄林鸳鸯从水中跃起，将翅膀上的水抖落。林鸳鸯曾一度在美国被捕杀，几近灭绝，但自1918年起受到法律的保护。如今，它的北美种群数量估计已超过100万只。

澳大利亚的鹊雁是鹊雁族的唯一一种。它在整体外形上与叫鸭颇为相似，特别是两者都具有长腿和长颈，并且趾间的蹼都退化。虽然澳大利亚鹊雁的喙在基部深而宽，却是典型的水禽类喙形——向上穿过笔直的额，直至进入头部宽大的圆顶中。翅宽，振翅缓慢，飞行稳定，路线直。鹊雁的体羽像许多水禽一样为黑白色，但翼羽却并不像几乎所有的水禽那样一次性换羽，因此，在翼羽脱换期间，鹊雁仍具有飞行能力。与大部分其他水禽不同的是，鹊雁的亲鸟会给雏鸟喂食，方式为将食物从亲鸟的嘴中送至雏鸟嘴中。一般的群居形式为1只雄鸟和与它配对的2只雌鸟，三者共同筑巢、孵卵、看雏和喂雏。而在其他水禽中，多配制是很罕见的。

近来对澳大利亚麝鸭的研究发现，该鸟与之前隶属的硬尾鸭族并没有亲缘关系。所谓的相似性很可能是趋同进化的结果，主要为后肢因潜

⊙ 天鹅和雁的代表种类

1.疣鼻天鹅，喙基部有黑色的瘤（雄鸟的较大），为该种类的典型特征；2.大天鹅在做胜利炫耀；3.红胸黑雁摆出具有攻击性的示威姿势；4.粉脚雁，在冰岛、格陵兰岛和斯瓦尔巴特群岛繁殖的北方种类；5.灰雁，在用喙的下侧将1枚卵滚入巢中；6.头部长有独特圆顶的澳大利亚鹊雁；7.一只飞翔的斑头雁加入迁徙群；8.在苔原巢中的帝雁；9.加拿大黑雁的典型休息姿势；10.一只黑颈天鹅背着小天鹅；11.一只雄夏威夷黑雁在送走对手。

天鹅、雁和鸭各族

鹊雁族（鹊雁）

仅鹊雁1种。

树鸭族（树鸭）

1属8种。种类包括茶色树鸭等。

白背鸭族（白背鸭）

仅白背鸭1种。

澳洲灰雁族（澳洲灰雁）

仅澳洲灰雁1种。

雁族（雁）

2属15种。种类包括：白颊黑雁、黑雁、夏威夷黑雁、雪雁、白额雁等。

天鹅族（天鹅）

2属7种：小天鹅、黑天鹅、黑颈天鹅、疣鼻天鹅、黑嘴天鹅、大天鹅、扁嘴天鹅。

斑鸭族（斑鸭）

仅斑鸭1种。

硬尾鸭族（硬尾鸭）

3属7种。种类包括：黑头鸭、安第斯硬尾鸭、棕硬尾鸭、白头硬尾鸭等。

湍鸭族（山鸭、湍鸭和船鸭）

3属6种。种类包括：山鸭、短翅船鸭、灰船鸭、湍鸭等。

距翅雁族（距翅雁和瘤鸭）

2属3种：种类包括：瘤鸭、距翅雁等。

麻鸭族（麻鸭和草雁）

5属15种。种类包括：蓝翅雁、埃及雁、棕头草雁、翘鼻麻鸭、黑胸麻鸭、灰头麻鸭等。

红耳鸭族（红耳鸭和花纹鸭）

2属2种：红耳鸭、花纹鸭。

鸭族（水面觅食和嬉水类鸭）

11属57种。种类包括：疣鼻栖鸭、棉凫、奥岛鸭、坎岛鸭、桂红鸭、赤颈鸭、绿翅鸭、凯岛针尾鸭、莱岛鸭、绿头鸭、针尾鸭、斑头鸭、铜翅鸭、黑头凫、鸳鸯、林鸳鸯等。

潜鸭族（潜鸭）

4属17种。种类包括：粉头鸭、帆背潜鸭、凤头潜鸭、灰嘴潜鸭等。

秋沙鸭族（秋沙鸭）

10属20种。种类包括：黄嘴秋沙鸭、褐秋沙鸭、普通秋沙鸭、红胸秋沙鸭、中华秋沙鸭、棕胁秋沙鸭、斑头秋沙鸭、欧绒鸭、黑海番鸭、拉布拉多鸭、长尾鸭、鹊鸭、白枕鹊鸭等。

麝鸭族

麝鸭过去被归为硬尾鸭族中，最近研究发现它与该族无亲缘关系。故有待于重新归类。

水而都发展成重要的觅食工具。和鹊雁一样，麝鸭的雏鸟也由亲鸟喂食，雌雄鸟的体型相差很大（比其他任何鸭类都明显）。不存在配偶关系，相反，有一套“展姿场”繁殖机制——20只或更多的雄鸟聚集在同一个地方竞相炫耀，并使所有被吸引到展姿场内的雌鸟受精。雄鸟相互之间非常好斗，经常在水中追逐。

树鸭族广泛分布于热带和亚热带地区。但大多数种类限于相当小的分布范围内，不发生重叠。然而，茶色树鸭的分布却异常广泛，见于南

⊙ 一只短翅船鸭用翅膀来遮蔽它那些一身绒毛的雏鸟。短翅船鸭是3种翅膀丧失飞行功能的船鸭种类之一。

北美洲、东非、马达加斯加和南亚地区。同时，在如此大范围而又不连续的分布区内，该种类的各种群在形态上并没有出现明显的变异。

树鸭的配偶关系为长期性，双亲共同育雏。它们中大部分体型相当小，腿长，站立时姿态挺拔。树鸭的名字源于它们普遍栖于树枝上的习性，而它们的另一个名字“啸鸭”则是源于它们发出的鸣声为尖锐的呼啸声。它们的翅宽，飞行速度并不快。除了可以在陆上出色地行走，树鸭也会游泳和偶尔潜水。两性的体羽一样，颜色通常集中为褐色、灰色和浅黄褐色。茶色树鸭和其他3个种类在胁部的炫耀性饰羽很粗。长着绒羽的雏鸟浑身的羽毛与其他水禽类的雏鸟都不一样（扁嘴天鹅除外），其中最独特的是眼下方有一条浅黄色或白色羽线绕于头部，头顶羽毛为黑色。在进行交配后，树鸭配偶会陶醉于相互的炫耀中——双方做出相似的动作，如将靠近对方的那一扇翅膀展开等。

非洲的白背鸭（白背鸭族）与树鸭具有亲缘关系，雌雄鸟外形相似，维持长期的配偶关系，共同筑巢、孵卵和育雏。然而，白背鸭非常擅长潜水，这从根本上改变了它的体形。和麝鸭一样，它在外形上与硬尾鸭接近，但没有坚硬的尾羽。

澳大利亚灰雁（澳大利亚灰雁族）像雁族一样为食草类。它们的配偶关系也为长期性。雄鸟帮助筑巢，但不孵卵，这一点与天鹅族类似，与雁族不同。DNA分析表明，澳大利亚灰雁归属于一个古老的族，而与它亲缘关系最近的也许是扁嘴天鹅。

雁族为“真正的”雁。它们在交配前会相

知识档案

天鹅、雁和鸭

目：雁形目

科：鸭科

50属162种。

分布：全球性，南极洲除外。

栖息地：主要在淡水域和沿海湿地。

体型：体长30～150厘米，体重0.25～15千克或以上。

体羽：各异。大多数为某种程度的白色，不少种类为黑色相间，少数为全白或全黑，灰色、褐色和栗色也较为常见。头部和翼斑常泛有绿色或紫色光泽。在某些属中，雄鸟色彩鲜艳，而雌鸟和幼鸟为具有隐蔽性的暗褐色；在其他属中则两性相似。

鸣声：一些属的种类鸣叫很活跃（常见的鸣声有嘎嘎声、咯咯声、嘘嘘声、嘶嘶声），其他的则大部分时候很安静，或在炫耀时有柔和的鸣声。

巢：植被性巢材，大部分筑于地面，偶有筑于岩脊或树冠者，约有1/3筑于洞穴中，或为树洞或为地洞。

卵：窝卵数4～14枚；白色、乳白色、浅绿色、蓝色或褐色，无斑纹。孵化期21～44天。雏鸟早成性，除鹊雁和麝鸭外自己进食。雏鸟长飞羽期为28～110天。

食物：多种动植物，如鱼、软体动物、甲壳类、昆虫及其幼虫、水生和陆地植物的叶、茎、根、种子等。

互炫耀，并且在成功将竞争者（1只雄鸟或1对配偶）驱走后，会举行一个胜利仪式。15个种类都分布在北半球，它们在南半球的生态位由草雁取而代之。雁类羽色不统一（尽管雌雄鸟相似），一些种类为黑色和白色，而其他种类以灰色或褐色为主。它们能够很好地行走和跑动，腿相当长，位于身体中部，颈中等偏长。雌雄鸟维持长期的配偶关系，但只有雌鸟单独筑巢和孵卵，雄鸟负责看护。

天鹅（天鹅族）拥有一身纯白的羽衣，有时为黑白相间，从体羽为白色、外翼为黑色至体羽为黑色、外翼为白色不一。各种类两性相似，亲鸟往往会照看雏鸟1年以上。7个种类中有4种限于北半球（人工引入除外），另外3种仅见于南半球，其中最古老的种类很可能是扁嘴天鹅。天鹅中有最大的水禽个体，翼展超过2米，体重逾15千克。天鹅颈非常长，但腿相对较短，陆上活动能力不强。它们以及雁类都是出色的飞行专家，有几个种类定期往北迁徙进行繁殖，常飞越数千千米。

斑鸭为斑鸭族的唯一代表，外形总体上与鸭相近，只是腿较短。两性体羽相似，全身带有灰褐色斑点，不过雄鸟的喙在繁殖期呈红色。雄鸟筑巢，但之后就不再操心“家庭事务”。由于与雁和天鹅无论在生理结构上还是行为模式上都存在许多相似性，故将斑鸭族置于紧随雁族和天鹅族后面的位置。

硬尾鸭（硬尾鸭族）绝大部分见于南半球，仅有2种出现在赤道以北。它们为体小、矮壮的潜鸟，尾羽短而硬，用以在水中掌舵。腿长得很靠后，因而在陆上行动受限。雄鸟的体羽主要为深栗色或褐色，头部常常为黑色或黑白相间，并且许多种类的雄鸟在求偶期间喙呈明亮的蓝色；雌鸟一般为暗褐色。翅膀短粗，飞行快速、笔

⊙ 水面觅食和嬉水类鸭的代表种类

1.埃及雁，它的拉丁学名的命名不正确，因为这种鸟事实上属麻鸭族；2.莱岛鸭，只分布于夏威夷的莱珊岛；3.翘鼻麻鸭的飞行特点为翅膀成弓形，拍动缓慢；4.针尾鸭，具有加长型的中央尾羽，因而得名；5.林鸳鸯，营巢于树洞中；6.棕硬尾鸭，一个北美种，繁殖地北起加拿大的不列颠哥伦比亚省和魁北克省，南至墨西哥边境；7.绿眉鸭，因其独特的白色头顶有时被称为“秃鸭”；8.一只雄鸳鸯，这一漂亮可爱的东亚种类被广泛引入西方进行人工饲养；9.白脸树鸭，热带树鸭族的一个种；10.云石斑鸭，因其湿地栖息地受到严重破坏，现被世界自然保护联盟列为易危种；11.一只雄赤麻鸭，该鸟为南欧种，其显著特点是身体呈橘黄色，头部为浅色；12.一只雄绿头鸭在进行仪式化梳羽。

直，但需较长的助跑方可起飞。雄鸟的炫耀行为相对比较复杂。大多数水禽的翼羽和尾羽每年脱换一次，期间不会飞，然而绝大部分（如果不是全部的话）硬尾鸭却每年换羽2次。

山鸭、湍鸭和船鸭可能只是暂时地同归于湍鸭族下，有必要进一步研究。船鸭限于南美洲南部，绝大部分水栖，通常在海岸附近。4个种类中有3种翅膀极短，完全不能飞行，另外1个种类偶尔飞行，但飞行能力很弱。船鸭体格结实，颈短，腿短，喙有力。它们的英文名“steamer duck”源于它们在迅速逃离危险时腿和翅膀搅水的方式像轮船的轮子。船鸭的体羽主要为灰色，两性相似。山鸭和湍鸭生活在南半球的急流险滩中，以水生无脊椎动物为食，如石蛾（在北半球为鲑鱼的食物）。它们像船鸭一样有很强的领地性，配偶常年在一起，共同育雏。湍鸭有数个地理分布明显的亚种，它们适于在南美安第斯山区水流湍急的溪流中生存。它们的身体呈流线型，爪子锐利，可以抓住打滑的石头，尾长而硬，用以在急流中控制方向。山鸭在新西兰的栖息地与湍鸭的类似。

距翅雁和瘤鸭共同组成了分布于非洲和南美洲的距翅雁族。它们与雁族颇为相似，体羽相像。雄鸟通常明显大于雌鸟。羽毛以黑色和白色为主，为黑色时常泛有绿色光泽。配偶关系相当松散，雄鸟很少与后代在一起。

由麻鸭和草雁构成的麻鸭族包括1属7种麻鸭（1种很可能已灭绝）和4属8种草雁。麻鸭在中美洲和北美洲之外呈世界性分布，而草雁仅限于南半球，但非洲的蓝翅雁和埃及雁例外。它们体型中等，其中草雁可持站立姿势，但2类均可既在水中又在陆上觅食。体羽各异，但大部分种类有一鲜艳的绿色翼斑（为长于次级飞羽外面部分的一色斑），同时翼覆羽为白色。其他常见的羽色有白色、黑色、栗色和灰色。在一些种类中，两性相似，而在其他种类中，则对比鲜明。不过，其配偶关系持久，双方共同育雏。炫耀行为与雁族类具有某些相似之处。一些种类（如果不是全部的话）和鹊雁一样按序脱换翼羽，并且，翼羽的脱换可能会隔年进行一次。

共同组成红耳鸭族的红耳鸭和花纹鸭之间的亲缘关系也同样存在疑问，有待进一步研究。小巧的澳大利亚红耳鸭像斑马那样长有黑白相间的羽毛，头两侧各有一粉红色的小色斑，两性相似。喙大，边缘具栉板，非常适于在水面过滤微型有机物。新几内亚的花纹鸭栖息于多种河流中，但主要生活在水流湍急之处。这种鸟具有领域性，两性相似，体羽呈黑白条纹，喙呈鲜艳的黄色。

水面觅食和嬉水类鸭（鸭族）为水禽中最大的族，包括了许多进化非常成功、适应性很强的种类。绝大多数为水栖类，体型小，腿短，在水面觅食或采取倒立姿势——在水面下的浅水中嬉水。嬉水类鸭见于世界各地，包括在偏远的海岛上，人们也发现生活着数种非迁徙型的种类，如莱岛鸭和奥岛鸭。其他许多嬉水类鸭，诸如针尾鸭、绿翅鸭、赤颈鸭等为典型的候鸟，可进行长途飞行。小型种类几乎能从水面垂直起飞，同时在空中也非常灵活。另有少数种类可栖于树枝等物体上，这在其他所有水禽中极为罕见。约有1/3的种类营巢于洞穴中，它们的雏鸟长有锐利的爪子和相当坚硬的尾巴，出生不久后便可以爬离洞巢。大多数种类主要分布在热带和亚热带地区，少数种类见于温带，如鸳鸯。在更小的种类如棉凫中，两性差别很大，羽色各异，从暗褐色到浅栗色、绿色、白色均有。

在许多种类中，雄鸟羽色鲜艳，并有亮丽的翼斑，而雌鸟和幼鸟的羽色为具有保护性的褐色。不过，雄鸟在繁殖后会失去醒目的羽色，同时在翼羽脱换、不会飞行期间也为褐色。雄鸟的羽色通常有褐色、绿色、栗色、白色和浅蓝色。求偶炫耀主要是雄鸟做出一系列复杂的行为来展示它的羽毛、最大限度地吸引异性。雌鸟则很少炫耀，所以相互炫耀行为少而又少，甚至完全没有。雌鸟通常单独育雏，只有少数几个热带种类的雄鸟会帮助看护后代不被掠食。

潜鸭族的潜鸭为全球性分布。它们主要为淡水种，一部分种类在沿海过冬，均通过潜水来觅食。腿短，并且相对于肥胖的身体而言很靠后，故很少上岸。起飞时通常需要在水面进行助跑，翅膀快速拍动。虽然雄鸟的羽色有别于雌鸟，但并不是特别鲜艳，以灰色、褐色和黑色最为常见。它们不像麻鸭和其他该科的成员一样具有翼斑，不过翅膀上常有白色的条纹。鲜艳的颜色仅出现于胸部和深色的头部。它们的求偶炫耀相对简单。雄鸟在孵卵期一开始便离雌鸟而去，下个繁殖期则会向另一只雌鸟求偶。

在本篇中，秋沙鸭族除了秋沙鸭还包括绒鸭，后者有时被单独列为一族——绒鸭族。秋沙鸭族中大部分为海水域种类，通过潜水捕食动物性食物，仅有少数几种繁殖于淡水域边。绝大多数限于北半球，不过稀少的褐秋沙鸭见于南半球，而黄嘴秋沙鸭（现已灭绝）也曾生活在新西兰南部的奥克兰群岛上。许多种类身大体沉，起飞相当吃力，需要长距离助跑，但其中食鱼的齿喙类秋沙鸭则相当灵活迅速。

几乎所有的秋沙鸭都呈性二态，雄鸟以黑色或黑白色为主，尽管头部时常带有鲜艳的绿色或蓝色，或者全身泛有淡淡的绿色或蓝色。求偶炫耀由雄鸟表演，常常相当复杂，并且种类之间差别很大。雌鸟则与嬉水类鸭一样很少炫耀。雌鸟在暂时离巢时为了给卵保温，会从自己胸部拔下一些绒羽，这一现象在北方繁殖的绒鸭中最为常见。

除了南极，哪里都有

分布模式

水禽类遍布除南极大陆外的世界各大洲，以及所有大的岛屿和许多小岛。不过，少数种类如夏威夷黑雁和褐秋沙鸭仅有数百只。一些岛屿种类如坎岛鸭，也同样稀少，甚至不足100只。其他种类如针尾鸭等则数量巨大，也许有成千上百万只，且分布十分广泛。

各种类的分布模式既可能是对多种栖息地和食物都具有很强适应性的结果，如绿头鸭；也可能与长途迁徙有关，如白额雁；或者是纯粹出于一种偶然，将某个海岛作为了群居地，结果丧失了迁徙本性，逐渐进化成仅适于当地条件生存的种类——这样的例子有太平洋上的莱岛鸭、印度洋上的凯岛针尾鸭和南大西洋上的短翅船鸭。

◎ 一群大天鹅聚集在日本的钏路湖

钏路湖位于北海道的北部，当地春季暖和，即使在大部分水面仍冰冻时，近海水域仍不结冰，可供鸟类活动。

鹰、雕和兀鹫

昼行性的鹰科是迄今为止世界上最大的食肉鸟群体。种类繁多，体型各异（小至如伯劳鸟那样的娇鸢和侏雀鹰，大至如天鹅般大小的虎头海雕和皱脸秃鹫），意味着该科无论在形态还是觅食习性上都呈现出广泛的多样性。

鹰科食肉鸟以壮观的空中炫耀表演而出名，但在领域炫耀中，有些种类（如蛇雕和非洲冠雕）只是做翱翔和鸣叫。领域炫耀行为既可以是模仿进攻，如一只鸟俯扑向另一只鸟；也可以演变成真正的攻击，即相互之间有接触行为；有时则会出现翻筋斗旋转而下的精彩场面。而求偶炫耀常常为反复的波状飞行，一般主角是雄鸟，先扇翅向上翱翔，然后合翅向下俯冲。一些种类如鱼雕，扇翅节奏会比平时慢，幅度则更大。另一些种类如非洲鹃隼，炫耀中会翩翩起舞。还有少数种类（如黑雕）向下俯冲时动作灵活多变，甚至会做出又翻圈又成环形飞行的动作。

在求偶期间一般是雄鸟给雌鸟喂食，通常在栖木上进行。然而，鹞类会进行壮观的空中食物接力——飞翔的雄鸟放下食物，雌鸟迎到半空中接住。

⊙ 令人过目不忘的短尾雕

墨黑色的羽毛、醒目的红色脸部、黄色的喙，再加上短短的尾巴和长长的翅膀，使短尾雕很容易一眼就认出来。有时，这种鸟会连续飞上300千米的距离。

“鹰击长空”
形态与功能

鹰科中最大的3个群分别代表了公众最熟悉的食肉鸟：鹰、鵟、雕。其中人们最耳熟能详的鹰类有6属58种，大部分为鹰属种类（科内最大的属），如苍鹰、雀鹰等。它们为中小体型的鹰，翅短而圆，尾长，善于在林地或森林中曲折穿行，快速追捕小鸟、爬行类和哺乳动物，这些是它们中许多种类的主要食物。大多数在栖息地相当隐秘，不容易观察到。但非洲的一部分鹰如浅色歌鹰，见于开阔的大草原，栖于显眼的栖木上，它们捕食各种地面小动物，此外还会食珠鸡。

鵟类同样为一个大群，甚至更细化，包括13属57种，主要以小型哺乳动物和某些鸟类为食。真正的鵟（即鵟属的鵟）分布非常广泛，如欧洲的普通鵟、北美的红尾鵟、南美的阔嘴鵟、非洲的非洲鵟等。鵟类在新大陆最具多样性。体型大者如南美森林中强健的角雕，主要捕食猴和树懒；体型中等者如食鱼的黑领鹰；体型小者如以食昆虫和小型爬行类为主的南美鵟系列。而后两者也均见于南美森林。在世界其他地方，鵟类的多样性则体现在诸如稀少而引人注目的菲律宾雕（具有长而尖的头羽和巨大的喙）、小巧的非洲蝗鹰鵟、新几内亚山地林中的长尾鵟等种类身上。

真正意义上的雕类以腿部覆羽而有别于其他的雕，共有9属33种。其中体型最大、也最为人熟知的便是雕属的雕，包括北半球的金雕和澳大利亚的楔尾雕。大部分在食哺乳动物和部分鸟类之外还会食一些腐肉。但所有这些“穿羽靴”的雕都以捕食活猎物为主，并且有许多种类如鹰雕系列是非常活跃的食鸟类，在森林或林地的树阴层飞翔捕猎。少数为特化种，如亚洲的林雕展翅翱翔在森林上空专门搜索鸟巢，非洲的黑雕则在凸出地表的岩石中间寻捕蹄兔。很多雕类一窝产

2枚卵，但先孵化的雏鸟通常会攻击并杀死后出生的雏鸟，一如《圣经》里该隐杀死其弟亚伯的故事。残杀手足的现象在其他一些食肉鸟中也有发生，表现为本能行为或通过食物争夺来实现，然而其起源及优点所在仍有待研究。

鸢和蜂鹰类包括15属29种，具有某些极端的特化形式。鹃头蜂鹰专门用它的直爪挖掘胡蜂的幼虫，而为了避免被蜇，其脸部长有羽毛。食蝠鸢喜欢在黄昏时用翅膀捕捉蝙蝠，然后通过它异常大的咽喉一口吞下。黑翅鸢像隼一样盘旋寻觅

⊙ 鹰科大型种类的代表种

1.斯氏鵟，从阿拉斯加迁徙至阿根廷，穿过中美地峡，以避免作长途海上飞行；2.棕尾鵟；3.白头海雕，是非常出色的捕鱼能手，但与鹗同处一地时会经常抢夺后者的食物；4.西班牙雕；5.饰冠鹰雕；6.黑雕；7a.一只兀鹫的脚，兀鹫能够在地面自如行走和跑动；7b.雕的脚爪强健有力，能够紧紧抓牢猎物；8.亚洲的白背兀鹫，栖息于印度的农田中；9.一只秃鹫在用喙给雏鸟喂水；10.胡兀鹫；11.棕榈鹫。

⊙ 鹰科小型种类的代表种

1.黑胸短趾雕叼着它的猎物，几乎所有的蛇雕类都为非洲种；2.食螺鸢生活在美洲的沼泽地中，以大型螺为食；3.燕尾鸢，见于美国南部至南美洲；4.赤鸢和一只野兔的腐肉；5.一只鹃头蜂鹰捕了一个胡蜂窝；6.见于西非森林中的非洲长尾鹰；7.白头鹞；8.鹊鹞；9.灰歌鹰，在一个白蚁墩上鸣叫；10.雀鹰，栖息于旧大陆的温带森林；11.黑背鹰和它刚捕获的猎物；12.马岛鬣鹰在觅食昆虫。

啮齿动物，用强健的腿脚将其击晕而捕获。食螺鸢和黑臀食螺鸢用它们具钩的长长喙尖从螺壳里啄出螺。而黑鸢和栗鸢则在非洲、印度和亚洲其他地方的乡村和小镇上四处觅食（腐肉），因而成为了最常见、最适应各种条件的猛禽。

兀鹫类（9属15种）特化为食腐，虽然食腐的方式多种多样。达尔文形容它们“沉湎于糜烂”。多数为大型鸟类，头和颈裸露或覆以绒毛，翅宽，用于翱翔寻找尸体残骸。有些种类的喙粗壮，用以撕碎肉、皮肤和肌腱，有些喙精巧，善于从骨骼缝隙间将少量的肉等啄出来。其他的则为特化种。白兀鹫是极少数会使用工具的鸟之一，会将其他鸟的卵摔到地上摔碎或者扔下石块将卵砸碎；胡兀鹫会将骨头扔到岩石上摔碎，然后用勺子状的舌头舔食骨髓；而棕榈鹫摄取的非洲油棕榈的果实比腐肉还多。

海雕和鱼雕类（2属10种），也食大量腐肉，不过它们的主食是鱼和水禽，这与它们的亲缘种叉尾鸢一样，只是后者体型较小，且为杂食鸟。最声名显赫的海雕便是作为美国国徽标志之一的白头海雕，这种鸟的数量曾一度大量减少，不过如今已得到恢复。相比之下，灰头鱼雕就没有这么幸运，栖息于亚洲一部分河流流域的它们在不断减少。而马岛海雕有可能是目前世界上最稀少的猛禽。

蛇雕和短趾雕类（5属16种）为大型猛禽，善于用它们的短趾和有大量鳞片的腿来捕杀蛇。它们头很大，像猫头鹰，再加上眼睛为黄色，因此很容易识别。它们像兀鹫一样一窝只产1枚卵，但与兀鹫不同的是，它们捕食活的猎物，衔在嘴中回到巢里吐出来，短趾雕便是如此。大部分栖息于森林或茂密的林地中，如刚果蛇雕和珍稀的马岛蛇雕，后者在绝迹半个多世纪后直到1988年才重新出现。

色彩鲜艳的短尾雕，虽然与蛇雕有明显的亲缘关系，但是有其独特的弓形翅和极短的尾，使之得以在非洲大草原上游刃有余地低空滑翔，寻觅尸体腐肉和活的小型的猎物。而非洲鬣鹰和马岛鬣鹰很可能与蛇雕的亲缘关系更近。它们具有细长的腿和与众不同的双关节“膝”，从而能够从树洞和岩脊洞中拖出小型的动物。同时，它们瘦小、光秃的脸便于它们慢节奏地滑翔、灵活地穿过林地的植被，从缝隙或叶簇中觅得食物。

南美的鹤鹰在形态和习性方面与鬣鹰如出一辙，但鹤鹰很可能属于另一个群体鹞类（3属16种），因此这无疑是通过趋同进化实现生物相似

鹰、雕和兀鹫

在鹰科内，将绝大部分种类分别归入几个不同的群中还是可以做到的，但少数种类则很难归类，而群与群之间以及群与所属种类之间的关系还有待进一步研究。鹰、鸢、鵟、雕等应当对应于不同群的俗名，但在使用上却并不一致，再加上复合名词如隼雕、鵟雕、鬣鹰的使用也不统一，从而使上述关系更为错综复杂。

鹰

6属58种。种类包括：短尾雀鹰、尼岛雀鹰、苍鹰、古巴鹰、白腹鹰、拟雀鹰、蓝灰雀鹰、雀鹰、侏鹰、非洲鹰、栗肩鹰、褐肩鹰、多氏鹰、灰歌鹰、淡色歌鹰、非洲长尾鹰等。

鵟

13属57种。种类包括：灰鵟、黑领鹰、蝗鵟鹰、非洲鵟、普通鵟、红尾鵟、毛脚鵟、阔嘴鵟、王鵟、里氏鵟、夏威夷鵟、斯氏鵟、大黑鸡鵟、雕鵟、冕雕、角雕、新几内亚角雕、白颈南美鵟、灰背南美鵟、铅色南美鵟、披风南美鵟、冠雕、栗翅鹰、菲律宾雕等。

雕

9属33种。种类包括：西班牙雕、楔尾雕、金雕、乌雕、格氏雕、白肩雕、茶色雕、黑雕、靴隼雕、林雕、长冠鹰雕、黑栗雕、猛雕、爪哇鹰雕、菲律宾鹰雕、华氏鹰雕、黑白鹰雕、非洲冠雕等。

鸢和蜂鹰

15属29种。种类包括：非洲鹃隼、凤头鹃隼、钩嘴鸢、燕尾鸢、黑翅鸢、澳洲鸢、纹翅鸢、娇鸢、栗鸢、黑胸钩嘴鸢、密西西比灰鸢、南美灰鸢、白领美洲鸢、方尾鸢、黑鸢、赤鸢、黑臀食螺鸢、食螺鸢、黑长尾鵟、长尾鵟、鹃头蜂鹰、食蝠鸢等。

兀鹫

9属15种：秃鹫、胡兀鹫、棕榈鹫、非洲白背兀鹫、白背兀鹫、南非兀鹫、西域兀鹫、高山兀鹫、印度兀鹫、黑白兀鹫、冠兀鹫、白兀鹫、黑兀鹫、皱脸秃鹫、白头秃鹫。

海雕

2属10种：白尾海雕、白头海雕、白腹海雕、玉带海雕、虎头海雕、所罗门海雕、非洲海雕、马岛海雕、鱼雕、灰头鱼雕。

蛇雕

5属16种。种类包括：斑短趾雕、短趾雕、刚果蛇雕、马岛蛇雕、蛇雕、山蛇雕、尼岛蛇雕、安达曼蛇雕、短尾雕等。

鹞及鬣鹰

3属16种（包括鹤鹰）。种类包括：白尾鹞、马岛鹞、草原鹞、黑鹞、乌灰鹞、白头鹞、斑鹞、非洲鬣鹰、马岛鬣鹰、鹤鹰等。

⊙ 空中食物接力

在白头鹞中，外出为雏鸟觅食的雄鸟并不返回巢中，而是雌鸟迎上前去，在空中仰面朝上接住由雄鸟扔下的猎物。

性的绝佳例子。鹞类是一群相当统一的鹰，中小体型，尾长，翅宽，在草地上空（如乌灰鹞）和沼泽上空（白头鹞）缓慢地低空觅食。主要捕食小型动物和鸟类，另外也食某些爬行类和昆虫。它们的脸像猫头鹰，耳大，对藏于茂密植被中的猎物发出的声响非常敏感。绝大部分鹞营巢于深草丛中的地面或芦苇荡的水面上，但澳大利亚的班鹞例外，它营巢于树上，通常远离水域。

大多数热带猛禽为定栖性，生活在永久性的领域内。而在温带地区，由于气候更带有季节性和不可预测性，绝大部分种类都会进行某种形式的迁徙，在繁殖地和非繁殖地之间做距离不一的迁移。最长的迁徙为每年飞行约2万千米，由那些定期在东欧和非洲南部之间（如普通鵟）或北美和南美两端之间（如斯氏鵟）往返的猛禽完成。

成对、成群

繁殖生物学

大部分鹰科猛禽1年内只有一个配偶，有些数年内保持同一个配偶，而少数大型的雕甚至被传称配偶为“终身伴侣”，但这尚未得到证实。一雄多雌制，即1只雄鸟在同一段时期内与1只以上的雌鸟进行繁殖，在鹞类中比较常见；而一雌多雄制，即1只雌鸟与多只雄鸟进行繁殖，则在中美洲的沙漠种类栗翅鹰中很常见。这2种繁殖机制偶尔也见于其他种类中。

鹰科的所有成员都筑有自己的巢，巢材为树枝和茎，常常衬以新鲜植被，一般筑于树上和岩崖上，有时营于地面或芦苇荡中。不同种类之间不时会互换巢址。而隼和猫头鹰则不自己筑巢，经常占用鹰的弃巢。

大多数猛禽在繁殖期有非常明确的分工。雄鸟负责外出觅食，雌鸟留守巢周围，负责孵卵和看雏。这一模式会一直保持到雏鸟发育过半，然后雌鸟也开始离开巢址，协助雄鸟捕猎。与其他大部分营巢鸟类的后代不同的是，猛禽类的雏鸟一孵出来便覆有绒羽，并且眼睛睁开，喂食时它们会很配合地迎上前来吞下食物。

在多数猛禽中，雌鸟最初会将猎物的肉撕成碎片，之后由雏鸟从它的嘴里啄取，但雏鸟在会飞前便须学会自己撕碎猎物。在兀鹫类和一些鸢类中，亲鸟履行职责更为平等，它们轮流营巢，自己的食物自己解决，并带一部分回巢吐喂给雏鸟。

猛禽在栖息地内给自己安排空间的方式各不相同，很大程度上取决于食物的分布情况。存在3种主要的机制。第一种是配偶划定它们的巢域，每对配偶维护巢边上外加周围一定面积的区域。约有3/4的猛禽采用这种模式，包括最大的群体鹰类、鵟类和雕类中的部分种类。无论猎食区或巢址为专属还是发生重叠，在栖息地内不同配偶的巢之间往往间隔相当大，小型的猛禽为将近200米，大型猛禽则可达30千米以上。以这种方式来安排空间的种类成员通常为单独猎食和栖息，捕食活的脊椎动物，每年在数量和分布上体现出相当的稳定性。

第二种机制是一些配偶成群聚集在一起，在空间有限的地点“邻里”营巢，外出去周围地区觅食。这一机制在诸如黑鸢、赤鸢、黑翅鸢和纹翅鸢以及蝗鵟鹰、白头鹞、白尾鹞和乌灰鹞身上体现得非常明显。不同的配偶会在不同的时间或朝不同的方向捕猎，或数对配偶在同一区域内各自独立觅食，或是在不同的区域内进行轮换。繁殖群一般由10～20对配偶组成，巢之间的间隔为70～200米。有时也会发现规模更大的繁殖群。在鹞类中，群居营巢倾向有时因一雄多雌制而得到进一步强化，因为每只雄鸟会有2只或更多的雌鸟将巢筑在一起。

在合适的营巢栖息地不足时，群居营巢对于

鹞类和鸢类而言往往都是十分必要的。因此，即使它们会普遍采取巢掩盖措施，但群居的习性还是显而易见的。这样的种类常常只能零星地获得丰富的食物来源，如局部的蝗虫或啮齿动物泛滥成灾。这也使得它们在某种程度上具有移栖性，结果每年在局部地区的数量可能会出现很大的波动。鸢和鹞在非繁殖期也经常成群栖息，其中鸢一起栖于树上，鹞栖于芦苇荡或深草丛中，不过每只鸟均各自拥有一块站立的平台。白天，它们分散在周围地区捕猎，晚上则数十只鸟聚在一起栖息。在非洲的一些地方，偶尔会有几个不同种类的数百只鸢和鹞栖息在一起。同一个栖息地每年都会被使用，但栖息的鸟类数量会差别很大。

第三种机制是配偶在密集的繁殖群中营巢，并群体觅食。这种机制见于食螺或食昆虫的小型鸢类，包括食螺鸢、燕尾鸢、娇鸢和灰鸢，但也出现在兀鹫属的大型种类中。在这些种类中，配偶营巢间隔非常近，通常不足20米，并且聚集成大的群体。一个群体一般至少有二三十对配偶，食螺鸢群体有时不止100对，而一些大型兀鹫则会超过250对。同时，这些种类还集体觅食，一般成分散的群体。兀鹫则是在空中分散飞行，然后聚集到有尸体腐肉的地方。觅食群体在规模大小和组成成员方面都不固定，而是随着个体的加入或离开不断变化。它们的食物来源很明显比较集中，但时间和地点难以预测，可能某一天在某一个地方会觅得大量的食物，而改天换个地方就截然不同了。另外，这些种类始终栖息在一起，非繁殖期会形成规模更大的群体。

无论分散还是集中，绝大部分猛禽都会选择一个特定的地方来营巢。可以是一处悬崖、一棵孤立的树、一片小树林，也可以是一片森林等。所筑巢很多都会长期使用，如一些金雕或白尾雕相继在某些特定的悬崖营巢已至少有一个世纪。一些雕类的巢，则会年年添砖加瓦，变得越来越大。如一个历史上著名的美国白头海雕的巢，面积达8平方米，巢材可以装满两辆货车；另一个在南非的黑雕巢则高达4米。而即使是一块地被植物，白尾鹞也可以营巢数十年。群居的猛禽倾向于年复一年地在同一个地区营巢，如在非洲南部，许多悬崖（至今仍在为南非兀鹫所用）从人们给它们取的名字中就可以看出之前数个世纪一直是南非兀鹫在那里营巢。和其他群居繁殖的鸟类一样，猛禽的每对配偶也只维护巢周围的一小块区域，因此只要有足够的岩面，许多配偶都会拥挤在同一个悬崖，而不会去其他同样合适的空悬崖。总体而言，筑在岩石上的巢比树上的巢更长久，筑于树上的巢则比草被上的巢更长久。

知识档案

鹰、雕和兀鹫

目：隼形目

科：鹰科

62属234种。

分布：全球性（除南极），包括许多海岛。热带种类最丰富。

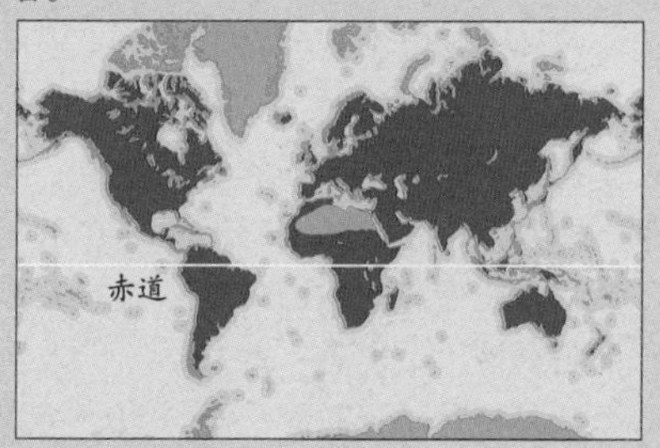

栖息地：从雨林至沙漠再到北极苔原。森林边缘带、林地和大草原最丰富。

体型：体长20～150厘米，体重75克至12.5千克。通常雌鸟大于雄鸟。

体羽：主要为灰、棕、黑和白色。雏鸟羽色有别于成鸟。两性成鸟略有区别，少数种差异明显。喙长，具钩；爪弯，一般呈黑色；腿、脚、喙基的肉质蜡膜常为黄色，有时呈橙、红、绿或蓝色。虹膜一般为深褐色，有些种类为米、黄或红色，极少情况下为灰或蓝色。

鸣声：各种啸声、喵喵声、呱呱声、吠声，通常很尖。大部分种除繁殖前一般较为安静，但一些林栖种类很嘈杂。

巢：树枝所搭的平台，常衬以绿叶，一般筑于树杈或岩崖。

卵：窝卵数1～7枚；颜色为白或浅绿色，常有褐色或紫色斑纹。孵化期28～60天，雏鸟离巢期24～148天。

食物：所有种类都喜食新鲜的肉，捕杀活的动物。部分种类食腐肉，兀鹫为代表。多数种类会捕获从蚯蚓到脊椎动物的各种动物。但少数特化为专食螺、胡蜂、蝙蝠、鱼、鸟、鼠，甚至油棕的果实。

雉和鹑

地栖性的雉和鹑构成了鸡形目（松鸡和火鸡也属其中）最大的科。对于人类而言，雉科显得无比重要，因为它里面就有普通家禽的原种。普通家禽饲养始于至少5000年前，如今在地球上的数量据称有240亿只，几乎为全球人口的4倍。由于雉科的成员对人类而言具有很大的利用价值，因此许多种类目前面临威胁。

雉和鹑往往外表绚丽。在南亚许多地方被印度教徒崇拜的蓝孔雀以其美丽动人的身姿征服了全世界。另有数个种类，如山齿鹑和环颈雉，往往关系到价值达上亿美元的乡村产业的发展问题。

而有些种类则以它们的歌唱本领受到世人的喜爱（如鹑在巴基斯坦），还有些种类成为勇敢的象征（在古代中国，出征的将领会戴上褐马鸡的尾羽，即将军头盔上的雉鸡翎）。在爪哇，绿孔雀的尾羽乃是传统的服饰材料。而与之形成鲜明对比的是，该科中也有一些最不为世人所知的种类，尤其是喜马拉雅鹌鹑，至今只收集到10个左右标本，并且这些标本都是1个世纪以前的。阿萨姆林鹑同样在近年来未曾有过记录。

圆鸟圆翅
形态与功能

几乎所有的雉和鹑都为圆胖型的鸟，腿短，翅圆。从小型的非洲蓝鹑到高贵的蓝孔雀，均善奔走，疾跑肌肉发达，而极少飞行，除非为了逃离危险，从遮蔽物中冲出时才会迅速扇翅飞走。一些栖息于茂密森林中的种类如凤冠孔雀雉，倾向于穿过下层丛林偷偷溜走，只有在突然受到侵扰时方才奔跑。大部分种类不能远飞，为定栖性鸟，仅在出生地方圆数千米内活动。不过，有些鹌鹑类却会进行长途飞行，为迁徙性或移栖性鸟。例如，鹌鹑每年定期迁徙，花脸鹌鹑在非洲的一些种群则为移栖性，很可能是为了适应季节性的降雨模式，南亚的黑胸鹌鹑亦是如此。

⊙ 居于美国西南部的甘贝尔鹑，头部有独特的黑色弯曲羽饰。雄鸟（如图）还会发出持续、有回音的鸣声。

⊙ 在雉科中，雉类的求偶炫耀行为尤为突出。红腹锦鸡（和白腹锦鸡）的雄鸟能在突然之间展开平时贴于头侧面的覆羽，产生令人印象深刻的围领效果。

新大陆鹑类为其中最典型的圆胖型小鸟，有明显的黑色、白色、浅黄色或灰色斑纹，有些具向前的硬冠羽。最出名的种类或许是山齿鹑，在美国是一种主要的猎物。

旧大陆鹑类栖息于非洲、亚洲和澳大利亚的草地中，虽然数量少，但分布广。其中有6个种类通常被两两归为一类，组成所谓的“超种”，表明它们之间的亲缘关系非常密切。它们是鹌鹑、西鹌鹑、花脸鹌鹑、黑胸鹌鹑、非洲蓝鹑和蓝胸鹑。

鹧鸪类是一个多样化的集合，主要为体型中等、身体结实的猎禽，见于旧大陆的多种栖息地。其中包括大型的雪山鹑，重3千克，栖息于中亚的高山苔原。在东南亚，有许多鲜为人知的鹧鸪种类栖息在热带雨林中，如华丽的冕鹧鸪。

但鹧鸪类最常见于开阔的栖息地，如半干旱沙漠、草地、矮树丛。不少种类也适应在大片的耕田里生活，比较突出的是灰鹧鸪和石鸡，这2种鸟在欧洲许多地方的耕田中已很常见，并被引入到了北美。然而，现代农业技术尤其是杀虫剂和除草剂的广泛使用，使这些鸟近年来在欧洲的数量持续下降。非洲仅有鹧鸪类的两个属，分别为像矮脚鸡的石鹑（石鹑属）以及鹧鸪属，后者包括41种，大部分限于非洲大陆。这些与鹑相似的鸟非常健壮，生活于多种栖息地内，往往很嘈杂。1992年在坦桑尼亚的山区发现了一个新的种类：坦桑尼亚鹑。

雉类通常指该科中体型相对较大、色彩更鲜艳的成员。在16属48种中，仅有1种不分布在亚洲，那便是与众不同、楚楚动人的刚果孔雀，由W.L.查平于1936年发现，在鸟类学界轰动一时。雉类为林鸟，有些生活在东南亚的雨林中，其他的则见于中亚山区不同高度的森林中。虽然雄鸟色彩绚丽、鸣声响亮嘈杂，但大部分雉类很隐秘，难见其踪影。最突出的例子便是见于中国西部的红腹锦鸡和白腹锦鸡，这是2种有颈翎的雉。两者的雄鸟异常艳丽，其中雄红腹锦鸡的羽色为红、黄、橙，雄白腹锦鸡具白、绿、红和黑色。曾在很长一段时期内，欧洲的博物学家们认为中国艺术家所画的这些鸟纯粹是想象中的虚构之物，因为它们看上去实在太不可思议了。

雉科种类的群居结构体现出一种颇有意思的差异。大部分较小的鹑类和鹧鸪类为高度群居，但为单配制。较大的雉类有一些也为群居，如孔雀。但更多的尤其是栖息于茂密森林中的种类则为独居，它们通常为一雄多雌制（一只雄鸟拥有数只雌鸟作配偶）或为混交，即不形成配偶关系。

⊙ 见于喜马拉雅山的灰腹角雉，为5种亚洲山区雉类（角雉属）之一。这种鸟以它们的羽毛、食草性以及树上营巢的习性（为雉科中的唯一）而出名。

⊙ 在东亚，可以看到一些最精彩的雉类炫耀行为。上图中的婆罗洲种类鳞背鹇拥有铁蓝色的肉垂和角，使其头部看上去犹如一把拔钉锤。这种鸟被世界自然保护联盟列为易危种。而更壮观的是红腹角雉（右图）的炫耀，一块色彩亮丽的肉垂从喉部垂下来，蓝色的底色和红色的条纹形成鲜明对比。

雉和鹑的分类

雉科习惯上分为4类：新大陆鹑、旧大陆鹑、鹧鸪和雉。近年来对鸡形目的整体进化史的研究越来越表明上述分类很可能需要修改。最受认可的观点是新大陆鹑与雉科中的其他种类存在显著差异，应当单独列为一科，即林鹑科。而最近又有人提出，雉与旧大陆鹑和鹧鸪之间的划分也可能是不恰当的，因为一些鹧鸪事实上就是雉，而一些雉就是鹧鸪。

新大陆鹑

9属32种，分布范围为阿根廷最东北部至加拿大南部。种类包括：山齿鹑、冠眼鹑等。

旧大陆鹑

3属14种，分布于非洲、亚洲和澳大利亚（西鹌鹑迁徙至欧洲）。种类包括：非洲蓝鹑、蓝胸鹑、花脸鹌鹑、黑胸鹌鹑、鹌鹑、西鹌鹑、阿萨姆林鹑、喜马拉雅鹌鹑等。另，新西兰鹑已灭绝。

鹧鸪

18属92种，见于非洲、欧洲、亚洲和澳大利亚。种类和属包括：雪鹑、黑鹑、石鸡、红腿石鸡、鹧鸪（鹧鸪属共41种）、红喉鹧鸪、灰山鹑、马岛鹑、石鹑、冕鹧鸪、四川山鹧鸪、雪鸡（雪鸡属，共7种）、坦桑尼亚鹑等。

雉

16属48种，除1种见于非洲外，其他均分布在亚洲。种类包括：黑头角雉、黑鹇、原鸡、棕尾虹雉、彩雉、褐马鸡、环颈雉、红腹锦鸡、白腹锦鸡、大眼斑雉、冠眼斑雉、凤冠孔雀雉、蓝孔雀、绿孔雀、刚果孔雀等。

成对、成窝
繁殖生物学

在鹧鸪类和鹑类中，基本的群居单位为“窝”，即一组家庭成员，或许再加上其他数只伴随性质的鸟。在那些居于开阔栖息地的种类中，如雪鸡、石鸡、山齿鹑，“窝”通常会融合成大的“群”。而另一个极端是，一些林栖性种类如马来西亚的黑鹑或者部分鹧鸪，成鸟全年都单独或成对生活。结偶一般发生在“窝”解散前，虽然雄鸟常常会加入到其他的窝中去物色配偶。近来对鹌鹑所做的实验表明，这种行为很可能是为了避免“近亲繁殖”，尽管人们发现鹌鹑在择偶时往往对最初同一窝的“兄弟姐妹”一往情深，而不太选择“远亲”。

在相对更大、实行一雄多雌制的雉类中，求偶包含一系列持续时间长、场面壮观的炫耀仪式。其中非常独特但极为罕见的一幕是印度和尼泊尔的红胸角雉，雄鸟所做的炫耀将喉部铁蓝色的肉垂垂下，同时膨胀头顶2个细长的蓝角。喜马拉雅山的棕尾虹雉，色彩绚丽的雄鸟会在高高的悬崖和森林上空飞翔炫耀，并发出高亢的鸣声，着实令人惊叹。而最惊艳的求偶炫耀或许是来自马来西亚森林中的大眼斑雉之舞。雄性成鸟拥有巨大的次级飞羽，每根羽毛上都有一系列圆形的金色饰物，使之看上去成三维立体型。雄鸟会在森林中某个小丘顶上腾出一个舞台，用它那巨大的翅膀扫去落叶层以及其他的叶和茎。然后每天清晨，它都发出响亮的鸣声“嚎啕大哭”，以吸引异性。当一只雌鸟过来后，它便开始围着它起舞，在舞跳到高潮时，它会举起双翅，然后围成2个大大的半圆形扇形，露出翅上的千百双“眼睛”。而它真正的眼睛则通过2个翅膀中间的缝隙盯着雌鸟。

在斑雉的2个种类中，求偶炫耀以交配结

⊙ 雉和鹑的代表种类

1.原鸡，见于东南亚，普通家禽的野生原种；2.白腹锦鸡，南亚山区一种美丽的鸟；3.石鸡，从地中海地区引入美国西部；4.西鹌鹑；5.山齿鹑，美国南部和东部一种常见的猎禽；6.灰山鹑；7.红腹锦鸡，源于中国的多山地带；8.红腿石鸡；9.山鹑；10.飞翔的环颈雉；11.蓝孔雀，为人们所熟悉的孔雀，起源于印度，被引入到世界各地。

尾，然后雌鸟离开，独自产卵育雏。而在原鸡类和环颈雉中，雄鸟与数只雌鸟结成配偶关系，并照看它的“后宫”直至它们产卵。这种繁殖机制在其他鸟类中几乎不曾出现过（但在哺乳动物中很常见）。

除角雉类外，所有的雉和鹑都在地面营巢，通常在浓密的草本植被中筑一个简单的浅坑。窝卵数从斑雉的2枚至灰山鹑的近20枚（所有鸟类中最多的窝卵数）不等。由于卵经常被掠走，环颈雉的雌鸟每个繁殖期会营巢2次或2次以上。当产下2窝卵时，一窝雌鸟自己孵，一窝给雄鸟孵。除这种鸟外，其他雉科的雄鸟很少或根本不参与孵卵。曾发现过人工饲养的雌红腹锦鸡不饮不食（甚至不动）连续孵卵22天。有一回，当这种鸟如此静坐时，一只蜘蛛在它背上结了一个蜘蛛网。在野生界是否也会发生这样的情景尚不清楚。

雉科的雏鸟为早成性。一出生就能自己进食，数小时内便离巢，1周后就会飞。非洲蓝鹑的幼鸟仅有2个月大时便可以繁殖。由于繁殖能力强，雉和鹑能够在大量遭掠食的情况下依然生存下来。而人类也学会利用这一点来对它们进行捕猎。有许多种类都成为捕猎的对象，比较突出的是环颈雉。

知识档案

雉和鹑

目：鸡形目

科：雉科

47属187种。

分布：北美、南美北部、欧亚大陆、非洲、澳大利亚。此外，引入新西兰（在当地种类灭绝后）、夏威夷及其他岛屿。另有部分种类引入欧洲和北美。

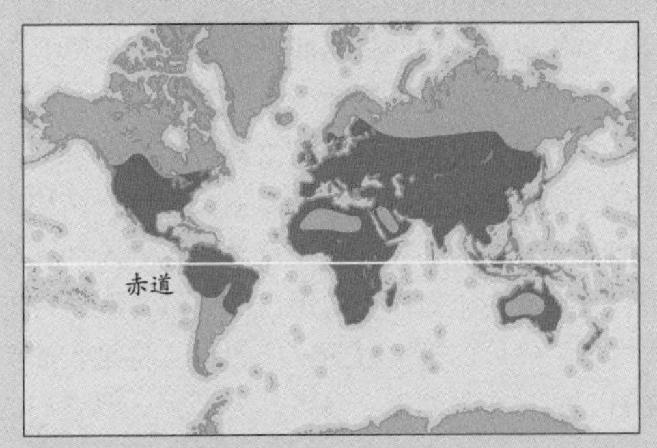

栖息地：多种开阔、多林木的陆上栖息地以及灌丛、沙漠和耕田。

体型：体长12～122厘米，不包括炫耀用的尾羽；体重0.02～6千克。

体羽：一般为棕色、灰色，雄鸟的斑纹通常为醒目的蓝色、黑色、红色、黄色、白色等。性二态现象各异，有的种类雄鸟可比雌鸟大30%，并有复杂的结构用于炫耀，且具距。

鸣声：短促而响亮的啸声、哀号声及嘈杂的啼叫声。

巢：主要为简易的地面浅坑。如果有衬里，为草。角雉类可能营巢于树上。

卵：窝卵数2～4枚，重4.8～112克。孵化期16～18天，雏鸟出生几小时或几天后离巢。

食物：多样性，主要为植物的种子和芽，也食无脊椎动物、根和掉落的果实。雏鸟大多食虫。

鹤

鹤是鸟类中的极品。它不但是最古老的群落之一，其起源可追溯至约6000万年前的古新世；而且寿命很长，人工饲养的鹤可存活七八十年。同时，鹤也是身高最高的飞鸟，其中一些种类直立达1.8米。

鹤以优美高雅而著称于世。长期以来，许多当地的人们对鹤都肃然起敬。但不幸的是，鹤已成为世界上最濒危的鸟类之一，目前15个种类中有9种面临威胁。人类无疑是导致它们近年来数量下降的始作俑者。

长颈、长腿

形态与功能

鹤的喙长而直，且强有力。所有种类都有修长的颈和腿。它们的鸣叫底气十足，声音洪亮、穿透力强，可传至方圆数千米之外。的确，在鸟类世界中很少有别的鸣声能出其右。有些种类的气管通过在胸腔内盘绕而得以加长，这一结构大大增强了它们的鸣声。鹤飞行时，脖子前伸，腿绷直，通常高于短而粗的尾巴。不过，在寒冷的天气里，飞行的鹤会弯曲它们的腿，将足收放于胸羽下面。尽管鹤绝大多数都为水栖，但它们的脚并不是蹼足，而且它们仅在浅水域繁殖、觅食和夜间栖息。

⊙ 飞翔中的鹤伸展颈和腿，姿态优美流畅。鹤是出色的高空飞行家。灰鹤（见图中）迁徙穿越喜马拉雅山时飞行的高度超过9000米——相当于喷气式客机的航行高度。

居于开阔空间

分布模式

鹤一般栖息于开阔的沼泽地、草地及农田。大部分种类通常将巢筑于浅湿地的偏僻处，但蓑羽鹤属的2个种例外，它们经常在草地或半沙漠地带营巢。只有冠鹤属的2个种类栖息于树上。

杂食机会主义者

食物

如今那些成功生存下来的鹤类都是见什么就吃什么的杂食者。这是在过去数千年间为了适应从农田里找到充饥之物而养成的习惯。鹤属中的几个种类、冠鹤属的2个种类以及蓑羽鹤属的2个种类都为短喙型，能够有效地捕食昆虫，从草的茎上啄取种子，或像鹅一样啃新鲜的绿色植物。而相比之下，大部分濒危鹤种都有着长而有力的喙，用以在泥泞的土壤中挖掘植物的根和块茎，或捕食小鱼、两栖类和甲壳类等水生动物。这样的种类以大型的鹤类为主，包括肉垂鹤、赤颈鹤、澳大利亚鹤、美洲鹤、白鹤、丹顶鹤和白枕鹤。

一唱一和

繁殖生物学

鹤为单配制。随着春季或雨季来临，成对的配偶退居偏僻的草地或湿地，在那里建立并维护自己的繁殖领域。可能有数千公顷大，具体依种类和地形而定。

成对的配偶会发出“齐鸣”二重奏，雄鸟和雌鸟各自的鸣声清晰可辨，同时又保持一致。在大多数种类中，当雄鸟每发出一串悠长而低沉的鸣声时，雌鸟就配合着发出数声短促的高音。从这种炫耀行为中可以区分鸟的性别。而这样的

“齐鸣”有助于巩固配偶之间的感情，促进繁殖领域的维护。然而，当2只鹤之间的关系稳固下来后，这种齐鸣更多地成了一种示威行为。拂晓时分，一对对配偶纷纷开始齐鸣，表明各自的领域范围。邻近的配偶便报以更多的齐鸣，于是，齐鸣声回荡在方圆数千米内的湿地和草地上空。

⊙ 鹤的代表种类

1.黑冠鹤；2.蓑羽鹤；3.白鹤。另仅显示头部的为：4.美洲鹤；5.赤颈鹤；6.沙丘鹤。

一对关系稳定的配偶，双方的生殖状况通过激素周期的调节而保持同步。激素周期会受到天气、白昼长短以及各种复杂的炫耀行为如“齐鸣”“婚舞”等因素的影响。鹤在产卵前数周开始交配。为保证繁殖成功率，雌鸟必须在产卵前2～6天内受精。

配偶会在湿地繁殖领域内某个偏僻的地方筑一个平台巢。冠鹤类通常一窝产3卵，其他鹤类一般产2卵，其中肉垂鹤例外，更多情况下只产1卵。

雄鹤和雌鹤共同担负孵化任务。雌鹤一般负责夜间孵卵，雄鹤则白天接班。不在巢内的一方通常在离巢较远的地方觅食，有时和其他的鹤一起在“中立区”觅食。孵化期为28～36天，具体依种类以及亲鸟投入的精力而定。冠鹤类总是等一窝卵全部产下后才开始孵，因此雏鸟同时孵化。其他种类的鹤在第1枚卵产下后便开始孵，雏鸟出生时间一般差2天。

鹤的雏鸟一孵出来便发育得很好（即早成性），跟随它们的亲鸟在浅水域四处活动。2～4个月后长齐飞羽，体型较大的热带种类如肉垂鹤和赤颈鹤的雏鸟长飞羽期较长，而白鹤较短——因为靠近北极的气候使食物充足期变得很短，雏鸟在这段时间里必须快速发育。虽然鹤的卵大部分情况下都能得到孵化，但许多雏鸟会夭折，而且很多被列为濒危的种类每次繁殖只能抚育1个后代。雏鸟会飞后，仍与亲鸟生活在一起，直到下一个繁殖期来临。在有些种类中，新长大的鹤会跟随亲鸟南下飞往数千千米外的传统过冬地，以熟悉迁徙路线。

知识档案

鹤

目：鹤形目

科：鹤科

4属15种。种类包括：蓝鹤、黑冠鹤、白鹤、肉垂鹤、黑颈鹤、灰鹤、丹顶鹤、沙丘鹤、赤颈鹤、白枕鹤、美洲鹤等。

分布：除南美洲和南极洲外的各大洲。

栖息地：繁殖季节栖息于浅湿地，非繁殖期栖息于草地和农田。

体型：高0.9～1.8米，翼展1.5～2.7米；最小的种类体重2.7～3.6千克，最大的种类体重9～10.5千克。雄鹤体型通常大于雌鹤。

体羽：白色或各种暗灰色，头部为大红色裸露皮肤或细密的羽毛。次级飞羽长而密。尾羽长、悬垂，或有褶边、卷曲，在求偶炫耀时竖起。

鸣声：音尖，悠远。其中有12种可以从成鸟配偶的齐鸣中辨别雄雌。

巢：筑于浅水域或低矮的草地。

卵：窝卵数1～3枚，白色或深色，重120～270克。孵化期28～36天。

食物：昆虫、小鱼和其他小动物、块茎、种子以及农作物的落穗。

鸽子

鸽子是生存最成功的鸟类之一，有成千上百万只原鸽的后代栖息于世界各地的城市里。在城市环境下，它没有天敌，因此可营巢和栖息于建筑物上，再加之人类经常给它们喂食，这一切使得鸽子极为繁盛。在乡间的鸽类则从农业发展中受益。有一些原鸽的后代还被用于赛鸽运动，展示它们的导航本领。

鸠鸽科为一个非常突出的科，全球性分布。它们生活于除南极之外的世界各大洲，几乎到处都可以见到两三种。不过，只有原鸽和灰斑鸠会出现在北极圈的极北端。鸠鸽科广布于温带和热带地区，但在撒哈拉沙漠中部和阿拉伯半岛的大部分沙漠地带，它们只是匆匆过客。鸠鸽科具有很强的扩散性，可见于大部分近海和远海的岛屿，在东南亚诸岛和南太平洋岛屿上有广泛分布。而大西洋中部的岛屿以及夏威夷则是少数连一个种类都没有的地方。全科可分成4个亚科。其一是鸠鸽亚科，主要为食种鸟，广泛见于其分布区内；其二是果鸠亚科，见于非洲热带地区和东方动物地理学区；其三为凤冠鸠亚科，含3个新几内亚的本地种类；最后，萨摩亚的齿嘴鸠单独成一亚科。

肌肉结实

形态与功能

鸽子是相当结实的鸟，多数中等体型，羽毛柔软、生长很快。小至外形和行为似麻雀的地鸽，大至重达2千克以上的凤冠鸽。在大部分种类中，两性相似，只是雌鸟通常略显暗淡。有些种类的两性差异明显。如斐济橙色果鸠的雄鸟为鲜艳的橙色，而雌鸟为深绿色；非洲和马达加斯加的小长尾鸠雄鸟有黑色的面罩，但雌鸟没有。

翅膀肌肉占到了鸽子平均体重的44%，而在那些专门用于鸽赛的种类中甚至会更高。这些肌肉使鸽子能够垂直起飞。好的“赛鸽”平均飞行速度可接近70千米/小时。

大多数鸽子呈灰色、褐色或粉红色。许多在颈两侧、翼上或尾部有醒目的白色、黑色或彩色的块斑，其中有些块斑在炫耀中会变得更显眼。少数有小型的冠，其中铜翅鸠有长而尖的冠。

⊙ 见于撒哈拉南部的非洲绿鸠，喜居林地尤其是河边林地中，觅食无花果和其他树木的果实。

旧大陆热带森林中的食果类则显得色彩斑斓。在非洲和亚洲的绿鸠属种类中，体羽多数为柔和但相当惹眼的绿色，同时常常有黄色和紫红色做点缀；印度洋上的蓝鸠属种类则以蓝色为主；亚太地区的果鸠类体羽图案非常惹人注目，拥有多种鲜艳色彩。

3种凤冠鸠种类主要为浅灰色，下体和翼覆羽为粉红色或栗色，另外翅膀上有一块大的白斑。它们比其他种类大许多，并具有大而扁平的冠。

齿嘴鸠的头、颈、胸和翕为泛有光泽的深绿色，背和翅呈栗色，而喙为红色和黄色，非常强健，颇似猛禽的喙。

部分为候鸟

分布模式

几乎在所有的陆上栖息地，从热带和温带森林到草原和半沙漠荆棘丛，从平地到喜马拉雅山的雪线以上，都可以见到鸽子的身影。由于大部分食种子，需要经常性饮水，因此它们很少远离水域。鸽子一般为树栖，但也有一些地栖和崖栖种类。许多在树上营巢，在地面觅食。

大部分种类为定栖性，但飞行能力出色。少数种类做长途迁徙。有些种类，特别是干旱地区的种类如非洲的小长尾鸠和几个澳大利亚种类，会广泛移栖。其他一些种类为季节性候鸟。如鸥斑鸠在欧洲、中亚和北非的许多地方繁殖，然后飞越撒哈拉，迁徙至该沙漠南部的撒赫尔地区过冬。类似的，新大陆的美洲哀鸽从繁殖地南下至墨西哥越冬。

食种子或果实

食物

鸠鸽类主要从地面啄食种子，然后在功能强大的肌胃里研磨，常常会吞入一些砂粒帮助消化。在有些季节，多数种类也会食绿叶、芽、花和某些果实。于是，一些种类因为偷食成熟的庄稼或刚发芽的作物而严重危害农业收成。果鸠类几乎仅食果实的果肉。在这些种类中，砂囊能够将果肉剥离而将种子完好地排出。这种适应性使它们成为出色的种子传播者，有大量事例表明它们与结果类植物共生。

有不少种类会捕食少量的蜗牛或无脊椎动物，特别是在繁殖季节；而在城市里的野生种类，有时几乎无所不食。

食种类需要经常性饮水。与其他大部分鸟类不一样，鸽子为主动式饮水，即将喙伸入水中至鼻孔，然后将水吸入而不仰起头。有些种类会飞相当远的距离前往水源，在那里大规模聚集成群，尤其是在清晨和黄昏时分。

⊙ 鸽的代表种类

1.哀鸽，北美的常见种类；2.维多利亚凤冠鸠，鸠鸽科中最大的种类，雄鸟在做求偶鞠躬表演时会用上它的冠；3.欧斑鸠，在撒哈拉以南越冬，夏季回到欧洲；4.巨果鸠，成群觅食。

1 2 3 4

知识档案

鸽子

目：鸽形目

科：鸠鸽科

42属309种。属、种包括：铜翅鸠类（铜翅鸠属）、凤冠鸠类（凤冠鸠属）、灰斑鸠、欧斑鸠、皇鸠类（皇鸠属）、粉红鸽、原鸽、欧鸽、地鸠、齿嘴鸠、小长尾鸠、橙色果鸠、华丽果鸠、斑颊哀鸽、哀鸽等。

分布：分布广泛，但南极、北半球高纬度地区以及沙漠中的极干旱地区除外。此外，许多孤岛上也有分布。

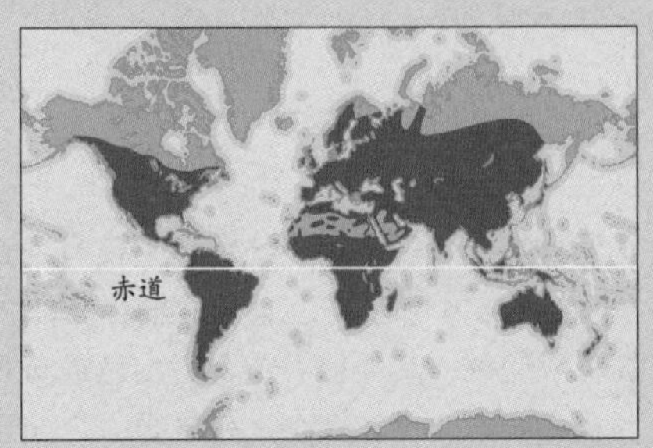

栖息地：大部分栖息于林地或森林，有些栖息于开阔地带或悬崖附近。无论是原鸽的野生后代还是驯养后代如今都可在世界各地的城市里经常见到。

体型：体长15～82厘米，体重30克至2.4千克。

体羽：多数呈灰色和褐色，有些羽色更鲜艳。大型热带种类绿鸠属的主要为亮丽的绿色。部分种类具冠羽。两性相似。

鸣声：咕咕声等多种柔和的鸣叫声，会发出简单的鸣啭，通常仅有数个音符。

巢：大部分在树枝上筑简单的细枝巢，少数营巢于洞穴或地面。

卵：窝卵数1～2枚（通常为2枚）；白色；重2.5～50克。许多种类会连续孵数窝卵。多数种类的孵化期为13～18天，大型种类可达28天。许多种类的雏鸟留巢期尚不清楚，但一般不超过35天，少数可能会更长。但有不少种类的雏鸟在发育完全之前便离巢，剩下的发育待离巢后完成。

食物：主要食植物性食物，包括新鲜的绿叶、果实和种子，结果有些种类成为庄稼的害鸟。亲鸟给雏鸟喂由嗉囊产生的乳汁。

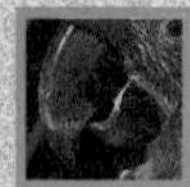

鹦鹉、吸蜜鹦鹉和凤头鹦鹉

美国前总统安德鲁·杰克逊的宠物鹦鹉曾留下了让人感到尴尬的一幕：在1845年杰克逊总统的葬礼上，这位黄颈亚马孙鹦鹉“政客”竟然口出污言秽语（也许是从说话不客气的主人那里学来的），结果引起公愤，被逐出庄严的葬礼仪式。不过，从中也可看到鹦鹉的活跃和聪明，只是有时过了头会使人难堪。

鹦鹉不仅以学舌出名，它们的长寿也同样颇有名气。一些饲养的大型种类（如凤头鹦鹉类和金刚鹦鹉类）可活到65岁。然而，尽管人类饲养鹦鹉的历史可谓悠久，但真正完全被驯化的只有澳大利亚的虎皮鹦鹉1种，在西方，它很可能是除狗和猫之外，最常见的家养宠物。

华丽喧嚣

形态与功能

鹦形目特点显著，相当统一，下仅有鹦鹉科1科。多数种类体羽主要为绿色，辅以耀眼的黄色、红色或蓝色，其他种类主要为白色或黄色，少数为蓝色。鹦鹉科在大小上差异很大，小至侏鹦鹉，仅重10克，大至枭鹦鹉的雄性成鸟，重可达3千克，是前者的300倍。外形也各不相同，有许多种类优美细长，其他的则短粗矮壮。

虽然一些非典型种类（如澳大利亚的地鹦鹉）似乎主要为独居，但绝大部分种类为群居性鸟类，通常成对、成“大家庭”或成小群活动。偶尔，在条件适宜时，一些小型种类会成大群活动，如在澳大利亚的观鸟者有时可目睹不计其数的野生虎皮鹦鹉黑压压地密布于天空中。也许是基于“数大保险、人多安全”的原则，许多种类夜间栖息时也聚集在一起。集体栖息处通常位于传统的栖息地，会年复一年地使用；一般倾向为高大或孤立的树木，那里视野好，可以及时发现接近的天敌。亚洲的短尾鹦鹉类像蝙蝠一样，栖息时倒挂在树上，从远处看，很难辨别一棵大量栖息着短尾鹦鹉的枯树和一棵正常长满树叶的活树。

鹦鹉科为非常喧嚣的鸟类，声音尖锐刺耳。鸣声包括卡嗒声、吱吱声、咯嚓声、咯咯声、尖叫声等多种声音，其中许多非常响亮而难听。不过，澳大利亚的红玫瑰鹦鹉鸣声悦耳，似口哨声；而另一个澳大利亚种类红腰鹦鹉会发出婉转动听、抑扬顿挫的鸣啭，是最像在歌唱的鹦鹉。

⊙ 粉红凤头鹦鹉是澳大利亚最常见的鹦鹉，它们往往大规模成群觅食。

⊙ 原产于中南美洲的金刚鹦鹉具有亮丽的羽色和嘈杂的鸣声，这也是大部分人对鹦鹉的典型印象。图中的金刚鹦鹉便展示了其鲜艳的色彩。

在一些种类中，配偶之间会一唱一和，交替发出鸣声。

由于存在诸多与众不同的特化特征，因此很难判定鹦鹉与其他鸟类之间的亲缘关系。它们经常被认为介于鸽形目和鹃形目之间，但鹦形目与这两目的关系显得有些牵强附会。虽然近年来基因技术迅速兴起，但至今仍无法破解鹦鹉的进化历程。这说明它们可能是从鸟类进化早期的某个谱系分化而来，是一个古老的群落。历史最悠久的鹦鹉化石源于距今5500万年前的一种名为Pulchrapollia gracilis的鸟。它的遗骸发现于英格兰埃塞克斯郡沃尔顿岬角的始新世伦敦黏土层中。此外，在美国怀俄明州的兰斯组白垩纪土层中，人们发现了另一块可能源于某只类似鹦鹉的鸟的化石。

鹦鹉科种类最具代表性的特征是它们独特的喙：下弯而微具钩的上颌与相对较小而上弯的下颌相吻合。上颌与头骨之间通过一个特殊的活动关节相连，从而具有更大的活动空间及杠杆作用。鹦鹉的喙为一种适应性很强的结构，它既可用于完成梳羽等细致活，同时在许多种类中可以有力地咬碎最硬的坚果和种子。此外，鹦鹉的喙还可以当做第3只“脚”——像一只抓钩，和2只脚一起协助它们在树顶攀缘。而印度尼西亚的巨嘴鹦鹉则拥有一张异常巨大而呈大红色的喙，这一醒目的结构被认为是用以视觉炫耀的。

鹦鹉以羽毛华丽而著称，一些大型的热带种类如南美的金刚鹦鹉系列，无疑是世界上最绚烂亮丽的鸟类之一。然而，尽管体羽鲜艳，但多数种类却能惊人地巧妙隐藏于树叶之间，它们的羽色与花和斑驳的光线融为一体。不过，澳大利亚的大型凤头鹦鹉却非常惹眼。它们一般呈白色、橙红色或黑色，大多数头顶具有醒目的竖起羽冠。多数鹦鹉的雌雄鸟在外形上相似或相同，但也有一些明显例外的种类。如澳洲王鹦鹉的雄鸟体羽为艳丽的猩红色，而雌鸟和幼鸟几乎完全为绿色。见于新几内亚和澳大利亚的红胁绿鹦鹉，雌雄鸟羽色差异极大，以致在很长一段时间里它们被认为是不同的种类：雄鸟体羽为翠绿色，翼下覆羽和胁羽为猩红色；而雌鸟体羽为鲜艳的大红色，腹羽和下胸羽为蓝紫色。这种鸟也是鹦鹉中唯一雌鸟比雄鸟更醒目艳丽的种类。鹦鹉的脚也与众不同：2个外趾后向，2个内趾前向，成对握。这种（对趾）结构不仅使它们抓握非常有力，而且可以将脚当成手一样来使用，即抓住东西递到嘴边。这种“动手”能力是其他鸟类难以

鹦鹉各亚科

鹦鹉亚科（鹦鹉）

57属265种。种类包括：桃脸牡丹鹦鹉、澳洲王鹦鹉、帝王鹦哥、白眶绿鹦哥、波多黎各鹦哥、红尾鹦哥、灰绿金刚鹦鹉、琉璃金刚鹦鹉、褐喉鹦哥、灰顶鹦哥、卡罗来纳鹦鹉、马岛小鹦鹉、穴鹦哥、小蓝金刚鹦鹉、纯绿鹦鹉、南鹦哥、红胁绿鹦鹉、金鹦哥、红肩鹦哥、红尾绿鹦鹉、蓝顶短尾鹦鹉、虎皮鹦鹉、灰胸鹦哥、蓝翅鹦鹉、岩鹦鹉、黄耳鹦哥、地鹦鹉、红玫瑰鹦鹉、黄头鹦鹉、金肩鹦鹉、红腰鹦鹉、毛里求斯鹦鹉、紫头鹦鹉、红领绿鹦鹉、青头鹦鹉、大紫胸鹦鹉、非洲灰鹦鹉、蓝喉鹦哥、巨嘴鹦鹉等。

吸蜜鹦鹉亚科（吸蜜鹦鹉和吸蜜小鹦鹉）

12属54种。种类包括：黑鹦鹉、巴布亚鹦鹉、威氏鹦鹉、紫顶鹦鹉、杂色鹦鹉、鳞胸鹦鹉、施氏鹦鹉等。

啄羊鹦鹉亚科（啄羊鹦鹉）

啄羊鹦鹉属4种：啄羊鹦鹉、白顶啄羊鹦鹉、诺福克啄羊鹦鹉、蓝帽鹦鹉。

枭鹦鹉亚科（枭鹦鹉）

1种：枭鹦鹉。

凤头鹦鹉亚科（凤头鹦鹉）

5属20种。种类包括：葵花鹦鹉、红冠灰凤头鹦鹉、粉红凤头鹦鹉、棕树凤头鹦鹉等。

鸡尾鹦鹉亚科（鸡尾鹦鹉）

1种：鸡尾鹦鹉。

侏鹦鹉亚科（果鹦鹉和侏鹦鹉）

3属11种。种类包括：红脸果鹦鹉、棕脸侏鹦鹉、德氏果鹦鹉等。

⊙ 鹦鹉的代表种类

1.紫蓝金刚鹦鹉，正用它的对趾爪抓住一颗巴西果；2.彩虹鹦鹉；3.费氏牡丹鹦鹉；4.红顶鹦鹉；5.蓝顶短尾鹦鹉；6.红玫瑰鹦鹉；7.圣文森特鹦哥，这种鸟曾一度面临灭绝的威胁，幸亏及时采取保护措施，才止住了数量急剧下降的势头，但目前仍为易危种；8.红胁绿鹦鹉；9.黑顶鹦鹉，具有适于吸食花蜜的舌；10.夜鹦鹉，为濒危种；11.啄羊鹦鹉。

望其项背的。不过，一些习惯于地面觅食的种类不具有这种能力。像人一样，鹦鹉也分左右手（对它们来说，为左右脚）。一项研究发现，在56只褐喉鹦哥中，28只始终用右脚抓食，其他28只则一直用左脚抓食。沿着栖木或在地面走动时，大部分鹦鹉都是趾向内翻，摇来晃去的步态着实滑稽。

鹦鹉在飞行能力方面也各异。总体而言，小型种类飞起来轻松自如，大型种类飞行相对缓慢费力。不过，同样也有不少例外。如南美的金刚鹦鹉虽身体庞大，飞行起来却非常迅速。虎皮鹦鹉及许多吸蜜鹦鹉具高度的移栖性，在觅食过程中能飞行相当远的距离。鹦鹉一般不做长途迁徙，但红尾绿鹦鹉和蓝翅鹦鹉例外。这2种见于澳大利亚东南部的鹦鹉均为候鸟，每年飞越200千米宽的巴斯海峡前往塔斯马尼亚繁殖。其中，红尾绿鹦鹉一如它的英文名“Swift”（迅速的），飞翔时异常灵活迅速。

鹦鹉飞行能力的差异与各种类不同的生态需求有关，而不同的生态需求又反过来体现在翅膀结构的差异上。总体来说，飞行迅速的种类其翅膀狭长，飞行缓慢的种类其翅膀相应宽而钝。新西兰的枭鹦鹉具很短的翅膀，是唯一完全不会飞的鹦鹉。

鹦鹉的尾部结构也变化多端。如金刚鹦鹉和巴布亚鹦鹉的尾特别长而优美，几乎占到这些鸟总长的2/3。长尾可能起着重要的炫耀功能。而另一个极端是，蓝顶短尾鹦鹉的尾异常短钝，几乎为尾覆羽所遮盖。印度尼西亚和菲律宾的扇尾鹦鹉有醒目的加长型中央尾羽，由长而裸露的羽干组成，尖端扁平成勺形。其功能尚不清楚。新几内亚的侏鹦鹉的尾羽末端也为裸露的羽干，不过短而硬，类似啄木鸟的尾羽，帮助这些小型的鸟类在沿着树干攀缘和觅食时支撑身体。

⊙ 一群蓝头鹦哥聚集在秘鲁马奴国家公园的黏土盐碱层
黏土盐碱层是崖壁和河岸上的腐蚀土层，鸟在上面食土可能是为了获得营养成分，也可能是为了中和食物中的毒素。

除了人类，鹦鹉最主要的天敌为鹰和隼，而猴子和其他树栖性哺乳动物也会掠走许多卵和雏鸟。在成群觅食时，鹦鹉往往非常嘈杂，看上去似乎很危险。然而，一旦威胁逼近，整个群体会顿时鸦雀无声，然后突然集体从树顶一起冲出，飞散逃离，同时伴以刺耳的尖叫声。大多数掠食者对此都显得措手不及。

相伴终生
繁殖生物学

鹦鹉的繁殖时期和持续时间很大程度上取决于具体的地理位置和食物类型。总体而言，生活于非热带地区的种类因食物供应往往呈季节性，因而较之于热带种类有更加明确固定的繁殖期。如澳大利亚南部的紫顶鹦鹉，繁殖期为8～12月，而生活于澳大利亚北部热带地区的杂色鹦鹉则一年内任何时候都可以繁殖。

绝大部分鹦鹉为单配制，雌雄鸟通常结为终身伴侣。双方始终在一起，配偶关系在相互喂食和梳羽中得到进一步巩固。关于求偶的细节，迄今只有数个种类有描述。在交配前，大部分雄鸟会用多种相对简单的动作和姿势在雌鸟面前炫耀，如屈身、跳跃、拍翅和扇翅、摇尾和踱步等。此外，通常还会炫耀体羽中鲜艳的部位，并且在不少种类中，色彩绚丽的眼虹膜会变大，这种现象被称为眼睛的“放电”。当雌鸟准备交配时，会采取典型的蹲伏姿势，让雄鸟骑在上面。而准备交配的雄鸟会在雌鸟背上做出奇怪的踩踏动作，意义何在尚不清楚。

大多数鹦鹉，无论大小，都在树干或树枝的洞里营巢，通常距地面有一定高度。它们一般入住其他洞穴营巢种类（如啄木鸟或拟啄木鸟）所掘的树洞中，或居于因树变腐朽或某根树枝掉落而形成的窟窿中。绝大部分种类不筑巢，通常只是在洞内刮擦出一层朽木屑作为产卵的平台。非洲的牡丹鹦鹉和亚洲的短尾鹦鹉会在巢内衬以草、叶和树皮，在一些牡丹鹦鹉种类中，雌鸟通过将这些衬材夹于腰羽下运至巢中。有些鹦鹉种类会在白蚁聚居地挖一个洞，如澳大利亚的金肩

知识档案

鹦鹉

目：鹦形目

科：鹦鹉科

80属356种。

分布：中南美洲、北美洲南部、非洲、南亚和东南亚、大洋洲和波利尼西亚。

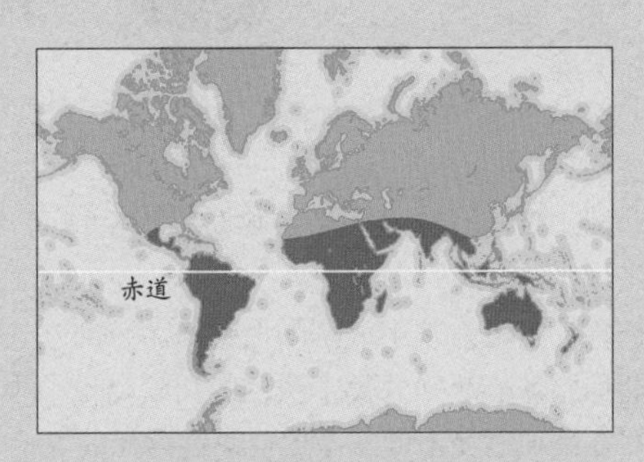

栖息地：主要为热带和亚热带低地森林和林地，偶尔也栖息于山地林和开阔的草地。

体型：体长9～100厘米。

体羽：呈丰富的多样性，许多种类色彩鲜艳，其他种类以淡绿色或浅褐色为主。雌雄鸟通常在外形和着色上相似或相同，但也有一些种类明显例外。

鸣声：各种嘈杂声和刺耳的鸣声，一些饲养种类能够进行出色的效鸣。

巢：通常为树洞，极少数营巢于悬崖和土壤的洞穴中或白蚁窝里。有些种类群体营巢，巢材为草或细树枝。

卵：窝卵数一般1～8枚，具体取决于种类；一律为白色，相对较小，长16～54厘米。孵化期17～35天，雏鸟留巢期21～70天。

食物：主要食植物性食物包括果实、种子、芽、花蜜和花粉。偶尔也食昆虫。

⊙ 凤头鹦鹉的代表种类

1.橙冠凤头鹦鹉，为濒危种；2.葵花鹦鹉；3.黑凤头鹦鹉；4.棕树凤头鹦鹉；5.粉红凤头鹦鹉。

鹦鹉将它的巢穴筑于地栖的白蚁墩中，而新几内亚的棕脸侏鹦鹉则营巢于树栖的白蚁窝里。也许白蚁在某种程度上可以保护鹦鹉远离天敌。

2个新西兰种类——啄羊鹦鹉和枭鹦鹉，均为多配制。在前者中，雄鸟有时会在同一段时期内与数只雌鸟交配，并分担亲鸟义务。而夜行性的枭鹦鹉则有不同的交配机制：雄鸟于夜间聚集在特定的地方，即展姿场，用响亮而带回音的鸣声进行炫耀；雌鸟听到后来到这些地方，选择雄鸟与之交配。据所知，雄性枭鹦鹉不履行亲鸟职责。

大部分鹦鹉在第2年至第4年间达到性成熟。窝卵数从1枚至8枚不等，通常大型种类少于小型种类。孵卵自第1枚卵产下后开始，因此一窝雏大小不一。当食物短缺时，有可能出现的情况是小的雏鸟夭折。亚马孙河流域的金鹦哥则采取不寻常的繁殖策略——数只雌鸟产卵于同一巢中。

除少数种类外，在其他所有的鹦鹉中，卵都完全由雌鸟负责孵化。不过，雄鸟负责这期间的食物供应。雏鸟出生时眼未睁开，无行为能力，并且发育缓慢。在小型种类中，如虎皮鹦鹉，雏鸟在3～4周后离巢，而在琉璃金刚鹦鹉等大型种类中，雏鸟留巢期可长达三个半月。亲鸟双方一般共同负责给雏鸟喂食。鹦鹉的幼鸟普遍明显小于两性成鸟，羽色也往往较黯淡。

⊙ 鹦鹉互相梳羽可以巩固配偶关系。研究表明，鹦鹉用于求偶炫耀的羽毛中有很多都有荧光性，以吸引潜在的异性。

中美洲的大绿金刚鹦鹉的生存面临威胁，原因是这种鸟觅食和营巢所依赖的巴拿马天莲树遭到大量砍伐。

鸮

鸮由于不像昼行性鸟那样容易观察到，无论是对普通大众，抑或是观鸟者和科学家而言，鸮（俗称猫头鹰）的习性并不为人们所熟悉。常常是听到其鸣声才让我们意识到它们的存在。尤其在热带地区，新的种类仍在继续被发现。

在整个鸟类界，只有不到3%的种类为夜行性，而鸮占了一半以上。它们犹如是夜间出没的鹰和隼。尽管最大的种类比最小的种类重100倍，但所有鸮一眼就能被认出来。这种一致性源于它们作为夜行性掠食者的独特适应性。只要有猎物的地方，鸮几乎无处不在。鸮大部分栖息于树上，其他种类则生活于草地、沙漠、沼泽甚至北极苔原。许多热带鸮的食物、行为和生物学尚不为人知，但一般认为多数的鸮主要在夜间捕食，其余的会在一天中的任何时间捕猎，不过集中于拂晓和黄昏。

外形特别
形态与功能

所有鸮通过它们的外形就可以迅速识别：采取直立姿势，尾短，头大，羽密，使它们看起来圆乎乎的，似乎没有脖子。同样有特点的还有前置的眼睛，特别大，通常为橙色或黄色，圆圆地睁于面盘中（脸部呈放射状的羽毛形成的盘状区域）。昼间捕猎的种类则眼睛相对更小、面盘不明显。许多鸮在眼上侧有可动的羽簇，这些“耳羽”与听觉并无关系，而是用于传递视觉信息。鸮的腿强健，通常覆羽；爪锋利，弯曲，用以抓

⊙ 鸮的代表种类

1.吠鹰鸮，后为巢中的雏鸟；2.白脸角鸮在倾听猎物的动静；3.鬼鸮在捕捉一只田鼠；4.捕获鱼的横斑渔鸮；5.点斑林鸮受到雀形目鸟的围攻；6.马来雕鸮和一只死鸟；7.眼镜鸮在观望；8.娇鸺鹠。

◎ 这只雕鸮降落于树上的样子使人很容易联想到这种凶猛的夜行性掠食者从夜空中飞扑下来捕食时，无数小啮齿动物惊慌失措的情景。

捕猎物；喙短，具钩，下弯，有时隐在羽间不容易看到。

由于只在黑暗中活跃，所以不需要醒目的体羽。鸮一般白天栖息于安静的地方，常常紧贴于树干上。为增强隐蔽性，两性的体羽模式通常为各种黯淡的褐斑。倘若白天被小鸟发现，栖息的鸮会遭到围攻，只好离开避之他处。

生活于开阔栖息地的鸮着色浅于林地中的鸮，如沙漠种类通常为沙色，而雪鸮主要为白色，与它的北极环境相适应。一些林地鸮呈现明显的色二态：在北方针叶林为灰色，到了南方的落叶林则变为褐色。除了少数种类外，幼鸟与成鸟基本相似。在大多数鸮中，雌鸟大于雄鸟，不过差别通常没有一些昼间捕猎的食肉鸟那般明显。

人们对鸮与其他鸟的亲缘关系知之甚少。有人认为它们与鹰、隼等猛禽类具有亲缘关系，也有人认为与其他夜行性鸟如夜鹰等关系密切。鸟类分类学者对2种观点均不支持。鸱鸮科与其他鸟科之间的关系仍是一个谜。

知识档案

鸮

目：鸮形目

科：鸱鸮科

25属189种。

分布：全球性，南极除外。

赤道

栖息地：主要为林地和森林，部分栖息于草地、沙漠和苔原。

体型：体长12～71厘米，体重40～4000克。性二态不明显，但雌鸟通常略大。

体羽：褐色或灰色，带白斑或黑白斑纹。

鸣声：各种尖叫声。

巢：主要营于树洞，或利用其他鸟类的弃巢，少数筑于地面或地洞。

卵：窝卵数1～14枚，具体取决于食物供应状况，通常为2～7枚；白色，圆形；重7～80克。孵化期15～35天，雏鸟留巢期24～52天，但有可能在飞羽长齐（出生后15～35天）前便离巢。

食物：以地面小型啮齿动物为主，也食鸟、爬行类、蛙、鱼、蟹（渔鸮类）、蚯蚓、大型昆虫（小型鸮类）。

啄木鸟

独特的攀树、啄树习性，令啄木鸟与众不同。而它们的击木交流同样令人印象深刻，这事实上是独一无二的，在繁殖季节可在世界上许多森林里听到。

凭借它们特化的啄树本领，啄木鸟无疑是树栖性昆虫的头号克星，无论是藏于树皮下或木质中的昆虫还是借助长长的通道在树内部筑窝的昆虫（如蚂蚁和白蚁等）都是它的猎物。而啄木鸟自己也在树上凿穴营巢以供繁殖和日常栖息，它们所掘的树洞通常会使用若干年。

典型的啄木鸟
啄木鸟亚科

典型的啄木鸟种类为中小体型的鸟，强壮、结实。它们的喙适合于砍凿。舌能伸得特别长（绿啄木鸟的舌可伸出10厘米），舌尖具倒钩，因而整个舌头是非常高效的捕食装置，使啄木鸟可以从缝隙里及由昆虫幼虫和蚂蚁、白蚁所挖的通道中啄取猎物。它们的脚爪特别适合攀爬，2趾向前、2趾向后，第4趾可往侧面屈伸，从而使尖钉状的爪子总是能够置于和树干、树枝的线条完全相吻合的位置上。不过，在大型的象牙嘴啄木鸟中，第4趾为前置。第一趾可能会相当小，并且在数个种类中缺失，如三趾啄木鸟。

啄木鸟的支撑尾羽呈楔形，羽干具有辅助稳定作用，从而极大地方便了它们的攀树和啄食行为。这样的尾可以使啄木鸟的身体完全不贴于攀爬面，使它们在啄食和来回攀爬期间能够保持一种放松的姿势。这是一种特殊的适应性，可以保护啄木鸟的内部器官尤其是脑在啄击时不受震荡影响。这种保护对啄木鸟而言绝对是不可或缺的，因为它们每天都要进行大量的啄击活动（如黑啄木鸟每日的啄击次数为8000～12000次）。

典型的啄木鸟种类主要食节肢动物，特别是昆虫和蜘蛛，但也会摄取植物性食物（如果实、种子和浆果）。此外，它们还会从树洞巢、露天巢和吊巢中掠食其他鸟的雏鸟。橡树啄木鸟食橡果，并将它们贮存在专门挖掘的洞穴里以备过冬所用。吸汁啄木鸟类的舌尖像粗糙的刷子，它们会在树上横向钻一圈孔（即所谓的“环剥”行为），然后用舌舔噬流出来的树汁。这种习性也普遍见于欧亚大陆的斑啄木鸟。

⊙ 啄木鸟的代表种类

1.北美黑啄木鸟；2.黄腹吸汁啄木鸟；3.在喂雏的红头啄木鸟；4.大斑啄木鸟；5.蚁䴕；6.觅食中的绿背三趾啄木鸟；7.绿啄木鸟；8.做起舞状的北扑翅䴕；9.三趾啄木鸟。

⊙ 在亚马孙河流域，一只鳞胸啄木鸟在觅食花。大部分啄木鸟为食虫类，但也有少数种类会食花和果实。

啄木鸟往往在树缝或树杈上处理大的食物，如大型甲虫、雏鸟、果实、坚果、球果等。大斑啄木鸟有它们自己的“砧板”，它们将球果楔入砧板的洞里，然后啄出里面富含脂肪的种子。在这种鸟的领域内会有三四个“主砧板”，每个主砧板下面可剩有多达5000枚球果的外壳。在砧板上处理果实和种子或者储存在专门的贮藏处（如美洲啄木鸟属的种类），有助于它们在冬季气候寒冷、昆虫呈季节性匮乏的地区生存。

啄木鸟捕猎时有多种技巧。最简单的是直接从树叶、树枝或树干上啄取。稍微复杂一点的是将喙伸入树皮的缝里，剥落部分树皮。吸汁啄木鸟和三趾啄木鸟会先钻圆孔，然后将舌头伸进去捕捉藏于树皮下或木质中的昆虫。其他啄木鸟，包括大型种类在内，干脆砍凿或撬起大片的树皮，然后掘很深的洞来觅食昆虫。一只黑啄木鸟一顿需要食入900只棘胫小蠹（树皮甲虫）幼虫或1000只蚂蚁。地啄木鸟基本上只在漏斗形的蚁穴中捕食蚂蚁——将它们具有黏性的舌头沿着通道伸入巢室，卷走成年蚂蚁和蚁蛹。一只绿啄木鸟每天需要食入约2000只蚂蚁，大部分为草地蚂

啄木鸟的亚科

啄木鸟亚科（典型的啄木鸟）

24属185种。见于美洲、非洲、欧亚大陆，栖于森林、果园、公园、草地、带有山丘或泥滩的农业区，栖息地海拔上限为5000米。属、种包括：北扑翅䴕、帝啄木鸟、大斑啄木鸟、白背啄木鸟、叙利亚啄木鸟、黄冠啄木鸟、绿背三趾啄木鸟、金背三趾啄木鸟、北美黑啄木鸟、黑啄木鸟、地啄木鸟、橡树啄木鸟、红腹啄木鸟、红头啄木鸟、刘氏啄木鸟、黄须啄木鸟、三趾啄木鸟、黑背啄木鸟、灰头绿啄木鸟、绿啄木鸟、吸汁啄木鸟类如黄腹吸汁啄木鸟等。**体型**：体长16～55厘米，体重13～563克。两性在体型和体重上的差别很小，大部分情况下雄鸟略大。相对较为明显的性别差异主要表现在觅食方面。**体羽**：上体羽色通常与栖息地相适宜（为黑色、褐色、灰色或绿色）；头和颈一般着色鲜艳，有红色、黄色、白色或黑色块斑或条纹；喙呈黑色、灰色、褐色或白色。雏鸟孵化时浑身赤裸，双目闭合。两性体羽差异很小（有时甚至看不出来），主要表现在须纹、冠和颈羽上，在多数情况下，雄鸟的这些部位为红色。**鸣声**：响亮而尖锐的“咔哒”声，会发出一连串这样的“咔哒”声或其他尖锐的声音。大部分种类会用喙击木，有些种类则演变为相互叩击。**巢**：凿穴营巢。**卵**：窝卵数3～11枚；白色。孵化期9～19天。**食物**：昆虫及蛹、蜘蛛、浆果、果实、橡果、种子、树汁、蜜。

姬啄木鸟亚科（姬啄木鸟）

3属31种。见于美洲、非洲、欧亚大陆；栖于热带和亚热带森林、次生林、林地、咖啡种植园，栖息地海拔上限为3000米。种类包括：安岛姬啄木鸟、鳞斑姬啄木鸟、暗绿姬啄木鸟、斑胸姬啄木鸟、白眉棕啄木鸟等。**体型**：体长8～15厘米，体重8～16克（安岛姬啄木鸟可达28克）。**体羽**：在姬啄木鸟属的种类中，体羽为浅褐色，头顶有红色、橙色、黄色斑；尾上有3条白色条纹；头顶有黑白点斑（南美种类的雌鸟为白色点斑）；额为橘黄色（亚洲种类的雄鸟为褐色）。Sasia属的种类两性差异很小，其中安岛姬啄木鸟的雄鸟头顶有红斑，而雌鸟没有。**鸣声**：尖锐的声音或一连串尖叫声。**巢**：凿穴于腐朽的树干中或软木中。**卵**：窝卵数2～4枚；白色。孵化期11～14天。**食物**：昆虫、蛹、蚂蚁、白蚁、钻木的甲虫。

蚁䴕亚科（蚁䴕）

蚁䴕属2种。见于非洲和欧亚大陆，栖于开阔的落叶林、有草的空旷地、矮树林、花园，栖息地海拔上限为3000米（在非洲）。种类为：蚁䴕、红胸蚁䴕。**体型**：体长16～17厘米，体重30～39克。**体羽**：以褐色为主，像夜鹰那样密布斑纹。眼中有深线。两性相似。**鸣声**：可连续发出18个“喳”的音节。**巢**：天然洞穴、啄木鸟的旧巢及巢箱；无巢材。**卵**：窝卵数5～14枚；白色。孵化期12～13天，雏鸟留巢期21天。**食物**：蚂蚁。

蚁。当条件不允许时，如欧洲1962～1963年极度寒冷的严冬，就会有很大一部分啄木鸟死亡。此外，还有些种类，如黄须啄木鸟和刘氏啄木鸟及其美洲啄木鸟属中的亲缘种，经常在飞行中捕捉昆虫。

大部分啄木鸟为定栖性种类，会在同一领域内生活很长时间。只有少数种类，包括北美的黄腹吸汁啄木鸟和三趾啄木鸟及东亚的棕腹啄木鸟为候鸟。大斑啄木鸟的北部亚种隔上数年会进行一次爆发式迁移，原因是它们的主要食物来源——种子作物出现短缺。大斑啄木鸟在球果匮乏的年份会深入欧洲的中部和南部地区。在北美和欧洲的森林周期性遭受虫害（特别是在森林火灾后）时，三趾啄木鸟便会来到相关地区。

绝大多数啄木鸟都具有领域性，有些情况下会在个体、配偶或群体领域内生活数年。一只被做以标记的大斑啄木鸟在它25公顷的领域内生活了6年。在所研究的大部分种类中，多数个体终生生活在领域内或领域附近。而维护领域则有助于保证繁殖的成功率，同时保证有充足的食物供应以及能够栖息于可遮风挡雨的洞穴中（这对啄木鸟而言格外重要）。

啄木鸟的繁殖行为通常从击木开始，接下来是扇翅炫耀飞行和发出响亮的鸣声。雌雄鸟都会做出这些行为，以此来炫耀领域范围和带有洞穴的树、吸引潜在的配偶来到巢址（即“巢展示”）、带给伴侣性的刺激以及威胁对手。不过，在大部分情况下，雄鸟更为活跃主动。

啄木鸟不会每年都重新凿穴营巢，旧的巢穴可以用上若干年，如黑啄木鸟会使用同一个巢穴达6年，而在绿啄木鸟中更是可长达10年或10年以上。

姬啄木鸟

姬啄木鸟亚科

姬啄木鸟亚科为小型种类，在树枝上攀缘的方式与啄木鸟相同，或有时似山雀。其飞行呈波状。觅食方式为在树皮和软木上啄食蚂蚁、白蚁和钻木的昆虫。尾部没有大型啄木鸟那样坚硬的尾羽，在姬啄木鸟属的各个种类中尾部有3条醒目的纵向白色条纹。姬啄木鸟在树干、树枝上凿洞营巢，或将现成的洞穴拓宽为己所用。在求偶中，它们会鸣叫和击木。一窝卵为2～4枚，孵化需要11～14天。雏鸟在出生21～24天后会飞，它们可能会与亲鸟栖息在一起，直至下一窝卵孵化（如暗绿姬啄木鸟）。在亚洲、非洲和美洲的断续分布表明，这一类鸟的起源很早，这一点得到了DNA分析的印证。

蚁䴕

蚁䴕亚科

蚁䴕生活在开阔的树林、果园、公园和长有小矮树的草地中。和啄木鸟一样，它们借助舌头来获得食物（主要为各种蚂蚁）。蚁䴕的英文名（“wryneck”，意为歪脖子鸟）源于它们在巢中的防御行为：在受到天敌的威胁时，它们会像蛇那样盘起颈部并边摆动边发出嘶嘶的声音。拍摄镜头显示，这种行为能够有效地吓退小型掠

⊙ 色彩鲜艳的亚洲三趾啄木鸟（三趾啄木鸟属的种类）在印度西北部拉基斯坦省的一个国家公园里觅食，它们从剥落的树皮中寻找昆虫的蛹和幼虫。

⊙ 一只大山雀很明显是在等待一只大斑啄木鸟在一根枯枝上啄食完毕。当后者飞离后，前者会去察看啄出来的洞，期望发现一些残留的食物。

食者。春季繁殖时，蚁䴕的一个突出特征是会发出带有鼻音的“喹”的鸣声，音略微偏高，两性均会发，旨在吸引异性来到日后的巢址。一窝7枚或8枚卵产于光秃秃的巢中（它们入住现成洞穴时会将里面的一切东西都扔出洞外，包括之前已经开始繁殖的其他鸟的巢）。卵的孵化期为12～14天，雏鸟留巢21天，亲鸟喂以蚂蚁和蚁蛹（一窝雏鸟日均消耗蚂蚁约8000只）。雏鸟会飞后亲鸟会继续照顾2周时间。

每年7月，蚁䴕开始从欧洲和亚洲的繁殖地南下迁徙至非洲和东南亚越冬。它们的种群数量在下降，近年来在英格兰已经几乎看不到蚁䴕的身影。红胸蚁䴕见于非洲南部，包括海拔3000米的山区，举腹蚁占到了这种鸟食物的80%。

促进和妨碍

保护与环境

啄木鸟在森林的生态系统中扮演着重要角色。它们的取食使树皮和钻木昆虫的数量保持在较低水平，因此有利于树干的健康及树皮的覆盖质量。在啄木鸟啄食过的地方，其他小型鸟类（如山雀、䴓和旋木雀）便能顺利地觅食剩下的昆虫和蜘蛛。而啄木鸟的洞穴会被其他许多营洞穴巢的食虫鸟用来繁殖或栖息，而鸮（猫头鹰）、欧鸽、巨嘴鸟以及貂和其他哺乳动物也会占用它们的巢穴。因此啄木鸟间接地给众多的昆虫和鼠类带来了压力。而且，因为啄木鸟对大量朽木的啄食，使得其他各种降解有机物更易进入土壤，所以在物质的分解—再生过程中同样发挥着重要作用。

啄木鸟的行为有时也会与人类发生冲突。在局部地区可能会成为一种害鸟，例如啄破灌溉管道（以色列的叙利亚啄木鸟便有这种不良习性）、在电线杆上打洞（有数个种类会这么做）、将巢穴筑到人们房屋的绝缘塑料泡沫中（大斑啄木鸟）。它们对果实的偏好使果园主深为头痛（常见于美洲啄木鸟属的种类中）。此外，当白背啄木鸟钻进它们最钟爱的觅食处——覆于地面的柔软腐木层时，它们有时会招致香菇种植者的愤恨，因为他们正是利用这一层介质来培养产品的。

目前有3种啄木鸟处于灭绝边缘。事实上，古巴东南部的象牙嘴啄木鸟过去已经被列为灭绝种，然而，20世纪90年代末期，有迹象表明这种鸟仍存在，于是被重新列为极危种，但存活的数量非常有限。关于其他2个极危种，墨西哥马德雷山脉的帝啄木鸟自1956年起一直未出现过；而冲绳啄木鸟正面临着栖息地丧失的危险，成为森林退化的受害者，它们所栖息的宽叶林被大量用以建造高尔夫球场、修建公路和水坝及进行商业伐木。

知识档案

啄木鸟

目：䴕形目

科：啄木鸟科

3个亚科28属218种。

分布：南北美洲、非洲、欧洲、中亚和南亚、东南亚、澳大利亚。

栖息地：热带和亚热带的阔叶林，果园、公园和草地。

体型：体长8（鳞斑姬啄木鸟）～55厘米（帝啄木鸟），体重8～563克（同样以上述2个种类为上下限）。

鸦

鸦科的成员对大多数当地人来说都相当熟悉，因为这些鸟通常又大又嘈杂，很引人注意。有些种类，如家鸦，特化为与人类共存，已经在大城小镇生活了数个世纪。也有些种类，包括短嘴鸦和澳洲鸦，近年来才进入城市，但如今在那里已有大批定居者。冠蓝鸦是北美地区最经常光顾人工喂鸟装置的鸟之一，得益于人类的友好，这种鸟的分布范围正在向西扩展。

鸦的体型、着色、智慧及食腐习性使它们频频出现在民间传说中。在欧洲，乌鸦和渡鸦常常被认为是不祥的征兆，很可能是由于它们在战场上的食腐行为所造成的。渡鸦在北美土著民族的传统中则具有积极的象征意义，被视为缔造者和民间英雄的化身。

时至今日，人们对鸦的态度仍有明显的分歧。许多人认为它们是有害的掠食者，需要加以控制；而其他人则钦佩它们拥有像人一样的智慧和群居性。

体大、强健、聪慧

形态与功能

鸦科中有体型最大的雀形目种类渡鸦类，此外还有多种相对较小的鹊类、蓝鸦类等。有些被认为是鸟类界最具智慧的种类。许多种类栖息于林地，事实上，亚洲和南美的大部分蓝鸦类和鹊类几乎仅限于森林。而欧洲和北美众多为人熟悉的种类则喜居开阔的栖息地，非洲和澳大利亚则没有森林种类。

鸦科中分布最广、最为人们熟知的无疑是鸦属的乌鸦类和渡鸦类。这些鸟体型大，尾短或中等长度，体羽为全黑、黑白相间、黑色和灰色，或浑身乌褐色。该属在欧洲的代表种类有渡鸦、小嘴乌鸦、羽冠乌鸦、秃鼻乌鸦和寒鸦；在南亚有家鸦和大嘴乌鸦等种类；在非洲包括非洲白颈鸦和非洲渡鸦。在北美和澳大利亚有多种一身黑的乌鸦，在结构和外形上都很相似，只是鸣声不同。因此，北美的短嘴鸦、鱼鸦、西纳劳乌鸦和墨西哥乌鸦更容易通过声音而非外形来区分，澳大利亚的澳洲鸦、小嘴鸦、澳洲渡鸦等种类则几乎只能靠鸣声来辨别。在向偏远岛屿扩张方面，该属也比科内其他各属更为成功，在西印度群岛、印度尼西亚、西南太平洋和夏威夷都有局部分布。

红嘴山鸦和黄嘴山鸦2种山鸦拥有和鸦属种类相似的全黑式光滑体羽，只是喙较细长，下弯，呈红色或黄色。过去它们被认为与鸦属种类具有密切的亲缘关系，但近来的基因研究表明，山鸦与科内其他种类都不同。它们主要为山鸟，分布范围可达喜马拉雅山近9000米的峰顶，同时在某些地方也见于海边岩崖附近。

⊙ 在印度尼西亚的巴厘岛上，一只塔尾树鹊在炫耀它那刮铲形的长尾，这样的尾使它成为鸦科中最具特色的种类之一。这种鸟栖息于东南亚许多地方的森林边缘地带。

⊙ 鸦的代表种类

1.秃鼻乌鸦这一欧亚种类以其繁殖群庞大而著称；2.渡鸦，鸦科中体型最大的成员，由于遭枪击和中毒，如今这种鸟在人口稠密的地区已不常见；3.松鸦见于从英国至日本的温带林地中；4.一只冠蓝鸦衔着一枚橡果，这是它最喜爱的食物；5.一只喜鹊衔着一枚浆果。

2种星鸦分别生活在欧亚大陆和北美。其中，欧亚大陆的星鸦主要呈栗色，有白色条纹，而北美星鸦以灰色为主。2个种类都主食种子或坚果，冬季则依靠贮藏的食物储备过冬。

许多长尾的鸦都被称为“鹊”，虽然它们之间似乎并没有密切的亲缘关系。这些鸟中既有呈斑驳色的欧洲、亚洲和北美的鹊类，也有不少着色鲜艳的南亚种类如蓝绿鹊以及中国台湾蓝鹊。这些鹊类都具有短而强健的喙、变异的长尾，亚洲的鹊类尾上有黑白斑。亚洲的鹊和鸦之分主要依据尾的长度，但这些种类之间真正的关系仍有待进一步研究。东南亚的树鹊类上喙相对较短却明显弯曲，长尾的中央尾羽末端呈圆形，在有的种类中微向外展，有的则张得极开。塔尾树鹊变异的尾羽末端均外张，形成与众不同的刮铲形。

美洲的蓝鸦类（不包括灰噪鸦，它是旧大陆种类）有别于科内的其他种类。其中许多种类体型相当小，有些甚至和鸫一般大小。但褐鸦较大，与小型的乌鸦差不多。2种鹊鸦的尾极长且华丽，很像亚洲的鹊类。大部分种类体羽为蓝色，少数为褐色或蓝灰色。

鸦的部分种类

种类包括：红嘴山鸦、黄嘴山鸦、短嘴鸦、澳洲渡鸦、小嘴乌鸦、渡鸦、寒鸦、鱼鸦、灰乌鸦、夏威夷乌鸦、羽冠乌鸦、家鸦、大嘴乌鸦、小嘴鸦、关岛乌鸦、新喀鸦、非洲白颈鸦、秃鼻乌鸦、西纳劳乌鸦、墨西哥乌鸦、澳洲鸦、非洲渡鸦、白尾地鸦、冠蓝鸦、暗冠蓝鸦、红嘴蓝鹊、褐鸦、北美星鸦、星鸦、松鸦、丛鸦、西丛鸦、灰胸丛鸦、灰噪鸦、北噪鸦、蓝头鸦、青绿蓝头鹊、蓝绿鹊、喜鹊、盘尾树鹊、塔尾树鹊等。

在科内的异化种类中，中亚地鸦类的不同寻常之处在于它们基本生活在地面。它们栖息于干旱的半沙漠地带和草原地带，遇有危险时通常跑离而非飞走。体型小许多的褐背拟地鸦曾被认为与地鸦类有亲缘关系，如今被归入山雀科。

然而，除了地鸦类和其他极少数特例外，鸦科整体而言相当统一。体型大，身体结实，腿、喙强健；外鼻孔由须状羽毛覆盖，这一点使绝大部分鸦有别于其他鸣禽。某些椋鸟、卷尾鸟和极乐鸟也有类似特征。鼻须一般相当明显，而塔尾树鹊的鼻须特别密、短，似一团天鹅绒。只有蓝头鸦终生都没有鼻须。秃鼻乌鸦和灰乌鸦在雏鸟时鼻孔覆须，但随着发育长大，鼻须逐渐消失，最后脸部只剩裸露皮肤。

⊙ 蓝绿鹊是几个长尾、色泽艳丽的亚洲种类之一。这几种绿鹊很可能与蓝鸦类（而非更为人们熟悉的美国和欧洲的鹊类）的亲缘关系更密切。

鸦的适应能力和聪明才智在它们的食物和觅食行为中体现得最为突出。大多数种类既食动物性食物也食植物性食物，尤其是大的昆虫和小坚果。许多种类能迅速适应对新的人工食物源的利用。鸦普遍具有强健、通化的喙，对付食物游刃有余。多数种类在撕裂食物时还会使用脚来抓持。许多只用下颌骨来啄食持在脚上的食物，而蓝鸦类则在下颌骨上长有一个特别的骨质突，使这一行为变得更为高效。不少种类都有过“浸泡”或“清洗”食物的记录，也许是为了去除黏性物质或软化硬质食物。贮藏食物在鸦科种类中也很普遍。新喀鸦则会制作工具来帮助获取食物，它们会对树枝和树叶进行处理后用来探入树洞中寻找昆虫蛹。这种鸟会在不同的地方制作不同类型的工具，有些甚至能制作钩来钩取猎物，实为动物世界中的一绝。

人们常常认为鸦几乎能以食任何食物为生，然而许多人工饲养个体虚弱的身体状况表明它们的营养需求与其他绝大部分鸟类并无多大差别。事实上，杂食性并不代表就能始终获得食物，许多种类的鸦在雏鸟全部孵化后无法找到足够的食物来喂雏。

鸦的长寿也可能被粗心的观鸟者们高估了。由于鸦往往会在适宜的领域内一代一代地生生不息，所以会有古老的民间说法认为“乌鸦的寿命是人的3倍，而渡鸦的寿命是乌鸦的3倍”。实际上，人工饲养的渡鸦有记录的最长寿命是29年，而且那只渡鸦为自然老死，说明野生的渡鸦通常活不到那么久。对几种乌鸦个体做以标记进行跟踪研究发现，有1/3～1/2的雏鸟在出生第一年内死亡，并很少有成鸟能活10年以上。不过，这样的存活率在鸟类中也已经是相当高的了。因此，一些大型的鸦以雀形目鸟的标准来衡量的话似乎确实属长寿之列。

数项对做以标记的鸟的研究表明，多数种类的鸦至少出生2年后才开始繁殖，有些短嘴鸦个体直至六七岁才繁殖。不过，小嘴乌鸦和喜鹊在出生后次年便会成对维护领域。这种性成熟的延后现象可以反映出繁殖机会的不足或是为了让雏鸟在开始繁殖前积累更多的经验。

协作繁殖

繁殖生物学

鸦科多数种类会维护它们各自营巢繁殖的领域。如渡鸦、松鸦和西丛鸦的配偶双方都会向进入领域的入侵者发出威胁。少数种类实行群体营巢，比较突出的有寒鸦，松散的群体营巢于洞穴中；秃鼻乌鸦较为密集的群体在树顶营巢。营群巢的种类终年群居，而许多维护繁殖领域的种类在非繁殖期会成群，其中一些会形成大的栖息群体。其他种类，如佛罗里达丛鸦，则长年坚守自己的领域。短嘴鸦虽然也长年维护领域，但在一年的某些时期内会组成大的觅食群和栖息群，它们在白天维护领域，夜间则加入到领域外的栖息群中。对数个种类的个体做标记后进行跟踪研究发现，这些鸦会年复一年地长期占据同一领域，而配偶关系常常维系终生。有些佛罗里达丛鸦个体一生都不离开它们亲鸟的领域，并且就在它们出生的地点进行繁殖。

有数个种类的繁殖期与食物供应的高峰期吻合，以利于雏鸟的发育。如秃鼻乌鸦在英格兰为3月产卵，正好赶上4月蚯蚓的繁盛期；松鸦在4月末至5月产卵，随后迎来5月底、6月初树上食叶毛虫的高峰期。

许多种类实行协作繁殖，有2只以上的鸟照看一窝雏并帮助喂食。最常见的是协助方为繁殖

⊙ 一只小嘴乌鸦（最常见的欧亚种类）正在从一只死兔子身上撕取碎肉来喂给它那2只几乎已羽翼丰满的幼鸟。这种鸟的成鸟通常独居，故有“一只乌鸦为小嘴乌鸦，一群乌鸦为秃鼻乌鸦”的说法。

⊙ 佛罗里达丛鸦为美国西部丛鸦的一个孤立亲缘种，如今被世界自然保护联盟列为易危种，原因是房地产业和柑橘种植业大量介入这种鸟在“阳光地带”的栖息地，至2000年，该丛鸦的数量仅为1万只左右。

配偶的后代，在巢域内已生活1年或1年以上。这种情况在松鸦中尤为普遍。而在乌鸦类中，已知的仅见于短嘴鸦和小嘴乌鸦的某些种群。短嘴鸦的“大家庭”可包括15个成员，均为一对配偶的后代，它们留在巢域内生活可长达6年或更长时间。在灰胸丛鸦中，会出现数对配偶同时在一个群体领域内营巢的现象，那些领域内的其他个体会给几个巢的雏鸟喂食，而那些繁殖配偶在自己的雏鸟离巢后也会给其他巢的雏鸟喂食。DNA检测研究发现，一个巢中的雏鸟事实上会是数对配偶的后代。相比之下，在与灰胸丛鸦有密切亲缘关系的佛罗里达丛鸦中，协作繁殖模式则要简单得多，一个巢内的所有雏鸟全部是一对繁殖配偶的后代。

在绝大部分种类中，雌鸟独自孵卵（在2种星鸦中为双亲孵卵）。在巢中孵卵的雌鸟通常由雄鸟和协助者喂食。由于孵卵一般始于最后一枚卵产下前，因此一窝雏会在数天里陆续孵化，致使各雏鸟大小不一。当食物匮乏时，最小的雏鸟往往死亡。在有些乌鸦种类中，最小的雏鸟会在出生后即被抛弃，以减少雏鸟对有限的食物供应的竞争。双亲喂给雏鸟的食物常常贮藏于喉部带回巢。绝大多数种类（倘若不是全部的话）的雏鸟在会飞离巢后仍由双亲喂养数周，并且至少在部分种类中，它们完全独立后会继续在亲鸟的领域内逗留数月；而在协作繁殖种类中，它们则会留下来生活若干年，或者在离开数周至数月后重新返回。

知识档案

鸦

目：雀形目

科：鸦科

24属118种。

分布：全球性，除北极高纬度地区、南极、南美南部、新西兰及多数海岛。

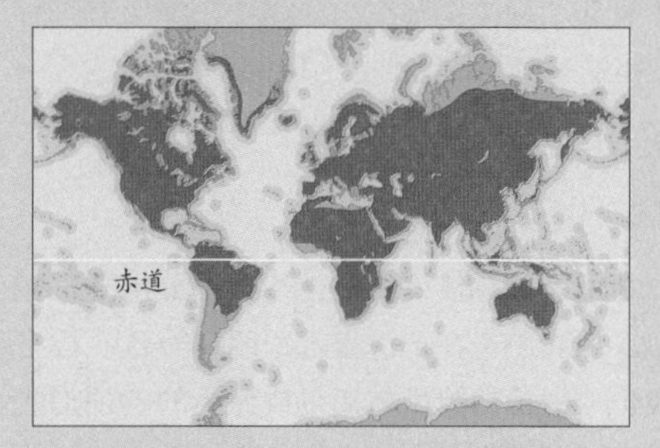

栖息地：多种栖息地，包括森林、农田、草地、沙漠、草原、苔原。

体型：体长19～70厘米（包括某些鹊类的长尾），体重40～1500克。

体羽：一般为全黑，或者黑色带白色或灰色斑纹；许多种类的翅和尾有醒目的斑；不少蓝鸦类有亮丽的蓝色、栗色、浅黄色或绿色斑纹。两性在羽色方面通常相似。

鸣声：多种刺耳的声音，也有些相对悦耳的鸣声。有些种类能够效鸣。

巢：由树枝筑成的碗状结构，位于树上，衬有柔软物质。有些筑圆顶巢或营巢于洞穴中。

卵：窝卵数一般为2～8枚；白色、浅黄色、米色、淡蓝色或浅绿色，常有深色斑。孵化期16～22天，雏鸟留巢期18～45天。

食物：丰富多样，包括果实、种子、坚果、昆虫、地面无脊椎动物、小型脊椎动物、其他鸟的卵或腐肉。许多种类（或许为大部分种类）会贮藏食物。

山雀

山雀为小型鸟类，活跃于林地和灌丛中。大部分具群居性，善鸣叫。北美和欧洲种类中有世界上最受欢迎的鸟之一，冬季经常光顾喂鸟装置，夏季则在人工巢箱里营巢繁殖。山雀很少给人类带来危害，相反，它们给居家的观鸟者们带来了愉悦和享受。

山雀的英文名“tit”源于“titmouse”一词，在英国，这一名字用于山雀科的所有成员；但在北美，仅用于其中一类山雀（另一类山雀以“chickadee”命名）。虽然其他一些没有亲缘关系的鸟类其名字中也带有“tit”，但只有山雀科、长尾山雀科和攀雀科这3个科的种类被认为是密切相连的，它们与旋木雀具有亲缘关系。全科53个种类中有50个种类都归在山雀属中，如今有一种论点拟将这一庞大的属细分为10个不同的属。

灵巧的捕虫手

形态与功能

在形态和总体外形上，绝大部分山雀都相当一致，因而山雀在全世界都很容易辨认。许多种类浅色或白色的脸颊与黑色或深色的头顶形成鲜明对比，有不少具冠。山雀的喙短而结实，腿也短。所有种类多数时间生活在树上和灌丛中，但也会到地面觅食。它们小巧玲珑，能轻松自如地倒挂于细树枝上。大部分种类终年为留鸟。

多种山雀以食昆虫为主。有不少种类也食种子和浆果，尤其是在寒冷地区的种类，种子是它们冬季的主要食物。冬季，山雀在花园和喂鸟装置前频繁出现的原因是可以获得大量的种子食物。有些山雀会储藏食物，主要是种子，有时也可能是昆虫，这些食物通常藏于树皮的裂缝里或埋于苔藓下面。贮藏的食物有可能一段时间都不会用上，也有可能刚藏起来数小时便取走。

在暖和的繁殖季节，所有种类都会给雏鸟喂食昆虫。一对青山雀的配偶在雏鸟发育最快的那段时间会以平均每分钟一条毛虫的速度喂雏，而在雏鸟留巢期间，喂雏的毛虫超过1万条。所以山雀被认为（尽管证据尚不确凿）在控制森林虫害方面起着重要作用，人们也因此为它们设置了大量巢箱。

山雀学习能力很强。1929年，人们在英格兰南安普敦观察到一些山雀将牛奶瓶的盖揭开然后喝起牛奶来。其他山雀迅速学会了其中的技巧，很快这一现象便出现在整个英格兰。

⊙ 山雀的代表种类
1.红胸山雀；2.黄颊山雀；3.青山雀；4.灰蓝山雀；5.头部放大的白眉冠山雀。

黄眉林雀的情况鲜为人知，这种体羽相当黯淡、主要呈绿色的鸟，不像其他大多数种类那样具有分明的着色模式，被单独列为一属。该鸟生活在海拔2000米以上的高地森林中。直到1969年，人们在一棵杜鹃花植物上发现了它的洞穴巢，才了解到这一种类的繁殖习性与其他山雀相似。

还有2个种类也属于山雀科。东南亚的冕雀对一般的山雀而言堪称庞大。这种鸟长约

⊙ 一只煤山雀成鸟带着一顿毛虫大餐回巢

煤山雀项上的白斑可用以区分这一种类和其他相似的山雀（如沼泽山雀）。煤山雀喜居针叶林栖息地，营巢于岸滩和树桩的洞穴中。

22厘米，重将近40克，几乎是其他种类最大的山雀的2倍。冕雀体羽主要为蓝黑色，富有光泽（雌鸟略黯淡），头顶为醒目的黄色，有可竖起的冠羽，腹部也呈黄色。生活在茂密的森林中，详细情况不清。

更为与众不同的是褐背拟地鸦。这种鸟生活在中国西藏及周围林木线以上的高原地区。体羽为褐色，喙弯曲，长度中等；营巢于啮齿动物的巢穴内或岸滩上的洞穴中。褐背拟地鸦外形看上去与山雀毫无相似之处，但近年来对其进行独立的形态研究和DNA分析后证实，它属于山雀科。

⊙ 一只孤独的黑顶山雀

在冬季，这种鸟却是由它们与啄木鸟、鳾、旋木雀和戴菊组成的混合觅食群中的核心成员。

集中在赤道以北

分布模式

在山雀科、长尾山雀科和攀雀科这3个密切相连的科中，山雀科是目前最大、分布最广的科。从平地到高山，凡是有树的地方往往就能见到它们的身影。除了无树区和海岛，只有南美、马达加斯加岛、澳大利亚和南极不存在山雀。11个种类见于北美（其中有一个种类也出现在旧大陆），13个种类分布在非洲的撒哈拉以南地区，剩下的种类则主要生活在欧亚大陆。

知识档案

山雀

目：雀形目

科：山雀科

4属53种。种类包括：黑顶山雀、白翅黑山雀、青山雀、白眉冠山雀、煤山雀、凤头山雀、大山雀、沼泽山雀、橡山雀、林山雀、灰头山雀、美洲凤头山雀、白枕山雀、褐头山雀、黄眉林雀、冕雀、褐背拟地鸦等。

分布：欧洲、亚洲、非洲、北美（南至墨西哥）。

栖息地：主要为林地和森林。

体型：体长11.5～14厘米，体重6～20克。但冕雀除外，该种类体长22厘米、体重约40克。

体羽：以褐色、白色、灰色和黑色为主，有些种类带有黄色，3个种类具天蓝色。两性仅有细微差别，即有些雌鸟着色比雄鸟黯淡。

鸣声：多种单音节声音，唧唧喳喳的鸣叫，多种口哨声，复杂多变的鸣啭。

巢：洞穴中。有些种类在软木中凿洞。

卵：窝卵数通常为4～12枚；白色，带红褐色斑。孵化期为13～14天，雏鸟留巢期17～20天。

食物：以昆虫为主，也食种子和浆果；有些种类会贮藏食物以备后用。

燕

燕子几乎受到所有人的喜爱，因为它们飞行能力突出，模样吸引人，是夏天的使者，食昆虫，喜欢在离人很近的地方营巢。

最新的分类体系中燕科含14属89种。然而，由于燕通常生活在空中，对其进行形态研究受到限制，因而难以做出精确的评估。

一流的飞鸟
形态与功能

燕很容易识别：修长的身材，狭长而尖的翅，叉形尾，外侧尾羽通常很长，似长条旗。这些特征与它们在空中觅食无脊椎动物的特化生活方式相吻合，同样也见于其他与它们并没有亲缘关系却具有类似生活方式的鸟类，如雨燕。

细长的身体可减少飞行过程中的阻力。燕的翅形呈高展弦比，意味着能产生很大的举力而所受的阻力很小。但这种符合空气动力学的高效率以降低机动性为代价（如与短而宽的翅相比），不过这一劣势又由叉形尾得到部分的弥补，因为这样的尾可提高鸟的机动能力。

部分种类具有长尾羽，可增加举力，其功能犹如飞机的襟翼，保证气流平稳地通过翅膀，而在燕准备着陆时可延缓气流通过，从而使燕在不增大阻力的情况下实现飞停。大多数种类跗骨短、腿小而弱，适于栖息而非行走，但自己掘穴或营巢于悬崖岩面的种类具有强健的爪。

上述对燕科种类形态的概括性描述不适用于河燕属的河燕类。它们看上去与其他雀形目鸟更相似，可能其原种介于燕科和其他雀形目鸟之间。河燕类的腿、脚相对较大，相关肌肉组织无论从面积大小、肌肉数量、复杂程度而言都较少退化。与其他燕宽而扁的喙相比，它们的喙显得更粗壮、厚实；鸣管中的支气管环则明显不如其他燕的完整。此外，毛翅燕属和锯翅燕属的毛翅燕类在外侧初级飞羽的边缘有一系列羽小支，形成钩状的增厚层，但其具体功能尚不清楚。

出色的候鸟
分布模式

冬季，燕在温带地区的食物供应大为减少，因而许多种类进行迁徙。但与其他大部分雀形目候鸟不同的是，燕在昼间迁徙，而且为低空飞行。此外，它们还经常在迁徙途中觅食，因此脂肪储备量较同等大小的其他候鸟低。在非洲繁殖的种类常随降雨模式而进行迁徙，但具体情况鲜为人知。而其他一些种类如灰腰燕，则似乎到处“流浪”，并没有固定的迁徙路线。

近年来，许多燕科种类的分布得到了扩展，原因是随着它们越来越多地使用建筑物作为巢址，这些鸟被不断引入到了以前它们不被人知的地区。如红额燕的分布范围向南扩大到了肯尼亚

⊙ 燕的代表种类

1.崖沙燕，这种鸟营群巢；2.红翎毛翅燕，见于中南美洲；3.蓝燕，被列为易危种；4.双色树燕。

⊙ 2只将近长齐飞羽的家燕雏鸟从杯形巢中向外看
家燕的巢由泥浆和稻草筑成，里面衬以羽毛。一如它们的名字，其巢常筑于建筑物上。这种麻雀般大小的燕在美国是分布最广的燕科种类，同时也是那里唯一具深叉形尾的燕。

和坦桑尼亚，穴崖燕则从墨西哥进入了美国南部。而环境的变化同样会引起分布模式的变迁。如家燕的英国种群在南非过冬，如今它们在那里的范围已向西扩张，原因是西部降雨量增加。

空中捕食
食物

所有燕科种类几乎都只食空中的无脊椎动物，主要是昆虫。植物性食物仅见于少数种类的食物中，而且摄取量很少。只有双色树燕会经常性摄入植物性物质（以浆果为主），而这也仅出现在昆虫匮乏期间。

燕不是那种机会主义觅食者，不会漫无目的地四处飞行、张着嘴巴随机食入空中的浮游生物。相反，它们主动出击捕食特定的猎物。同域分布的种类往往特化为捕食不同体型级别的无脊椎动物。而就某一种类的个体而言，它常常会选择所能获取的最大猎物。候鸟种类在过冬地的食物通常有别于它们在繁殖地的食物。如家燕在非洲越冬时，食物中的蚂蚁比例会增加。此外，一个种类所偏爱的觅食程度在过冬地和繁殖地也会有所不同。上述变化被认为是这些候鸟与过冬地的留鸟种类进行竞争的结果。

多数单配
繁殖生物学

燕普遍实行群居、单配。雌雄鸟共同育雏，筑巢和孵卵则通常由雌鸟负责。然而，雄鸟经常进行混交，热衷于寻找机会与配偶以外的雌鸟发生交配。在有些种类中（如紫崖燕），会出现一雄多雌现象，1只雄鸟与2只雌鸟结成配偶。

知识档案

燕

目：雀形目

科：燕科

14属89种。属、种包括：家燕、蓝燕、穴崖燕、美洲燕、红额燕、灰腰燕、红海燕、褐胸燕、白尾燕、线尾燕、崖沙燕、巴哈马树燕、金色树燕、红树燕、双色树燕、白腹燕、河燕类（如白眼河燕等）、崖燕类（如紫崖燕等）、毛翅燕类等。

分布：全球性，除北极、南极和某些偏远的岛屿。

栖息地：各种开阔区域，包括水域、山区、沙漠、森林树阴层上方。

体型：体长10～24厘米，体重10～60克；典型体长为15厘米，体重20克。

体羽：上体通常为金属质的蓝黑色、绿黑色，或为褐色；有些种类的腰部具有对比鲜明的颜色；下体一般着色较浅（常为白色、浅黄色或栗色）。两性通常具细微差异，但雄鸟有时比雌鸟着色醒目且尾较长；幼鸟一般较成鸟黯淡、尾更短。

鸣声：鸣啭为简单而快速的啁啾声或嗡嗡声，平时鸣声则持续时间较长、音节顺序多变。

巢：泥巢（或敞开或封闭）或由植被筑成的简单杯形巢。泥巢一般附于建筑物上、悬崖岩面或筑于洞穴中。此外也会经常使用自然洞穴（如树洞）和地洞（常为自己所挖）。

卵：窝卵数在大部分热带种类中为2～5枚（有些多达8枚），在大多数热带种类中为2～3枚；一般为白色，有时带红色、褐色或灰色斑。孵化期11～20天，平均为14～16天，天气恶劣时会延长。雏鸟留巢期16～24天，但在体型较大的河燕类中为24～28天，当食物稀少时雏鸟留巢期也会延长，特别是有些种类的雏鸟在恶劣气候下会休眠。

食物：几乎仅食空中的无脊椎动物。

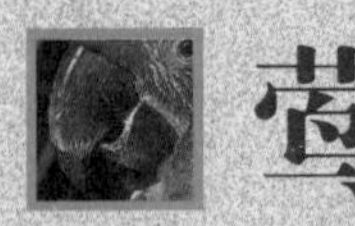

莺

莺是一个极为考验观鸟者辨别力的鸟科。有许多种类外形极为相似，让无论是初入门者还是有经验的观鸟者都眼花缭乱、难以区分。不过它们的鸣声往往有着显著的差异。莺是一类小型鸟类，常常隐匿于茂密的植被中，只有在觅食它们喜爱的昆虫时才会偶尔乍现，但随之又消失得无影无踪。当然，这一大科中也有许多色彩亮丽、容易辨别的种类，它们主要生活于热带。

总体而言，莺为小型鸟类，喙尖细，脚强健，对于适应栖木生活绰绰有余。有些种类如波纹林莺，具有很长的尾，有助于它们在浓密的叶簇间穿梭和在枝、叶间不停地搜寻昆虫时保持身体的平衡。

分成数大类
形态与功能

莺科可分为数个大类。苇莺类包括在大属苇莺属中，共有32种。这些莺通常见于沼泽、芦苇荡和湿地中，一般体羽均为褐色，身材结实，脚和喙都很大，使它们得以在芦苇丛中自如攀缘。其鸣声为刺耳的啁啾声，很容易区别。蝗莺类的颤鸣声似昆虫发出的声音，“蝗莺”一名由此得来。林莺类包括篱莺属的7个种类和林莺属的24个种类，后者的两性体羽明显不同，这在莺科中非常罕见。柳莺类囊括了科内第二大属柳莺属，共有46种，为绿色的小型莺，喙短，各种类之间外形酷似，倾向于在树阴层栖息，在树叶下啄食昆虫。多样性丰富的非洲树莺类包括了娇莺属、拱翅莺属、孤莺属和森莺属的部分种类。最后

莺的部分种类

属、种包括：水栖苇莺，湿地苇莺，夏威夷苇莺，芦莺，蒲苇莺，极北柳莺，叽喳柳莺，欧柳莺，林莺类（如黑顶林莺、波纹林莺、庭园林莺、灰白喉林莺等），褐短翅莺，扇尾莺类（如霄扇尾莺等），新西兰大尾莺，草莺，霍氏山鹪莺，褐胁山鹪莺，绿篱莺，纳氏娇莺，泰氏娇莺，白翅娇莺，鹂莺，塞岛苇莺，刺莺，缝叶莺类（如长嘴缝叶莺等），雀莺类，拱翅莺类等。

⊙ 莺的代表种类

1.一只黑顶林莺在灌木上；2.一只蒲苇莺在芦苇荡中；3.芦莺；4.东南亚的稻田苇莺；5.红脸森莺。

⊙ 草莺有时被称为“棒糖鸟”，因为它们身上最突出的特征是长而尖的尾，呈栗色和褐色，尾羽常成一束，像一根棒。草莺会栖于高草或花上享受日光浴。

一属为长相奇特的莺，觅食时沿树干和枝干上下活动，用结实的喙伸进树缝里探食，过去被称为“䴓莺”。此外，还有不少更为另类的莺，如东南亚森林中的地莺类，几乎没有尾巴；还有马达加斯加的2种短翅莺和新西兰大尾莺，它们尾羽的羽支不连在一起，看上去像一枚枚钉子。

莺科最大的属扇尾莺属约有45个种类，组成了扇尾莺类的一部分。这些鸟栖息于非洲的草地中，体羽多条纹，很难区分，最好的识别办法是借助它们的鸣声。事实上，鸣声的差异从它们的名字中便可见一斑，诸如哨声扇尾莺、噪扇尾莺、颤声扇尾莺、沸声扇尾莺、颤鸣扇尾莺、铃声扇尾莺等，而这些还仅仅只是其中的一小部分。扇尾莺类的特点有：繁殖期尾会增长，一年换羽2次，两性在体型上的性二态现象突出，雄鸟明显大于雌鸟。山鹪莺属的多种鹪莺是扇尾莺类的另一主要组成部分，这些鸟鸣声嘈杂，色彩黯淡，尾长而渐尖。

还有一个大类是印度和东南亚的缝叶莺类，共有15种。这些鸟的名字源于它们会使用植物纤维或蜘蛛网将大的树叶缝在一起形成一个锥形结构，并将巢筑于其中。缝叶莺类的喙尖锐，相对较长，向下弯，它们正是用喙在树叶边缘啄出一个个孔，然后将“捻线”穿过去。此外，它们的尾以一种独特的方式翘起，雄鸟的尾比雌鸟的长。

并非仅限于旧大陆
分布模式

莺科绝大部分种类见于欧亚大陆或非洲。其中有些分布广泛而且十分常见，如欧柳莺是在英国繁殖数量最多的候鸟，同时在北欧至俄罗斯东

知识档案

莺

目：雀形目

科：莺科

64属389种。

分布：主要在欧洲、亚洲、非洲，少量在新大陆。

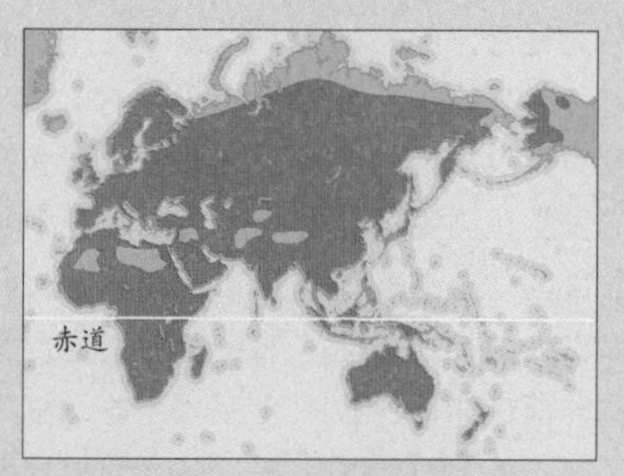

栖息地：从草地到森林的各种类型植被中。

体型：绝大部分种类体长9～16厘米，体重5～20克。有数个种类明显例外，如草莺最长可达23厘米，重约30克。

体羽：主要为褐色、暗绿色或黄色，常有深色条纹，有些热带种类（如白翅娇莺）着色鲜艳。在大多数种类中两性相似，例外的包括黑顶林莺和某些缝叶莺。

鸣声：鸣声多样，在较大的种类中通常刺耳。有些种类具简单而固定的鸣啭，而在其他种类中鸣啭复杂多样、优美动听。

巢：精心编织的复杂杯形结构或球形结构，位于茂密植被的低处。缝叶莺类和其他一些种类会用蛛丝将树叶缝合起来形成一个锥形结构，然后将巢筑于里面。

卵：窝卵数通常为2～7枚；底色为浅色，具深色斑。孵化期12～14天，雏鸟留巢期11～15天。雏鸟也有可能提前离巢（从出生后第8天开始），但不会飞，因此会由亲鸟继续照顾数日。

食物：以昆虫为主，有些种类也食果实。许多莺偶尔会食花蜜。

部的广阔地域内也有高密度的分布。然而，全科64个属中至少有33个属只含有一个种类。它们中有些归类关系多年来一直不明确，不过，在DNA分析的基础上借助西比利和阿尔奎斯特的分类体系，有效地澄清了其中一部分属和种的分类问题。即便如此，有些莺的俗名如鹂莺、鹪莺、雀莺等，大大增加了其分类难度。

而森莺科新大陆莺的存在，则进一步加大了这种难度。虽然该科与莺科并没有密切的亲缘关系，前者具9枚初级飞羽而后者有10枚，但部分莺科种类确实出现在新大陆。如极北柳莺的繁殖区域从西伯利亚一直延伸至阿拉斯加西部，尽管在阿拉斯加繁殖的个体也会回到旧大陆的南亚过冬。澳大利亚的本土大陆上有8个留鸟种类，其中包括富有特色的刺莺。新西兰只有一个种类即新西兰大尾莺。此外，太平洋和印度洋群岛上生活着多种独特的莺，通常数量很少。

莺对昆虫的依赖性成为大部分在高纬度地区繁殖的种类具高度迁徙性的主要原因。多数欧亚大陆北部的莺会在非洲或热带亚洲越冬，所以有些会做惊人的长途迁徙。如在西伯利亚营巢繁殖的欧柳莺前往非洲亚撒哈亚地区过冬，意味着它们每年要飞越2个12000千米。在它们启程前，这些长途候鸟会积蓄大量的脂肪储备，体重翻一倍的现象并不少见。全球气候变暖则使一部分候鸟种类提前回到繁殖地，因此有些种类现在的繁殖期比过去几十年早了1～2周。然而，气候变化也

⊙ 一对芦莺在照看后代

它们的巢筑于高草秆中间。这种鸟生活的地方一般位于湖边或水流缓慢的河边。

⊙ 在林柳莺中，亲鸟双方共同负责喂雏，它们营巢于地面，但在高处的叶簇中觅食。成鸟在长有稀疏下层植被的阔叶林中繁殖，同一繁殖期内的第二窝卵数少于第一窝卵。

有可能给长途迁徙的种类带来负面影响，如倘若撒哈拉等沙漠进一步扩张，或者倘若迁徙途中的食物供应时间发生变化而导致这些莺的活动与之不再同步等。

极少数留在寒冷地区过冬的莺有时会因天气恶劣、食物匮乏而遭受重创。如英国的波纹林莺在严冬期间数量经常会大幅下降。不过，有迹象表明，这些鸟能够充分利用近年来气候变暖的现象，数量迅速增长。

黑顶林莺是人们研究迁徙遗传学的重点对象。通过对这种鸟的大量研究，人们发现了许多重要事实，可能同样适用于其他莺类以及其他鸟科的候鸟。详细周密的繁殖实验表明，它们的繁殖方向感和迁徙距离均受遗传基因控制。因此，当一只表现出往东南方向迁徙倾向的个体与一只倾向于往西南方向迁徙的个体结成配偶后，它们的后代便会表现出朝正南方向迁徙的倾向。此外，当基本不做迁徙的加那利群岛上的黑顶林莺与德国的候鸟黑顶林莺结偶后，它们的后代表现出中等强度的迁徙倾向。

德国的黑顶林莺很好地体现了自然选择在一种新的迁徙行为发展过程中的作用。如今有越来越多的黑顶林莺不再像过去那样南下迁徙至伊比利亚半岛，而是向西前往不列颠群岛过冬。在那里，日渐变暖的气候，人们在花园的喂鸟装置中为它们提供的更多的食物，都使它们有可能更好地生存，而且，因为迁徙路程更近，它们会比那些在伊比利亚过冬的个体更早地回到德国的繁殖地。于是，它们也更有可能与具有同样遗传倾向的异性结为配偶，从而促进了这种迁徙行为在整个种群中的普及。

第七章

洋洋大观的哺乳家族

狮子

几千年以来，凭借强壮和凶猛，狮子赢得了“兽中之王”的美誉。在古代的埃及、亚述、印度和中国，狮子的形象不断地出现在艺术作品中。

一直以来，狮子强大有力的形象诱惑着各个国家的猎人。有时，他们为了猎取一头非洲雄狮而不惜花费巨额资金。由于一些武装捕猎者能在短短的几天内射杀几十头狮子，导致这种动物的数量急剧减少。幸运的是，现在对狮子的武装捕猎已经被禁止，大多数游客也更愿意通过更文明的方式，如仅仅观看和拍照，来表达他们对这种动物的喜爱和迷恋之情。

兽中之王

体型与官能

和其他猫科动物一样，狮子也有一副柔韧、强壮、胸部厚实的身体。它们有短而坚硬的头骨和下颚，这可以使它们很容易地捕食猎物。它们的舌头上长有很多坚硬的、向里弯曲的突起物，这非常有利于它们进食和梳理皮毛。它们寻觅猎物主要靠视觉和听觉。也许是因为雄狮之间要争夺配偶的缘故，和大多数猫科动物一样，成年雄狮要比成年母狮重30%～50%，外形上也更大一些。无论是什么样的原因（可能是生物进化）造成了狮子的二态性，总之，在与其他狮子一起进食的时候，雄狮总是可以凭借它们强壮的身体独占猎物，并且雄狮捕获的猎物要比母狮捕捉到的大很多。

尽管狮子在捕猎上享有“合作”的美名，但这种“合作”只是在猎物比较少的恶劣环境下或者猎物比较大又比较危险的情况下才会发生。另外，当一只狮子单独捕猎的成功几率小于10%的时候，为了使捕猎成功，狮子们也会合作。在集体捕猎的时候，狮子会散开，有些包围猎物，有些则切断猎物逃跑的退路。

但是在绝大多数情况下，一群狮子中只有一只或者两只真正在捕猎，其他的狮子只是在安全的地方观望。当猎物很容易捕获的时候（单独捕猎的成功几率大于或等于20%），它们就采取这种“不合作”的方式。尽管它们都很想和同伴分享猎物，但是由于捕猎太容易成功了，同伴并不需要它们的配合，所以其他狮子只是在一边观望而已。

狮子在奔跑的时候，速度能够达到每小时58千米，但它们要捕捉的猎物的速度却能够达到80千米/小时，因此，它们需要悄悄地接近猎物，隐藏在距猎物15米的范围内，然后再突然冲出，抓住或拍击猎物的侧身。狮子捕猎的时候根本不考虑风向，甚至在逆风的时候成功率会更高一些。需要指出的是，狮子捕猎的成功率平均只有25%。它们先把大型猎物击倒，然后再咬紧猎物口鼻部或脖子，使其窒息而死。

对于捕猎，雄狮处于支配地位，母狮主要负责照料幼崽和尚未发育成熟的小狮子。在分享猎物的时候，狮子们经常发生争斗。为了保护自己应得的那一份，狮子会用牙齿紧紧咬住猎物的尸

⊙ 作为合作捕猎团队的一部分，母狮们正在悄悄地接近猎物，试图包围并切断其退路。由于与牛羚相比，母狮在速度上并不占有优势，所以它们只能在发起最后的进攻之前尽量地接近猎物。

⊙ 一头雄狮正咬住一匹斑马的咽喉部位，试图让其窒息而死。狮子是为数极少的有规律捕食的食肉目动物，它们通常只捕食体重超过250千克而且健康的成年猎物，而对于幼小的、太老的或者患病的猎物则不屑一顾。它们有时也杀死其他一些食肉目动物，如豹子，但却很少把它们吃掉。

体，同时用爪子击打同伴的面部，甚至在争夺食物的时候会互相咬住对方的耳朵。通常，捕猎成功的狮子由于太专注于咬住猎物不放，以至于在它进食前，其他狮子已经把它捕到的猎物的大部分给吃掉了。成年母狮每天需要吃肉5～8千克，成年雄狮则需要7～10千克。但是狮子的进食量极不规律，一头成年雄狮有时一天会吃掉多达43千克的食物，这种情况甚至会一连持续三四天。

在出生后的两年时间内，小雄狮会陆续长出鬃毛。通过鬃毛的生长情况，我们能看出小雄狮身体的生长发育水平，但是直到四五岁的时候，小雄狮的鬃毛才能长到成年雄狮的应有水平。一般来说，到9～10岁的时候，雄狮鬃毛的颜色会变得很深。

大型捕猎者
食性

狮子捕食最多的猎物是那些体重50～500千克的有蹄类动物，但是我们知道，它们还吃一些

知识档案

狮子

目：食肉目

科：猫科

有5个亚种：安哥拉狮，亚洲狮，马赛狮，塞内加尔狮，德兰士瓦狮。

分布：撒哈拉以南到南非；印度古吉拉特邦的吉尔国家森林公园有零星分布。

栖息地：比较广，从东非的热带或亚热带稀树大草原到位于非洲南部的喀拉哈里沙漠。

体型：雄狮体长1.7～2.5米，母狮体长1.6～1.9米；雄狮肩高1.2米，母狮肩高1.1米；雄狮和母狮的尾长都在60～100厘米之间；雄狮体重150～240千克，母狮体重122～182千克。

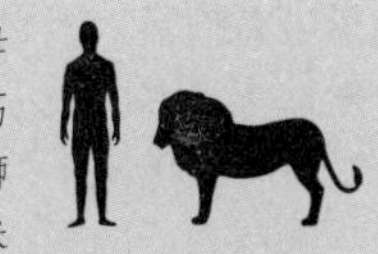

皮毛：颜色从浅茶色到深茶色；腹部和四肢内侧颜色较浅；耳朵外侧呈黑色。

食性：主要捕食有蹄类哺乳动物，如瞪羚、斑马、羚羊、长颈鹿、野猪，还有大型哺乳动物的幼崽，如幼象、幼犀牛，有时也会捕食一些小的啮齿动物、野兔、小鸟、爬行动物等。

繁殖：小母狮大约需要36～38个月性发育成熟；母狮的怀孕期是100～119天，每胎产2～4只幼崽；幼狮出生两年半后会完全独立生活。

寿命：野生狮子18年，人工圈养的则能够活25年。

⊙ 一头成年雄狮正和一头年轻的母狮在一起。大多数猎物都是由母狮捕获的，然而一旦猎物被分配之后，狮子就会极力维护自己的那一份，在吃饱之前会把其他的狮子都驱赶开，使它们不能接近自己的食物。

啮齿类动物、野兔、小鸟、爬行动物等，有的时候，狮子也会捕食大型哺乳动物的幼崽，如幼象、幼犀牛等。尽管在白天的时候，它们可以埋伏在水边，利用天气干旱猎物需要喝水的有利时机进行捕猎，但它们主要是在晚上进行捕猎。母狮捕捉最多的是小到中型的猎物，如疣猪、瞪羚、跳羚、黑尾牛羚以及斑马等；雄狮则喜欢捕捉一些体型大的、跑得比较慢的猎物，如水牛、长颈鹿等。

狮子的栖息地经常和其他肉食动物的栖息地重合，如豹子、野狗、斑鬣狗等——它们也都捕食大致相同的猎物。所有5种豹属动物捕食的猎物的体重一般都不小于100千克，如疣猪、瞪羚等，但是只有狮子捕捉大于250千克的猎物，如水牛、大羚羊和长颈鹿等。体型比较大而且喜欢在夜间行动的鬣狗在捕食方面是狮子强有力的竞争者，两者都喜欢捕食羚羊和斑马，但是狮子却一贯地喜欢偷吃鬣狗的猎物，而且雄狮尤其喜欢吃腐烂的猎物。狮子不仅喜欢“抢劫”豹子和野狗的猎物，而且有时还会直接吃掉豹子和野狗。这一情况经常发生在狭小的领地内，如果豹子和野狗数量很少的话，狮子就会向它们发起攻击进而吃掉它们。

社会性的猫科动物
社会行为

在所有猫科动物中，狮子是最具有社会行为的，狮群就是一个小型的社会。最典型的狮群一般有3～10头成年母狮，一些需要母狮照料的幼狮，以及2～3头成年雄狮。人们曾经观测到，有些狮群甚至能达到18头成年母狮、10头成年雄狮的规模。与狼群或猴群不同，狮群的社会秩序很混乱。每头狮子并不是和狮群中的同伴一直保持联系，相反，每头狮子都可能独自活动几天甚至几个星期，而不与其他同伴联系；或者在比较大的狮群中，有几头会组织一个更小的次级群体，它们就生活在这样的次级群体里。

狮群中的母狮通常与其雌性亲属保持密切的联系，与狮群中的雄狮则联系很少，只是在小群体或相对隔离的群体中，母狮才会和雄狮联系。雄狮们之间可能有联系，也可能没有联系。如果一头雄狮发育成熟，在没有和其他雄狮联系之前，就会在独行期间去寻找另一头独立的狮子，组成一对。然后通过一些偶遇，找到第三个同伴。按这个方式进行下去，再吸收新的成员，组成一个狮群。由于在一个地区，大部分的狮子年龄相仿，故将要组成的新群体中会有9～10个是“兄弟”或是“表亲”，只有3～4个没有血缘关系。在一个更大的群体中，年龄的差异会更大，这就更有利于接纳更多的母狮，能比小的群体养育更多的后代。

在一个狮群的持续期间，会有一些幼崽被繁育出来，但是每个狮群中的亲子关系都是复杂多样的。居于主导地位的是雄狮，它们之间的关系比较微妙。由于母狮通常会同时达到发情期，因此，在一个小团体中，雄狮之间获得与母狮交配的机会是相等的。然而，在比较大的群体中，这种平衡会被打破，许多雄狮不能获得交配的机会，它们只能寄希望于“侄子和侄女”间接地保留自己的遗传基因。

尽管血缘关系是狮群存在的基础，但是具有讽刺意味的是，没有直接血缘关系的雄狮之间的合作却是所有哺乳动物中最成功的。在一个狮群中，相互配合的两头雄狮（虽然并没有血缘关系）都能够从合作中获得直接收益，而且相互关系非常融洽。小组合作期间没有血缘关系的雄狮互相支持，其配合并不逊于“亲兄弟”之间的合作。

小母狮在长到30～38个月之后，性发育成熟。这之后，任何时候都能够交配。发情期一般持续2～4天，而且每隔2～3周就有一个发情期。母狮的怀孕期只有110天的时间，对于这种庞大的哺乳动物来说，这个时间应该算是非常短的了，因此新生的幼崽一般非常小，重量只有成年狮子的1%。每胎的幼崽数在1~6只之间，平均2~3只。野生母狮的最长寿命是18岁，但是需要指出的是，它们在15岁的时候就会停止生育。

如果来自同一个群体中的母狮生育幼狮的时间间隔很短，它们就会把自己的幼崽放在一起共同抚养，甚至会给对方的幼狮喂奶。当然了，母狮认得自己的幼崽，并会把大部分乳汁喂给自己的幼崽。幼狮出生3个月后开始吃肉食，但是仍然需要母狮再喂养3个月。幼狮的死亡率很高，特别是在严酷的年景，在长到1岁之前会有高达80%的幼狮死亡。但是在比较好的年景中，幼狮的死亡率会降到10%。幼狮长到18个月大的时候，就会表现出独立性，而这个时候母狮正在准备生育下一胎。当小狮子2岁的时候，第2胎才出生。当然，如果第1胎的幼狮全部死亡，母狮就会迅速地再次交配生育。

雄狮和母狮都会保护它们的领地。当遇到另外一群狮子侵入的时候，狮子会保持长时间的合作，它们一般通过倾听叫声来接近同性入侵者。雄狮在外围保护自己的群体，而母狮则保护领地的核心区域并与外来群体内的母狮进行战斗。雄狮通过吼叫、撒尿做标记和巡逻来维护领地，同时让母狮留在狮群的中间。从另一方面来说，母狮比雄狮更有警惕性。当陌生者出现在领地的时候，母狮会更多地做出反应，而不仅仅是巡逻。快发育成熟的时候，年轻的雌狮变得更加愿意行动，会帮助自己的母亲来驱逐入侵的母狮；与它们相反，青春期的雄狮却对入侵的母狮漠不关心。

尽管在保卫领地方面，母狮们更善于合作，但是在捕猎或是在喂养自己的幼崽的时候，这种合作的策略就会出现变化。当两个不同的狮群相遇的时候，有些母狮总是在前面带头，而另一些总是跟在后面“压阵”。当一个狮群达到某个数量的时候，或是在最需要的时候，某些母狮会表现得很活跃，它们是“临时的朋友”；当一个狮群中狮子的数量大大超过其对手的时候，某些母狮是最善于合作的，它们是“全天候的朋友”。

一般来说，当两个狮群相遇时，合作与否和狮子的数量有很大的关系，狮子数目多的那个群体能够压制那个比较小的群体。如果自己群体中的母狮的数量比对手多至少2个，那么这个群体中的母狮就比较乐意合作。另一方面，对雄狮们来说，除非自己群体中的数量至少超出对方1~3个，否则它们是不会合作一起去接近入侵者的。

一旦见到某个领地的主人，入侵者通常会立刻撤出。但是拥有这块领地的狮子却会对入侵者主动发起攻击，有机会的话，还会杀死入侵者中的一头狮子。可能大多数的狮子都会在群体间的血腥厮杀之中死亡，不管是单打独斗，还是“群殴”。在大多数旨在杀死对方的撕咬中，狮子们都会直接咬向对方的后脑或脊椎。

如果狮群中狮子的数量和食物的丰富程度不同，那么狮群领地的大小就会有所不同。一般来说，狮群的领地大概在20~500平方千米之间。一个狮群的领地可能与它们相邻的狮群的领地有部分重合，但是，双方都会尽量避免进入对方的领地核心。

⊙ 一群母狮和一群幼狮正在近距离地观察一头正在休息的犀牛。

老虎

和其他动物比起来，老虎在人们的心目中具有举足轻重的地位。到了后来，老虎们则成了“保护者”的象征。而老虎在这个星球上的生存状态，也代表了人类在努力协调与其相互矛盾的需求和欲望。

一般说来，人们认为老虎和狮子是猫科动物中体型最大的，事实上也是如此，老虎和狮子的体型大小的确差不多。在印度次大陆和俄罗斯都曾经发现过世界上最大的老虎，在那些地方，雄性老虎的体重平均在180～300千克之间。但是在印度尼西亚苏门答腊岛上，雄性老虎的体重平均只在100～150千克之间。

天生的猎手

体型和官能

在猫科动物家族中，动物们大多善于追踪猎物，而且还能把自己隐蔽得很好，最后一下子把猎物抓到。除了它们的体型和皮毛的颜色以外，这些技能和特征就是猫科动物和其他动物之间最大的区别。

老虎和其他的大型猫科动物一样，要靠捕猎才能生存下去，而这些猎物往往比老虎本身的块头还要大。老虎的前肢短而粗，有着长长的锋利的爪子，而且这些爪子是可以收缩的；一旦老虎“看上”了一只大型的猎物，这些外在条件就能保证它把猎物捕获。老虎的头骨看上去像缩短了一样，这让它本来就很强大的下颚更增加了力量。它们通常会从猎物的背后袭击，在脖子上咬上致命的一口。有的时候，它们还会紧紧地咬住猎物的咽喉处，使猎物因窒息而死。

⊙ 一头老虎正迈着中等的步伐向猎物进攻，向我们充分展示了这种顶级肉食动物的力量和杀气。为了寻找猎物或保护领地，老虎经常在一天之内长途奔袭10～20千米。

然而，完完全全属于老虎独一无二的特征的，还是它们背上黄白相间的皮毛、黑色的斑纹——事实上，每只老虎的身上都有它自己特殊的图案，通过这些图案就能分辨出单个的老虎。如果你去过动物园，就知道白老虎通常是最不常见的。这种老虎可不是靠科技上的白化变出来的，它们都是一只名叫“莫汗”的老虎繁衍出来

⊙ 在捕猎的时候，老虎必须一开始就尽可能地接近猎物，这样才有成功的机会。接近猎物之后，老虎会绷紧身体，在地上连续跳跃几次，然后猛地扑向猎物。一般来说，老虎向猎物下手的时候，总是先从其后部开始，然后到背，到肩，再到脖子。通常捕猎成功的几率只有5%～10%。

的后代——“莫汗”是被印度中央邦雷瓦地区的王公捉住的一只雄性孟加拉虎。也有报道说，在印度其他地区曾经出现过全身几乎都是黑色的老虎。然而，不管是全身白色的老虎，还是全身都是黑色的老虎，这样的种类在野生动物界中都是极为罕见的。

尽管老虎的种类出现了皮毛上的变异，但令人惊奇的是，所有的老虎都拥有垂直的斑纹。这些斑纹为它们提供了非常好的伪装，借助这身伪装，老虎就能一直跟踪着猎物，直到距离猎物足够近的时候，再向猎物发动猛烈而致命的攻击，最后成功地捕获猎物。

保持远距离的联系
社会行为

狮子和猎豹的栖息地比较开阔，没有厚密的树林，所以它们在捕猎的时候，不会过度地隐蔽自己；老虎则不同，它们是最善于隐蔽自己和埋伏捕猎的肉食动物。在环境相对狭小而猎物又相对分散的情况下，老虎捕猎就很少合作，所以，老虎的社会体系相对松散。虽然它们相互之间保持着联系，但个体之间的距离却比较遥远。

多项无线电通讯的追踪调查研究表明，在尼泊尔和印度，雌性老虎和雄性老虎都有各自的领地，而且会阻止同性老虎进入。母虎的领地相对比较小，而且与这个地区食物和水的丰富程度以及要抚养的幼虎个数有很大关系。一头雄性老虎总是负责保护几头雌性老虎各自的领地，并且总是在试图扩大领地。一头雄虎的成功与否以及其领地大小，都取决于它的力量和战斗能力。通常，雄虎不承担幼虎的具体抚养责任，它只负责保护好这块领地不受其他雄虎的侵犯就行了。

对老虎来说，在保住自己领地的过程中潜藏着危险，即便打赢了也可能受伤，甚至有失去捕

知识档案

老虎

目：食肉目

科：猫科

尽管形态学的研究表明虎的亚种之间存在一种渐变群变异的情况，但是，人们仍然分辨出了虎的8个亚种，分别是：（1）孟加拉虎，分布在印度、孟加拉国、不丹、中国、缅甸西部和尼泊尔；（2）印支虎，分布在柬埔寨、中国、老挝、马来西亚、缅甸东部、泰国、越南；（3）苏门答腊虎，分布在印度尼西亚的苏门答腊岛；（4）阿穆尔虎（又称西伯利亚虎，中国称东北虎），分布在俄罗斯、中国、朝鲜（尚未确认）；（5）华南虎，分布在中国；（6）里海虎，曾经在阿富汗、伊朗、中国、俄罗斯、土耳其发现过，但是现在已经绝种；（7）爪哇虎，印尼的爪哇岛曾经有分布，现在已经绝种；（8）巴厘虎，印尼的巴厘岛曾经有分布，现在已经绝种。

分布：印度、东南亚、中国、俄罗斯的远东地区。

栖息地：极其广泛，从中亚的芦苇地到东南亚的热带雨林，再到俄罗斯远东地区的温带落叶、针叶林都有老虎的栖息地。

体型：体长：孟加拉雄虎2.7~3.1米，雌虎2.4~2.65米；体重：雄性180~258千克，雌性100~160千克。

皮毛：整体上呈橘黄色，在背部和腹部两侧的皮毛上间隔着黑色的条纹，腹部下侧基本上是白色的；雄性老虎的额头上具有显著的“王”字条纹；在东南亚热带雨林

和巽他群岛的热带雨林中曾经发现黑色的老虎；阿穆尔虎的颜色比较浅，而且在冬季和夏季的颜色有所不同；在印度中部曾经出现过白色的老虎（有棕色条纹），这可能是亲代中存在某种隐性基因的缘故，但在野外状态下这种白色老虎是比较少见的。

食性：主要捕食大型有蹄类动物，如各种野鹿、野牛、野猪等；有时也捕食比较小的猎物，如猴子、獾类，甚至还会捕捉鱼类为食。

繁殖：雌性老虎在3~4岁的时候性发育成熟，雄性稍微晚点，约在4~5岁的时候；成熟后每年的任何时候都能交配，孕期平均约103天；每胎产崽在1~7只之间，通常是2~3只；幼虎在出生1.5~2年之后开始独立生活。

寿命：在尼泊尔皇家吉特湾国家公园里一头野生老虎曾经活到了15岁，动物园里人工喂养的老虎寿命最长可达26岁。

⊙ 通过嗅闻雌虎留下的尿痕，雄虎就能辨别出是哪一头雌虎留下的，然后会做出一个不常见的表情，就像上图显示的那样：抬起头，伸出舌头向后弯曲，脸部扭曲，使尿味和其他化学成分的味道不至于一直留在鼻孔里。

猎能力的可能，最终导致饿死。因此，老虎会留下标记，暗示其他老虎这个地方已经有主人了，以尽量减少无谓的“战争”。其中一种标记就是尿液（但是混合了肛门附近的腺体分泌物），老虎把这种混合液撒在树上、灌木丛里和岩层表面等处；还有一种标记就是粪便和擦痕，老虎把它们留在常走的路上和领地中所有明显的地方。这些标记的作用可能是告诉其他老虎，这个地盘已经有主人了；也可能是传递另外一些信息，如其他老虎可以通过这种气味辨别出这是哪一只老虎留下来的。通常，当一头老虎已经死亡而不能再继续拥有那块地盘的时候，外边的另一头老虎会在短短的几天或几个星期之内占领这块已经没有主人的地盘，并释放出某种气味信号。

老虎在3～5岁的时候性发育成熟，但是建立自己的领地和开始繁殖后代则需要更长的时间。母虎在一年之中的任何时候都可能生育幼崽，甚至在冬天也有老虎交配生崽。母虎到了发情期，会频繁地发出吼叫，而且加快某种气味标记释放的频率，以这种方式来告诉雄虎它要交配。交配期通常会持续2～4天。母虎平均怀孕103天后就会生产，通常每胎产2～3只幼崽。幼崽刚生出来的时候不能睁开眼睛，需要精心的照料。至少在出生后第1个月的时间里，虎崽需要吃母虎的奶才能存活，而且要待在虎穴里保证安全。遇到某种危险的情况时，母虎会用嘴轻轻地叼着虎崽在两个巢穴之间转移。

虎崽长到一两个月大的时候，母虎就开始带着它们离开巢穴过野外生活，但当它们遇到追杀的时候，也会逃回原来的巢穴。当虎崽6个月大时，母虎就开始教给它们如何捕猎、如何进行隐蔽、如何杀死猎物等各项本领。雄虎一般是不参与抚养虎崽的，但是偶尔也会参加进来，甚至让母虎和虎崽们分享它捕到的猎物。当一头雄虎占领了一头母虎的地盘后，它就会杀死这头母虎原来所生的幼崽（也就是“杀婴行为”），然后迫使这头母虎的发情期提前到来，跟它交配，从而尽快地生出自己的后代。

虎崽一般至少要跟着母虎生活15个月的时间，然后才会逐步开始独立生活。这个时候，尽管幼虎的身体还没有完全发育成熟，但是，要么主动地离开母虎，否则只能被母虎赶走，因为母虎通常已经开始准备生育下一胎幼崽了。

⊙ 在热带地区，老虎大多数时间都待在河边或者其他水域边上，而且为了降温，常常躺在水里或站在水里。老虎是一个熟练的游泳者，它能毫不费力地游泳通过7～8千米宽的大河。

猎豹

猎豹的奔跑速度非常快，它们的整个身体结构简直就是为了快速奔跑而特别设计的。它们有轻巧的体格、纤细的腿、窄而深的胸膛、小巧精致而且呈流线型的头部，这些“装备”能使它们的奔跑速度达到95千米/小时。因此，猎豹是陆地上奔跑速度最快的动物。

你能非常容易地区分开猎豹和其他猫科动物，这是因为它有着与众不同的特征，如灵活而修长的体格、小巧的头部、位置靠上的眼睛和小而扁平的耳朵。猎豹经常捕捉的猎物是瞪羚（特别是汤氏瞪羚）、黑斑羚、出生不久的黑尾牛羚以及其他体重在40千克以上的有蹄类动物。一只独立生活的成年雄猎豹捕猎一次就可以吃好几天，而一只带着几只小猎豹的母猎豹则几乎每天都要捕猎一次，否则食物就会不够吃。猎豹捕食的时候，先是隐蔽地接近猎物，然后在离猎物约30米的地方突然启动，迅速奔向猎物，这种迅速出击约有一半次数以成功地捕获猎物而结束。

平均起来，猎豹每次奔跑持续约20～60秒，长度约170米。猎豹每次奔跑的距离不超过500米，如果与猎物的初始距离太远的话，它就很难捕到猎物了，这也是猎豹经常捕猎失败的原因之一。一般说来，野生猎豹每天要吃大约2千克的肉食。

母猎豹单独照料幼崽

社会行为

在分娩之前，母猎豹要选择一处地方作为产崽的巢穴，一个突出地面的岩洞或一片生长着高草的沼泽地，都可能被选择用来作为巢穴。猎豹每胎会产下1～6只幼崽，每只的体重约250～300克。母猎豹都是在巢穴里给幼崽喂奶，当它出外捕猎的时候就把幼崽单独留在巢穴里，而雄猎豹是不负责照料小猎豹的。幼崽在前8个星期的时间里都是和母猎豹待在一起的；从第9周开始，小猎豹开始试着吃固体食物；到它们三四个月大的时候，就会断奶，但是仍然要和母猎豹待在一起；在14～18个月大的时候，它们就会离开母猎豹。

小猎豹们在一起互相玩耍打闹，并且在一起练习捕猎的技巧，它们练习的“道具”是母猎豹捕捉回来的仍然还活着的猎物。当然，如果这个时候它们单独捕猎，仍然会显得水平非常“业

⊙ 出生8个星期之后，小猎豹们就要跟着母猎豹一起出去寻找猎物了。在这个过程中，它们以母猎豹捕到的猎物为食，跟着母猎豹学习捕猎技巧。

⊙ 一只猎豹正在一棵树上做嗅觉标记。一般来说，据有领地的雄猎豹常常在它领地范围内的显著地点撒尿做标记，以阻止其他雄猎豹前来侵犯；没有领地、到处游荡的雄猎豹是很少做这一类标记的。雌猎豹也做气味强烈的标记，其目的是吸引雄猎豹前来交配。一旦雄猎豹发现了这种标记，就会顺着这些标记很快地找到雌猎豹。

余”。出于安全保障的原因，同胞小猎豹发育到“青春期”之后，仍然要在一起再待上6个月。然后，“姐妹们”都会分离，各自过着自己独立的生活，而“兄弟们”则有可能一生都待在一起。成年母猎豹除了喂养小猎豹的时候和小豹待在一起之外，其余时间都是单独生活，而成年雄猎豹可能单独生活，也可能两到三只组成一个小的团体共同生活。

来自狮子的威胁
保护现状及生存环境

从基因多样性上来说，猎豹的基因多样性水平很低，这说明现代猎豹的祖先在0.6万～2万年前可能是一个比较小的群体，这种遗传基因的单一形态可能会导致幼豹的大量死亡。因为一旦一种病毒找到了某种遗传隐性等位基因的弱点，并且攻克了一只幼豹的免疫系统，该病毒就会通过一些途径传染给其他的小猎豹，而小猎豹的基因序列差不多一样，这样就会攻破一个群体中所有小猎豹的免疫系统，从而导致小猎豹的大量死亡。一项初步研究结果表明，在北美猎豹繁育中心的保护区里，由于猎豹群比较封闭，缺乏与外面猎豹的联系，导致猎豹缺乏遗传基因的多样性，进而导致猎豹群疾病爆发，猎豹生育和捕猎出现困难。这就要求人们想出某种办法来使保护区里的猎豹走出困境。

但是，在完全野生状态下的猎豹与在保护区

⊙ 一群年龄稍微大一点的年轻猎豹正在围捕一头逃跑的小黑斑羚。对于成年猎豹来说，要想取得捕猎的成功，必须发挥埋伏和突然加速奔跑的双重优势。尽管猎豹是陆地上跑得最快的动物，但是猎豹的耐力却非常有限，每次追逐奔跑还不到500米就不行了，在多数情况下，它们坚持不了30秒。因此，猎豹的捕猎大概有一半会以失败告终。

⊙ 猎豹的爪子坚硬僵直，不能完全缩回去，这就能起到“跑鞋”的作用，有助于它们在追捕猎物的过程中疾速转弯、抓住猎物。

里的猎豹并不相同，它们的繁殖速度很快。野生母猎豹平均每18个月就生一窝幼崽；如果幼崽过早死亡的话，母猎豹就会很快地再生一窝，根本用不了18个月。在完全野生状态下生长的猎豹群很少暴发疾病，迄今为止还没有猎豹群大规模暴发疾病的报道。另外，野生的成年猎豹能够成功地克服交配和抚育幼豹的困难。因此，猎豹在保护区内出现的种种困难在野生状态下可能并不会那么严重，因此并不能证明遗传基因与生育困难有明确的关联。之所以在保护区内出现困难，大概是猎豹对新环境的适应能力不太好。由于人口扩张对猎豹栖息地产生了很大的影响，其他大型猫科动物也对猎豹的生存环境产生了巨大的影响和改变，而猎豹对于这些改变没有很好地适应。

对于大型的食肉目动物来说，猎豹幼崽的死亡率实在是很高。现在，人们发现这种高死亡率在很大程度上是由于其他更为大型的肉食动物控制的结果。例如，在坦桑尼亚的塞伦盖蒂平原，狮子经常跑到猎豹的窝里把小猎豹杀死，致使这一地区95%的小猎豹在没有长大独立生活之前就死了。在非洲所有的猎豹保护区里，狮子密度高的地方猎豹的密度就低，这表明在物种之间存在着某种程度的生存竞争。

因此，从食物链上说，猎豹处在食肉目动物的中级，它的种群受到了更大型肉食动物的控制。对于猎豹的保护，仅仅在生态系统中去除其他顶级肉食动物是不行的，因为这样会产生新的生态系统变化。许多专为保护猎豹的国家公园和保护区里已经没有了狮子和斑鬣狗等猎豹的天敌，但是，猎豹的数量仍然没有恢复到安全的水平，其中一个主要的原因就是人类活动的影响，所以还必须把人类的牧场和农田从保护区里撤出来。

知识档案

猎豹

目：食肉目

科：猫科

有两个亚种，即非洲猎豹和亚洲猎豹。另外，曾经有人称南非的某些猎豹为“王猎豹”，并把它定为一个亚种，但现在证明这是不正确的，那些猎豹只是发生了某种基因突变，并不是一个真正的亚种。这种“王猎豹”浑身布满了小斑点，皮毛上有条纹。

分布：非洲、中东。

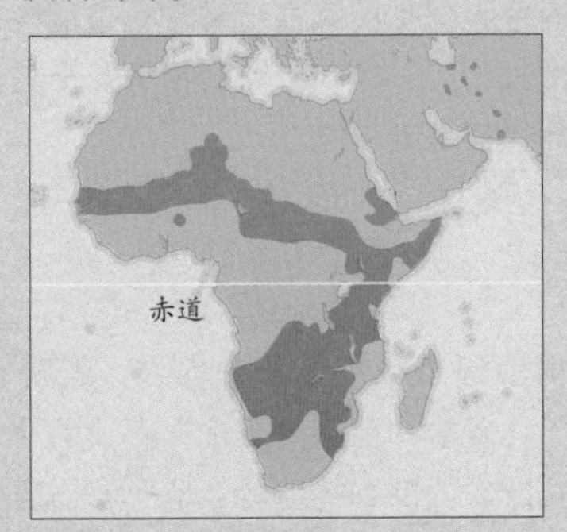

栖息地：稀树大草原、较干旱地区的森林。

体型：体长112～135厘米，尾长66～84厘米，体重39～65千克。雄性比雌性在各方面都大15%。

皮毛：大部分是茶色的，有黑色的小圆点，面部有两条明显的“泪痕”从眼角垂向嘴边；出生不到3个月的幼猎豹皮毛上略带黑色，而且颈部和背部有一层烟灰色的鬃毛。总体上说，每只猎豹身上的斑点都各不相同。

食性：在非洲，主要捕食中等体型的羚羊，包括汤氏瞪羚、瓦氏赤羚、黑斑羚，有的时候也捕食野兔和新生的小羚羊。

繁殖：母猎豹在24个月大的时候就能生育，一年中有多次发情期，每隔12天就有一次；雄猎豹在3岁的时候才能交配。

寿命：野生猎豹最大12岁，而人工圈养的可达17岁。

狼

在北欧文明的许多神话里，狼经常被作为神明供奉在寺庙中，而且狼在所有被供奉的动物中是最多的。《伊索寓言》中屡次提到狼的狡黠。在诸多的罗马神话中有一则神话说，罗马城的缔造者罗穆卢斯和瑞摩斯两兄弟就是由狼养大的。现在，有些地方的人们正在想办法重新引进狼，因为狼在他们那个地方已经消失多年了，而有些地方的人们正在努力地把狼永远地驱逐开。

几千年来，狼一直在和人类争夺猎物，而且经常咬死人类喂养的家畜。有意思的是，被人类驯化的狼，也就是家犬，却成为了人类最忠实的朋友。令人奇怪的是，人类和这种最大的犬科动物的关系有些自相矛盾的地方。许多故事讲到，狼经常在世界上的各个地方攻击人类，而牧人们却非常需要一种强壮、警觉的驯化的狼来保护他们的家畜，赶走那些危险的动物。狼群能够咬死大批没有家犬保护的家畜。常常有报道说，欧洲和北美的牧羊人一个晚上就会损失几十只羊，而且这些坏事都是狼干的。

家犬的“表亲”

体型和官能

以前狼遍布在世界各个地方，但现在却被限制在了比较小的范围内。现在有狼的地方主要包括：东欧大块的森林地区、地中海周边山区的个别地方、中东的山区和半荒漠化地区、北美地区、俄罗斯和中国的荒野之地。现在人们发现，俄罗斯境内狼的数量最多，据估计有4万～6万只。加拿大声称其境内大约有4万只野狼，美国的阿拉斯加大概有6000只。

在所有的犬科动物中，狼的种类相对来说还算是比较多。由于狼有很强的适应能力，各个地方的气候环境又有所不同，因此导致了狼有很多亚种。最典型的成年狼体重约38千克，肩高70厘米，这就是德国一种大型的牧羊犬（可以说犬是狼的一个亚种）。栖息在沙漠和半沙漠地区的狼体型最小，栖息在森林中的狼体型为中等，而生活在北极地区的狼的体型最大。

狼的皮毛颜色有很多种，白色、灰色、黑色都有。当然最多的还是灰色，而且会带着黑色的斑点。栖息在沙漠和北极地区的狼的皮毛颜色最浅；北美和俄罗斯的狼常常是棕色或黑色；欧洲地区黑色的狼则极少。是什么导致了狼有这么多的毛色，人们现在还不是很清楚。

⊙ 尽管单个的狼可以捕食小型的猎物，但是要捕捉到大个的猎物还得靠狼群一齐上。尽管一只成年狼每顿能吃9千克的肉，但一只体型很大的猎物可以够一个美国蒙大拿州森林的狼群吃上好几天了。

⊙ 人们常说“狼喜欢在夜里对着月亮嗥叫”，但事实上，它们这样嗥叫只是为了向其他狼传递信息，表明自己的存在。一般来说，狼发出嗥叫的目的是为了警告附近的狼群，避免互相敌对的狼群碰面，以减少冲突。而单个生活的狼是很少嗥叫的，因为这样的嗥叫会引来其他狼群的攻击，是非常危险的。

共同分享大型猎物
食性

狼捕食的猎物范围非常广，而且大部分猎物的体型都比狼自身要大。它们的主要猎物是大型的有蹄类动物，如驼鹿、麋鹿、鹿、绵羊、山羊、北美驯鹿、麝牛和美洲野牛属的两种野牛等。尽管狼有足够的能力杀死成年且健康的大型猎物，但是专家们在野外进行的多项调查显示，它们杀死的猎物中有60%以上是幼小、病弱或年老的动物。由于狼有很高的警觉性，善于观察形势，所以，人们很难直接观察到它们的捕食行为，专家调查到的结果中显示的狼捕食老弱病残猎物的比例可能比实际要低。实际上，身体健壮的猎物往往能逃脱狼群的追捕，甚至有时还能在与狼群的战斗中占得上风。如驼鹿、美洲野牛、麋鹿和其他鹿偶尔会占据比较高的有利地形，甚至会杀死追捕它们的狼。

有的时候，狼会捕捉一些小型的哺乳动物作为食物的补充，如野鼠、河狸和野兔等。在某个季节，如果可能的话，狼还会以鱼类、浆果甚至腐肉作为食物。在加拿大北极地区栖息的狼夏季会以小型哺乳动物和鸟类为食，因为在这个时候它们的主要猎物美洲野牛会迁往南方。每到夏天，北极地区的狼群就会解体，除了一些个体与处在生育期的一对头狼保持松散的联系之外，其他的个体都会离开。当野外的食物很少的时候，狼甚至也会跑到人类居住区的附近，在垃圾堆里捡一些腐肉和人类扔掉的其他东西来吃。在欧洲的罗马尼亚和意大利的一些城镇近郊，就会时不

知识档案

狼

目：食肉目

科：犬科

犬属，共有9种，其中有2种是狼（灰狼和红狼），现在狼有32个亚种。

分布：北美大陆，亚欧大陆。

灰狼

分布在北美大陆、欧洲、亚洲和中东地区，栖息地主要有森林、苔原、沙漠、平原和山区。灰狼亚种主要包括：欧洲和俄罗斯狼，栖息在欧亚大陆的森林地带，体型中等，毛较短且呈深黑色；西伯利亚平原狼，栖息在中亚平原的稀树地带和沙漠地区，体型较小，毛较短较粗糙，呈灰赭色；苔原狼，有欧洲苔原狼和北美苔原狼两种，体型都比较大，毛较长且呈浅色；东部森林狼，曾经是北美大陆分布最广的亚种，但现在只栖息在人口密度比较低的地区，体型较小，体毛通常呈灰色；大平原狼或称布法罗狼，体毛从白色到黑色都有，过去常常随着大群的野牛在北美大平原上迁徙，现在已经绝种了。**体型**：灰狼体长100～150厘米，尾长31～51厘米，肩高66～100厘米，体重12～75千克，公狼大体上比母狼在各个方面都会大一些。**皮毛**：通常是灰色到茶黄色不等，但是北美的苔原狼有白色、红色、棕色和黑色几种颜色；一般来说，灰狼腹部下侧的体毛颜色会比较浅一些。**繁殖**：怀孕期为61～63天。**寿命**：一般寿命在8～16岁之间，人工圈养的能活到20岁。

红狼

主要分布在美国的东南部地区，栖息在靠近海岸的平原和森林中。**体型**：体重15～30千克。**皮毛**：体毛呈肉桂色或茶色，有灰色和黑色的亮点。**繁殖**：与灰狼相同。**寿命**：也与灰狼相同。

⊙ 狼用肢体语言和面部表情来向同类传递信息。图上标号为“1”的是一只红狼，它的这个姿态表示自己地位低下，正向地位高的狼致敬问候；标号为“2”的是一只阿拉伯狼，它的这个姿势表示它正在发出威胁的信号，要进行防御；标号为“3”的是一只墨西哥狼，它的这个姿势表示要开始主动进攻。下面一排是狼的面部表情，a图是带侵略性的防御表情，b图是极强的防御表情，c图是极强的进攻表情，d图是玩耍时候的表情，e图表示顺从，f图表示友善。

时地跑来一些野狼，“打扫”人类丢弃的腐肉。

群体生活

社会行为

尽管狼的行为存在着某种程度的差异，但是也表现出了高度的相似性，它们都通过视觉、听觉和嗅觉来保持联系。与家犬一样，当狼翘起尾巴，竖起耳朵，就表示它正在保持高度的警觉，而且准备好了要发起进攻。狼的面部表情，特别是嘴唇的位置以及是否露出牙齿，是最显著的交流信号。如果狼翘起嘴唇，露出牙齿，就表示它们在互相联系。狼发出的声音包括以下几种：长而尖的叫声、短促而尖厉的吠声、刺耳短促的咆哮声和长长的嚎叫声。这些声音能传到8千米远的地方，狼能通过这些叫声来保持联系。当年轻的小狼单独行动的时候，它们会压低自己的嚎叫声，使得这种声音更像是一只成年狼发出的，这样可以减少一些危险。狼的尿液和其他排泄物会散发出气味，而且可以表明这只狼在狼群中的地位身份和它的生育情况，也可以表明这块领地的占有情况。狼的尾巴上靠近臀部的地方有一个腺体，可以发散出一些化学物质，这种化学物质也是狼进行联系的手段。

通过对捕获的狼进行的研究表明，狼的智商相当高，集体生活的程度也非常高。尽管存在着一些单独生活的狼，但是大部分的狼都生活在狼群里。狼群基本上是一个扩大了的“家庭”，通常有5～12名成员，具体的成员个数由食物的丰富程度决定。在加拿大西北部的栖息地里，有时候一个狼群的成员个数很多，特别是在捕食大型的北美野牛的时候，参加进来的成员个数能达到20～30名。

一个狼群通常包含这么几种成员：占主导地位的一对狼“夫妻”、几个狼崽、前两年出生的年轻小狼，以及其他一些有血缘关系的狼。很显然，这个狼群的核心就是那对狼“夫妻”，它们常常负责交配和生育后代，一般每年都会生育一窝幼崽。尽管小母狼在出生10个月之后就能怀孕生崽，但是大部分的狼都会在出生22个月之后才交配生育。

狼群的社会等级结构非常严格。通常，母狼和公狼有各自的等级体系，每只母狼或公狼都知道自己在各自体系中确切的地位，但是由于生育关系的不同，狼群中的交配关系比较复杂。母狼等级体系中有一只地位最高的母狼，公狼等级体系中也有一只地位最高的公狼，地位最高的母狼或公狼充当这个狼群的最高首领。动物行为学家指出，狼群中这个最高首领的责任包括维持狼群的等级次序，决定捕猎的地点方位，等等。需要指出，狼群的等级次序并不是一成不变的，狼之间存在着激烈的竞争，尤其是在每年冬季狼交配怀孕的季节里，竞争会更加激烈，最后会导致狼群权力结构的“重新洗牌”。

两个狼群相遇的时候，极有可能爆发一场“战争”。一场战争的典型场景之一就是一只将要死的狼倒在战场上，发出最后的吼叫，然后死去，战争也以这种残酷的场景结束。但是这种破坏力极大的相遇非常少，为了尽量减少这种相遇，狼群常常严格限制自己的活动范围，在一个相对“排他性”的领地内活动。领地范围一般为65～300平方千米，不过领地最外面宽1千米左右的地区是和相邻的狼群或单独行动的狼共同拥有的。狼很少到这种领地外围地区，因为到这个外围地带就难免要碰上敌对的狼群，这是相当危险的，要尽量少去。

为了进一步减少“战争”爆发的危险，狼常常在领地上制作出许多气味标记。在狼群活动的路上，为首的狼会向一些物体或在明显的地方撒尿做出气味标记，平均每3分钟就撒一次尿。领地四周的气味标记密度通常是领地内部的两倍，这是因为领地的四周常常有陌生的狼做下的标记，为了使自己的标记超过陌生者的标记，它们会加快在领地四周做标记的频率。这些领地四周高密度的标记，不管是自己做的还是陌生者做的，都有助于一个狼群认出自己领地的范围和四周的边界，这样就会减少进入危险地带的机会，从而减少狼群之间发生残酷战争的几率。

当然，只有气味标记还不能完全避免两个狼群无意的相遇。当两个狼群同时在领地共同的边界上巡逻的时候，它们之间的相遇就很有可能了。在这种情况下，狼群可能要发出嗥叫声，以示警告，但这却是一个非常危险的策略。因为嗥叫的时候就难免被对方听出音量的强弱，进而判断出嗥叫的狼群成员的个数以及狼群实力的大小。如果对方的成员多于嗥叫一方狼群的数量，而且对方具有侵略性的话，仍然会招致一场“战争”。因此，只有在极少数的情况下，狼群才会发出嗥叫声，而且在嗥叫的时候，每个成员都要一齐发声，尽量不让对方听出来自己的实力。对方狼群如果觉得有足够的实力抗衡，或者正在防卫自己的资源（比如一只刚杀死的新鲜猎物）而且不准备放弃的话，就会对正在嗥叫的狼群也发出嗥叫进行回应。

最后的野狼

保护现状及生存环境

野生的狼需要野外的生存环境。如果一个狼群生活在猎物非常丰富的地区，如美国的黄石国家公园，只需要一块占地约150～300平方千米的“排他性”领地就行；如果一个狼群生活在北极地区而且以美洲野牛为主要猎物，则需要一块占地4万平方千米，甚至更大的领地才行。为了维持生存，一个狼群领地内的猎物至少要达到每100平方千米有40头马鹿或相当于40头马鹿的食物。但在我们人类主宰的这个地球上，这些狼群的要求越来越难以得到满足。

要想使保护狼群的努力获得成功，必须满足两个条件：一是当地人都必须认识到保护狼群的重要意义，当地社会要普遍接受保护狼群的观念；二是必须切实保护当地的生态系统，满足狼群的生存需要。在世界上的大多数地区，土地所有者和当地政府以及动物保护组织必须心怀善意地联合起来，共同采取保护狼群的措施，确保狼群的生存需要。但是，具有讽刺意味的是，曾经被人们认为对人类的生存构成威胁的狼群正在成为检验人们善良和诚意的试金石，正在检验我们能在多大程度上愿意“与狼共舞”，以及如何“与狼共舞”。毕竟，狼也是大自然中的一员。

⊙ 图中的这只狼是一只母狼，它正在用鼻子爱抚它的幼崽。当小狼崽断奶之后，它就开始吃固体食物，往往先是吃从母狼嘴里回吐出来的东西，狼群中其他狼也可能会喂给小狼崽这样的食物。对于刚断奶的小狼来说，吃这种已经经过充分咀嚼的食物，比那些“未经加工”的生肉更容易消化。

棕熊

棕熊是人们公认的最能代表熊科动物的熊。现在3个大洲（欧洲、亚洲和北美洲）都有棕熊的身影，可以确定，棕熊是地球上分布最广泛的熊科动物。

现在棕熊基本上生活在北方，其生存地主要在俄罗斯、加拿大、美国阿拉斯加的一些地区。但是以前棕熊的栖息地范围更大，在19世纪中期北美洲南部的广大地区都有棕熊的身影，直到20世纪60年代，墨西哥中部地区还有棕熊；中世纪时期，欧洲大陆和地中海地区及英伦群岛到处都有棕熊的栖息地，但现在这些地区都没有棕熊了。现在，由于过度猎杀、栖息地减少、公路建设以及把现存的棕熊分隔在一些互不相连的地点等原因，棕熊的分布更加分散。历史上，由于棕熊的多样分化和广泛分布，使得现存的棕熊有232个种群及亚种（已经灭绝的棕熊有39个种群及亚种），这其中包括现在生活在北美的灰熊（由于尾尖处为银灰色而得名，现在被许多人认为是一个独立的种）。

从定居到游荡

棕熊的分布

除俄罗斯外，亚洲的棕熊很零散地分布在喜马拉雅山区和青藏高原以及中东地区某些国家的山区里，在中国和蒙古国的戈壁沙漠地带也有少量的棕熊。在很多地方，棕熊和黑熊的栖息地都相互重合，不过棕熊会尽量与黑熊避开，或者二者在一天中于不同时段出现在共同的领地上。在许多岛上，则没有发现二者栖息地相重合的情况，尽管阿拉斯加外海的一些岛屿上有棕熊或黑熊，但是同一座岛上很少有二者共同存在的情形。在体型上，棕熊比黑熊要大，因此，栖息地也比黑熊大。在大陆上，每头雄性棕熊的栖息地平均为200～2000平方千米，雌性棕熊平均为100～1000平方千米；每头雄性黑熊的栖息地平均为20～500平方千米，雌性黑熊为8～80平方千米。尽管有些岛上有棕熊，但是如果一个岛的面积过小的话是无法养活一头棕熊的，所以小岛上没有棕熊。

⊙ 一只灰熊（棕熊的一个亚种）正在撕咬一只地松鼠，地松鼠是灰熊常捕的猎物之一。

一些面积比较大的岛上有黑熊而没有棕熊，只有面积非常大的岛上才有棕熊。如日本最大的本州岛上曾经发现棕熊的化石。但是可能由于亚洲大陆的黑熊通过朝鲜陆桥到达本州岛后，把棕熊取代了，所以现在本州岛上已没有棕熊的身影了。不过在日本最北的大岛北海道岛上现在还有棕熊，却没有记录表明有过黑熊。

冬眠的策略

社会行为

与所有北方地区的熊一样，棕熊也有一个显著的行为特性，那就是冬眠。所有熊类的最早的祖先都是犬科动物，进化成熊后，由于食物上更多地依赖于水果，因此它们就必须面对一个非常严重的问题，那就是冬季里食物会很缺乏。解决这个问题的一个办法就是像某些啮齿类动物和蝙蝠一样在冬天里睡大觉，也就是进行冬眠。冬眠的动物在冬季里体温会大幅降低，甚至常常会接近冰点，以此来大幅降低能量的消耗。进行冬眠的一些小型哺乳动物在冬眠期会定时地醒来，这个时候体温会上升，然后吃掉喝掉一些以前贮存的食物和水，以补充能量，并排泄废物。与这些小型哺乳动物相反，一些常食果实的北方地区的肉食动物，如浣熊和臭鼬，在冬天到来之前体毛会变多变厚，体内会贮存很多脂肪变得很胖，因此可以在相对隔离的洞穴中度过严酷的冬季，而且身体还能保持相对正常的温度。冬眠于洞穴里的棕熊，体温会稍微下降一些，从38℃下降到34℃，心跳和呼吸次数也会有一定程度的下降，而且在冬季熊还会表现出一些其他的独特特征。综合这些因素，熊完全可以被称作一种真正的冬眠动物。

熊是唯一一种可以在半年甚至更长的时间里不吃、不喝、不排尿、不排粪的哺乳动物，冬季里维持必要体内活动的能量来自于体内存储的脂肪。冬眠开始的时候，储存的脂肪越多，冬天消耗的体内肌肉组织就会越少，也就是说对肌体的损害也越小。体内的尿液在冬眠期间能循环利用，可以推动血液和氨基酸的循环。尽管熊冬眠的时候一动不动，但是其骨骼功能并不会退化。这些特征能充分保证熊在冬眠时期内不至于死亡。真正饿死的情形是有的，不过更多地发生在春季，因为那时熊的新陈代谢功能恢复，如果不能得到充足的食物，确实会发生饿死的事情。

知识档案

棕熊

目：食肉目

科：熊科

有的时候把棕熊分为几个相对独立的亚种，包括北美灰熊、科迪亚克熊（又叫阿拉斯加棕熊，分布在美国阿拉斯加州外海的科迪亚克岛、阿福格纳克岛、舒亚克岛等岛屿上）、指名亚种欧亚棕熊。

分布：北美的西北部，欧亚大陆上从斯堪的纳维亚地区到俄罗斯再到日本，另外零星分布于南欧、西欧、中东、喜马拉雅山区、中国、蒙古。

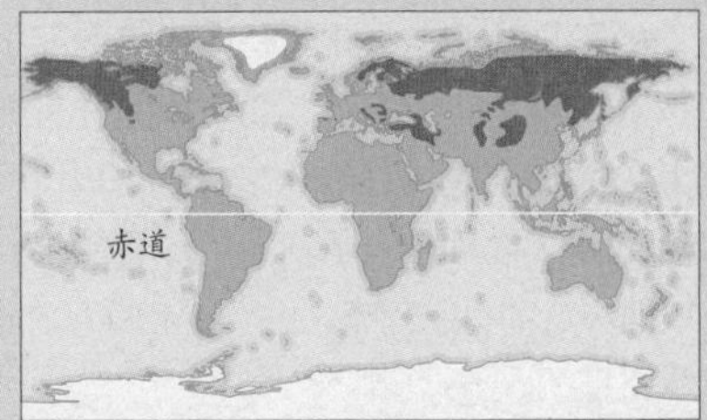

栖息地：森林、亚高山带的灌木丛、开阔的高山苔原、沙漠和半沙漠。

体型：体长1.5～2.8米；肩高0.9～1.5米；雄性体重135～545千克，在美国科迪亚克岛和阿拉斯加海岸附近以及俄罗斯堪察加半岛偶尔能发现重达725千克的雄性棕熊；雌性体重80～250千克，极少数能达到340千克；不管是雌性还是雄性棕熊在不同的季节和不同的地区体重变化极大，在秋季做窝生育之前体重最大，在食物丰盛尤其是鱼类和其他肉类食物丰盛的地区体重也比较大。

皮毛：体色一般为棕色，也有比较白的颜色，尾尖处为银灰色；北美内陆地区的棕熊为灰色；东亚地区的接近黑色。

食性：吃植物的根部、块茎以及草类、水果、松子、昆虫、鱼类、啮齿类动物、有蹄类动物（包括家畜）。

繁殖：每年的5～7月份交配，之后受精卵发育成胚泡，然后延迟一段时间，直到11月份开始着床进一步发育，之后再过6～8周幼崽出生。每胎产崽1～4只，平均2～3只。整个怀孕期6.5～8.5个月。

寿命：野外的平均为25岁，曾经有记录显示能活到36岁，人工圈养的能达到43岁。

⊙ 太平洋大马哈鱼到产卵期的时候，经常沿河流逆流而上到达产卵地，在北美西北部的沿海地带，这种鱼是棕熊的一种重要食物，棕熊能非常容易地捕到它们。棕熊通常把一段大马哈鱼当做诱饵，放到小溪中，用它“钓”来另一条鱼。在这个季节，棕熊往往能大饱一顿“全鱼宴”，甚至会吃到肚子发胀。

北极熊

北极熊是目前生活在世界上的体型最大的熊类。它们有一种非常特殊的能力，即在食物丰盛的季节能吞食大量的食物，迅速地在体内存储大量的脂肪；当食物缺乏的时候，它们就靠这些脂肪渡过难关。它们体内的新陈代谢也是独一无二的，当食物比较匮乏的时候，新陈代谢率能从一个正常的状态迅速地降下来，就像冬眠那样，而且一年当中有好几次，而其他动物只能一年冬眠一次。

在晚更新世，棕熊的一支进化成了北极熊。现在已知的最早的北极熊化石是在伦敦的邱园发现的，至少有10万年的历史了。北极熊的臼齿和前臼齿比起其他熊类来说要尖锐得多，这可以说明为什么北极熊迅速从食草转向了食肉。尽管从外表上来看，北极熊一点都不像棕熊，但实际上两者之间有很近的亲缘关系。

更能适应严酷的环境
体型和官能

北极熊生活在环北极由冰川覆盖的岛上或者是漂浮的冰川上。现在北极熊有20个种群，种群之间很少发生交配的情况，每个种群包含的北极熊数量很不相同，小的只有几百头，大的有几千头。据估计，现存的北极熊数量约2.2万～2.7万头。北极熊更喜欢栖息在靠近大陆海岸的“冰岛”（这是些比较大的漂浮的冰川，夏季会消融）上，因为这些地方环斑海豹的分布比较密集，北极熊最喜欢捕食这种动物了。在一些食物比较匮乏、比较厚且几年都不会消融的北冰洋中心区的“冰岛”上，偶尔也会有北极熊。在冬季，北极熊向南到达的地区多有变化，可以扩展到比较靠南的白令海、拉布拉多海、巴伦支海上季节性的“冰岛”上，这些“冰岛”会在夏季完全消融不见；也可以到达哈德孙湾、巴芬岛地区，在那里的海滨区度过几个月。这个时候它们不吃不喝，靠以前存储在体内的脂肪维持生命，然后到秋季海水结冰时，才会返回更北的地方。由于随着季节的变化，北极熊会迁来迁去，所以其栖息地范围很不相同，小的仅有几百平方千米，大的可达30万平方千米。

⊙ 环斑海豹是北极熊最主要的猎物。

北极熊用脚掌着地行走，它们每只掌上有5个趾，趾上有爪，这些爪不能缩回。北极熊的两只前掌很大，像船桨一样适宜游泳，但是趾间并没有相连的蹼。北极熊在水里游泳的时候，两条后腿只起到控制方向的作用，并不用力划。它们的身体非常强壮结实，但是缺少肩弓，这与棕熊是不同的。从脖颈长度与身体长度的比例来说，北极熊在所有熊类里是最大的，也就是说北极熊的脖子相对要长些。它们的耳朵比较小，体毛是白色的，但是毛下面的皮却是黑色的。

北极熊的主要食物是环斑海豹，还有体型比较小的髯海豹。当海豹露出水面换气的时候，北极熊就趁机抓住它们。即使海豹在厚达3米的冰雪层以下的水里，北极熊也能确切地找到它们。北极熊的嗅觉太灵敏了，可以闻到几乎1000米以内的所有气味，这在哺乳动物中几乎是最棒的

⊙ 两只未成年的北极熊在玩耍打闹。

了。只要机会合适，它们还会捕食海象、白鲸、一角鲸、水禽、海鸟等。北极熊一年当中进食最多的季节是4月下旬到7月中旬，这个时候刚断奶的小环斑海豹非常多，而且没有防范北极熊的经验，北极熊正可以大量地捕食它们。这个时候的小环斑海豹体重的50%都是脂肪，所以，北极熊在这个时期能在体内储存大量的脂肪。

当北极熊进入不吃不喝的类冬眠期的时候，它们体内的生物化学反应就能合成蛋白质和水的化合物，体内还能循环利用新陈代谢产生的“废物”，这样，北极熊能维持最低的生命活动。在哈德孙湾，那些季节性的冰川在每年的7月中旬至11月中旬完全融化。在这前后，怀孕的雌性北极熊能长达8个月不进食，而且后期还要喂养新生的幼崽。在这个时期，其他年龄段没怀孕的雌性北极熊以及所有的雄性北极熊都要临时找一个洞穴，在洞穴里待几个星期，以保存能量，度过特别寒冷的时期。

北极冰面上的独行者
社会行为

北极熊在大多数时间里是独自行动的，当然在交配季节会进行配对，养育幼崽的时候还会组成一个“家庭”。在每年的夏秋季节冰块完全消融的时候，十几头甚至更多的雄性北极熊会在海岸线附近某个理想的地点挤在一起，进行类似冬眠的“夏眠”，从而形成一个临时性的小团体。在这个时候，雄性北极熊体内的睾丸激素分泌水平比较低，因而不会为争夺雌性北极熊而产生竞争，而且这个时期食物很少见，也不用为之争夺，因此，一些雄性北极熊能够待在一起，共同“夏眠”。

由于幼崽出生后，雌性北极熊要一直照料它们两年半，因此，雌性北极熊每3年才交配一次。为了喂养幼崽，雌性之间的竞争非常激烈，这也是雌性体重比雄性小一倍的原因之一。雌性不能自动排卵，必须进行刺激，因此，在交配季节里，雌性要在几天内交配多次，才能被刺激排卵并进而受孕。在交配季节里，雌雄两性要维持配对关系1～2个星期，才能保证交配怀孕的成功。对于雌性来说，如果第1个交配对象被取代，它们就会和另外一头雄性继续交配，因此，在一个交配季节里，雌性北极熊可能不只与一头雄性北极熊交配。

知识档案

北极熊

目：食肉目

科：熊科

分布：环北极地区。

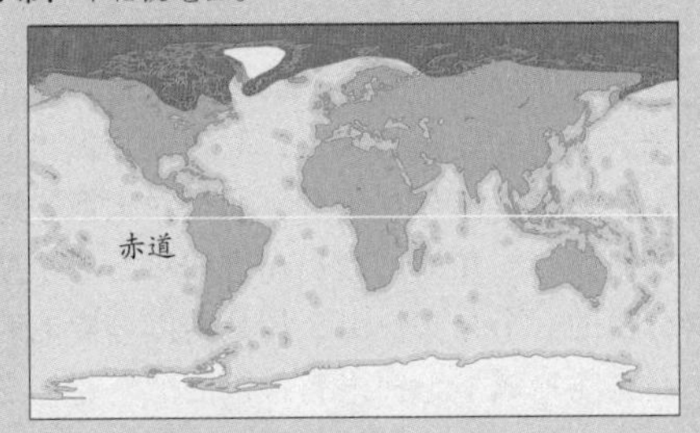

栖息地：北冰洋附近的海面冰川、水体、海岛和北冰洋沿岸地区。

体型：雄性体长为200～250厘米，雌性体长为180～200厘米；雄性体重为400～600千克，雌性体重为200～350千克，有些偶尔能达到500千克甚至更高。

皮毛：通常为白色，特别是在夏季，由于身体上海豹油的氧化而有黄斑。

食性：食物主要为环斑海豹，也常捕食体重比较轻的髯海豹、琴海豹、冠海豹，以及海象、白鲸、一角鲸、小型哺乳动物、迁徙性的水禽、海鸟等。

繁殖：怀孕期（包括延迟着床期）约8个月，一般每胎产崽2只。

寿命：雌性一般25岁左右，有的可以达到30多岁；雄性一般20岁稍多一点儿，偶尔也能达到将近30岁。

大熊猫

自从法国的博物学家皮尔·大卫于1869年在中国西南部四川省的偏远地区首次发现大熊猫以来，这种动物就在世界范围内成为人们关注的一个焦点。人们喜欢大熊猫，不仅仅是因为大熊猫独一无二的黑白相间的皮毛，而且因为大熊猫极度稀少。由于大熊猫在野外面临着严重的灭绝危险，所以，它们也成为国际野生动物保护组织的一个象征、一种标志物，如世界自然基金会就把大熊猫作为它的标志物。

大熊猫尽管是人们努力保护的重点动物之一，被赋予了受保护动物的地位，但是有些人为了得到大熊猫皮，仍然会盗猎大熊猫，因此，它们仍然面临着盗猎的威胁。盗猎大熊猫以前曾经被判处死罪，现在仍然是一种重罪，可以被判罚长达14年的监禁，但即使这样，仍然没有杜绝人类对大熊猫的盗猎。另外，当地猎人为了捕猎其他动物，如麝香鹿、羚牛等，常常设下陷阱，而大熊猫有的时候也会误入其中而被杀死。

吃竹子的熊

体型和官能

对于大熊猫在分类学上的位置，过去一个世纪以来，人们一直无法确定，对大熊猫做出的分类甚至自相矛盾。直到最近，通过对大熊猫遗传基因的研究，才知道它们是在进化过程的早期从熊科分出的一个分支。由于与其他熊分离的时间很长，大熊猫成了一种很有特色的熊。它们冬季不用冬眠；腕关节的一部分进化成了一种类似于人的大拇指的“伪拇指”，可以用来抓住竹枝；其幼崽出生的时候特别小，体重只有100～200克，大约仅为其母体体重的0.001%。

大熊猫也是独一无二的吃竹子的熊类，因此，当地人有时把它们称为“竹熊”，但是如果可以吃到肉的话，它们偶尔也会吃。竹子能够提供大熊猫生存的足量营养，但是由于消化率过低，所以需要吃大量的竹子。野生的大熊猫每天平均花费14个小时用来吃竹子，每天消耗的竹子总量达12～38千克，可达它们体重的40%。

在中国陕西的秦岭山区，人们曾经发现少数大熊猫的体色为棕白相间，这与通常的黑白相间是不同的。作为一个物种，尽管现在大熊猫的总量已经大大减少，而且分布也呈碎片化状态，但人们还是发现自然分布的大熊猫的基因是比较多样的。

交配并未成为繁殖的障碍

社会行为

在许多动物园里，圈养的大熊猫很难生育繁殖后代，这是一个事实，由此使很多人产生了一种错误的观念，认为所有的大熊猫在生殖上都遇到了麻烦。实际上，野外的大熊猫根本没有生殖上的困难。

不管是单独生活的还是“带孩子”的大熊猫，都很少聚集在一起。每一只成年的大熊猫都有一块边界明确的领地，雄性的一般为30平方千米，雌性的为4～10平方千米；雄性的领地一般全部或部分包含几只雌性的领地。交配季节为每

⊙ 大熊猫常常会生下双胞胎，但是很少有两只都能存活下来的。

⊙ 竹子几乎是大熊猫全部的食物来源，新生的竹叶和嫩芽营养丰富而且纤维素含量最低，非常有利于消化。但是每隔30～100年，不同种类的竹子就要开花并进而死亡，对于以前的大熊猫来说，由于它们有很大的栖息地，一种竹子开花死亡之后，可以转移到另外的地方，吃另外一种竹子。现在由于栖息地大量减少，大熊猫没有了足够的选择，一片竹子开花死亡之后，由于没有其他的地方可以转移，因而就要面临饿死的危险。

年的3～5月份，在交配季节里，雌雄大熊猫聚集在一起，但是聚集的时间很短，只有2～4天。在雌性的发情期内，雄性之间为了获得与雌性的交配权，会爆发激烈的争斗。一个取得主导地位的雄性大熊猫往往获得交配的优先权，但这并不是说其他雄性就没有机会了，那些占据次一级地位的雄性大熊猫有时也有交配的机会。

大熊猫的怀孕期大约为5个月，但是包括了1～3个月的胚泡延迟着床期。雌性大熊猫从4岁开始生育，至少到20岁才结束生育，一般每隔2～3年生育一胎。大熊猫幼崽在发育很不完善的阶段就出生了，因此，出生的时候体型非常小，眼睛不能睁开，不能活动，显得很无助。雌性大熊猫在产崽前往往选择一个树洞或是一个山洞，以作为产崽并抚养幼崽的“基地”。大熊猫产崽后要在洞里待1个月以上，仔细地照料它的幼崽，用它的大掌保护幼崽。

大熊猫幼崽一般在出生大约一年的时候才断奶，但是会一直跟随着母亲，直到雌性大熊猫再一次怀孕的时候才离开。独立生活之后，年轻的大熊猫会确立自己的领地，有的时候一些个体会与其母的领地重合；但是大多数的年轻大熊猫，特别是雌性年轻大熊猫会远远地离开出生地，到很远的地方建立自己的领地。

研究人员长期在中国秦岭的调查表明，在大熊猫的栖息地不再受到破坏并且对大熊猫的盗猎活动受到严格控制的情况下，野外大熊猫的数量会有缓慢的增长，或至少能够保持稳定。

知识档案

大熊猫

目：食肉目

科：熊科，但是有的时候被划分为浣熊科

大熊猫属的唯一物种。

分布：中国中部和西部的四川、陕西、甘肃等省。

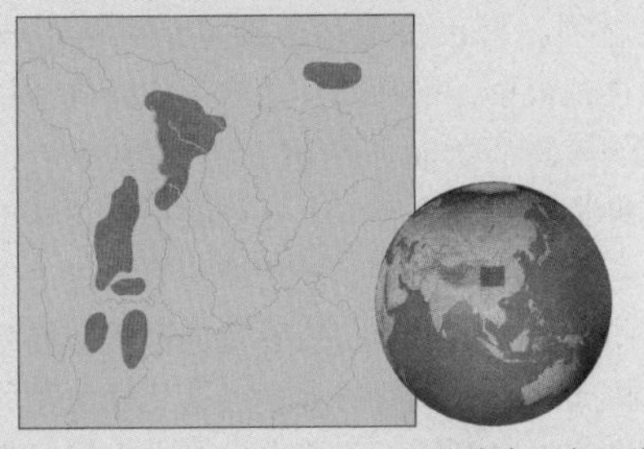

栖息地：在海拔1500～3400米之间的凉爽、潮湿的竹林中。

体型：肩高70～80厘米；站直的时候身长可达约170厘米；体重100～150千克，雄性比雌性大10%。

皮毛：耳朵、眼圈、口鼻部、前腿、后腿和肩部为黑色，其他地方为白色。

食性：主要以竹子为食，但是野生的大熊猫还吃植物的鳞茎、草类，偶尔还吃昆虫、啮齿类动物。

繁殖：怀孕期为125～150天。

寿命：野生的大熊猫通常不会超过20岁，人工圈养的可以超过30岁。

水獭类动物

水獭是真正的和唯一的水陆两栖鼬科动物，尽管所有的水獭外表上都很像，但是不同的种类有明显不同的行为习性。水獭绝大多数情况下在水中觅食，但是也会花大量时间在陆地上休息，只有海獭例外，它一生几乎从不到岸上来。

水獭有一层很密的绒毛，每平方厘米可以达到约7万根；还有一层长长的刚毛，当它们在水里的时候可以起到隔绝空气的作用。由于常常潜水的水獭并没有像海豹和海狮那样的脂肪层，故它们需要定期地进入到清水中冲洗皮毛，使之保持隔水的质量，而不至于使水渗透到皮肤中。

快节奏的生活

体型和官能

水獭的体形比较长，身体柔软易弯曲，很适于长时期在水中游泳。大多数种类的水獭四肢短小，掌上有蹼。大部分水獭的尾巴上长满了毛发，根部很粗，尾端很尖，有些种类的水獭尾巴则横向呈扁平状。鼻子和嘴巴周围以及肘部有很多根触须，可以很敏感地确定猎物的位置。水獭的耳朵很小，呈圆形；在水下的时候，耳朵与鼻孔的瓣膜都会自动关闭，不至于使水进入。大多数种类的水獭都有爪（这里的爪指脚趾上的尖锐、弯曲的指甲，以下提到爪的都是指这个），但有些种类的爪很小，几乎完全退化，如非洲小爪水獭属和小爪獭属的水獭。这几种水獭的爪虽小但是感觉很灵敏，尤其当在石头中搜寻猎物或是捡拾螃蟹的残骸时十分有用，这个时候还可以伸出长长的趾。

水獭主要以鱼类为食，但是大多数种类的水獭也吃蛙类、螯虾、螃蟹以及一些鸟类、小型哺乳类动物。它们捕食的鱼主要是一些生活在水底的、行动比较迟缓的种类，如鳗鱼等，有的时候也捕食一些游动很快但暂时待在一个地方不动的鱼类。

水獭的新陈代谢率极高，这可能是为了适应水中的生活。水是一种快速导热的载体，水獭体内的热量会很快地被水带走，因此，水獭需要不断地活动来保持体温，所以新陈代谢率很高。生活在欧洲和亚洲的水獭每天都需要吃大量的鱼类，重量可达自身体重的15%，这样才能保持在水中的体温。海獭所需的食量更大，但是很难估计具体的数字。为了抓住含有高能量的猎物，水獭需要冒很大的危险，采取的捕食策略可能要耗费很大的体能。这也使得水獭在捕食的时候，不得不根据食物的可得量而不断进行调整。例如在温度为10℃的水里，水獭如果不能在1小时内捕获至少100克的鱼，就会有生命危险，为了避免这种危险，它们就得改变捕食方式。水獭一般一

⊙ 这是一只普通水獭，它有一层短而密的体毛，能够起到很好的防水作用。

⊙ 这是一群小爪水獭，这种小型的亚洲水獭通常有松散的“家庭组织”，每个“家庭”大约包括12只水獭。野生的小爪水獭主要以甲壳类动物、蛙类和软体动物为主食，有时也吃少量的鱼类。在东南亚，一些渔民会驯养小爪水獭，让它们捕鱼。

天用3~5小时下水捕鱼，喂养幼崽的母水獭可能花8个小时，而海獭则几乎不离开水中。大多数水獭都是单独捕鱼或捕食其他猎物，但有些种类的水獭，如大水獭、滑獭、小爪水獭、北美獭、斑颈水獭，则可能群体合作捕猎。

世界性的“居民”
分布方式

欧洲和亚洲的普通水獭是地理上分布最广的种类，在日本的水獭于20世纪70年代灭绝前，从日本往西一直到爱尔兰，从西伯利亚往西南一直到印度洋上的斯里兰卡，都有水獭的踪影，而且再往前推，分布范围可能还要广。这种普通水獭一般不与毛鼻水獭同在一个地方，但是偶尔会发现与滑獭和小爪水獭出现在同样的河里。与此相似，新大陆上美洲獭属的一些种类一般也不出现在同一个地方，只有北美獭与海獭有时有共同的栖息地，另外长尾獭与大水獭有时也出现在同一条河里。在非洲，两种小爪水獭（指非洲小爪水獭和刚果小爪水獭）也不出现在同一个地方，但是两者可能分别与斑颈水獭出现在同一个地方。

猫獭大体上只栖息在南美洲西海岸从秘鲁到合恩角的海边上，主要以鱼类和蟹类为食，毛发特别粗糙。猫獭和生活在北太平洋的海獭各自栖息在不同的海面上，但是也有其他几种水獭能同时生活在海水和淡水中，当它们去海里的时候，可能分别与猫獭或海獭相遇。

毛鼻水獭的鼻子上长满了毛发，生活在巴西的大水獭和生活在非洲的斑颈水獭的鼻子上也长满了毛发。毛鼻水獭栖息在东南亚的河流和湖泊里，但是人们很少知道它所处的生态系统以及它们在生态系统中的位置，实际上，它们很少出现在人们的视野里。

斑颈水獭栖息在非洲撒哈拉沙漠外围的一些

知识档案

水獭

目：食肉目

科：鼬科

亚科：水獭亚科

共7属13种，有北美獭（美洲獭属）、猫獭（美洲獭属）、南美獭（美洲獭属）、长尾獭（美洲獭属）、普通水獭（水獭属）、毛鼻水獭（水獭属）、斑颈水獭（水獭属）、非洲小爪水獭（非洲小爪水獭属）、刚果小爪水獭（非洲小爪水獭属）、小爪水獭（小爪獭属）、滑獭（滑獭属）、大水獭（大水獭属）、海獭（海獭属）

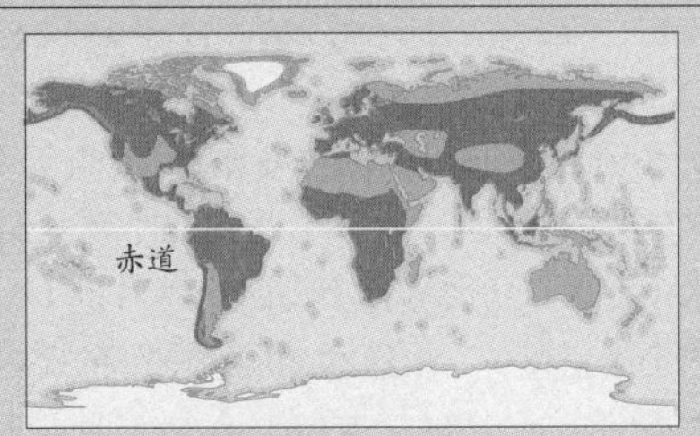

分布：范围很广，包括靠近北极的地区以及南美洲最南部靠近南极洲的地区，但是澳大拉西亚地区和非洲马达加斯加岛除外。

体型：生活在东半球的小爪水獭体长41~64厘米，大水獭体长96~123厘米，其他种类在两者之间；体重从约5千克至30千克不等；身体比较短的海獭体重可达45千克。

皮毛：棕色，上半身颜色比较深，胸口部、腹部下侧通常颜色比较浅。

食性：以鱼类为主食，但是大多数种类的水獭也吃蛙类、螯虾、蟹类，有时还捕捉鸟类和小型哺乳动物。

繁殖：大部分种类的怀孕期为60~70天，但有些种类有延迟着床现象，怀孕期可达12个月；大部分种类每胎产崽1~4只。

寿命：可达20岁。

⊙ 这是一组水獭各种特征的“特写”：标号为“1”的是一只小爪水獭，它用前掌导航，并且常常伸出前肢来抓取食物；标号为“2”的是一只斑颈水獭，与小爪水獭不同，它是用嘴部导航，抓取食物的时候常常伸直颈部和躯干。有蹼无蹼有爪无爪是区分各种水獭的标志，图中左上方显示的是各种水獭前掌的情况：a处是小爪水獭的前掌，b处是非洲小爪水獭的前掌，c处是大水獭的前掌，d处是印度滑獭的前掌，e处是斑颈水獭的前掌，f处是北美獭的前掌。图中标号为“3”的是一只滑獭，它掌上有厚厚的蹼，但是却很灵活；标号为“4”的是一只海獭，它的胸口部放着一块石头作为砧板，它正“拿”着一只贝壳往石头上砸；标号为“5”的是一只北美獭，像所有的水獭一样，其头部既宽又扁平，呈流线型。

河流、小溪和湖泊中。栖息在东部非洲的斑颈水獭主要在白天活动，通常十几到二十几只组成一组在水中游荡，主要捕食小型的慈鲷科鱼（也称棘鳍类热带淡水鱼）。生活在非洲较南部的斑颈水獭主要在夜间活动，栖息在河流小溪中，没有生活在海中的。

生活在印度的滑獭比普通水獭体型大，体重也比较大，如果两者相遇了，滑獭通常都能占领普通水獭的地盘。与大水獭相似，滑獭的尾巴也是扁平的，趾间有厚厚的蹼连着，但能灵活地抓住一些小的目标。它们捕捉猎物主要靠嘴。滑獭的面部比较短，头骨呈半球型，臼齿特别宽，主要吃体型比较大的鱼，捕鱼时常常成群结队、互相合作。生活在印尼苏门答腊岛的滑獭也常常出现在海岸边的红树林沼泽地中。

非洲小爪水獭属包括两种体型较大的生活在非洲的水獭——非洲小爪水獭和刚果小爪水獭。这两种水獭的前掌趾间没有蹼，但是趾特别有力，也能像猴子的手掌一样灵活。实际上是因其前掌上有一个像拇指一样对生的趾，可以捡起或抓住某些物体。它们的后掌上有比较小的蹼，中间的趾上有爪可以用来梳理皮毛。这两种水獭的趾都能伸进泥土或石缝中，捡拾一些甲壳类动物。它们的臼齿比较宽，可以咬碎甲壳类动物的壳。

栖息在南亚河流甚至稻田里的小爪水獭是体型最小的水獭，它们的前掌上部分有蹼，但是趾短粗有力，也很灵活，并且趾的末端有小小的已经退化的爪，在球根状的趾末端像枚木钉一样。与它们的非洲小爪水獭属亲戚一样，亚洲的小爪水獭前掌也特别灵敏，但是只能用来碰触猎物。

大水獭从头到尾可长达1.8米，体重也能达到30千克，可能是最稀有的水獭种类了。它栖息在南美的水域里，每年的栖息范围都随着雨季（4～9月份为雨季）水位的涨落而变化。为了获取大水獭的皮毛，以前当地人常常对其进行捕猎，致使其在许多栖息地中绝迹了。仅在20世纪60年代，巴西就出口了2万张大水獭皮；20世纪70年代早期，当地政府禁止捕猎大水獭的法令生效后，这种皮毛贸易才大幅下降。对大水獭的偷猎尽管仍然很猖獗，不过这已经不是大水獭面临的最主要威胁了，现在其面临的最主要的威胁是栖息地的不断缩小。

生活在北太平洋的海獭与水獭亚科的其他物种有许多不同之处，它们的身体并不细长，尾巴也很短，而体重甚至能超过大水獭。其臼齿很大很圆，非常适合嚼碎海胆、鲍鱼、贻贝等海洋生物。现在海獭接近于灭绝，据估计仅存15万只。大多数栖息在阿拉斯加威廉王子湾到俄罗斯千岛群岛之间；另有一个南方亚种栖息在美国加利福尼亚州外海上，约有2000只。遗传基因的证据表明，尽管海獭受到了人类疯狂的捕杀，但是其基因的多样性还是保留了下来，而且大多数基因类型可以继续保留下去。

尽管普通水獭、滑獭和小爪水獭在亚洲地区的栖息地有所重合，但由于食物种类不同，它们之间的竞争只限制在很小的范围内。在栖息地重合的地区，滑獭主要捕食体型比较大的鱼类，普通水獭主要捕食小型鱼类和蛙类，小爪水獭则主要捕食淡水蟹类，而且普通水獭总是要尽可能地避开体型比较大的滑獭。

在美国阿拉斯加，北美獭与海獭共同生活在某些靠近海岸的海里，但是两者对栖息地进行分层使用。海獭栖息在更深处，能潜入30多米深——甚至有记录曾潜到距海面97米深的地方，吃一些软体动物和体型中等的鱼类；北美獭则在近岸边浅水处活动，吃一些小型的水底生活的鱼类。

从群居到单过
社会行为

各种水獭的社会行为多有不同，有的单独生活，有的则成群结队生活。海獭有的时候聚集起几百只，组成一个庞大的“舰队”来对付鲨鱼和某些食肉鲸类，保护自己不被海中庞大的掠食者吃掉。与此相反，普通水獭却是单独生活。尽管有的时候“带孩子”的母水獭可能生活在一块儿，但是每个“家庭”都有一个核心区，禁止其他“家庭”进入。雄性普通水獭的领地更大，可能包含几只母水獭的领地。普通水獭个体和“带孩子”的母水獭“家庭”的领地通常都很大，在海边附近的母水獭领地有5～14千米长，在内陆水域生活的普通母水獭的领地平均则可能延伸20千米，甚至能达到40千米。雄性普通水獭的领地平均长35千米，最长可达84千米。普通水獭中的雌性和雄性只在交配季节保持短暂的接触，雄性也完全不负担幼崽的抚养任务。雄性普通水獭的栖息地通常与雌性不同，雄性大部分时间待在比较宽阔的河流或海边，而雌性则更多地待在小河或受保护的浅湾中。

雌性普通水獭是很有奉献精神的，它们通常要照料幼崽1年左右，教会幼崽各种捕鱼技巧。为了使幼崽更好地掌握技巧，它们常常把抓到的活鱼放开作为“教学用具”，让幼崽“动手实践”刚学到的技术。尽管如此，捕鱼仍算是一门很复杂的“艺术”，年轻水獭需要18个月甚至更长时间才能完全掌握。由于普通水獭的青年期过长（18个月，在此期间需要依赖母水獭），繁育率也比较低（每胎产崽1～3只，极少能达到4只），平均寿命又很短（只有4岁），这些原因都导致普通水獭数量的自然增长率很低，因此它们绝种的危险也更大。

北美獭的体型与普通水獭差不多，但是可能有多位雄性的“单身贵族”组成团体生活在一起，一群能达到12只甚至更多。与之相似，也曾经发现多只雄性非洲小爪水獭组成群体生活在一起。

⊙ 这是一只母海獭在小心翼翼地照看它的幼崽。它们通常把幼崽放在胸腹上“仰泳”前进。母海獭还常常为幼崽清理皮毛，使小海獭有足够的浮力而不至于落入水中，因为小海獭得等到2个月大的时候才能开始潜水。

鬣狗科动物

鬣狗从来就没有受到过人们的好评，人们常常把它们描述成为丑陋的、懦弱的和用心险恶的动物，但实际上它们是最聪明、最有意思的动物，也是群居性的并且社会体系高度发达的动物。尽管现在生存于地球上的只有4种鬣狗科动物，但是它们所处的生态系统和它们的社会行为各不相同，表现出很复杂的多样性。

特殊的身体结构

体型和官能

3种真正的鬣狗——斑鬣狗、褐鬣狗和缟鬣狗从外表上看起来与犬类很相似，有硕大的头部和强而有力的前身。这3种鬣狗的牙齿和下颚也非常有力，可以咬碎除了斑马和捻角羚身上最大块骨头外的其他所有骨头，从而吸取骨髓里丰富的营养。它们胃里的盐酸浓度非常高，因此比其他哺乳动物的消化能力要强，可以更好地吸收骨头里的营养。与强而有力的前身相反，它们的后身显得比较柔弱，好像发育不全似的，这也使得它们总体上看起来向前倾。褐鬣狗、缟鬣狗和土狼的体毛非常长，遇到敌人的时候可以直立起来，这样就使它们的体型显得非常大，可以吓唬住敌人。斑鬣狗的体毛比较短，但是它们本身就很高大有力，因此并不需要长毛的帮助。

雌性斑鬣狗的外生殖器比较奇怪，从外表上看起来几乎与雄性的外生殖器没有差别，因此许多神话故事把斑鬣狗描述成一种雌雄同体的动物。事实上，只是因为雌性斑鬣狗的阴蒂很大，与雄性的阴茎很像，而且外阴唇融合在一起，看起来像雄性的睾丸。雌性斑鬣狗生育幼崽的产道是外表像阴茎的那个阴蒂，这在哺乳动物中是很奇怪的。当两只相互认识的斑鬣狗相遇的时候，它们常常要举行一种仪式来互相打招呼，而生殖器官就在这种仪式中扮演很重要的角色。这个时候，斑鬣狗的头部和尾巴都会伸直，然后抬起内侧的后腿，互相嗅和舔对方立起来的阴茎或像

⊙ 这个特写镜头显示的是一只雄性缟鬣狗正在轻咬一只雌性缟鬣狗，这个动作是缟鬣狗漫长的见面仪式的一部分。举行见面仪式的时候，通常由地位比较高的缟鬣狗轻咬并晃动地位较低者的喉部和颈部。

⊙ 图中表现的是鬣狗科中两种鬣狗不同的捕食方式：标号为“1”的是两只年轻的褐鬣狗正在玩耍，附近一只成年褐鬣狗则刚捕获了一只大耳狐；标号为“2”的是一群斑鬣狗，它们正在合作捕猎一头斑马。

阴茎的阴蒂。这种仪式在斑鬣狗社会中有很重要的作用，它可以巩固社会联系和稳定社会等级次序。其他几种鬣狗的生殖器官很正常，当它们相遇打招呼的时候，往往互相嗅肛门部位，这与斑鬣狗是不同的。

群体中的活跃生活
社会行为

概括起来说，鬣狗与周围的生态环境有很大的关系，两者互相影响。由于所处的捕食环境不同，褐鬣狗往往是独自出去觅食，而斑鬣狗则常常成群结队地出去觅食。对褐鬣狗来说，它们主要吃的腐肉很容易通过鼻子嗅到，因此觅食的时候不需要合作；更为重要的是，大多数的腐肉只够一只褐鬣狗吃一顿，如果觅食的时候成群结队的话，会引起矛盾和冲突。而人们了解很少的缟鬣狗，据说其生活方式与褐鬣狗差不多。

在非洲恩戈罗恩戈罗火山口地区的斑鬣狗常常组成一个大群体，这对于放倒一头大斑马是必要的；但是在南部非洲喀拉哈里沙漠南缘，单个的斑鬣狗放倒一头大羚羊幼崽的成功几率与几只斑鬣狗合作的成功几率几乎相同，而大羚羊的幼崽是这个地区斑鬣狗的主要食物，因此在这里它们很少成群结队地捕食。可见斑鬣狗成群结队捕食的一个更重要的原因是，它们的猎物体型往往很大，足够一群斑鬣狗吃上一顿。

如果仔细考察这些斑鬣狗群的构成情况，可以发现，在一个群体内，成员之间都有很近的血

知识档案

分布：除撒哈拉沙漠和刚果盆地以外的非洲，中东到阿拉伯地区、印度、尼泊尔南部。
该科共有4属4种

缟鬣狗
有5个亚种：巴巴里亚种，分布于非洲西北部；东北非亚种，分布于非洲东北部；叙利亚亚种，分布于叙利亚、小亚细亚和高加索地区；指名亚种，分布于印度；苏丹亚种，分布于阿拉伯地区。**体型**：头尾长1.2～1.45米，肩高66～75厘米，体重26～41千克。**皮毛**：体毛比较长，白灰色到浅褐色；躯干上有5～9条纵向条纹；喉部有黑色斑块。**食性**：主要吃哺乳动物的腐肉，有时也吃无脊椎动物、鸟卵、爬行动物的卵、野果和人丢弃的有机废物。**繁殖**：一年当中任何时候都能交配，怀孕期为90天，每胎产崽1～4只，通常为3只；幼崽出生10～12个月后断奶，雌性幼崽2～3岁时性发育成熟。

褐鬣狗
广布于南非，尤其是南非西部地区，安哥拉南部也有分布；主要栖息于干旱地带。**体型**：头尾长1.26～1.61米，肩高72～88厘米，体重28～49千克。**皮毛**：毛发粗浓杂乱，为深棕色到黑色，脖颈及肩部为白色。**四肢**：上有横向的白色条纹。**食性**：与缟鬣狗相似，每天要消耗食物约2.8千克。**繁殖**：一年当中任何时候都能交配，怀孕期为90天，每胎产崽1～5只；幼崽出生12个月后断奶，18个月后才能离开出生的巢穴；雌性幼崽2～3岁的时候性发育成熟。

斑鬣狗
除撒哈拉沙漠、刚果热带雨林和非洲最南端外的非洲大陆其他地区都有分布；栖息于从沙漠到热带雨林边缘的各类地形中，尤其是非洲热带亚热带稀树大草原上密度最高。**体型**：头尾长1.3～1.85米，肩高70～95厘米，雄性体重45～62千克，雌性体重55～82.5千克。**皮毛**：体毛比较短，为沙黄色、淡赤黄色或暗灰色及棕色，背部、腹部两侧、臀部、四肢有暗色斑点。**食性**：主要吃腐肉和自己捕食到的大中型有蹄类哺乳动物；每天消耗肉类3～6千克。**繁殖**：一年当中任何时候都能交配，怀孕期约为90天，每胎产崽1～2只；幼崽出生12～16个月后断奶，雌性幼崽2～3岁时性发育成熟。

土狼
有2个亚种：指名亚种，分布于南非；北方亚种，分布于东非。2个亚种主要栖息在年平均降水量为100～600毫米的草原开阔地带。**体型**：头尾长0.85～1.05米，肩高0.45～0.5米，体重8～10千克。**皮毛**：体毛比较长，为浅黄白色到红褐色，喉部和腹部下侧为苍白色；躯干上有3～5条纵向黑色条纹，前半身和后半身有1～2条斜纹，四肢上有不规则的横向条纹。**食性**：主要食白蚁。**繁殖**：交配期与前3种不同，是有季节性的，怀孕期为90天，每胎产崽1～4只；幼崽出生约4个月后断奶，然后离开巢穴。

⊙ 这是人工圈养的一只土狼。土狼的耳朵又大又长，对它们捕猎很有用处，可以听到很远处猎物发出的声音，从而确定猎物的位置。土狼的舌头也很长，表面上有一层黏稠的唾液，还有许多比较大的乳突，有助于舔食昆虫。

缘关系。实际上，群体成员亲缘关系的选择有一个过程，也就是说，组成群体的时候，会更多地选择与自己亲缘关系更近的个体而非关系比较远或没有血缘关系的个体。这样选择群体成员的一个好处就是，当大家通过努力成功地捕获一只猎物并分享美味的时候，因为大家都是“亲戚”，感觉总比分给“非亲非故”者要好。

群体是鬣狗社会的基本组织，缟鬣狗、褐鬣狗和斑鬣狗都生活在群体里。群体的成员共享一块领地，共同保卫领地以防止邻居的侵入。斑鬣狗的群体是靠严格的等级次序维持的，等级次序由雌性主导，即使是等级次序最高的雄性其地位也低于等级最低的雌性。一般来说，雄性幼崽将要成年的时候会离开它们出生的群体，加入到一个新的群体中，并在新群体中不断提升自己的等级地位，当升到雄性的较高的地位时就可以获得和雌性交配的机会。雌性幼崽通常会一直待在出生的群体内，接替自己母亲的等级地位。褐鬣狗看起来没有“性别歧视”，将要成年的雌性和雄性都有一部分离开出生的群体，剩下的一部分则待在出生的群体内，时间可能很长，甚至一生都待在出生的群体里。离开出生地的雄性可能成为“流浪者”或者加入一个新的群体，但是流浪的雄性和加入新群体的雄性都有机会与雌性交配。

一只斑鬣狗即使独自行动的时候，也会和群体中的其他成员保持某种直接的联系，如靠某种叫声保持联系，而这些声音人类只有在扩音器和耳机的帮助下才能听到。人类离开那些扩音设备的帮助，能听到的斑鬣狗叫声只有高叫声、吼声以及一种连续不止的“咯咯声”，因此，人们又把斑鬣狗称做“笑鬣狗”。

高叫声是一种很好的长距离联系方式，这种声音可以传递好几千米远。每一次高声叫都要重复好几遍，以便让倾听者准确地确定其位置，而每一只斑鬣狗都有各不相同的声音。在南非德兰士瓦地区蒂姆巴维奇野生动物保护区内生活的斑鬣狗，如果人们播放其同伴的叫喊声录音，它们也会做出反应，常常会接近录音机放置的地方，或是对录音进行“唱和”，做出回答。但如果录音机中播放的是陌生斑鬣狗的叫声，当地的斑鬣狗就会快速地成群结队地跑来，表现出很兴奋紧张的样子，鬃毛竖起，尾巴翘起很高，突出肛门附近的腺体，表示要准备战斗以保护领地。斑鬣狗的幼崽也会对事先录好的其母亲的高叫声做出反应，但是不会对群体中其他成员的录音声做出反应。

3种鬣狗中，每个群体中包含的成员个数是不相同的，一般来说，斑鬣狗的群体最大，但在不同的地区，其群体中成员个数也不同。在喀拉哈里沙漠的南缘，一个斑鬣狗群有5个以上成员，在恩戈罗恩戈罗火山口地区，一个斑鬣狗群则可能有多达80个成员。一个褐鬣狗群可能只有1只雌性褐鬣狗和它最近生育的几只幼崽，也可能多达15个成员。在各种鬣狗中，不但群体成员个数不同，群体的领地大小也很不相同。在恩戈罗恩戈罗火山口地区，拥有80个成员的斑鬣狗群的领地可能只有40平方千米；在喀拉哈里沙漠的南缘，只有5个成员的斑鬣狗群的领地却可能大至1000平方千米。领地的大小主要与其中的食物丰富程度有关，食物丰富的地区，鬣狗群的领地就小，食物较贫乏的地区，鬣狗群的领地就大。在恩戈罗恩戈罗火山口地区，生存着大量的黑尾牛羚和斑马，可以在小片地区内为大量的斑鬣狗提供足够的食物；在喀拉哈里沙漠南缘地区，一群斑鬣狗可能长途奔袭50千米甚至更远，才能杀死一只猎物。

所有的鬣狗都把幼崽放在巢穴内。巢穴通常

⊙ 这是生活在南非喀拉哈里国家公园内的一只褐鬣狗。当褐鬣狗表现出侵略性的时候，往往把背部的长毛竖起。但在褐鬣狗同伴之间进行见面仪式的时候，也常常竖起背部的长毛。

是由一系列的地下洞穴构成的，一般很小，只有幼崽才能进去，这样，当成年鬣狗长时间出去捕猎时，幼崽待在这样的洞穴里就很安全。幼崽在洞穴里待的时间可能长达18个月。在斑鬣狗的群体内，所有的母鬣狗都把自己的孩子放在一个公共的巢穴内，共同抚养；在大部分的褐鬣狗群体内，一般只有1只母鬣狗生育幼崽，即使有时一个群体内有2～3只母鬣狗生育幼崽，它们也是分开巢穴各自抚养。

与多数食肉目动物不同的是，斑鬣狗的幼崽出生时眼睛就能睁开，牙齿也发育良好。斑鬣狗每胎通常产2只幼崽，幼崽出生几分钟就能表现出很强的侵略性，每只幼崽争着占据领导地位，以便控制喝母斑鬣狗奶汁的权利。尤其是在食物短缺、很难养活2只幼崽的情况下，幼崽会表现出更强的侵略性，互相之间会对主导权进行激烈的争夺。

鬣狗喂养幼崽的方式很不相同，放在公共的巢穴里共同喂养幼崽的斑鬣狗通常在幼崽约9个月大时，才会让幼崽吃肉食，因为那个时候幼崽可以跟着母斑鬣狗奔走捕食了。但即使到了这个时候，幼崽也还是主要靠母斑鬣狗的奶汁生活，直到15个月大的时候才会完全断奶。褐鬣狗的幼崽也在1岁多的时候才断奶，但是幼崽在出生3个月时就能吃群体成员带回巢穴里的其他食物了。

为什么斑鬣狗和褐鬣狗喂养幼崽的方式如此不同呢？我们需要再一次讨论两者不同的捕食方式才可以做出回答。第一，如果一只褐鬣狗得到了一大块食物，它只能吃掉其中的一部分，然后它就可以把剩下的带回到巢穴里。而如果拥有5个成员的斑鬣狗群得到了一块同样大小的食物，很明显它们马上就可以吃完，而根本没有什么可带回去的。第二，一只褐鬣狗巢穴里的幼崽通常只有1窝，体型和年龄几乎相同；而在一个斑鬣狗的公共巢穴里，通常有好几窝幼崽，不但个数很多，体型大小和年龄也不相同，即使带回食物也往往由年龄比较大的幼崽控制，许多比较小的幼崽吃不到。第三，在许多地区，斑鬣狗的捕食范围很大，往往离其巢穴很远，即使找到了足够的食物，“搬回家”也很费力。而在褐鬣狗中，它们会表现出某种“英雄气概”，顽强地把食物带回去，如有一次人们就观察到一只褐鬣狗把一块约7千克重的肉带回了15千米远的巢穴中。第四，由于褐鬣狗群中的幼崽都有很近的亲缘关系，成年褐鬣狗就很愿意把食物带回来给它们吃。而斑鬣狗群中的幼崽亲缘关系可能比较远，因此会影响成年斑鬣狗带回食物的积极性。

⊙ 这是在博茨瓦纳乔贝国家公园内的一群斑鬣狗，它们正聚集在一头已死大象的尸体旁边。虽然群体一块儿“吃饭”时常常显得吵闹杂乱，但是一般很少发生严重的冲突。斑鬣狗吞食食物的速度非常快，如果有足够多的食物的话，一只斑鬣狗一次可以吃掉15千克重的肉食。

鳍足目动物

海狗（又称“皮毛海豹”）、海狮、海象、“真海豹”（或称海豹科海豹），这一组主要在海洋中生活的哺乳动物被称做鳍足目动物（或称鳍脚类）。“鳍足”源自拉丁文，意为长着“像鳍一样的脚”或“有蹼的脚”。现存的鳍足目动物共有33种，另外的第34种即被称做加勒比僧海豹的物种现在可能已经灭绝了。

所有的鳍足目动物都有流线型、纺锤状的躯体和鳍状肢，成年鳍足目动物的躯体相对都很庞大，成年雌性体型最小的是海狗，但是体重也有将近30千克；成年雄性体型最大的是南象海豹，体重能超过4吨。

相对于在陆地上生活的食肉目动物来说，长期以来，鳍脚类动物被看作生活在水中的食肉目动物。但是它们与真正的水栖哺乳动物不同，它们从未切断过与陆地的联系。尽管它们一生中大部分时间都是在水中度过的，但是它们必须返回到陆地上或是冰面上生育幼崽，因此，它们也许更适宜被称作“水陆两栖的肉食动物”。

鳍足目可以分成3个科：海狮科（或称作有耳海豹类），包括9种海狗和5种海狮；海象科，只有1个物种，就是海象；海豹科（或称无耳海豹类），就是“真海豹”类，有18种。

⊙ 有耳海豹类是高度群居性的动物，常常在一个地区聚集起一大群。图中是一大群加州海狮，它们在水中滑行的时候姿态非常优美，几乎像跳芭蕾舞一样。

海豹科与其他两科的区分很明显，因为它们的后鳍脚顺着身体向后贴，不能向前折叠，在陆地上后鳍脚使不上劲，肚皮贴着地面，行走靠后鳍脚和肚皮的蠕动，显得很笨拙（而海狮科的后鳍脚可以向前折叠，在陆地上行走的时候，四肢可以将身体支离地面，显得比较灵活）。此外比较明显的差别还有：在水中前进的时候，“真海豹”主要靠滑动后鳍脚作为向前的驱动力，而有耳海豹类在水下主要靠前肢推动；“真海豹”没有可见的外耳，而其他两科有可见的外耳。所有的“真海豹”皮下都有一层厚厚的脂肪，像鲸的皮下脂肪一样，可以起到很好的隔水作用。

海狮科动物的后鳍脚可以向前折叠，在陆地上行走的时候可以在体下支起身体；在水中前进的时候，主要靠前鳍脚推动，而后鳍脚几乎不动。海狮科外耳口附近有一段软骨，是退化的翼状物残余。它们有显著的外耳，皮毛比海豹科动物要厚，外层有很长的护毛，内层接近皮肤处有一层很厚很密的绒毛。在水下的时候，海狮科动物的皮能够起到很好的隔水、隔气功能，但是它们的皮下脂肪比海豹科动物的要少。

海象科现存的唯一物种海象的很多特征都介于海狮和海豹之间。它们的鳍脚呈三角状，与海豹科有些像，但是能向前折叠，这又与海狮科有些像。当海象在冰面上移动的时候，后鳍脚常常拖在后身的下面，靠后身向前蠕动，这也与海豹科相像。在水中的时候，海象也靠后鳍脚推动前进。与海豹科相似，海象也没有明显的外耳。海象躯体的表面上几乎光洁无毛，这与其他两科是不同的。另外，海象还是所有的鳍足目动物中雄性在交配季节睾丸明显地垂下来露在体外的唯一物种。另外，雌雄两性的海象都有一对很长的犬齿。

生活在冷水中的“专家”
现存鳍足目动物的分布

整体上来说，现存的鳍足目动物主要栖息在地球南北极和亚南北极的海域中，其中分布最集中的地区是亚北极地带（即北大西洋和北太平洋）和南大洋。

现代的鳍足目动物大多数分布于食物丰富的海域，并且那里海面的温度全年中任何时候都不能超过20℃。这也是在中南–马来半岛以西海域中没有鳍足目动物存在的一个主要原因，因为那里的海面温度从古至今一直都很高。

鳍足目动物中唯一一类生活在不同时具备上述两个条件的海域中的物种，是3种现代的僧海豹。其中2种——地中海僧海豹和夏威夷僧海豹近几十年来的数量下降很快，前者只幸存约500只，后者则为1400只；而第3种僧海豹——加勒比僧海豹据估计已经在近50年内的某个时间灭绝了。

鳍足目

现存的共3科21属33种

有耳海豹类（海狮科）

共7属14种

包括南极海狗、加州海狮、北海狗、斯氏海狮（又称北海狮）、南美海狮等。

海象（海象科）

只有1属1种，即海象。

真海豹类（海豹科）

共13属18种

包括：地中海僧海豹、北象海豹、南象海豹、豹海豹、威德尔海豹、港海豹（又称普通海豹）、贝加尔环斑海豹、灰海豹、琴海豹、髯海豹、食蟹海豹、冠海豹等。

广泛的地理分布
鳍足目动物的历史扩展

所有的鳍足目动物都是从一种生活在北太平洋的共同祖先进化而来的，如果这个假定成立的话，那么就会产生一个问题，即现代的鳍足目动物是通过什么途径而扩散到世界各地的？现在搜集到的化石可以推测：几百万年前海狮科物种就出现在太平洋海盆中，随后向北、向西扩散到了太平洋两岸的近海海域中。后来，随着美洲中部的自然合拢（在古代，北美洲和南美洲之间曾经存在一片狭长的水域把两者隔开），现代海狗类的近期祖先从南美洲的西海岸进入到了南太

⊙ 这是鳍足目中特征各不相同的3个科。1.南非海狗。1a处显示它有卷轴状的外耳和浓密的毛发，而且这是一只雄性南非海狗，有突出的浓重的鬃毛；1b处显示出海狮科动物在陆地上行走的时候，后鳍脚能够向前折叠在身体下方，帮助前鳍脚支撑身体向前进。2.海象。2a处显示它有一对长而突出的牙齿；2b处显示出这对长牙常常用来帮助它们在陆地上的时候支撑身体。3.港海豹。3a处显示它有光滑的毛发，但是没有明显的外耳；3b处显示出海豹科动物在地面上行走的时候身体比较笨拙。

平洋。在这里，它们通过南美最南端进一步到了南大西洋，并一直向北，直到海水温度过高它们才停下来。其他种类的海狮科物种则扩散到了非洲南部近海，并遍及南大洋，也就是环南极洲海域；在环南极洲的海岛上，它们遇到了合适的繁殖地。离现代更近的海狮类近期祖先的化石，出现在了太平洋海盆的两岸，在一个相对比较短的地质时期内，它们穿越赤道到达了南太平洋，并随着海狗进一步向西迁移。随后海狮类也越过南美洲南端进入南美洲东海岸的南大西洋海域，另外的一支则进入到了澳大利亚和新西兰海域，并且一直生活到现在。

独特的适应能力

敏锐的感觉器官

与其他海洋哺乳动物相似，鳍足目动物也是从生活在陆地上的祖先进化而来的。其早期祖先可能为了适应新的生态变化而从陆地上第1次进入到了近岸海域。但是与其他海洋哺乳动物不同，鳍足目动物仍然需要回到地面上或冰面上生育幼崽。这种两分性的生活方式是陆生哺乳动物进入水里后为更好地适应环境而进化出来的，因此它们需要一系列独特的改变，使得这种原来生活在陆地上、在地面上呼吸、恒温的哺乳动物成功地适应寒冷、食物丰富的海洋生活。这些变化需要进行一系列的改进，总体上使得鳍足目动物具有了一些独一无二的特征。

⊙ 这是一只加州海狮，它的躯体柔韧易弯，口中正含着一只多刺的海胆。它的食物种类非常广泛，有多种鱼类、乌贼和其他无脊椎动物。

本来哺乳动物在陆地上已进化出了一套高度灵敏的感觉器官，但是进入海洋之后，生活方式需要进行调整，感觉器官于是进行了成功的改变，充分满足了水中生活的需要。但同时也保留了一些原来的特征，如还需要在水面之上进行呼吸。

对于鳍足目动物来说，视觉信息可能是其最重要的感觉信息来源，因此，它们一般都有大大的眼睛。眼睛外层的角膜为内里部分提供了精妙的保护，泪腺分泌的泪液则为角膜提供了及时的润滑，使其免受盐水或沙子的伤害。与那些陆生哺乳动物不同，鳍足目动物的眼睛中缺少眼泪的排送管，不能把眼泪逐渐地排送出去。

鳍足目动物的眼睛不但要在水中、空气中发挥作用，还要在多种光亮强度下发挥作用，如要在日光照耀下的冰层周围使人眩晕的光亮强度下或深水下几乎无光的环境中发挥作用。

在空气中的时候，典型的哺乳动物眼睛内有一层感光细胞与眼球后部相连，这可以在视网膜集中成清晰的图像，图像通过外层的角膜和内部的晶状体集中成像。而在水里的时候，角膜就会失去作用，变得看不见东西了，就像一个玻璃珠放到盛水的玻璃杯里就会看不见一样。这其实是水的折射率与角膜的折射率相同的结果，也就是为什么大多数哺乳动物在水下看不见东西的原因。但鳍足目动物却不一样，它们进化出了很大的、几乎呈球形的、与鱼类的晶状体相类似的晶状体结构，可以使眼睛聚集起更多的光，所以在水下它们的视力很好。

鳍足目动物眼睛的改进提高了它们在水下的视力，是对它们在水外视力损失的补偿。在空气中的时候，它们眼睛内的角膜和比较大的晶状体使光线弯曲，造成了一种近视的效果，至少在某种光线条件下会是这样。但是在比较亮的光线下，鳍足目动物的瞳孔会眯成窄窄的垂直的一条线，“线”的顶部有一个小孔，光线通过这个小孔进入眼内，可以降低角膜和晶状体弯曲光线的能力，从而使它们近视的程度降到最低。

在光线比较暗的情况下，鳍足目动物的瞳孔张开得比较大，成为一个宽大的圆环，可以使尽量多的光线进入其中。当它们在水面以上比较

⊙ 鳍足目动物的眼睛构造使得它们非常适宜在水下捕食猎物。图中就是一只北象海豹的幼崽，你可以看到它的瞳孔是多么巨大，因此可以在黑暗的水底清晰地看见周围的情况。由于鳍足目动物的眼内缺乏眼泪的排送管，不能把眼泪陆续排送出去，只能从眼睛周围的皮毛上渗出，因此，当它们在陆地或是冰面上的时候，你会以为它们正在“哭泣”呢。

暗的光线下活动时，由于它们比较大的角膜的弯曲，再加上散光作用造成的视觉模糊，它们就会变得更为“近视”。

鳍足目动物的视网膜也适应了暗光条件下的水下生活。与夜行性的哺乳动物相似，它们的视网膜上也有很多对光非常敏感的细胞，叫杆状感光细胞，可以增加眼睛的敏感度，接收到各种细微和多种颜色的视觉信息。而且鳍足目动物杆状感光细胞内沉淀有对光敏感的色素，对水下的颜色最为敏感。这样，生活在海岸附近的物种如港海豹的眼睛对绿光最敏感；生活在深海里的物种如南象海豹其眼睛对蓝光最敏感。为了提高眼睛的敏感度，鳍足目动物像猫类和其他夜行性的哺乳动物一样，眼睛内视网膜的后侧有一层反射层，叫脉络膜层。当光线穿过视网膜射到脉络膜层时，就会反射回来，这样有两次到达杆状感光细胞，因此增加了视觉敏感度。

在鳍足目动物的眼内，还有少许的锥状感光细胞（人类和一些其他哺乳动物眼内这类细胞比较多，在亮光下能够精确地分辨出各种颜色），因此有一些证据表明，某些海豹和海象能够辨别出少数几种颜色。

就像长期生活在陆地上的哺乳动物一旦到水下其眼睛就不能很好地发挥作用一样，陆上哺乳动物的耳朵一旦到水下也会完全听不见。当它们到水里的时候，声波不再通过长满了毛的耳道进入内耳，而是通过头部的各块骨头从各个方向进入内耳，必然导致声音的扭曲和特定方向声音的损耗。

鳍足目动物在漫长的进化过程中，耳朵在水下的功能有了显著的改进。内耳结构进行了调整，可以增大声音的接受量；内耳上的骨头只与头骨上的一处相连，而与其他骨头隔离，这样可以减少穿过头盖骨的声音总量（也就是可以减少接收对其无用的“杂音”）。

鳍足目动物耳朵内还有一个特殊的组织把耳道和中耳腔连接起来，当它们潜入水下的时候，这个特殊组织能够自动地调整水对耳朵产生的压力。另外在进化过程中，它们耳朵内部各个部位的大小也进行了调整，可以阻止水下过多的刺激造成的伤害——在水下声音的传输速度是空气中的5倍，过快的速度会给耳朵造成伤害。

通过这些调整，鳍足目动物的耳朵在水下发挥的实际功能比在空气中更棒。当它们在陆地上时，能够听到的音频范围与人类相似，只是灵敏度不如人类；但是当它们在水下的时候，能够听到的音频范围却是非常宽的，能够听到的高频率声波远远超过人类。

由于鳍足目动物能够听到相对比较高的音频，能够辨别出某些种类的动物口中发出的多种声音包括脉冲声，使得很多生物学家认为海豹、海象与一些有齿鲸类和蝙蝠一样，能用回声定位的方法收集信息。尽管实验室得到的某些验证数据确实能够表明海豹能用脉冲声区分出各种不同的物体，但是在野外海豹是否拥有这种重要的能力还不得而知。

所有的鳍足目动物都有发达的触须，一排排水平排列在口鼻两侧，但其数量和形式在各个物种中有所不同。一些海豹科物种，如琴海豹和冠

⊙ 这是一只威德尔海豹，它正在南极地区一处小岛的岩石上晒太阳。威德尔海豹是南方的海豹科海豹，这类海豹大多数都有长而宽的鳍脚，前鳍脚能够灵活地向前折叠。

海豹，其触须在结构上呈珠状，而鳍足目中少数其他物种（包括僧海豹和髯海豹）则不呈珠状，不过很光滑。

鳍足目动物的触须与神经纤维、血管和肌肉相连，看起来“装备良好”，可以为大脑提供外部世界的许多感觉信息。尽管人们现在还不能完全地、精确地了解触须的功能，但是有一点可以肯定，这些触须能像猫类和犬类的触须一样为它们提供触觉信息。例如，对于那些在冰面上生育幼崽的海豹来说，触须有助于它们在冰面上寻找“呼吸孔”（就是冰层上的小圆洞，海豹在冰层下面的时候要通过这些小洞来呼吸换气）。当它们在陆地和冰面上的时候，触须有助于确认目标或是其他动物。人们还认为，这些触须对低频率的水下振动比较敏感，可以用来确定鱼类和其他水生生物的运动轨迹，尤其是在能见度很低的水底时，触须的这一功能更有用。当海豹在水下的时候，触须还有助于它们判断滑行的速度，此外还起到传递信息的作用，例如当两只海豹在水下相遇并显示敌意的时候，触须就向前倒并竖立起来。由于鳍足目动物中各个物种之间触须的长度、直径、表层结构以及在口鼻的分布等情况多有不同，因此人们认为触须传递信息的功能也多有不同。

鳍足目动物大脑上负责嗅觉的区域很小，也就是说，它们的嗅觉不太灵敏，但这并不意味着气味在它们的生活中不重要。实际上，气味在它们的社会生活中也起着相当重要的作用，某些鳍足目动物如冠海豹主要靠气味辨认自己的幼崽，雄性海狗和雄性海狮也靠气味来辨认雌性的生育状况。但当它们在水下的时候，鼻孔内的瓣膜会自动地、紧紧地关闭（防止水进入），从而嗅觉不再起作用。

⊙ 海豹和海狮的触须都在鼻部两侧，非常灵敏。每根触须的毛囊都与神经纤维相连，可以用来确定猎物游动时在水中造成的轻微振动，从而有助于捕捉猎物。

从磷虾到企鹅

食物及觅食行为

自从2500万年前鳍足目动物第1次在地球上出现，它们在地球上的分布经历了很大的变化，一个重要原因就是世界各地食物的丰富程度有了很大变化。由于气候巨变或是地壳运动，加快了海底的海水上升到海面的速率，使得海底的营养物到了海表，增加了海洋生物的数量。在地球的高纬度地区，海水的上升流沿着西海岸运动并产生多个分支，使食物非常丰富，因此在这些地区能够看到大群大群的鳍足目动物。

通常来说，鳍足目动物的捕食范围非常广，能够捕食各种各样的猎物。海豹在海面捕食的猎物体型比较大，在水下捕食的猎物体型比较小。

但并不是所有的鳍足目动物都是宽泛的捕食者。有些种类，如食蟹海豹就是高度的“专门捕食者”；栖息在北极地区的环斑海豹几乎只捕食甲壳类动物；南象海豹和罗斯海豹的大部分食物是乌贼；海象和髯海豹的大部分食物是海底无脊椎动物，如蛤蜊等。某些种类还捕食恒温动物，多数海狮则时常捕食鸟类，有时还吃其他海豹的幼崽。

鳍足目动物的牙齿和颌骨适宜抓住猎物，而不适宜嚼碎猎物，因此，大部分猎物都是囫囵吞下去，体型比较大的猎物则撕成几片吞下去。像食蟹海豹和环斑海豹等吞食浮游生物的物种，牙齿上都有精致的齿尖，可连水带食物一块儿吞到口中，然后将水通过这些齿尖排出去，食物则留在口中被咽下去。多种海豹，甚至是食磷虾的海豹，其负责咀嚼功能的臼齿和前臼齿也都已退化，失去了咀嚼的功能。

鳍足目动物的胃部结构比较简单，与躯体的中轴排成一线，这有助于它们大量吞食猎物。它们的小肠通常很长，一只雄性成年南象海豹的小肠可达202米，而人类的小肠相对要短得多，大约只有7米。海豹的大肠中，盲肠、结肠和直肠

⊙ 南美海狮10～12月份生育幼崽，这个时候，它们常常会大群地集结在某一处海滩。在集结的海滩上，活动最激烈的时候是次年的1月份，这个时候，成年雄性海狮会对母海狮进行激烈的争夺，并全力保护自己已占有的母海狮。一只雄海狮有时可以占有18只母海狮，但是在多数情况下远没有这么多。

都相对要短。

科学家对野生海豹的进食速率了解不是很多，但是可以确定，水温和活动量大小对其有很大的影响。科学家曾经计算过北海狗每天的进食量，发现仅仅维持生存，北海狗每天就要吃占自身体重14%的食物；年轻北海狗每天要吃掉的食物量占自身的比重比成年者还要大，这样才能保证身体成长和弥补比较多的热量损失。大多数种类的鳍足目动物在交配和生育期、换毛期，吃的食物更多，进食速率也更快。它们的体表下有一个脂肪层，可以用来储存能量，但更重要的是起隔水作用，这一点对它们非常重要。

皮毛和脂肪层的隔水功能
体温的维持

由于海水的温度通常低于体温，在水中热量流失的速度大大快于在空气中，因此海豹在进化过程中就需要对身体结构进行调整，以避免热量过多流失。最大限度地减少热量流失的一个最有效的方法，就是尽可能地减小体表面积，海豹身体的流线型结构就是朝这个方向努力的证明。减小体表面积的另一个有效方法就是充分利用表面积和体积的关系。结果是，你会发现所有的鳍足目动物身体都很庞大，与之相反，多数的啮齿目动物、食虫目动物和陆生肉食动物身体则相对要小。

控制热量流失的另一个有效方法，就是与水保持隔绝。鳍足目动物的皮毛下有一个空气层，当它们在陆地上的时候，能有效地减少热量向空气中散失，但是在水中，皮毛保持热量的功能会下降很多，因为一旦皮毛湿了之后，它下面的空气层中的空气就会排出。尽管如此，皮毛下的空气层仍或多或少稳定地成为了“隔水层”，仍然不失为减少热量流失的重要手段。

然而有一组鳍足目动物发展出了一种更为先进的隔水方式。所有的鳍足目动物的皮毛有多个“板块”构成，每一块都包含一束束的毛发和相互联系的皮脂腺，每一束毛发都包含长长的、硬实的、扎根很深的护毛，以及许多纤细的、比较短的绒毛。真海豹和海狮的每根护毛周围只有比较少的绒毛（1～5根），但是海狗的绒毛却要多得多，而且绒毛的毛尖和皮脂腺的分泌物能起到很好的“隔水”作用。

虽然皮毛在一定程度上能有效地阻隔热量流失，但是它有一个缺点，就是当鳍足目动物在潜水时，每下潜10米皮毛下的空气层在厚度上就会压缩一半，其隔水的功效也随之降低。因此，鳍足目动物就发展出了另外一种隔热方式，就是在皮下还有一层厚厚的脂肪，在禁食期和哺乳期也可以阻挡能量的流失。脂肪特别不善于导热，在空气中，脂肪层的隔热功效大约是皮毛的一半，在水中这一功效降到大约是在空气中时的1/4，但其功效却不受下潜深度的影响。鳍足目动物的脂肪层厚度一般高于7～10厘米，能够较为有效地阻止体内热量的散失。一般来说，真海豹的脂肪层厚度大于有耳海豹。

⊙ 对海豹来说，下潜时把肺叶折叠起来可能并不是一个好办法，但是要想在深海里自由地活动又不得不这样做。一旦它们把肺叶折叠起来，下潜的时候就只能靠身体其他部位储存的氧气维持新陈代谢。

在较为寒冷的情况下，热量易于从鳍肢流失，因为那里缺少阻隔热量流失的脂肪层，只能通过减少流经此处的血液来尽量减少热量的损失，因此，流经鳍肢的血液在保证鳍肢不被冻坏外，不会有更多的血液流经。在鳍肢的毛细血管床下，有特殊的通路把小动脉和小静脉连接起来，我们可以把这个连接的体系简称为AVA。一旦这个AVA打开，更多的血液就能通过表层流经于此，当它们体温过高必须要散热的时候，这个体系就能做到。

海豹阻隔热量流失的“隔离层”不但在水下极为有效，就是在空气中也照样发挥作用，当然，在太阳的照射下它们皮肤表面的温度要大大高于气温。大多数海豹能够很容易地应付寒冷的气候，而且水温也从不会低于－1.8℃。

并不是所有的鳍足目动物都生活在气候寒冷地区，对于那些生活在温带和热带地区的鳍足目动物（主要是海狗、海狮和僧海豹）来说，如何在离开水之后应付过多的热量是一个大问题。生活在夏威夷的僧海豹就从来不敢在阳光照射下的干燥海滩上出现。

⊙ 一只灰海豹正要登陆一片海滩。这个时候它头部的特征特别明显，而且每只灰海豹的头部都不同，研究人员就抓住这种偶然的机会对它进行拍照以便研究。

海狗进行较为剧烈的活动后，身体就会产生过多的热量，这可能会造成较为严重的问题，因为这些热量只能通过光洁无毛的鳍肢排送出去。为了解决这一问题，它们就会启动AVA系统，并提高其运行效率，使更多的血液进入其中（我们知道血液能够传导热量），这样，热量就能够通过黑色的鳍肢表层而散出。为了加快散热的速度，它们还会把鳍肢尽量地展开或者扇动鳍肢，也可以通过排尿而从尿液里把热量散出一部分。

真海豹的AVA系统不仅仅在鳍肢上有，而是遍布全身。它们的脂肪层内也有血管，可以把血液传送到皮肤表面从而加快散热。不但能够散热，当需要热量的时候，它们还能通过这个系统在充足阳光的照射下吸收热量，即使在气温很低的情况下也照样可以。海象的身体表面也有AVA系统。

每一种鳍足目动物都必须定期地更新毛发和表层皮肤。海狗和海象更新的过程相对比较长，它们总是首先更新绒毛（但是海狗毛孔里的某些绒毛不会掉落），紧接着是更新护毛。但每一次更换并不是把所有护毛全部换掉，而是分几次。

对于真海豹来说，更换皮毛的速度要快得多，尤其是象海豹的表层皮肤会大片大片地脱落。为了长出新毛发，供给到皮肤的血液必须增多，热量也会消耗得更多。正因为如此，大多数真海豹在更换皮毛的时期都待在水里，某些种类如象海豹会聚在一起扎成一大堆，互相紧挨着以减少热量的损失。

长尾猴、猕猴和狒狒

活泼，群居，吵闹，善于模仿而又十分好奇，猕猴亚科的动物正是人们传说中的“典型猴子”。它们之所以广为人知，是因为分布状况和生活方式使得它们和人类多有接触。许多猴科动物是适应性很强的多面手，它们懂得充分利用人类邻居遗弃的废物或是慷慨的施舍来维持生存，甚至还会利用“精妙”的偷窃“技术”来和不情愿的人类分享尚未收割的庄稼或者贮藏的食物。

以前，当一个实验科学家谈及“猴子”时，他们所指的几乎都是恒河猕猴——一种长期以来引发我们强烈好奇心的猴科动物。直到最近几年，动物学家们才充分认识到猴科动物中庞大的物种数量，并开始把目光投向这个年轻而又可能是进化最快的灵长类亚科，从而对它们的种群生活动态以及已经发生、正在发生和将来可能发生的种种变化有了全新的认识。

不同种类的不同生态型

分布模式

现代猕猴亚科起源于非洲，它们类似猕猴的祖先出现在距今1500万~1000万年前的中新世末期的化石记录中。猕猴的分布逐渐向北和向东扩散，在上新世（约500万~180万年前）到达欧洲，在更新世（约200万年前）到达亚洲。在同一时期里，它们在撒哈拉以南的非洲地区灭绝了，或者进化并演变成现代只生活在非洲的几个属——狒狒、长尾猴和白眉猴。就遗传分子和一些解剖学细节来看，北非猕猴和亚洲猕猴似乎有所区别，或许北非猕猴身上存留了更多的原始特征。

长尾猴群落在非洲的扩散是最近的事情，似乎从最近的冰川期开始它们才作为独立的种类出现（这种过程我们称之为物种形成），当时整个非洲变得更加寒冷而且非常干燥，森林也退却到了赤道附近一些离散的地区，即沿着东西海岸以及环绕喀麦隆山和鲁文佐里山分布。1.2万年前，当气候开始变湿变暖时，森林开始扩张，森林里分化出来的猴子们也随之扩散开来。同样地，在亚洲，冰川期带来的寒冷和干燥限制了猕猴的栖息范围和种群的扩张，其中种群扩张的方式和非洲有所不同，因为海平面的变更使得猕猴们能够从东南亚的一个海岛迁移到另一个海岛。

⊙ 猕猴亚科中体型最大的种类（或亚种）（图中所示均为成年雄性）。1.山魈；2.鬼狒；3.狮尾狒狒；4.阿拉伯狒狒；5.几内亚狒狒；6.黄狒狒；7.橄榄狒狒；8.南非大狒狒。

⊙ 一只正在展示其与众不同的白色胡须和额上橙色“王冠”的德氏长尾猴。

在非洲，狒狒的历史和草原演化的历史密切相关。在500万～200万年前，最常见的狒狒是今天狮尾狒狒的近亲，它们专门吃撒哈拉以南非洲草原上茂盛的青草。随着200万年前左右气候剧烈地变冷变干，原先的草原开始向山区的高海拔地区转移，并逐渐被一种更干的草原所取代，这种草原在今天我们称之为非洲稀树大草原。也许稀树草原的狒狒曾经一度是生活在森林边缘的物种，它们伴随着树阴覆盖下大草原的前进步伐而扩张开来，并最终在除埃塞俄比亚高原以外的非洲各地取代了狮尾狒狒的位置。

所有的猕猴都属于单一的猕猴属，这个属的动物遍布于除了高纬度地区以外的整个亚洲。大部分地区都只有一个单一的种类，这个种类具有与以前环境相适应的特征。在非洲存活下来的一种猕猴即北非猕猴长有厚厚的毛皮，而且没有尾巴，这些显著特征使得它能够在阿特拉斯山脉多雪的寒冬中维持生存。类似的适应性改变对生活在日本北部的日本猕猴和西藏高山上的藏酋猴来说同样非常有用。身强体壮的恒河猕猴生活在喜马拉雅山麓丘陵、印度北部以及巴基斯坦，但在印度南部，它们被一种体型较小、更加灵活、尾巴更长的绮帽猕猴所取代；在更往南的斯里兰卡，恒河猕猴同样得给一种十分相似的猕猴——斯里兰卡猕猴让路。

赤道热带雨林有着充足的微生态环境来让2个种类的猕猴安家落户——在印度西南部的森林里居住着更习惯于陆栖生活的绮帽猕猴，而在它们的头顶上则生活着树栖的狮尾猕猴；在苏门答腊岛，矮小的长尾猕猴和身强体壮、短尾、更习惯于陆栖生活的猪尾猕猴生活在同一片森林中。在苏拉威西岛，许多不同种类的黑色短尾猕猴大量繁衍，直至占据了这个岛每一块突入海中的半岛。

在非洲任何一个有水源的地方都生活着惹人注目而且颇具“魅力”的狒狒。它们的口鼻部很长，和狗差不多，而进化后的大腿使得它们能够在地面上长途跋涉：黄狒狒群体通常一天能行走5千米，而阿拉伯狒狒平均每天能走上13千米。黄狒狒或称普通狒狒是分布比较广泛的一大类狒狒，在过去，因为这几类在外观上差别比较大，因此人们把它们划归到相互独立的种类当中，但是现在基本上把它们看作狒狒的几个亚种。它们

⊙ 小型和中型的猕猴亚科动物。1.灰颊白眉猴（西部的亚种有两个“冠”）；2.阿氏沼泽猴；3.髭长尾猴；4.侏长尾猴，体型最小的旧大陆猴类；5.黑毛白眉猴；6.赤猴。

⊙ 山魈有着很难认错的脸部形状和颜色，尤其是鼻梁两侧的颜色独特的皮肤在成年雄性中最明显。山魈是所有猴类当中体型最大的，一只完全长成的成年山魈能够达到36千克重。

生活在草和灌木丛覆盖的土地上，同时也在沿着森林边缘的地区“安家落户”。

在埃塞俄比亚东北沙漠以及阿拉伯半岛，阿拉伯狒狒亚种取代了所有的黄狒狒亚种。阿拉伯狒狒的面部和臀部是红色的（而不是黑色），加上一身长长的灰色皮毛“斗篷”，使得它们看起来很不一样。

然而，这两个不同的亚种是沿着埃塞俄比亚狭长的边界区域混居在一起的。这个混居区域的产生是黄狒狒领地扩张的结果，它们的栖息范围扩大到了更沙漠化的地区，而这类地区更受阿拉伯狒狒的喜爱。然而这种混居现象的形成本身，主要在于雄性阿拉伯狒狒，是它们进入了黄狒狒的群体中，并与其中的雌性进行交配的结果。而外面的雄性狒狒想进入阿拉伯狒狒群里则难得多，因为雄性阿拉伯狒狒会结成一个类似“兄弟会”的组织，通过共同行动把陌生的雄性狒狒阻挡在外。

有两种猴类占据了中非西部的森林地带：鬼狒和山魈。在喀麦隆，这两个种类分别生活在萨纳加河两岸的森林里。绝大多数狒狒的身体大部分是黑色的，而且尾巴短小，它们生活的环境可能与猕猴中体型最大的猪尾猕猴类似。

狮尾狒狒是毛比较长的一个种类，它们栖居在埃塞俄比亚凉爽的高地地区，仅以草为食。在灵长类里，狮尾狒狒是较罕见的真正草食动物。由于草比起深受其他猴科动物喜欢的果树来说要丰富得多，因此大量的狮尾狒狒可以聚集在一个地方。由多达500只组成的群体——灵长类当中自然产生的最大群体——在狮尾狒狒中并不少见。

白眉猴（白眉猴属和白脸猴属的种类）中的4个种类通常被看做是体壮、尾长的狒狒，但是

知识档案

长尾猴、猕猴和狒狒

目：灵长目

科：猴科

有11个属，45（或47）种：猕猴——猕猴属，有15（或16）种；黄狒狒；山魈——山魈属，有2种；狮尾狒狒；白眉猴——白眉猴属和白脸猴属，共4种；长尾猴——长尾猴属，有18（或19）种；长尾黑颚猴；阿氏沼泽猴；赤猴；侏长尾猴。

分布：除了高纬度地区外的整个亚洲，包括日本北部和中国西藏；北纬15° 以南的非洲。

栖息地：从雨林到冬季覆盖有冰雪的山区，也包括热带大草原和丛林地带。

体型：从最小的侏长尾猴到最大的鬼狒和山魈，体长34～70厘米，尾长12～38厘米，体重0.7～50千克。

皮毛：毛长而密，很柔滑，通常（特别是雄性）有鬃毛或“斗篷”。栖息在森林当中的种类毛色要稍微明亮一些；其他种类的面部和臀部皮肤有重要的功能。

食性：主要吃果实，但也吃种子、花、树芽、树叶、树皮、树脂、嫩枝、球茎，以及蜗牛、螃蟹、鱼类、蜥蜴、鸟类和小型哺乳动物。

繁殖：大部分种类只在有限的繁殖季节受孕；怀孕期5～6个月。

寿命：21～30年，不同的种类寿命不同。

⊙ 当橄榄狒狒休息的时候，它们的群体会分成一些更小的有亲缘关系的亚群体。

只有其中的2个种类符合这种描述，另外2个种类事实上与鬼狒和山魈的关系更近。白眉猴只在枝叶繁密的森林中生活。灰颊白眉猴和黑毛白眉猴十分习惯于树栖，而冠毛白眉猴和白毛白眉猴通常行走在森林的地面上。陆栖和树栖的种类可以在同一片森林中共生，灰颊白眉猴和冠毛白眉猴就是这样的例子，它们共同出现在喀麦隆南部的德贾森林保护区中。

长尾猴属中的主要成员是长尾猴，但是这个属中也包括了一些比较古怪的种类。我们可以通过毛色来识别这些不同的种类，而这些种类可能是来自于6个生态型的区域性变种。虽然大部分的森林只能容纳一个变种，但是最富饶的栖息地可能会有4~5种猴子“安家”，而它们来自不同的变种。例如，蓝长尾猴和斯氏长尾猴在体型和习性上相似，因此它们一般不会同时出现。与之相比，蓝长尾猴和红尾长尾猴在体型以及进食习惯上各不相同，因而它们通常生活在同片森林里。

长尾猴属的其他种都生活在森林当中，其中包括分布最广的斑鼻长尾猴和蓝长尾猴种群。这些大体型的猴子吃树叶，无论什么地方，只要有一片茂密的森林，它们就能繁衍生息。接下来是红尾长尾猴——髭长尾猴和红尾长尾猴群体，这些体型比较小的猴子似乎对森林的条件有更多要求，它们需要更加层层叠叠的树冠和盘根错节的匍匐植物，或许这为它们躲避像鹰一样的掠食者提供了一把保护伞，因为在这些敌人面前，它们显得太脆弱了。白腹长尾猴的体型更小，也更多地以昆虫为食。这三类常常和不止一个种类的猴子有所关联，例如在刚果的热带雨林中。德氏长尾猴栖居在森林里的潮湿地带，特别是那些长满棕榈树的地方；习惯于地面生活的尔氏长尾猴则能够生活在森林里相当高的地方。只要有活动范围的重叠，就有不同种类之间杂交的存在。例如，红尾长尾猴和蓝长尾猴就在乌干达西部的基巴莱森林当中杂交。

其他的4个长尾猴属每个属中只有1种。分布最为广泛的是长尾黑颚猴——也叫作素领猴或者翠猴，这种猴子在整个非洲大草原上的变种多达16个。它们从不会远离水源，大部分时间都在沿着河岸排开的金合欢树上度过。赤猴由于已适应地面生活，骨骼发生了变化，而与其他猴类区分开。绝大多数的长尾猴拥有长腿、橘黄色皮毛、白色胡须，它们快速跳跃着从开阔的草原上飞奔而过，这让它们赢得了一个美名——轻骑兵猴，因为它们飞奔的样子让人联想起19世纪大批轻装

⊙ 在肯尼亚的马赛马拉国家公园内，一只带着幼崽的雌性橄榄狒狒正在享受梳毛的乐趣。雌性通常会为其他母狒狒梳毛，以获得触摸幼崽的机会。

骑马旅行者冲锋的情景。这些猴子生活在空旷的金合欢树林以及赤道森林北部比较干燥而且更显季节性的丛林中。它们的栖息地常常与长尾黑颚猴相邻，虽然它们体型比较大，但是遇上长尾黑颚猴时往往也要避让三分。

侏长尾猴是旧大陆猴类当中体型最小的，它们生活在中非西部洪泛区的森林中。而阿氏沼泽猴正如它的名字所使人联想到的一样，会频繁地出入于刚果盆地的沼泽中。这两种猴子都被划分到独立的属中，部分原因在于它们当中雌性的会阴部长有肿块，其他属的雌性则没有这个特点。

⊙ 绮帽猕猴能同时栖息在树上和地面，这使得它们能够与树栖程度更高的猕猴共享领地。

饮食上的“机会主义者”

食性

猕猴亚科动物主要靠果实为生，但它们也是机会主义的进食者。它们的食物包括：种子、花、芽、叶子、树皮、树脂、根、球根和球茎、昆虫、蜗牛、螃蟹、鱼、蜥蜴、鸟类甚至哺乳动物，任何能够被消化而且没有毒的东西都可能成为它们的美餐。大部分的食物是通过它们的前掌捕获或采集到的。食物的选择和处理工作最初是由猴群中的母猴们做的，然后其他成员再通过观察而学会。通过这种方式，当地猴群的食物处理经验能够得到发展和传承。成年狒狒们会阻止幼狒狒吃一些不熟悉的食物，另一方面，幼猴会根据已有经验识别新的食物，发明出属于它们自己的食物处理方法。其他幼猴和成年母猴会向这些开创者学习，但是成年雄性则不太愿意这样做。这种信息的传播是群居生活的一个至关重要的功能，因此猴群还是一个教育性的组织。

生活在水边的猴类会利用水中的食物。居住在海边的日本猕猴群最近把海藻列为了它们食物的一部分，而食蟹猕猴的名字和它们所吃的东西也确实有很大的关系。生活在非洲南部海岸的狒狒会从礁石上采集贝壳类动物，而侏长尾猴据说能潜入水中抓鱼。

以西非森林为例，当几个种类的猴子互有联系地生活在一起时，体型比较小的种类更趋向于吃昆虫，尤其是像蚱蜢这种活跃的昆虫，而体型比较大的种类则更多地趋向于吃毛虫、叶子以及树脂。白眉猴拥有强有力的门齿，能够咬开坚硬的坚果，而长尾猴很难做到这一点。

赤猴习惯于在草原及金合欢树林中奔跑，在这些地方，它们以果实、树叶和树脂为食，同时也吃昆虫和小型脊椎动物，它们的食物和生活在森林里的长尾猴没有太大不同。与之相比，狒狒的食物中包含了大量的草，它们长长的下巴给臼齿提供了足够大的空间来咀嚼那些坚韧的草叶。它们勺状的前掌十分强壮，能够用来挖洞，在极其干旱的季节，它们会挖出某些草类和百合科植物的球状根及球茎并以此维持生存。狮尾狒狒的臼齿相对较大，齿冠也较高，它们不仅能够磨碎

草叶当中的纤维，还能保护牙齿不受到快速的磨损。它们可以通过拇指和食指的快速运动“收割”草皮，就好比修剪羊毛一般。狒狒也吃小型食草哺乳动物，它们会将隐藏在草丛中的瞪羚幼崽杀死然后吃掉，还会去捕捉野兔。在捕猎的时候，狒狒会进行简单的协作，它们散开阵型，一起拦截小猎物，就像驱赶猎物的猎人一样，不过对于最终抓住猎物的狒狒来说，它们是极不情愿分享战利品的。

许多猴子也把人类的粮食包括进了它们的食物种类当中。猴子的诸多行为清晰地表明，学习在它们获取食物的活动中扮演了重要角色。它们能够计算时间，在食物刚好出现的时候到达取食地点。它们往往在确信人类不在的时候才“作案”，比如在暴风雨中或者人午休的时候，狒狒还会在女人们耕作的时候闯入田地里，而尽量躲避男人，因为男人们通常持有武器。同样，当人们在森林的河边洗刷或者钓鱼的时候，侏长尾猴可能会聚集在离人很近的地方，却会避开那些准备捕猎的人们。这些例子都表明，猴子对人类的各种行为有着相当老练的解读。

迟缓的发育

社会行为

猴科动物成熟和繁殖的速度较为缓慢，但它们能活相当长的时间。在营养良好的人工养殖种群中，雌性恒河猕猴通常会在3.5岁时第一次怀孕，然后在4岁时产崽；大概有10%的猴子成熟期要早一年，10%则要晚一年。赤猴通常在2.5岁左右第一次怀孕，它们是迄今为止有记录的猴科动物中成熟最快的。另外，长尾猴类中体型最小的侏长尾猴的雌性直到4～5岁才能怀孕，其他森林中的长尾猴，比如斯氏长尾猴和德氏长尾猴也是如此。猴类所能获取的食物对其生长发育影响显著，例如，人工养殖的雌狒狒可能在3.5岁左右就能怀孕，但是如果生活在自然环境恶劣的地区，比如肯尼亚的安博塞利，就有可能直到7.5岁才能怀孕。生活在安博塞利地区的雌性长尾黑颚猴第一次怀孕大概是在5岁，但人工养殖的长尾黑颚猴在2.5岁左右就能怀孕了。雄性开始产生精子的年龄差不多和雌性第一次怀孕一样，但是它们还没有完全长大，从社群关系上看它们依然没有成熟。因此，当实际开始交配的时候，雄性总是会比雌性大上几岁。

绝大多数猕猴亚科动物只在一个十分有限的交配季节中怀孕。在高纬度地区，交配发生在秋季；在热带地区，长尾猴在干燥季节怀孕；而在干燥的国家，赤猴在雨季里怀孕。狒狒和白眉猴在全年的任何时候都有可能产崽，但是某些生态压力，比如引起多个幼崽死亡的长期干旱，可能会对来年同一时期重新怀孕的母猴产生影响。实际上，正是气候对食物供给的影响导致了繁殖期的季节性。交配期可能持续好几个月（比如长尾黑颚猴），也可能集中在几个星期里（比如赤猴和侏长尾猴），而在这一年一度的繁殖季节中，母猴很可能只有一次排卵。雌性个体通常会在连续几天里交配多次，已经怀孕的母猴也有可能再进行交配。雄性恒河猕猴同样表现出季节性变化，在非繁殖期里，它们的睾丸激素分泌水平会下降，睾丸体积也会相应缩小。

由于配偶之间往往相互比较熟悉，而且它们只关注表示可以交配的信号，所以求爱过程通常十分短暂。不过雌性赤猴的求爱方式则要复杂许多：它们会卷曲着尾

⊙ 在阿拉伯狒狒中，梳毛是最占用时间的社会活动。雌性之间的攻击行为几乎总会受到雄性的注意，而且它们会为了争夺给雄性梳毛的权利而互相打斗。

⊙ 长尾黑颚猴的幼猴不能对报警行为做出适应性的调整，因为它们的父母从来没有专门“告诉”过它们这些知识。

巴，探出下巴，噘起嘴唇，弯腰低头地跑；它们还会鼓起腮，一只前掌握着外阴部，有时还会用另一只前掌拿着树枝在上面摩擦。它们会频繁地求爱，而一对“情侣”会一起在猴群边缘亲密地待上几个小时或者几天。在某些种类中，一次交配过程就能导致射精，而在其他种类中，数次交配才能让这一过程发生。交配中的配偶们时常会被幼猴干扰，尤其是雌猴的后代。它们之所以热衷于此，很可能是想推迟自己的“弟弟或妹妹”降生的时间，因为它们的出世将会使母亲的注意力分散。这种干扰足以使配偶们不得不交配多次，以便使雄猴完成射精。

经历5～6个月的怀孕期后，会有1只幼崽降生（双胞胎极其少见）。猴子分娩的过程比人类短得多，而且母猴可以在任何地方分娩。刚出生的猴子全身被软毛覆盖，眼睛是睁开的，常常会紧紧抓住母猴的毛发，甚至在四足没有完全从母体出来的时候。幼崽出生后会立刻紧贴在母猴的腹部，通常它们都能支持住自己的体重，但母猴一般还是会用一只前掌扶着幼崽的背部，以便在最初的几个小时里能在自己行走时支撑住小猴。刚出生的猴子经常把乳头含在嘴里，即便在不吃奶的时候。大部分猴子都是在夜里出生，出生的地点往往是母猴睡觉的树上。母猴生下小猴后会把胎盘吃掉，并在早晨到来之前把小猴舔干净。而赤猴的幼崽们通常在地面上降生，出生时间一般在白天。似乎分娩时间的选择和来自掠食者的压力有关，因为赤猴夜里通常睡在低矮的树上，这使得它们极易受到掠食者的攻击。虽然母猴在分娩时发出的声音几乎不会吸引猴群其他成员的注意力，但幼崽一旦降生便会成为群落里其他成年猴子以及幼年雌猴的焦点，它们可能通过竞争来获得幼崽母亲的许可，从而取得抚摸和照顾猴崽的权利。

随着小猴独立行走的能力逐渐增强，母猴

⊙ 猕猴的面部表情（图上展示的是成年雄性）。1.北非猕猴，正冲着幼崽咂嘴；2.摩尔猕猴，正张开嘴，表示威胁；3.绮帽猕猴，正打哈欠，显露出犬齿；4.长尾猕猴，正展示表示害怕的咧嘴；5.短尾猕猴，正张开嘴，表示威胁；6.猪尾猕猴，正接近噘嘴，出现在交配或攻击甚至是互相梳毛之前；7.恒河猕猴，正展示攻击性的凝视。

⊙ 一只生活在坦桑尼亚的长尾黑颚猴和它的年轻后代。长尾黑颚猴的幼崽会一直受到照顾，直到下一个后代出生为止。长尾黑颚猴是长尾猴当中分布最广泛的，和其他主要树栖的长尾猴不同，长尾黑颚猴生活在整个非洲大草原的许多不同地形之中。

对它的照顾行为也会发生相应的改变。虽然在几个月过后，哺乳变得不是那么频繁，但是哺乳行为一般还是会持续到下一个幼崽降生。对于大部分猕猴、长尾黑颚猴、赤猴、侏长尾猴来说，哺乳行为在小猴出生大概一年后仍有可能发生，而对于生活在森林当中的长尾猴，比如蓝长尾猴来说，这种行为甚至会持续两年或更长时间。狒狒分娩的时间间隔经常发生变化，一般在15～24个月之间，这很可能是因为不同时期所能获取的食物量不同。如果幼崽流产或者夭折，分娩间隔期可能会缩短，不过，分娩间隔期的变化在季节性繁殖的猴类中并不明显。

猴类中"母女"之间的联结一般会持续一生。与之不同，"母子"之间的联结一般只持续到雄性幼猴性成熟，这时它会离开自己出生的群体并加入其他群体，或者单独生活一小段时间。过了婴儿期后，母猴与后代的关系主要体现在互相梳毛或者坐在一起的频率上。幼猴也会和自己的同胞们形成联结关系，它们之间的等级关系很明显，一只雌性幼猴的等级可能仅次于母猴而在它的"姐姐"们之上。离开出生的猴群后，雄猴便失去了其继承的等级地位，但是雄猴可以在它"兄长"的介绍下加入到其"兄长"所在的一个猴群当中。

当一个猴群中有超过1只母猴可以受孕时，雄猴似乎更喜欢和年长的雌猴交配，因为年长的雌猴受孕的时间更长。类似的，雌猴也倾向于同年长的雄猴交配。狒狒们可能有自己钟情的配偶，它们会花一些时间待在一起，即使雌狒狒不在受孕期。在那些一只雄猴和一群雌猴生活在一起的猴类中，如果有数只母猴同时可以受孕，那些正独自生活的雄猴可能加入该群体当中，这样雌猴们便多了一个交配的选择。在"一雄多雌制"的红尾长尾猴中，雄猴的生存状况不如雌猴好，所以那些能够活到成年的猴子为后代贡献了更多基因。

在猕猴亚科动物中，阿拉伯狒狒似乎是个例外，在这种猴类当中，雄狒狒们会待在一起并结成联盟，反倒是雌狒狒常常游走于群落之间。虽然以前，人们似乎可以确定某个种类中典型的群落规模、领地范围、社群组织，但最近的研究却表明，即使在同一种猴类当中，随着时间的推移和领地所处位置的不同，猴群也会发生相当大的变化。在适宜的条件下，一只单独的雌性可以依靠它的"女儿"们生存，而它的"女儿"们往往也已经分别是它们自己母系的首领，不过它们仍然生活在一个大的猴群中。在比较严酷的条件下，它们生存的几率是如此低，以至于我们必须通过对猴群数年的观察研究才能发现其中的母系群体组织之间的关系。

猴群规模的上限可能取决于食物的数量，猕猴群会频繁地分化成几个更小的群体，这种分化主要是沿着母系进行的，但通常只有在猴群成员数量远远超过自然条件所能承受的规模时才会发生。猴群间的合并或者融合则要罕见得多，但是在比较贫瘠的栖息地上，当一些致命性的大规模死亡导致猴群规模小于生存所需的最小规模时，这种情况也有可能出现。比较小的猴群在合并中受益总是比较少，其中的成员往往处于群体组织的底层，而且生存状况也不好。群体生活的方式也有它的代价，因为越大的群体所面临的食物压力就越大，因此群体成员可能需要长途跋涉以获取食物。

总体而言，猴群生活在一个明确的栖息地范围之内。长尾猴和猕猴可能会保护领地不受掠食者的侵犯，而狒狒和赤猴却常常因为领地范围过大而无法进行防护，而且还会因此导致相邻群落的领地有相当大的重叠。对于作为猴群永久核心的雌猴来说，领地就是它们的财产，在蓝长尾猴和红尾长尾猴中，正是那些带有小猴的母猴经常会卷入边界纷争。雄猴在猴群中待的时间相对要短暂得多，它们待在一个猴群里的时间可能短到几周，也可能长达2～3年，但极少会更长。雄猴会大声吼叫，这种叫声不同种类有不同的特性，同时也有个体的特点在其中。这种叫声可以起到标示集合地点的作用，同时也告知了竞争对手群落里居住着一只雄猴。

猕猴亚科动物组成单雄群体或多雄群体。狒狒、白眉猴、猕猴的雄性能够相互容忍猴群里其他雄性的存在，但一个小的猴群可能只有一只完全成熟的雄性。当猴群中的雄性少于4只时，处于统治地位的雄猴将能垄断绝大部分的交配权，前提是不要有太多的雌猴在同一时间发情。当有超过4只雄性时，处于统治地位的雄猴无法把所有雄性跟雌性隔开，因而交配参与者会变得更加广泛。

长尾黑颚猴和侏长尾猴生活在多雄群体中，这在长尾猴中并不常见，而赤猴和其他大部分森林长尾猴都生活在单雄群体当中。在这些猴类中，雄猴的“任期”只有2～3年，在交配季节，当有许多雌猴可以受孕时，其他雄猴也可能加入到该猴群中并参与交配。

在许多狒狒和长尾猴种类中，新到来的成年雄猴会杀死它们在猴群中发现的幼崽。虽然这并不是所有猴群在所有时期的必然现象，但这种行为很常见，足以表明这是雄猴为了繁殖所采用策略的一部分。

人们发现，那些不属于某一猴群的雄性长尾猴经常“孤身一人”，不过雄性赤猴会结成临时性的小群体。在人工养殖的情况下，一只以上的雄性可以快乐地生活在一起，但前提是雌性不在场。侏长尾猴生活在非常庞大的多雄群体中，但是在非交配季节，雄性则生活在一个次级群体中，极少同雌性来往。阿拉伯狒狒和狮尾狒狒在猴群中设有“后宫”，每个“后宫”由3～6只带着小猴的成年母猴和一只雄猴组成，但是偶尔也可能有2只雄猴；单身雄猴则生活在猴群外围的次级群体中。狒狒以队列的方式行动，通常在队伍的前头和尾部都有雄猴，成年雌猴也会出现在队伍的头尾（包括那些带着幼崽的母猴），幼年的猴子则处于队伍中部。

⊙ 在博茨瓦纳的莫瑞米野生动物保护区内，一群长尾黑颚猴正待在一棵树的树枝上面。长尾黑颚猴和其他某些种类的猴子能够面对不同的掠食者发出不同的警报声。

照片故事 PHOTO STORY

雪中的猕猴

①日本猕猴以嫩枝为食。日本北部下雪后，可食用的食物变得稀少起来，这些猴子就主要依靠树皮和树枝生存。另外它们还不得不求助于储藏在体内的能量，直到春天再次来临，它们的营养需求才能再次得到满足。

②③一只幼年猕猴在滚雪球。这种行为在许多不同的地方都可以观察到，该行为明显与适应性的打斗行为和进食策略无关。相反，这似乎仅仅是玩耍行为——它能够为猕猴的身体、心理和社会性的发展注入新的活力。

④ 梳毛活动不仅可以清除皮肤上的杂物和体表寄生虫，还有增强社会联系的作用。这种行为不仅存在于亲属之间，在整个群体范围内该行为都是存在的。日本猕猴主要组成母系群体，不过群体中也可以同时含有雄性和雌性成员；雌性一般会终生待在一个群体之中，而雄性会不断地从一个群体迁移到另一个群体。

⑤ 一只幼年猕猴依偎在母猕猴的长毛之中躲避冬季的严寒。在幼猴出生后的前几个月里，母猕猴会倾尽全力去保护它的孩子。即使幼崽已经断奶，它们仍然会得到母猕猴的长期支援；雌性后代需要3年的时间才能成长为母系家族中活跃的成年成员，而雄性要在出生的群体中待更久的时间，然后才会分散到其他群体去寻求交配的机会。

⑥ 在日本本州岛东部山区的长野县地狱谷附近，一群猕猴正在享受温泉浴。与其他非人类的灵长类动物相比，这些猴子生活的地方更靠北，与比较靠近热带的近亲不同，它们每年要经历截然不同的四个季节。那里的冬天特别寒冷，在1月份，温度能够下降到－15℃。在这种寒冷的时期，交配季节已经结束，而游走在外的雄性也回到了群体中，这个时候泡个热水澡就纯粹是一种享受了。

黑猩猩

大部分的科学团体现在都认为黑猩猩和倭黑猩猩是我们人类现存最近的“亲戚”。遗传学证据显示，我们和它们最近的一个共同祖先出现在大约600万年前，比现代大猩猩的分化时间要稍晚一些。

倭黑猩猩是在大约150万年前脱离黑猩猩的，当时可能有一些黑猩猩的祖先穿过了刚果河，来到了河的南岸并被隔离在此。倭黑猩猩仅仅生活在低地的热带雨林，包括那些位于非洲西南部大草原边缘的森林，在现今的刚果（金）境内。黑猩猩也是雨林栖居者，但是它们的分布则更广，其中还包括山地森林、季节性干燥森林和热带大草原的一些林地，在这些地区，它们的种群密度非常低。

人类最近的“亲戚”

体型和官能

随着时间的推移，已识别的黑猩猩的种类和亚种数量有了很大的变化。人们以前一致认为黑猩猩只有1个单独的种，包括3个亚种，但现在黑猩猩的分类法又有了新的变化。由于黑猩猩在进化上和我们很接近，而且它们的行为与我们的行为有着惊人的相似，因此它们被当做最好的例子来与早期人的进化对比，并用来解释我们行为的生物学根源。然而，最近对倭黑猩猩的研究表明，黑猩猩和倭黑猩猩两者也存在着重要的差别，因此它们之间的互相比较也是需要重视的。

⊙ 一群幼年黑猩猩在精力充沛的玩耍之后开始休息。黑猩猩的婴儿期和青春期很长，它们在4岁左右才断奶，这可能是造成雌性怀孕间隔很长的原因。

⊙ 中非的倭黑猩猩正在吃瓜。倭黑猩猩的食物与黑猩猩的十分相似，不过它们更少吃脊椎动物，最常见的猎物是它们偶然捕获的小型羚羊。

两个种类的黑猩猩都具有很好地适应树栖生活的身体。它们的手臂要比腿长得多，手指也比人类的长，而且肩关节高度灵活。再加上骨骼和肌肉组织等其他方面的特征，黑猩猩能够依靠手臂挂在树枝上面，而且也很擅长攀爬树干和藤蔓植物。当然，两种黑猩猩差不多都在树上进食，而且晚上都是在树上的巢中睡觉——这些巢是通过折断和折叠树枝建造而成的。它们都能在地面行走，行走的方式和大猩猩一样，都是四足并用并以“指关节着地”的方式走路。它们的身体有很多适应这种行动方式的特征，比如在前臂的桡骨和腕骨的结合处有一块脊，在指关节承受身体重量的时候能够防止手腕弯曲。

倭黑猩猩也被称为“小黑猩猩”，但这属于用词不当。它们的身体比黑猩猩瘦长，头骨也有些不同，体重在两种黑猩猩的所有亚种中是最小的。黑猩猩和倭黑猩猩都能够直立，它们经常以这种姿势攀爬或摘取食物，但与我们的双足行走相比，还是很笨拙的。

黑猩猩和倭黑猩猩的大脑容量约有300～400毫升，其绝对大小和与体重相比的相对大小都是很大的。它们在实验室背景下解决问题的能力十分出色，而且在经过强化训练或给予大量学习机会的情况下，它们能够进行一定的符号交流。在野外，它们会使用各种各样的声音和视觉信号进行交流。两种黑猩猩都十分擅长预测和操纵“他人”的行为，无论是同类还是人类研究者。

雄性的黑猩猩和倭黑猩猩要比雌性大10%～20%左右，而且也要强壮许多；它们作为武器的犬齿也更大。除此之外，雄性和雌性在身体比例方面都比较相似。

从青春期开始，雌性生殖器附近的皮肤就开始周期性地发胀。刚开始时间隔很不规律，一次会持续许多周，但是成年以后，雌性的月经周期开始变得规律。黑猩猩的月经周期大约是35天，倭黑猩猩40天左右，而肿胀发生在该周期的中间，一般持续12～20天。发胀的雌性处于发情期，它们不仅对雄性发起的行动感兴趣，还会主动靠近雄性并发起性活动。在野外，雌性在13岁左右生下第1个幼崽。幼崽发育很慢，一般到4岁时才断奶，如果幼崽存活，那么两胎之间的平均间隔为5～6年。与其他灵长类动物相比，雄性黑猩猩的睾丸相对于身体来说十分大，能够频繁地和雌性交配。雄性在16岁左右达到成年体型，不过在此之前它们就已具备了生殖力。

饮食差异

食性

黑猩猩和倭黑猩猩一般从黎明活动到黄昏，在它们的赤道栖息地则差不多有12～13个小时，而其中有一半的时间都在进食。两种黑猩猩都主要吃果实，辅以树叶、种子、花、木髓、树皮和植物其他部位。黑猩猩一天能吃20种植物，一年吃过的植物差不多有300种。它们栖息地的食物产出在一年中变化很大，在某些时期，它们几乎只吃一种数量丰富的果实。它们常年都能吃树叶，但只是在果实数量不多的时候才更多地吃树叶和其他非果实的食物。倭黑猩猩似乎比黑猩猩更多地依靠植物的茎和木髓，而且它们的栖息地能够更加持续地提供水果。这些差异对它们的社会生活产生了重要的影响。

黑猩猩和倭黑猩猩也吃动物性食物，包括像白蚁这样的昆虫和多种脊椎动物的肉。黑猩猩比倭黑猩猩更常捕猎，它们捕杀很多种猎物，包括

知识档案

黑猩猩

目：灵长目

科：人科

黑猩猩属，2种

分布：非洲的西部和中部。

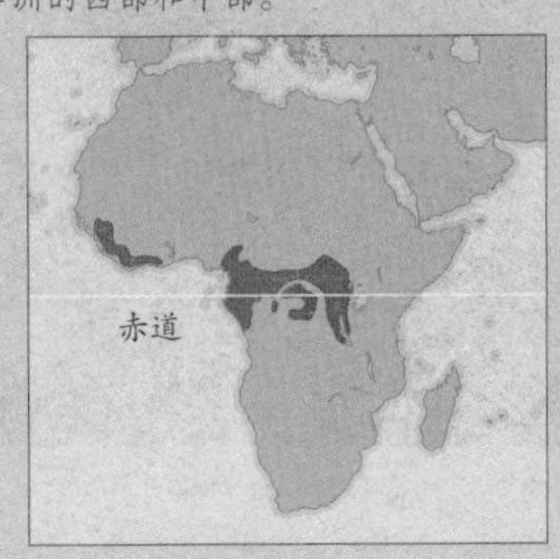

黑猩猩

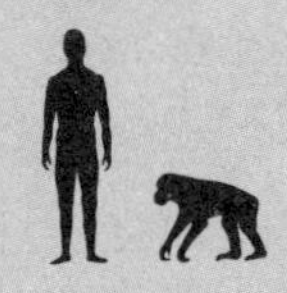

有4个亚种：西非黑猩猩（或称白脸黑猩猩，某些学者认为是一个单独的种类）；黑脸黑猩猩；长毛黑猩猩；还有一个亚种没有常用的名字。分布于非洲西部和中部，刚果河以北，从塞内加尔一直到坦桑尼亚。栖息在湿润森林、落叶林或者混合的热带大草原；出现在盛产果实的常绿林附近的开阔地区；从海拔0米到2000米都有分布。雄性体长77～92厘米，雌性70～85厘米；体重的数据在野外未知，但坦桑尼亚的雄性重40千克，雌性重30千克；在动物园中，雄性重达90千克，雌性80千克。**外形**：皮毛全部是黑色，20岁以后背部通常会变成灰色；雌雄都有白色的短胡须；幼崽有白色的“尾毛”，但在成年早期会消失；成年者通常会秃顶，对于雄性来说是前额的一块三角形区域，雌性的更广阔；手和脚的皮肤为黑色，脸的颜色多变，有粉红色、棕色、黑色等，随着年龄增长而变暗。**繁殖**：怀孕期230～240天。**寿命**：40～45岁。

倭黑猩猩

也称侏黑猩猩或小黑猩猩。

分布于非洲中部，仅限于刚果（金），在刚果河与卡塞河之间。仅栖息在湿润森林，在海拔1500米以下。雄性体长73～83厘米，雌性70～76厘米；雄性体重39千克，雌性31千克；体型比黑猩猩稍微瘦小一些，包括稍窄的胸部、比较长的四肢和比较小的牙齿。**外形**：皮毛和黑猩猩一样，但是脸全部是黑色，头顶有向侧面延伸的毛发；成年者通常保留有白色的“尾毛”。**繁殖**：怀孕期230～240天。**寿命**：未知。

⊙ 随着季节的变化，黑猩猩的食物种类也在变化。它们的食物一半以上是果实，剩下的大部分也是植食。图中一只黑猩猩正直接从树上摘果实吃。黑猩猩也吃肉，不过肉食只占到了其食物总量的不到5%。它们还吃多种昆虫，白蚁是其最重要的昆虫类食物。

猴类、野猪、林栖羚羊和各种各样的小型哺乳动物。猴类是它们最常见的猎物，而生活在黑猩猩附近的红绿疣猴则是其主要的猎物。黑猩猩大部分情况下是群体捕猎，而且雄性比雌性更多地捕猎。倭黑猩猩捕食最多的是小型羚羊，还没有关于它们捕食猴类的记载，而且它们大多是机会主义的单独猎手，不会群体捕猎。

黑猩猩各个群体的捕猎成功率是不同的，其中有很多原因。在树木高耸的原始森林捕捉猴类要比在树冠低而不连续的森林困难得多，因此在两种森林都有的地区，黑猩猩更愿意在树冠不连续的森林捕猎。猎手的数量与合作的程度也会影响捕猎结果，如果有更多的雄性参与，而且它们相互合作的话，捕猎行动则更有可能成功。对于捕猎红绿疣猴的行动来说，不同栖息地的成功率在50%～80%之间，这与大多数食肉目动物相比是一个相当高的值了。

随着时间的推移，捕猎的频率也会变化。至少在某些栖息地，果实丰富的时候它们会更频繁地捕猎，雄性通常组成大型的团体，而且可能会行走数千米去寻找红绿疣猴等猎物。

在大部分情况下，黑猩猩都是各吃各的，但吃肉时却明显例外。有时，雄性黑猩猩在捕获猎物之后会立刻为猎物而打架，地位高的雄性有时还会从“下属”那里“偷”肉，不过在一般情况下它们都会分享肉食。大部分的分享行为都表现为占有者允许其他黑猩猩获得部分猎物，有时占有者也会主动将肉分给别的黑猩猩。黑猩猩中的肉食占有者通常是雄性，而且同它们共享的伙伴主要也是雄性，特别是它们的盟友和主要的梳毛伙伴。

雌性一般能够从雄性那里取得一些肉，发情期的雌性比其他雌性成功率更高，但是雌性用性交换肉的说法并没有得到证实。雄性有时会在分享肉食的时候与雌性交配，但是发情期雌性的出现并不总会促使雄性去打猎，而且肉食分享行为对雄性是否能交配成功只有很小的影响。倭黑猩猩通常由雌性占有相对较多的肉食，而且它们也经常控制着数量巨大的果实。与黑猩猩相比，倭黑猩猩中的食物共享行为大多发生在雌性之间。

侵略与和平

社会行为

黑猩猩和倭黑猩猩的社会具有“分裂－融合”的特点。所有的个体都属于拥有15～150只的群落，这些群落似乎具有社会边界，不过其中仍然具有一些不确定性，比如某些雌性黑猩猩是否会与两个邻近群落的成员发生关联。所有的群落都或多或少有一些友好的社会关系，但相对于倭黑猩猩来说，黑猩猩群落之间的敌意更强。在同一个群落内，成员会结成大小和结构不同的小群体以行动和进食，而某些成员可能很少或根本不会聚到一起。小群体的规模受到了食物可得性的显著影响，特别是果实的可得性。当果实充足的时候，小群体的规模更大，而且大的群体也会聚集到大的果树周围；当果实稀缺的时候，成员会为了减小食物竞争而组成比较小的群体。雄性身边有发情期的雌性时，它们也会组成大型群体，而不管果实是否容易获得。倭黑猩猩的平均群体大小（6～15只）要比黑猩猩的（3～10只）稍大，而且与黑猩猩相比，倭黑猩猩群体之间规模的差别比较小，这可能是因为倭黑猩猩栖息地的食物数量变化比较小。

雄性黑猩猩比雌性更喜欢群居，而雌性黑猩猩通常和它们的未成年后代单独待在一起。倭黑猩猩中的群居性则没有明显的性别差异。雄性黑猩猩的活动范围比雌性广，而且它们通常会利用它们整个群落的活动范围；带有未成年后代的雌性通常会更多地把它们的行为限制在群落活动范围的中心部分。不过，性别的差异程度似乎在不同栖息地也不同。另外，发情期的雌性会走得更远，而且通常还有许多雄性陪伴。

雄性的黑猩猩和倭黑猩猩终生都待在出生的群落中。与它们相比，还未开始繁殖的雌性通常在青春期的时候就要迁往邻近的群落。成年雌性偶尔也会迁移，不过这种情况很少见。迁入的雌性在建立自己的核心区域时会遭到本地雌性的侵犯，它们依靠雄性来保护自己不受这种骚扰。对于倭黑猩猩来说，刚迁入的雌性面临的侵犯要少一些，而且它们也会努力地与当地的特定雌性发展社会连带关系，然后这些当地的雌性会帮助它们获取群体的接纳。

黑猩猩和倭黑猩猩在社会关系方面存在着显著的差异。黑猩猩的社会是一种雄性联结的社会，雄性黑猩猩主要与其他雄性发生关联。最主要的关联是统治关系，这可以导致统治层级的出现，尽管在拥有许多雄性的群落中，这种统治层级并不明显。它们为争夺高的统治层级而进行的竞争通常是惊人的，不过雄性也有许多友好的互动。它们之间的梳毛活动十分普遍，而且它们互相梳毛的频率比与雌性相互梳毛的频率或雌性之间相互梳毛的频率都要高。某些雄性会组成联盟，以对抗那些争夺层级的雄性，而且雄性的首领可能就是依靠盟友的支持而获得自己的地位的。雌性不会常规地与其他雌性或特定的雄性发展强力的社会联结。某些雌性占有统治的地位，但它们并不形成统治层级。所有雄性对于所有的雌性都是占据支配地位的。

与黑猩猩相比，倭黑猩猩中的雌性会更多地进行互相联系并建立强力的社会联结，尽管它们之间通常不是很近的亲戚。梳毛活动在某些雌性之间是很平常的事情，而且通常还会在一起摩擦它们的生殖器以减轻压力和维持相互接纳的关系。雌性有时会组成联盟对抗雄性并使雄性表现得顺从，而且雄性在进食时通常也会服从于雌性，而不是试图占领进食地或抢夺食物。当雌性倭黑猩猩的成年雄性后代与其他雄性竞争时，它们会支援自己的后代并对其社会层级产生影响；在野外，雌性黑猩猩则不会影响到雄性之间的竞争。雄性倭黑猩猩也经常相互梳毛，但是雄性倭黑猩猩明显不会像黑猩猩一样组成联盟。

雄性黑猩猩在群落之间的争斗中也会相互合作，这其中有两种形式。当来自两个邻近群落的群体在普通活动中相遇时，它们通常表现得很兴奋，而且还会相互追逐，但如果一方的数量明显少于另一方时，它们会悄悄地逃走。有的时候，雄性在边界地区巡逻时甚至会入侵邻居的领地。巡逻者十分安静、机警，并时刻寻找着邻居。如果它们听见或遇到某些邻居，它们会很大程度上根据数量对比做出反应。如果它们的数量明显处于劣势的话，它们会悄悄地离开，甚至逃离；如果它们的数量远远多于对手，它们就会发动攻击。这种攻击十分猛烈，甚至可能是致命的，人们就已知它们杀死过成年雄性、幼崽，甚至是未生育的成年雌性。

⊙ 黑猩猩的手臂很长，当其直立时可以垂到膝盖以下，这是黑猩猩宝贵的“财富”。黑猩猩之所以能够在森林栖息地中迅速而灵活地移动，就是依靠其手臂。

在哺乳动物中，由雄性联盟发起的致命攻击并不常见；在灵长类中，这只发生在黑猩猩和人类中。为什么这会发生在黑猩猩中，原因还不完全清楚，可能群落之间的竞争胜利会使雄性获得更多接近雌性的机会，但也有可能是为了让群体中的雌性更容易地获得更多、更好的食物，由此增加它们繁殖的成功率，这也很重要。巡逻和成功的地盘防卫也有助于保护雌性不受外来雄性“杀婴”的威胁。

当来自邻近群落的倭黑猩猩群体相遇时，它们也会相互展示并追逐。有时相遇者却很平静，而且边界的巡逻和严重的攻击从来没有出现过。这种与黑猩猩的差异最可能来自下面的事实：倭黑猩猩通常以大群体行动，所以群体之间由于实力悬殊而进行危险性攻击的机会十分少有。

黑猩猩的交配行为很复杂，而且变化也很多。它们大部分的交配行为都是机会主义的：发情期的雌性会和群落中的大部分或所有的成年雄性交配，而且还经常与未成年雄性交配。与许多雄性交配或许能够搞混“父子”关系，从而防止雄性的“杀婴行为”。然而，在雌性接近它的发情期尾声并增大排卵可能性的时候，高层级的雄性有时会保护它们并防止它们与其他雄性交配。垄断交配的意图会引发相当大的侵犯行为，这些行为主要是指向雌性的。交配成功率与雄性的统治层级有正向的相关，而且高等级似乎能够带来某些关于繁殖方面的优势，但我们目前对它们的“父子”关系了解很少。有时候，雄性能够“说服”一只雌性和它做伴（一种临时的殷勤关系），期间它们会试图避开其他雄性并待在一起数周。黑猩猩的怀孕期持续7.5个月左右。一旦雌性怀孕，只要它的幼崽存活下来，它们在4年甚至更久的时间内都不会恢复常规的发情周期。

倭黑猩猩的发情期比黑猩猩的长，它们更有可能在怀孕期显示出类似发情的行为，而且它们在分娩后1年之内生殖区就开始膨胀。因此，与黑猩猩相比，倭黑猩猩的性行为与受孕的关系要小一些，这也有助于解释为什么倭黑猩猩中不会出现交配保护行为或“杀婴行为”。倭黑猩猩的性行为比黑猩猩较为常见，而且具备许多社会功能，它们通常在冲突之后或分享食物的时候相互摩擦生殖器或进行交配。

捕猎、雄性联盟、群体间的协作突击、制造和使用工具，这些特征是黑猩猩和人类共有的，而且可能也是我们最近的共同祖先所具备的特征。如果是这样，那我们就需要解释为什么雄性联盟和群体间的冲突并不存在于倭黑猩猩当中。答案可能是这样的：倭黑猩猩的食物分布更加平均，食物的供应也更加可靠，再加上雌性的性功能更强，这就消除了冲突的机会，减小了雄性之间激烈的交配竞争，也使得雌性比较不容易受到雄性的侵犯。

⊙ 一个黑猩猩群体正在穿越西非的一个湖。在觅食的时候，黑猩猩群体每天能够行进多达15千米的距离。

大猩猩

大猩猩是现存体型最大的灵长类动物，它们同两种黑猩猩是与人类血缘关系最近的猿类。事实上，来自化石和生物化学的数据都表明，与猩猩相比，黑猩猩和大猩猩与人类的关系更近。

除人类以外，猿类应该是陆地上最聪明的动物了，至少依照我们的标准来看是这样。它们至少可以学会100个用聋哑手势表示的“单词”，甚至能将某些词串成简单而合乎文法的双词“短语”。然而，大猩猩可怕的外表、巨大的力气和捶打胸膛的动作，却使猎人认为它是凶残的动物。事实上，雄性成年大猩猩只有在互相争夺雌性大猩猩，或者保护它们的家庭成员不受掠食者和猎人伤害的时候才具有危险的攻击性。

⊙ 雄性大猩猩具有强健的体魄，如图中来自卢旺达帕克国家公园的“银背”山地大猩猩，其胸围等于自己的身高。

最大的猿类

体型和官能

大猩猩与黑猩猩的不同之处在于，前者体型要远远大于后者，而且身体的比例（与腿相比，手臂更长，手和脚也比黑猩猩的短和大）和颜色模式也不同。特别是大猩猩需要更大的牙齿（特别是臼齿）来处理大量的食物，从而维持它那庞大的身躯，这就还需要更强大的咀嚼肌，特别是颞骨肌——该肌肉一般与雄性头骨的中线汇合，并与弧形的头顶相连。雌性大猩猩和黑猩猩的头盖骨比较小，然而头骨后面更大的一块骨头才是辨别雄性大猩猩的典型特征，它显著地影响了头部的外形。

⊙ 大猩猩为人所称道的智力似乎就铭刻在这只雄伟的低地雄性大猩猩那沉思的表情上。人们曾认为，在一个群体中只能有1只成熟的雄性大猩猩，但在东非和西非，发现大约有1/3的群体内生活着2只完全成熟的雄性大猩猩。

除此以外，雄性大猩猩的犬齿比雄性黑猩猩和雌性大猩猩的更大，大猩猩可以利用犬齿给对手甚至是掠食者造成严重的伤害。从进化的角度看，这可能是因为那些赢得雌性以及为雌性提供最好保护的雄性，正是那些拥有最强大武器的雄性。雄性的头骨比雌性大是因为它们需要更多的食物，需要有更强大的肌肉去碾碎粗糙的食物，同时它们也需要更大块的肌肉来增加它那巨大犬齿的伤害力。大猩猩的耳朵比较小，鼻子上有宽大的脊一直延伸至上嘴唇，从而扩大了鼻孔。

大猩猩主要生活在地面上，用四足行走——用后脚底和前肢的指关节走路。然而，由于西非的果树数量比东非更多，那里的成年大猩猩——

包括巨大的雄性——会花不少时间去吃高挂在树上的果实，体重比较轻的个体甚至可以用它们的上肢从一棵树荡到另一棵树，而幼年大猩猩则会在树上嬉戏。虽然大猩猩偏好吃果实，如无花果，但在很难获得果实的地区或时期，它们也会吃树叶、木髓和茎干。莎草、香草、灌木、藤蔓等构成大猩猩后备食物的植物在沼泽、山区和次生林里生长得最好，因为这些地方没有森林顶篷的遮盖，充足的阳光可以到达地面。

大猩猩巨大的体型和食果的习性意味着它每天必须花很长的时间进食，以维持自己的体重，这就阻止了大猩猩进行经常性的长途迁徙。虽然大猩猩群体的活动范围可达5～30平方千米，但它们通常的移动范围每天只有0.5～2千米。就群体的活动范围和每天移动的距离而言，东部大猩猩都要比西部大猩猩少，因为在东非的森林里果树的种类更少。因此，东部大猩猩的食物种类中树叶的比例比西部大猩猩的大，它们每天可以不用走太远去寻找食物。

每天行进很短的距离意味着大猩猩不可能是地盘防卫性的动物。因为即使一块只有5平方千米大的范围，它的周长也有8千米，或者说至少是每日普通行进距离的4倍，因此它们的活动范围是无法有效防卫的，所以邻近的大猩猩群体才会有大片重叠的活动范围。事实上，即使是使用最频繁的核心区域也是可以重叠的。

大猩猩通常在早上和下午进食，中午有一两个小时的休息时间。像所有的大猿一样，它们在晚上筑巢——将树枝和树叶扯下并折弯后当做台子或垫子放在身下。这种巢可以将大猩猩与寒冷的地面隔开或者将它们支撑在树上，而且也能防止它们滚下悬崖。这种习性在非洲东部尤其有用，因为对大猩猩进行普查的人可以通过它们巢穴的数量以及周围粪堆的大小来测量大猩猩家庭成员的数量和体型。在西非，大猩猩通常不筑巢。

大猩猩没有明确的繁殖季节。它们通常每胎产1崽，这和大部分体重超过1千克的灵长类动物一样。生出双胞胎的几率很小，即使生出来了，通常也会因为体型太小（而且对于母亲来说，要把所有幼崽带到几个月大实在太难了）而总会死掉一只。新生幼崽的体重一般为1.8～2千克，粉红色的皮肤上几乎没有什么毛。它们9周之后开始爬，30～40周之后开始行走。与人类相比，大

⊙ 一只雌性山地大猩猩在吃带刺的荨麻。东部非洲大猩猩的食物主要包括树叶和其他植物，而不是果实。大猩猩从来不会在一个进食地停留太久，而是会留下足够的植被使之快速地恢复。

⊙ 像图中这样的大猩猩群体与其他群体之间很少进行社会性接触。虽然在群体相遇时它们通常会显示出攻击性，但有时也会忽略对方的存在并暂时地混合在一起。

猩猩断奶的时间更晚，因而雌性大猩猩产崽的间隔约为4年。然而，在出生的头3年内大猩猩的死亡率高达40%，这就意味着一只成熟的具有生育能力的雌性大猩猩在6～8年中只能成功带大1只幼崽。雌性大猩猩在7～8岁时达到性成熟，但它们通常在10岁左右才能生育。雄性成熟得稍晚，由于激烈的竞争，它们很少在15～20岁以前参与生育。

“一雄多雌”的生活
社会行为

在所有的大猿（人科）中，大猩猩的群体关系最为稳定，同一批成年大猩猩会一起活动好几个月甚至好几年。和果实特别是成熟果实不同，大猩猩所需要的树叶数量丰富，因此可以养活大群的大猩猩。在西非，由于大猩猩的食物种类中果实的比例比东非的高，它们的群体通常会分成临时的亚群体，这样群体成员可以在较大范围内寻找相对稀少的成熟果实。

大猩猩的群体数量最多为30～40只，但通常是5～10只。在东非，一个群体一般包含3只成熟的雌性，4～5只年龄不等的幼崽和1只雄性。这只雄性大猩猩通常被称为“银背大猩猩”，因为它们的背部通常有银白色的鞍状斑纹。在西非，一个群体似乎很少超过10个成员，而在东非，15～20只的群体并不少见，而且根据记录，有的群体数量超过30只。

任何一只银背大猩猩的“妻妾们”都是没有血缘关系的，它们之间的社会联系很弱，这方面和许多旧大陆猴类很不一样。通常，雌性大猩猩在青春期时就离开它们出生的群体，加入其他的群体。因此，和很多其他灵长类相反，将群体维系在一起的是雌性和雄性之间的联结，而不是雌性之间的联结。

知识档案

大猩猩

目：灵长目

科：人科

大猩猩属，有2（或1）种

分布：非洲赤道地区。

西部大猩猩

有2个亚种：西部低地大猩猩和克罗斯河大猩猩。分布在喀麦隆、中非共和国、刚果（布）、加蓬、刚果（金）、赤道几内亚、尼日利亚。栖息在沼泽、石灰岩地区和热带次生森林。雄性体长为170厘米，偶尔高达180厘米，雌性最高150厘米；雄性体重140～180千克，雌性90千克。**外形**：皮毛棕灰色，雄性有银白色的宽大鞍状图案，一直延伸至臀部；西部低地大猩猩有独特的红色前额，特别是雄性；背部毛发短，其余地方的长；从出生开始皮肤即为黑色。**繁殖**：怀孕期250～270天，每胎产1崽。**寿命**：在野外约35岁（人工圈养的约为50岁）。

东部大猩猩

有3个亚种：山地大猩猩，东部低地大猩猩，第3种至今还没有被命名。分布在刚果（金）的东部、卢旺达和乌干达。栖息在沼泽、山区和热带次生森林；山地大猩猩生活在海拔1650～3790米的地方。**外形**：皮毛黑色，随着年龄的增长而变灰；雄性有银白色的宽大鞍状图案，但没有西部大猩猩延伸得宽；背部毛发短，其余的很长，特别是山地大猩猩；一出生皮肤即为黑色。**繁殖和寿命**：和西部大猩猩一样。

⊙ 在花费了一上午进食后，大猩猩习惯性地在中午休息。这个时候，群体成员都会围在“银背大猩猩”（1处）的周围。带着幼崽的雌性（2处）一般最靠近银背大猩猩，而没有幼崽的雌性（3处）则待在群体的外围。虽然未成年雄性（4处）仅仅只能让银背大猩猩容忍，但幼崽（5处）却能在银背大猩猩的保护范围内玩耍。

3/4的年轻雌性最终会迁出它们出生的群体。它们之所以这样做，是因为继续留下来根本没什么好处，同时也是为了避免近亲繁殖，因为它们的父亲在它们成熟以后还需要继续繁殖。在离开以后，它们会立刻去寻找附近的银背大猩猩，这些银背大猩猩通常不会超过200～300米远。然而，它们通常不会与刚刚迁移到此的雄性大猩猩待在一起，最终决定雌性选择哪一只雄性的因素是雄性的领地范围和战斗的能力。战斗的能力是很重要的，因为银背大猩猩必须保护雌性及其后代免受掠食者和其他雄性的侵害。这是一种严重的潜在威胁，因为雌性大猩猩的防御能力很弱——它们的体型比雄性小得多，而且那些非“亲戚”的伙伴是不愿意为了“别人”的利益而拿自己冒险的。

大约有1/3的幼崽是被非父亲的其他雄性杀死的。对这种“杀婴”现象最合理的解释就是一旦幼崽被杀，它的母亲就会停止分泌乳汁并很快恢复生育。如果一只雄性大猩猩杀死一只1岁的幼崽，它就可以提前2年交配。在很多“杀婴”率高的物种中，例如狮子和哈努曼叶猴，“杀手”就是进入群体并取代统治者的雄性。这种“杀婴”现象一般发生在雌性加入非父亲的雄性群体时，这可能是因为以前的常驻雄性死亡了，也可能是因为它带着它的幼崽主动迁移到了新的雄性那里。然而，当这个群体的首领还在时，这种事情很少发生，因为一旦一个雌性认定了一个雄性很有力量，就会一辈子跟着它。

大约一半以上的雄性都会在青春期离开自己出生的群体。它们单独行动或者跟着其他的群体，有些时候会持续几年，直到它们从其他的群体内找到了自己的伴侣并建立了自己的一个家庭。一个雄性是留下还是离开它的出生群体，主要取决于群体中雌性的数量以及首领的统治力。如果雄性首领正值壮年，而且群体也很小，那么从属的雄性就很难再找到配偶，于是它就会离开。如果雄性首领已经老了，雌性的数量也很多，从属的雄性就很可能留下来。一只雄性到底拥有多少雌性，现在还不是很清楚，这可能要等到父子关系的DNA结果出来才能知道。虽然有半数的雄性会离开出生的群体，但在东非和西非，有1/3多一点的群体会包含2只雄性大猩猩。

雄性很明显是通过展示它们的战斗力量来引诱雌性离开它们的家庭群体的。单身的雄性似乎会为了得到雌性而比已经建立家庭的首领更加卖力，因此它们对同伴的威胁也更大。当两只雄性相遇的时候，它们会精心“导演”一场展示它们力量的表演，人们可以看到著名的捶胸动作、相互吼叫、咆哮、撕扯树叶，而所有的这一切都是用来恐吓竞争者的。

很明显，一旦一只雄性建立起一个家庭，它们将一生都待在这个家庭里。有些雄性有永久的固定伴侣，而有些则没有，所以雄性对雌性的争夺是非常激烈的。群体的领袖和单身雄性之间的战斗很可能会导致一方死亡——通常为单身的雄性。这种战斗的频繁程度和大猩猩的密度以及单身大猩猩的数量有关。一只成年雄性一生至少会遇到一次致命的战斗，而它们每年都会战斗一次。很明显，大个子在战斗中占有很大的优势，而且在“表演赛”中也能领先于其他的同类。雄性之间的战斗很可能是导致出现体型、犬齿大小和咀嚼肌等方面的性别二态性的原因之一。在这一方面，大猩猩和其他“一雄多雌制”的哺乳动物是一致的。巨大而凶猛的雄性能够获得比小型而温驯的雄性更多的雌性。大猩猩是所有灵长类中性别二态性最显著的，雄性的块头大约是雌性的两倍多（而且颜色也不一样）。

来自人类的威胁
保护现状与生存环境

大猩猩如今在野外幸存的数量无法通过数量普查精确获悉，但可以通过对平均密度的合理评估和残余栖息地的数量来进行估计。已有的估算表明，至少还有11.2万只西部大猩猩，超过1万只的东部低地大猩猩，但仅有几百只山地大猩猩和克罗斯河大猩猩。总的来说，世界上的大猩猩数量在12.5万只左右。在拥有大片森林和人口数量很低并增长缓慢的加蓬和刚果（金），那里生活着世界上3/4的西部大猩猩（每个国家有超过4万只），约占整个大猩猩总量的2/3。

在大猩猩的分布范围内，人们为了木材和耕地，正在砍伐它们赖以生存的森林。在以前，森林砍伐不是一个突出的问题，因为那时的人口密度很低，人们可以实施移动性的农业，而且大量生长着次生林的遗弃土地也能为大猩猩提供充足的食物。然而在20世纪的后半叶，在大猩猩生活的地区内人口迅速增长，达到了以前的3倍甚至4倍。随着人口的增长，人类对农业用地的使用也变成永久性的了。

另一个威胁来自于狩猎。在西非，由于和家禽的肉比起来，人们更喜欢野生动物的肉，因此对野味的需求也是导致每年大量野生动物死亡的原因之一，其中就包括几百只大猿。虽然拥有野生大猩猩种群的9个非洲国家都制定了控制猎杀和捕捉大猩猩的法律，但和世界上任何地方一样，这些法律是很难被贯彻实施的。

按照这样的森林破坏速度和人口增长速度，150年后我们就只能在国家公园里看到大猩猩了。然而还是存在希望的，比如在饱受战火的刚果（金）、乌干达和卢旺达，山地大猩猩的数量几十年来一直保持在几百只左右；更值得庆幸的是，贫穷的非洲国家反而比富有的西方国家更加努力地保护自然遗产。

在所有还生活着大猩猩的国家，政府很难抽出大量的资金建立一个很好的保护机制，因为还有其他更加紧迫的事情要做。然而，大猩猩对旅游者的吸引力有可能成为拯救它们的优势，或许来自游客的收入能够阻止当地的居民侵犯大猩猩和它们的栖息地，并最终促使当地的居民学会估算大猩猩和它们所居住的森林给他们带来的利益。因此，为环保教育计划和旅游业的发展建立基金是至关重要的，特别是在农业比旅游业能获得更有保障的收入或收益相近的地区。

然而，这些措施更像是一种孤注一掷的防卫性战斗。从长远看，大猩猩和它的人类邻居的安康必须依赖于阻止对非洲森林的持续性跨国开发，并增加现有农田的生产力。

⊙ 一只年幼的山地大猩猩正在树上玩耍。即便是最大的雄性大猩猩有时也会在树上攀爬，特别是在果实丰富的地区。然而，只有那些年轻的、体重比较轻的大猩猩才能在树与树之间轻松地来回摇晃跳跃。

大象

现代大象是现存最大的陆生哺乳动物。在动物王国中，它们拥有最大的大脑，和人类的寿命相当；能学习和记忆，适合被驯化以为人类工作。现代象的祖先磷灰象是最早的长鼻类动物，生活在约5800万年前；始祖象名称源于埃及莫里斯湖，在其附近仍然可以发现生活于大约3400万年前的象的踪迹。

大象的力量极大，1000年来通常被驯化供农业和战争使用。现在，特别是在印度次大陆，大象仍然有重要的经济价值，并且是文化的象征。人们对象牙的需求已经在过去的150年来造成了大象数量的骤减。现在，人口数量的增加导致对大象生存范围的侵占，已经威胁到了大象的生存。

庞大的体型和巨大的脑容量

体型和官能

尽管非洲象和亚洲象在生态学上非常相似，但两者之间存在着外形和生理上的差异。除了一些可见的区别以外，非洲象还比亚洲象多一对肋骨（21：20）。在非洲象中，比起森林象来，人们更了解热带草原象（即普通非洲象），因为在非洲东部开阔的草原上研究象的习性远比在浓密的丛林中简单。热带草原象也是所有大象中最大且最重的，已知最大的大象于1955年死于安哥拉，现在华盛顿的史密斯学会展览。它重达10吨，肩高4米。大象在一生中会不停地生长，这样看来，一群大象中体型最大的很可能也是年龄最大的。

⊙ 一只非洲母象和小象。巨大的耳朵让大象的正面外观非常独特，而它在功能上又是一种散热器官，通过巨大的表面积散热，可以冷却大象臃肿庞大的身躯。

象的头骨、颚、牙齿、长牙、耳朵以及消化系统的形态特征很复杂，以适应庞大身躯的进化。头骨的大小与脑容量不成比例，逐渐进化以便支撑长牙和沉重的齿系。它们的头骨相对比较轻，这是由于头盖骨中连结有气囊和空腔。

长牙是伸长的上门齿，它们与生俱来，一生中不停地生长，因此，到60岁时，公象的长牙能达到60千克重。如此大的长牙也容易成为猎人的重要目标，所以当今野外存活的巨象的数量极少。象牙是象牙质和钙盐的特殊混合物，长牙横断面上规则的钻石图样在其他任何哺乳动物的长牙中都还没有发现。在进食时，长牙用于折断树枝或者挖掘树根，在同类相遇时则作为展示的工具和武器。

大象的上唇和鼻子伸长，能形成强健的象鼻。与其他植食动物不同，大象的嘴无法触到地面。事实上，早期的长鼻类动物没有伸长的鼻子，可能是因为其很重的头盖骨和下颚结构。象鼻除了能使大象在进食时从树木和灌木中折断树枝，摘取叶、芽、果实，还能用于饮水、问候、爱抚、威胁、喷水以及扫除灰尘，并形成和增强发声。象用鼻子吸水，然后灌入嘴中；它们也将水洒在背上冲凉。在缺水时期，有时它们会将存

⊙ 大象灵巧的鼻子有多种用途，包括从高的树枝上摘取多汁的树叶和嫩芽。树叶可作为热带草原象主要食物的补充，却是森林象的主要食物。

在咽喉中的袋状物里的水喷出来冲凉。象鼻还可作为气管，便于它们在水中活动时呼吸。当眼睛或耳朵发痒时，大象会用鼻子来挠痒，另外象鼻还可以用来对付敌人、投掷东西或者用棒子类的工具给皮肤搔痒。

大象最常见的发声是来自它们咽喉的咆哮。这种咆哮声可传播1千米远，可作为警告声，或者保持与其他大象之间的联系。当它们在稠密的矮丛林中觅食时，群体的成员能通过这种低沉的次声波构成的咆哮声互相监视。当丛林开阔或者成员们可以看到彼此时，这种咆哮声发出的频率将会降低。象鼻作为形成共鸣的空腔能扩大音量或者发出高亢的尖叫，以表达不同的情绪。新的证据显示，另一个器官——位于鼻子深处的直系软骨，也能够改变它们的声音。这种软骨分开象鼻顶端的骨头，可以用来引导气流。当大象兴奋、惊讶、准备攻击或者运动、互相交流的时候，它们会大声地鼓噪。

除了前面描述的象鼻在沟通时起到的次要作用，尾巴、头部、耳朵、鼻子姿态的变化，也可向外界传达可见的讯息。尽管象鼻非常强壮，

知识档案

大象

目：长鼻目

科：象科

2属3种

分布：撒哈拉以南非洲，亚洲东南部。

热带草原象

分布在撒哈拉以南非洲的东部、中非；栖息于热带大草原。**体型**：雄性体长为6～7.5米，雌性短0.6米；雄象肩高3.3米，雌象2.7米；雄象体重达6吨，雌象体重3吨。**外形**：皮肤最厚可达2～4厘米，上面覆盖着稀疏的毛发。热带草原象通常前脚只有4个脚趾，后脚有3个脚趾。**繁殖**：怀孕期平均656天。**寿命**：60岁（某些人工圈养大象的寿命可长达80岁）。

非洲森林象

分布在非洲中部和西部；栖息在浓密的低地丛林中。**体型**：体长、肩高、体重类似于热带草原象。**外形**：象牙比热带草原象更直，耳朵更圆；同亚洲象一样，前脚有5个脚趾，后脚有4个脚趾。森林象的一个亚种——侏儒象，体长2.4～2.8米，重1800～3200千克，出现在塞拉利昂共和国。

亚洲象

分布在印度次大陆和斯里兰卡、中南半岛、马来半岛部分地区以及亚洲东南部岛屿。栖息于常绿林和干燥的落叶林、荆棘灌木丛林、沼泽地及草地，在海拔0～3000米处都能生存。**体型**：体长5.5～6.4米，肩高2.5～3米；雄性重5.4吨，雌性2.7吨。**皮毛**：皮肤深灰色到深棕色，有时前额、耳朵和胸部有肉色的斑点标记。**繁殖**：怀孕期615～668天，通常一胎生一只小象，重约100千克。**寿命**：人工饲养的75～80岁。

能举起整棵大树，但同时也是一种非常敏感的嗅觉和触觉器官。嗅觉在群体间交往以及察觉外在的危险中发挥着重要的作用。作为触觉器官的时候，象鼻上有两个便于抓取的隆起的唇状物，

⊙ 在印度次大陆交通不便的地区，如安达曼群岛、尼泊尔，亚洲象在搬运原木、清除植被等工作中仍然发挥着关键作用。图中的看象人正在尼泊尔的奇旺国家公园内骑着他的象，通过茂密的丛林。

上面有很好的感官触毛，可以“拿”起非常小的物品。此外，大象常常用鼻子触摸其他的象，母象则通过它不断地引导自己的幼象。当大象相遇的时候，它们常常用鼻子的前端触摸其他大象的嘴，以此表达相互间的问候。

雌性大象的大脑重3.6～4.3千克，而雄性大象的大脑重4.2～5.4千克。象的脑皮层甚至比人的大脑还复杂，因而扩大了脑皮层的面积。其大小可能与必要的信息存储空间有关，因为象脑需要区别身份，记录和回忆其他大象的行为，储存旱季的时间、危险的地方和情形，并预先判断食物的地点。一些社会行为表明，它们能通过思维来想象其他大象的感受。由于年龄最大，统领家庭的雌性统治者拥有足够的生存经验，在危险和旱季来临时，可以作出正确的决策和行动。所有这些因素都有利于智力的开发。

除了用于沟通，大象的大耳朵还可以作为散热器，以防止体温过高，而过热常常是体型巨大而紧凑的动物的一大危险。象的耳朵上血液供应充足，可以用来扇动，以便增加身体周围的气流；在有风的热天里，大象有时会展开耳朵，以便让凉风吹向身体。观察象的耳朵中部的血管可以发现：当周围凉爽时，它们的血管就不会从皮肤上突起；但当温度高时，它们的血管就会舒张开来，从皮肤上突起。大象也有敏锐的听觉，主要通过发声来沟通，尤其是森林象。

象沉重的身躯由柱子般的粗腿支撑，粗腿里则有粗壮结实的骨头。前脚骨头的结构是半趾行类动物结构（马的站立姿态属于趾行动物姿态，脚跟远离地面），而后脚骨是半蹠行动物结构（人类站立姿态属于蹠行动物站立姿态，脚跟紧贴地面）。大象平时保持漫步的姿态，但据说大象冲锋时的速度可以达到40千米/小时——短距离以此速度很容易超越一名短跑选手，但是测量的精确度仍然值得怀疑。

大象不反刍，与马相似。体内微生物促使食物在盲肠中发酵——盲肠是位于大肠和小肠交界处的一个扩大的囊。

大象至少花3/4的时间来寻找和消化食物。在雨季，热带草原象主要吃草以及少量的各种树木和灌木的叶子，雨季结束后，草木枯萎，它们就开始食用树木和灌木的木质部分。它们也食用大批量的能得到的花和果实，还会挖树根吃，尤其是在雨季第一次降雨后。

亚洲象食物的种类繁多，包括上百种植物，但食物量的85%以上来自于10～25种它们喜爱的食物。当大象栖息的地方以农业区为主时，庄稼也占它们食物的一部分。例如，因为蛋白质等营养含量高而被人类选择种植的谷物、小米实质上是草类植物，大象通常觉得它们比野草更具有吸引力。

由于庞大的身躯和快速的“吞吐”量，所有的大象都需要大量食物：按一只成年大象每天需要75～150千克食物计算，每年能达50吨以上，但这些食物只有不到一半被彻底消化。大象依靠它们肠道中的微生物来消化，小象的肠道中没有微生物群，一般通过食用比较老的家庭成员的粪便来获得。

此外，大象每天需要消耗80～160升水，不到5分钟就能喝光。在旱季，它们用象牙在干涸的河床上挖掘洞穴，以便寻找水源。

“女首领”及“雄象发情狂”

社会行为

关于大象活动范围的大部分信息目前来自无线电追踪，自1969年以来，这种方法在非洲一直被采用。此外，利用在20世纪末出现的全球定位技术，能够获取更为精确的位置信息。

每头大象每天平均累计走动的距离有很大的差异。在肯尼亚的一项研究中，生活在水源良好的森林中的大象每天仅行走3千米，而住在北部干旱地带的大象每天行走达到12千米。一般大象每天累计游走距离约7～8千米。

大象运动的一个显著特点就是被称为“裸奔”的行为。这是相对较快运动的代名词，速度一般在3～4千米/小时，有强烈的方向感，沿着连接它们领地不同部分的通道狂奔。“裸奔”是相当罕见的，通常发生在夜间，可以让大象从一个安全地带迅速穿越危险地区，来到另一个避风港。

大象也会对突然降雨作出迅速反应，并可能远行30千米到达下雨的地方，以享用不久后长出的丰美的草。在森林中，它们也会长途跋涉，寻找难得的结有果实的树木。当大象进入危险地带例如农田寻食时，往往只在夜间。大象似乎能够知道何处安全，并恰好冒险到达保护区的边缘，在边界处回头。反复行走常常会开辟出“大象专用大道”，即便在浓密的丛林中，它们也会开出新道，而这以后可被其他许多动物包括人类所利用。

有些大象的领地竟然有复杂的结构。除领地外围的一些地区外，可对其领地面积做粗略的计算比较。在这范围之内，可能有离散的部分，由通道和大象从未尝试过的空白区域相连。领地范围有小至10平方千米的，如已被记录的坦桑尼亚的一片森林，而在纳米比亚一片沙漠中，发现了多达18000平方千米的领地。人们在肯尼亚的一项研究中发现，在拥有丰富食物和水的地方，热带草原象的领地面积平均为750平方千米，而在比较干旱的地区，领地面积可达1600平方千米。对非洲森林象各种行为的详细研究开始于本世纪初，初步结果显示，其领地长度可达60千米，远远长于原先的设想。对亚洲象无线电遥感测试的研究显示，生活在印度的雌性群体的活动范围达到了180～600平方千米，甚至更大，而雄性群体通常活动的面积约160～400平方千米。

⊙ 成群的大象常常将鼻子举高，迎着风，利用其敏锐的嗅觉，争取提前预警任何威胁。

大象生活在群体里，而且表现出了复杂的社会习性。群居的优点在于联合防御，共同教育幼象，增加交配的机会。雌性大象常生活在家庭单位里，这种单位通常包括与之密切相关的成年象和它们未成熟的后代。典型的家庭成员包括两三个“姐妹”以及它们的后代，或者一只老年大象与一只或两只成年雌象以及它们的后代。当雌性幼象达到成熟年龄时，仍将留在家庭中，并在那里繁殖下一代。当家族逐渐庞大，年轻的成年象将组成新的子群，离开原来的家族。这些子群虽然与家族分离了，但往往还是以协调的方式共同行动。一起活动的2～4个子群一般有相同的血缘关系或者是联结的群体。

⊙ 年轻的非洲雄象在嬉戏、打斗。它们学习的“格斗”技巧在以后的“雄象发情狂”期会派上用场，因为成年雄象们为了接近雌象会激烈打斗。

最年长的雌象是家族的统治者，统领整个家族。家族成员间的社会联系非常强，当危难时，家族成员会

⊙ 图中，一头公象正测试母象的接收能力。同远距离通信一样，近距离的互动是生殖周期中的一个关键部分。

密切的联系，在当地野生动物保护部门提供的水源处活动。

雄性亚洲象6～7岁左右开始离开家族。成年雄象与雌象群很少有来往，除非有雌象处在发情期。当年满20岁时，雄象开始成熟，进入“雄象发情狂”阶段，准备开始为交配展开激烈的竞争。“雄象发情狂”（印地语或乌尔都语中的单词，意为“极度兴奋”）这个词确切地描述了这种生理状况，在这个时期，雄象体内血液的睾丸激素水平可能会增加到平时的20倍以上。此刻，雄象一般会表现出强烈的敌对或侵略性行为。拉扎吉国家公园的研究显示，最大的成年雄象进入“雄象发情狂”期间时，大部分雌象正好处于发情期。全面成熟的雄象（达到35岁）“发情狂”期持续约60天，在此期间，它们广泛游走以搜索发情期的雌象。

非洲象也经历“雄象发情狂”期，只是表现得较不明显。在非洲大陆，肯尼亚的安博塞利公园对非洲象的社会习性研究得更加深入，发现雄象一般到29岁时才进入“雄象发情狂”期。这个时期通常持续2～3个月，而这时正是雨水充足的时期。

“雄象发情狂”期的雄象比其他象更容易参与打斗，常常以打斗一方的死亡而结束。在“雄象发情狂”期内，雄象会急剧减少它们的摄食量，靠消耗体内储存的脂肪维持生命。雄象在“发情狂”期会发出信号，通知领域内的其他大象。它们的眼睛和耳朵之间的颞腺膨胀起来，释放出一种芳香的黏性分泌物。它们还会持续地排出含有脂溶性激素的尿液。雄象“发情狂”期的态势也比较明显：头比平时昂得更高，耳朵高高竖起并张开，声音也独具特点，是一种极度兴奋期的咆哮声。这种咆哮声低沉而颤抖，有点像一台低转速的柴油发动机的声音。

“雄象发情狂”的目的似乎是为了暂时增强其地位，并帮助它们在打斗中获胜。因为即使是一只小雄象，在“发情狂”期，通常也能战胜一只比较大的非“发情狂”期的雄象。在雌象发情

围成防御圈，把小象围在中间。最年长的雌象或其他成年雌象通常会检查危险来源，而危险通常来自人类。面对人类的威胁，最年长的雌象通常会退缩，但有时也会站出来面对危险，还会张开耳朵、发出雷鸣般的咆哮声，以此做出威胁状。但是这种威胁仅仅在有些情况下管用，而且不幸的是，这种防卫行为会将“女首领”暴露在危险之中，所以，它常常是第一受害者，而剩下的家庭成员将失去领导者。

如果家庭成员被枪击或受伤，其余的成员可能会前来援助，这个时候会十分喧闹而骚动，它们将设法抬起受伤者的腿，把它搬走，所有的家庭成员都会前来支持，站在两边出力。

亚洲象的基本社会结构也是由2～10只雌象及其“子女”组成家庭，这种家庭平均包含6.7个成员。印度北部的拉扎吉国家公园的集中研究表明，成年母象和它们“子女”的关系一般非常稳定，90%以上的时间会待在一起。这些团体将与其他群体（或许有亲缘关系的）在某些时间和地点相遇，而关于非洲大象之间热情地问候的描述还没有记载，更大的群体似乎只是短暂性的。

与它们的“姐妹”相反，年轻的雄象到了青春期会离开或被强制离开它们的家庭。成年雄象之间往往组成相互联系的小群体，其数量和结构保持不变；它们也会在短时期内独自生活。传统的观点认为，雄象之间联系甚少，很少协调行动，但最近在肯尼亚的研究显示，分开一段时间后，雄象会相互介入，在短期内反复发生频繁的联系。在博茨瓦纳北部，几百只小雄象通常保持

周期内，只有2～4天发情，如果雌象没有怀孕，发情周期会持续约4个月。如果雌象怀孕，每隔4～5年会成功分娩一次，生养一只幼崽。在雌象发情期，雄象必须能迅速找到雌象。雄象在“发情狂”期内，每天比其他雄象能够走更长的距离，发情的雌象也会发出非常响亮的叫声来吸引雄象。雌象看起来更喜欢找体型大的兴奋期的雄象来交配，如果雌象不想与某只雄象交配，就会跑开，即便雄象追上它们，它们也会拒绝站立，不让雄象交配成功。

雌象的发情期通常在雨季，这个时候最高级别的雄象也会进入“发情狂”期。体型比较大的处在“发情狂”期的雄象存在与否会明显影响其他雄象进入“发情狂”期的年龄，也会影响其他雄象处在“发情狂”期的时间长短，这主要通过胁迫效果来实施影响。在南非的一个大象种群中，引入了年龄比较大的雄象，结果其征服了具有高度侵略行为的年轻雄象，而这些年轻雄象原来会杀死当地的犀牛。

大象达到性成熟的年龄约为10岁，但在旱季或种群密度高的地方，可能会推迟数年。一旦雌象开始繁殖，每隔三四年可产下一只幼崽，但有时也可能延长。雌性生殖力最旺盛的年龄是25～45岁。

大多数大象每年会表现出与食物和水的季节性供应相适应的生殖周期，在食物短缺的旱季，雌象则会停止排卵。下雨后，食物供应好转，但约需要1～2个月的良好进食，才能使得雌象体内的脂肪达到排卵所需的水平。因此，雌象会在雨季的后半期和旱季的头几个月内进入发情期。

大象的怀孕期异常漫长，平均630天，有时甚至长达2年，这意味着幼象会出生在雨季初期，这时的环境适宜它们生存下来。特别是这个时候丰富的绿色植物能够确保母象在最初几个月内成功地分泌乳汁。通常认为，70%～80%左右的小象在第一年内能够得以幸存，但对跟踪调查的13只携带小象的母象的研究数据表明，超过95%的后代在出生后第一年内能够得以幸存。

非洲象出生时的体重约120千克。经历漫长的孕期之后，母象还会抚养小象相当长的一段时间。小象吮吸（用它们的嘴而非象鼻）母象前腿之间的一对乳房，它们的乳房与人类乳房的大小和形状相当。小象成长迅速，6岁的时候，体重就能达到1吨。15岁后，体重增长的速度逐渐下降，但终生会不断增长；雄性比雌性的体重增加得更快。

小象出生时，其他雌象，即所谓的“接生员”，会聚集在小象旁边，帮忙除去胎儿身上的隔膜。此后，这些被称为“异体妈妈”的其他雌象在抚养小象过程中仍将发挥重要的作用，它们会努力增加小象生存的机会，同时为将来自己生育后代积累经验。

⊙ 雨季开始后，成群的不同年龄的大象团体会聚集在一起。

马、斑马和驴

很少有像一群马、野驴或者斑马如惊雷般掠过广阔平原这样的景象，能让人浮想联翩，给人以有力、优雅、狂野和自由的深刻印象了。然而，如果不能进一步推进旨在让不稳定的马科种群稳定下来的保护措施，这样的景象可能以后只会出现在记忆中。而且，保护野外马科动物的栖息地，也有益于那些和马科动物同属一个生态系统的其他多种面临威胁的物种。

纤纤细腿的草食动物

体型和官能

所有的马科动物都是中型或者大型的草食动物，它们有着长长的脑袋、脖子以及修长的四肢，全身的重量依靠每只蹄中间的趾头来承受，并保证能够轻快地活动。它们拥有用于夹取植物的上下门齿，以及用于磨碎草的一排高冠的脊状的颊齿。

马科动物取得生态上的成功以及拥有广阔的地理分布范围要归功于它们以下的4个特征：轻快的步伐、用于碾磨食物的牙齿、大的体型以及休息时可以将腿固定的特性。其支撑器官使得马不用收缩肌肉，就能将腿保持固定，从而大大降低了休息、进食以及观察掠食者这些耗时但又非常重要的活动所带来的能量消耗。通过降低相关的营养需求，它们的大体型不仅使得它们取食范围更广，而且可以很经济节省地四处漫游。

⊙ 19世纪70年代，俄国探险家尼科莱·普尔热瓦斯基在蒙古西部发现了普氏野马。1968年以后，在野外就再也没有发现普氏野马。

马有着长度适中的笔直的耳朵，可以通过活动耳朵对声音进行定位或发送可视的信号。它们的颈项上有鬃毛，家驯马的鬃毛是分向两侧的，而其他的马的鬃毛是笔直向上的。所有的马科动物都有长长的尾巴，马尾上覆盖着长长的毛发，不过斑马和驴的尾巴仅仅在末端处有短的毛发。这些物种之间最惊人的差别是它们皮毛的颜色：斑马有着最生动的特定“服装”，而马和驴的颜色则比较统一单调。

这些物种的两性体型稍微有些差异，雄性一般比雌性大10%。雄性还有大的犬齿，表明“性选择”使得雄性之间争夺交配机会的战斗很惨烈。

马科动物的“表情”通过耳朵、嘴巴和尾巴位置的可见变化显现出来，嗅觉则能够帮助它们了解邻伴的踪迹，因为尿和粪便可透露群居的信息。例如雄性利用嗅尿和卷起嘴唇的反应来判定雌性的性状态。然而，大部分的社会联系都是依靠声音的。在马和平原斑马中，马驹和母马分开时会嘶叫，而母马会通过嘶鸣提醒马驹危险的到来。雄性也通过嘶叫表示对一个异性的兴趣，尖叫则用于警告竞争者冲突即将来临。事实上，雄性统治者和下级雄性的尖叫声是不同的。那些雄性统治者的尖叫声通常要多延续50%的时间，而且以嘹亮的语调结束，而“下级”是特有的单音的口哨声；最主要的不同是在开始阶段，统治者一开始就能发出高频率的语调，而其他的则不能。这表明居统治地位的马比那些“下级”能够更有力地呼出空气，于是，声音成为强者显示其有氧能力的手段，借以警告其他雄性不要因为逞强而陷入真正的战斗。在驴和细纹斑马中，雄性通常在争斗或者远距离召唤同伴时发出叫声。

高纤维的“食客”
食性

尽管现在的马主要吃草和莎草，但当这些食物稀缺的时候，它们也会吃诸如树皮、芽、叶子、水果和树根这些驴常吃的食物。马科动物的囊状的盲肠中，有用于分解植物细胞壁的细菌以及原生动物，食物通过胃之后开始发酵，因此它们的排泄率并不像反刍动物那样会受到限制，使得它们可以大量进食低质的草料，因此能生存在比反刍动物更恶劣的栖息地中。即使在植物快速生长的时期，马科动物一般也会花白天60%的时间用于进食，条件恶化的时候，甚至需要80%的时间。

水对于马科动物的日常活动、季节性活动的成型起着关键性作用。这些马类的每个个体每天都要饮水一次，抚养幼驹则需要更频繁地饮水。实际上，处在不同繁殖时期的雌性对水的需求导致那些适应干旱和适应湿地的物种中出现了不同的牧食类型和群体关系类型。在干旱地区，最佳

知识档案

马、斑马和驴

目：奇蹄目

科：马科

1属7（或9）种

分布：东非，近东地区至蒙古。

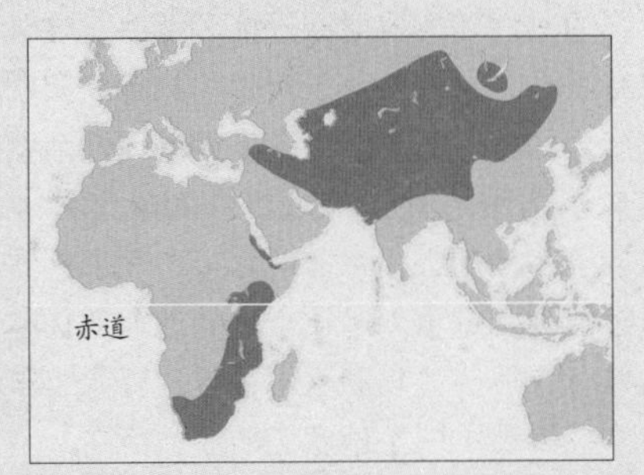

普氏野马

又称亚洲野马或野马。分布于蒙古的阿尔泰山附近地区，栖息在开阔的平原或半沙漠地区。**体型**：体长（包括头部，下同）210厘米，尾长90厘米，体重350千克。**外形**：腹侧和背部为暗褐色，腹部下侧是略带浅黄的白色，有深棕色能竖直的鬃毛，腿的内侧为浅灰色；有厚重的头部、矮壮的腿。被认为是真正的野马，一些权威人士则将它们归为家马的一部分。

家马

分布于北美、南美及澳大利亚，栖息在开阔或者多山的温带草地，偶尔也出现在半沙漠地区。**体型**：体长200厘米，尾长90厘米，体重350～700千克。**外形**：皮毛浅黄色到深黄色；鬃毛倒向颈部两侧。有几十个变种。野外类型有厚重的脑袋和矮壮的腿；家养的种类分布全球，有着优雅的身形。

非洲野驴

分布于苏丹、埃塞俄比亚和索马里，栖息于多岩石的沙漠。有3个亚种。**体型**：体长200厘米，尾长42厘米，体重275千克。**外形**：皮毛浅灰色，腹部白色，背部有深条纹；努比亚亚种的肩部有十字架条纹，索马里亚种的腿上有条纹。是最小的马科动物，有最窄的脚。

亚洲野驴

分布于叙利亚、伊朗、印度北部、西藏，栖息于高地或者低地沙漠。有4个亚种。**体型**：体长210厘米，尾长49厘米，体重290千克；比非洲野驴要大。**外形**：皮毛夏天为略带浅红的棕色，冬天变成光亮的棕色；腹部白色，有着突出的脊纹。是驴中最类似于马的物种，有着又宽又圆的蹄。一些权威专家认为，西藏野驴和中亚野驴为单独的物种。

平原斑马

又称普通斑马。分布于东非，栖息于草地或稀树大草原。有3个亚种。**体型**：体长230厘米，尾长52厘米，体重235千克。**外形**：身体上有光滑垂直的黑白条纹，臀部有水平条纹。看起来胖而粗，腿短而粗。

山斑马

分布于非洲西南部，栖息于山区草地。有2个亚种。**体型**：体长215厘米，尾长50厘米，体重260千克。**外形**：皮毛比平原斑马更为光滑，条纹更窄，腹部为白色；更瘦，蹄子更窄，脖子下方有赘肉。

细纹斑马

又称格氏斑马或者皇家斑马。分布于埃塞俄比亚、索马里、肯尼亚北部，栖息于沙漠边缘的草原和干旱的多树丛的草地。**体型**：体长275厘米，尾长49厘米，体重405千克。**外形**：身上有狭长垂直的黑白条纹，臀部的毛向上弯曲；腹部为白色，笔直的鬃毛很突出。看起来像骡，有着长而窄的脑袋，耳朵宽大而突出。

的觅食地点在离水源很远的地方，因此，哺乳期的和非哺乳期的雌性野驴和细纹斑马在白天的部分时间里都不得不从群体中分离出来。在更加湿润的地区，食物和水源通常相距不远。

马科动物和其他物种之间的接触也是多种多样的。它们的栖息地很少出现重叠，但当出现物种共存的情况时，例如一些细纹斑马和平原斑马在同一个牧食区中，则其相互竞争就在所难免了，不过这种竞争并不是十分明显。

紧密结合的流动群体
社会行为

马科动物是高度群居的，表现为两种基本的群居组织类型。其中一种类型以两种马以及平原斑马和山斑马为代表，成体生活在永恒持久的群体中，由一个雄性及在整个成年生活阶段一同作为它的“妻妾群”的那些雌性构成，每个“妻妾群”的家庭生活范围和邻居有重叠。第二种群居系统以驴和细纹斑马为代表，它们组成那种持续时间仅为几个月的短暂的团体。同性或者异性的暂时性聚集现象很常见，但大部分成年雄性独居于大的领地中。对细纹斑马而言，领地的大小在2～10平方千米之间，而驴则可以达到15平方千米。领地有着以大大的粪堆作为标记的边界，“主人”对于漫步在它们领地中的那些发情的异性有着独占的交配机会。在两种体系中，那些剩余的雄性则生活在“单身汉”群体中。

⊙ 在肯尼亚的安博塞利国家公园，两只雄性平原斑马正在激烈争斗。为了赢得与雌性斑马的交配权，它们有时会爆发异常惨烈的争斗，包括凶狠的撕咬和踢踹。

⊙ 图为一群西藏野驴。人类在偏僻的西藏高原野驴的栖息地里定居下来，这威胁到了这个亚洲野驴亚种未来的生存安全。

暂时性的群体和独居的有领地的雄性群居系统通常存在于那些干旱的资源零星分布的栖息地。在那里，水源和最佳的觅食区是分开的。随着哺乳的雌性在一段时间不能和那些不哺乳的同伴保持联系，这些栖息于湿地的物种之间明显的群居结合也就中断了。由于发情的或性活跃的雌性构成了两种雌性群体，雄性如果是领地统治者，会争相控制去往水源的路径，而那些非统治者的雄性则会竞争离水源很远的地方的优越觅食区。只有在那些食物和水源很近的资源丰富的地方，才会出现不同生殖状态的雌性待在一个永久的群体里一起行进的情况，这也导致了“妻妾群”的形成。

哺乳动物群一般是由近亲的雌性构成的，因为“女儿”总和“母亲”待在一起。但马科动物的群体是由一些没有亲缘关系的成员组成的，因为无论雌雄都会离开它们的出生地。雌性大约2岁达到性成熟时开始迁徙，那些邻近的“妻妾群”或者单身的雄性会试图拉拢它们。雄性在4岁的时候加入“单身协会”，在这样的群体中待上很多年之后，它们才具备保卫领地的能力，才能强占雌性或者取代原来占有“妻妾群”的雄性。那些离开“单身汉群”的无能的雄性则会联合一些有类似地位的雄性，从而获得一些交配机会。

这种“妻妾群”形式的物种中的雌雄关系

也是很特别的。一般而言，那些关系密切的雌性群体能够更好地觅食和抵御掠食者，因此，“妻妾群”形成了。在马和平原斑马中，雄性为一道而来的雌性提供了实实在在的好处：更长的觅食时间，能更好地保护幼崽，更少的性活动折磨。将冲突最小化实现了对雌性至关重要的社会稳定性，这也最终使得它们的繁殖能力有所增强。由于雄性所能提供好处的能力不同，因此雌性相当挑剔，它们会用脚来决定是否需要改变它们的群体。

在平原斑马的体系中，“妻妾群”本身会结合成大群，有时会加入50只甚至更多的单身雄性。这种多层次的社会体系更类似于灵长类的狒狒，而不是有蹄动物。尽管可能是由于食物资源、严重的猎杀以及雄性需要应付“单身汉”或雄性侵犯者等各种原因造成的，但这种复杂的社会形式还没有被人们充分认识清楚。

母马通常一次只能生1只幼崽，只有细纹斑马的怀孕期超过1年。由于雌性在分娩后的7～10天就会再次发情，因此，伴随着新鲜植物的生长，分娩和交配发生在同一个季节里。雄性之间为争夺那些发情雌性的竞争非常激烈。竞争的初期表现为一些可见的展示，诸如摇头、将脖子弯成弓形、跺脚或者象征性地排便及发出擤鼻声，甚至发出尖叫声。这些冲突多半会升级，诸如个体之间的推搡，抬高身体，互相撕咬脖子，用“膝盖”猛戳对方，或者用后腿踢对手的胸和面部。相比之下，雌性之间则通过友好的相互“打扮”来增进感情。但雌性群体中也存在统治权和等级划分，那些地位高的雌性能享有很多好处，包括能首先进入水源地和那些优越的觅食区。

幼崽在出生后1个小时内就能站立起来，几周之内就能开始觅食，但是通常8～13个月才会断奶。雌性每年都可以繁殖一次，但因为喂养幼崽带来的压力使得它们通常会间隔一年。

⊙ 马、驴和斑马的代表性物种。1.普氏野马，所有家驯马的祖先，正在展现种马的撕咬性威胁。2.雌性非洲野驴两耳向后，展示它们踢的威胁。3.雄性中亚野驴（亚洲野驴的亚种）筑起粪堆，作为领地的标志。4.西藏野驴——亚洲野驴体型最大的亚种，闻过雌性的尿之后，做出“性嗅反应”。5.一头年轻的雄性山斑马对成年斑马表现出顺从的面孔，请注意它颈部下垂的赘肉和格状的臀部。6.雄性平原斑马两耳冲后，以低头的姿势驱赶母马。7.一头发情的雌性细纹斑马表现出接受的姿态，后腿稍微张开，尾巴扬向一侧。

犀牛

犀牛有庞大的身躯、坚韧的皮肤、突出的触角，这些使得人们一看到它们，就容易将其和恐龙家族而不是随后出现的哺乳动物联系在一起。实际上，这也有一定的合理之处，因为犀牛确实有着古老的祖先。

犀牛和大象以及河马都是那些幸存下来的曾经繁荣且多样化的巨型草食动物的代表性物种。4000万年前的第三纪有很多种犀牛，而直到1.5万年前的最后一次冰川期，欧洲才出现了羊毛犀牛。尽管那些灭绝的犀牛有着不同数量和排列类型的触角，但它们都是很庞大的。目前在5种幸存下来的犀牛中，2种处在灭绝的边缘，另外3种也正在遭受越来越严重的威胁。

“哺乳动物中的恐龙”

体型和官能

犀牛因为它们那与众不同的身体特点而被命名。和羚羊、牛、绵羊的触角不一样，犀牛的触角没有多骨的核，其触角由位于头骨上粗糙区域集中起来的角蛋白纤维组成。黑犀、白犀（两种非洲种类）和苏门犀有一前一后2个触角，前面的通常大一点；印度犀和爪哇犀在其口鼻部末端只有1个触角。

犀牛有短而结实的四肢，以支撑它们巨大的身体重量。每只脚上的3个趾常使它们留下特殊的梅花状的印迹。印度犀皮肤上有着突出的褶皱及块状物，所以看起来有装甲板的感觉。白犀颈背有着突起的肉块，使得韧带可以支撑住其巨大头部的重量。成年雄性白犀和印度犀比雌性要大很多，相比之下，其他种犀牛的雌雄大小很相似。黑犀有着适于抓取东西的上唇，可用于握住木质类植物的枝梢，而白犀则有着延长的头骨和宽大的唇，来获取它们所喜爱的短草。这两种犀牛的颜色没有多大的改变，它们得到的通用名字很可能起因于当地的土壤颜色渗到了那些首先被发现的样本个体身上。

犀牛的视力很差，在超过30米的地方就无法侦察到静止不动的人。它们的眼睛长在头的两侧，所以，为了看清正前方的东西，它们首先用一只眼凝视，然后用另一只。它们有着很好的听觉，通过转动管状的耳朵，收集细微的声音。但它们几乎都是凭借嗅觉来感知周围的事物，它们嘴中嗅觉管道的容积超过了整个大脑的体积。

在没有人类干扰的情况下，犀牛有时能发出嘈杂的多种声音。不同种的犀牛发出不同的喷鼻息、噗噗声、吼叫、尖叫、抱怨声、长声尖叫以及类似雁的叫声。喷鼻声大多数时候被用来维持个体间的距离，而尖叫声被这些笨重家伙用来作为寻求救护的信号。雄性白犀会通过长声尖叫阻止母犀牛离开它们的领地，而当公犀牛教训其他个体时，通常会发出尖锐的气喘声。另外公犀牛示爱时会发出柔和的嗝喘声。

犀牛比较特殊的一点是：雄性的睾丸并没有沉入阴囊中，其阴茎在收缩状态下是朝后的，因此，无论雌

⊙ 白犀有着宽的非钩状的上唇，使得它们更愿意啃草而不是吃嫩枝叶。它们曾经遭到过度猎杀，后来由于采取了一些保护措施，数量才有所回升。

雄，都是直接尿向后方。雌性位于后腿之间的地方有2个奶头。

数以千克计的食物
食性

所有的犀牛都是依靠树叶等植物的植食动物，它们每天都要摄取大量的食物来维持它们庞大的身体。一头有腹膜炎的雌性白犀死时胃里的草料总湿重达72千克，是自身体重的4.5%，这大致是其一天要吃掉的食物数量。由于庞大的体型及强大的大肠发酵能力，它们能够容忍相对高纤维含量的食物，但在可能的情况下，它们更钟爱有营养的叶状的食物。两种非洲犀牛都没有门齿和犬齿，只用它们的嘴唇去吃草。亚洲种类依然有门齿，而苏门犀还有犬齿，但这些都更多地用来争斗而不是采集食物。白犀宽大的嘴唇使得它们吃东西时可以咬一大口，因此在一年中的大部分时候，它们都能从所钟爱的草地上采集到足够多的食物。在干旱季节，当短草都已经枯萎时，它们在树阴遮蔽的地方寻找那些主要包括大黍草的植物，最后再转向那些高高直立的以黄背草为主的食物。黑犀能用它们适于抓取的唇来获取木质的食物，它们喜欢的种类包括金合欢树、大戟

⊙ 白犀是世界上第三大陆地哺乳动物（只有亚洲象和非洲象比白犀体型大），雄性重达2吨多。

知识档案

犀牛

目：奇蹄目

科：犀科

4属5种

分布：非洲，亚洲热带地区。

黑犀

从南非到肯尼亚都有分布；栖息于山区雨林一直到干旱的灌木林地；吃嫩枝叶；夜间活动多于白天。**体型**：体长2.86～3.05米，肩高1.43～1.8米，尾长60厘米；前触角长42～135厘米，后触角长20～50厘米；体重0.95～1.3吨。**皮毛**：从灰色到带浅褐色的灰色；无毛。**繁殖**：16～17个月的怀孕期后产下1只幼崽。**寿命**：40岁。

白犀

或称方唇犀牛。分布于非洲南部和东北部；栖息于干旱的稀树大草原；吃草；白天和夜间都出没。**体型**：雄性体长3.7～4米，雌性3.4～3.65米；雄性肩高1.7～1.86米，雌性1.6～1.77米；尾长70厘米；雄性前触角长40～120厘米，雌性50～166厘米；后触角长16～40厘米；雄性体重可达2.3吨，雌性可达1.7吨。**皮毛**：身体呈灰色，因土壤的颜色而不同；大部分都是无毛发的。**繁殖**：16个月的怀孕期后产下1只幼崽。**寿命**：45岁。

印度犀

或者称大独角犀。分布于印度（阿萨姆邦）、尼泊尔和不丹；栖息于洪泛区的平原草地；主要食草；白天和夜间都活动。**体型**：雄性体长3.68～3.8米，雌性3.1～3.4米；雄性肩高1.7～1.86米，雌性1.48～1.73米；尾长70～80厘米；触角45厘米；雄性体重2.2吨，雌性1.6吨。**皮毛**：身体呈灰色，无毛发。**繁殖**：16个月的怀孕期后产下1只幼崽。**寿命**：45岁。

爪哇犀

或者称小独角犀。分布于亚洲东南部，栖息于低地雨林；吃嫩枝叶；夜间和白天都活动。**体型**：肩高可达1.7米；体重可达1.4吨。**皮毛**：身体呈灰色，无毛发。

苏门犀

也称亚洲双角犀或多毛犀牛。分布于亚洲东南部，栖息于山区雨林；吃嫩枝叶；夜间和白天都活动。**体型**：体长2.5～3.15米，肩高可达1.38米；前触角长达38厘米，体重达0.8吨。**皮毛**：身体呈灰色，覆盖着稀疏的长毛。**繁殖**：7～8个月的怀孕期后产下1只幼崽。**寿命**：32岁。

属植物，还包括那些有乳状汁液的多汁植物；非草本植物也是其食物中的重要部分，但很少吃草；数量丰富的非洲吊瓜树是它们的水果食物来源。

印度犀用它们灵活的上唇采集比较高的草和灌木，但当需要吃短草时，它们也可以把唇折叠起来。它们更喜欢比较高的草类，尤其是甘蔗属植物，但在冬天，其20%的食物都是木质的；它们也寻找滑桃树上掉下来的水果。爪哇犀和苏门犀是特有的吃嫩枝叶者，它们经常弄倒小树来吃枝叶；和非洲黑犀一样，它们也吃某些特定的果实，苏门犀常吃的水果包括山竹和芒果。

所有的犀牛都离不开水，在条件许可的情况下，它们几乎每天都在小池塘和河流中喝水。在人工圈养的情况下，一头白犀每天要喝80升的水，但在野外，这个数字可能要小一些。在干旱的条件下，两种非洲犀牛可以不喝水而存活4~5天。

犀牛经常会在水坑中打滚，印度犀尤其会花很多时间躺在水里，而非洲犀牛经常用湿泥涂满它们的身体。水可以带来清凉，而湿泥则主要用于保护它们免受飞虫的叮咬（尽管犀牛有厚厚的皮肤，但它们的血管只在一层薄薄的表皮之下）。

社会性的独居者
社会行为

对于大型的诸如犀牛这样的哺乳动物来说，生命历程较为持久。雌性白犀和印度犀在大约5岁时开始经历第一个性周期，6~8岁时经过16个月的怀孕期后，会产下第1只幼崽。在体型小一些的黑犀中，雌性要比白犀和印度犀提前一年繁殖后代。犀牛每胎只能产1只幼崽，产崽的间隔期最短也需要22个月，大部分是2~4年不等。刚出生的小家伙相对很小，只有母犀牛体重的4%（白犀和印度犀幼崽只有65千克，黑犀幼崽只有40千克），雌性在哺育期间与别的犀牛是隔离的。白犀幼崽出生后3天就可以跟在母犀后面行动了，而印度犀中的母犀有时会在离幼崽800米远的地方觅食。白犀和印度犀的幼崽一般会在母犀的前面跑，这样可以得到更好的保护，而那些栖息在矮树丛中的黑犀幼崽通常跟在母犀的后面。在受到威胁的情况下，母白犀会站在其幼崽身边保护它们。

在野外，雄性犀牛7~8岁就已经成熟了，但直到10岁左右，它们拥有自己的领地或者取得统治地位时，才能得到交配机会。

幼崽在一年中的任何时候都可以出生，但雨季是非洲犀牛的交配高峰期，因此大部分幼崽会在旱季初期出生。母犀牛可以用母乳给幼崽提供营养，以便度过那段艰难的时光。尽管白犀的幼崽3个月大时就可以啃草了，但却需要由母犀看护到1岁大小。

成年犀牛大部分都是独居的，但母犀会一直和最近出生的幼崽待在一起，直到幼崽2~3岁时，为了下一个幼崽的出生小犀牛才会被迫离开。然而那些不成熟的雌雄个体或者还没有生育幼崽的成年雌性有时也会成双结对，甚至组成更大的群体——在白犀中这种临时群体通常包括10个甚至更多的个体。带着一只幼崽的雌犀牛，加上一只大一点的小犀牛而组成三成员群体，在白犀牛中也并不罕见，虽然这只雌犀牛一般不是那只比较大的小犀牛的母亲。没有幼崽的成年雌性犀牛也十分乐意带着那些年轻的小犀牛。除了和发情的雌性短暂地在一起待一段时间之外，几乎所有的成年雄性都是独居的。

⊙ 雌性黑犀之间友好的“鼻碰鼻的会议”。虽然基本上所有的犀牛都是独居动物，但通过这样的接触和联系，它们和共享一片家园的其他个体可以彼此熟知。

⊙ 5种犀牛：1.印度犀；2.爪哇犀；3.苏门犀；4.黑犀；5.白犀。

白犀和印度犀一般的生活范围是10～25平方千米，而在低密度分布地区，可能会达到50平方千米，甚至更大。雌性黑犀的生活范围从3平方千米的森林小块地，到高达近90平方千米的干旱地区不等。

所有种类的雌性其生活范围都在很大程度上重叠，因为它们不需要占有领地。雌性白犀通常参加“鼻碰鼻的友好会议”，它们可以很文雅地互相摩擦触角，而印度犀则对任何密切的接触都很抵触。然而，它们中快要成年的个体都会接触那些成年雌性、幼崽及其他未成年的个体，进行“鼻碰鼻的友好会议”或者顽皮的摔跤较量。

所有种类的雄性都会加入到会导致严重受伤的残酷的争斗中，两种非洲犀牛通过它们前面的触角来较量。在种内战斗可能导致毁灭性后果的物种中，黑犀最为典型——大约50%的雄性和33%的雌性由于战斗留下的创伤而死亡。它们为什么如此好斗，人类不得而知，但不管怎样，有着高死亡率的犀牛的数量恢复很慢。亚洲的犀牛会张开大嘴，用它们长尖的下门齿来进行攻击，而苏门犀则是用它们的下犬齿。

黑犀以具有无缘由的进攻性而闻名，然而它们通常只是以盲目的疯跑来赶走入侵者。印度犀受到骚扰时，经常充满进攻性地狂奔；在一些犀牛占据的避难所，它们还时不时地攻击大象。

形成对比的是，白犀尽管体型庞大，但其实很温和，天生没有攻击性。包括那些快要成年的白犀在内的一群白犀，经常臀部互相紧贴，朝着外面的不同方向站立，形成保护阵形。这样或许可以成功地保护那些小犀牛不受诸如狮子和鬣狗这样的肉食动物的攻击，但是对付装备了武器的人类却无能为力。

河马

河马是非同寻常的双物种现象的一个典型例子——双物种现象即两个有很近血缘关系的物种分别适应不同的栖息地（其他例子包括森林象和草原象以及两种野牛）。大一点的河马栖息在草地上，小一些的则生活在森林里。

河马因其生活被划分和隔离的方式而显得不同寻常，如繁殖和觅食发生在不同的栖息地；白天在水里活动，夜间在地上活动。生活区域的划分被认为和它们独特的皮肤结构紧密相关，当它们暴露在白天的空气中时，皮肤的失水率很高，因此它们白天花大部分时间待在水里是十分必要的。事实上，河马的失水率比其他动物要多好几倍，每5平方厘米的皮肤每10分钟就要失掉12毫克的水，其失水率是人的3～5倍。

⊙ 河马的眼睛、鼻子和耳朵的位置使得它们在水中也能看、听和闻。

两栖有蹄类动物

体型和官能

普通河马有着大的桶状的身体，靠它们那看上去似乎难以支撑体重的相当短的腿来平衡，实际上，河马大部分的时间都是浮在水里的。它们的眼睛、耳朵和鼻孔都在头的顶部，使得它们在水中的时候可以看、听和呼吸。由于水栖性比较差，倭河马的眼睛长在头部更靠边的地方；此外，它们的脚也很少有蹼，而是有着更短的侧趾。河马的身体两侧的前部是倾斜的，使得它们可以通过那些矮层的丛林；普通河马的背脊和地面大致是平行的。两种河马的下颌都在头骨后面很远的地方，因此，它们可以打大大的哈欠。它们的嘴巴可以张开到150°，而人的嘴巴只能张开到45°。

两种河马都主要在夜间活动，但普通河马在草原出没，倭河马则是森林动物。普通河马白天待在河、湖或泥坑里。

在黄昏，它们开始外出到内陆3～4千米的范围里吃草。一些河马，通常是雄性，在湿润的季节，会选择待在草原上出现的临时泥坑里休息一下，以便节省能量，而不总是回到那些永久的水域里，这样一来，这些河马可以将它们的活动范围扩大到10千米。

有的时候，倭河马待在河床的洞穴里，但这显然不是它们自己挖的洞穴，而是诸如非洲小爪水獭或者斑颈水獭这些动物的活动造成的——它们在

⊙ 由于河马比水的比重大得多，因此它们可以很轻松地沿着河床散步。一般来说，河马在水下一次会待上5分钟左右。

⊙ 倭河马通过显示它们锋利的下犬齿，给人以令人震撼的威胁感。这种西非物种由于栖息地的日渐消失正处于濒临灭绝的高度危险境地。

树根之间挖洞穴，这些洞穴会随着河水的冲刷和侵蚀而变大。

一直以来，河马同猪以及西貒，都被分在偶蹄目中的猪亚目，但近来有关线粒体DNA的研究提供的证据表明，河马和鲸类有着更近的联系。鲸类和偶蹄类动物有亲缘关系已经被大家所接受，但是先前并没有确定哪组偶蹄动物和它们最接近，现在看来，就是河马。鲸类和河马的分化大约出现在5400万年前，但这并不意味着一种是另一种的继承，仅仅意味着它们有着共同的祖先。鲸类和河马的化石记录非常有限，因此我们或许永远也搞不清它们共同祖先的模样。

有节制的进食者
食性

考虑到它们巨大的体型，河马的饮食习性相对而言是比较“节约”的。它们每天只吃相当于自身体重1%～1.5%的食物，是可与之比较的诸如白犀这样的哺乳动物的一半。从于乌干达精选出来的河马身上发现，其雄性胃的平均干重只有34.9千克，雌性为37.7千克。由此看来，成天待在温暖的水里是保存能量的一种高效生活方式。

普通河马一般只吃草，有时也附带消化一些双子叶植物（非禾本科草本植物），但任何时候都不会吃水中的植物。尽管有些孤立的报道说河马也吃肉，有时候其“猎物”还是被它们杀死的，但通常它们只吃一些腐肉，只有一例报道说它们自相残杀。倭河马有着更为不同的食物范围，由落下的水果、蕨类植物、双子叶植物和草类组成。它们晚上离开水去吃水果、蕨类植物的叶子或者森林地表的草，它们用厚厚的唇去取食，而不是通过牙齿去咬。

知识档案

河马

目：偶蹄目

科：河马科

2属2种

分布：撒哈拉以南的非洲地区。

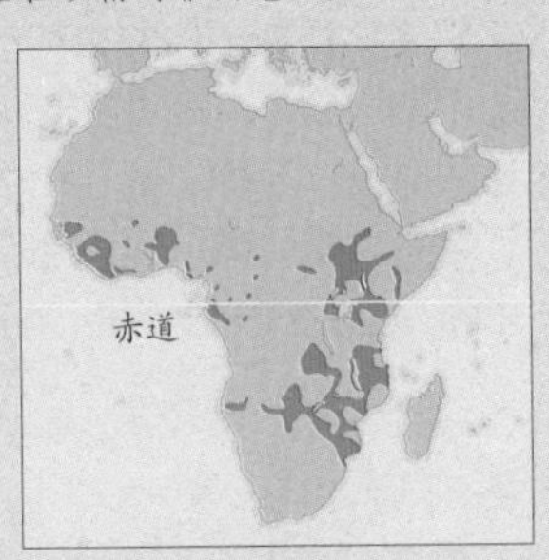

普通河马

分布：非洲；栖息于短草草地（夜间）或河流、洼地、湖（白天）。**体型**：体长3.3～3.45米，肩高1.4米；雄性体重1.6～3.2吨，雌性1.4吨。**皮毛**：身体上面的部分呈灰棕色到蓝黑色，下面的部分略带桃色；白化病者为亮红色。**繁殖**：怀孕期大约为240天。**寿命**：大约45岁（圈养可达49岁）。

倭河马

分布：利比里亚和科特迪瓦，在塞拉利昂和几内亚也有少数；栖息于低地森林和沼泽地。**体型**：体长1.5～1.75米，肩高75～100厘米；体重180～275千克。**皮毛**：墨绿色，下面的部分褪成奶油状的灰白色。**繁殖**：怀孕期为190～210天。**寿命**：大约35岁（圈养的可以活到42岁）。

⊙ 河马的摄食范围受到它们从水源到摄食区所花费时间的限制。通过一些泥坑来降温，可以扩大它们的活动区域。

河马需要依靠它那不同寻常的消化系统，以分解那些占它们草类食物主体的粗糙的纤维素。它们的胃由4个胃室构成，其功能同反刍动物中的牛和羚羊比较类似，发酵“桶”中的微生物会产生分解纤维素所需要的酶。河马还会将那些部分消化了的食物重新返回到嘴里，进行第二次咀嚼。

群居但是不爱交际
社会行为

河马的群居生活并不突出。大约10%的雄性是有领地的，但由于两栖的本性，它们并不保卫小块的陆地，而是防卫长达几百米的河岸或者湖岸。它们也允许其他雄性进入领地，前提是它们必须很顺从，但是会尽全力独享同领地里的雌性交配的权利。如果一个独身的雄性没有遵守这一规则，挑战领地所有者的权威，激烈的争斗便一触即发。血腥的争斗往往会导致其中的一个死亡；它们的攻击主要依靠长达50厘米的锋利的下犬齿。河马在排便过程中，会猛烈摇晃它们的尾巴，把它们的粪便喷得很远很广。这有着一定的社会意义，因为雄性可以通过这个做标记，以便彼此区分开来。扩散粪便更可能被作为一个重要的定位手段，因为那些从矮树丛蔓延到吃草的地面的区域通常是被喷过标记的。

雌性通常存在“派别”，但它们并不以群居的团体形式出没。雌性之间并没有什么联系，尽管每天早晨回到同样的水域里。除了带着幼崽之外，它们一般会离开水独自去觅食，另有证据表明，它们会经常更换领地。普通河马是以“自我”为中心的，只是临时选择群居而已。

倭河马同样缺乏社会性，除了交配以及带着幼崽的母河马之外，人们经常发现它们独自生活。人们不能完全确定它们是否是有领地的动物，但一般认为它们不是。雄性一般生活在和其他雄性有重叠的居住范围里，很多雌性也共同生活在这片区域内。当人们发现成年倭河马在一起时，通常是雄性在交配之前追求雌性，而类似的示爱却不会出现在普通河马身上，它们的交配是高度强制性的，雄性一般会粗暴对待雌性。两种河马的交配一般都发生在水里，倭河马有时也在陆地上交配。

⊙ 非洲的奥卡万戈河是河马的天堂。

⊙ 雄性河马之间对彼此有一定的容忍度，但当涉及到争夺配偶的情况时，争斗往往不可避免。大多数成年雄性都会在争斗中留下伤疤，这种争斗起初表现为摆姿势和喷水，然后便很可能是致命性的。雄性统治者通常能占据领地长达8年。

河马的水栖习性部分是由它们的皮肤结构决定的。河马的皮肤非常厚（普通河马最厚处可达35毫米），包括一层薄的含有很多神经末梢的真皮上面的表皮和一层浓密的含有纤维的胶原质层，这种结构赋予了它们很大的力气。真皮下面布满了粗糙的网状的血管，但是没有皮脂腺（真正的温度调节器），这就意味着它们不能出汗，因此水是让它们的身体降温的关键所在。和某些大型哺乳动物通过白天吸收阳光的热量，然后在凉爽的夜晚释放热量来调节身体的温度所不同的是，普通河马主要依靠待在水里，从而将体温持续地保持在大致不变的范围以内。倭河马也是采取同样的体温控制方式，它们皮肤的生理特点与普通河马是类似的。

除了尾巴上和嘴周围有一些刚毛之外，河马的皮肤是无毛的，也被认为是很敏感的。河马的体色是略带浅灰的黑色，适度夹带着一些略带粉红的棕色，而倭河马则是清一色的黑色。

关于河马分泌血液的荒诞说法可能源于它们皮肤下面腺体产生的被当作防晒霜的大量分泌物，在阳光下，这种分泌物能由无色变为红棕色。这种分泌物还有抗菌特性，可以快速干净地治愈那些在同其他雄性争斗中造成的创伤。

河马的生殖器官和常见的哺乳动物大同小异，但它们的睾丸是部分下沉的，因没有阴囊导致很难区分性别。雌性的两个特别之处在于，阴道的上部有明显的大量的褶皱，生殖道的前庭有两个突出的囊。这些部位的功能至今还是未知的。

普通河马能够产生能引起共鸣的呼喊，一开始是声调很高的尖叫，随后是一系列深沉的隆隆的低音，这在很远的地方都能听见。大部分的呼喊是在空气中传播的，但有研究表明，普通河马在水下也可以做到这一点。

所有的普通河马都是在夜间发出呼喊，但此时正在吃草的其他河马并不能听见，不知道这些呼喊究竟有什么用。所谓的“齐声合唱”是雄性团体喜爱的，当一群河马一起咆哮然后被邻近的河马群回应时，声音就像波浪一样，沿着河流传开。这样的声波可以在4分钟内传到下游的8千米处。声音越大，表明群体越大，也就意味着雄性的领地统治者更为强大，因此，这些声波也是针对雌性的很好的“广告”。这种呼喊有时也被领地所有者用来向无领地权的其他雄性展示力量、发号施令。

有时河马会在水下发出滴答的噪音，这种水下的呼喊被用来宣告在黑暗的水里有一只河马存在。没有证据表明这些是用来起定位作用的，然而解剖学证据表明，水下的声音是通过颌骨来收集的，因此，这些呼喊能同时被水面以上的耳朵和水面以下的颌感知。

河马的怀孕期持续大约8个月（倭河马为6.5个月），这对于如此巨大的动物而言是比较短的，但同时提高了河马产崽的频率。分娩可以发生在陆地上，但主要是在水中。哺乳也是两栖的，一直持续到幼崽完全断奶为止，大约1年。两种河马一般都是在6 ~ 8个月大的时候开始断奶；断奶之后，幼崽仍然和母河马待在一起，直到完全长大，大概到8岁时离开。

两种河马的繁殖生理的相似性表明，倭河马比较小的身体是近期进化的结果。当然，也发现过相当大的倭河马化石以及比较小的普通河马的化石。

鹿

雄鹿的鹿角使得它们能够区别于其他的反刍动物。骨质的、像号角一样的鹿角每年都要重新生长并且蜕皮，这个过程需要相当的能量和营养，尤其是体型比较大的鹿类。现存的体型最大的鹿——驼鹿中，大公驼鹿头上的角重量可能会超过30千克，长度达到了2米。即使这样，驼鹿的鹿角比起那些爱尔兰麋鹿（大角鹿）的角来还相对要小很多——这些爱尔兰麋鹿的鹿角长度大约是驼鹿的两倍，能达到4米长，重量占其总体重的大约10%。

鹿在外形上和其他反刍动物特别是和羚羊相似，它们拥有优美的、拉长的身躯，苗条的腿和颈部，以及短的尾巴和有角的头；大而圆的眼睛位于头的两侧，三角形或者卵形的耳朵高高地位于头的上方。鹿的体型变化从驼鹿到南方普度鹿逐渐变小，后者体重仅仅是前者体重（800千克）的1%。鹿最初是人类的一种食物来源，然后是猎人狩猎比赛的目标，最近，越来越多的鹿则被对其有兴趣的人看作扩充知识和进行科学研究的对象。

鹿角的重要性

体型和官能

鹿角是从雄性小鹿覆盖前骨的皮肤处伸出来的，并且是由雄性荷尔蒙所引发的。然而，鹿角生长的生理控制不仅复杂，在很大程度上还会随着种类的不同而有所不同。鹿角每年的生长通常都在夏天，局限在一段敏感的、非常血管化的被称为鹿茸的皮肤上，因此正在生长的鹿角很喜欢碰触，并且很敏感，这可以从生长鹿角的雄鹿所做出的反应以及落在鹿茸上的两翼昆虫判断出来。对于大型鹿来说，鹿角完成增长和变成骨头大约在出生140天之后，在这段时间，鹿茸开始变干并且开裂，这明显是对荷尔蒙的释放所做出的反应。雄鹿通过将鹿角撞向灌木和小树来摩擦掉它，这破坏了树皮，从树皮中流出来的树液常将鹿角染成黑色。另外，鹿也用鹿角摩擦土地，这同样也可以给鹿角染色。

交配季节过后，性荷尔蒙的减少导致了鹿角的脱落。一层骨骼溶化细胞侵袭了鹿角的根基，减弱了它们对头骨的附着能力，最终使其脱落。新大陆上鹿的鹿角趋向于在初冬或冬季中期蜕皮，直到来年的春天才开始生长；旧大陆上鹿的鹿角会保留到冬末或春季。鹿角蜕皮之后又会马上开始生长。

许多种类的鹿，尤其是生活在热带的，仅仅有钉状或者按钮状的小角，也有一种水鹿根本就没有鹿角。但这些小种类的雄鹿拥有长而尖的上犬齿——最初的武器，这是它们长期进化的历史

⊙ 鹿类中有代表性的种类：1.驼鹿；2.狍子；3.花鹿；4.小黄麂；5.梅花鹿；6.青麂；7.四不像（麋鹿）；8.河麂。

当中早期的一些特征（大约3000万年前）。生物学家已经开始思考这种长牙鹿是否是遥远的过去鹿类的一种残存，或者是否它丢掉了原本有的鹿角，重新回到了原始的那种形式。像小刀一样的长牙是独居性的鹿保卫领地的典型武器。

也有其他的小型鹿以小鹿角和尖牙为武器，东南亚的黄麂就是如此。在黄麂属中拥有最大鹿角、最大群体和分布最广泛的种类的雄性明显共享共同的领地，这个领地很大但是其内资源缺乏。相比之下，越独居的种类就越拥有大的尖牙，但是仅仅拥有小的或者纤细的鹿角，这些种类会保卫小的但是资源丰富的领地。分子遗传学表明，一些小鹿角、大尖牙的黄麂源自于大鹿角、小尖牙的黄麂，表明大尖牙的黄麂在保卫小片的资源丰富的领地过程中需要经常战斗，从而优先获得了大尖牙。换言之，由于大尖牙可帮助防御这样的领地，已经使得它们允许鹿角的消失。

有趣的是，大鹿角可能不是由于雄性之间激烈的竞争产生的，而是由于雌鹿想尽力使它们的后代长得更快而形成的。在几乎所有的种类中，母鹿出去觅食时，小鹿都是独自隐藏起来。隐藏是一种非常有效的躲避掠食者的方法，但是在开阔的栖息地，这种方法很难实行，或者基本上是不可能的，尤其是对大型鹿的幼崽来说。如果小鹿出生之后能够站起来，并且不久就可以和母鹿一起奔跑的话，无论如何，问题就可解决了。在鹿的种类中，有的已经能够适应很少或没有覆盖物的开阔平原。在怀孕和哺乳期间，雌性因此需

知识档案

鹿

目：偶蹄目

科：鹿科

4个亚科16属38（或43）种。包括：黄麂属，7种；駩鹿；花鹿；赤鹿（马鹿）；美洲赤鹿；梅花鹿；狍子；驼鹿；驯鹿；马驼鹿属，有2种；赤短角鹿。

分布：北美洲、南美洲、欧亚大陆、非洲的西北部，被人工引进到澳大拉西亚地区。

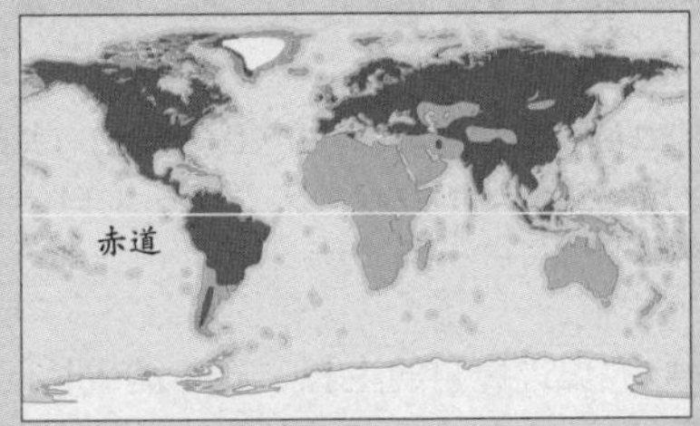

栖息地：主要是森林和树木多的区域，但是北极苔原、草地、高山地区也有。

体型：肩高从南方普度鹿的38厘米到驼鹿的230厘米；体重从前者的8千克到后者的800千克。

皮毛：几乎是灰色、棕色、红色和黄色的渐变；一些成年鹿和许多幼鹿还有斑点。

食性：吃草类的芽、小叶香草、杂草、地衣、水果、蘑菇等。

繁殖：怀孕期从河麂的24周，到麋鹿的40周。

寿命：野生北美驯鹿的平均寿命是4.5年。如果是人工饲养的话，许多鹿的寿命可以达到20年，甚至更长。

要输入大量的营养给正在发育的小鹿，以促进其快速生长。然而相对更重要的是，为了生存，它们需要选择一个带有优良基因的配偶。大的鹿角对于雌性鹿来说是一个相对可靠的信号，表明这只雄鹿已经有能力找到足够的食物来投资这些“奢侈”的组织，并且其雄性后代很可能也会长出大的鹿角，而雌性后代也将会生出更大的幼鹿以及产生更多的奶水。鹿角、出生时小鹿的大小以及雌鹿的奶水丰富程度之间的联系已经延伸到其他区域，例如速度——速度最快的种类拥有大的鹿角，幼崽出生时体型最大，母鹿也有丰富的奶水。

只有营养充足的时候，鹿角才会长大。在热带地区，鹿最初获得营养的土壤里通常矿物质含量很低，然而这并不影响钙和磷酸盐等基本要

⊙ 一群雄性黑尾鹿正在展示它们褐灰色的冬装（在夏季它们的皮毛呈红色）。这是种新大陆的鹿，经常出现在北美洲和中美洲，奔跑的速度可达64千米/小时。

素的吸收并促进鹿角的生长；鹿角的生长同样需要高蛋白的饮食。这些营养的需求使鹿必须生活在土壤肥沃的地方，如一些大河流附近的冲积平原。

需要获取更多的矿物质

食性

总的来说，鹿喜欢吃容易消化的食物并且每顿吃大致相同的东西。很多种鹿，无论体型，都是“集中选择者”，它们一般吃新芽、嫩叶、刚发芽的草、嫩枝、青苔、水果、蘑菇，甚至包括衰败的植被。这些鹿有一个很小的瘤胃，有较快的消化能力。一小部分热带鹿种，如花鹿和黑鹿会吃更多的绿草，成为颊齿能够持续生长的典型的食草者。所有的鹿都会像很多牛科动物一样消化粗纤维草料，即使是适应平原生活的美洲赤鹿和驯鹿。美洲赤鹿本身就是混合的进食者，它需要许多高质量的草料，同时也需要掺杂一些粗纤维的草叶。驯鹿夏季以多汁的苔原植被为食，冬季靠雪下植被维持生活。由于鹿角的生长需要大量的矿物质，鹿的取食范围局限于高质量的植被，并且不在牛科动物和其他草食动物进食的草地生活，因为那里相对缺乏能建造骨骼的富含矿物质的草。

争取自己的地位

社会行为

拥有复杂鹿角的鹿不仅用鹿角进行战斗，更重要的是用其竞争。就像人类的武术，这些“竞赛”依照规则进行，并且在避免流血的情况下为最强大的个体提供展示的平台。相扣在一起的鹿角让雄鹿用自己的体力而非靠伤害另一方来决定竞赛的结果。

最大的雄鹿会“恳求”比较小的鹿进行较量，假设比较小的雄鹿接受了“邀请”，两者会陷入持久的鹿角游戏中。通过这种运动雄鹿能建立“友谊”，练习的对手们会在一起进食、休息和迁移，并且当面对更占优势的雄鹿时，比较小的鹿可以得到较大的鹿的保护。

令人惊讶的是，各种鹿竞赛的规则有很大的不同。在黄麂群中，大的雄鹿会联合比较小的来保卫共同的领地。在黑尾鹿群中，比较小的练习对手会帮助比较大的来保护群中的雌鹿，当几只雌鹿同时处于发情期而大的雄鹿不能全部与它们交配时，比较小的雄鹿可以参加进来。这种竞赛是天生的，因为没有角的小鹿也偶尔会尝试这种竞赛。这种竞赛允许鹿以和平的方式进行群居生活，并且使个体间的互动更加频繁。

群居生活有很多优势，尤其是减少了被捕食的风险。群体越大，每一个个体被捕杀的可能性将会越小，并且处在群体中间位置的个体比边缘的个体存活的几率更大。除此之外，掠食者在追捕它们时会选择老弱病残的个体，从而使得其他成员顺利逃脱。对于一只健壮的成年鹿来说，生活在群体里无疑是最安全的选择。

很明显，一个群体的成员能从不引起天敌

⊙ 图中驯鹿的角错综地纠缠在一起，好像这次冲突最终会导致流血的严重后果，但其实这种争斗仪式只不过是为了测试一下力量而已。

的注意中受益，其中一种方法就是减少身体受伤和出血。这就暗示了在进化中鹿角出现的一个原因：通过检验力气而不是伤害来解决竞争问题从而使流血的风险减小。

和雄鹿群居，雌鹿要承受食物上的竞争，为了克服这些，它们常常要发展外部的某些特征。因此，雌性的驯鹿也长有鹿角供它们驱赶生活在雌鹿和它们的幼崽中已成年的雄鹿，也可以挖坑寻找雪下面的青苔。相反地，北美雌性驼鹿由于不需要保护食物源而缺少触角，因为它们栖息在森林里，在那里青苔都是生长在树上的。

美洲赤鹿趋向于住在开阔的平原上，比起居住在森林里的鹿种，它们的雌鹿在体型上更接近雄鹿。它们在皮下的头骨处依然拥有角芽，在偶然情况下能长出小角。

狍子是特殊的鹿科动物，它们通过开发夏天蓬勃的生命活力直接用于繁殖，因此雄狍子在春天都领地性很强。狍子有延迟着床现象：在夏末发情期间，卵子受精，但是直到来年1月份才植入子宫。从那时起，胚胎开始发育，当春天万物复苏，植被变绿生长的时候，幼崽也降生了。

用气味交流在鹿中已经成为很重要的行为。体型比较小的鹿类一般用尿、粪、腺体分泌物来标记自己的领地或是植被，而体型大的鹿类则标记它们自己的身体。雄性黄麂体前的巨大腺体是用来检查领地的新气味的，一旦一块地方被标记，该地就会很少再被关注，于是更多的时间可用于开辟新的路径和寻找新的气味。像驼鹿和马鹿这样的大型鹿类会用尿液浸湿自己身上的长毛，马鹿和美洲赤鹿颈部的鬃毛以及驼鹿长长的摇摆的“铃”也很显著。旧大陆鹿类的雄鹿在发情期会用声音宣传自己，并用尿液大量喷溅自己的身体，抓挠尿液浸湿的发情部位，并且摩擦它们的身体和脖颈。抓挠完发情部位，驼鹿还会低下头接近那个部位并将尿液浸湿的泥土撒到下垂的“铃”上，然后那里就成了气味散发器官了——“铃”上的气味可以吸引雌性。一些新大陆鹿类，包括驼鹿和驯鹿，会在它们的后腿上浇小便；那些白尾鹿和黑尾鹿则有专门的、一遇到富有敌意的对手就会展开的有气味的长毛。

鹿是多种大型肉食动物的主要猎物，鹿群为了生存而进化出了不同的御敌战略。有的鹿通过快速跳跃来避开天敌的视线从而躲开其追捕，

⊙ 3月里的一只雄马鹿。马鹿鹿角生长和脱落的年周期在反刍动物中是很独特的，整个过程受性激素和生长激素分泌的支配。被毛覆盖的皮肤会将血液运输给正在生长的鹿角，秋季鹿角则会干枯，鹿会通过用鹿角击打植被的方法移除干裂的表皮。冬季鹿角则会脱落。

有的鹿则是依靠速度和耐力奔跑；还有跨越障碍者（马驼鹿属），而且曾经还有一种很大的、来自北美落基山的很熟练的攀岩型鹿，可惜已经灭绝。

跳跃型的鹿有很多种类，如黑尾鹿，当天敌追捕它们的时候，它们会尽量跑向有陡峭山壁或高障碍物的地方从而甩开天敌的追捕。这种鹿长着很长的耳朵和很大的眼睛，以便它们在很远的地方就能发现天敌。马驼鹿凭借它们大的体型和长长的腿，能很轻松地越过低障碍物，而这些低障碍物相对于体型比较小些的掠食者而言，则需要很费劲才能越过，并且会因此而精疲力竭并降低其奔跑速度。有些鹿，如马鹿的华西亚种和西藏亚种都有很强健的腰腿，可以跳过陡峭的山或越过高的灌木丛。由于各种奔跑方式在一定程度上需要不同的地形和地势才能成功，鹿群不同的适应性也生态性地将同一区域的鹿分为不同的种类。换句话说，不同的逃跑战略会将不同种类的鹿集中到不同区域的地形中，从而使其对食物的竞争性总体上降到最低。

食草羚羊

延伸于刚果盆地南北以及撒哈拉以南非洲的广袤草原，是地球上数量最多的哺乳动物的家园。在这里，禾本科草类以在底层生长为特点，和食草羚羊一同生存于此。在食草羚羊里面，可分成3个不同的族：生活在沼泽地及草原的苇羚族，包括赤羚以及苇羚；湿地草原以及开阔丛林的狷羚族，包括黑斑羚、狷羚和牛羚；还有贫瘠地带的马羚族，长得与马相似。

从尼罗河上的浮游植物堆造成的沼泽地和奥卡万戈河的三角洲，到开阔的东非大草原，再到南部非洲的灌木林地、森林，以及萨赫勒地区和卡拉哈里的半沙漠地带，草地都会有所不同。没有哪个地方是稳定的，这些栖息地的结构在具有变化性的降雨模式、火灾以及来自吃草吃嫩枝叶动物巨大而多样的影响下，不断变化。在这些草地上，哺乳动物的数量随着降雨量增加而增加。在最湿润的地区，正是来自草食动物的压力，伴随着频繁的火灾，阻止了草地向密林和浓密的灌木丛转变。

体型不一的三族

体型和官能

食草羚羊3个族中第1个族即沼泽地羚羊或称苇羚族，全部栖息在相对潮湿而且丰产的环境下，从低处湿地到山区草原，全年大部分时间依靠优质绿色草料为食。也许因为它们常常泡满水的生活环境，没有一个苇羚族成员有高度发达的气味腺体，大多数的沟通通过特殊的、高声的口哨声，这种口哨声被用做报警的紧急信号和雄性的交配呼唤。

最小的苇羚族成员苇羚也许和它们共同的祖先最接近。在3个不相连高地发现的山苇羚种群比其他族的物种更依靠一种粗糙的食物，其领地范围相对比较小，从0.1平方千米到0.15平方千米，种群密度也相对较小，但是肯尼亚的种群接近每平方千米11只。

普通苇羚和南苇羚是小型低地物种，分别栖息在刚果盆地北部潮湿的草地、沼泽地和刚果盆地南部的潮湿草地、沼泽地。和山苇羚一样，它们的活动范围较小，尽管它们在某些地方密度很大——例如在祖鲁平原一个种群的数量达到每平方千米16.6只。和大多数小型羚羊一样，它们抵御掠食者的防御措施更倾向于隐藏，而不是聚集成群。

苇羚族中体型最大者是水羚，乍看起来，它们更适合生活在北美的森林里而非它们实际栖息的潮湿的非洲热带草原。它们的食物中蛋白质含量很高，这可能与它们大量吃的食物长在水边有关。对于羚羊来说这是一个不寻常的特点，实际上它们从不会出现在离开水源几千米之外的地方。因为相对很大的体型，它们需要吃掉大量的植物，因此经常以芦苇、嫩枝叶补充它们主要为

⊙ 图为博茨瓦纳乔贝国家公园中的驴羚，是苇羚族的一员，喜欢湿地栖息地。

⊙ 通过壮美的、尖锐的角，能够立刻辨别出这种动物就是雄性黑斑羚。黑斑羚是分布最广泛的食草羚羊。

草的“食谱”，它们甚至吃水生植物。水边的栖息地会把它们完全暴露在掠食者眼底下，但是在乌干达伊丽莎白皇后公园，人们发现它们是狮子最不喜欢的猎物之一，也许因为它们皮肤上难闻的油腻的分泌物——特别是雄性身上的——倒了狮子的胃口。它们是不移栖的动物，雌性领地范围从肯尼亚纳库鲁湖高种群密度地区的0.3平方千米到乌干达的6平方千米。

赤羚、驴羚以及瓦氏赤羚体型在普通苇羚和水羚之间，它们也会在潮湿的热带稀树大草原和季节性淹没的沼泽地达到非常高的地区性种群密度。赤羚会在刚果河以北出现，它的近亲瓦氏赤羚和驴羚则生活在刚果河南边。所有这3种都钟情于肥美的绿草，它们的行为都适应这些珍贵资源在时间和空间上的波动。最具定居性的瓦氏赤羚吃那些在古老的U形河湾内生长的草和莎草。在伊丽莎白皇后公园北部，当暴雨和火灾过后引起绿草丰产时，乌干达赤羚的活动范围能延伸40千米的距离。苏丹的白耳赤羚则会进行上百千米的大规模迁徙，跟踪季节性降雨带来的尼罗河的漂浮物。在20世纪80年代，它们的数量大约有80万头，它们的迁徙和塞伦盖蒂牛羚的迁徙一样壮观。所有的赤羚以及驴羚都是群居的，以此作为抵御掠食者的策略，同时，只有雄性有角。

狷羚族由牛羚和它们的近亲组成。除了黑斑羚，所有种类都是长相难看的动物，肩膀高出臀部，长有长脸和粗短的角（雌雄均有）。它们是典型非洲稀树大草原上最成功的“居民”。不同的种类分布于刚果以北的草地以及南部非洲的林地。没有像苇羚一样与水或者绿草紧密相连的，除了主要以嫩枝叶为草类补充的黑斑羚以外，体型都比较大。

转角牛羚是选择性的草食动物，只生活在潮湿的稀树大草原地区，通常同赤羚或苇羚生活在一起。各种各样的狷羚物种是无选择性的草食动

知识档案

食草羚羊

目：偶蹄目

科：牛科

11属23种

分布：非洲，阿拉伯半岛。

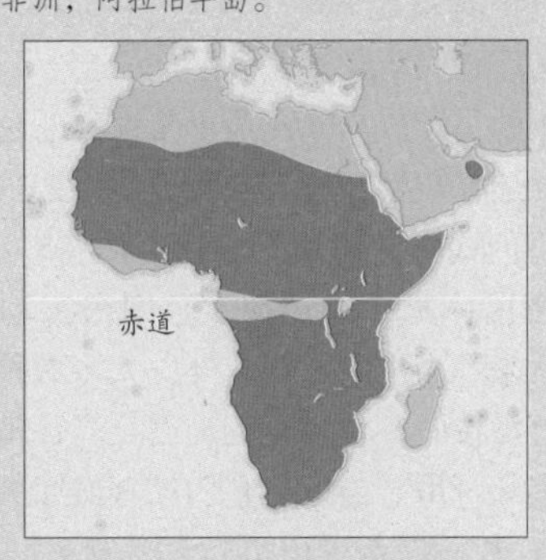

栖息地：海拔5000米以下干或湿的草地。

体型：肩高从山地苇羚的65～76厘米到马羚的126～145厘米；体重从短角羚的23千克到马羚的280千克。

皮毛：多样，从黑斑羚圆滑的皮毛到水羚相对粗浓的毛发。有些种类有鬃毛。

食性：吃草、水生植物；有些种类也吃球茎、豆类的新皮以及块茎。

繁殖：怀孕期210～280天，通常每胎产1崽。

寿命：人工饲养的苇羚能活18年，狷羚能活20年，牛羚属的能活21年，黑马羚能活到22岁。

⊙ 一群长角羚相当安全地穿过其领地，但是，所有其他更大的食草羚羊都受到了严重的生存威胁。

物，生活在有中长型草的热带。在津巴布韦西北部的森格瓦地区，在湿润季节里，它们食物的94%是草，在干旱季节里，其食物中69%是香草和木质植物的嫩枝叶。黑斑羚通常生活在稀树草原上的林地、河畔及有很多种植被的地区。通过季节性变化的食物，它们全年都能得到相对高质量的食物，其领地通常比较小（0.5～4.5平方千米），而且它们从来不迁移。

优雅的马羚族是非洲最干旱地区的物种群。无论雄性还是雌性，所有的种类体型都很大，都带有长直的或弯曲的角。雌性生活在5～25只组成的紧密团体里，总是在大范围内游动，其种群密度从来不高。除了草之外，大多数种类都能食用一些嫩枝叶，包括豆荚，以及多汁植物的鳞茎、块茎和野瓜。当把与它们没有血缘关系的个体驱逐出去，或者在竞争稀有的资源时，雌性的角就会派上用场。

生活在世界上最干旱地区的曲角羚，白色的身躯很庞大，角呈螺旋形，在无水的撒哈拉地区生存。长角羚羊生长在半干旱的萨赫勒地区（以前也出现在撒哈拉的北部）；阿拉伯长角羚，唯一一个非非洲成员，曾经在阿拉伯和西奈半岛出现过，现在又再次被引入阿曼和沙特阿拉伯。马羚和黑马羚是这个适应干旱环境的族里数量最少的，虽然它们有同样的体型和社会结构。

社会生物学的规则
社会行为

草食羚羊比任何其他族群都多，能典型地阐明社会生物学的中心教条：雌性跟随食物，雄性跟随雌性。这种普遍化有一个简单的理论上的解释——雌性必须承担起生养和哺育下一代的责任，而雄性只提供精子，在任何时候总会有更多的雄性可以用来交配。雌性的繁殖成功与否，主要依赖对资源的获取，而雄性要想使自己的基因传递下去，则依赖于它们能得到多少雌性。长此以往，雌性被自然选中来搜寻生存资源，雄性则被自然选中来追寻雌性。

基于这个概念，我们可以把草食羚羊分成4个基本的繁殖体系。第1种，雄性防卫资源性领地体系。这种体系中的雌性倾向于长久地待在小型的活动范围内，种群密度适中。例如瓦氏赤羚中的雌性通常常年在古老的U形河湾内的土地上寻找质量高的食料；大体型的水羚全年在湿地栖息，雌性全年都在寻找蛋白质含量高的食料；黑斑羚是既吃草又吃嫩枝叶的种类，喜欢稳定的生活方式；狷羚能忍受低质量的牧草，能在中等干燥的季节里生活。在所有这些物种里，雌性拥有的领地很小，而强壮的成年雄性能够有效地保卫独占性的领地，该领地包括几只雌性生活的全部或部分区域。粗略地观察，还以为雄性水羚或黑

⊙ 图为常见的食短草的迁徙性动物牛羚，它们的迁徙活动反映出它们需要合适的食料、水和矿物质。在壮观的迁徙行动中，有些牛羚在过河时会成为鳄鱼的口中餐。

⊙ 食草羚羊（图中均为雄性）的行为：1.南苇羚正昂首站立；2.东非水羚在展示它的首领地位；3.短角羚正处于警戒姿态；4.乌干达水羚在交配期内，把头抬得高高的以接近雌性水羚；5.曲角羚正在嗅雌性羚羊的尿液，做出卷唇状；6.黑马羚在展示自己的角，以表明其首领地位；7.马羚正顺从地站着；8.库氏狷羚显出1岁时的温顺；9.一只有领地的雄性黑斑羚发情期内在领地上巡行；10.一只白纹牛羚膝盖弯曲，正用头撞对方；11.直角长角羚踢前蹄以示求爱；12.转角牛羚正抬头接近雌性；13.黑斑牛羚正垂耳示爱。

斑羚正在保卫雌性的“闺房”呢，但是事实上，它们正在保卫自己界线清晰的领地。如果雌性离开这个区域，它们会放弃对雌性的控制，继续守护领地。

苇羚可以作为第2种体系的例子，与第1种体系只有一点不同。因为它们的繁殖体系实际上与水羚和瓦氏赤羚的相似，尽管在表面上看苇羚等是“一雄一雌制”配对形式。雌性苇羚依赖隐藏来躲避肉食动物，因而需要相对易消化的食物，它们的体型很小，基本上处于独居状态。雄性苇羚保卫它们富有生存资源的领地，但也经常与单身雌性苇羚的领地重叠。

第3种繁殖体系是雄性守卫一群雌性，这在马羚族物种中经常出现。在这些能够适应干旱环境的羚羊物种中，雌性马羚的领地范围要广得多，以致雄性马羚无法有力地控制。

雌性马羚类能够建立紧密的、稳定的家族群体，通常在5～25只左右，这或许是为了能够与其他没有亲缘关系的个体竞争稀有的资源。雄性最普遍的交配策略是直接保卫雌性群体，而不是保卫领地。只有黑马羚例外，因为雌性黑马羚的活动范围要小很多，也更具有预知性，于是雄性黑马羚不保护雌性群体，而是转过来保护领地。

最后一个体系是，有那么几种或几个亚种，它们的雌性生活在高密度群体中，活动范围很广，难以预测，在大片草地上寻找零星分布的高质量草料，不会形成稳定而紧密的群体。这包括乌干达赤羚、白耳赤羚、卡福驴羚，可能还有一些大规模迁移的牛羚（角马）。在这些物种里，雄性经常保卫面积小、资源少的领地，聚集在传统的交配区（或称“求偶场”）。发情的雌性会离开自己生活的大型的、性别混杂的群体，行走数千米到最近的交配区交配。它们往往在那里待上12～24小时，和几只不同的雄性进行数次交配。

⊙ 年轻的转角牛羚在练习争斗。当长到1岁大时，它们会被有统治权的雄性驱逐出领地，等到三四岁时再回来挑战年长的雄性。

松鼠

气候温和地区的松鼠有点像水仙花：它们在早春突然出现，在居住地生活几个月，之后又会消失。对居住在地上的动物来说，消失意味着冬眠的开始，好多种松鼠生命的一半时间都花在冬眠上。一年中它们在地面上活动4~6个月，之后在地下很深的干草垒成的窝里度过一年的其他时间。

由于松鼠相对不太特化，所以能够进化成不同的体型，能在很广泛的地带选择适合它们生存的居住地，从茂密的热带雨林到半干旱的沙漠，从开阔的大草原到城市的公园都有它们的身影。大获成功的松鼠科动物包含多样的形态，例如有在地面居住和穴居的土拨鼠、地松鼠、场拨鼠以及美洲花鼠，有树栖的白天活动的树松鼠，还有夜行的飞鼠。鳞尾鼯鼠同样可看做是松鼠，尽管它们在分类学上不同于真正的松鼠。

挖掘者、攀爬者和滑行者

体型和官能

松鼠很好辨认，因为它们有圆柱形的身体、蓬松的尾巴和适于抓握的四肢。它们前腿短，前脚上有一个小型的拇指和其余4指；后腿比较长，后脚上要么有4个脚趾（北美土拨鼠）要么有5个脚趾（地松鼠和树松鼠）。大多数松鼠白天活动，非常活跃，有的时候非常聪明。它们在体型和生活习性上有多种，从地面居住、善于掘土的种类（土拨鼠、地松鼠、场拨鼠）到树栖的树松鼠和夜行的飞鼠。能够在相对多样的环境中栖息并且有广泛的觅食行为是它们分布广泛、种类种群众多的基础。

⊙ 哈氏羚黄鼠在已经挖掘开的洞穴里居住，在领地内，它可能会有几个洞穴，其中一个里面有窝巢。这种松鼠白天活动，非常引人注目。

⊙ 亚州灰松鼠是一种树松鼠，分布在美国亚利桑那州、新墨西哥州和墨西哥的森林地区。树松鼠不冬眠，但是在寒冷的冬天会待在窝里，只在必须觅食的时候才离开窝。它们主要以坚果、种子、水果、嫩芽和花蕾为生。

松鼠有一双大眼睛，眼圈颜色亮丽。眼睛长在脑袋的两侧，为它们提供了宽阔的视野，敏锐的视力使它们能够在很远处识别出哪些是危险的掠食者，哪些是不危险的同类。树松鼠和飞鼠以及美洲花鼠有双大耳朵，有些松鼠例如赤松鼠和缨耳松鼠还有显著的耳毛。所有松鼠的头、脚和腿的外侧都有触觉灵敏的触须。

松鼠科动物的牙齿排列与寻常的啮齿动物相同，上下颚上各有一对凿状门齿，与前臼齿间有一个大缝隙，没有犬齿。门齿能不停地生长，随使用而磨损；臼齿有齿根和用于研磨咀嚼的表面。下颚可以活动，下门齿可以独立使用。有些美洲花鼠和地松鼠有面部的颊袋，可用来盛放食物。

地面居住的松鼠体重很大，前肢强壮，爪子尖利而适于挖掘。而树栖松鼠体重比较轻，身体修长，前肢肌肉相对不发达，所有趾尖上都有锋利的爪子。树松鼠从树上下来时头在前面，后脚上爪子像锚一样紧紧抓住树皮。它们蓬松的尾巴有很多功能：奔跑和爬树时可起到平衡的作用，跳跃时可作为方向舵，睡觉的时候作为包裹身体的毛毯，还可作为旗帜传达各种信号。所有松鼠的脚底都有柔软的肉垫，使它们能够很好地抓住物体表面和食物。吃东西的时候，松鼠用臀部蹲着，用前爪抱住食物。在荒漠生存的长爪地松鼠的脚垫有毛皮覆盖，这使它们在发烫的沙子上走动时不会感到烫；另外，后脚周围的刘海般的硬毛在挖洞的时候能够推开沙子。

飞鼠就像其他的能滑行的哺乳动物，例如会滑行的狐猴和会滑行的袋鼯一样，身体表面覆盖有一层比较强壮的翼膜，当它们跳落时，可以当降落伞用。身上那一层有力的膜可以从后腿一直延伸到前肢，一旦从空中降落下来，靠前肢和蓬松的尾巴来改变方向。大的飞鼠可以滑行100米远，小的飞鼠滑行的距离很近。滑行是快速逃脱像松貂这类不会爬树的掠食动物追捕的最经济有效的办法，然而一旦在树上，飞鼠的行动就会受到翼膜的阻碍，这也许可以解释它们为什么在夜晚活动，它们是以此躲避目光敏锐的食肉鸟类。

⊙ 赤松鼠生活在欧洲和亚洲中部的林地里，耳朵上有显眼的丛毛。在俄罗斯，人们常为了获得它们冬天时的深棕色皮毛而猎捕它们。

知识档案

松鼠

目：啮齿目

科：松鼠科

共50属273种

分布：是哺乳动物中分布最广泛者之一，世界大多数地方都有分布，但是澳大利亚、波利尼西亚、马达加斯加、南美洲南部、撒哈拉沙漠和阿拉伯半岛除外。

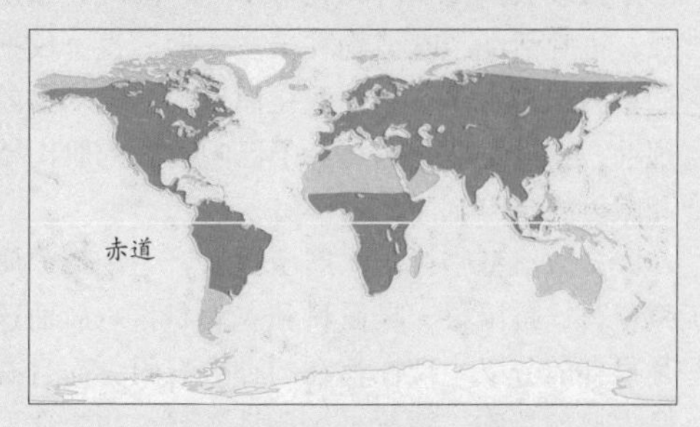

栖息地：多种多样，从热带雨林到北温带针叶林、苔原、高山草甸，再到半干旱的沙漠地带、农业用地和城市公园。有些种类为树栖，在树枝上和树洞里做窝；有些是陆栖，在地下挖洞。

体型：体长从很小的西非倭松鼠的6.6～10厘米到普通土拨鼠的53～73厘米，尾长从前者的5～8厘米到后者的13～16厘米；体重从前者的10克到后者的4～8千克。

皮毛：松鼠的皮毛呈多种颜色，多数种类每年换毛两次；在北方地区，夏季软软的毛秋末时要换为厚厚的、短而硬的冬季毛。没有性别二态性，皮毛质地和颜色不随年龄的变化而变化。

食性：树松鼠和飞鼠吃坚果、种子、水果、嫩芽、花、植物的汁，偶尔也吃真菌类；地面生活的松鼠吃草、非禾本科草本植物、花、鳞茎，尤其是种子。大多数种类还吃昆虫、鸟蛋、未离巢的雏鸟，如果能够寻找到小型脊椎动物的话，它们也吃。

繁殖：大多数种类的雌性比雄性性成熟早，通常1岁大小就可以生育。多是“一雄多雌制”的，有些种类的雌性会与多个雄性交配，导致一窝幼崽的父亲有多个。大多数地面上生活的松鼠、飞鼠和树松鼠的北方种群在晚春时节生一胎；温带地区的树松鼠和美洲花鼠在夏季还可再生一胎。一般一窝生1～6只（最多11只），体型大的松鼠种类一窝所生的数目比较少。

寿命：地松鼠和树松鼠平均2～3年，最久可活6～7年；体型大的松鼠，像黄腹土拨鼠平均活4～5年，最久可活13～14年。雌性一般要比雄性的寿命长。

鼠型啮齿动物

占哺乳动物种数1/4的鼠型啮齿目动物尽管现在也被归为松鼠亚目，但是它们曾经有自己单独的分类单元——鼠型亚目。它们所呈现出的多样性是如此之多，以至于人们无法将其归为任何一类。

绝大多数鼠型啮齿动物体型小，陆栖，繁殖力强，夜晚活动，吃植物种子。人们一直争议把它们单独归为由单一祖先演化而来的一类动物的合理性，依据主要有两点：下巴咀嚼时的肌肉特征和臼齿的结构。

大多数鼠型啮齿动物属于鼠科，一小部分属于睡鼠科、跳鼠科、异鼠科和衣囊鼠科。后面这些是早期的分支，现在存在的种数有限，而且有一些也比较特殊。睡鼠是树栖性冬眠动物（在温带地区）；跳鼠则适应沙漠气候。鼠科动物从中新世开始（即在最近的240万年之内），经历了很多更近的和更有扩展的演变（环境适应性）。结果就是一些种类比较特殊，比如类和旅鼠，以草和其他粗糙的植物为生；而其他的许多种类仍然保留着吃各种各样的种子、芽和某些昆虫的习性，以比草更为有营养但是不够丰富的食物为生。

在生态学上，大多数鼠型啮齿动物可以被归结为“r-策略”的选择者，也就是说，它们很早和大量地繁殖后代而不是选择个体的长寿。在某种意义上，鼠科动物比它们的近亲睡鼠和跳鼠更强壮和普遍。

繁殖的能手

在哺乳动物的整个进化史上，物种所呈现多样化最多的就是鼠科动物了，现存的有1000多种，几乎在全世界所有的陆地地区都可以看到

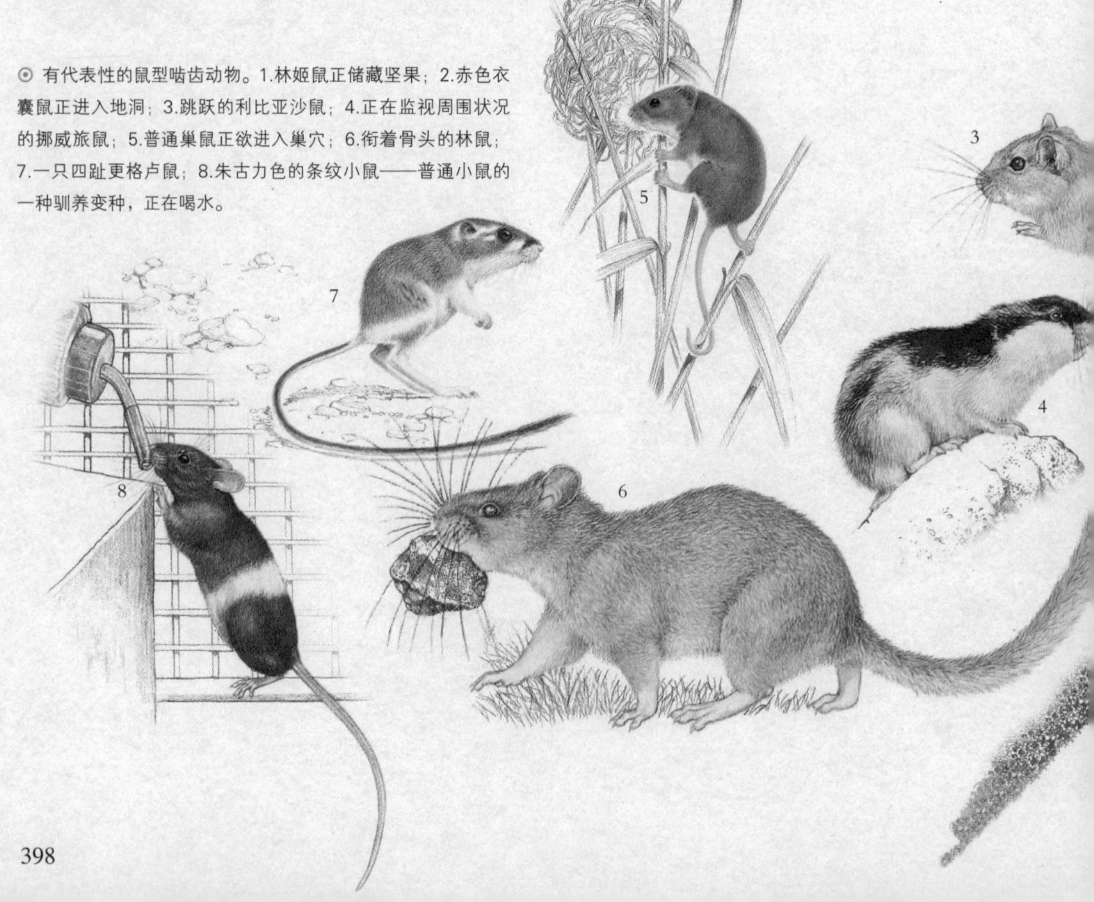

⊙ 有代表性的鼠型啮齿动物。1.林姬鼠正储藏坚果；2.赤色衣囊鼠正进入地洞；3.跳跃的利比亚沙鼠；4.正在监视周围状况的挪威旅鼠；5.普通巢鼠正欲进入巢穴；6.衔着骨头的林鼠；7.一只四趾更格卢鼠；8.朱古力色的条纹小鼠——普通小鼠的一种驯养变种，正在喝水。

其足迹。它们几乎都是杂食性动物，主要以植物种子为生，但是也能够用它们的牙齿咀嚼其他食物吃，如树的嫩芽和昆虫。

由一种共同祖先进化出的另一些特殊种类的鼠科动物能够适应艰难的生活环境，如许多沙鼠（沙鼠亚科）保留了吃种子的生活习性，但是也适应了非洲和中亚地区的干旱炎热环境；仓鼠（仓鼠亚科）凭借极强的食物储藏和冬眠能力适应了寒冷干燥的环境；类和旅鼠以及非洲沼泽地生活的鼠亚科动物能够克服牧草难以消化的难题，开拓了生活环境的新天地。

⊙ 一只北蝗鼠像狼嗥一样，仰起头发出尖叫声。这种叫声在该种中非常普遍，人类可以听见这种叫声，它一般持续一两秒，可以传到100米远以外。这种叫声可能是向同类警示某一片土地已经有了主人。

知识档案

分布：世界各地，除了南极洲。

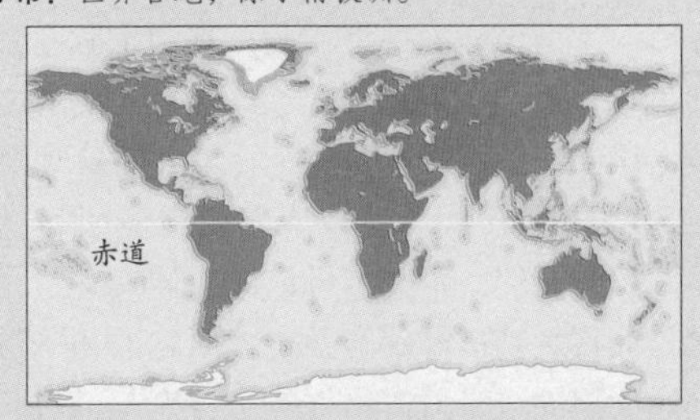

属松鼠亚目，共5科312属1477种。

鼠科
279属1303种

新大陆鼠科动物——棉鼠亚科
共86属434种

䶄类和旅鼠——䶄亚科
共26属143种

旧大陆鼠科动物——鼠亚科
共118属542种

旧大陆其他的鼠科动物
共30属65种
有颊囊鼠亚科、冠鼠亚科、树鼠亚科、竹鼠亚科、马岛鼠亚科、刺睡鼠亚科、鼢鼠亚科以及瞎鼠亚科

仓鼠——仓鼠亚科
共5属24种

沙鼠——沙鼠亚科
共14属95种

睡鼠科
共8属26种

跳鼠科
共15属50种

衣囊鼠科
共5属39种

异鼠科
共5属59种

豚鼠型啮齿动物

在被列为豪猪亚目的啮齿动物中，人们所熟悉的豪猪是比较有代表性的动物。大型的啮齿动物都局限在中美洲和南美洲，虽然它们因外形不同而被划归为不同的科，但是豪猪亚目有着足够的相同点使得它们组成了一个自然而紧密的群体。

在外形上，这些啮齿动物中的大多数头都比较大，身体圆胖，腿细长，尾巴短小，像豚鼠、刺豚鼠、大型水豚等都是如此，其中水豚是最大的啮齿动物，身长超过1米。当然，其他的一些种类，比如针鼠，外形则与一般老鼠很相似。

从内在性来说，这些啮齿动物最明显的特征是颌下咬肌的一个分支可以向前伸展穿过弓形的颧骨而接触到口鼻部的两边，而它的另一端可以到达下颌的边缘处。另外一个特点是经过长长的怀孕期它们刚生下的幼崽发育很好，而且每胎产的幼崽数很少。例如，水豚通常是怀孕50～75天后生2～3只幼崽，而褐鼠怀孕21～24天后生产7～8只幼鼠。

豪猪亚目这个名称，是为了加强旧大陆豪猪（豪猪科）和南美豪猪的联系。虽然它们都有上述的特征，但是具有共同的特征是否就能说明它们有共同的祖先，这一直都是人们争论的焦点。关于分类的争论，也关系到了这样一个问题，即南美豪猪类是否是在始新世后期从北美或者非洲（当时两个大陆相距相当近）迁移到了南美。非洲的藤鼠和豪猪科很相近，但是非洲的其他一些科例如栉趾鼠科和岩鼠科，与豪猪科则相差比较多，但是表现出了一些南美豪猪类的典型特征。

美洲豪猪科大部分都是陆栖和食草的，但有一部分是树栖的，而梳鼠科则是生活在洞穴中的。

⊙ 豚鼠型啮齿动物的代表性种类：1.栉趾鼠；2.家养的豚鼠或称几内亚猪；3.水豚；4.刺豚鼠；5.北美豪猪；6.短尾绒鼠。

⊙ 尽管视力很差，不能跳，笨拙而且体型大——大点的雄性体重可以超过15千克，但是北美豪猪经常爬到很高的地方寻找食物，其食物主要包括浆果、坚果和嫩芽。

知识档案

分布：美洲，非洲，亚洲

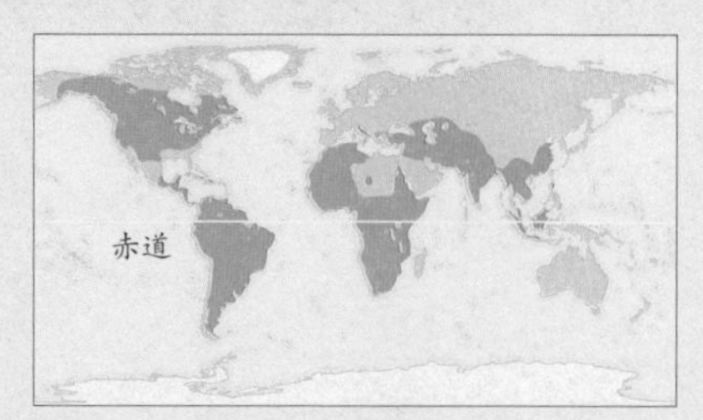

属豪猪亚目，共18科63属238种

美洲豪猪科
4属12种

豚鼠科
5属14种

水豚科
只有1种，即水豚

河狸鼠科
只有1种，即河狸鼠

牛鼠科
6属15种

花背豚鼠科
只有1种，即花背豚鼠

刺豚鼠科
1属（刺豚鼠属）2种

毛臀刺鼠科
2属13种

华毛鼠科
1属3种

针鼠科
16属70种

绒鼠科
3属6种

八齿鼠科
6属10种

梳鼠科
1属56种

藤鼠科
1属2种

岩鼠科
只有1种，即岩鼠

豪猪科
4属11种

栉趾鼠科
4属11种

滨鼠科
5属15种

⊙ 对于水豚来说，水是它们的避难所。水豚要么10多只在一起成群生活，要么就暂时地大规模群居，能多达100余只，由小的次级群体构成。

家兔和野兔

没有几种哺乳动物像欧州野兔那样，几个世纪以来和人类的命运紧密地缠结在一起。它可能在罗马时代的北非和意大利就开始被驯化，今天共有超过100种的家养野兔来源于古代一个单一的种类。另外，同一世系的野生或是驯化的野兔后代，通过侵袭或者有意的引进，现在遍布到了全世界，许多种群达到了极度的繁荣甚至成了有害动物。然而欧州野兔只是50多种兔科动物中的1种，还有一些已经到了濒危的境地，其数量只有几百只而不是成千上万只。

兔科动物从广义上来说可以分为两大组：兔属类的野兔，以及其他10个属的家兔。但情况有的时候比较复杂，一些种类如非州红兔和濒危的阿萨姆兔（粗毛兔）一般认为是野兔，即使它们的行为很像家兔。

区分野兔和家兔
体型和官能

野兔和兔属的家兔最主要的区别在于这两类动物在面对入侵的掠食者时采取的策略不同，生殖策略也不一样。基本上长腿的野兔能逃脱它的追捕者——在极度惊吓情况下一些野兔的速度可以达到每小时72千米，而短腿的家兔则会跑到茂密的掩蔽物或者地下洞穴中寻找安全。另外，小野兔在出生时与新生的小家兔相比发育得更成熟（早熟性的）。不打洞的野兔，有着比较长的怀孕期（37～50天），它们的小兔出生时，全身有毛覆盖，眼睛能够睁开，并且能协调地运动。相反，家兔的小兔在出生时赤裸着身体或者有稀疏的毛覆盖，眼睛在出生后4～10天才能睁开。长着长长的耳朵是所有兔科动物的一个突出特征，但是最典型的是羚羊兔，双耳可以长到17厘米以上。野兔和家兔的眼睛都很大，并且能适应微光和夜间的活动方式。所有的兔科动物都是植食性的，但是诸如山地兔和雪鞋兔等在食物种类上比其他的包括欧州野兔在内的种类有更多的选择性。

⊙ 像一些北方的兔子一样，雪鞋兔一年换毛两次。每到冬天，为了伪装，它都换上白色的毛，在下一个春天时褪去。但是有些个体如果生活在一直有雪覆盖的野外地区，则一般不会改变毛发颜色。

⊙ 这是生活在坦桑尼亚塞伦盖蒂国家公园的一只大草原野兔，它听到陌生的声音时会竖起长长的耳朵，眼睛睁得很开，警惕着危险。一般来说，野兔会凭借极快的速度逃脱捕食者，而家兔则会尽快地找到最近的避难所。

开阔的地形或茂密的掩蔽体
分布方式

除了一些在森林中生活的兔子如雪鞋兔外，大部分野兔喜欢开阔的栖息地，那里覆盖着岩石或植被。它们有着广阔的地理分布，栖息地从沙漠一直到草原和冻土地带。另一方面，家兔却很少在远离茂密的掩蔽物或地下洞穴的地方出现，它们生活在一系列复杂的、连续不断的地区，这些地带主要是以草地连接着茂密的掩蔽物为特征。在北美洲地区，林兔的掩蔽物是由灌木和荆棘这样的植被提供的。其他的兔科动物对它们自己的栖息地也有独特的要求，两种有斑纹的兔子即苏门纹兔和阿纳米兔以及日本的琉球兔生活在热带森林的掩蔽下，而南非山兔和阿萨姆兔则分别局限于南部非洲干燥台地高原小河边上的灌木丛和印度次大陆的高山草甸上。和家兔明显不同的是，野兔倾向于白天在洞穴中躲避，但是一旦遇到捕食者就立刻跑出洞外去。

群居但缺少亲代的照料

社会行为

成群的穴居生活，在欧州野兔中是司空见惯的，但对于其他兔属动物却并非如此。除了欧州野兔以外，只有小山兔、琉球兔、薮岩兔在地下挖洞来保护自己，一些投机主义者如东林兔、荒漠林兔、西林兔则常利用别的动物挖的洞穴。曾经有报道说一小类兔子挖洞是为了躲避极端的温度，例如加州兔和草兔这样做是为躲避沙漠高温，而雪鞋兔和北极兔挖洞到雪中是为了躲避严寒。地表或植被表面凹陷的地方，普遍被兔子用做休息的场所。这些地方可能是被几代兔子修建成的完美的栖息地，也可能仅仅是几个小时的临时避难所。

⊙ 一对兔子交配之后正在整理皮毛。雌兔在分娩之后不久便再次进入发情期。雌兔的怀孕期大约仅为30天，每年能产下约4～5窝。

知识档案

野兔和家兔

目：兔形目

科：兔科

共11属58种。其中有7个单型属（每属只包括1种）：山兔、粗毛兔、穴兔、琉球兔、火山兔、薮岩兔、小山兔。另外苏门兔属有2种，岩兔属有3种；林兔属有14种，包括森林兔和东林兔等；兔属有32种，包括羚羊兔、加州兔、美洲兔（雪鞋兔）、欧洲野兔等。

分布：南北美洲，欧州，亚州，非州；人工引进到澳大利亚、新西兰以及其他地区。

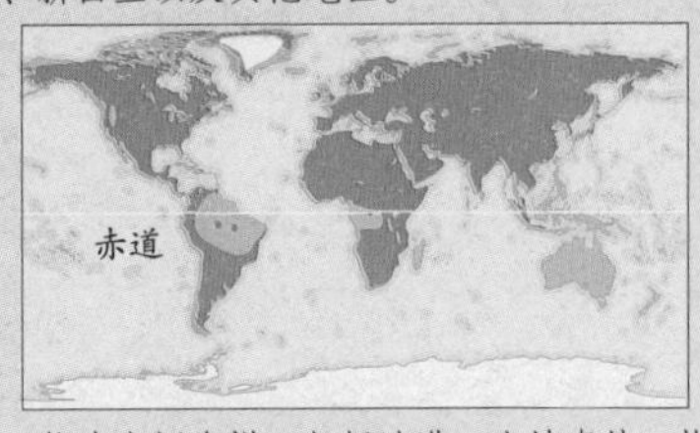

栖息地：较为广阔多样，包括沙漠、山地森林、热带雨林、苔原冻土区、沼泽地、高山草甸和农业区。

体型：体长从小山兔的25厘米到欧州野兔的75厘米不等，尾长从1.5厘米到12厘米不等，体重从前者的大约400克到后者的6千克。

皮毛：一般来说，毛发比较细密和柔软，但是一些种类如阿萨姆兔和灰尾兔的毛发就比较粗糙。兔科动物耳朵上的毛发比较短并且较为稀疏。脚上有毛发覆盖。毛发的颜色有红褐色、棕色、浅黄色、灰色和白色。腹部一般颜色比较浅，为苍白色或纯白色。只有两种兔子有花纹。极地或北方的兔子在冬天的时候皮毛变成白色（如雪鞋兔、北极兔、山地兔和日本兔）。

食性：植食。

繁殖：野兔的怀孕时间（山地兔可达55天）比家兔（穴兔是30天）一般要长。野兔的幼崽在出生时是早熟性的，但是家兔的幼崽出生时发育得不很成熟。

寿命：野外生存的兔子平均寿命不到1年，欧州野兔和穴兔的寿命最长可达12年。

⊙ 生活在加利福尼亚州的荒漠林兔的幼崽正挤在浅浅的窝里。母兔并不和它们一起在窝里生活，而是蹲伏在它们的边上，给它们喂食。这窝小兔只是一年时间里生养的几窝中的一窝。小兔可能在3个月后就开始自己繁殖。

穴兔挖的地下洞穴形成了固定的领地和繁殖群体，其社会系统在许多兔属动物中是不常见的。大多数的野兔和家兔没有固定的领地，只有单独的家庭。一些野兔的活动范围达到了3平方千米，而且有相互重合的较好觅食区。一些种类的兔科动物会临时聚合在一起，包括南疆兔、雪兔、加州兔和林兔。欧州野兔有一定的组织性，群体中居主导地位的个体常常比其他个体优先获得食物。在冬天的几个月中，大群的雪鞋兔会聚在一起，这些个体有着白色的毛发作为伪装。雪鞋兔聚在一起可以减小被掠食动物捕获的几率。

除了“管理”，公兔也插手保护小兔免受其他成年母兔的攻击。据了解，公兔父亲般地照料小兔没有固定的形式，甚至母兔在地表以上对小兔的照顾也相当少，这种现象叫作“缺少亲代照料”。对野兔来说，早熟、有毛发覆盖、可以活动的小兔出生在地表的洼地，而发育不完善的家兔幼崽在细心建造的地下窝里（例如火山兔就有厚厚的树枝草丛组成的住处）得到细心的照顾。兔科幼崽出生以后，不断和不寻常的母性照料就是哺乳和在很短时间内舔干小兔，一般来说，这种照料最短5分钟，最长24小时。实际上，母兔的奶水有很高的营养，含有很多脂肪和蛋白质，小兔可以在17～23天的短时间内快速成长。举例来说，穴兔中母兔和小兔之间的联系持续到21天后小兔断奶，此后，母兔就开始为已经怀上的下一胎的出生做准备。

⊙ 一只着夏季皮毛的雌性雪鞋兔。这一物种在种群周期的不同阶段明显表现出每窝产崽数量的不同。

作为一种策略，母兔和小兔之间联系的缺乏可以减小引起掠食动物对小兔注意的几率。有些家兔专门挖下用于哺育的洞穴，在每一次短暂的哺乳后都用松软的泥土仔细地封住洞口。在地表之上哺育小兔的野兔，幼崽大约在出生并被哺乳3天后就分别离开出生的地方，但是在特殊的地点和确定的时间（一般是太阳落山时）小兔会进入一定的群体以便从雌兔那里得到快速的、简单的哺乳。

气候和繁殖之间的关系在野兔和新大陆的林兔身上显示得十分清楚。对林兔属来说，纬度和每胎所产小兔数量之间有着直接的关系。在北方种类中有最短的繁殖时间和最多的幼崽数。东林兔看来是林兔属中繁殖力最强的一种，一只一年可以产35只小兔；森林兔最少，每年产10只左右。极北地区生活的兔属类兔子每胎生6～8只小兔；在赤道地区，每只母兔一年则能产8胎，每胎1～2只小兔，大约可以用每年产10只小兔的标准来统计数据和计算。雪鞋兔的产崽数变化很大（一只雌兔产5～18只小兔），它们种群的周期性变化广为人知，并且同步地反映在全部的地理环境中。

与鼠兔更多地靠声音沟通相比，家兔和野兔之间的交流更多地依靠气味而不是声音。然而，也有一些种类比其他的兔子更加依靠声音，特别是火山兔。许多兔科动物被掠食动物捕获时，会发出悲伤的长声尖叫；5种家兔和所有群居的兔科种类，都能发出特殊的警戒声音。我们知道穴兔、林兔、荒漠林兔遇到危险时常用后腿重击地面，可能是提醒地下窝内的同伴。另外许多兔科动物的尾巴下侧是显眼的白色，在被掠食动物攻击时，可以作为看得见的警告标志。有趣的是，这些有尾巴标志的兔子在开阔的栖息地也很容易看到，而像森林兔、火山兔、粗毛兔的尾巴下侧则是黑色的。

所有的家兔和野兔的腹股沟和下巴处都有秘密的气味腺体，在同异性的交往中，这是很重要的一点。对于群居的穴兔来说，气味腺体的活动与雄性激素的分泌水平和睾丸大小有关，也可以标志其在兔群中的地位。穴兔群体中居主导地位的公兔最经常留下气味标记，气味腺体分泌物的分泌也更为频繁，还会喷射尿液来标记自己的地位。

⊙ 野兔和家兔中具有代表性的种类：1.琉球兔，它正在挖洞；2.南非山兔，正处于警戒姿势；3.薮岩兔，正在蹦跳；4.羚羊兔；5.穴兔，图中是一只群体中居主导地位的雄性，正在用下巴腺体蹭树做气味标记；6.苏门纹兔，正在梳理自己的髭须；7.一只雄性东林兔，正处于警戒姿势；8.欧洲野兔，正在搏斗；9.厚尾岩兔，正处于警戒观望姿势；10.阿萨姆兔，正在自己的窝内卧着；11.火山兔，正蜷缩成球状休息。

照片故事
PHOTO STORY

欧洲野兔的疯狂世界

① 野兔没有地下避难所提供庇护，它们依靠极好的感觉以及长腿来生存。它们的感觉器官包括长在头部两侧可以进行全方位观察的眼睛、大大的耳朵以及敏感的鼻子。

②③ 人们所说的"3月里发了疯的野兔"，使人想起野兔在交配季节（1月～8月）里的野性行为。在这个时期，雌兔在每6周为一个周期的时段里每天只有几个小时可以接受雄兔交配。当地的雄兔会竞争它们的心仪对象，居于统治地位的雄性会尽力使其他的雄性不要逼近，而雌兔则会在做好准备之前击退任何的靠近者。"疯狂的"行为之所以在3月里变得可见，只是因为夜晚——野兔喜欢在此时间活动——变得比较短，逼使它们在白天"竞技"。

④ 在打退过于性急的追求者的时候，雌性故意不用全力，这从很多雄兔留下疤痕的耳朵上可以得到验证。雌兔准备好之后，会发动一场遍布整个原野的追逐，摆脱掉那些追逐它的雄兔，直到只剩下一只雄兔——也许是最强壮的那只。最后，雌兔会停下来，并允许这只雄兔与其交配。

⑤ 一只幼年野兔正躲避在其栖息地点（或者说白天休息的地方）。与其“表亲”家兔不同，小野兔降生到这个世界时全身长毛，两眼睁开，并能灵活地活动。在日落前后它会小心谨慎地移动到几天前它出生的地方，在那里它将与同窝出生的其他幼崽一起等待母兔。母兔在日落大约45分钟之后来给它们哺乳约5分钟，之后它们会再次分开。在4～5周大的时候，小野兔们将会以植物为食，而雌兔的“来访”也会停止。

食虫目动物

虽然是哺乳纲内最大的目之一，食虫目（或者说双褶齿猬目）却是我们研究得最少的。所有的食虫目动物都是体型很小的动物（没有比兔子大的种类），它们有细长通常也很灵活的鼻子。大多数通过走或者跑来活动，尽管有些种类可以游泳有些种类可以打洞。它们的身体形状变化很大，从流线型的獭鼩到短而肥胖的刺猬和鼹鼠。所有的种类移动时都用脚掌和脚踝着地行走，并且大多数都有很短的四肢，每足有5趾。有的眼睛和耳朵很小，几乎无法看到。

食虫目通常会被划分成3个亚目，以强调各科之间的相互关系。无尾猬亚目，包括无尾猬和金鼹；猬亚目，包括刺猬和鼠猥（后者被认为是最原始的食虫目动物）；鼩鼱亚目，包括鼩鼱、鼹鼠和沟齿鼩。

然而，近来的DNA分析表明，金鼹和无尾猬应当被划分到一个新目——非洲猬目中，是一个总目组合（非洲兽类总目）的一部分。相应地，在这一新的划分法之下，鼩鼱、鼹鼠和刺猬构成了一个新目——正无盲肠大目。但在这里我们仍然沿用传统的食虫目的划分体系，直到大家达成一个共同的新的划分体系为止。

⊙ 当运气好的时候刺猬也能吃到鸟蛋和小鸟。刺猬的食物种类非常广，包括所有无脊椎动物，例如蚯蚓、甲虫和蛞蝓等。

食虫目中的3个科能够称得上分布广泛，这3个科分别是：猬科，包括刺猬和鼠猥；鼹鼠科，包括鼹鼠和水鼹；鼩鼱科。这3科才是食虫目世界范围内广泛分布的主要贡献者，而剩余其他3个科的分布则相当有限。沟齿鼩科只在加勒比群岛中的伊斯帕尼奥拉岛和古巴有分布，无尾猬科主要在一些岛屿如印度洋的马达加斯加岛和科摩罗群岛有分布，而一些獭鼩只分布在湿润的中部非洲地区。由于獭鼩的分布、生存方式和栖息地的不同，它们曾经几度被认为是一个独立的科——獭鼩科，尽管牙齿表明它们的确是真正的无尾猬。在下文中我们把它们作为无尾猬的一个亚科。金鼹只存在于南部非洲的一些干旱地区。

⊙ 一只高山鼩鼱在德国巴伐利亚的丛林里。鼩鼱科是食虫目到目前为止最古老的一科。

原始的有胎盘类哺乳动物

食虫目的分类体系

作为一组动物，食虫目被认为是现存的有胎盘类哺乳动物中最原始的，因而是现代哺乳动物祖先的“活化石”。1816年创立的一个分类体系中，为了描述刺猬、鼩鼱、鼹鼠（全部以昆虫为主要食物的动物），第一次使用了“食虫目”这一术语。后来这一目迅速变成了一个杂物袋，任何一种无法严格划分到其他目的种类都被划分到了食虫目中。1817年，自然学家乔治·居维叶又在这一目中增加了美洲鼹、无尾猬、金鼹和水鼹。40年后，树鼩、象鼩和鼯猴

⊙ 缟纹无尾猬有褐色的标记和从鼻子一直延伸到头后的条纹，身体上同样也有纵向条纹。下腹部的毛也是带刺的，与此形成对比的是黑头无尾猬下腹部的毛要软一些。

也被包括了进来。它们都是当时需要分类的新发现的物种，但是没有一种与现今食虫目的其他成员有相似性。

由于食虫目当时包含大量彼此区别很大的动物，为了解决这一问题，1866年生物分类学家厄恩斯特·海克尔将食虫目划分成两个不同的组，分别称它们为有盲肠类和双褶齿猥类。有盲肠类（树鼩、象鼩和鼯猴）的特点是大肠的开端出现了类似于人类阑尾的盲肠；而双褶齿猥类（鼹鼠、金鼹、无尾猬和鼩鼱）缺失这一结构。

有盲肠类和双褶齿猥类在外形上也有很大区别，很大的眼睛和很长的腿就是有盲肠类的显著特征中的两个。鼯猴的差别更大，以至于在1872年就为它们建立了一个新目——皮翼目。在1926年，解剖学家勒·格罗斯·克拉克提出，相对而言树鼩更接近灵长类中的狐猴，但是最现代的观点是将树鼩划成一个独立的目——攀兽目。同样象鼩也无法被清晰地划分到现存的任何一个目中，因而它们构成了一个新目——象鼩目。有关现存食虫目各科起源的问题，现代种系发生学分析得出了相互矛盾的结论。形态分析学表明该组中双褶齿猥类成员可能是由共同的祖先进化而来的，但是分子学证据却表明上述论断是不成立的。食虫目动物的化石表明它们是多起源的，这些化石包含了大量早期哺乳动物的种类，表明它们也是一个“杂物袋”式的组。人们只是从牙齿和化石片段去认识这些早期的物种，把它们划分到食虫目也是出于方便，因为它们有食虫目的相似性，并且没有和其他目的清晰联系。

有趣的是种系发生学将非洲兽类总目和贫齿目的犰狳放置在有胎盘类哺乳动物进化树的底部，这表明，最早的有胎盘类哺乳动物是在陆地生活的，而不是像过去所争论的那样生活在树上。

食虫目（或双褶齿猬目）

6科67属424种

无尾猬科

共10属24种。

包括水栖稻田猬、普通无尾猬、大獭鼩。

沟齿鼩科

共1属2种。

海地沟齿鼩和古巴沟齿鼩。

猬科

共7属23种。

包括普通刺猬、大鼠猬和小毛猬。

鼩鼱科

共23属312种。

包括水鼩、普通鼩鼱和流浪鼩鼱。

金鼹科

共9属21种。

包括巨金鼹。

鼹鼠科

共17属42种。

包括普通鼹鼠、西欧水鼹、水鼹、星鼻鼹。

蝙蝠

蝙蝠是很特别的生物。它们是“模范母亲”，有些种类会养育其他个体的后代；它们能够在完全黑暗的空间里以高达50千米/小时的速度飞行，这要归功于它们复杂的定位系统；动物界里少数几个有说服力的利他主义行为之一便是由蝙蝠上演的。蝙蝠有特化的生殖适应性，包括精子的储存，延迟受精和延迟着床。它们是变温动物，体温可以从飞行时的41℃变化到休眠时的2℃以下。它们能够形成2000万只的大群体——脊椎动物里已知最大的群体。它们奇妙的多样性和特性一直在激励着世界范围内关于它们的保护项目的施行。

尽管如此，蝙蝠很少出现在人们最喜爱的10种动物的名单里。或许它们缺乏公众魅力的原因是它们的特点，但同时又是这些特点让它们那么独特与吸引人。蝙蝠占据了现存的所有哺乳动物种类总数的25%。房屋、洞穴、矿井和多叶的树木都给它们提供了栖息的场所，有些种类会用植物的部位来做它们的“帐篷”。它们大多数是夜行性动物，小型蝙蝠在夜晚飞行可以避开掠食者，大型蝙蝠也是这样，同时也是为了避开白天的过热温度。它们遍布世界各地，除了最高的山脉和某些孤立的大洋洲岛屿之外。人们发现有些种类甚至能在北极圈以北的地区繁殖；在某些岛屿例如亚速尔群岛、夏威夷群岛、新西兰岛等，它们是唯一的本地哺乳动物。飞行能力和回声定位对它们的多样性和广泛分布有特别的贡献，这些能力让它们能有效地攫取食物资源并甩开其他的竞争者，因为它们的食物主要是飞行在夜空中的昆虫。

为飞行而准备的双翼

功能形态学特征

像其他哺乳动物一样，蝙蝠有异型（复杂）的牙齿，包括门齿、犬齿、前臼齿、臼齿。小型食虫类蝙蝠可能有38颗牙齿，然而吸血蝙蝠只有29颗，因为它们不需要咀嚼。在小型食虫类蝙蝠里，那些进食硬质猎物的种类与那些吃软体昆虫的蝙蝠相比，倾向于有大一些的牙齿，但是数量要少一些，并有更多强壮的下颌牙齿和更长的犬齿。吸食花蜜的小型蝙蝠有很长的吻、大的犬齿、很小的门齿，而以水果为食的小型蝙蝠的门齿很多，修整过的尖端能像杵和臼一样磨碎果实。

蝙蝠是唯一能飞行的哺乳动物。尽管飞行从单位时间消耗的能量来讲是巨大的，但是从单位距离消耗的能量来考虑是很低的，因而蝙蝠可以飞行相当长的距离，能在相当广泛的空间里寻找食物，这样它们就能涉猎和探索世界上很远的地方。

一些哺乳动物的臂骨和指骨进化成了许多不同类型的工具，但是可能没有一种像蝙蝠双翼那样特殊。蝙蝠的拇指是自由的，而第五指却跨

⊙ 一只前肩头果蝠属蝙蝠正在博茨瓦纳奥卡万戈河三角洲的一个栖息地里休息。它折叠起来的翅膀不仅显露出它爪一样的拇指（几乎所有的蝙蝠种类都有），而且还显露出食指上更长的爪。这个特点几乎所有的大型蝙蝠都有，而在小型蝙蝠身上却从未发现过。

⊙ 蝙蝠的翅膀呈现两个典型的类型，反映了两种不同的比例，即翼展和翼宽的比例。有些种类诸如大菊头蝠（a处），这一比例比较小，它能适应在树叶之间低速而精巧地飞行；其他种类诸如墨西哥皱唇蝠（b处），这一比例比较大，能适应没有障碍物的高速飞行。

⊙ 在漫长的进化过程中，蝙蝠把典型的哺乳动物的前肢进化成为翅膀。图中印度狐蝠的翅膀（a处）肱骨的相对长度要比人类的上臂（b处）短；相比之下指被大大拉长以支持翅膀。带爪的拇指仍旧可以自由活动，主要用来从一个栖息点移动到另一个栖息点，有些种类的蝙蝠用它们来抓住和移动实物，而在2种狂翼蝠科蝙蝠身上，拇指是没有用处的。

⊙ 一只典型翼手目动物的身体结构（图为一只帽盔蹄蝠）。

越了整个翅膀的宽度。其余3指支持拇指和第五指之间的翅膀面积，这部分翅膀被称为翅尾膜或“指翅”。它们的上臂骨（肱骨）比主前臂骨（桡骨）短，这些骨骼支撑起来的翅膀部分被称为体侧膜，或“上臂翅”。在飞行中，上臂翅受力是最大的。

很多种类的小型蝙蝠还有尾膜。这个特征在狐蝠属种类中是缺失的，在鼠尾蝙蝠身上是弱化的，在某些种类例如裂颜蝙蝠身上最明显。尾膜被用来从地面上“舀起”猎物。能够捕鱼的蝙蝠和诸如道氏鼠耳蝠等能从水面附近捕捉昆虫的种类，经常用它们足部的爪来抓取猎物。

蝙蝠的腿向外向后伸展，膝盖弯向后方，而不是像其他哺乳动物一样弯向前方。腿适于拖拽而不是推，小腿是由单一骨骼即胫骨构成的。静息的蝙蝠将它们所有的重量悬挂在脚趾和发达的爪上。大多数蝙蝠都有一个肌腱锁死的机置，能防止悬挂时爪的变形，同时又不需要肌肉收缩。倒挂的姿势可以让蝙蝠从休息状态快速起飞。

一些种类诸如普通吸血蝠和髭蝠能够用四肢爬行，这样的动作菊头蝙蝠和其他种类的蝙蝠都无法完成。普通吸血蝠经常从地面上接近猎物，而髭蝠是在缺乏其他小型陆生哺乳动物和几乎没有掠食者的情况下进化的，因而会比其他的种类填充更多的小型生境。

蝙蝠的振翅主要用来产生推动力，而升力的大部分来自于翼手。人们将飞行的蝙蝠的身后气流进行可视化研究后发现，向下的振翅在各种速度下总能产生升力，然而只有在高速飞行或要改变飞行节奏时，向上的振翅才活跃起来。

翼型会大大影响蝙蝠的飞行表现。两个空气动力学参数翼载荷和翼的纵横比尤其重要。翼载荷描述体重与翼面积的比例，一个比较高的翼载荷也即在给定的重量下翼的面积小，意味着能够高速飞行但是缺乏灵活性。翼的纵横比通过翼

⊙ 小蝙蝠亚目其中10个科的代表种类（图上大小未按实际比例）：1.小鼠尾蝠，鼠尾蝠科；2.倍氏裂颜蝠，裂颜蝠科；3.泰国猪鼻蝙蝠（也称混合蝠），混合蝠科；4.夜蝠，蝙蝠科；5.戴氏裸背蝠，妖面蝠科；6.黄翼洗浣蝠，巨耳蝠科；7.墨西哥筒耳蝠，筒耳蝠科；8.狂翼蝠，狂翼蝠科；9.皮氏盘翼蝠，盘翼蝠科；10.髭蝠，髭蝠科。

展除以翼的宽度得到，一个具高纵横比的翼是长而窄的，空气阻力比较小，因而高纵横比的翼是高效的，通常和高的翼载荷和高速飞行联系在一起。

翼的形状就能帮助我们判断不同的种类能够在什么地方生存。那些在充满障碍物的栖息地生存的种类，比如在树林里飞行的种类需要灵活性，因而有低的翼载荷。然而诸如夜蝠和毛尾蝠属蝙蝠等那些生存在开阔空间的种类就需要使飞行高速而有效，因而它们有高的翼纵横比且具有高翼载荷。正在捕猎的小到中型蝙蝠的飞行速度为3～15米/秒不等，有最高翼载荷的种类飞得最快。迁徙的种类一般也有很高的翼纵横比，例如美洲皱唇蝠可以迁徙超过1000千米，从美国南部到墨西哥越冬。相比之下，一些吸食花蜜的蝙蝠的翼载荷就很低，以至于它们可以盘旋或者飘浮在空中。

声音导航

回声定位系统

蝙蝠并非瞎子。大蝙蝠亚目的蝙蝠能用它们的大眼睛定位食物并确定自己的方向，当光线暗时狐蝠比人看得还要清楚。有一些种类的小型蝙蝠视力也很好，例如加州大叶口蝠在光线充足情况下会灵活地关闭回声定位系统，用视觉定位猎物。然而大多数的小型蝙蝠视力都不好，而且它们回声定位的范围通常比小型哺乳动物的视力范围还要小——一只中等大小的蝙蝠只能够探测到5米处的一只甲虫，大一点的地理标记可以在更远一点的距离探测到，大约是20米。因而蝙蝠在白天时很容易被捕捉到，这就可以解释为什么使用回声定位的蝙蝠都是夜行的。

蝙蝠还没有丢失对大多数哺乳动物来讲很重要的嗅觉。美洲的叶口蝠首先使用嗅觉来定位成熟的辣椒果实，只有在近距离时才使用回声定位；大鼠耳蝠和髭蝠可以嗅出藏在落叶堆中的猎物。嗅觉也在相互交流中使用，例如高音油蝠在它们的雌性栖息点使用嗅觉能够将陌生者同其他蝙蝠区分出来；雌性美洲皱唇蝠有时使用嗅觉在“托儿所”里确定自己的幼崽。雄性的双线囊翼蝠存储它们生殖器附近和咽喉的（喉腺）分泌物，把它们同唾液和尿液混合，然后将混合物置于翼下。当求爱时雄性会在雌性面前盘旋舞蹈，利用这种气味来引诱它们，雌性则会聚集到这种舞蹈跳得最多的雄性周围。人们还不知道到底是什么吸引雌性追随这种气味的。

蝙蝠的听觉系统非常发达，一些种类的蝙蝠居然可以听到小昆虫在叶子上爬行的声音。旧大陆的吸血蝠是已知的哺乳动物中听觉最发达的，尤其能听到在树林中被捕食的动物发出的处于10～20千赫波段的声音。在喧闹的环境中，诸如在森林树叶沙沙响的时候，许多种蝙蝠能用比回声定位更有效的听觉听到猎物弄出的声音，从而获得食物。

蝙蝠也会交谈，一些社交性的信号可以用来吸引配偶、保卫食物、召唤同类以及驱逐一些

翼手目

共18科，174属，超过900种。这些数字还一直变化，因为随着新种类的发现会做分类学上的改动。

分布：世界范围，除了最高的山地、孤立的岛屿和极端条件的极地地区（尽管有些种类能够在北极圈以北繁殖）。

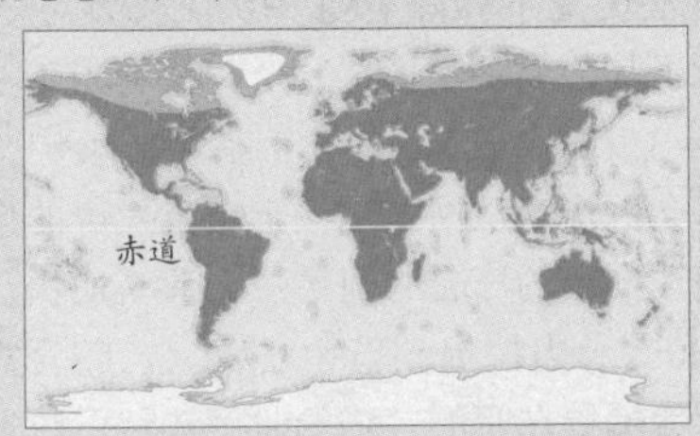

体型：最小的是混合蝠，体重仅有1.9克，翼展16厘米。一些狐蝠的体重可以超过1.3千克，翼展可达1.7米。

食性：70%的蝙蝠种类主要以昆虫和其他小节肢动物为食；其余的种类主要以果实、花蜜和花粉为食。一些热带种类是食肉的，有3个种类的吸血蝙蝠以血液为食。

毛发：多种颜色，大多是褐色、灰色和黑色。

孕期：多不相同，在延迟着床的情况下同一种类的时间差别为3～10个月。

寿命：最长33岁，很多种类可能平均4～5岁。

大蝙蝠亚目

狐蝠（狐蝠科）

共41属164种，分布在旧大陆，包括草色果蝠、罗岛狐蝠、马里亚纳狐蝠、马来亚狐蝠、锤头果蝠、晓长舌果蝠、大短鼻果蝠、长舌果蝠属蝙蝠等。

小蝙蝠亚目

鼠尾蝙蝠（鼠尾蝠科）

共1属3种，分布在旧大陆，包括大鼠尾蝠等。

混合蝠（混合蝠科）

共1种，分布在旧大陆。

鞘尾蝙蝠（鞘尾蝠科）

共12属47种，分布在旧大陆，包括双线囊翼蝠等。

裂颜蝙蝠（裂颜蝠科）

共1属13种，包括裂颜蝠。

旧大陆假吸血蝙蝠（巨耳蝠科）

共4属5种，分布在旧大陆，包括大巨耳蝠、黄翼洗浣蝠等。

菊头蝙蝠和蹄蝠（菊头蝠科）

共10属129种，分布在旧大陆，包括大菊头蝠、帽盔蹄蝠、短耳三叶鼻蝠等。

新西兰短尾蝙蝠（髭蝠科）

有1种，分布在旧大陆，即髭蝠。

兔唇蝙蝠（兔唇蝠科）

1属2种，在美洲：兔唇蝠，白腹兔唇蝠。

妖面蝙蝠（妖面蝠科）

2属8种，在美洲，包括红斑裸背蝠。

美洲叶口蝙蝠（叶口蝠科）

共48属139种，在美洲，包括加州大叶口蝠、叶口蝠、粗面蝠、壮观短尾叶口蝠、普通吸血蝠。

筒耳蝙蝠（筒耳蝠科）

1属5种，在美洲。

狂翼蝠（狂翼蝠科）

2种，分别属于2个属，在美洲，包括变唇蝠和狂翼蝠。

盘翼蝙蝠（盘翼蝠科）

1属2种，在美洲，即盘翼蝠和拇翼蝠。

旧大陆吸盘足蝙蝠（吸盘足蝠科）

1种，在旧大陆，即吸盘足蝙蝠。

常见蝙蝠（蝙蝠科）

共34属308种，分布在旧大陆，包括鼠耳蝙蝠、道氏鼠耳蝠、棕色鼠耳蝠、普通油蝠、夜蝠、北美大棕蝠、银毛蝠、棒足蝠等。

穴蝠（穴蝠科）

1种，在美洲，即穴蝠。

犬吻蝙蝠（犬吻蝠科）

共12属77种，分布在亚洲、欧洲、非洲和美洲，包括美洲皱唇蝠、欧亚皱唇蝠、黑犬吻蝠、黑裸体蝠等。

掠食蝙蝠的动物。这些信号通常采用很低的频率发出（有的时候人类也可以听到），因此，这些声音可以传播很远。同时，这些声音也会因为发声蝙蝠的不同而不同，比如幼小的蝙蝠在和母蝙蝠分开以后会发出“孤独信号”，母蝙蝠会根据发声的不同迅速地分辨出是否是自己的幼崽。另外，许多小型蝙蝠对它们经常使用的回声的频率也很敏感。

在1793年的时候，一位名叫拉加洛·史巴兰沙尼的意大利人发现，如果蒙上蝙蝠的耳朵，它们便会迷失方向；而如果只是蒙上眼睛的话，它们依然能找到正确的路线。可惜的是，史巴兰沙尼并没有发现它们如何导航，但是他却证明了蝙蝠是通过耳朵来引导自己捕捉猎物的。直到1938年，哈佛大学的多纳德·格里芬在使用可以检测到超声波的麦克风监听蝙蝠的“谈话”时，才发现了蝙蝠如何引导自己捕食的秘密。

蝙蝠用它们的喉咙发出声音，这和人类一样，然后声音从周围的物体上反射回来，蝙蝠便可通过回声来认清周围的环境并找到合适的路线。蝙蝠的回声波往往是超声波，换句话说，这种声音已经超出了人类所能听到的范围。在其他的测验中，蝙蝠可以在水平和垂直面上判断一个物体的位置，偏差保持在2～5度之间；也可以发现长度只有1毫米的物体；还可以分辨出相距只有12毫米远的两个同样的东西。另外，大菊头蝠还可以精确地判断出昆虫飞行时的振翅频率。

⊙ 澳洲假吸血蝙蝠（也称大耳蝠）在蝙蝠里是个例外，它是食肉的。日落之后，它从栖息地飞出——栖息地通常是一个岩洞或者废弃的矿洞，飞到树枝上的捕猎点。它竖直地挂在那里，等待着扑向从下面经过的老鼠和其他小动物。

蝙蝠面部结构的复杂性反映出了声音在它们生命中的重要性。许多蝙蝠的耳屏都有耳垂，耳垂可以很好地帮助它们在垂直方向上定位回声。虽然大多数的蝙蝠从其嘴里发出声音，但是像菊头蝠、旧大陆假吸血蝠、蹄蝠和美洲叶口蝠却不是，这些蝙蝠是从它们的鼻孔里发出声音，实际上就是从它们的鼻子里发出的声音。在它们的鼻子周围，有许多复杂的东西来帮助它们监听并且定位回声。

因为蝙蝠处理信息的速度太惊人了，因此从蝙蝠的角度来看，人类对于声音的反应真是太缓慢了。蝙蝠处理信息的速度取决于它们对于不同任务发出的不同声音，搜寻回声的节奏是很快的，通常情况下伴随着每一次振翼都会发出声音。对于其他物种来说，这个频率相当于一秒钟发出5～15次声音。一旦一个猎物被锁定，发声的频率会更快。从回声定位到结束发声的捕食阶段，蝙蝠发出的声音时间最短、节奏最快，高达每秒200次。当捕捉到猎物之后，它们会安静片刻，虽然蝙蝠在咀嚼食物的时候依然可以通过回声来定位。

用回声定位时，蝙蝠有一段称之为“责任周期”的时间，这段时间是用来发出声音的。一些蝙蝠用回声定位过程中20%的时间来发出声音，因为它们不能同时向外发声和接收回声，如果同时那样做的话，回声就会在蝙蝠的耳朵里引起共鸣，从而导致蝙蝠失聪。因此，这些蝙蝠必须在处理回声时，把两次发声的间隔弄短一些，在靠近猎物的同时，蝙蝠也必须缩短发声的时间，以使向外发出的声音不会和碰到物体返回的声音重合，从而避免了共鸣。为了使这两种声音不产生共鸣，蝙蝠持续发声的时间不能超过30毫秒。这样，蝙蝠会以一种人类无法想象的频率发出声音、接收回声，再发出声音、再接收回声。这可以解释为什么人即使用双手都很难拍打到的飞蛾却可以被蝙蝠轻而易举地用嘴捕获？

菊头蝠的叫声可以持续70毫秒，然而，这些蝙蝠依然可以在树林里进行捕食，虽然它们面对的是数不清的来自近距离物体反射的声波。长波是非常适合寻找和对目标进行分类的，但大多数的蝙蝠却不能从这种优势中得到好处，因为它们在发出叫声的同时必须花费时间接收反射回来的声波。然而，菊头蝠这种超过50%的时间都在发出叫声的蝙蝠，却可以根据频率而不是时间来把发出声音和接收回声两个动作分开。它们可以做到这一点是因为它们的耳朵能有选择地接收回声，只接收那些比它们发出的音调稍微低些的声音。

事实上，菊头蝠可以在“呼叫”的同时接收声波，它们可以做到这一点是因为一种叫作“多普勒频移”（是为纪念克里斯蒂安·多普勒而命名的，他于1842年首先提出了这一理论。他认为声波频率在声源移向观察者时变高，而在声源远离观察者时变低。一个常被使用的例子是火车，当火车接近观察者时，其汽笛鸣声会比平常更刺耳，你可以在火车经过时听出刺耳声的变化）的现象。声波传播的速度比蝙蝠飞行的速度要快得多，因此考虑到飞行的速度，蝙蝠会降低它叫声的频率，来补偿多普勒频移。回声的频率通常大约是83千赫，但是因为发出的声音频率低一些，所以发出和接收像是在两个不同的带宽上，因此菊头蝠就可以将呼叫的时间变得更长一些了。

回声定位的作用可以是发现、定位和将目标归类，蝙蝠可以根据不同的任务来确定是使用调频还是固定频率。只有菊头蝠科蝙蝠和红斑裸背蝠能够发出固定的频率用于多普勒频移。

叫声中几乎全是恒定频率的可以称之为“窄带”，与此相反，叫声中短时间内有比较宽泛频率的可以称之为“宽带”——例如红灰鼠耳蝠几乎可以在2.5毫秒内使叫声频率在100赫兹～20千赫之间变动。“宽带”非常适合确定目标的位置，但在发现目标上却不太有利（发现猎物需要在较为开阔的环境中）；与之不同，“窄带”和恒定频率的叫声是理想的发现猎物的武器，但是在确定猎物位置上较为不利。因此某些种类的蝙蝠，例如各种油蝠就运用“窄带”叫声去发现猎物（昆虫），发现之后立即转换成“宽带”叫声去锁定猎物的位置。各种菊头蝠会在它们恒定频率的叫声内加入“宽带”叫声的元素，并在锁定猎物的位置时会“加宽”最后的“宽带”叫声。

长长的恒定频率叫声还有一个功能，就是可以用来区分不同的目标。昆虫翅膀的扇动可以产生小的变音，在频率和回声的振幅上小有不同。由于小型昆虫扇动翅膀的速度快于比较大型的昆虫，因此回声的频率就能反映出昆虫体型的大小。菊头蝠就用这种方法选定并捕捉比较大型的猎物，而放弃捕捉小型昆虫，例如放弃捕捉回报比较少的粪蝇而捕食比较大的飞蛾以及较为稀有的甲虫。

⊙ 小巧的南无花果果蝠是大蝙蝠亚目中体型最小的种类之一，体长平均只有6厘米，以食花蜜为主。它有特别长的舌头，而且上面有刷子一样的器官，能够从花朵中收集花蜜和花粉。

多数蝙蝠叫声的频率在20～60千赫之间。频率低于20千赫的声波波长大于多数昆虫声波的波长，因此会穿过昆虫而不会反射回来；频率高于60千赫时在空气中衰减得很快，这就限制了其可使用的范围，因此多数蝙蝠叫声的频率不会高于60千赫。但一些飞行速度比较慢的蝙蝠却可以对高频率的声波做出较为轻易的反应，高频率的声波是它们理想的应用“武器”。短耳三叶鼻蝠能发出特高频率的叫声，其频率可达212千赫，是所有蝙蝠中最高的；而有些犬吻蝠科的蝙蝠，例如小斑点蝠回声定位的频率却可以低到11千赫。运用特别高或特别低频率叫声的另外一个好处就是这些频率的声波很难被捕食的猎物——昆虫感知到，这样蝙蝠就可以捕捉更多的昆虫。

食蚁兽

食蚁兽仅以社会性的昆虫为食，其中主要是蚂蚁和白蚁。它们对这一类食物的适应不只改变了自己的咀嚼和消化结构，而且还改变了行为、新陈代谢速率和移动能力。食蚁兽是独居动物，除了母兽在背上背着幼崽时——这一时间长达1年，直到小兽几乎与成年兽一般大小。

不同种类的食蚁兽在分布上没有大的重叠，即使在小的重合处它们也在不同的时间及地层上活动。大食蚁兽主要在白天进食（虽然现在它们已因为人类的打扰而具有了夜行性），两种小食蚁兽在白天和黑夜都很活跃，二趾食蚁兽则是严格的夜行兽。与此相似的，大食蚁兽是陆栖动物，小食蚁兽部分树栖；二趾食蚁兽则几乎专门树栖。所有的食蚁兽都能挖洞和攀爬，但大食蚁兽几乎不攀爬，而二趾食蚁兽则几乎不下到地上来。不同的小型生境造成了它们食性的区别：大食蚁兽吃体型最大的蚂蚁和白蚁，小食蚁兽食用中型的昆虫，而二趾食蚁兽则只吃最小的昆虫。

⊙ 小食蚁兽拥有强壮的爪子和一条有力的尾巴。尾巴在它爬树的时候可提供额外的支持，在它用后肢站立的时候则起到支撑作用。

无牙的食虫者
体型和官能

食蚁兽与树懒、犰狳，还有已经灭绝的古雕齿兽同属异关节目，但又是这个目里仅有的没有牙齿的成员。所有的食蚁兽嘴都很小，并且只能张成一个小椭圆形；食蚁兽的嘴特别长，与身体不成比例，大食蚁兽的头看起来几乎是管状的，超过34厘米。窄而卷的舌头则比它们的头更长，两种小食蚁兽的舌头伸出有大约40厘米，而大食蚁兽的舌头能伸到61厘米长。在所有的食蚁兽中，舌头都能卷起来，然后直接刺出去。它们的舌头上涂了一层很厚很黏稠的唾液，由唾液腺分泌出来，唾液腺比其他任何动物的都相对大一些。食蚁兽的胃也不像普通的胃分泌盐酸，而是含有蚁酸，它们利用这种酸来帮助消化吃掉的蚂蚁和白蚁。

大食蚁兽的自然掠食者只有美洲狮和美洲虎。如果受到攻击和威胁，它会用后腿暴跳起来，用长达10厘米的爪子向攻击者猛砍下去。人们曾经看见大食蚁兽甚至把攻击者环抱起来，并碾碎它们。大食蚁兽和二趾食蚁兽前掌上第二和第三指上的爪最大，但是两种小食蚁兽的第二、三、四趾上的爪最大。

所有的食蚁兽都有五个指以及四或五个趾，尽管有些指头缩小了或者隐藏于前掌的皮肤中。大食蚁兽的第五指头以及二趾食蚁兽的第一、第四及第五指为缩小的指。食蚁兽活动的时候，前肢的指头向后收缩，以防止锋利的爪尖接触地面。有时它们用后脚的侧面行走，将其爪子向内转，这点和它们的“亲戚”——现已灭绝的地懒很相似。爬树时，小食蚁兽和二趾食蚁兽使用它们可卷起的尾巴和长达400毫米的爪子抓住树枝。当遇到威胁时，地上的小食蚁兽用后腿和尾巴保持平衡，并且用前爪疯狂地晃动。在防御时，二趾食蚁兽同样使用它能卷起的尾巴和后肢来抓住一根支撑的树干，而爪子则是向前和向内的。奇特的是，二趾食蚁兽能从一根支撑的树干上水平伸出，它的脊椎骨之间的额外的异关节让这种特别的技巧成为可能。此外，位于脚底上额外的（也是独特的）关节允许爪子向脚下面转以加强抓握力。栖息在树上的食蚁兽最常见的天敌包括角鹰、鹰雕等，这些猎手在树冠上方飞行并且靠视力搜寻猎物。二趾食蚁兽的皮毛和构成跟木棉树的豆荚的银色绒毛巨球十分相似，因此形成了保护色，在这些树生长的地方经常能发现二趾食蚁兽。没有一种食蚁兽会发出特别的叫声，但是大食蚁兽在受到威胁时会吼叫。此外，和母兽分开的幼兽也会发出短的、高音的叫声。

挖掘食物
食性

食蚁兽通过气味探寻食物，它们的视力可能很差。大食蚁兽吃体型大的群集的蚂蚁和白蚁。食蚁兽进食迅速，通常在蚁巢上方挖个洞，在下潜时舔食工蚁，同时以舌头每分钟动150次的速度吃幼蚁和卵。昆虫被粘在布满唾液的舌头上，接着便撞击在坚硬的上颚上，最后被吞入腹中。食蚁兽会躲避大颚蚂蚁和白蚁中的兵蚁。

由于口鼻部的皮很厚，很显然它不受兵蚁叮咬的影响。而且它们待在每个蚁巢的时间很短，

⊙ 一只大食蚁兽将它长长的嘴伸入一个原木的孔洞中吃里面的昆虫。食蚁兽对它们所食用的蚁类很是挑剔，在食用时非常防范那些有侵略性的兵蚁。

异关节目和鳞甲目

共5科，14属，36种

异关节目

食蚁兽科

3属4种：二趾食蚁兽，大食蚁兽，中美小食蚁兽，小食蚁兽。

大地懒科和树懒科

2属5种：褐树懒，白颈三趾树懒，项环树懒，霍氏树懒，南部二趾树懒。

犰狳科

8属，20或者21种。包括九绊犰狳（普通犰狳），广绊犰狳，披毛犰狳，巴西三绊犰狳，圆头倭犰狳，六绊犰狳（黄色犰狳），巨犰狳，等等。

鳞甲目

穿山甲科

1属7种：印度穿山甲，大穿山甲，马来（爪哇）穿山甲，中华穿山甲，南非穿山甲，长尾穿山甲，树穿山甲。

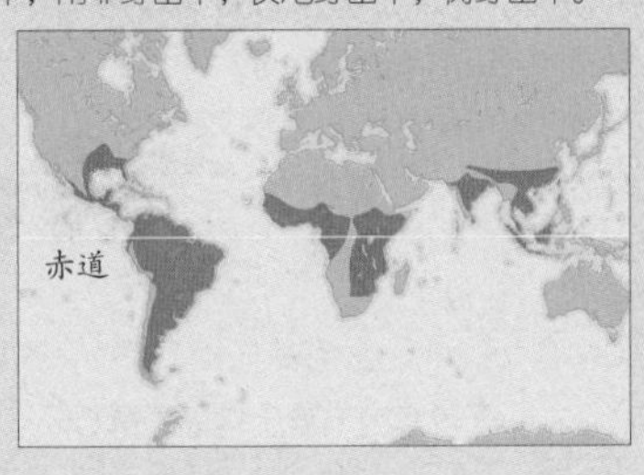

每次进食也只吃140只左右的蚂蚁（只占它们每天食量要求的0.5%）。食蚁兽很少对蚁巢造成永久性的损毁。它们的命运似乎和一个地区蚁巢的数量息息相关，为了获取足够营养，它们每天都会造访一些蚁巢（加起来每天总共要吃3.5万只蚂蚁）。它们也吃甲壳虫的幼虫，并从食物中获取水分。

在所有哺乳动物中，食蚁兽进食的方式独树一帜。它们缩小了咀嚼肌肉，将下颚骨的两个半边卷到中间，因此能分开前面的尖端并张开嘴。翼骨肌肉拉伸两个向内的下颚骨的后边，将前面的顶端抬高到嘴的位置，因此嘴巴得以闭合。结果是颚部的活动更简单并且最少，伴随着舌头进进出出的动作和几乎不间断的吞食，能使得每次摄入最大量的食物。

两种小食蚁兽专吃小型白蚁和蚂蚁，并且和大食蚁兽一样会避免吃兵蚁。它们同样不吃有化学防御物质的白蚁种类，但是会吃蜜蜂和蜂蜜。一只小食蚁兽通常每天吃 9000只蚂蚁。二趾食蚁

知识档案

食蚁兽

目：异关节目

科：食蚁兽科

3属4种。

分布：墨西哥南部地区；中美洲和南美洲，向南到巴拉圭和阿根廷北部；特立尼达也有分布。

大食蚁兽

分布：中美洲，南美洲安第斯山脉以东至乌拉圭和阿根廷西北地区。栖息于草地、沼泽地、低地热带森林。**体型**：体长1～1.3米，尾长65～90厘米；体重22～39千克，雄性比雌性要重10%～20%。**皮毛**：粗糙，坚硬，浓密；颜色为灰色，肩部有黑白相间的条纹。**繁殖**：怀孕190天后可产下1只幼兽，春天分娩。寿命：野生未知，人工圈养情况下可以生存26年之久。

中美小食蚁兽

分布：从墨西哥南部到委内瑞拉西北部和秘鲁西北部。栖息于稀树大草原、荆棘灌木丛、潮湿或干燥的森林。**体型**：体长52.5～57厘米，尾长52.5～55厘米；体重3.2～5.4千克。**皮毛**：淡黄褐色到深棕色，从颈部到臀部有不同的黑色或者红棕色的色块。**繁殖**：怀孕期为130～150天。**寿命**：野外未知，人工圈养至少为9年。

小食蚁兽

分布：南美洲安第斯山脉东部地区（从委内瑞拉到阿根廷北部）；特立尼达也有分布。**体型**：体长58～61厘米，尾长50～52.5厘米；体重3.4～7千克。**皮毛**：和中美小食蚁兽类似，但是分布区东南区域的个体有黑色“背心”。

二趾食蚁兽

分布：中美洲和南美洲，从墨西哥南部到亚马孙盆地和秘鲁北部地区；栖息于热带森林。**体型**：体长18～20厘米，尾长18～26厘米；体重375～410克。**皮毛**：柔软，浅灰色到黄橙色，背部中间带有颜色深一些的条纹。

兽进食栖息在树上的平均长度为4毫米的蚂蚁和白蚁，而大食蚁兽则会吃8毫米或更大的猎物。

早熟的幼崽

社会行为

通常所有种类的食蚁兽都是独居的。大食蚁兽的领地在食物丰富的地方可能只有0.5公顷大，例如在巴拿马巴罗克勒纳多岛的热带森林，或者巴西东南部的高地内就是如此。在蚂蚁和白蚁巢比较少的地带，如委内瑞拉的混合落叶林和半干旱大草原，一只大食蚁兽也许需要最大24.8平方千米的地盘。

雌性大食蚁兽之间的活动范围可能有30%的重叠，相比之下，雄性大食蚁兽之间则一般只有不到5%。两种小食蚁兽的体型还不到大食蚁兽的一半，并且有着跟巴罗克勒纳多岛同样良好的栖息地，每只的领地面积大约为0.5～1.4平方千米。在广阔的大草原上，一只小食蚁兽需要大约3.4～4平方千米的活动区间。雌性二趾食蚁兽在巴罗克勒纳多岛的领地平均起来是2.8公顷，相比之下，一只雄性个体需要大约11公顷，雄性个体的活动范围要和两只雌性的范围重叠，但与邻近的雄性个体则没有重叠现象。虽然四种食蚁兽的地理分布不一样，当它们在同一栖息地出现时，每个个体的领地看起来并没有受到其他个体出现的影响。

大食蚁兽和两种小食蚁兽在秋天交配，幼崽会在春天出生。大食蚁兽站立着分娩，把尾巴当成除了后腿之外的第三个支撑。新生幼崽很早熟并且有着锐利的爪子，使得它们在出生后不久就能抓住母兽的背部。一胎两只幼崽的情况很少见，新生幼崽会经过大约6个月的哺乳期，但是可能在两岁之前一直跟随母兽，直到它们达到性成熟。大食蚁兽的幼崽在出生后1个月内会猛长，但一般还是移动缓慢并且被母兽背在背上。两种小食蚁兽可能会将幼崽放在首选的哺乳地点边的一根树枝上，或者将它们放在树叶巢中一小段时间；二趾食蚁兽也会如此。二趾食蚁兽会给幼兽喂已半消化过的蚂蚁，雄兽和母兽都提供这种反刍食物，幼兽可能被它的父亲或者母亲带着并喂养。幼小的大食蚁兽是它们父母的缩影，而幼小的小食蚁兽与它的父母并不相像。

大食蚁兽事实上并不挖洞，只是挖出一个浅

浅的凹型地坑，一天睡上15个小时，休息时，它们会用大大的扇状尾巴盖住身体。两种小食蚁兽一般找树洞休息，二趾食蚁兽在白天则蜷曲在树枝上睡觉，用尾巴包住脚；它们一般不会在一棵树上超过一天，每天会换不同的树。

大食蚁兽和两种小食蚁兽能从肛门腺产生出一种有极强气味的分泌物，二趾食蚁兽则有一个面部腺，但其功用还不清楚。大食蚁兽也能辨别出它们自己的口水味，但是否用唾液分泌物来进行交流还不是很清楚。

所有的食蚁兽都有很低的新称代谢率：在有胎盘的哺乳动物里，大食蚁兽的体温是有记录者中最低的，只有32.7℃；两种小食蚁兽和二趾食蚁兽的体温也不是很高。大食蚁兽和两种小食蚁兽日常活动时间一般都不超过8小时，二趾食蚁兽则更短，只有4小时。

主要基于微小的颜色样式区别，大食蚁兽被分成了3个亚种，中美小食蚁兽则分成了5个亚种。中美小食蚁兽的颜色变化主要在于黑色“背心”部位的大小和黑度，这一物种的所有个体几乎都不同程度地显露出具有这个特征的记号。那些北部区域里的中美小食蚁兽的皮毛一般都是始终如一的明亮颜色，而南部区域的小食蚁兽皮毛则有着显著的背心式毛块。在地理上毗邻的区域里，这种物种的不同尤其显著，并且可能是性状转移的一个优秀例子。皮毛颜色的变更能解释为什么小食蚁兽会被分为13个亚种，皮毛颜色的不同也能解释二趾食蚁兽被分为7个亚种的原因。在北部区域，二趾食蚁兽一律都是金黄色，或者背部有暗色条纹，但越往南颜色越变为灰色，背部条纹也越来越暗。

猎人的猎物
保护现状和生存环境

除了当地皮革工业小规模使用小食蚁兽皮外，食蚁兽几乎没有什么商业价值，也很少被人类猎杀以作为食物。尽管如此，因为栖息地的丧失和人类的侵扰，大食蚁兽还是从历史上它们在中美洲存在过的区域里消失了。在南美洲，它们经常被作为纪念品捕获或被动物商人捕捉，在秘鲁和巴西的某些地方，它们已经绝迹了。两种小食蚁兽出现在接近人类居住地时，也会遭遇厄运，它们很可能被猎狗所追逐，或者在人类居住地附近的公路上被压死。在委内瑞拉大草原上，幼小的小食蚁兽则可能被驯养，并且成为人们很喜欢的宠物。尽管如此，对这些生物来说，最严重的打击莫过于栖息地的丧失和它们所依赖的猎物种类的消亡。

⊙ 一只大食蚁兽和它的幼崽在它们的巴西分布区内。大食蚁兽的哺乳期大约为6个月，但是幼年大食蚁兽可能会继续骑在母兽的背上达1年。

树袋熊

树袋熊是澳大利亚的标志性动物，也是世界上最具有超凡魅力的哺乳动物之一。

对树袋熊的威胁在1924年达到了高峰，当年有200多万张树袋熊皮出口。在那之前，这种动物在澳大利亚南部已经灭绝，并在很大程度上从维多利亚和新南威尔士州消失掉了。公众开始为它们大声疾呼，政府也颁布了狩猎禁令，加强了管理，这种衰减的趋势才得到了逆转。现在树袋熊再一次在其偏爱的栖息地变得相当常见。

大胃部，小脑袋

体型与官能

桉树属的树木在澳大利亚广为分布，而树袋熊正是与其紧密联系在一起的——它们几乎终生都在桉树上度过。其白天的许多时间都用来睡觉，只有不到10%的时间用来觅食，而其他的时间主要花在静坐上。

树袋熊对这种相对不活跃的树栖生活做了大量的适应。由于它们既不使用巢穴也不使用遮盖物，所以它们那无尾而似熊的身体覆盖着一层密密的毛发，能起到良好的隔绝作用。树袋熊大多数的脚趾上都长有极为内弯的、针一般锐利的趾甲，这使它们成为极高超的攀缘者，能够轻松地登上树皮最光滑、最高大的桉树。爬树的时候，它们用爪抓住树干的表面，并用其有力的前臂向上移动，同时以跳跃的动作带动后肢向上。树袋熊前爪的钳状结构（第一趾、第二趾与其他三个趾位置相对），使得它们能够紧握住比较小的枝条并爬到外层树冠上。它们在地面上的敏捷度比较差，经常以四只脚缓慢行走的方式在树木之间移动。

树袋熊的牙齿适合处理桉树叶。它们用臼齿——在每个颌上已经缩减为1颗前臼齿和4颗宽而高齿尖的臼齿——把树叶咀嚼成很细的糊状，然后这些东西会在盲肠里进行微生物发酵。相对于其体型而言，树袋熊的盲肠在所有哺乳动物里面是最长的，长达1.8~2.5米，3倍于它的身体长度甚至更长。

树袋熊有比较小的脑，这可能也是对其低能量食物的一种适应。脑是高耗能的器官，会不成比例地消耗掉身体全部能量预算的很大一部分。树袋熊的相对脑量几乎是所发现的有袋动物中最小的。分布在南部的树袋熊脑的平均重量（平均体重为9.6千克）只有约17克，只占体重的0.2%。

雄性树袋熊的体重超过雌性50%，有一个相对比较宽阔的面部，一对相对较小的耳朵，还有一个比较大的散发气味的胸腺。雌性主要的第二性征是其育儿袋，内有2个奶头，向后端开口。

树袋熊实行广泛的“一雄多雌制”的交配体系，在这种体系下，某些雄性占据大部分的交配权，但是占统治地位的雄性与处于被统治地位的雄性对交配权分配的准确细节，还没有得到全面广泛的研究，尚需要进行清晰的阐释。雌性树袋

⊙ 一只树袋熊正谨慎小心地穿过森林地面。这种动物通常会安详稳重地行走，但在遇到突发情况时也能够跳跃前进。

熊在2岁大的时候进入性成熟期，并开始繁殖。雄性也可以在这个年龄进行繁殖，但此时的交配成功率通常很低，直到它们年龄更大（约4～5岁），体型大到足够对雌性展开成功的竞争时，这种情况才会得到改变。

回报率比较低的食物
食性

桉树作为常绿植物，持续不断地为食叶动物提供了可用的食物资源，一只成年树袋熊每天会吃掉大约500克重的鲜树叶。尽管有600多种桉树供树袋熊选择，但它们仅仅以其中的30种左右为食。偏食程度在种群之间有所不同，它们通常聚集到较湿润、物产更丰饶的栖息地里的树种上。在其分布范围的南部，它们偏爱多枝桉和蓝桉，而在北部的种群主要以赤桉、脂桉、小果灰桉、斑叶桉以及细叶桉的树叶为食。

桉树叶对大多数食叶动物而言并不适于食用（如果不是全然有毒的话）。桉树叶中包括氮和磷在内的基本营养物质的含量极低，并含有大量的难以消化的结构性物质，例如纤维素和木质素，而且还含有酚醛和萜烯（油类的基本成分）。最近的研究表明，这些物质化合之后最终形成的东西可能是树袋熊偏食的关键所在，因为已经发现树袋熊对桉树叶的可接受性与某些毒性极高的苯酚–萜烯混合物呈反相关关系。

树袋熊做了很多适应性改变，以使自己能够应付如此难处理的食物。有些树叶它们很明显地完全避开不吃，有些树叶中含有的毒素则能在肝中进行解毒并被排出体外。处理可用能量这么低的食物，需要做出行为习性上的调整，因此树袋熊睡得很多，一天最多可睡20个小时。这就造成了一个广为流传的说法：它们因摄食桉树叶中的化合物而变得麻痹。树袋熊还表现出对水分的高利用率，除了在最热的季节之外，它们从树叶中就可以获得所需要的全部水分。

独居而又惯于定居
社会行为

树袋熊是独居动物，也是惯于定居的，雄性占据着固定的巢区。巢区范围的大小与栖息地环境的物产丰饶度相关联。在物产丰富的南部，巢区范围相对比较小，雄性占据的面积为0.015～0.03平方千米，雌性占据的面积为0.005～0.01平方千米；但是在半干旱地区，巢区的范围就要大得多，雄性常占据1平方千米或者更多。居于社会统治地位的雄性的巢区与最高可达9只之多的雌性的巢区相重叠。树袋熊主要在夜间活动，到了繁殖季节，成年雄性在夏季的夜晚会在很大的范围里走来走去。如果雄性遇到另一只成年的雄性，通常就会发生争斗；如果雄性遇上一只处于发情期的雌性，它们可能会进行交配。交配时间很短，一般少于2分钟，并在树上进行。雄性从后面爬到雌性身上，交配的时候通常把它抱在自己和树枝之间。

知识档案

树袋熊

目：袋鼠目

科：树袋熊科

只有1属1种

分布：澳大利亚东部南纬17°以南的不相连地区。

栖息地：桉树森林和林地。

体型：雄性体长78厘米，雌性72厘米；雄性体重11.8千克，雌性7.9千克。分布于南部的体型明显比较小，雄性平均只有6.5千克，雌性只有5.1千克。

皮毛：灰色到茶色；下巴、胸部以及前肢内侧是白色的；耳朵具有长白毛圆饰，臀部有白斑；分布于北部的皮毛较短，颜色较淡。

食性：吃树叶，主要以种类有限的桉树树叶为食，但是也吃一些非桉树树木的嫩叶，包括金合欢属树、薄子属树以及白千层属树的叶子。

繁殖：雌性性成熟期在出生后21～24个月时到来；怀孕期大约35天，每胎只产1只幼崽，在夏季（11月至次年3月）分娩。幼崽在出生12个月后独立生活。雌性能够连续数年繁殖。

寿命：最高可达18年。

鸭嘴兽

自从第一个鸭嘴兽样本（一张干皮）在1798年左右从澳大利亚殖民地送到英国开始，这种动物就一直被争论环绕着。刚开始的时候，人们竟然认为那是把鸭嘴与哺乳动物身体的某些部分缝合起来的一件赝品！

甚至当这个标本被证明为真货时，这个物种也并没有被当作一种哺乳动物。因为尽管它有皮毛，但是它也有与鸟类和爬行动物相类似的生殖道。这使以前的研究者们做出推论：鸭嘴兽是产卵的（这是正确的），因此它就不可能是哺乳动物（这是不正确的）——当时所有的哺乳动物都被认为是胎生的（也就是产下活体的幼崽）。但是最后，鸭嘴兽终于被承认是一种哺乳动物，因为人们发现它具有一个主要的特征——乳腺，而正是凭借这个特征哺乳类动物才获得了它们的名字。鸭嘴兽同样长着乳腺！

游泳健将
体型与官能

鸭嘴兽只有1.7千克重，比大多数人想象的要小。雌性比雄性体型小，幼崽在刚开始独立生活时大约是成年兽体的85%大小。这种动物的身体是流线型的，除足与喙之外的所有部位都覆盖有浓密而防水的毛发。嘴部表面上看起来像鸭子的喙，鼻孔在其顶部。嘴部柔软而易弯曲，表面覆盖着一排感受器，这些感受器对电刺激和触觉刺激都有反应，能用来在水底定位食物和确定方向。潜游的时候，其眼睛、耳朵和鼻孔闭合。嘴的后边是2个内生的颊囊，开口通向它们的嘴。这2个颊囊内有角质褶皱，在作用上可以代替那些消失了的牙齿（这些牙齿在鸭嘴兽还是幼崽时就消失了）。当鸭嘴兽咀嚼和拣选食物时，这些颊囊就用来储存食物。

鸭嘴兽四肢很短，并距离躯体很近。后足只是部分地有蹼，在水中仅用做方向舵，而前足有大蹼，是向前推进的主要用具。鸭嘴兽在行走或者挖掘洞穴的时候，前足上面的蹼能回翻露出大而宽的趾甲。雄性的后脚踝生有一根角质的刺，这个刺中空并由一个输送管连接到大腿的毒腺上。它的毒液会导致人极端疼痛，已经发现毒液中至少有1种组成成分直接作用于痛觉感受器，而其他的组成成分则会导致炎症与肿胀。它的尾巴宽而扁平，可以用来储存脂肪。

⊙ 鸭嘴兽突出的喙柔韧圆滑而且触觉敏锐，它是这种动物在水下潜游及确定食物位置的主要感觉器官。

对幼崽照顾得无微不至
社会行为

鸭嘴兽觅食主要在夜间，其猎物几乎全部由水底栖息的无脊椎动物组成（特别是昆虫的幼虫）。鸭嘴兽的巢区一般随河流系统的不同而变化，范围从小于1千米到超过7千米不等。很多个体24小时之内能在河流中游过3～4千米以寻食。2种非本地的鲑鱼与鸭嘴兽食物相同，有可能是鸭嘴兽的食物竞争者。尽管有此食物上的重合，鸭嘴兽在许多引进这两种鲑鱼的河流里还都并不少见。

对一个河流系统的研究表明，鲑鱼更多地是吃无脊椎动物中的浮游类，而鸭嘴兽几乎完全以栖息在河底的那些无脊椎动物为食。水禽也可能跟鸭嘴兽的食物种类相重合，但是大部分水禽也吃植物，而鸭嘴兽似乎并不吃植物。

鸭嘴兽占据的某些地区冬天的水温接近于冰点，当鸭嘴兽暴露于这种寒冷的气候条件下时，它能通过提高新陈代谢率产生足够的热量，以使体温保持在正常情况下的32℃左右。良好的皮毛和隔热组织（包括高度发达的逆向血流）可以帮助它保持身体的热量，而它的洞穴也提供了一个局部小气候，可以冲抵一些冬天和夏天外部的极端温度。

人们一般认为在澳大利亚北部的鸭嘴兽比南部的交配期要早，但有时它们的交配发生在冬末到早春之间（7～10月）。交配在水中进行，程序包括雄性追逐雌性，然后抓住雌性的尾巴。雌性每次产2枚卵（偶尔是1枚或者3枚），每枚卵的大小为1.7厘米长，1.5厘米宽。幼崽孵化出来后以乳汁为食，它们从母兽的由皮毛围绕的乳腺（无育儿袋）开口处吮吸乳汁3～4个月。哺乳期间幼崽待在一个专门用来繁殖的洞穴里面，这个洞穴一般要比休息用的洞穴更长、更复杂。有报告说，这样的洞穴最长可达30米，并有一个或者数个分支穴室。幼崽从这个洞穴中出来的时间是在夏季。尽管幼崽从入水时起确实以水底的生物体为食，但在离开洞穴之后，它们在多长时间内继续吮吸母兽的乳汁还不为人知。单只鸭嘴兽会在一个地区使用许多休息用的洞穴，但是据观察，繁殖期的雌性只使用一个固定的巢穴。

尽管一般情况下每次产2枚卵，但我们不知道每年有多少只幼崽能成功地活到断奶。并不是所有的雌性每年都繁殖，雌性至少2岁大的时候才开始繁殖。尽管繁殖率很低，但是因为自1900年左右采取了保护措施并停止猎杀，鸭嘴兽已经从在某些地区接近灭绝的状况中恢复了过来。这表明，只生育少数幼崽，但是对它们照顾得很好的繁殖策略，在这个长久繁衍生息的物种身上是有效的。

鸭嘴兽的成功要归功于它们拥有合适的生存环境，这种环境甚至在世界上最干旱的大陆上也一直以来长久存在。另一方面，因为鸭嘴兽是高度适应其生存环境的哺乳动物，所以它们对栖息地发生的变化所造成的影响极其敏感。自18世纪晚期欧洲殖民者开始在澳洲定居以来，已造成了鸭嘴兽种群地方性的减少与种群的碎片化（互相隔绝）。要想使这个独特的物种继续繁衍生息，我们就必须继续关心和严格地保护环境。

知识档案

鸭嘴兽

目：单孔目

科：鸭嘴兽科

只有1属1种

分布：澳大利亚大陆东部（从库克敦到昆士兰）到塔斯马尼亚岛；被引进到袋鼠岛和澳大利亚南部。

栖息地：栖息在大部分的溪流、河流和一些湖水不流动并且堤岸适于筑巢的湖中。

体型：体长与体重因地区而不同，而且体重随季节而变化。雄性体长45～60厘米，雌性39～55厘米；雄性喙长平均5.8厘米，雌性5.2厘米；雄性尾长10.5～15.2厘米，雌性8.5～13厘米；雄性体重1～2.4千克，雌性0.7～1.6千克。

皮毛：背部暗褐色，下腹银色到淡褐色，长有锈褐色的中线，幼崽皮毛颜色较浅。毛短而密（大约1厘米）。眼和耳槽下有浅颜色的皮毛块。

繁殖：怀孕期未知（大概2～3个星期）；孵化期未知（很有可能在10天左右）。

寿命：10年或更长（人工圈养的情况下17年或更长）。

⊙ 鸭嘴兽有流线型的身体，身上长长的护毛掩盖着厚而干的下层绒毛，而这些绒毛可以使鸭嘴兽的身体与冷水隔绝。